금속재료

공학박사 연윤모
지무성
송 건 공저
홍영환

머리말

　21世紀의 高度로 발달된 문명사회를 향하여 치닫고 있는 요즈음 新技術·新材料開發에 대한 욕구가 그 어느때보다도 절실하게 대두되고 있다. 현재 이러한 요구에 副應하기 위하여 미국, 일본 등 선진국을 비롯한 세계 각국에서 새로운 기술과 새로운 재료를 개발하기 위한 노력이 활발하게 이루어지고 있고 이미 개발된 일부 신재료들은 우리 실생활속에서 깊숙히 침투해 있다.

　이러한 여러가지 재료들 중에 수천년에 걸친 물질문명을 이끌어온 主役은 두말할 것 없이 금속재료이었다. 즉 靑銅器時代, 鐵器時代 등으로 시대를 구분한 것도 이 사실을 뒷바침해 주는 것이고, 현재의 宇宙航空時代, 情報通信時代 및 未來의 신에너지시대를 여는데에 금속재료의 역할은 必修不可缺한 것이다.

　이와 같이 현재의 고도문명시대 및 가까운 장래에 다가올 예측치 못한 신기술시대에도 금속재료의 역할이 중추적일 것이라는 사실은 明確觀火하므로 국내에서도 금속재료의 중요성에 대한 認識을 새로이 하여 新材料 및 新技術開發에 대한 倍前의 노력이 필요한 때라고 생각된다.

　또한 國內에서는 旣存의 금속 및 기계관련분야에서 금속재료의 重要性에 대한 認識이 아직까지는 定着되지 못한 상태이므로 이러한 분야에 관련된 從事者들에게도 금속재료에 대한 認識提高가 매우 필요한 때라고 생각된다.

　따라서 本書는 金屬工學, 機械工學 및 이에 關聯된 學科의 學生과 關聯分野의 산업체 종사자들에게 금속재료에 대한 基礎知識을 習得하도록 하기 위하여 가능한한 簡潔하고 平易하게 설명하려고 노력하였다. 특히 總論編에서는 基礎理論에 대한 관련 그림을 많이 揷入하여 그 基本槪念을 把握케 하는데에 도움을 주고자 하였으며, 鐵鋼材料編에서는 引用된 規格記號를 KS규격을 사용하였고, KS규격에 익숙치 못한 讀者들을 위하여 JIS기호와 AISI기호를 倂記하였다.

　끝으로 어려운 가운데에도 本書를 出版케 해주신 機電硏究社 關係者들께 深深한 謝意를 표한다.

著 者

차 례

제I부 금속재료

제1장 금속재료개론

1.1 원자의 구조 19
1.2 원 자 19
1.3 원자결합 20
    1.3.1 이온결합 21
    1.3.2 공유결합 21
    1.3.3 금속결합 21
    1.3.4 반 데어 발스(Van der Waals)힘에 의한 결합 22

제2장 금속의 결정구조

2.1 금속의 특성 23
2.2 금속의 결정구조 25
    2.2.1 결정의 구조 25
    2.2.2 밀러 지수(Miller-Index) 29
    2.2.3 순금속의 결정구조 33
    2.2.4 합금의 결정 41

제3장 금속의 조직과 특성

3.1 금속의 특성 45

3.2 금속의 조직 ··· 45
    3.2.1 격자의 형성 ·· 47
    3.2.2 가열 및 냉각곡선 ·· 47
    3.2.3 과냉 ·· 48
    3.2.4 결정립의 형성 ·· 49
    3.2.5 균일핵생성 ·· 51
    3.2.6 불균일 핵생성 ·· 52
    3.2.7 결정성장 ·· 54
    3.2.8 주조조직 ·· 54
    3.2.9 합금 원소와 조직 ·· 57
3.3 상태도와 조직 ·· 59
    3.3.1 상태도의 개념 ·· 59
    3.3.2 열분석곡선 ·· 60
    3.3.3 상태도 ·· 61

제4장 금속의 소성변형

4.1 금속재료의 탄성과 소성 ·· 75
4.2 인장시험 ··· 76
4.3 탄성변형(Hooke 탄성변형) ·· 76
4.4 소성변형과 가공경화 ·· 80
    4.4.1 경도값에 영향을 주는 인자 ·· 81
    4.4.2 단결정의 변형 ·· 85
    4.4.3 다결정의 변형 ·· 88
4.5 열처리를 통한 가공경화의 제거 ··· 95
    4.5.1 회복 ·· 96
    4.5.2 재결정 ·· 97
    4.5.4 열간가공에 따른 재결정과 회복 ································ 102

제5장 금속의 강화기구

5.1 금속재료의 항복현상 ·· 107

5.2 고용체 강화 ·· 110
5.3 석출경화와 분산강화 ·· 111
5.4 결정입계에 의한 강화 ·· 113
5.5 가공경화 ·· 117

제6장 부식 및 방식

6.1 부식 ··· 117
6.2 부식의 전기화학 ·· 118
    6.2.1 속도론 ·· 119
    6.2.2 평형론 ·· 120
6.3 공식(孔蝕, pitting) ·· 120
6.4 틈부식(crevice corrosion) ··· 121
6.5 이종금속접촉부식(galvanic corrosion) ; 전지작용부식 ····································· 122
    6.5.1 부식전위열(腐蝕電位列, galvanic series) ··· 123
6.6 입계부식 ·· 124
6.7 응력부식균열(SCC) ·· 125
6.8 수소취성 및 수소균열 ·· 126
6.9 부식피로 ·· 127
6.10 에로젼 부식(난류부식) ·· 128
6.11 캐비테이션 부식(cavitation corrosion) ··· 129
6.12 찰과 부식(fretting corrosion) ··· 129

제7장 금속의 마모

7.1 마모란 무엇인가 ·· 131
7.2 마모의 종류 ·· 131
7.3 금속의 마모기구 ·· 133
    7.3.1 응착마모(adhesive wear) ··· 133
    7.3.2 연삭마모(abrasive wear) ··· 138
    7.3.3 피로마모(fatigue wear) ·· 143
    7.3.4 부식마모(corrosive wear) ·· 146

제II부 철강재료

제1장 서론

1.1 철강재료의 분류 151
1.2 철강의 제조법 152
    1.2.1 선철의 제조 152
    1.2.2 강의 제조 153
    1.2.3 Ingot의 종류 155
1.3 순철 156
    1.3.1 순철의 변태 157
    1.3.2 순철의 성질 158
    1.3.3 순철의 용도 159

제2장 탄소강

2.1 Fe-Fe$_3$C 평형상태도 161
    2.1.1 Fe-Fe$_3$C 상태도에 나타나는 고상의 종류 162
    2.1.2 불변반응 164
2.2 탄소강의 변태 164
    2.2.1 탄소강의 서냉시 조직변화 166
    2.2.2 항온변태(Isothermal Transformation) 170
    2.2.3 연속냉각변태(Continuous Cooling Transformations) ... 172
2.3 탄소강의 성질 178
    2.3.1 물리적 성질과 화학적 성질 178
    2.3.2 상온 기계적 성질 179
    2.3.3 고온 기계적 성질 180
    2.3.4 함유원소와 강의 기계적 성질 181
2.4 탄소강의 소성가공 188
    2.4.1 예비압연(primary rolling) 188
    2.4.2 열간가공(hot working) 188

2.4.3 산세(pickling) ··· 190
		2.4.4 냉간가공(cold working) ··· 190

제3장 강의 열처리

3.1 강의 열처리 기초 ··· 193
	3.1.1 철-탄소 평형상태도 ··· 193
	3.1.2 펄라이트 변태 ·· 197
	3.1.3 베이나이트 변태 ·· 198
	3.1.4 마르텐사이트 변태 ·· 199
	3.1.5 잔류 오스테나이트 ·· 201
3.2 열처리 방법 ··· 202
	3.2.1 풀림 ··· 202
	3.2.2 노멀라이징 ·· 208
	3.2.3 퀜칭 ··· 209
	3.2.4 템퍼링 ··· 222
	3.2.5 특수 열처리 ·· 236
3.3 탄소강의 용도 ··· 238
	3.3.1 구조용 탄소강 ·· 238
	3.3.2 판용강(板用鋼) ··· 239
	3.3.3 선재강(線材鋼) ··· 240
	3.3.4 쾌삭강 ··· 242
	3.3.5 레일 및 철도 외륜강 ·· 242
	3.3.6 스프링강 ·· 244
	3.3.7 탄소공구강 ·· 244
	3.3.8 주강 ··· 245

제4장 특수강

4.1 합금원소의 영향 ··· 247
	4.1.1 오스테나이트 형성원소 ··· 247
	4.1.2 페라이트형성원소 ·· 248

- 4.1.3 탄화물형성원소 248
- 4.1.4 입자성장에 미치는 효과 248
- 4.1.5 공석점에 미치는 효과 249
- 4.1.6 마르텐사이트 생성온도에 미치는 효과 251

4.2 구조용 특수강 252
- 4.2.1 Cr강 252
- 4.2.2 Cr-Mo 강 253
- 4.2.3 Ni-Cr강 254
- 4.2.4 Ni-Cr-Mo강 255
- 4.2.5 고 Mn강 256
- 4.2.6 마르에이징강 256

4.3 공구강 258
- 4.3.1 공구강의 분류 259
- 4.3.2 탄소공구강 259
- 4.3.3 합금공구강 263
- 4.3.4 고속도 공구강 274
- 4.3.5 소결공구재료 280

4.4 베어링강 281

4.5 스프링강 282
- 4.5.1 열간성형 스프링강 282
- 4.5.2 냉간성형 스프링강 283
- 4.5.3 내열 스프링강 284

4.6 내열강 284

4.7 초내열합금(Superalloy) 286
- 4.7.1 Fe기 초내열합금 288
- 4.7.2 Ni기 초내열합금 289
- 4.7.3 Co기 초내열합금 290
- 4.7.4 제조방법의 진보 290

4.8 스테인레스 강 292
- 4.8.1 페라이트계 스테인레스강 293
- 4.8.2 마르텐사이트계 스테인레스강 294
- 4.8.3 오스테나이트계 스테인레스강 295

4.8.4　강력 스테인레스강 295
　　4.8.5　475℃취성, 입계부식 및 응력 부식균열 296

제5장　강의 표면경화

5.1　물리적 표면경화법 299
　　5.1.1.　고주파 경화법 299
　　5.1.2　화염경화법 301
5.2　화학적인 표면경화법 302
　　5.2.1　침탄경화 308
　　5.2.2　질화법(Nitriding) 308
　　5.2.3　금속 침투법 313
5.3　기타 표면경화법 314
　　5.3.1　쇼트 피닝 314
　　5.3.2　방전경화법 314
5.4　강의 산화와 탈탄 315
　　5.4.1　강의 산화 315
　　5.4.2　鋼의 탈탄 315
　　5.4.3　산화 및 탈탄 방지책 315
5.5　CVD(化學蒸着法, Chemical Vapor Deposition) 317
　　5.5.1　CVD의 분류 317
　　5.5.2　화학반응 317
　　5.5.3　특징 318
5.6　PVD(物理蒸着法, Physical Vapor Deposition) 321
　　5.6.1　이온플레이팅(ion plating) 322
　　5.6.2　이온주입(ion implantation) 327
　　5.6.3　이온 빔 믹싱(ion beam mixing) 338

제6장　주철

6.1　주철의 조직과 상태도 343
　　6.1.1　Fe-C 평형상태도 343

6.1.2　Fe-C-Si 평형상태도 345
　　6.1.3　주철의 일반적인 조직 347
　　6.1.4　주철의 흑연조직 348
　　6.1.5　주철의 분류 353
6.2　보통주철 355
　　6.2.1　주철의 조직 355
　　6.2.2　주철의 조직에 미치는 화학성분의 영향 356
　　6.2.3　주철의 기계적 성질 360
　　6.2.4　주철의 내식성 366
　　6.2.5　주철의 내마모성 367
6.3　특수주철 369
　　6.3.1　특수원소의 영향 369
　　6.3.2　특수주철의 성질 371
　　6.3.3　고규소 주철 373
　　6.3.4　Ni 주철 375
　　6.3.5　마르텐자이트(Martensite) 주철 377
　　6.3.6　오스테나이트(Austenite) 주철 377
　　6.3.7　Cr 주철 381
　　6.3.8　칠드주철(chilled cast iron) 382
6.4　가단주철(malleable cast iron) 384
　　6.4.1　가단주철의 종류 384
　　6.4.2　가단주철의 기계적 성질 388
　　6.4.3　가단주철의 열처리 392
　　6.4.4　가단주철의 용도 396
6.5　구상흑연주철 397
　　6.5.1　구상흑연주철의 조직 397
　　6.5.2　구상흑연주철의 기계적 성질 399
　　6.5.3　구상흑연주철의 흑연화처리 402
　　6.5.4　구상흑연주철의 열처리 406
　　7.5.5　구상흑연주철의 용도 410

제III부 비철금속재료

제1장 서론

제2장 Al 합금

2.1 Al 재료의 분류 417
2.2 알루미늄의 여러가지 성질 418
2.3 주물용 알루미늄 합금 421
    2.3.1 Al-Cu계 합금 422
    2.3.2 Al-Cu-Si계 합금 422
    2.3.3 Al-Cu-Mg-Ni계 합금 424
    2.3.4 Al-Si계 합금 424
    2.3.5 Al-Mg계 합금 426
2.4 가공용 알루미늄 합금 427
    2.4.1 고강도 알루미늄합금 428
    2.4.2 내식성 알루미늄 합금 431
2.5 다이캐스팅용 알루미늄 합금 431

제3장 동과 동합금

3.1 순동의 성질 433
    3.1.1 순동의 종류 434
    3.1.2 순동의 물리적 성질 436
    3.1.3 순동의 기계적 성질 437
    3.1.4 순동의 화학적 성질 438
3.2 황동(Brasses : Cu-Zn alloy) 438
    3.2.1 화학적 조성과 그 용도 438
    3.2.2 황동의 조직 440
    3.2.3 황동의 성질 447

3.3 주석청동(Tin bronze ; Cu-Sn alloy) 452
   3.3.1 Cu-Sn계의 상태도와 조직 452
   3.3.2 Sn청동의 성질과 용도 454
3.4 Al 청동(Al bronze : Cu-Al alloy) 456
   3.4.1 Al청동의 화학적 조성과 그 용도 456
   3.4.2 Al 청동의 상태도와 미세조직 456
   3.4.3 Al 청동의 기계적 성질 462
3.5 Si청동(Si bronze : Cu-Si alloy) 463
   3.5.1 Si 청동의 화학적 조성과 그 용도 463
   3.5.2 Si청동의 상태도와 미세조직 463
   3.5.3 Si청동의 기계적 성질 465
3.6 Be동(Cu-Be alloy) 465
   3.6.1 Be동의 화학적 조성과 그 용도 465
   3.6.2 Be동의 상태도와 조직 466
   3.6.3 Be동의 기계적 성질 468
3.7 Cu-Ni합금 471
   3.7.1 Cu-Ni 합금의 화학적 조성과 그 용도 471
   3.7.2 Cu-Ni 합금의 상태도와 미세조직 471
   3.7.3 기계적 및 전기적 성질 472

제4장 티타늄(Ti) 합금

4.1 티타늄(Ti) 473
4.2 Ti합금 475

제5장 니켈(Ni) 합금

5.1 니켈(Ni) 479
5.2 니켈(Ni)합금 480
   5.2.1 Ni-Cu합금 480
   5.2.2 Ni-Al 합금 480
   5.2.3 Ni-Fe합금 480

5.2.4 Ni-Cr 합금 ··· 481
5.2.5 인코넬(Inconell, Ni-Cr-Fe 합금) ·· 481

제6장 기타 비철금속재료

6.1 Mg과 그 합금 ··· 483
    6.1.1 주조용 Mg 합금 ·· 485
    6.1.2 가공용 Mg 합금 ·· 487
6.2 아연, 주석납과 그 합금 ·· 488
    6.2.1 아연의 여러가지 성질 ·· 489
    6.2.2 다이 캐스팅용 Zn 합금 ·· 489
    6.2.3 가공용 Zn 합금 ·· 490
    6.2.4 금형용 Zn 합금 ·· 490
6.3 주석과 그 합금 ··· 491
6.4 납과 그 합금 ·· 493
6.5 베어링용 합금 ·· 493
    6.5.1 화이트 메탈 ·· 493
    6.5.2 Cu계 베어링 합금 ··· 495
    6.5.3 Al계 베어링 합금 ·· 497
    6.5.4 Ag계 베어링 합금 ··· 497
    6.5.5 함유 베어링 ·· 497
    6.5.6 유기질 베어링 재료 ·· 498
6.6 고용점 합금(Mo, W, Nb, Ta) ·· 499
    6.6.1 Mo, W의 성질과 용도 ··· 499
    6.6.2 Nb, Ta의 성질과 용도 ··· 500

찾아보기 ·· 503

제 I 부

금속재료

제1장   금속재료개론
제2장   금속의 결정구조
제3장   금속의 조직과 특성
제4장   금속의 소성변형
제5장   금속의 강화기구
제6장   부식 및 방식
제7장   금속의 마모

제1장 금속재료개론

1.1 원자의 구조

자연에 존재하는 모든 물질은 92종류의 원소로 구성되어 있다. 이들 물질중에서 금속이 금속적성질을 나타내는 원인은 (1) 금속은 모두 결정이라는 점 즉, 금속은 구성원자에 모두 규칙적인 배열을 하기 때문이다. (2) 이들 결정을 구성하는 원자끼리의 결합이 금속특유의 결합방식을 하기 때문이다. 금속의 모든 성질은. 이를 구성하고 있는 원자의 종류에 의해 정해지지만 이외에 같은 금속원자라도 원자의 배열상태에 따라 성질이 현저히 변한다. 또한 금속의 강도는 원자의 규칙적인 배열상태에서 벗어남에 따라 현저히 좌우된다. 따라서 원자적인 관점에서 금속재료의 성질을 살펴보고 새로운 금속재료를 개발하기 위해서는 원자적인 사고가 필요하다.

1.2 원 자

원자의 구조로는 ⊕전기를 띤 원자핵을 중심으로 그 주위에 그 원자번호에 상당하는 수만큼의 ⊖전기를 띤 전자가 규칙적으로 돌고있어 원자전체로서는 전기적으로 중성상태이다.

원자의 크기는 10^{-8}cm(A)단위, 즉 약 1억분의 1~3cm 정도로 극히 작다. 또한, 원자의 중심에 있는 원자핵의 최소단위는 수소원자의 원자핵으로 이것을 양자(proton)라 하며 그 크기는 원자크기에 비해 훨씬 작아 10^{-13}cm정도이며 원자직경의 1/10만 정도이다. 양자는 전기의 최소단위 e(1.602×10^{-19}쿠롱)의 양전기를 갖고 있다. 원자의 원자핵 중에는 양자외에 양자와 거의 같은 크기와 질량(양자보다 약간 무겁다)을 갖으며 전기적으로는 중성입자, 즉, 중성자(neutron)가 동시에 존재하고 원자핵은 그 원소의 원자번호에 상당하는 수의 양자와 몇개의 중성자로 구성되어 있다.

원자핵의 주위에는 e의 음전기를 갖는 전자(電子)가 원자번호의 수만큼 각각의 에너지준위에 따라 돌며 원자전체로서는 전기적으로 중성을 나타낸다. 또한 전자의 크기는 양자크기의 약 1/20 이하인 10^{-15}cm정도이다. 양자와 전자의 질량비는 1836:1의 비율이어서 원자의 질량은 거의 전부가 원자핵에 집중되어 있다. 원자구의 속은 그것에 비하면 훨씬 작은 원자핵과 전자이외는 완전한 진공이어서 원자속의 대부분의 공간은 아무것도 존재하지 않는다. 전자(電子)중 가장외부에 있는 전자는 가장 높은 에너지를 갖는 전자로 최외각전자라 한다. 이 전자는 원자핵에서 가장 멀기 때문에 원자핵으로 부터의 구속력이 약하고 비교적 에너지 상태가 변화되기 쉽다. 즉 원자의 화학성질에 가장 관계가 깊은 전자군(電子群)이다. 일반적으로 원자의 질량을 나타내는데 원자량이란 말을 사용하지만 이것은 원자의 절대적인 질량이 아니라 원자번호 6인 탄소(C)의 원자량을 12로 하여 이것을 기준으로 한 상대적인 질량이다. 또한 C원자질량의 1/12이 물리적원자량의 단위로 되므로 이 값은 약 1.66×10^{-24}g이다.

원소의 화학적성질은 그 원자의 핵의 성질과 밀접한 관계가 있으며 화학적반응은 그 핵을 둘러싸고 있는 전자의 에너지 상태에도 좌우되어 변화한다. 즉, 원자핵은 원자질량의 대부분을 점하고 있음에도 불구하고 항상 많은 전자에 둘러싸여 있어 핵자신의 움직임을 직접 나타내는 일은 없다. 원자번호는 같으나 원자량이 다른 원소를 동위원소(同位元素)라 한다. 그 예로 우라늄(U : 원자번호 92)은 3개의 동위원소가 존재하며 그 원자량과 분량비는 다음과 같다.

원자량	234.1138	235.1170	238.1249	평균원자량 238.03
분량비[%]	0.0058	0.715	99.28	

우라늄 3개의 동위원소는 원자핵의 구조가 다르며 양자의 수는 92개로 같지만 중성자의 수는 각각 142개, 143개 및 146개이다. 그러나 원자핵을 둘러싸는 전자의 수는 92개이고 에너지 상태는 동일하므로 화학적 성질은 3개 모두 같다.

1.3 원자결합

금속이 금속특유의 성질을 나타내는 원인의 하나는 결정이라는 점이지만 금속이외에도 결정을 이루는 것은 많다. 금속특유의 성질, 즉, 전기 및 열전도도가 우수하다든가 소성변형능이 크다든가 혹은 금속광택을 나타내는 근본적인 원인은 원자간의 결합방식에 있다. 일반적으로 원자끼리 결합하는 힘을 대별하면 (1) 이온결합 (2) 공유결합 (3) 금속결합 (4) 반 데어 발스(Van der Waals)결합이 있다.

1.3.1 이온결합

결합력은 원자끼리 전자를 주고 받아 ⊕와 ⊖의 이온으로 되었을 경우에 생기며 두개의 이온사이의 정전기적 힘에 의한 이온결합으로는 NaCl결정이 대표적인 예이다. 이것은 서로 결합하는 원자가 ⊕, ⊖의 전하(電荷)를 가진 Na^+와 Cl^-의 경우이므로 이극(異極)결합이라고도 부른다. 이와 같은 이온결정의 경우에는 전자(電子)가 2개의 이온사이에 고정되므로 금속과 같은 전기전도는 불가능하지만 이온전도는 약하게 일어난다. 또한 외력을 가하면 금속의 경우, 늘어나면서 변형하지만 이온결합의 경우는 일정한 원자면을 따라 취성파괴가 일어난다.

1.3.2 공유결합

공유결합은 2개의 원자 각각의 최외각에 있는 전자가 이 2개의 원자만에 공통인 전자궤도를 움직이며 서로 연결되어 그 힘으로 2개의 원자를 결합한 상태의 경우로서 대표적인 예가 다이아몬드이다. 이는 서로 똑같은 종류의 원자(C)간에 힘이 작용하여 결합한 것이다. 이 경우에 전자는 어느쪽의 원자에 속한다고 말할 수 없는 즉, 2개의 원자에 공유된 형태이므로 공유결합 또는 동극(同極)결합이라 한다. 다이아몬드는 강한 방향성외에 원자간의 결합력이 강하므로 경도가 크고 결정내부 전체를 돌아 움직일 수 있는 전자가 없으므로 전기부도체이며 빛에 대해서는 투명하다.

1.3.3 금속결합

금속원자의 결합도 같은 종류의 원자간에 작용하는 힘에 의한 것으로 최외각전자가 각 원자에서 나와 이들이 서로 연결되어 원자를 결합하는 것으로 일종의 공유결합이다. 단, 공유결합과 다른 점은 튀어나온 전자가 특정한 2개 원자사이에만 공유되지 않고 금속결정을 구성하고 있는 원자전체에 공유된다는 점이다. 즉, 금속결합은 최외각전자와 유리된 금속원자가 모든 원자전체를 에워싸는 수많은 전자의 두꺼운 구름중에 박혀있고 유리된 전자구름과 잔여 금속이온군과의 사이의 상호작용에 의해 각원자가 서로 결합되어 있다는 것이다. 따라서 전자구름속에서는 전자가 결정전체를 자유롭게 이동할 수 있으므로 전기 및 열을 잘 전달한다. 또한 금속원자는 모두 등가(等價)이고 외부로 부터 응력을 가하면 어느 장소에서 이들 결합이 파괴되고 미끄러져도 쉽게 다시 결합될 수 있으므로 소성변형이 가능하며, 가시광선이 금속에 닿으면 전자구름에서 산란되어 금속광택을 나타낸다.

1.3.4 반 데어 발스(Van der Waals)힘에 의한 결합

Ne, Ar과 같은 원자는 다른 원자와 화합하는 힘을 거의 갖고 있지 않다. 그러나 이와 같은 원자사이에도 전기적으로 중성인 원자들이 접근하면 그들 원자내부에서 각 순간순간에 ⊕와 ⊖의 각 전하(各電荷)의 중심이 분리, 즉 분극이 일어나 그 결과 인접원자사이에 약한 전기적 인력이 생긴다. 이것이 반·데어 발스힘으로 분자의 크기가 작은 경우에는 극저온에서만 원자의 열진동보다 우세하여 원자끼리를 결합할 수 있다. 따라서 이러한 힘에 의해 결합한 것은 매우 낮은 온도에서 풀어진다. 예로 Ar 고체는 -190℃에서 융해하며 -186℃에서는 기체로 되어 버린다.

이상은 결정을 구성하고 있는 원자의 결합방식이지만 이외에 이들의 중간상태 및 2가지 결합방식을 겸하는 경우도 있다. Au 및 Cu는 순수한 금속결합을 하지만 Sb 및 As 등은 금속결합의 형태라기보다는 공유결합이어서 금속적 특성이 적다.

금속의 결정구조

2.1 금속의 특성

금속은 일반적으로 아래와 같은 특성을 지닌다.
① 고체상태에서 결정구조(結晶構造)를 형성한다.
② 열 및 전기의 양도체(良導體)이다.
③ 연성(延性) 및 전성(展性)을 갖는다.
④ 금속광택을 갖는다.
⑤ 상온에서 고체이다(수은(Hg) 제외)

즉 이상과 같은 특성을 갖는 것이 금속이며, 이들 중 부분적인 성질을 갖는 것을 아금속(亞金屬) 또는 준금속(準金屬)이라 하고 이 같은 성질이 전혀 없는 것을 비금속(非金屬)이라 한다.

이들 금속이 갖는 특성 중에서 가장 중요한 것이 ①항에 해당하는 것이며, 다른 특성들은 이 결정구조의 특성에 의해 설명될 수 있는 것이다. 전기와 열의 양도체인 것도 금속이 비금속과 다른 특성의 하나이며, 표 2.1에 보인 바와 같은 전도도를 갖는다.

표 2.1 대표적인 금속 및 비금속의 전기저항과 열전도도

원소	Ag	Ca	Au	Al	Jg	W	Zn	Co	Ni	Fe
전기저항($\Omega cm \times 10^{-6}$)	1.59	1.67	2.35	2.65	4.45	5.65	5.92	6.24	6.84	9.71
열전도도($cal/cm^2/cm/sec/℃$)	1.0	0.94	0.71	0.53	0.37	0.40	0.27	0.17	0.22	0.18
원소	Sn	Pb	Zr	Ti	Bi	Si	Te	C	S	
전기저항($\Omega cm \times 10^{-6}$)	11	21	40	42	107	10	44×10^4	1375	2×10^{23}	
열전도도($cal/cm^2/cm/sec/℃$)	0.15	0.08	0.05	0.03	0.02	0.2	0.01	0.06	6.3×10^{-4}	

금속의 종류는 매우 많아 표 2.2에 나타낸 주기율표상에서 굵은 선의 좌측에 있는 원소들은 모두 금속원소이고 점선의 우측에 있는 원소들은 비금속 원소이며, 이들의 가운데 있는 원소들은 금속적 성질과 비금속적 성질을 부분적으로 같이 나타내고 있으므로

표 2.2 원소의 주기율표(표주기형)

족 주기	IA	IIA	IIIA	IVA	VA	VIA	VIIA	VIIIA			IB	IIB	IIIB	IVB	VB	VIB	VIIB	0
1	1 H Hydrogen 1.0080																	2 He Helium 4.003
2	3 Li Lithium 6.910	4 Be Beryllium 9.013											5 B Boron 10.82	6 C Carbon 12.011	7 N Nitrogen 14.008	8 O Oxygen 16.0000	9 F Fluorine 19.00	10 Ne Neon 20.183
3	11 Na Sodium 22.991	12 Mg Magnesium 24.32											13 Al Aluminum 26.98	14 Si Silicon 28.09	15 P Phosphorus 30.975	16 S Sulfur 32.066	17 Cl Chlorine 34.457	18 A Argon 39.944
4	19 K Potassium 39.100	20 Ca Calcium 40.08	21 Sc Scandium 44.96	22 Ti Titanium 47.90	23 V Vanadium 50.95	24 Cr Chromium 52.01	25 Mn Manganese 54.94	26 Fe Iron 55.85	27 Co Cobalt 58.94	28 Ni Nickel 58.71	29 Cu Copper 63.54	30 Zn Zinc 65.38	31 Ga Gallium 69.72	32 Ge Germanium 72.60	33 As Arsenic 74.91	34 Se Selenium 78.96	35 Br Bromine 79.916	36 Kr Krypton 83.80
5	37 Rb Rubidium 85.48	38 Sr Strontium 87.63	39 Y Yttrium 88.92	40 Zr Zirconium 91.22	41 Nb Niobium 92.91	42 Mo Molybdenum 95.95	43 Tc Technetium 98	44 Ru Ruthenium 101.1	45 Rh Rhodium 102.91	46 Pd Palladium 106.7	47 Ag Silver 107.880	48 Cd Cadmium 112.41	49 In Indium 114.82	50 Sn Tin 118.70	51 Sb Antimony 121.76	52 Te Tellurium 127.61	53 I Iodine 126.91	54 Xe Xenon 131.30
6	55 Cs Cesium 132.91	56 Ba Barium 137.36	57~71 Rare earth	72 Hf Hafnium 178.58	73 Ta Tantalum 140.95	74 W Wolfram 183.86	75 Re Rhenium 186.22	76 Os Osmium 190.2	77 Ir Iridium 192.2	78 Pt Platinum 195.05	79 Au Gold 197.0	80 Hg Mercury 200.61	81 Tl Thallium 204.39	82 Pb Lead 207.21	83 Bi Bismuth 209.00	84 Po Polonium [210]	85 At Astatine [211]	86 Rn Radon [222]
7	87 Fr Francium [223]	88 Ra Radium 226.05	89~103 Actinide															

57~71 Rare earth	57 La Lanthanum 138.92	58 Ce Cerium 140.13	59 Pr Praseodymium 140.92	60 Nd Neodymium 144.27	61 Pm Promethium [145]	62 Sm Samarium 150.35	63 Eu Europium 152.0	64 Gd Gadolinium 157.26	65 Tb Terbium 158.93	66 Dy Dysprosium 162.51	67 Ho Holmium 164.94	68 Er Erbium 167.27	69 Tm Thulium 168.94	70 Yb Ytterbium 173.04	71 Lu Lutetium 174.99
89~103 Actinide	89 Ac Actinium [227]	90 Th Thorium 232.05	91 Pa Protactinium 231.1	92 U Uranium 238.07	93 Np Neptunium [237]	94 Pu Plutonium [242]	95 Am Americium [243]	96 Cm Curium [247]	97 Bk Berkelium [247]	98 Cf Californium [251]	99 Es Einsteinium [254]	100 Fm Fermium [253]	101 Md Mendelevium [256]	102 No Nobelium [254]	103 Lr Lawrencium [257]

주 : [ ]내의 숫자는 반감기가 가장 긴 동위원소의 질량수. 원소명 아래의 숫자는 원자량.

준금속 또는 아금속이라 한다. 현재 자연에 존재하는 92번까지의 원소중에서 금속원소는 68종, 비금속원소는 17종, 아금속원소는 7종이다.

이들 금속원소들에 대해 중요한 성질인 금속의 용융온도(熔融溫度)를 비교해 보면 표 2.3과 같이 최고 텅스텐(W)의 3410℃에서 최저는 상온에서 액체인 수은(Hg)의 -38.4℃ 까지의 넓은 분포를 보이고 있다. 또한 중요한 금속들의 비중(比重)을 비교하여 보면 표 2.4와 같이 최소는 티튬(Li)의 0.53으로 물보다 가벼우며 최대는 이리듐(Ir)의 22.5까지 있다. 따라서 금속을 대별할 때 편의상 비중이 5 이하인 것을 경금속(輕金屬)이라 하고 비중이 5 이상인 것을 중금속(重金屬)이라 한다. Al, Mg, Be, Ti 등은 대표적인 경금속들이며, Fe, Ni, Co, W, Cu 등은 대표적인 중금속들이다.

표 2.3 주요금속의 융점

원 소	W	Ta	Mo	Ir	Cr	Pt	Ti	Fe	Co	Ni	Be
(℃)	3410	2996	2610	2454	1875	1769	1668	1539	1495	1453	1277
원 소	Cu	Au	Ag	Al	Mg	Zn	Sn	Li	Na	K	Hg
(℃)	1083	1063	961	660	650	420	232	181	97.8	63.7	-38.4

표 2.4 주요금속의 비중

원 소	Fe	Sn	Cr	Zn	Ti	Al	Be	Mg	Na	K	Li
비 중	7.87	7.30	7.19	7.13	4.51	2.70	1.85	1.74	0.97	0.86	0.53

2.2 금속의 결정구조

2.2.1 결정의 구조

금속이 고체상태에서 결정구조를 갖는 특성이 있다는 것은 이미 언급하였다. 보통의 금속은 다양한 크기의 결정입자(結晶粒子 ; grain)가 무질서한 상태로 집합되어 있는 다결정체(多結晶體 ; polycrystal)이지만, 개개의 결정을 보면 원자(原子)들이 어떤 규칙을 이루면서 배열(配列)되어 있다. 이같은 원자들의 배열을 결정격자(結晶格子) 또는 공간격자(空間格子)라고 한다. 공간격자는 기본적으로 공간에 존재하는 원자의 배열이므로 이들 원자가 주기적(週期的)인 배열을 하고 있다면 결정 전체의 배열을 조사하기 위해서는 기본단위의 배열과 원자들의 상대적(相對的)인 위치관계를 파악한 뒤 다른 부분들은 이들을 연장(延長)하므로써 전체 배열을 알 수 있으며 단위배열(單位配列)로서는 평행육면체를 생각할 수 있다. 이 육면체의 각 모서리의 방향으로 연장시켜 단위모서리 길이의 정수배가 되는 점을 구해가면 3차원의 주기적인 원자배열을 얻을 수가 있으며 이러한 평행이동의 조작을 병진(translation)이라 하며 아래와 같은 벡터(vector)의 식으로 표시된다.

$$r = pa + qb + rc \tag{1-1}$$

여기서 p, q, r은 정수이며, a, b, c는 단위평행육면체의 모서리를 나타내는 벡터이다. 따라서 r은 원점으로부터 떨어져 있는 평행육면체의 어느 꼭지점까지의 위치벡터를 표시하게 된다.

식 (1-1)을 해석기하학적으로 표현하면 아래와 같다.

$$r^2 = p^2a^2 + q^2b^2 + r^2c^2 + 2qr\cos\alpha + 2rp\cos\beta + 2pq\cos\gamma$$

여기서 $a=|a|$, $b=|b|$, $c=|c|$

$\alpha = <bc$, $\beta = <ca$, $\gamma = <ab$이다.

이때 r로 주어지는 점을 격자점(格子點 ; lattice point)이라 하고 이와 같은 주기적인 3차원의 원자배열을 공간격자(space lattice) 또는 3차원격자(3-dimensional lattice)라 한다.

그림 2.1에 나타낸 바와 같은 최소의 기본단위인 평행육면체를 단위격자(unit lattice) 또는 단위포(單位胞 ; unit cell)라 하며 단위격자의 각 변의 길이와 축각을 포함하여 이들 상수를 격자상수(lattice constant or lattice parameter)라 한다. 단위격자형의 선택법을 그림 2.2의 평면격자에서 생각하면 단위격자는 A, B, C에 관계없이 그들의 평행이동에 의하여 평면상의 모든 격자점을 나타낼 수 있다. 지금 결정중에 있는 단위격자 A를

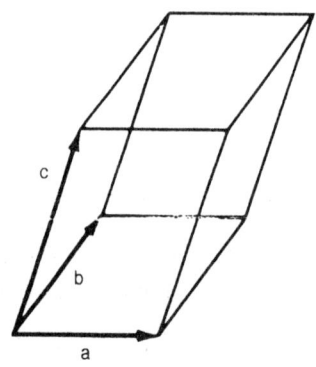

그림 2.1 3축의 병진벡터 a, b, c로 구성된 단위 격자

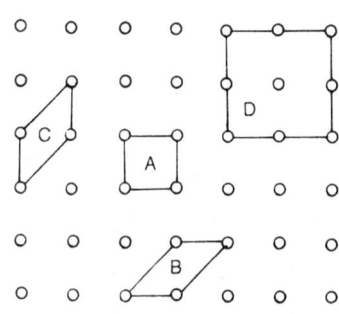

그림 2.2 단위격자의 선택형

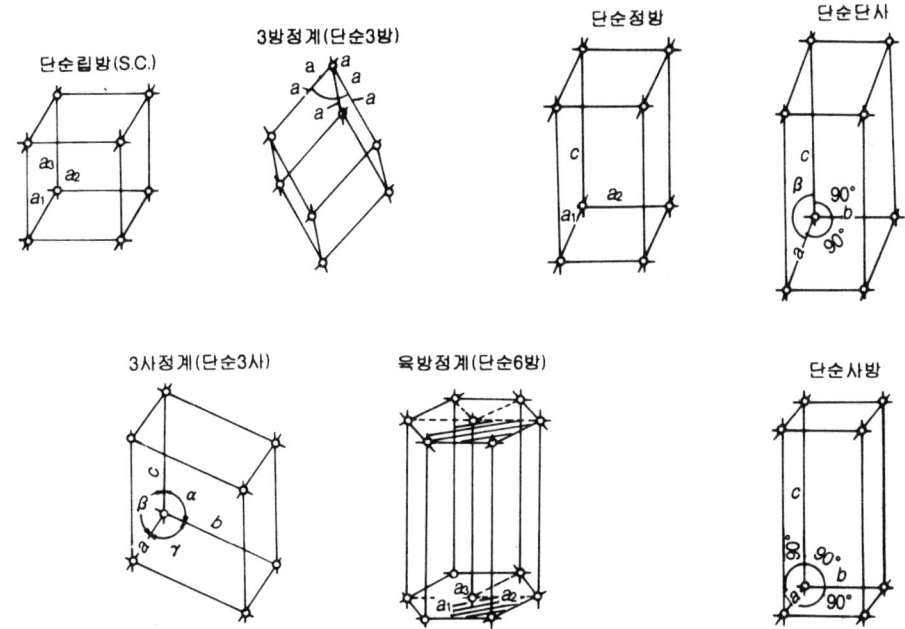

그림 2.3   7종의 primitive한 단위격자

생각할 때 각 꼭지점에 있는 격자점은 서로 접하는 4개의 단위격자에도 포함되고 있으므로 단위격자 A에는 1/4만이 포함된다고 생각할 수 있으므로 이 단위격자에 포함되는 격자점은 1/4×4=1이 된다. 만일 D와 같은 단위격자를 생각하면 꼭지점에 있는 격자점이 1/4×4=1개, 변의 중앙에 있는 격자점이 1/2×4=2개, 중심에 있는 1개를 합하여 총4개의 격자점이 이 단위격자에 속하게 된다.

단위격자를 격자와 그에 속하는 격자점의 수가 대응이 되도록, 또 각 변의 길이가 최소가 되도록 선택하면 가장 기초적인 단위가 되며 이러한 단위격자를 primitive한 단위격자라고 부른다. 그림 2.3에 나타낸 7종류의 결정계의 primitive한 단위격자가 존재할 수 있는데 이들을 단위공간에 대해서 생각하면 각 결정계의 특징은 그의 대칭성에 있다. 표 2.5에는 그 대칭성의 특징을 대칭축과 그 수에 의해 나타내고 있다. 여기서 n회 대칭축이라 함은 그 축 주위를 $360°/n$회 회전할 때 원 도형과 일치하는 대칭성을 갖는 축을 말한다. 그런데 그림 2.3에 나타낸 7종류의 primitive한 단위격자에 몇개의 점을 부가(附加)하여도 표 2.5에 나타낸 대칭성을 유지할 수 있다. 예를 들어 그림 2.3의 사방정계에서는 그 중심에 1개 또는 상·하면의 중심에 1개씩 혹은 각 면의 중심에 1개씩의 격자점을 가하여도 이 단위격자의 대칭성을 유지한다. 이렇게 부가되는 격자점을 갖는 단위격자를 각각 체심격자(body-centered lattice), 저심격자(base-centered lattice), 면심격자(face-entered lattice)라고 부르고, 처음의 단위격자를 단순격자라고 부른다. 이와같은 격자의 종류는 입방정계에 체심입방정과 면심입방정, 정방정계에 체심정방정, 사방정계에 체심사방정, 면심사방정, 저심사방정, 단사정계에 저심단사정이 있어 7종류의 단순격자와 합해서 전부 14종류가 된다. 이것을 발견자의 이름을 따서 브라배격자(Bravais lattice)라고 부르며 그림 2.4에 이들 격자를 나타냈다.

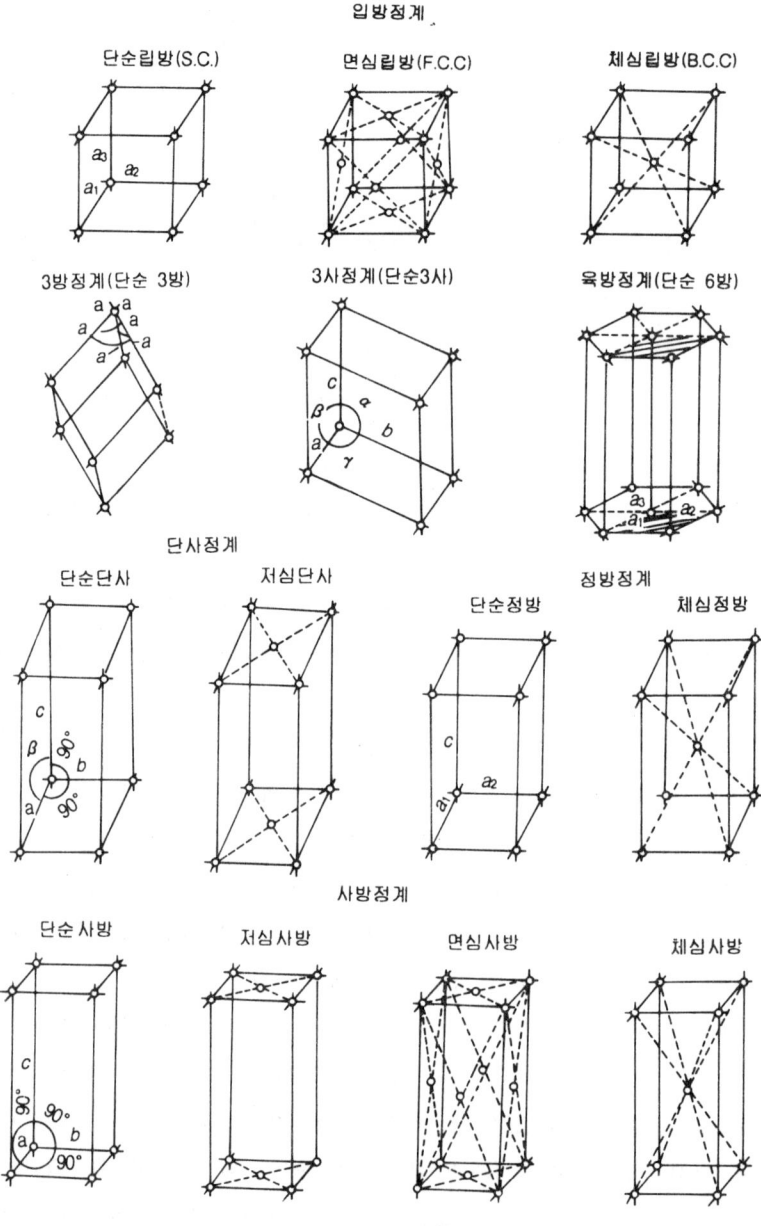

그림 2.4 14종의 Bravais 격자

표 2.5 결정계와 Bravis 격자

결 정 계	축 길 이	축 각	대 칭 선	Bravis 격자
육방정계(cubic system)	$a=b=c$	$\alpha = \beta = \gamma = 90°$	4회대칭축-3	단순, 체심, 면심
정방정계(tetragonal system)	$a=b\neq c$	$\alpha = \beta = \gamma = 90°$	4회대칭축-1	단순, 체심
사방정계(orthorhombic system)	$a\neq b\neq c$	$\alpha = \beta = \gamma = 90°$	2회대칭축-3	단순,체심,저심,면심
삼방정계(trigonal system)	$a=b=c$	$\alpha = \beta = \gamma \neq 90°$	3회대칭축-1	단순
육방정계(hexagonal system)	$a=b\neq c$	$\alpha = \beta = 90°, \gamma = 120°$	6회대칭축-1	단순
완사정계(monoclinic system)	$a\neq b\neq c$	$\alpha = \gamma = 90°, \beta \neq 90°$	2회대칭축-1	단순 저심
삼사정계(tricliaic system)	$a\neq b\neq c$	$\alpha \neq \beta \neq \gamma \neq 90°$		단순

2.2.2 밀러 지수(Miller-index)

그림 2.5와 같이 입방정의 단위격자의 한 모서리점을 원점으로 하여 3차원의 좌표계를 생각하고 격자상수를 단위로 하여 원점으로부터의 거리로 나타내면 각 원자의 위치는 그림에 표시한 바와 같이 결정된다. 그러나 결정구조의 대칭성과 반복성 때문에 개개의 원자위치를 나타내는 것보다는 원자로 구성되는 면이나 원자배열의 방향을 상대적으로 나타내는 것이 훨씬 편리하다. 변이나 방향의 표시는 결정학에서 사용되는 밀러지수를 사용하는 것이 편리하므로 밀러지수를 결정하는 법을 알아보기로 하자.

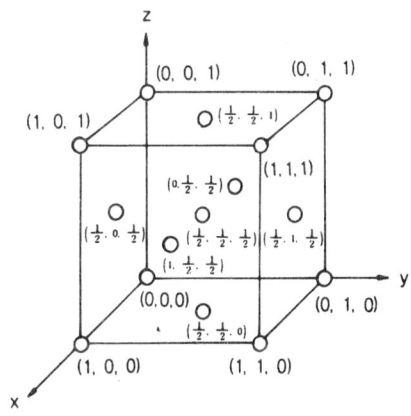

그림 2.5 원자위치의 좌표

결정면의 밀러지수는 면에 의해 교차되는 좌표축의 길이를·그 축의 단위길이로 나눈 값의 역수의 최소 정수비로 나타내며 그 지수가 h, k, l이라면 (hkl)로 쓴다.

결정방향의 밀러지수는 방향인 나타내는 직선이 원점을 지난다고 가정할 때 직선상에 있는 임의의 한점의 좌표의 최소정수비로 나타내며 그 지수가 u, v, w라면 $[uvw]$로 나타낸다. 또 지수가 음의 값을 갖는 경우에는 숫자위에 마이너스 부호를 붙여서 $(h\bar{k}l)$ 또는 $[uv\bar{w}]$와 같이 나타낸다.

여기서 좀더 이해를 쉽게 하기 위해 금속의 결정으로 중요한 입방정계와 육방정계에 대하여 실례를 들어 설명하기로 한다.

① 입방정계의 경우

그림 2.6과 같은 면을 생각하면

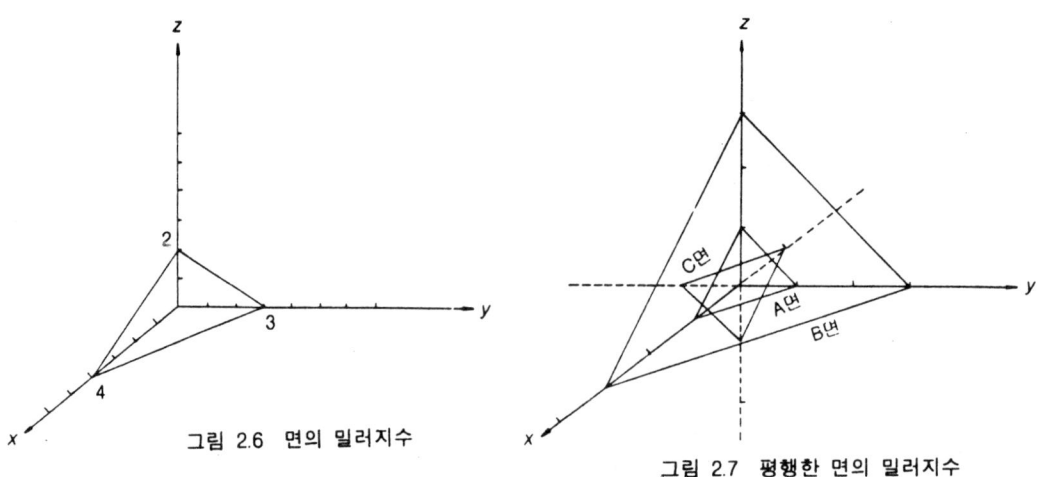

그림 2.6 면의 밀러지수

그림 2.7 평행한 면의 밀러지수

x, y, z축의 절편의 길이	4, 3, 2	
역수를 취하면	1/4, 1/3, 1/2	
이들의 최소정수비는	3, 4, 6	

따라서 이 면의 밀러지수는 (346)이 된다. 또한 그림 2.7과 같은 평행면을 생각하면

	면 A	면 B	면 C
절편의 길이	1, 1, 1	3, 3, 3	-1, -1, -1
역수	1, 1, 1	1/3, 1/3, 1/3	-1, -1, -1
밀러지수	(111)	(111)	($\bar{1}\bar{1}\bar{1}$)

따라서 평행한 면은 같은 지수로 나타낼 수 있으며 그림에서 알 수 있듯이 (111)면과 ($\bar{1}\bar{1}\bar{1}$)면 처럼 지수가 같고 부호가 전부 반대인 면도 평행이다. 면이 좌표축과 평행한 경우는 수학적으로 좌표축의 절편이 무한대가 되어 지수는 0이 된다. 여기서 유의할 점은 결정격자의 규칙성 때문에 좌표축의 원점을 어느 곳에 설정해도 같은 관계가 성립해야 한다는 점이다.

앞서 언급한 바와 같이 결정격자 내에서 같은 지수를 갖는 면은 무수히 많으며 그들의 면간 거리는 항시 일정하다. 그림 2.8은 단순입방격자의 X-Y면상에서의 원자배열과 Z축에 평행한 면의 교선을 나타내고 있는데 그림에서 알 수 있듯이 면지수가 큰 면일수록 면간거리는 작게 되고 또 그 면의 원자밀도도 작게 된다.

방향을 나타낼 때에는 그림 2.9에 나타낸 바와 같이 그 방향과 평행이고 원점을 지나는 직선을

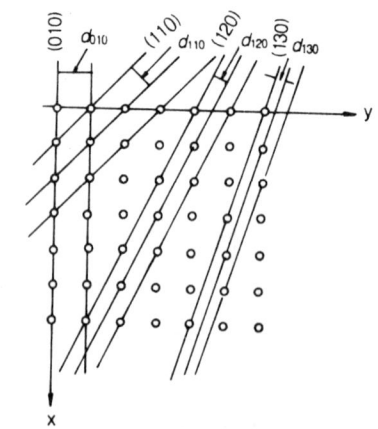

그림 2.8 원자면의 면지수와 면간거리 및 원자밀도

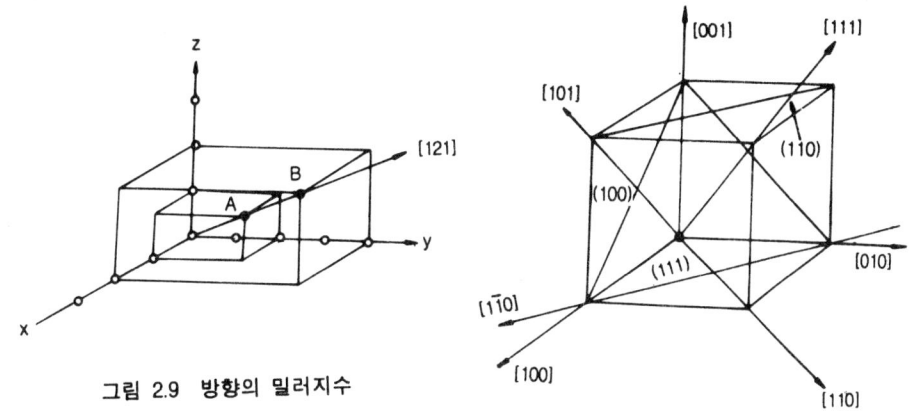

그림 2.9 방향의 밀러지수

그림 2.10 입방정계의 주요한 면 및 방향의 밀러지수

생각하고 그 위에 적당한 점 A를 택하면, 그 점의 좌표가 방향의 밀러지수가 된다. 그림에서는 A점의 좌표가 1, 2, 1이므로 밀러 지수는 [121]이라고 쓰며 만일 직선상의 점 B를 택했다면 B점의 좌표는 2, 4, 2가 되나 밀러지수는 최소정수비를 택하므로 [121]이 된다. 따라서 이 직선과 평행한 모든 방향은 같은 지수로 나타낼 수 있다.

그림 2.10에는 입방정계에 있어서 중요면과 방향의 지수를 나타냈다. 그림에서 [100]방향과 (100)면, [110]방향과 (110)면의 관계에서 알 수 있듯이 입방정계에서는 면과 방향의 지수가 같을 경우 반드시 직교한다. 또한 (100), (010), (001) 등의 면은 좌표축에 대한 상대적 대칭성은 똑 같다. 이같이 상대적인 대칭성이 같은 면이나 방향을 결정학적으로 등가(equivalent)라고 부르며, 등가인 일군의 방향을 <uvw>로 쓰며 여기서 < >는 방향족(family of directions)을 나타낸다. 마찬가지로 등가인 일군의 면을 {hkl}로 쓰며 { }는 **평면족**(family of planes)을 나타내며 이러한 기호로 표시되는 모든 등가한 면이나 **방향은** 지수의 순서 및 부호를 바꿈으로써 얻을 수 있다. 예를 들어 {100}면은 (100), (01), (001), (100), (010), (001)의 6개의 면을 품는다. 그러나 앞서 말했듯이 지수가 같고 부호가 전부 반대인 면은 평행하므로 결국 3개의 면을 품게 되는 것이다. 따라서 다음과 같이 쓸 수 있다.

{111}={(111), ($\bar{1}$11), (1$\bar{1}$1), (11$\bar{1}$)}

<110>={[110], [101], [011], [$\bar{1}$10], [$\bar{1}$01], [01$\bar{1}$]}

또한 입방정계의 면 중에서 {100}면을 입방체면(cubic plane) {110}면을 12면체면(dodecahedral plane), {111}면을 8면체면(octahedral plane)이라 부르기도 한다.

② 육방정계의 경우

육방정계에서도 면지수 및 방향지수가 적용될 수 있다. 그림 2.11에 나타낸 바와 같이 육방격자의 단위포는 같은 평면에서 120°로 교차하고 있는 a_1, a_2, a_3축과 이 평면에 수직한 c축을 갖고 있다. 따라서 육방정계의 면지수 및 방향지수는 이 4개의 축에 대응되는 4개의 지수가 필요하다.

육방정계의 면지수는 (hkil)로 표시되며 이 지수를 Miller-Bravais지수라고 한다. 여기서 h, k, i는 각각 a_1, a_2, a_3축과 그리고 l은 c축과 만나는 점까지의 길이와 단위길이에 대한 비의 역수의 최소정수비가 된다. 그러나 그림에서 알 수 있듯이 i는 h와 k로 나타낼 수 있으며 $h+k=-i$의 관계가 성립한다. 따라서 (hkil)을 (hkl)로 나타낼 수 있다.

육방정계에서 대표적인 면은 기준면(base plane)인 {0001}면, 각통면(prismatic plane)인 {1010}면, 각뿔면(pyramidal plane)인 {1011}면이 있다.

육방정계의 방향도 앞서 설명한 바와 같이 4개의 축에 의해 결정되므로 [uvtw]와 같이 표시되나 면지수와 마찬가지로 $u+v=-t$의 관계가 성립하므로 [UVW]로 표시할 수 있으며 이때의 변환 [uvtw] → [UVW]는

$U=u-t$
$V=v-t$
$W=w$

에 의해 행하여진다. 예를 들면

$[10\bar{1}1]=[211]$, $[21\bar{1}0]=[320]$, $[11\bar{2}0]=[330]=[110]$

이다.

그림 2.12에는 육방정계의 대표적인 면과 방향을 나타냈다. 또한 육방정계에서는 같은 지수를 갖는 면과 방향의 직교성이 수직축에 평행한 면에서만 성립된다.

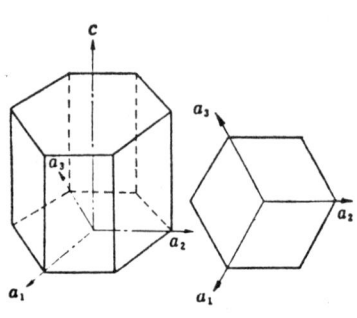

그림 2.11 육방정계의 좌표축

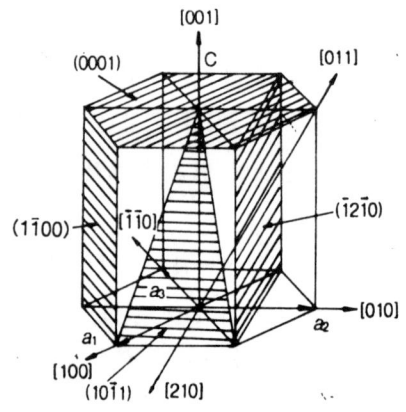

그림 2.12 육방정계의 대표적인 면과 방향

2.2.3 순금속의 결정구조

(1) 순금속의 단위격자

많은 순금속은 비교적 단순한 결정구조를 갖고 있으며 대부분의 금속의 단위격자는 체심입방, 면심입방, 조밀육방의 결정구조 중 하나에 속하며 이들은 모두 대칭성이 큰 결정구조이다. 그림 2.13에 이들 3종류의 단위격자를 나타냈으며 표 2.6에는 이들 3종류의 결정격자를 갖는 대표적인 금속들을 나타냈다.

1) 체심입방격자(Body-Centered Cubic lattice ; BCC)

이 결정구조는 그림 2.13의 (a)에 보인 바와 같이 입방체의 각 꼭지점과 입방체의 중심에 각각 1개의 원자가 배열된 구조이며, 이들 원자는 지름이 같은 구가 서로 접촉한 모양으로 배열되어 있다. 여기서 우리는 단위격자인 입방체의 1변의 길이를 격자상수(lattice parameter) 또는 격자정수(lattice constant)라고 부르며, 서로 접촉하고 있는 원자를 최근접원자(最近接原子 ; nearest neighbor atom), 그 중심간의 거리를 근접원자간

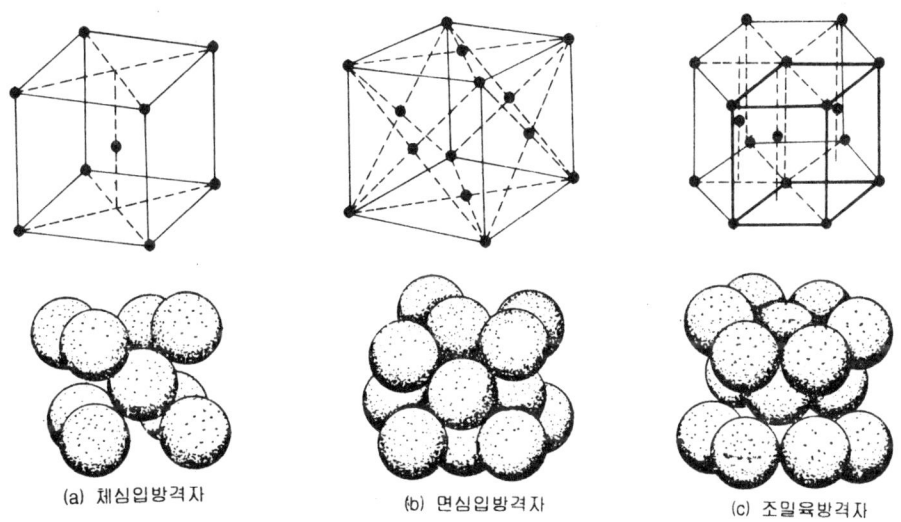

(a) 체심입방격자　　(b) 면심입방격자　　(c) 조밀육방격자

그림 2.13 중요한 금속의 격자형

표 2.6 주요금속의 결정구조

결정구조	주 요 금 속
BCC	Ba, Cr, Cs, Fe, K, Li, Mo, Nb, Rb, Ta, V
FCC	Ag, Al, Au, Ca, Cu, Ir, Ni, Pb, Pd, Pt, Rh, Sr, Th
CPH	Be, Cd, Co, Hf, Mg, Ti, Te, Zn, Zr

거리(interatomic distance)라고 한다. 또한 1개 원자를 중심으로 생각할 때 그 원자 주위에 있는 최근접원자의 수를 배위수(coordination number)라 부른다.

최근접원자는 서로 접하고 있으므로 근접원자간거리는 원자의 지름과 같게 되고 그 값은 격자상수를 알면 구할 수 있다. 즉 그림 2.13에서 볼 수 있듯이 체심입방격자에서는 체대각선상에 존재하는 3개의 원자가 서로 접촉하고 있으므로 이 체대각선의 길이가 원자지름의 2배가 된다. 따라서 체심입방체의 격자상수를 a라고 하면 체대각선의 길이는 $\sqrt{3}a$가 되고 이 길이는 원자지름의 2배가 되므로 원자반경은 $\frac{\sqrt{3}}{4}a$가 된다. 또한 체심입방격자의 중심에 있는 원자를 생각할 때 최근접원자는 격자의 각 꼭지점에 있는 원자들이 되며, 배위수는 8이 된다.

한편 단위격자내에 속하는 원자의 갯수를 생각해보면 각 꼭지점에 있는 원자는 주위에 존재하는 8개의 단위격자에 동시에 포함되고 있으므로 1개의 단위격자에는 1/8만이 속하게 된다. 당연히 체심에 존재하는 원자는 완전히 1개가 단위격자에 속하게 되므로 체심입방체의 단위격자에 속하는 원자의 갯수는 1/8×8+1=2개가 된다. 이상의 결과로부터 우리는 단위격자내에서 원자가 차지하는 부피의 비율인 충진율(充塡率 ; atomic packing factor)을 구할 수 있다.

즉 격자상수를 a라고 하면 격자의 부피는 a^3이고, 원자의 반경이 $\frac{\sqrt{3}}{4}a$이므로 원자1개의 부피는 $\frac{4}{3}\pi\left(\frac{\sqrt{3}}{4}a\right)^3$이다.

따라서 BCC의 원자충진율은

$$\frac{단위격자내원자의 부피}{단위격자의 부피} \times 100 = \frac{\frac{4}{3}\pi\left(\frac{\sqrt{3}}{4}a\right)^3 \cdot 2}{a^3} \times 100 = 68.02\%$$

가 된다.

2) 면심입방격자(Face-Centered Cubic lattice ; FCC)

이 결정구조는 그림 2.13의 (b)에 나타낸 바와 같이 입방체의 각 꼭지점과 각 면의 중심에 각각 1개씩의 원자가 배열된 결정구조이다. 이 단위격자에서는 면대각선상에 3개의 원자가 서로 접하고 있으므로 원자의 지름(근접원자간거리)은 단위격자의 면대각선 길이의 1/2이 된다. 따라서 격자상수를 a라고 하면 원자의 반경은 $\frac{\sqrt{2}}{4}a$가 된다. 또한 면의 중심에 있는 원자를 생각할 때 최근접원자는 각 꼭지점 및 사방의 면에 있는 원자들이 되므로 배위수는 12가 된다. 한편, 면심입방체의 단위격자내에 속하는 원자의 수를 구해보면 각 꼭지점에 존재하는 원자가 1/8, 각 면의 중심에 존재하는 원자가 1/2씩 속하게 되므로 전체적으로는 4개의 원자가 단위격자에 속하게 된다. 따라서 BCC에서 구

한 바와 같이 원자의 충진율($A.P.F$)을 구해보면

$$A.P.F_{(FCC)} = \frac{\frac{4}{3}\pi\left(\frac{\sqrt{2}}{4}a\right)^3 \times 4}{a^3} \times 100 = 74.05\%$$

가 된다.

3) 조밀육방격자(Close-Packed Hexagonal lattice ; CPH or HCP)

이 결정구조는 그림 2.13의 (c)에 나타낸 바와 같이 육각기둥 상하면의 각 꼭지점 및 중심에 1개씩의 원자가 있고, 육각기둥을 이루고 있는 6개의 삼각기둥 중 1기둥식 걸러서 삼각기둥의 중심에 1개씩의 원자가 배열된 구조이다. 이러한 단위격자에서는 그 크기를 육각기둥의 밑면을 이루고 있는 면의 1변만으로는 나타낼 수 없으므로 격자상수로서 밑변의 길이 외에 기둥의 높이를 정의하여 주어야 한다. 따라서 격자상수로서 밑면의 1변의 길이를 a, 육각기둥의 높이를 c로 표시하게 되는데 보통 c는 직접 값으로 표시하지 않고 a와의 비인 c/a의 값으로 나타내며 이 c/a의 값을 축비(axial ratio)라고 부른다.

이 단위격자에서는 근접원자간 거리가 바닥면에서는 a가 되며 c축 방향에서는 그림 2.14의 (a)에서 알 수 있듯이 $\sqrt{\left(\frac{2}{3}\cdot\frac{\sqrt{3}}{2}a\right)^2 + \left(\frac{c}{2}\right)^2} = \sqrt{\frac{a^2}{3} + \frac{c^2}{4}}$ 가 되고, 배위수는 육각기둥 밑면의 중심원자를 보면 12가 됨을 알 수 있다.

여기서 c/a의 값을 구하기 위해 c축으로 맞닿은 원자만을 고려하면 그림 2.14의 (b)와 같은 배열이 되며 이것은 정사면체를 상·하로 2개 겹쳐놓은 것과 같으므로 c값은 한변의 길이가 a인 정사면체의 높이의 2배가 된다. 또 한변의 길이가 a인 정사면체의 높이는

$\sqrt{a^2 - \left(\frac{2}{3}\frac{\sqrt{3}}{2}a\right)^2} = \sqrt{\frac{2}{3}a^2}$ 이므로 $\frac{c}{2} = \sqrt{\frac{2}{3}}a$ 그러므로 $c = \sqrt{\frac{8}{3}}a$ 가 되어

$$\frac{c}{a} = \sqrt{\frac{8}{3}} = 1.633$$

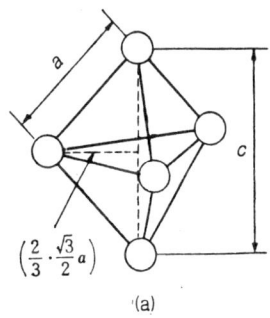 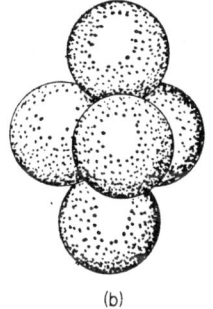

(a) (b)

그림 2.14 조밀육방격자의 $\frac{c}{a}$ 관계

이 된다.

앞서 우리는 결정구조를 이루는 원자들은 지름이 같은 구가 서로 접촉하여 쌓여있는 것으로 생각하였으므로 당연히 c/a의 값은 일정한 값을 나타내며 $c/a=1.633$의 이상적인 조밀충진의 경우에는 배위수가 12가 된다. 그러나 표 2.7에 나타낸 바와 같이 실제의 금속결정에서는 c/a가 1.6330에 근접한 값을 갖는 것은 α-Co, Mg, Re에 한정되고 기타의 금속에서는 $c/a<1.633$인 것이 많고 Zn, Cd에서는 c/a가 특별히 크다.

표 2.7 조밀 6방격자 금속결점의 축비 c/a

원자번호	원 소	축비 c/a (20℃)	원자번호	원 소	축비 c/a (20℃)
4	Be	1.568	64	Gd	1.591
12	Mg	1.624	65	Tb	1.583
21	Sc	1.589	66	Dy	1.574
22	α-Ti	1.587	67	Ho	1.571
27	α-Co	1.632	68	Er	1.571
30	Zn	1.856	69	Tm	1.572
39	Y	1.571	71	Lu	1.583
40	α-Zr	1.593	72	α=Hf	1.587
43	Tc	1.604	75	Re	1.615
44	Ru	1.582	76	Os	1.580
48	Cd	1.886	81	α-Ti	1.599

한편 조밀육방격자의 원자충진율은 구하기 위해서는 육각기둥의 단위격자보다도 그림 2.13의 (c)에 굵은 실선으로 나타낸 사각기둥을 최소단위로 생각하면 훨씬 편하게 된다. 이 최소단위의 격자에서는 120°의 내각을 이루는 꼭지점의 원자가 $\frac{1}{6}$씩, 60°의 내각을 이루는 꼭지점의 원자가 $\frac{1}{12}$씩 기여하므로 단위격자내의 전체 원자수는 내부에 있는 1개와 꼭지점에 있는 원자 $\frac{1}{6}\times 4 + \frac{1}{12}\times 4$로 총 2개의 원자가 속하고 있다.

따라서 이 단위격자의 원자충진율은 BCC에서 구한 바와 같이 계산하면

$$\frac{\frac{4}{3}\pi\left(\frac{a}{2}\right)^3\times 2}{2\times\frac{1}{2}a^2\cdot\sin 60°\times c}\times 100 = \frac{\frac{4}{3}\pi\left(\frac{a}{2}\right)^3\times 2}{2\times\frac{1}{2}a^2\sin 60°\cdot\sqrt{\frac{8}{3}}a}\times 100 = 74.05\%$$

이다.

이상에서 살펴본 3종류의 단위격자에 대한 단위격자내에 소속된 원자수, 배위수, 근접 원자간거리, 충진율을 표 2.8에 나타냈다.

면심입방격자와 조밀육방격자의 배위수와 원자충진율이 같은 것은 그림 2.15에 나타낸 바와 같이 이들의 구조가 구형의 원자를 가능한한 밀접하게 쌓아올렸을 때의 구조로 되

어있기 때문이다. 즉 그림 2.15에서 (a)와 같이 조밀하게 배열된 원자면에 (b)처럼 층층으로 쌓아 올리면 면심입방격자가 되고 (c)처럼 층층으로 쌓아 올리면 조밀육방격자가 된다.

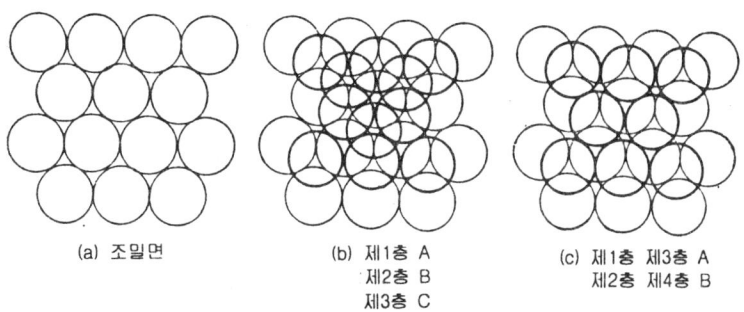

(a) 조밀면 (b) 제1층 A (c) 제1층 제3층 A
            제2층 B   제2층 제4층 B
            제3층 C

그림 2.15 배열원자면의 층상 모양

표 2.8 주요금속의 결정구조의 특징

결정 구조	단위격자 소속원자수	배 위 수	근접원자간거리	총 진 율
BCC	2	8	$\frac{\sqrt{3}}{2}a$	68(%)
FCC	4	12	$\frac{1}{\sqrt{2}}a$	74
CPH	2	12	$\sqrt{\frac{a^2}{3}+\frac{c^2}{4}}$	74

(2) X선에 의한 결정구조 해석

금속은 고체상태에서 결정구조를 이루고 있으며 가공 및 가열의 처리를 한다고 해도 결정을 이루고 있는 원자의 규칙성은 변하지 않는다. 이러한 원자들에 X-선을 쬐면 X-선과 원자의 궤도전자 사이의 상호작용에 의한 X-선의 산란이 생긴다. 그런데 금속을 구성하는 원자의 배열이 규칙성을 갖기 때문에 산란된 X-선 사이에서 회절현상이 일어난다. 즉 그림 2.16에 나타낸 바와 같이 산란된 X-선중 입사각과 같은 각도로 반사된

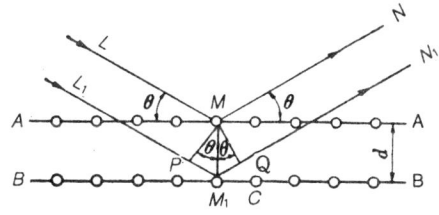

그림 2.16 X선의 회절 현상

방향에 대하여 생각할 때 A열에서 반사된 X-선과 B열에서 반사된 X-선 사이에는 PM_1+QM_1의 경로차가 생긴다. 이 경로차는 면간거리를 d, X-선의 입사각도를 θ라고 하면

$$PM_1+QM_1=2d\sin\theta$$

가 되며, 이 경로차가 X-선 파장의 정수배가 되면 A열에서 반사된 X-선과 B열에서 반사된 X-선의 위상이 같게 되어(constructive wave를 형성) X-선의 강도는 커지게 된다. 그러기 위한 조건은 X-선의 파장을 λ라고 할 때 다음과 같으며 이를 Bragg의 법칙이라 한다.

$$2d\sin\theta = n\lambda \text{ (단 } n \text{은 양정수)}$$

이러한 현상은 A열과 B열의 면간거리 d와 X선의 파장 λ가 거의 같은 크기일 때 일어나게 되는데 X-선의 파장은 대략 $10^{-6} \sim 10^{-10}$cm정도이기 때문에 금속의 결정구조를 연구하는데 적합하다.

X-선의 회절현상으로부터는 결정내의 면간거리를 알 수 있으며 그로부터 결정의 단위격자의 모양과 원자의 위치 및 격자상수의 값이 결정된다. 그러면 표 2.8에 나타낸 격자상수와 근접원자간거리의 관계로부터 원자의 지름이나 반경을 구할 수 있다.

결정질고체의 구조연구에 이용되는 X선 회절기술 중 대표적인 것이 그림 2.17에 설명

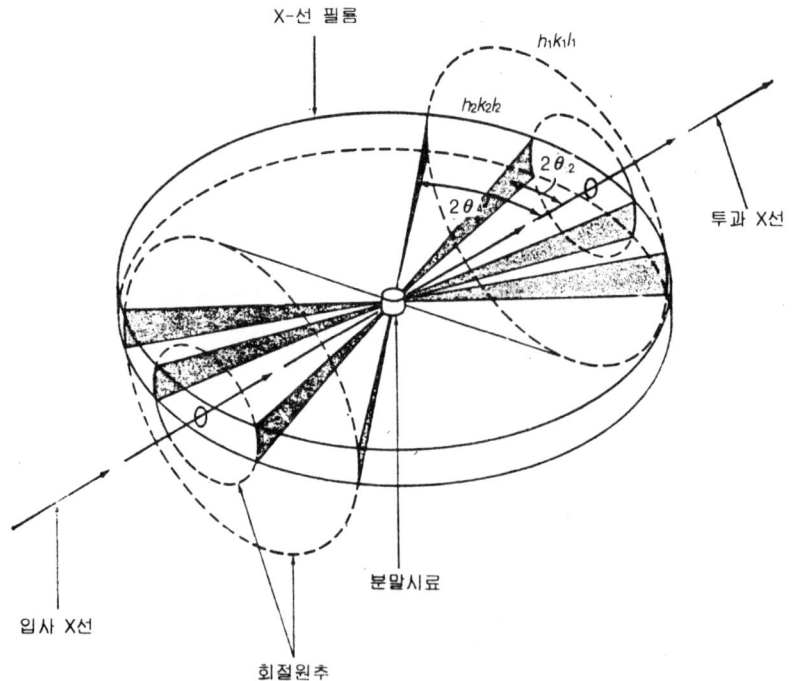

그림 2.17 분말방법의 설명도. 여러 가지 회절 peak를 기록하도록 긴 필름으로 시료를 둘러싼다

도를 나타낸 분말방법(粉末方法 ; power method)이다. 이 방법에서 사용되는 분말입자들은 각기 특정한 결정학적 방향으로 된 작은 결정체로 생각할 수 있다. 따라서 시료내에 있는 모든 입자들은 서로 불규칙한 방향을 가진다고 가정하면 많은 입자중에서 Bragg법칙에 맞도록 정확히 배향(oriented)된 입자로부터 회절이 일어난다. 따라서 필름에 회절선이 기록되며 이로부터 2θ각을 알게 되면 2θ와 λ의 값으로 부터 결정면간 거리를 직접 계산할 수 있다.

(3) 금속의 변태

금속은 고체상태로 있을 때에 온도에 관계없이 일정한 결정구조를 갖는 것이 많으나 때로는 어떤 온도범위에서 혹은 압력의 변화에 따라서 결정구조가 변하는 것도 있다. 이같이 외적인 조건의 변화에 의해서 금속의 결정구조가 변하는 것을 변태(transformation) 또는 동소변태(allotropic transformation)라 한다. 이 변태가 온도의 변화에 의해서 일어날 때 변태가 일어나는 온도를 변태온도 또는 변태점(transformation point)이라 한다. 동소변태는 주로 3가 또는 4가의 천이금속에서 많이 일어난다.

예를 들면 순Fe는 910℃ 및 1400℃에서 동소변태가 일어난다. 따라서 Fe는 상온에서는 체심입방체이나 910℃에서는 면심입방체가 되며 1400℃에서는 다시 체심입방체로 변태한다. 상온 이하에서는 0°K까지 체심입방체로 존재한다. 이처럼 온도에 따라 결정격자가 변하는 Fe를 온도가 낮은 것부터 α-Fe, γ-Fe, δ-Fe라고 부른다. 동소변태하는 금속의 동소체 중에서 낮은 온도의 것부터 α, β, γ, δ ... 등으로 부르는데 Fe에 β-Fe가 없는 것은 Fe가 768℃에서 강자성체로부터 상자성체로 변화하는 자기변태를 일으키기 때문에 옛날에는 768℃부터 910℃까지를 β-Fe라고 불렀으나 이 자기변태는 결정구조의 변화없이 전자의 스핀(spin)방향만 변함으로 일어나는 것이 밝혀져 지금은 β-Fe도 α-Fe로 취급하기 때문이다.

표 2.9는 각종 금속의 동소변태를 나타낸 것이며 표 2.10은 각종 금속의 자기변태를 나타낸 것이다.

표 2.9 금속의 동소변태와 변태점

금 속	Ca	Co	Fe	Hf	La	Mn
결 정 구 조	(α) FCC (β) CPH	(α) CPH (β) FCC	(α) BCC (γ) FCC (δ) BCC	(α) CPH (β) BCC	(α) CPH (β) FCC	(α) (β)
변태점(℃)	440	477	910 1,400	1,950	350	718

금　　　속	Sn	Ti	Tl	U	Zr
결 정 구 조	(gray) tetragonal (white) diamondcube	(α) CPH (β) BCC	(α) CPH (β) BCC	(α) orthorhombic (β) tetragonal (γ) BCC	(α) CPH (β) BCC
변태점(℃)	13	882	234	668 774	852

표 2.10 금속의 자기변태점

원소 또는 물질	Fe	Fe_3C	Fe_3C	Fe_3O_4	Fe_3Si_2	Fe_4N	Ni
자기변태점(℃)	768	215	420	580	90	480	368

원소 또는 물질	Co	Cr_5O_9	Mn_5P_2	Mn_5N_2	$CuO-Fe_2O_3$
자기변태점(℃)	1,150	150	24	500	270

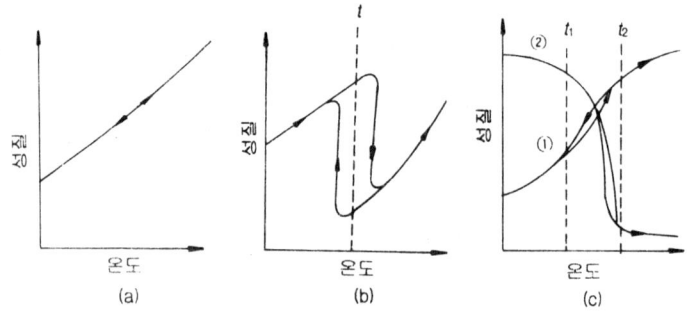

그림 2.18 성질과 온도와의 관계

　동소변태와 자기변태를 하는 금속들은 변태를 전후하여 여러가지 성질이 변화한다. 동소변태에서는 성질의 변화가 일정온도(변태온도)에서 급격하게 불연속적인 경향으로 나타나지만 자기변태의 경우에는 일정한 온도의 범위 내에서 점진적으로 연속적인 변화가 생긴다.

　그림 2.18은 금속의 성질변화와 온도의 관계를 나타낸 것으로 (a)의 경우는 변태가 없는 금속의 경우이다. 즉 성질의 변화는 있지만 온도에 대해서는 극히 단순한 비례를 갖는 가열변화를 나타내고 있다. 그러나 (b)는 동소변태가 생길 때의 열팽창-온도 곡선으로 변태점인 t℃에서 수직으로 성질이 변화하고 있다. 이때 가열할 때와 냉각할 때에 변태온도의 차이가 생기는 것은 금속이 변태할 때에 고체 내에서 원자의 이동이 일어나야 하는데 고체 내에서 원자의 자유도가 낮기 때문이다. (c)는 자기변태가 생길 때의 성질-온도 곡선을 나타낸 것이다. 자기변태의 경우 어떤 온도구간(t_1에서 t_2까지)에서 성질의 변화가 점진적이고도 연속적으로 일어남을 알 수 있다. 이 그림에서 ①은 전기저항곡선이고 ②는 자기 변태곡선을 나타낸 것이다.

2.2.4 합금의 결정

일반적으로 2종 이상의 금속을 용해할 때 각 성분은 서로 반응하여 용융상태가 되고 그것을 냉각시키면 고용체와 금속간 화합물을 형성한다. 따라서 완전히 응고된 합금에 나타나는 상(phase)은 순금속, 고용체(solid solution), 금속간화합물(intermetallic compound)의 3종류가 있다. 특히 고용체 중에서도 첨가원소가 규칙적인 배열을 하는 것을 규칙격자(Super lattice)라고 한다.

(1) 고용체

대부분의 금속들은 격자결합내에 다른 금속원자 또는 금속이온을 수용하는 성질을 갖고 있어 다른 금속의 원자를 수용하여 균일한 단상의 고체를 만든다. 이때 수용되는 금속(용질원자)은 한개 한개의 원자가 되어 수용하는 금속(용매원자)의 결정격자속으로 들어가게 된다. 이같은 고체를 고용체라 한다.

고용체를 만들 때 용질원자가 들어가는 방법은 2가지가 있다. 하나는 용매원자의 결정의 격자점에 있는 원자가 용질원자로 치환되는 것으로 이를 치환형 고용체(substitutional solid solution)라고 하고 다른 하나는 용질원자가 용매원자의 결정격자 사이의 공간에 들어가는 것으로 이를 침입형 고용체(interstitial solid solution)라 한다. 그림 2.19는 침입형 고용체와 치환형 고용체의 모양을 나타낸 것이다.

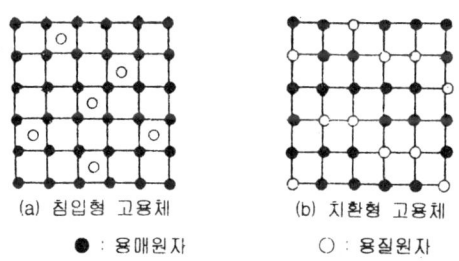

(a) 침입형 고용체   (b) 치환형 고용체

● : 용매원자   ○ : 용질원자

그림 2.19 침입형 고용체와 치환형 고용체의 격자 모양

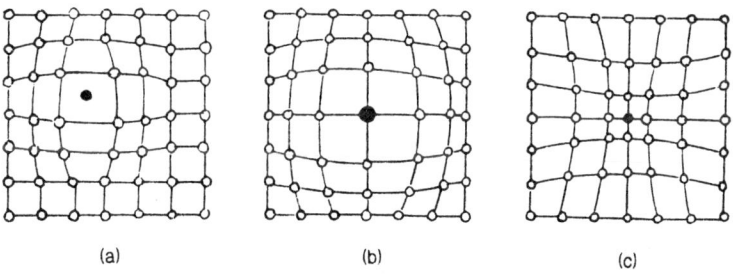

그림 2.20 격자의 변형상태

침입형 고용체는 용질원자의 크기가 용매원자의 크기에 비해서 특별히 작을 때만 일어나는데, 일반적인 금속의 원자 크기는 크게 다르지 않으므로 침입형 고용체를 형성할 수 있는 원자는 H, B, C, N, O 등의 원자에 한정된다. 이들 원자의 크기는 모두 1Å 이하의 원자반경을 갖는다.

금속 상호간에 고용체를 만드는 경우에는 원자크기의 차가 적으므로 치환형 고용체를 형성하게 된다. 이 때 용질원자와 용매원자의 크기가 같지 않아 그림 2.20에 나타낸 바와 같은 격자변형(strain)을 일으킨다.

이같이 결정격자에 변형이 생기면 원자면을 따라 슬립(slip)이 일어나기 어려워져 금속의 강도, 경도가 커지고 자유전자의 산란이 많아져 전기저항이 증가하게 된다. 따라서 2종류의 금속이 어떠한 비율로도 고용체를 만든다면 각각의 원자가 반씩 합금되었을 경우에 전기저항이나 강도가 최대로 될 것이다. 그러나 고용체를 만들때 어느 정도 까지만 고용체를 만드는 것(한율 고용체)과 모든 비율로 고용체를 만드는 것(전율 고용체) 또는 전혀 고용체를 만들지 않는 것이 있으며, 그것을 결정하는 중요한 인자는 Hume-Rothery 의 이론에 따르면 아래와 같다.

① 용질원자와 용매원자의 크기 차이가 15% 미만이면 고용체를 형성하려는 경향이 있다. 그러나 두 원자크기의 차가 15%를 넘으면 고용도는 보통 1% 이하로 제한된다.

② 서로 강한 화학적 친화력이 없는 금속들은 고용체를 형성하려는 경향이 있지만, 전기음성도의 순서에서 서로 멀리 떨어져 있는 금속들은 금속간화합물을 형성하려는 경향이 있다.

③ 원자가가 작은 용매금속 중에 원자가가 큰 용질금속이 고용되는 경우의 고용도가 그 반대의 경우보다 크다.

④ 전율고용체를 형성하기 위해서는 용질금속과 용매금속이 같은 결정구조를 가져야 한다.

치환형 고용체의 경우 용질원자와 용매원자의 치환이 랜덤(ramdom)하게 일어난다면 고용체의 격자상수값은 용질원자의 농도에 비례하게 되며, 이러한 관계를 베가드의 법칙(Vegard's law)이라 한다.

(2) 규칙격자

고용체에서는 용질원자와 용매원자의 배열에 전혀 규칙성이 없지만, 이 고용체를 어느 특정온도에서 장시간 가열하면 이들 원자의 배열이 일정한 규칙성을 갖는 것이 있다. 이것을 규칙격자(super-lattice)라 하며, 그 변화를 규칙-불규칙변태(order-disorder transition)라 하고, 이러한 변화를 일으키는 온도를 자기변태와 같이 큐리점(Curie point)라 한다. 그림 2.21은 Au-Cu계에 있어서 Cu_3Au의 온도에 따른 규칙도의 변화를 나타낸 것이다.

이들 규칙격자는 당연히 A_xB_y형의 간단한 정수비의 조성을 가지며, 그 조성에서는 일반적인 고용체와는 다른 성질을 가지기 때문에 최근에는 금속간화합물의 한 형태로 취급되고 있다. 그림 2.22는 Au-Cu계에서 나타나는 Cu_3Au 규칙격자의 (100)면을 일반 고용체격자와 비교하여 나타낸 모식도이다. 이 격자에서는 입방격자의 격자점의 원자가 Au 면심원자가 Cu로 점유되어 있다. 이 계에는 또하나의 CuAu규칙격자가 있으며, 이들은 모두 장시간의 소둔(annealing)에 의해서 나타낸다.

규칙-불규칙변태는 합금의 전기 저항, 기계적 성질, 자성 등 여러가지 성질에 변화를 준다. 그림 2.23에는 Cu-Au 합금의 조성에 따른 전기 저항의 변화를 나타낸 것이다. 보통의 냉각속도에서는 일반적인 연속고용체가 되므로 전기 저항은 점선과 같이 변화하나, 규칙격자가 생성되면 그 조성을 중심으로 그림과 같은 전기저항의 변화가 나타난다.

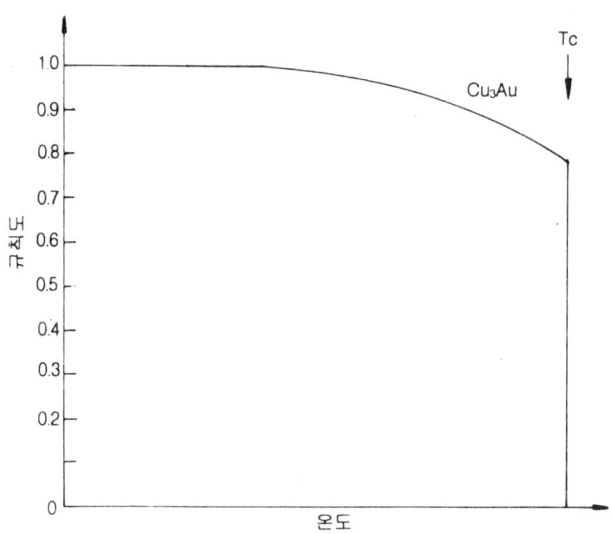

그림 2.21 Cu_3Au의 온도에 따른 규칙도의 변화

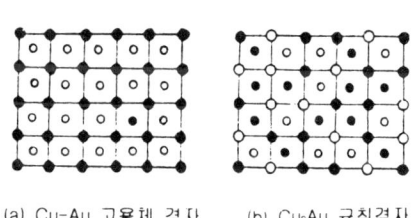

그림 2.22 ● Au 원자 ○ Cu 원자

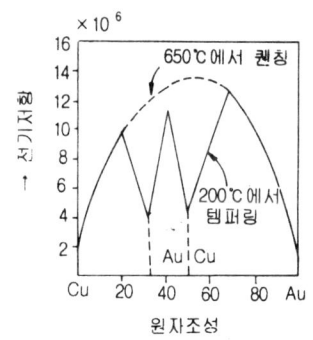

그림 2.23 Cu-Au 합금의 조정에 따른 전기저항의 변화

(3) 금속간 화합물

성분금속의 원자들이 비교적 간단한 정수비로 결합되고 각 성분 금속의 원자가 결정격자 내에서 특정한 위치를 차지하고 있는 합금을 금속간 화합물이란 한다.

규칙격자는 금속간 화합물의 일종으로, 구조가 비교적 간단하고 고용체의 구조변화 없이 원자의 이동만으로 생기는데 반하여 금속간 화합물은 간단한 것에서부터 복잡한 것에 이르기까지 대단히 변화가 많으며 이들은 여러 가지의 형식으로 분류되고 있다.

금속간 화합물은 본래의 물질과는 전혀 성질이 다른 별개의 화합물이 되므로, 일반적인 고용체와는 다음과 같은 차이가 있다.

① 성분금속의 원자가 결정의 단위격자에서 일정한 위치를 차지한다.
② 일반적으로 복잡한 결정구조를 가지며, 매우 경도가 높고 취약하다.
③ 금속으로 구성되어 있으나, 일반적으로 전기 저항이 크다.
④ 규칙-불규칙변태가 없다.
⑤ 주기율표 중의 동족원소와는 거의 화합물을 만들지 않는다.
⑥ 일반적으로 각각의 성분금속보다 융점이 높다.
⑦ 성분금속의 특징을 잃어버린다.
⑧ 고온에서는 불안하여 자기의 융점을 갖지 못하고 분해되기 쉽다.

제3장
금속의 조직과 특성

3.1 금속의 특성

금속의 공업적 특성을 두가지 형태로 분류 설명하면 조직에 관계없는 재료 특성과 조직의 형태에 따라 변화하는 특성으로 나눌 수 있다. 조직의 형상과 관계없는 재료의 특성으로는 무엇보다도 열전도도 및 용융온도와 밀도를 들 수 있으며 이밖에도 구조물에서 중요한 재료특성중의 하나인 탄성계수도 합금첨가원소나 조직상태에 의해 고려할만한 영향을 받지는 않는다. 즉 탄성계수는 격자형태와 원자구조에 의해 결정되는 것으로 합금첨가원소 스스로는 상대적으로 적은 영향을 미친다(4.3장 참조). 엄밀히 따지면 조직의 형태 역시 탄성계수에 미소한 영향을 주겠으나 측정방법이나 측정기술등에 따라서 조직의 변화와 탄성계수와의 관계는 다소 차이가 있으므로 이러한 값들을 정밀하게 판단할 수 없는 한 금속의 탄성계수는 조직의 변화와 관계없이 일괄적으로 고유한 값을 갖는 것으로 본다. 이와는 달리 경도, 가공성, 내부식성, 전기전도도등은 조직의 형태에 따라 변화하는 특성들로 합금원소의 첨가나 소성가공, 열처리등을 통하여 상당히 변화한다. 일례로 99.99% Al과 AlSi12를 비교할 경우 전기전도도는 약 1 : 2의 차이가 있다. 전선으로 많이 이용되는 Al재료에서 조직이나 합금성분에 따른 전기전도도의 차이는 실제로 상당한 의미를 갖는 변화가 아닐 수 없다.

3.2 금속의 조직

금속의 특성을 이해하기 위해서는 먼저 금속을 구성하고 있는 구성요소 즉 금속조직을 알아야 한다. 조직검사를 위해서는 금속시편의 절단면을 잘 연마한 후 조직을 볼 수 있도록 적절한 화학부식을 시킨 다음 관찰하는데 이때 관찰하는 방법에 따라 육안조직, 현미경조직 등으로 분류한다.

그림 3.1의 왼쪽에 도시한 조직은 육안조직으로서 시편의 표면을 부식시킨후 육안으로 관찰되는 결정립을 나타낸다. 냉간가공된 조직의 결정립 직경은 대개 0.01~1mm 정도로 주조조직보다 훨씬 적으며 길이 방향으로 연신되어 있고 풀림처리에 의해 새로운 결정립이 형성한다. 현미경조사에는 대개 50~1000배의 배율을 이용하며 조직을 구성하는 합금원소나 불순물등의 층을 관찰할 수 있다. 금속조직을 좀더 자세히 관찰하는데는 광학현미경 이외에도 전자현미경을 이용하는데 이때의 배율은 약 100,000배 까지 사용되고 있으며 미세한 불균일 조직이나 석출물, 아결정립(subgrain) 등을 분명하게 관찰할 수 있다. 이들 결정립, 석출물, 아결정립들은 금속조직안에서 원자간의 인력으로 굳게 결집한다(그림 3.2(a), (b)).

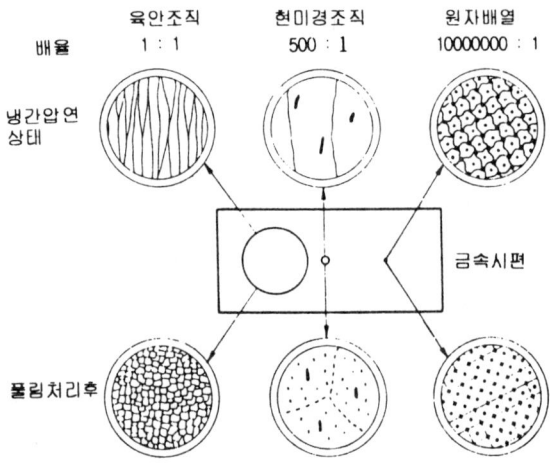

그림 3.1 금속의 조직검사

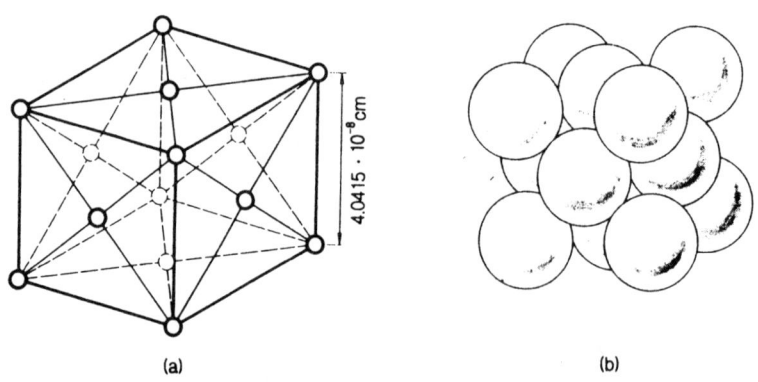

그림 3.2 (a) : Al의 면심입방격자. 단위격자는 4개의 원자를 갖는다. 즉 단위격자를 구성하고 있는 14개의 원자 중 10개는 인접원자와 접하고 있다
(b) Al격자에서 원자가 조밀하게 집적되어 있는 도형. 그림 a에서는 격자구조를 쉽게 이해하기 위해서 원자의 핵만을 도시하였으나 실제로 이들 원자는 서로 인접해 있다

3.2.1 격자의 형성

금속을 가열하면 용융온도 이상에서 원자배열이 무질서 해지면서 결정상태를 잃고 액체가 된다. 이 용액을 응고온도까지 냉각시키면 원자는 다시 규칙적인 결정격자의 자리를 찾아간다(그림 3.3).

금속이 용액으로 부터 응고되어 결정화되는 과정을 좀더 쉽게 설명하기 위해 다음과 같은 예를 들었다. 우선 빈 강의실이 하나 있다고 하자. 이때의 각 줄과 열에 놓여 있는 의자를 결정에 있어서 각 원자가 자리잡을 격자의 원자위치라 생각할 수 있다. 다음에는 운동장에서 수많은 학생들이 이리 뛰고 저리 뛰는 모습을 생각해 보자. 이 상태는 곧 용체상태와 비교할 수 있을 것이다. 만약에 어느 선생님이 나타나서 운동장에서 무질서하게 뛰놀던 학생들을 교실에 질서있게 놓여있는 의자에 정렬시켜 착석시킨다면 이 상태는 용액이 냉각하여 결정화 곧 응고되는 과정과 비교할 수 있다(그림 3.3). 그러나 여기에서 인간은 생각을 하는 동물로서 자기 자리를 찾아간다지만 이들 원자는 어떻게 해서 격자점을 찾아 가겠는가 하는 의문이 생긴다. 여기에 대한 해답으로는 원자 상호간의 인력과 원자크기를 들 수 있다. 원자들은 응고시에 서로 잡아 당김으로써 가능한 밀집된 형태로 정렬하는 것이다(그림 3.2(b)). 이렇게 해서 금속은 하나하나의 격자를 형성하고 이들 입방체로 정렬된 원자들은 좌우상하로 쌓이게 된다.

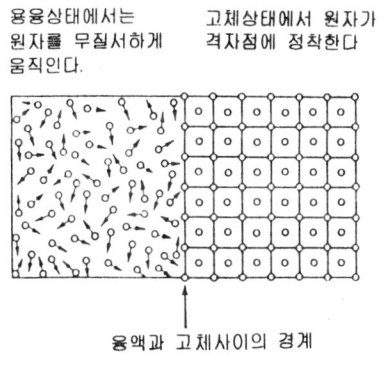

그림 3.3 금속용액이 응고할 때의 원자운동

3.2.2 가열 및 냉각곡선

모든 금속원자들은 액체 또는 고체상태에 따라 서로 다른 양의 에너지를 갖고 있다. 금속을 용융점온도까지 가열하기 위해서는 일정량의 열에너지를 필요로 한다. 그러나 용융온도에서도 금속은 전혀 용융되지 않는다. 이러한 금속을 비정질상의 액체상태로 용융시

표 3.1 금속의 융해온도와 융해열

금속	융해온도 T_s[K]	원자의 융해열 Q_s[J/g·원자]	Q_s/T_s
Fe	1,808	15,200	8.4
Co	1,768	15,600	8.9
Zn	693	7,400	10.5
Pb	600	5,000	7.6
Hg	234	2,350	10.0

키기 위해서는 각 원자가 인접한 격자점으로부터 뛰쳐나올 수 있도록 상당한 양의 열에너지가 요구된다. 일례로 1kg의 Al을 20℃로부터 660℃로 가열하기 위해서는 670 Kilo Joule[1]이 필요하며 다시 660℃에서 온도의 상승없이 고체로부터 액체로 변화하는데는 g당 396 Joule이 요구된다(용융잠열). Al원자는 고체-액체의 용융과정에서 상당한 에너지를 얻게 되며 이로 인하여 원자의 운동이 활발해진다. 따라서 원자는 고체상태에서보다 액체상태에서 높은 운동에너지를 갖는다. 이와는 반대로 용액의 응고과정을 보면 원자가 낮은 에너지를 갖는 결정상태로 돌아가기 위해서는 용융점에서 냉각이 진행되는 동안 396Joule/g을 방출해야 한다.[2] 이 응고잠열은 그 양에 있어서 용융잠열의 양과 똑같다. 금속의 용해곡선과 응고곡선을 그리면 이들은 서로 경면대칭이 된다(그림 3.4).

한편 금속의 용융점(혹은 응고점)에서의 온도-시간관계는 시간적으로 지연되는 것을 볼 수 있는데 이는 금속이 용융 또는 응고되는 동안 전체 용융잠열을 흡수하거나, 전체 응고잠열을 방출할때 까지 온도가 변화하지 않음을 말한다. 표 3.1에 몇가지 금속에 대한 용해온도와 융해열을 나타내었다.

3.2.3 과냉

평형상태에서 순금속은 일정한 온도에서 응고한다. 즉 열전대를 순금속의 용액에 넣고 서서히 냉각시키면 그림 3.4의 왼쪽곡선과 같은 냉각곡선을 얻을 수 있다. 응고점까지는 온도가 서서히 하강하다가 응고점에 이르면

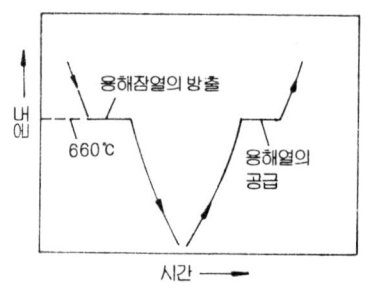

그림 3.4 응고 및 용해곡선

주1) 융해열은 금속의 비열로부터 계산할 수 있으며 비열은 1g의 금속을 1°K 상승시키기 위한 에너지로서 단위는 KJ이다
주2) 즉 이제까지 가지고 있던 운동에너지가 열형태로 방출되는데 이것을 응고의 잠열(latent heat of freezing)이라 한다.

순금속이 응고되면서 방출한 용융잠열(latent heat)로 말미암아 잠시 일정온도를 유지한다. 그리고 응고가 끝나면 다시 서서히 온도가 하강한다. 그러나 실제로 용융금속을 냉각시키면 열역학적 평형용점보다 낮은 온도에서 응고가 시작한다. 즉 응고점에서 고상의 생성이 억제되는 경우인데 이러한 냉각곡선을 그림 3.5에 나타내었다. 이와같이 평형응고온도 이하까지 액상이 냉각되는 현상을 과냉(super-cooling, undercooling)이라 한다. 응고온도 이하 ΔT 만큼 과냉되면 고상의 핵생성이 급속

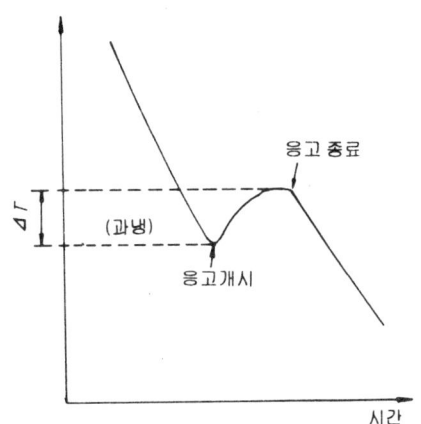

그림 3.5 순금속의 냉각곡선 : 과냉이 나타난 냉각

히 일어나며 응고에 따른 용융잠열의 방출에 의해 다시 평형온도까지 온도가 상승한다. 이러한 과냉은 응고진행중 열방출(열전달)이 클수록, 액상금속중에 결정핵을 형성할 수 있는 합금성분이 적을수록 더욱 커진다.

3.2.4 결정립의 형성

금속이 액체상태에서 응고될 때에 원자는 가능한한 충진된 상태로 쌓이면서 결정화한다고 언급한바 있다. 이때의 결정화 과정에서는 소위 "결정핵"의 형성이 있게되는데 액체의 온도가 용융점에 도달하면서 용액의 일부에서는 이 결정핵이 형성되기 시작한다. 결정핵이 성장하면서 용해잠열이 방출되고 방출된 열이 외부로 전달되면서 결정핵은 결국 인접한 결정과 부딪칠때까지 계속 성장한다. 그림 3.6에 주조조직에서 몇개의 결정립

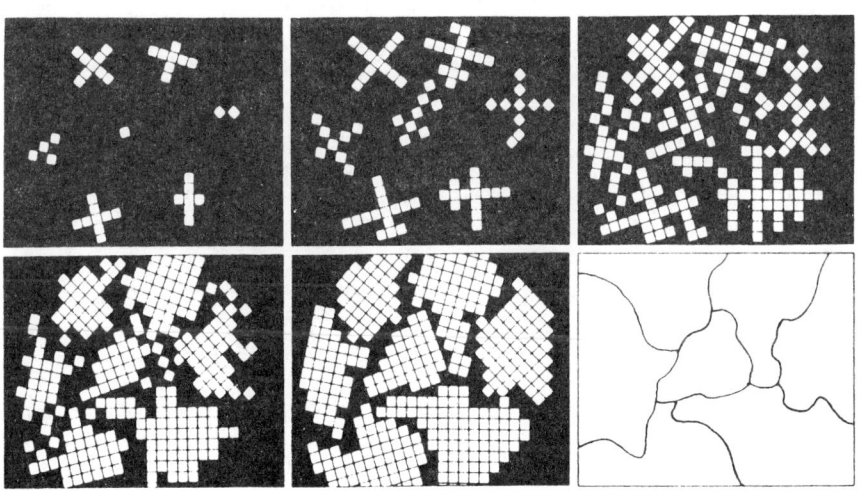

그림 3.6 주조조직의 형성

이 형성되는 과정을 도시하였다. 그림에서 검은 바탕은 액체를, 하얀색의 4각형은 그림 3.2에서 보았던 단위격자를 나타낸다. 맨왼쪽 위그림을 보면 7개의 결정핵이 형성되어 있다. 이중에서 6개는 이미 여러개의 단위격자들이 모여 성장하고 있고, 가운데 1개는 막 형성된 결정핵을 나타낸다. 계속해서 다음 그림들은 결정의 성장을 나타내는 것으로, 이들 결정은 마지막 용액이 다 없어질 때까지 성장한다. 이렇게 형성된 결정을 결정립, 이들 결정립이 서로 맞부딪치는 곳을 결정립계라 하며 각 결정립의 격자는 서로 다른 각도로 배열되어 있다. 한개의 결정립안에서 금속원자는 지엽적인 결함을 제외한다면 똑같은 형태의 격자로 정돈되어 있으며 격자면은 서로 평행하거나 아니면 한 결정안에서 90° 또는 45° 각도로 짤려있다(그림 3.7(a)).

한편 인접한 결정립을 형성하던 결정핵은 처음 생성시부터 다소 다른 조건하에서 성장된 것으로, 이들 두 결정립이 마주치는 결정립계에서 격자의 방향은 일정한 각도로 마주친다. 결정립계에서는 불규칙도가 크며 이때의 불규칙도는 응고가 진행됨에 따라 잔류용액에 농축되는 첨가용질원소가 많을수록 더욱 커진다. 결정립계가 흔히 내부식성이 가장 약한 이유는 바로 이러한 원자의 불규칙배열 때문이다.

하나의 결정입자 안에 있는 원자수는 대단히 많다. 결정립의 평균 크기는 대략 쌀 한톨만 하고 이 크기만한 결정립이 갖는 원자수는 약 10^{21}개나 된다. 이런 엄청난 수의 원자가 응고시에 자기 위치를 찾아 가는데는 불과 1초 이내에 이루어진다. Al원자를 $0.000286\mu m(1\mu m=1/1000mm)$의 직경을 갖는 구로 보고 이 구형태의 수많은 원자를 상자안에 집어넣고 흔들면 눈깜짝할 사이에 그림 3.2(b)에 도시한 격자구조처럼 된다. 이러한 응고과정을 좀더 자세히 관찰해보면 액체상태에서의 원자는 이미 어느정도의 준규칙도를 유지하고 있기 때문에 응고시에 각각의 격자점으로 신속하게 돌아가는 것이 가능하다는 것을 알 수 있다.. 즉 원자의 자유운동은 액체상태가 아닌 증기상태에서 일어나는 것이며 이는 Al을 증발시키기 위해서는 액체상태에서보다도 25배가 넘는 열에너지가 요구되는 것을 보아서도 쉽게 짐작할 수 있겠다.

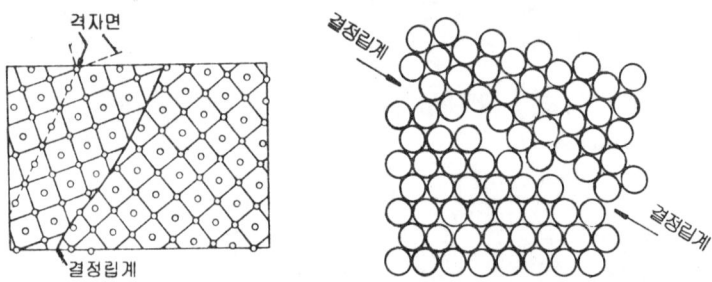

그림 3.7 (a) 서로 인접한 결정립사이의 원자배열. 결정립계에서의 격자구조가 불규칙하다
(b) 그림 (a)를 확대하여 도시한 것으로 결정립계에서의 불규칙원자배열을 나타낸다. 결정립내에서의 원자는 완전히 밀집된 상태이나 결정립계에서는 빈곳이 형성되어 용질원자들의 확산을 쉽게 한다

3.2.5 균일핵생성

J.H.Hollomon 및 P.Turnbull은 실험적으로나 이론적으로 액상이 어느정도 과냉되지 않으면 결정이 자발적으로 생성되지 않으며, 그 과냉도는 평형응고온도(°K)의 약 20%라고 발표하였다. 그러면 응고에는 왜 과냉이 필요한지 생각해 보자. 융액이 냉각되어 고체결정이 출현되면 융액과 결정사이에 고액계면이 형성된다. 이 계면 부근에 있는 원자는 고상이나 액상의 어느쪽에도 속할 수 없는, 고상보다는 높고, 액상보다는 낮은 에너지 상태에 있다. 응고가 진행된다는 것은 이 높은 에너지 상태의 양이 최소로 될때까지 진행하는 것으로, 용액내에 결정핵이라 할 수 있는 안정된 원자의 집단이 자발적으로 발생하여 그것이 계속 성장하는 것을 말한다.

지금 융체에 안정된 핵이 발생할 수 있는 조건이 갖추어지면 융체내에서 핵생성이 균질하게 일어나므로 이를 균질핵생성(homogeneous nucleation)이라 한다. 그러나 융체내에 불순입자가 존재하든가 또는 주형벽이 있으면 결정핵은 이들과 접한 곳에서부터 우선적으로 생성되며 이를 불균질 핵생성(heterogeneous nucleation)이라 한다.

만일 순금속의 용액중에서 균질핵생성이 일어난다면 고상과 액상의 단위체적당의 자유에너지는 같을 것이다. 즉 체적에너지와 온도와의 관계(그림 3.8)에서 알 수 있는 바와 같이 T_M에서를 같은 값이 된다. 그러나 T_M이하의 온도에서는 온도가 낮을수록 액상과 고상의 체적에너지의 차 $\Delta G_V(=G_L-G_S)$는 커진다. 지금 미소한 반지름(r)의 고상이 될 수 있는 원자집단(cluster)이 용액중에 형성되었다면 식 (3-1)과 같이 ΔG_V의 체적에너지가 감소한다.

$$\Delta G_V = (g_L - g_S) \cdot \frac{4}{3}\pi r^3 \tag{3-1}$$

자유 에너지는 다음과 같이 표시된다.

  $g = H - TS$
  여기서 g : 자유에너지
    H : 엔탈피
    T : 액상이 고상으로 변태하는 온도
    S : 엔트로피

따라서 액상이 고상으로 변화할때의 자유에너지 변화 Δg는

$$g_L - g_S = \Delta g = \Delta H - T\Delta S \tag{3-2}$$

평형온도 T_M에서 액상이 고상으로 변태한다면

$$\Delta g = \Delta H - T_M \Delta S = 0 \tag{3-3}$$

이다. 식 (3-2), (3-3)에서

$$\Delta g = \Delta H \cdot \Delta T / T_M \tag{3-4}$$

여기서 $\Delta T = (T'_M - T)$로서 과냉도를 나타낸다. 따라서 식 (3-1)은

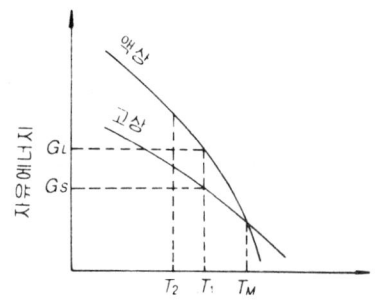

그림 3.8 고·액 양상의 자유에너지와 온도와의 관계

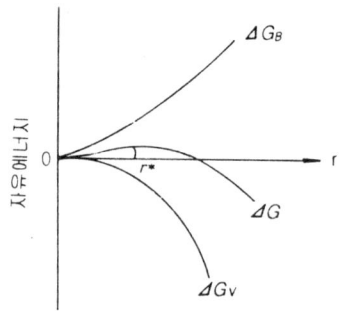

그림 3.9 원자집단의 ΔG와 r 과의 관계

$$\Delta G_V = \frac{4}{3}\pi r^3 \Delta g = \frac{\Delta H \cdot \Delta T}{T_M} \cdot \frac{4}{3}\pi r^3$$

즉 평형응고점보다 ΔT만큼 낮은 온도에서 반지름 r인 미소한 고상이 정출한다면 체적에너지는 ΔG_V만큼 적어진다. 한편 새로 형성된 고상의 표면에는 고액계면이 생기게 되므로 계면에너지가 새로 첨가된다. 이 계면에너지를 ΔG_B라 하면

$$\Delta G_B = 4\pi r^2 \sigma \tag{3-5}$$

여기서 σ : 단위면적당의 계면에너지

따라서 체적에너지의 감소와 계면에너지의 증가로 전체 자유에너지의 변화 ΔG는

$$\Delta G = \Delta G_B - \Delta G_V = 4\pi r^2 \sigma - \frac{4}{3}\pi r^3 \Delta g \tag{3-6}$$

이 관계를 고상의 반경 r의 함수로 나타내면 그림 3.9와 같이 된다.

고상의 반경 r이 r*로 증대될 때 ΔG는 극대로 되나 그 이상에서는 급격히 감소한다. 따라서 융액내에 생긴 고상의 원자집단(cluster)이 반지름 r* 이상으로 된 것은 안정한 핵으로 될 수 있으며 r* 이상의 크기를 갖는 고상을 결정의 핵(nucleus)이라 부른다. 결정의 핵은 다음 관계로 성장한다. 즉 r*값은 식(3-6)을 미분하여 기울기가 0인 곳의 값이므로

$$r* = \frac{2\sigma}{\Delta g} = \frac{2\sigma \cdot T_M}{\Delta H \cdot \Delta T} \tag{3-7}$$

식 3-6과 식 3-7에서

$$\Delta G* = \frac{16\pi \sigma^3}{3\Delta g^2} \tag{3-8}$$

반지름 r*의 임계점은 ΔT가 클수록, 즉 온도가 낮을수록 작게 된다. 따라서 융액내에 존재하는 원자집단(Cluster)의 반지름이 임계반지름보다 크게 되는 온도로 과냉될때 비로소 핵.생성이 일어난다.

3.2.6 불균일 핵생성

융체내의 불순입자나 주형벽에 의하여 불균일 핵생성이 일어난다는 것은 이미 설명하였다. 이 경우 결정핵은 액상온도에서 용해되지 않은 다른 입자의 표면에 접촉하여 생성

되는 것이므로 계면에너지의 발생량은 균일핵생성시보다 **훨씬** 적다. 따라서 핵생성에 필요한 과냉도는 매우 작아서 불과 수 ℃에 지나지 않는다.

그림 3.10과 같이 주형벽이나 다른 입자의 표면에 원자집단이 접촉된다면, 점 A에서 다른 입자와 용액사이의 표면장력을 σ_{SL}, 용액과 원자집단(cluster)사이의 표면장력을 σ_{LC}, 다른 입자와 원자집단 사이의 표면장력을 σ_{SC}이라고 하면, 이 사이에는 다음과 같은 평형관계가 성립한다.

$$\sigma_{SL} = \sigma_{SC} + \sigma_{LC} \cos\theta \tag{3-9}$$

이 θ는 다른 입자의 표면과 원자집단과의 접촉각이며, 식 3-9를 각계면에너지 ($\varDelta F$)로 고치더라도 같은 관계가 성립한다.

$$\varDelta F_{SL} = \varDelta F_{SC} + \varDelta F_{LC} \cos\theta \tag{3-10}$$

이경우 자유에너지의 변화 ($\varDelta G$)는 다음과 같이 생각할 수 있다.

$\varDelta G$ = (원자집단 저면(底面)의 계면에너지)
  + (원자집단의 표면에너지) - (원자집단의 체적에너지)

따라서

$$\varDelta G = \pi r^2 \sin^2\theta (\varDelta F_{LC} - \varDelta F_{SL}) + 4\pi r^2 \cdot \phi_1(\theta) \cdot \varDelta F_{SC}$$
$$- \frac{4}{3}\pi r^3 \cdot \phi_2(\theta) \cdot \varDelta g \tag{3-11}$$

다만

$\phi_1(\theta) = (1-\cos\theta)/2$

$\phi_2(\theta) = (2-3\cos\theta + \cos^3\theta)/4$

앞서 설명한 균질핵생성과 똑같이 생각하여 r^*, $\varDelta G^*$를 구하여 보면

$$r^* = 2\varDelta F_{SC}/\varDelta G_v \tag{3-12}$$

$$\varDelta G^* = \frac{4\pi \varDelta F_{SC}^3}{3\varDelta g^2}(2-3\cos\theta + \cos^3\theta) \tag{3-13}$$

식 (3-10)에서 $\theta=0$로 될때, 즉 원자집단이 완전히 다른 입자와 접촉되었을 때 $\varDelta G^*=0$으로 되어 핵생성의 구동력은 필요없게 되고, 과냉없이도 핵이 생성한다.

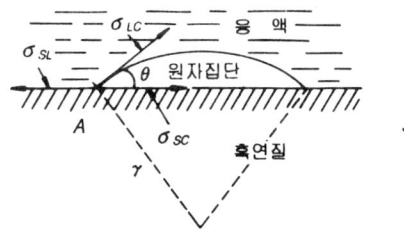

그림 3.10 이물입자 표면(substrate)에 생긴 원자집단

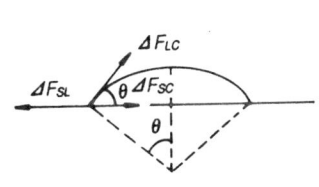

그림 3.11 원자집단(cluster)의 각 계면에너지

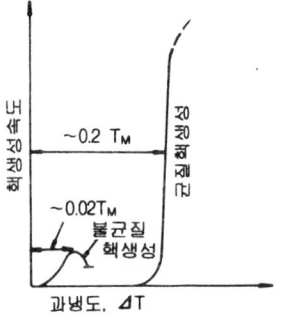

그림 3.12 균질 또는 불균질 핵생성 속도와 과냉도와의 관계

불균일핵생성에 필요한 과냉은 접촉각 (θ)에 의존하며, 같은 융체중에 접촉각이 각기 다른 여러 입자가 존재한다면, 접촉각이 작은 입자의 표면에 핵생성이 일어난다. 그리고 접촉각이 큰 입자는 핵생성에 관여하지 않는다고 생각할 수 있다.

단위 체적당 최소 접촉각을 가진 입자수를 N개라 하면 핵생성속도 I_p는 다음과 같다.

$$I_p \propto N exp(-c \cdot f(\theta)/\Delta T^2) \tag{3-14}$$

핵생성속도 (I)와 과냉도 (ΔT)와의 관계를 두종류의 핵생성에 대하여 나타내면 그림 3.12와 같다.

3.2.7 결정성장

결정핵이 형성되면 융해잠열의 방출로 과냉도가 작아지고 핵생성은 정지하며, 다음단계로서 결정이 성장한다. 핵에서의 결정성장속도를 G라고 표시하면 G와 과냉도 ΔT와의 관계는 그림 3.13과 같다. 그림에서 알 수 있는 바와 같이 G는 과냉도의 도가 크게 되면 급속히 증가한다. 그리하여 어떠한 온도범위에서는 대체로 일정치를 나타내다가 더욱 과냉하면 대단히 적게되어 마침내 0이 된다. 그림 3.14에 금속에 있어서의 N과 G의 관계를 다시한번 나타내었다.

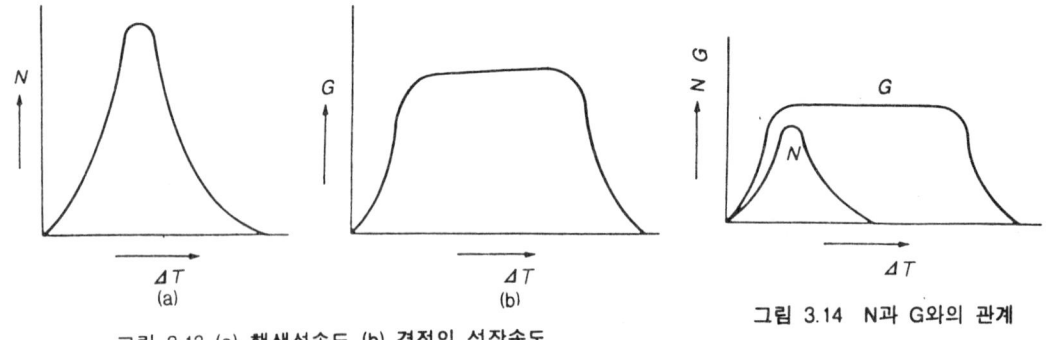

그림 3.13 (a) 핵생성속도 (b) 결정의 성장속도

그림 3.14 N과 G와의 관계

3.2.8 주조조직

금속조직은 결정립계가 서로 강하게 연결된 상태의 여러 결정립으로 구성된다(그림 3.15(a)). 조직을 육안으로 볼 수 있게 하기 위해서는 먼저 적절한 부식액을 이용하여 결정립을 부식시킨다. 부식액은 원자층의 입방체 표면을 부식시키기 때문에(그림 3.16(b)) 각각의 결정립은 부식후에 제각기 다른 방향으로 빛을 반사시킴으로(그림 3.16(a)) 쉽게 관찰할 수 있다. 이때의 부식층은 그러나 수천분의 1mm 정도로 대단히 미소하다. 결정핵은 일반적으로 열방출 방향과 반대 방향으로 성장하며, 따라서 결정립은 흔히 구상이 아닌 주상(columnar)의 형태를 갖는다(그림 3.15(a)). 냉각된 주형벽 부근에서는 급속한 냉각효과에 의하여 다수의 결정핵이 형성되고 이때문에 표면층에서의 결정립은 상대적

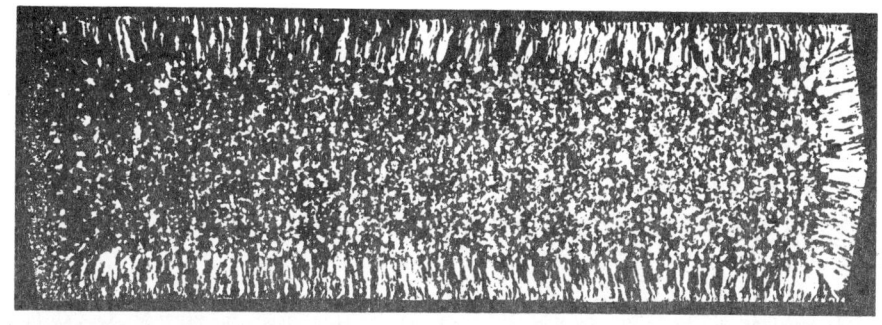
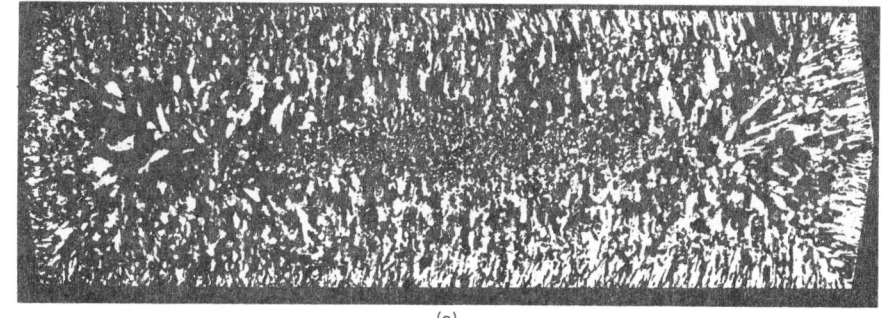

(a)

그림 3.15 (a) 순 Al 주괴의 단면(연속주조에 의해 생산된 압연재) 위쪽사진에서의 바깥부분에 형성된 주상조직(columnar)이 외부로 전달되는 열방출과 반대방향으로 성장하고 있음을 볼 수 있다
(b) 주괴의 조직
   a) 표면부의 급속냉각에 따른 칠정대
   b) 최대온도 구배선과 평행으로 성장하는 주상대
   c) 중심부에 형성되는 등축대

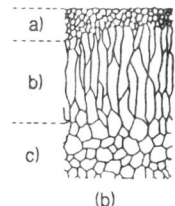

(b)

으로 미세하다(그림 3.15(b)). 다음으로 주형벽에 수직으로 성장하는 가늘고 긴 수지상정 또는 주상의 결정대가 형성되는데 이때 발생하는 잠열의 방출은 이미 응고된 주상결정을 통하여 주형벽으로 전달된다. 중심부에서는 보통 등측정이 형성되며, 등측정이 나타나는 범위를 등축대(equiaxed zone)라 한다.

금속은 순도가 높을수록 결정립의 크기가 큰 경향이 있는데 이는 순도가 높을수록 액상금속에 결정립의 핵이 될만한 합금첨가원소가 적어 결정핵의 형성이 어렵기 때문이다.

결정의 형상은 등축정, 주상정 이외에도 수지상결정(dendrite)이 있다. 맨처음 입방체의 형상으로 성장하던 결정은 모서리나 꼭지점에서의 성장조건이 결정면에서보다 좋기 때문에 모서리나 꼭지점에서의 성장이 활발하여 결국은 별모양이나 불규칙하게 주름잡힌 형상의 결정이 된다(그림 3.17). 일반적으로 합금은 수지상 결정으로 성장하며, 성장하는 가지(arm)들은 전체가 완전히 고체로 될때까지 진행하여 서로 맞부딪치게 된다. 주조조직에서 하나의 결정립자는 여러개의 미세조직(cell)으로 구분되는데 이 미세조직은 바로 수지상결정의 가지들이다.

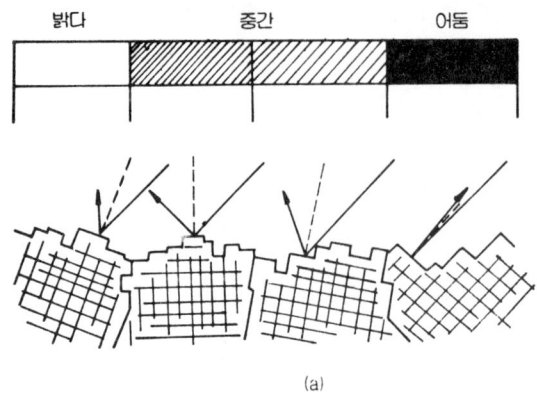

그림 3.16
(a) 부식된 결정립에서의 빛반사. 4개의 결정립을 갖는 부식표면위에 45° 각도로 빛을 비춰본 상태를 도시하였다. 결정표면의 경사각도에 따라서 관찰자의 눈에 비치는 빛의 양에 차이가 있게 된다. 즉 좌측의 결정은 관찰자의 눈과 일직선으로 빛을 반사하며 대단히 밝게 보이나 우측의 결정은 입사광선쪽으로 빛을 되돌려 반사시키기 때문에 아주 어둡게 보인다.
(b) 전자현미경으로 본 부식된 고순도 Al의 표면층(배율 7500 : 1). 사진에서 부식액은 결정격자의 입방체면과 평행하게 결정을 하나하나 부식시키고 있음을 볼 수 있다.

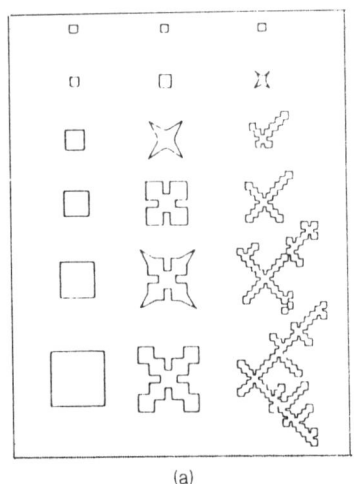 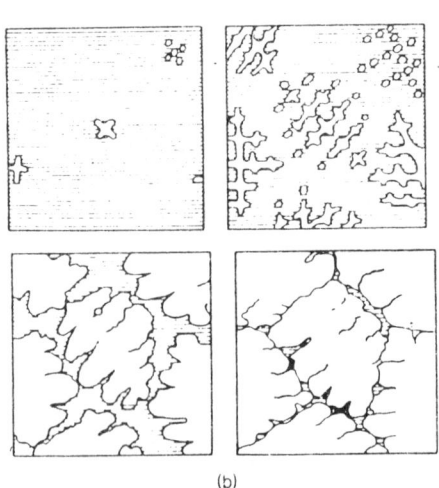

그림 3.17 (a) 주조조직에서의 수지상정의 생성. 결정핵이 그림의 왼쪽처럼 입방체의 형태로 성장하는가 아니면 수지상정으로(가운데와 오른쪽 그림) 성장하는가는 합금조성, 냉각속도 또는 열방출방향등에 의해 결정된다. 특히 주형벽과 접하지 않은채 용탕 안에서 응고하는 결정립은 주로 수지상정으로 성장한다.
(b) 순금속이 수지상정으로 성장되어 가는 과정

3.2.9 합금 원소와 조직

지금까지는 근본적으로 순수한 금속 즉 불순물이나 합금첨가원소가 전혀없는 상태를 전제로 응고과정을 살펴 보았다. 하지만 금속은 일반적으로 수 %의 합금원소를 함유하며 따라서 이들 용질원자들이 응고과정에 어떠한 작용을 하는지 살펴보지 않을 수 없다. 액상금속에서의 이들 관계는 아주 간단하다. 즉 상태도에 따라 고용화된 용질금속은 용매금속의 원자 사이를 무질서하게 움직인다. 하지만 고체금속에서는 이들 용질금속의 배열에 따라 균질, 불균질조직으로 구분한다.

(1) 균질조직

균질조직이라 함은 모든 용매, 용질 원자가 조직의 전 영역을 통하여 균일하게 혼합되어 있는 조직을 말한다. 이러한 균질조직은 고순도의 순금속에서 찾아볼 수 있다. 고순도 Al을 부식시키면 결정립계가 희미하게 나타나는데, 이는 결정립계에 형성된 격자결함으로 인하여 이부분이 다른 부분보다 쉽게 부식되기 때문이다(그림 3.18).

실제로 상용되고 있는 금속재료는 대부분이 2종류 이상의 금속합금으로, 순금속 그대로 쓰이는 예는 적다. 또 아무리 순수한 금속이라 해도 미량의 불순물을 함유하기 마련이다. 따라서 우리가 취급하는 금속은 모두 합금이라고 말할 수 있다. 2종류의 금속을 같이 녹였을때 액체상태에서 완전히 용합(溶合)한 것을 응고시키면 고체상태에서도 용합한 그대로 균일한 조성의 고체를 형성하는 경우가 있다. 예를 들면 고순도 Al에 2% Mg을 첨가시켰을 때의 조직을 보면 순금속에서와 별다른 차이를 보이지 않는 균일한 조직을 볼 수 있는데, 이는 Mg 원자가 하나하나의 원자가 되어 용매금속인 Al 격자속에 들어가 조직사진에서는 한종류의 결정처럼 보이기 때문이다. 즉 개개의 Mg 원자는 너무 미세하여 이들 용질금속원자를 금속현미경으로는 관찰할 수 없기 때문이다. 이와같은 고체를 고용체(solid solution)라 한다.

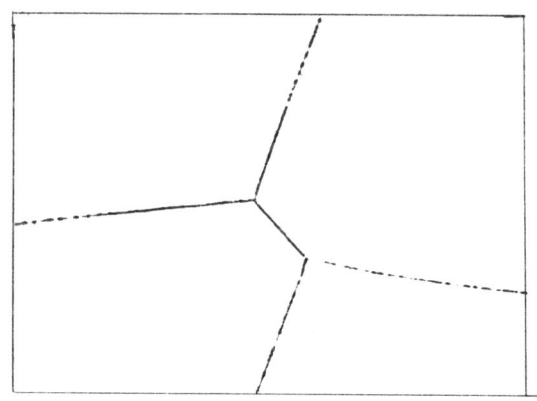

그림 3.18 균일조직(99.99%Al) 배율 500 : 1

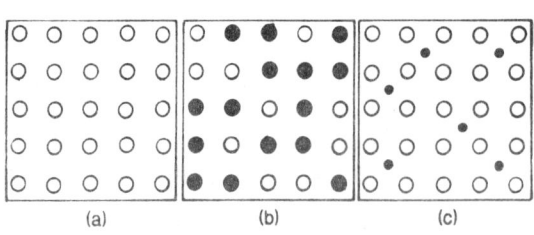
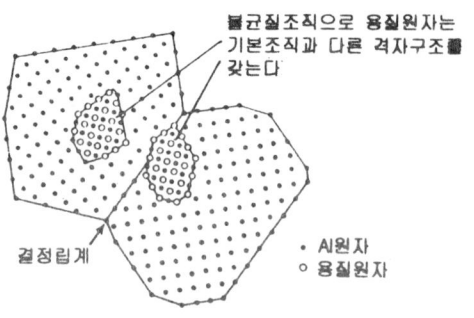

그림 3.19 균일조직에서의 원자배열 (a) 순금속
(b) 치환형고용체(예 : Al-Cu, Al-Mg)
(c) 침입형고용체(예 : Al에 용해된 H_2)

그림 3.20 불균질조직에서의 원자배열

그림 3.19(b)와 (c)에 두종류의 고용체를 도시하였다. 그림 3.19(b)와 같은 치환형 고용체(substitutional solid solution)에서 금속원자는 격자에 아무런 변화를 주지 않으면서 용질원자로 치환되었다. 이 치환형고용체는 용질원자가 용매원자와 비슷한 크기를 갖으며 화학적으로 서로 친화력이 있을때 주로 이루어 지는데, Al에 있어서 Cu, Si, Mg 등의 금속이 이에 속한다. 이밖에도 용질원자가 용매원자의 결정격자 사이에 들어가 고용되는 침입형 고용체(interstitial solid solution)가 있다(그림 3.19(c)). 침입형 고용체는 결정격자사이의 좁은 공간안으로 용질원자가 들어가는 것이므로 원자반경이 작은 H, B, C, N, O 등의 원자에 한정된다. 이러한 원자들은 어느 것이나 원자반경이 1Å이하이다. 금속원자 상호간에 고용체를 만드는 경우에는 원자반경의 차가 작으므로 침입형이 될수는 없고 모두 치환형 고용체가 되며, 이때에 용매원자와 용질원자와의 크기가 서로 갖지 않으므로 그림 2.20에 도시한 바와 같이 결정격자에 변형(strain)을 일으킨다. 이 현상은 침입형고용체의 경우도 마찬가지다. 결정격자에 변형이 생기면 전도전자(傳導電子)가 산란되어서 이동이 방해되거나 혹은 원자면에 따른 미끄럼변형을 어렵게 함으로써 전기저항이 증가하거나 강도가 증가한다.

(2) 불균질조직

불균질조직은 다상조직의 뜻으로 1상(相) 이상의 조직이 혼재하여 있으며, 일반 사용합금은 불균질조직을 갖는다. 불균질조직에서는 결정립내나 결정립사이에 조그만한 제3의 결정이 생기는데 Al의 예를 들면 다음과 같다 : 고체상태의 Al은 상온에서 아주 적은량의 Fe, Ti등을 고용한다(Fe, Ti : 최고 0.03%). 700℃ 이상의 액상에서 이들 용질원자는 Al에 완전 고용되나 응고가 진행되는 순간 이들은 Al의 격자구조로부터 밀려 나오게 된다. 밀려나온 용질원자는 Al원자와 함께 다른 결정을 형성하는데 일례로 Fe 원자는 3개의 Al원자와 함께 결정결합을 하여 $FeAl_3$의 조성을 갖는 중간상(intermediate phase)을 형성한다. 중간상중에서 성분금속의 원자수의 비가 비교적 간단한 정수비로 되고, 결정격자내에서 성분금속의 원자의 상대적인 관계가 항상 일정한 고용체를 특히 금속간화합물(intermetallic compound)이라 부르고 있다. 금속간화합물은 일반적으로 복잡한 결정구조를 갖으므로써 변형하기 어렵고, 경하며 취약하고 전기저항이 큰 등의 비금속 성질이 강하다. 예컨대 $CuAl_2$, Mg_2Si, ZnS등 많은 종류가 있으며 반도체로서 중요한 것도 있다. 그림 3.20에 이들 불균질합금의 원자배열을 도시하였다.

3.3 상태도와 조직

3.3.1 상태도의 개념

합금은 최소한 두가지 이상의 화학원소로 되어 있으며 그중 하나는 금속이어야 한다. 합금을 구성하고 있는 금속 및 비금속물질을 성분(component)이라고 하며, 한 합금에 함유된 성분의 수에 따라서 2원계, 3원계, 4원계 또는 다원계 합금이라고 한다. 땜납은 Pb와 Sn으로 되어 있으므로 2원합금이고 고속도강은 Fe, C, W, Co, Cr, V 및 Mo을 함유하고 있으므로 7원계 합금이라 하며, 원소에 따라서 일정한 성질을 부여할 목적으로 첨가한다. 합금에는 항상 불순물이 함유되어 있으나 그 양이 적기 때문에 결정화 과정에는 그다지 영향을 미치지 않으므로 고려하지 않는다.

일반적으로 금속을 용해할 때 각 성분은 서로 반응하여 용융상태가 되고, 이것을 냉각시키면 고용체와 금속간 화합물을 생성한다. 따라서 완전 응고된 합금은 근본적으로 3종류의 서로 다른 기지 즉 순원소, 고용체, 금속간화합물 등으로 이루어지며, 각 상은 균질하고, 동일한 조성, 경도, 밀도, 전기전도도 등을 가지는데, 이와같은 합금의 기지(基地)를 相(phase)이라고 한다. 하나의 상은 균질(동일)하며, 임의의 장소에서도 조성, 경도, 밀도 및 전도도등이 동일하다.

증기, 균질한 용체, 순금속, 고용체, 금속간 화합물 등은 각각 하나의 상이라 할 수 있다. 동소체는 동일금속의 서로 다른 상을 말하며, 합금을 구성하고 있는 성분들은 열역학적 계(系 ; system)를 이룬다. 한 물질 또는 몇개의 물질의 집합이 외부와 관계없이 독립해서 한 상태를 이룰때 그것을 물질의 계라 한다. 계의 상태는 전체가 거시적(macroscopic)으로 균질할 때와 몇개의 다른 종류의 상태가 공존할 때가 있다. 전자를 균질계(homogeneous system) 혹은 단상계(singlephase system)라 하고, 후자를 불균질계(heterogeneous system) 또는 다상계(polyphase system)라 한다. 하나의 계안에 있는 성분이 공존하여도 계가 열역학적으로 평형을 이루지 못하는 이유는 존재하는 성분이 재료의 불충분한 접촉으로 인하여 특징적인 금속적 반응과 충분한 농도평형이 진행될 수 없기 때문이다. 계가 평형에 도달하기 위해서는 성분의 혼합이 잘 이루어져야 한다. 이것은 일반적으로 모든 성분이 용체상태로 될때까지 계를 높은 온도로 가열하므로써 가능하며 여기서 완전히 혼합된다. 다시 계를 서서히 냉각시키면 각각의 성분은 가역반응을 일으켜서 계의 평형을 이루고, 이에 상당하는 상이 생성된다.

단일종의 원자로 구성된 금속의 상은 온도와 압력에 따라 결정된다. 그러나 압력 변화에 따른 융점의 변화는 매우 작은 값이므로(1 atm의 압력변화에 따라 2.7×10^{-3} ℃) 일반적으로 순금속의 상은 온도에 따라 결정된다. 즉 융점이상의 온도에서는 액상이 되며, 그 이하에서는 금속 특유의 구조를 이룬 결정이 된다. 그러나 합금은 합금원소의 농도에 따라서도 상이 변한다. 즉 합금의 경우에는 온도 이외에도 조성이 상을 결정하는 변수가 된다. 불균일계의 상태를 명백히 설명하는 기본법칙에는 1878년에 W. Gibbs가 발표한 상률(phase rule)이 있다. 한 성분계에서 자유도의 수(압력, 온도, 조성)를 F, 성분의 수를 C, 상의 개수를 P라 할 때 이들의 수적인 관계를 취급하는 Gibbs의 상률이론식은 대단히 복잡하나 결론은

$P+F=C+2$의 관계가 있다.

그러나 금속재료를 취급할 때에는 대기압하에서 취급하게 되므로 기압에는 관계가 없다고 생각하여 기압이라는 자유도를 1개 무시한다. 따라서 자유도의 변수인 온도, 압력, 농도의 3개 중에서 압력을 없이 하고 취급하는 것을 소위 응고계(condensed system)의 상률이라고 하여 $F=C-P+1$의 관계식을 갖는다.

예를 들면 2성분계에서 2상이 평형을 이루고 있을 때는 $F=2-2+1$, 즉 $F=1$이 되어서 평형을 이루는 어느 온도범위에서는 조성을 변화시킬 수 없다. 또 3상공존구역에서는 $F=0$이 되므로 온도, 조성 모두 일정한 위치에서만 평형이 성립한다. 요즘은 고온, 고압하 혹은 진공중에서 금속의 상태를 연구하는 일도 많아졌으므로 이때에는 전자의 식으로 상률을 생각하여야 한다.

3.3.2 열분석곡선

열분석곡선은 용융상태의 액상금속이 완전히 응고될 때까지의 시간에 따른 온도변화를 측정한 곡선으로, 이 곡선을 이용하여 합금의 응고과정이나 금속상호간의 용해도를 알 수 있으며, 현미경에 의한 금속조직의 관찰이나 열팽창, 비열, 전기저항, X선에 의한 격자정수의 측정등과 함께 상태도를 작성하는데 이용하고 있다.

일반적으로 순금속에 다른 금속을 첨가시키면 용융온도가 강하하는데 이경우 순금속과 합금은 시간-온도 곡선으로부터 분명하게 구별할 수 있다. 이러한 냉각곡선은 그림

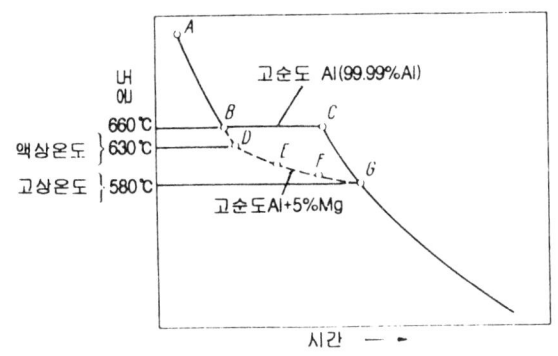

그림 3.21 고순도 Al과 Al합금(5%Mg)의 응고곡선
직선 B-C = 고순도 Al의 응고
직선 D-G = Al 합금의 응고

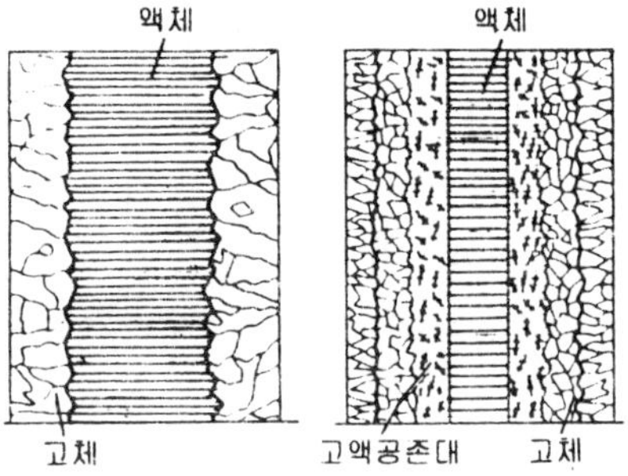

그림 3.22 응고계면의 형태
왼쪽 : 고순도 Al(99.99%Al) 또는 공정합금
오른쪽 : 응고구역을 갖는 합금

3.21에 도시하였듯이 아주 간단하게 측정할 수 있다.

지금 고순도 Al이 700℃의 온도에 있다고 하면 모든 금속은 액체상태에 있게 된다 (A). 그런후 용액을 그대로 방치한 후 시간에 따른 온도의 변화를 열전대를 통하여 측정해 간다. 용액의 온도는 660℃까지 꾸준히 강하하다가 B점에 이르러 응고가 시작한다. 이때부터 용융잠열의 방출로 인하여 냉각이 지연되는데 고순도금속의 경우 온도는 $B-C$를 따라 일정하게 유지되며 액상금속의 응고가 완전히 진행된 후에야 비로소 다시 강하하기 시작한다($C-G$).

합금의 경우에 이 냉각곡선의 형태는 다르다. 예를 들어 고순도 Al과 5%의 Mg을 첨가한 Al합금의 경우 응고개시는 순수한 Al의 응고온도보다 낮은온도 즉 D점에서부터 시작한다. 이밖에도 합금의 응고는 일정한 응고구역에 걸쳐 완성되는데($D-G$) 이 응고구역의 간격은 순전히 합금첨가원소에 의해 영향을 받는다.

응고개시점의 온도를 액상온도(liquidus temperature)이라 하고 응고 완료점의 온도를 고상온도(solidus templerature)라 한다. 순금속에서는 이미 응고된 영역과 액상의 부분이 뚜렷하게 분리되나 대부분의 합금에서는 고액공존대가 형성되며 이 고액공존대의 폭은 공정합금을 예외로 한다면 응고구역의 크기에 의해 결정된다(그림 3.22).

3.3.3 상태도

합금에서 액상선과 고상선은 첨가된 용질원자의 종류와 양에 의해 결정되는데, 온도와 조성을 각각 종축과 횡축으로 하고 안정한 상을 이루는 범위를 표시한 것이 평형상태도이다. 즉 첨가합금의 양에 따라 각각의 냉각곡선을 그리고 이들을 서로 연결하여 상태도를 만든다. 그림 3.23을 보면 냉각곡선이 일정시간동안 완만하게 진행되거나 또는 오랫동안 일정온도에서 머무르는 것으로부터 액상점과 고상점을 결정하고 이들 두점을 서로 연결하여 점선으로 그려진 상태도를 만드는 과정을 살펴볼 수 있다. 상태도를 보면 고상

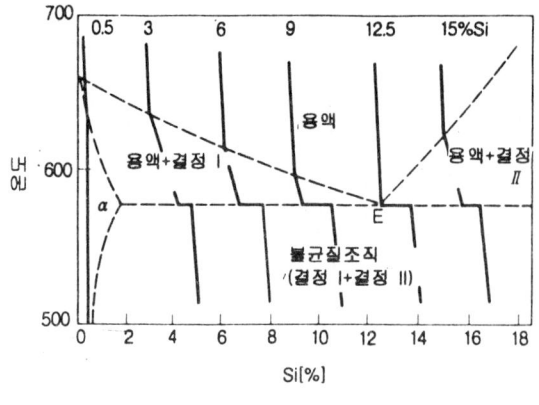

그림 3.23 Al-Si합금의 냉각곡선과 상태도
E = 공정점
결정 I = α-고용체(Al에 Si이 고용됨)
결정 II = 약간의 Al원자를 고용한 Si 결정
α = 균일조직(결정 I)

온도는 1.65%이하의 Si 첨가를 제외하고는 577℃로 항상 일정한 반면 액상온도는 Si의 양이 증가할수록 처음에는 내려가다가 12% Si부터는 다시 올라간다. 이밖에도 577℃에서 Al은 Si을 최대 1.65%까지 고용하며 온도가 내려갈수록 용해도가 감소하고 있음을 상태도를 봄으로써 한눈에 알아볼 수 있게 된다.

이러한 상태도는 단지 평형상태에 관계되는 것으로 이때의 평형상태라 함은 결정의 전단면을 통하여 합금조성이 균일하게 분포된 상태를 말한다. 그러나 실제 주조에서는 합금첨가원소들이 결정의 전단면에 균일하게 분포할 수 있는 시간적 여유가 충분하지 못하기 때문에 소위 결정편석이 생기게 된다.

(1) 농도표시법

일반적으로 합금의 조성은 중량조성(wt.%)으로 나타낸다. 합금 100g에 80wt.%A와 20wt.%B로 되어 있다면 이는 80g A와 20g B를 함유한 것이 된다. 또한 이론적인 계산을 하는 경우에 원자수의 비율을 표시하는 농도를 사용하는 일이 있다. 이때의 농도표시는 원자조성(at.%)으로 나타내며, 80at.%A와 20at.%B로 되어 있는 합금에서, A원자수의 비는 80:20=4:1, 즉 A원자 4개와 B원자 1개가 된다. 이외에도 보통의 상태도에서는 별로 쓰이지 않지만 한 합금에서 각 성분이 어느정도의 체적분을 수용하는 가를 나타내는 용적조성(vol.%)이 있다. 80vol.%A와 20vol.%B로 되어 있는 합금은, A성분합금의 체적이 4/5, B성분합금의 체적이 1/5로 채워져 있다. wt.%와 at.%와의 사이에는 다음의 관계가 성립한다.

$$W_A = a_A \cdot X_A / (a_A \cdot X_A + a_B \cdot X_B)$$

$$X_A = \frac{\dfrac{W_A}{a_A}}{\dfrac{W_A}{a_A} + \dfrac{W_B}{a_B}}$$

여기서 W_A, W_B : 각각 A성분과 B성분의 중량%

X_A, X_B : 각각 A성분과 B성분의 원자 %

a_A, a_B : 각각 A성분과 B성분의 원자량

일례로 Sn의 원자량은 a_{Sn}=118.69≈120이며 Pb의 원자량은 a_{Pb}=207.19≈210이다. Pb의 at.%를 X_{Pb}=30%라 할 때 Pb의 중량조성(wt.%) W_{Pb}는

$$W_{Pb} = \frac{a_{Pb} X_{Pb}}{a_{sn} \cdot X_{sn} + a_{Pb} \cdot X_{Pb}} = \frac{210 \times 0.3}{120 \times 0.7 + 210 \times 0.3} = 42\%$$

가 된다. 그림 3.24의 상태도에서 횡축의 아래쪽에는 at.%를 위쪽에는 wt.%를 표시하였으며 앞에서 계산한 결과를 비교해 볼 수 있을 것이다.

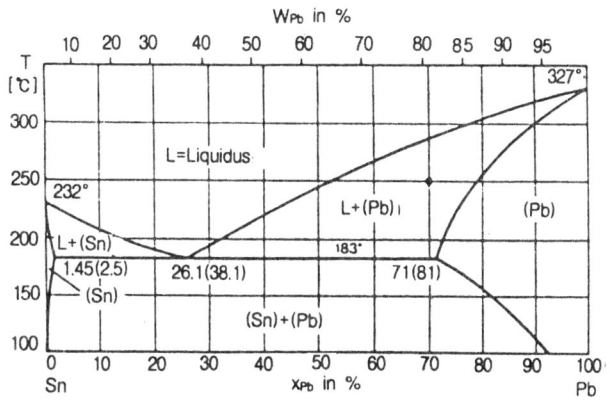

그림 3.24 Sn-Pb 상태도

(2) 전율 고용체형 상태도

성분금속 A와 B가 액상과 고상에서 어떠한 비율로도 고용체를 만들 때 이것을 전율고용체라 한다. 전율고용체의 상태도는 그림 3.25과 같이 액상선이나 고상선이 연속한 하나의 곡선으로 되어 있다. 여기서 $A'C_1B'$ 곡선은 용액에서 초정으로 고용체의 결정이 정출되기 시작하는 변태 개시 온도곡선으로서, 이것을 액상선(liquidus line)이라 한다. 그리고 $A'C_2B'$ 곡선은 용액이 응고를 완료하는 변태 완료 온도곡선으로서 이것을 고상선 고상선(solidus line)이라 한다.

순금속은 정확히 일정한 온도에서 응고 또는 용융되지만 고용체에서는 이러한 특정온도는 존재하지 않는다. 고상선과 액상선간의 온도간격은 액체와 고체가 공존하는 영역으로 응고구간(solidification range)이라 한다. 전율가용체의 실례에는 Ag-Au, Ag-Pd, Cu-Ni, Bi-Sb, Co-Ni등 그 종류가 대단히 많으나 이중 Cu-Ni의 실례를 들어본다.

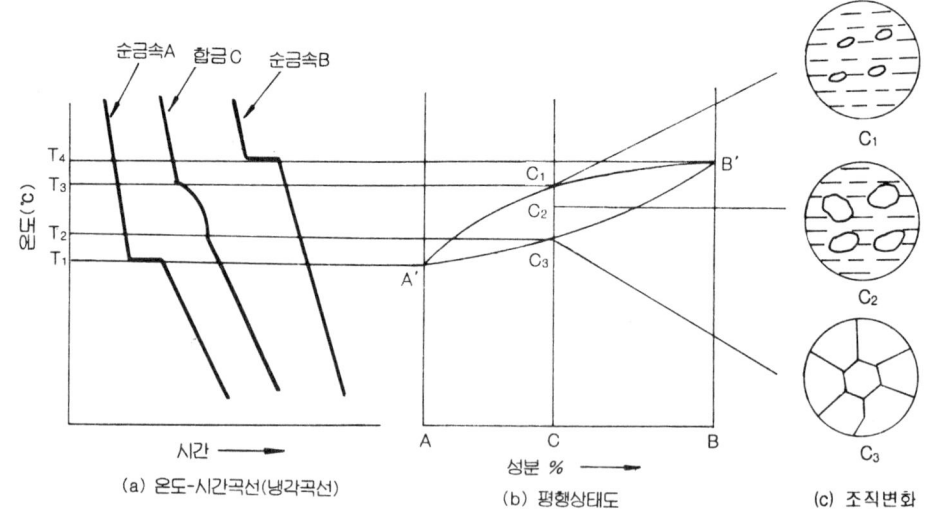

그림 3.25 전율고용체형 상태도(b)에서의 합금조성에 따른 냉각곡선(a)과 온도에 따른 조직변화(c)

그림 3.26에 80% Cu+20% Ni의 조성을 갖는 합금을 균일한 액상으로부터 냉각하여 액상선과 만나는 점 T_L=1.195℃에 이르면 63% Cu+37% Ni조성을 갖는 K_5 고용체가 정출하기 시작하고 이에 따라 잔류용액은 Ni이 적어지고 Cu가 많아진다. T_4=1.183℃에서 잔류용액 S_4의 조성은 82.4% Cu+17.5% Ni이 되며, 정출한 고상의 조성 K_4=65.5% Cu+33.5% Ni로 이동한다. 즉 잔액의 조성은 $S_5 \to S_4 \to S_3 \to S_2 \to S_1$을 따라 변화하고 정출하는 고용체의 조성은 $K_5 \to K_4 \to K_3 \to K_2$를 거쳐 조성 K_1으로

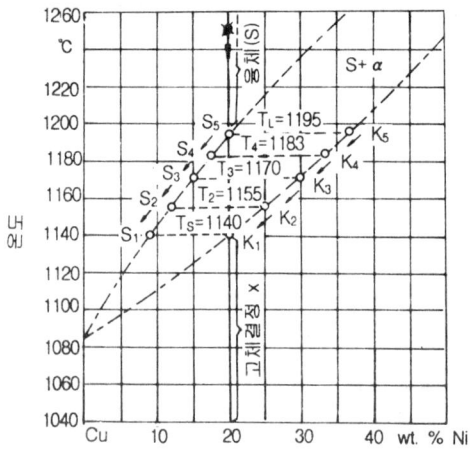

그림 3.26 고용체의 응고

변화한다. 표 3.2에 각각 다른 온도에서의 액상과 고상이 갖는 합금조성을 나타내었다. 그리고 임의의 온도 T_3에서의 고용체와 잔액의 量比는 지렛대법칙에 의하여

$$\frac{M}{L} = t_3S_3/t_3K_3$$

가 된다(표 3.3).

온도가 더욱 강하하여 T_S점에 이르면 tK_1=0, 즉 잔액이 없어진 것을 의미하며 응고가 완료된 것을 알 수 있다.

표 3.2 80% Cu+20% Ni합금의 응고과정의 양변화

온도(℃)	용체량 m_S (%)	결정량 m_K (%)
T_L=1,195	100.0	0
T_4=1,183	84.4	15.6
T_3=1,170	66.7	33.3
T_2=1,155	38.5	61.5
T_S=1,140	0	100.0

표 3.3 80% Cu+20% Ni합금의 응고과정의 농도변화

온도(℃)	용체의 조성	결정의 조성
T_L=1,195	80 %Cu+20 %Ni (S_5)	63 %Cu+37 %Ni (K_5)
T_4=1,183	82.5%Cu+17.5%Ni (S_4)	66.5%Cu+33.5%Ni (K_4)
T_3=1,170	85 %Cu+15 %Ni (S_3)	70 %Cu+30 %Ni (K_3)
T_2=1,155	88 %Cu+12 %Ni (S_2)	75 %Cu+25 %Ni (K_2)
T_S=1,140	91 %Cu+ 9 %Ni (S_1)	80 %Cu+20 %Ni (K_1)

전율고용체를 형성하기 위해서는 A원자와 B원자의 격자가 같고 원자의 직경차가 거의 없어야 한다. 원자직경의 차가 15% 이상이 되면 변형이 크므로 전율가용고용체가 되지 못한다. 즉 결정격자가 같고 원자직경의 차가 클때, 또는 결정형이 다를 때에는 A금속의 격자점에 B금속이 치환되는 수가 많아짐에 따라 응력이 크게되어 결국 A금속의 격자가 존속할 수 없는 한계가 존재한다. 이 한계를 A금속에 대한 B금속의 고용체의 용해한도라고 한다. 그림 3.27에 35% Cu +65% Ni 합금의 조직을 나타내었다. 이 때의 조직은 단일상이며 다면체의 FCC 조직인 α-고용체로 되어 있다. 합금의 응고가 서서히 진행된다면 결정화에서 나타나는 농도차이를 확산에 의해 균질화될 수 있으나 결정편석이 일어나는 다른 경우에는 수지상결정이 형성된다. 결정편석이 많은 합금은 균질화를 목적으로 고상선 이하의 온도에서 장시간 어닐링(annealing)한다.

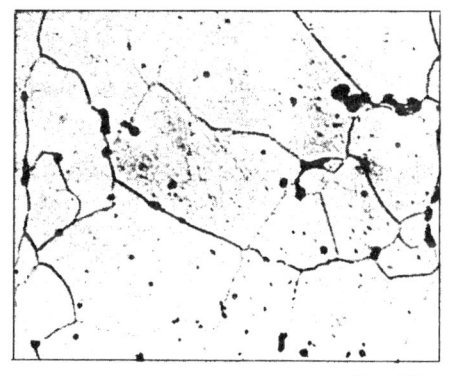

V = 100 : 1
그림 3.27 35% Cu+65% Ni, 균질한 α : 고용체

(3) 부분 고용체형 상태도

2성분이 전율고용체를 만들지 않고 서로 어느 한도만 용해하며 고용체 α와 β가 공정을 만들 때에는 그림 3.28와 같은 상태도가 된다.

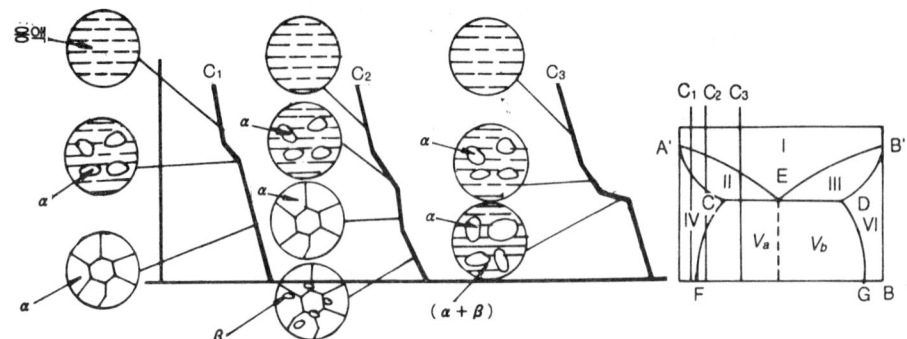

A' : 성분 A의 융점
B' : 성분 B의 융점
E : 공정점
A'E : α고용체의 액상선
B'E : β고용체의 액상선
A'C : α고용체의 고상선
B'D : β고용체의 고상선
CF : α고용체에 대한 β고용체의 용해한도 곡선
DG : β고용체에 대한 α고용체의 용해한도 곡선
Ⅰ : 용체 Ⅱ : 용체+α(초정) Ⅲ : 용체+β(초정) Ⅳ : α고용체
V_a : α+공정(α+β) V_b : β+공정(α+β)
Ⅵ : β고용체

그림 3.28 부분고용체형 상태도와 냉각과정에 따른 조직변화

그림에서 C_1합금은 고용체형 냉각곡선을 나타내며 응고조직도 균일한 고용체이다. 즉 액상선에서 시작한 응고는 고상선에서 완료하여 고용체 α를 만든다. C_2 합금은 응고완료선 이하의 어느 온도까지는 α고용체를 형성하나 냉각곡선이 CF곡선과 만나는 점에서 β 고용체에 대한 포화한도에 달하여 β 고용체를 석출한다. C_3 합금은 액상선에 도달하면서 초정으로 α고용체를 정출하다가 공정온도에 도달하면 공정반응에 의하여 α 고용체+β 고용체의 공정을 정출한다. 곡선 CF는 α에 대한 β의 용해도(고용도) 곡선으로 온도가 강하함에 따라 고용도는 감소한다. 곡선 DG는 β에 대한 A금속의 용해도를 나타낸다. 실용합금 중에서 이러한 상태도를 만드는 합금계에는 Cu-Au, Al-Si, Ag-Si, Bi-Sn, Ag-Cu, Au-Ni, Au-Co, Cd-Sn, Pb-Sn계 등이 있다.

(4) 공정형 상태도

성분금속 A와 B가 고온의 용체에서는 완전히 용해하나 고체에서는 전혀 용해하지 않는 경우를 그림 3.29에 나타내었다.

임의의 합금 L을 냉각하면 l점에서 응고가 시작하고 n점에서 완료한다. l에서 n까지는 순수한 A금속만을 정출하고 이때의 액상은 l-e 곡선을 따라 변한다. 직선 L-l-m-n-S는 합금전체의 평균조성을 나타내는 평균조성선(line of mean composition)이라 한다. 평균

조성이 m점인 온도에서는 p(고체금속 A)와 q(액상합금)와의 혼합물이라는 것을 의미한다. n점에서는 고상 A와 액상합금 e로 되고, 이 온도에 있어서 액상합금 e가 전부 응고해서 공정 E가 된다. 이상과 같이 액상합금 L이 응고되는 과정을 그림 3.30에 나타내었다. 최초로 응고하는 A금속을 초정(primary crystal)이라 하며, 따라서 ae, be를 초정선(curve of primary crystal)이라고도 한다. 또한 E를 공정혼합물(eutectic mixture) 또는 공정(eutectic)이라 하고 그 점을 공정점(eutectic point), e를 통하는 수평선 geh를 공정선(line of eutectic)이라 한다.

그림 3.31는 공정형 상태도에 있어서 여러조성의 냉각곡선을 비교한 것이다. 액상금속이 냉각하여 1의 온도에 도달하면 A금속이 정출되면서 응고열에 의해 냉각속도가 완만해지므로 냉각곡선은 1점에서 절점을 나타낸다. 초정의 정출은 온도 n에 도달할 때까지 계속하다가 공정온도에 이르면 액상 E가 고상 사이에서 공정을 만든다. 공정 E는 A, B 양금속의 미세결정 집합체이므로 2상으로 된다. 따라서 액상이 E점에 이르면 액상 E와 순금속 A, B의 2고상이 공존하게 되어 상률적으로 말하면 성분이 2, 상은 3으로 자유도 $F=0$의 불변계가 된다. 따라서 온도는 응고가 끝날때까지 일정하여 냉각곡선은 수평선이 된다. 응고가 완료되어 액상이 없어지면 고상만의 2상이 되므로 자유도는 1이 되어 온도는 다시 강하한다.

공정조직은 미세한 층상공정(lamellar eutectic), 입상공정(globular eutectic) 또는 집속공정(bundled eutectic)과 같은 형태를 나타내며 이것이 결정립의 사이를 채워서 응고가

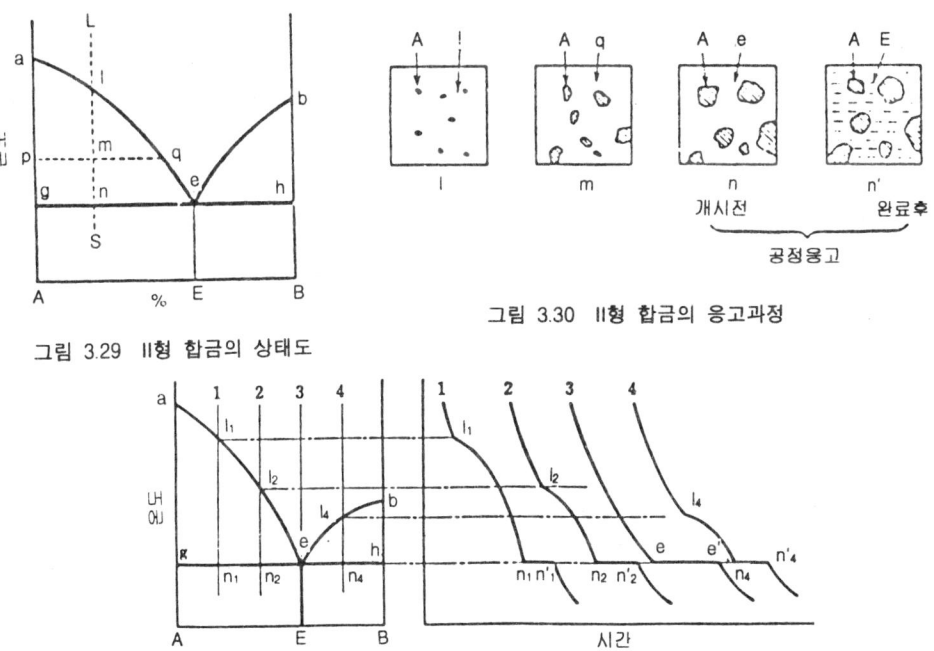

그림 3.29 II형 합금의 상태도

그림 3.30 II형 합금의 응고과정

그림 3.31 II형 합금의 상태도와 각 조성의 냉각곡선

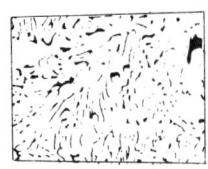 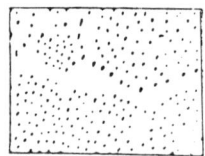 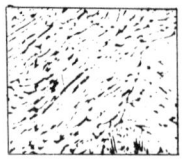

그림 3.32 층상공정 　　　 그림 3.33 입상공정 　　　 그림 3.34 **집속공정**

그림 3.35 95%Pb+5%Sb. ($\alpha+\beta$)공정에 초정 α-수지상. 부식시키지 않는 것

끝난다. 그림 3.32~34에 이들 공정조직의 형태를 도시하였으며 이러한 조직의 실예를 그림 3.35에 나타내었다. 만일 공정조성의 합금이면 초정이 없는 공정만의 조직이 된다.

(5) 포정형 상태도

그림 3.36에 있어서 합금조성이 1인 용액을 냉각하면 t_1으로부터 α 고용체를 초정으로 정출하고 온도가 m_1직상에 도달했을 때는 α 고용체 c와 용액 e로 된다. 온도가 m_1에 도달했을때 고용체의 조성 c와 액상의 조성 e는 서로 반응하여 새로운 고용체인 β를 정출시킨다. 즉

α 고용체(c)+용액(e)→β 고용체(d).

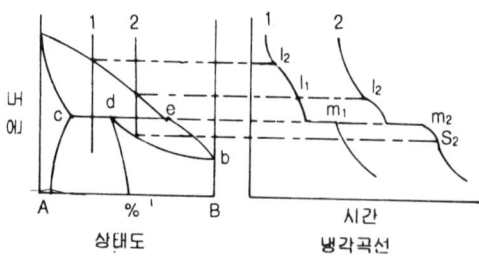

그림 3.36 IV형 상태도와 각 조정의 냉각곡선

이와 같은 변화를 포정반응(peritectic reaction)이라 하고, 이 반응으로 생기는 새로운 β상은 초정 α상을 포위하므로 이러한 조직을 포정(peritectic)이라 한다.

그림 3.37에 포정이 발생되는 과정을 나타내어 보면 (a)는 포정반응의 초기, (b)는 반응이 상당히 진행한 상태를, 그리고 (c)는 포정반응이 완료하여 β고용체로 된 것이다. 합금 ②는 m점에서 포정반응을 하는 것은 ①과 같다. 단 이 조성범위의 합금은 포정반응에서 α상이 전부 β상으로 변하고 또한 잔류용액이 남는다. 즉 e점의 용액과 d점의 β상이 된 후에 온도가 강하한다. 잔액에서는 β상을 정출하고 그 조성은 eb선상 b쪽으로 변하며, β상의 조성은 db선상을 따라 b쪽으로 변하여 S_2점에 이르면 균일한 β상으로 응고가 끝난다.

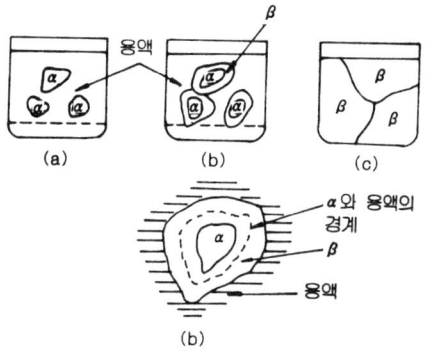

그림 3.37 포정 발생과정

포정반응을 하는 합금에는 Ag-Cd, Ag-Pt, Fe-Au, Ag-Sn, Al-Cu계 등이 있다.

(6) 편정형 상태도

지금까지의 합금은 모두 성분금속이 액상에서는 완전히 용해하는 것이었으나, 물과 기름과 같이 액상에서와 고상에서 전혀 용해하지 않는 것도 있다. 이때에는 각 성분이 각각 고유의 응고점에서 응고하므로 그림 3.38과 같이 오직 2개의 수평선을 가지는 상태도가 된다. 이것이 완전 분리형인데, 이런 합금은 비교적 적으며, 있어도 별로 실용되지 않는다. 그러나 액상에서 부분적으로 용해하고, 성분에 따라서 2상의 융체상태로 분리하는

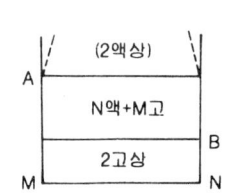

그림 3.38 완전분리형상태도

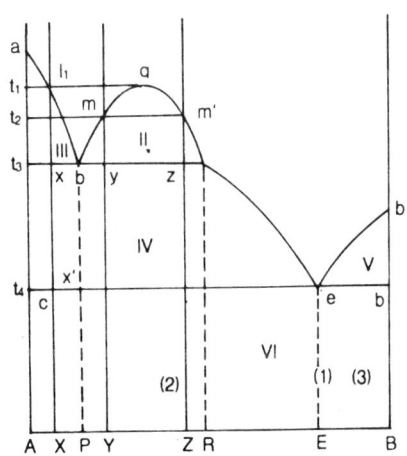

그림 3.39 편정반응을 갖는 합금의 상태도(I)

표 3.4

구역 I	융체(1종)
구역 II	융체(2종)
구역 III	융체+A
구역 IV	융체+A
구역 V	융체+B
구역 IV	A+B
	(1) 공정(A+B)
	(2) 공정(A+B)+A
	(3) 공정(A+B)+B

때가 있다. 그림 3.39은 이러한 형태의 기본적인 상태도를 표시한 것이다. 그리고 각 구역에서의 상태는 표 3.4에 표시하였다. 구역 I에서는 양 성분이 서로 완전히 용해하나 II에서는 용해도에 한계가 있음을 나타내고 있다. 즉 2종류의 융체가 공존하는 구역이다. 각 온도에서 공존하는 융체의 농도는 이들의 농도를 표시하는 점을 지나는 수평선이 이 구역의 경계선 pqr과 교차하는 점으로서 표시된다. 이 경우 PR구간에 있는 어떤 농도의 합금에서도 온도 t_1이상에서는 균일한 융체이나 이보다 이하의 온도에서는 농도차에 의해 2종의 β융체가 공존하게 되며, 온도 t_3에 도달하면 p농도의 융체와 r농도의 융체가 공존하게 된다. 그후 시간의 경과에 따라 p융체부터는 A결정을 석출하고, A를 석출한 잔액은 농도 r로 변화한다. 이와 같이 하여 p는 점차 r로 변화하게 된다. 이리하여 전부 r로 변화할 때까지는 온도는 변화하지 않고 일정하게 유지된다. 즉 pr선상에서

$$\text{융체 } p \rightarrow \text{결정 } A + \text{융체} r$$

의 반응이 일어난다. 이 반응을 편정반응(monotectic reaction)이라 한다. 편정반응이란 2종의 융체 p, r로 분리되었을 때 서로 비중차가 있으면 상하 2층으로 분리될 것이며, A는 그중 한쪽에서만 정출되게 되므로 A결정은 한쪽에서만 생성된다. 따라서 이와 같은 명칭이 붙은 것이다. 이형의 합금으로는 Cr-Cu, Bi-Zn, Ag-Ni등이 있다.

(7) 금속간 화합물을 갖는 상태도

금속과 금속사이의 친화력이 클때, 2종 이상의 금속원소가 간단한 원자비로 결합되어 성분금속과는 다른 성질을 가지는 독립된 **화합물**을 만드는데, 이 화합물을 금속간화합물 (intermetallic compound)이라 하며, 일반적으로 $AmBn$의 화학식으로 표시한다.

금속간 화합물에는 Fe_3C, Cu_4Sn, Cu_3Sn, $CuAl_2$, Mg_2Si, $MgZn_2$등이 있고, 그 상태도는 화합물이 특유한 용융점을 가지고 있으며, A성분이나 B성분과도 고용체를 만들지 않을 때에는 그림 3.40과 같다. 여기서 점 C는 $AmBn$의 용융점이고, $AmBn$을 1개의 성분으로 보면 $AmBn$을 경계로 해서 상태도를 2개로 나눌때, 왼쪽은 $A-AmBn$, 오른쪽은

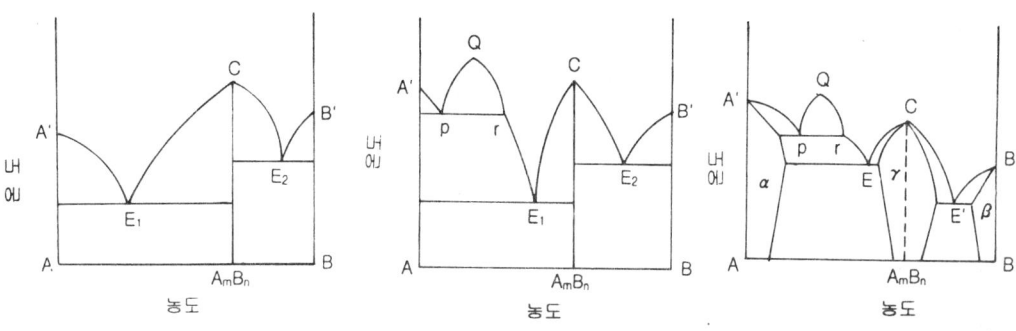

그림 3.40 금속간화합물(성분금속과 화합물이 공정형성) 그림 3.41 금속간화합물(용액에 용해한도가 있을 때) 그림 3.42 금속간화합물(용액이나 고체에서 용해한도가 있을 때)

$AmBn-B$계로 생각하면 된다. 그림 3.41은 화합물이 생기고, 용액에서는 용해한도가 있는 경우를 나타내고 있으며, 그림 3.42는 용액에서나, 고체에서도 용해한도가 있을 때의 경우를 나타낸 것이다.

금속간화합물은 취약하며 견고하고, 보통은 융점이 비교적 높으나, 성분의 융점보다도 낮은 온도에서 분해하는 불안정한 것도 있다. 즉, 금속간화합물을 만드는 것의 상태도에는 금속간화합물이 자기의 융점을 가진 경우와 금속간화합물이 그 융점 이하에서 분해하기 때문에 자기의 융점을 갖지 않는 경우가 있다.

(8) 3원합금 및 4원합금상태도

1) 3원합금 평형상태도(ternary equilibrium diagram)

3원합금에서는 조성·표시에만 평면을 필요로 하므로 온도축을 세우면 그 상태도는 공간표시가 된다. 따라서 상태도로서는 투영법, 단면법, 투시법, 모형법등을 이용하여야 한다.

3원 성분계에 관한 완전한 평형상태도는, 예를 들면 그림 3.43(a)와 같은 전체 모형 입체도가 필요하게 된다. 이것을 평면 위에 상태도로 나타낼 때에는 단면을 사용하는 것이 매우 편리하다. 3원합금에 대한 상호간의 성분 및 온도관계를 나타내기 위하여 정삼각형을 보통 사용한다. 3개의 순금속을 정삼각형의 꼭지점으로 나타내고, 또한 각 금속의 2원합금은 삼각형의 각 변에 따라 나타내며, 삼각형 안의 점의 위치는 3원합금의 성분으로 정한다.

그러므로 그림 3.43(b)의 사각형 안의 O점은 $A : B : C = OI : OH : OG$의 성분비를 나타내는 합금이다.

2원합금에서는 액상선(liquidus) 및 고상선(solidus) 등이 선으로 표시되어 있으나 3원합금에서는 곡면으로 표시하는 것이 필요하게 된다. 3원계의 3원공정은 용액 표면이 교차되어 형성하는 한 개의 선으로 나타낸다.

이때 3원공정점(ternary eutectic point) O는 골진 부분의 최저점이 된다. 일반적으로 2원합금공정은 일정한 온도선에서 어떤 범위에 걸쳐 진행되나, 3원공정은 $A-B$, $B-C$, $C-A$등의 각 합금의 공정점보다도 더욱 낮은 일정한 온도에서 생기게 되므로 저용융점 합금이 필요할 때에 이용된다.

그림 3.43(d)는 A, B, C 3개의 금속이 삼각형의 각 변 위에 나타나는 단순한 2원합금을 형성하는 3원계에 대한 용액 경계를 삼각형 안에 투영한 것이다. 그림 3.43에 나타낸 선도는 용액 경계의 온도가 3원합금 공정점까지 연속적으로 강하될 때의 등고선으로 대표하는 것이 편리하다. 그림 3.43(d)의 X점으로 나타내는 합금의 응고과정을 고찰하면 $AP\ EQ$ 구역 중의 합금은 A금속의 농도가 크므로, A 금속의 초정(primary crystal)이 정출됨에 따라 남은 용액 B와 C의 농도가 증가된 합금을 정출하면 PE선을 따라 공정이 형성되고, 용액은 E점에 도달될 때까지 농도의 증가를 보게 된다.

그림 3.43(c)에서 AE, BE, CE 선 위의 선분을 가지는 고체들은 단순히 초정과 3원공정만을 함유한다. 또 가장 중요한 3원상태도는, $A+B+C$로 된 3상 구역으로 성립되어 있는 공정 E를 그림 3.43(c)에 나타낸 바 있는 각 상의 구역으로 나타내고 있다.

그림 3.43(f)는 각 성분 금속이 고체상태에서 상호용해한도곡선이 있을 때의 합금중의 상구역을 나타낸 것이다. 3원합금 공정은 순금속 대신에 3개의 고용체 α, β, γ 등으로 성립됨은 앞에서 설명하였다.

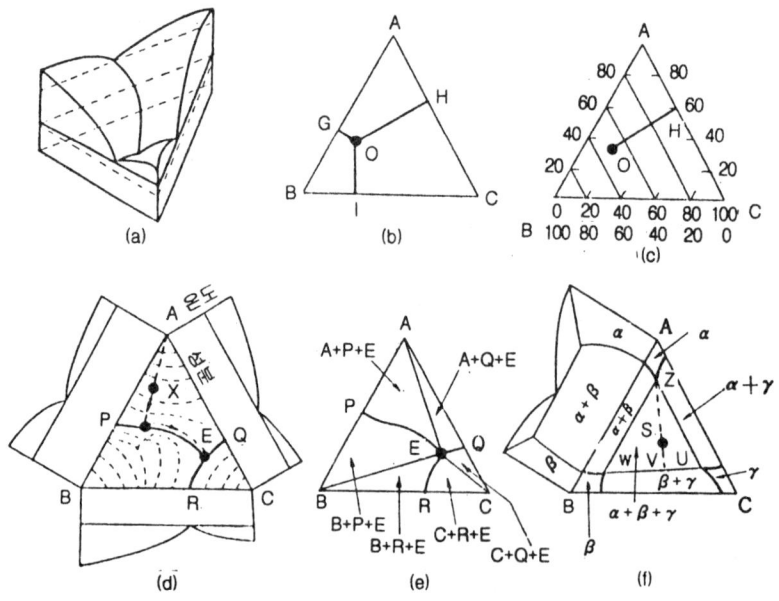

그림 3.43 3원합금의 평형상태도

그림 3.44은 3원합금의 3성분이 전율가용고용체를 형성할 때의 입체도와 전개도를 보여주며 *AB, BC, CA*등은 각각 전율가용고용체를 형성하는 합금이다.

그림 3.45는 고용체와 한율가용고용체를 형성하는 3원합금의 입체도와 전개도를 나타낸 것이다.

3원합금 평형상태도에 대한 것은 보통 2원합금의 상태도에 준하며, 3원합금의 성질과 조직은 각종 상태에 따라 차이가 많으나, 다음과 같은 몇 개의 공통된 성질을 찾을 수 있다.

① 3원공정 : 기계적, 전기적 성질은 함유 성분의 직선적 함수로 변한다. 특히, 기계적 성질은 다음과 같은 인자의 영향을 받는다.
  ⓐ 분포상대의 미세한 정도
  ⓑ 각 상의 개별적 성질
  ⓒ 연속적 상의 성질
  공정은 일반적으로 주물에 많이 사용한다.

② 고용체 : 순금속보다 가단성, 연성 및 강도가 더욱 크며, 대부분의 공업용 단조합금은 이와 같은 고용체로 되어 있다. 전기전도도 및 온도 상수 등은 합금 원소를 첨가하면 급속히 감소된다.

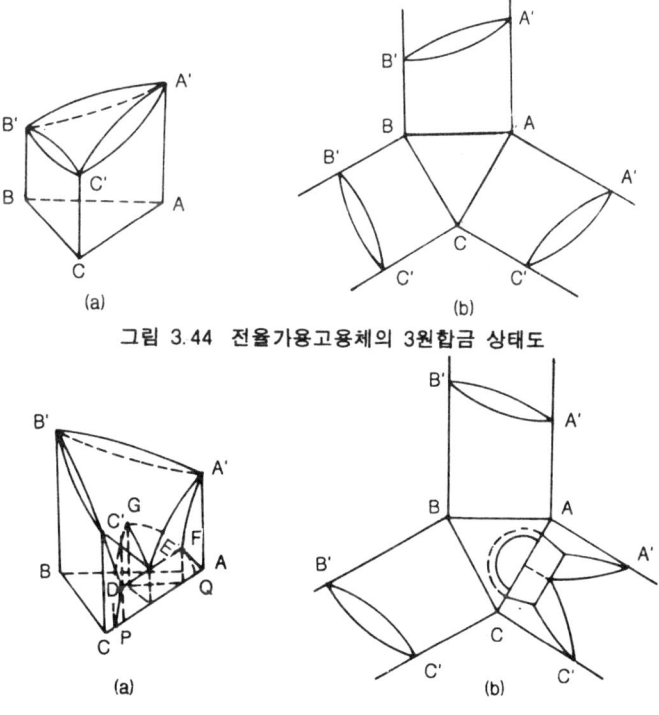

그림 3.44 전율가용고용체의 3원합금 상태도

그림 3.45 한율가용고용체의 상태도

③ 금속간화합물 : 금속간화합물은 보통 굳고 여린 성질이 있으며, 그 자체만으로는 공업적으로 유용한 성질이 적으므로, 금속간화합물인 강철 중의 Fe_3C, Al 합금 중의 $CuAl_2$ 등의 매짐성(脆性) 재질은 다른 연한 재질과 함께 존재한 가운데서 혼합되어서 공업용 합금으로 사용된다. β 상(beta phase)을 형성하는 금속간화합물은 상당히 강하고, 또 어떤 온도에서도 쉽게 고온압연할 수 있다. 그러나 β 상은 상온에서 매짐성이 매우 큰 것이 결점이다. γ 상(gammer phase)은 구리합금(Cu-alloy)에서 많이 나타나는 것인데, 보통 고온 및 상온 상태에서 매짐성이 있다.

2) 4원합금 상태도

4성분계의 조성 표시에는 정사면체를 이용한다. 그림 3.46에서의 각 꼭지점은 각 성분을 나타내고, 사면체 안의 한 점 P는 그림(a)에서 각 면에 대한 수선의 길이로, (b)에서는 각 변과의 평행선의 길이로 조성을 나타낸다. (a)의 경우는 사면체의 높이가 100(%), (b)의 경우는 한변의 길이가 100(%)를 나타낸다.

한 밑면의 평행한 면 안의 점에서는 그 밑면의 마주 위치한 꼭지점의 성분 농도가 항상 일정하고, 1개의 꼭지점을 품는 선 위의 점에서는 다른 3꼭지점의 농도비가 일정하며, 한 변을 품는 평면 위의 점에서는 그 변에 포함되지 않는 2꼭지점의 성분 농도비가 일정하다.

또 한 변에 평행한 선 위의 점에서는 그 변의 두 끝의 꼭지점 성분량의 합이 일정한 관계가 있다. 사면체 안에서도 지렛대 관계는 성립하며, 4성분계에서는 조성 표시에 공간(space)이 필요하므로, 3차원 공간 모형에서는 상태도를 표현할 방도가 없으나 등온단면도를 그릴 수는 있다. 그러나 이러한 표현이 가능하더라도 등온 단면도만으로는 실용성이 적고, 또 조금 복잡한 합금에서는 그것마저 어려워지므로 4성분계 이상의 상태도가 실제 사용되는 일이 드물다.

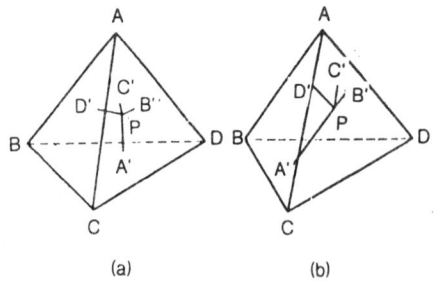

그림 3.46 4성분계와 조성 표시

제4장 금속의 소성변형

단조가공이나 인발, 굽힘 가공용 금속을 소성가공하는 방법은 여러가지가 있으나 그 기본원리는 모두 같기 때문에 이 장에서는 먼저 금속가공에 대한 기초지식을 간략하게 살펴보기로 한다.

금속재료를 굽힘시험해 보면 두가지 형태 즉 탄성변형과 소성변형의 과정을 거치게 된다. 재료를 약간 구부렸다가 놓으면 재료는 스스로 처음 상태로 돌아가는데 이를 탄성변형이라 부르며 고무는 전형적인 탄성재료이다. 한편 재료를 더욱 심하게 굽히면 더 이상 처음 상태로 돌아가지 않고 변형된 상태로 남는다. 이를 소성변형이라 하며 점토등이 그 대표적인 예이다.

4.1 금속재료의 탄성과 소성

금속재료는 완전탄성체의 고무와 완전소성체의 점토 사이에 있는 변형성을 갖고 있으며 이 변형성은 재료의 종류와 전처리 과정에 따라 다르다. 이들 탄성과 소성변형은 인장 또는 굽힘시험등을 통하여 관찰할 수 있다. 일례로 Pb를 굽힘시험하면 거의 탄성변형을 일으키지 않고 소성변형되며 반대로 스프링강이나 고강도 Al판은 소성변형 되기까지에는 상당한 정도의 탄성변형을 하게 된다. 똑같은 Al판 일지라도 연한상태 예를 들어 400℃에서 풀림처리한 경우에서는 탄성값은 훨씬 적어지며 열처리하기 이전보다 작은 하중에서 이미 소성변형이 시작된다. 이밖에도 재료는 소성변형과 탄성변형을 동시에 발생하기도 한다. 재료를 심하게 굽힌 후 하중을 제거하면 일부 탄성변형된 부분은 되돌아가고 나머지는 소성변형된 채로 남는다.

금속의 탄성변형은 특별히 구조물에서 중요하며 반대로 소성변형은 금속을 가공하는데 있어서 중요한 역할을 한다. 즉 구조물을 설계하는 설계자는 구조물이 예상되는 최대 하중에서도 탄성영역에 머무를 수 있도록 설계하여야 하며 이를 위해서는 여러 하중 상태(예 ; 인장, 압축, 굽힘, 비틀림)에서의 재료특성에 대한 자료, 즉 재료실험이 요구된다.

재료실험에서는 여러 세기의 하중을 온도에 따라 일정하게 혹은 불규칙하게 작용시킨다. 일반적으로 짧은 시간동안 작용하는 하중실험으로는 장시간 작용하는 하중 상태에서의 재료상태를 파악하기 어려우므로 재료실험에서는 하중 작용시간에 대해서도 표준화되어 있다.

그럼에도 불구하고 상온에서 단시간에 행하는 인장시험이 널리 이용되고 있는 형편이다.

4.2 인장시험

재료의 인장강도를 실험하기 위하여 가장 널리 사용되고 있는 인장시험(파괴시험이라고도 한다)을 통하여 금속재료의 여러가지 변형특성을 알아보고자 한다. 먼저 시편을 실험하고자 하는 재료의 소재로부터 제작한다(주조재료에서는 인장시편을 주조하여 제작하는데 이때 시편은 기공등의 주조결함이 없도록 특별히 주의하여야 한다).

이때의 인장시편 크기는 표준화되어 있으므로 그에 따라 제작하고 시편의 양끝을 인장시험기에 장착한다(그림 4.1). 인장시험기는 하중을 점진적으로 상승시키면서 작용하는 한편 하중에 따라 변형되는 시편의 변형률을 측정·기록하도록 되어 있다.

시편의 처음 단면적을 A_0, 표점거리를 l_0, 작용하중을 F, 변형후의 길이를 l이라 하면 응력과 변형량은 다음식으로 표시된다.

응력 ; $\sigma = \dfrac{F}{A_0}$,

변형량 ; $\varepsilon = \dfrac{l - l_0}{l_0}$

그림 4.1 재료의 기계적특성을 조사하기 위한 인장시험기

4.3 탄성변형(Hooke 탄성변형)

응력이 커지면 변형량도 증가하는데 그 재료가 견딜수 없는 응력에 도달하면 재료는 파단되고 만다. 응력과 변형량 사이의 변화를 표시하는 그림을 응력-변형곡선이라 하며

그림 4.2에 나타내었다. 그림에서 인장시험의 진행은 다음과 같다 :

단면 10mm²을 갖는 시편에 하중 70kg*을 가하여 측정값 1을 얻었다. 이때 시편에서의 인장응력은 70N/mm²이며 하중을 가하기 전보다 0.1% 신장되었다. 이 상태에서 하중을 제거하면 늘어난 시편은 다시 원상태로 되돌아가며 이때의 변형은 탄성변형임을 알 수 있다.

이와 같은 방법으로 계속 하중을 가하면 **측정점** 3까지는 시편은 고무줄과 같이 완전 탄성변형을 하고 있으며 이때의 하중과 탄성변형은 서로 비례관계에 있음을 나타낸다(3배의 하중=3배의 변형). 응력-변형곡선의 시작점에서부터 급격한 경사를 갖는 직선의 비례구역을 "Hooke 직선"이라 한다. 만약 이 비례영역안에서 하중을 제거하면 시편은 다시 변형률이 0%인 처음 상태로 돌아가게 되며 그림에서 화살표로 표시하였다. 후크직선의 기울기는 재료특성중 아주 중요한 것으로 이를 탄성계수(E-modul)라 하며 비례한도 내에서는 $\sigma = E\varepsilon$의 Hook법칙이 성립한다.

금속의 탄성관계를 원자조직으로 고려해 본다면, 먼저 금속이 결정격자에 규칙적으로 배열되어 있는 원자로 구성되어 있다는 개념으로부터 시작해야 할 것이다. 결정은 각각의 원자들이 서로 인접해 있는 원자들과 작용하는 인력에 의하여 결합된다. 이때의 인력은 원자가 인접원자의 외각전자층에 접촉되어 형성되는 반발력과 평형상태에 있게 된

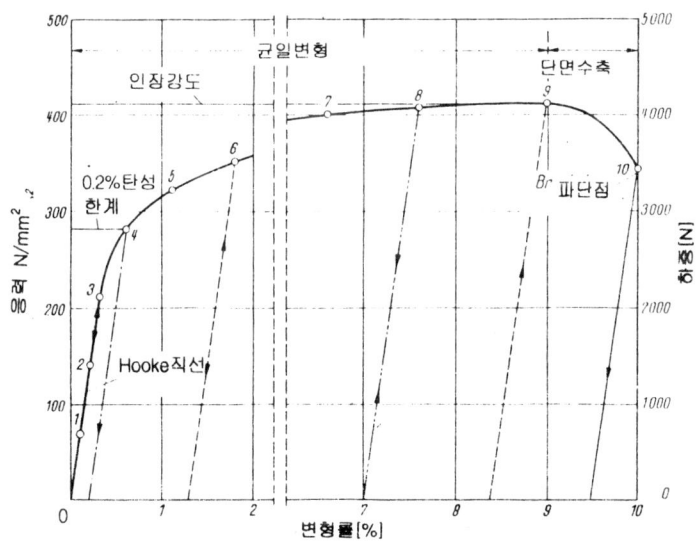

그림 4.2 응력-변형곡선

---

* kg=질량의 단위로 1kg의 질량은 약 10N의 힘에 해당된다. 정확한 값으로는 9.80665N (Newton=힘의 단위)

다. 이들 인력과 반발력의 교환작용은 그림 4.3에 알기 쉽게 도시한 것처럼, 마치 용수철로 인접한 원자를 서로 붙잡아 놓은 것과 같다. 이 모델로 탄성변형을 설명한다면 원자 사이를 잡아 끌고 있는 용수철은 외부에서 작용하는 힘에 의하여 늘어나게 되며 외부힘을 제거하면 이들 원자는 용수철의 힘에 의해 다시 원상태로 돌아가게 된다. 탄성변형을 위한 힘은 금속마다 제각기 다르며 이는 원자들 사이의 인력에 의하여 결정되고 이 힘의 크기는 탄성계수로 측정한다. 이로써 금속의 탄성계수가 합금첨가원소에 의해서 별다른 변화를 보이지 않는 이유를 쉽게 이해할 수 있을 것이다. 즉 용매원자에 비해 월등히 적은 수의 용질원자로는 용매원자간의 인력을 근본적으로 변화시킬 수 없기 때문이다.

그림 4.4에 강과 Al합금의 인장시험 결과를 비교 도시하였다. 연강의 경우 항복점에 도달한 후 변형저항이 잠시 감소하는 것을 볼 수 있는데 이때의 항복점을 상부항복점과 하부항복점으로 구분한다. Al의 경우 이러한 항복현상은 거의 나타나지 않는다. 이밖에도 강에서의 항복점은 일정한 구역을 거쳐 일직선으로 진행되는-변형이 진행되는 동안 응력의 변화가 없는-변형구역을 갖는다. 무엇보다도 중요한 것은 금속의 탄성변형을 나타내는 후크법칙에 해당하는 선으로 그림에서 강은 Al보다도 3배 이상의 가파른 경사를 나타낸다. Hooke 직선의 기울기는 곧 E-모듈(E-모듈=응력/탄성변형률[N/mm^2])을 말하는 것으로 강은 Al 재료보다도 3배나 큰 탄성계수를 갖는다(Al ; 70000N/mm^2, 강 ; 210000N/mm^2) 일례로 탄성계수 70,000N/mm^{2}는 100%의 탄성변형 즉 시편의 표점 거리가 처음의 2배가 되도록 하기 위하여 70,000N/mm^{2}의 인장하중이 요구됨을 의미한다. 물론 Al이나 강에서는 이러한 탄성변형은 일어날 수 없으며 그 전에 소성변형과 시편의 파단이 일어날 것이다. 만약 그림 4.4에서 Hooke 직선을 100%의 연신률까지 연장시킨다면 탄성계수에 해당하는 응력을 구할 수 있다.

그림 4.4에서 보면 하중 A에서 Al 합금은 강보다 3배나 많은 탄성변형을 한다. 변형

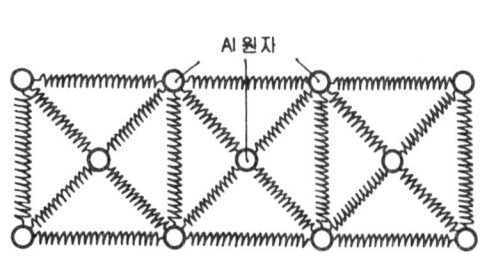

그림 4.3 금속격자의 탄성변형과 용수철로 연결된 것과 같은 원자간의 인력

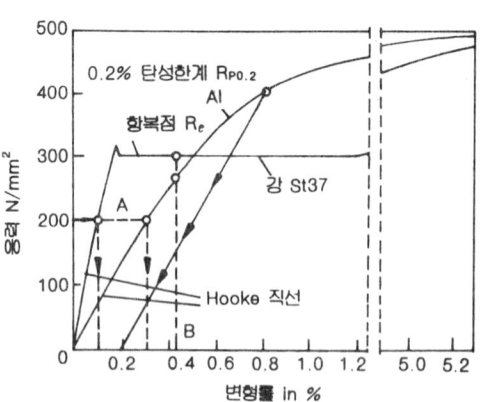

그림 4.4 구조용강 St37과 고강도 Al합금
(예 : AlZnMgl)의 응력-변형곡선

률이 정해진 경우에는 즉 변형률 B점에서 Al합금은 아직 탄성영역에 있으나 강은 이미 소성변형되기 시작한다. 이와같이 응력-변형곡선을 보고서 여러 금속재료의 독특한 차이점을 알아두는 것은 매우 유익한 것으로, 두 금속을 비교하는데는 근본적으로 똑같은 하중 또는 똑같은 변형률 상태에서 행한다. 아래에 그 예를 들어보기로 한다.

그림 4.5와 같이 집중 하중을 받고 있는 교량을 한편에서는 순수한 구조용강으로 다른 한편에서는 AlMgSi1의 Al합금으로 건설하고자 한다. 두 재료는 모두 약 $250N/mm^2$의 항복점 또는 0.2%탄성한계응력을 갖는다. 그러나 Al은 강보다 3배의 탄성계수를 갖는다. 즉 같은 하중상태에서 Al은 강보다 3배큰 탄성변형을 갖는다. 이는 곧 같은 단면적을 같은 경우 Al재료를 사용한 교량은 일반구조용강으로 건설된 교량보다 3배이상 휘어질 수 있다는 것을 말한다. 그러나 교량이 너무 많이 처지는 것은 많은 진동을 갖게되므로 오히려 바람직하지 않을 수 있다. 이와 같은 이유로 해서 예를 들어 강재의 교량을 Al으로 건설하고자 한다면 교량구조물의 형태를 높은 탄성변형으로 인한 처짐을 개선할 수 있도록 바꿀 필요가 있다. Al은 낮은 탄성계수를 갖는 단점이 있지만 다른 한편으로는 가벼우면서 가공성이 좋기 때문에 관성모멘트를 증가시키기만 한다면 구조재로써 이용할 가치가 아주 높은 재료이다.

관성모멘트를 증가시키기 위해서는 꼭 전체단면을 금속재료로 채울 필요는 없으며 그림 4.5처럼 굽힘하중이 작용하는 경우 인장응력이나 압축응력을 흡수할 수 있도록 외형을 만드는 것으로도 충분한 경우가 많다. 그림 4.6에는 판재에 지지대를 설치하거나 홈 또는 물결모양을 하여 높은 관성모멘트를 갖도록 하는 경우를 나타내었으며 그림 4.7은 Al으로 만든 재료와 똑같은 굽힘강도를 갖는 합성수지를 이용한 복합소재를 나타내었다. 이 경우 같은 부피의 금속재료보다 무게가 약 반절로 줄어든다. 그림 4.8에서 복합소재와 순수금속 재료의 굽힘시험을 비교하였다. 그림에서 알 수 있는 바와 같이 굽힘하중시 최대 인장응력과 최대압축응력은 표면부위에서 나타나므로 중심부에서는 사용재료보다 가볍거나 값싼 재료로 대치할 수 있겠다.

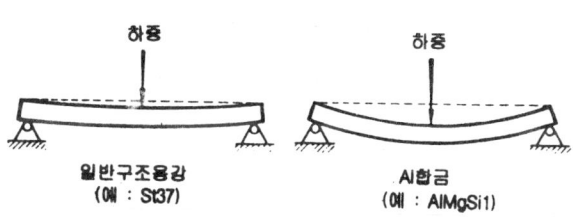

그림 4.5 강과 Al의 변형특성. 일정한 하중하에서 Al재료는 강보다 3배이상 탄성변형을 한다

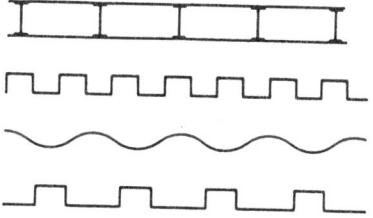

그림 4.6 굽힘강도를 높이기 위하여 판재에 지지대를 설치하거나 홈 또는 물결모양을 한다

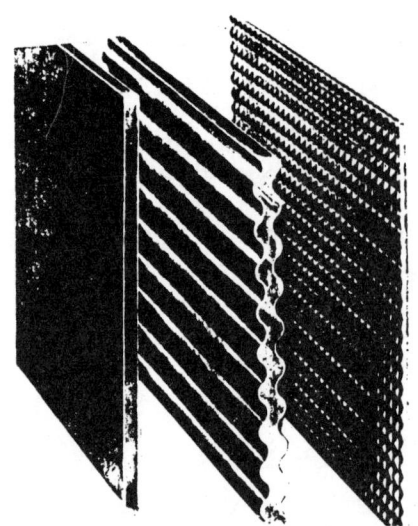

그림 4.7 가공이 안된 복합소재(왼쪽), 강도를 높이기 위하여 파형을 갖는 복합소재(가운데)와 장식용의 복합 소재(오른쪽). Al두께 : 0.3~0.6mm, 합성수지두께 : 2.5~6mm

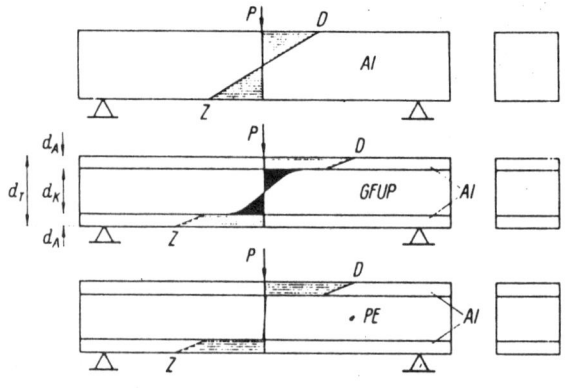

d_T : 약 3~8mm d_A : 약 0.2~0.6mm
d_K : 2~7mm
Z : 인장응력
D : 압축응력
GFUP : 유리섬유로 강화시킨 폴리에스터
PE : 폴리에틸렌

그림 4.8 Al재료와 복합재료의 탄성굽힘에 의한 응력분포

4.4 소성변형과 가공경화

그림 4.2에서 하중이 점4에 이르면($280N/mm^2$) 시편은 0.3% 신장한다. 이때 다시 하중을 조금씩 감소시키면 연신된 시편의 길이는 1점쇄선을 따라 원상태로 회복되어가나, 인장하중을 완전히 제거한 상태에서 0.2% 연신된 상태를 유지한다. 즉 이 시편은 하중 4에서 0.2%의 소성변형을 갖는다. 표점거리의 0.2%의 영구연신이 일어난 때의 하중을 시편의 원 단면적으로 나눈 값을 항복점(yield point)이라 하며 이때의 0.2%연신율은 일반적인 측정장치로 측정할 수 있는 최소값이다. 계속해서 하중을 단계별로 증가시킴에 따라(점 4~8) 시편의 연신은 증가하나 같은 양만큼 연신시키기 위한 하중은 갈수록 작아지는 것을 볼 수 있다. 점 6에서의 하중은 350kg이며 이때의 연신율은 1.8%이다. 여기에서도 앞에서와 마찬가지로 하중을 제거해보면 탄성에 의해 연신된 시편은 수축되어 (점 6에서의 점선) 결국 1.3%의 연신율을 나타낸다.

인장시험에서 시편은 결국 파단하는데(점 10) 이때까지의 하중 변형곡선 중 가장 높은 인장응력(점 9)을 인장강도 Rm(최대하중점 : point of maximum load)이라 하며 그림의 경우 약 $410N/mm^2$에 달한다. 여기에 해당하는 연신율은 8.4%로 인장응력이 최대치에 도달할 때까지 연신은 전체 시편을 통하여 균일하게 진행된다.

점 9를 지나면서 시편에 국부적으로 약한 부분이 존재하면 하중의 작용과 더불어 약한 부분이 상대적으로 쉽게 변형하여 국부수축(necking)을 일으킨다. 그 결과 단면적은 작아지며 이 때문에 하중이 감소하여도 시편은 계속 변형을 일으켜 응력은 점 9로부터 점 10으로 감소한다. 파단변형률은 단절된 두 시편을 갖다 맞추어 파단시점에서의 소성변형된 길이를 측정하는데 그림에서의 파단변형률은 9.5%에 달한다.

4.4.1 경도값에 영향을 주는 인자

일반적으로 재료의 표준규정에 적힌 경도값들은 앞에서 언급된 바와 같은 보통의 인장시험에 의해서 구한 값들이다. 이 값을 실제 구조물설계에 적용하기 위해서는 인장시험시 적용했던 모든 조건들이 실제의 요구조건과 일치하는지를 고려해야만 한다.

인장시험은 일반적으로 상온에서 실행되며 하중 역시 시편이 파단될 때까지 연속적으로 가하여 불과 몇 분 안에 시편은 파단되고 만다. 이러한 상황은 실제 많은 경우와 일치하지만 예외의 경우 또한 고려하지 않을 수 없다. 즉 저온이나 고온상태에서 작용하는 하중, 장시간 지속되는 하중, 반복되는 하중등으로, 이경우 경도값 측정 역시 실제와 상응하는 조건하에서 진행되어야 할 것이다.

(1) 저온에서의 경도특성

그림 4.9에 석출경화한 Al 합금재료의 경도값에 미치는 온도의 영향을 도시하였다. 그림에서 인장강도와 0.2% 탄성한계는 온도가 내려갈수록 커지는 반면 파단연신률은 대체로 일정한 값을 유지한다. 구조용강이나 아연합금, 합성수지등 구조재로서 중요한 대부분의 재료들이 저온에서 취성을 나타내는 반면 Al은 저온에서도 인성을 유지한다. 따

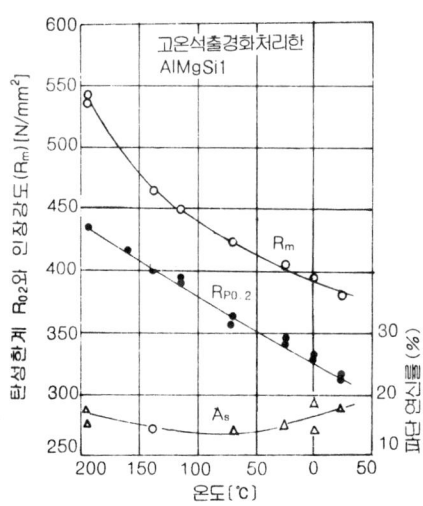

그림 4.9 고온석출경화한 AlMgSi1합금재료에서 온도가 인장강도에 미치는 영향

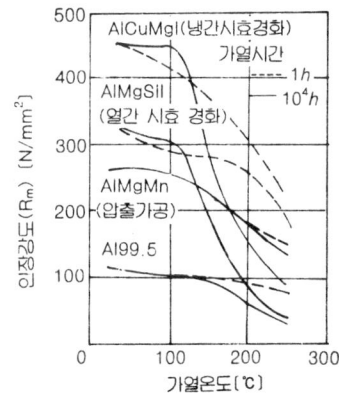

그림 4.10 여러가지 Al합금의 고온에서의 인장강도관계 ; 온도와 가열시간이 인장강도에 미치는 영향

라서 Al 합금은 공기액화장치에서처럼 저온도에서 사용되는 장치의 구조물에 자주 이용된다.

(2) 고온경도

온도가 상승함에 따라 금속의 경도는 일반적으로 작아지는데 열간가공은 바로 이러한 현상을 이용한 것이다. 그림 4.10에 온도가 고온인장 강도에 미치는 영향을 도시하였다. 그림에서 시효경화나 냉간가공경화된 재료에서 가열시간이 중요한 변수로 작용하고 있음을 볼 수 있다. 즉 강도값은 시험온도 이외에도 재료가 실험온도에서 얼마나 오랫동안 가열되었는가에 의해 서로 다른 값을 나타낸다. 따라서 고온에서는 다음 두가지의 영향을 예상할 수 있다. 즉 온도상승에 따른 일반적인 경도감소와 냉간가공경화나 시효경화 처리된 재료에서 가열시간이 지속됨에 따라 조직이 변화하여 생기는 경도감소이다(회복·재결정 참조).

(3) 하중시간과의 관계

앞에서 언급한 고온경도시험은 고온에서 단시간동안 하중을 가하는 경우를 말하는 것으로 만일 시편에 장시간 동안(여러날 또는 여러달 동안) 고온에서 하중을 작용시키면 재료는 크리이프(creep)변형을 하게 된다. 이 상태를 그림 4.11에 나타내었다. 그림에서 시편은 일정한 하중아래서 시간이 지날수록 점점 길어진다. 이때의 연신속도는 처음의 높은 속도에서부터 점차 감소하여 가다가(1차 크리이프) 오랫동안 거의 일정한 속도를 유지한 후(2차 크리이프) 다시 증가하여(3차 크리이프) 결국에는 파단된다. 이러한 현상

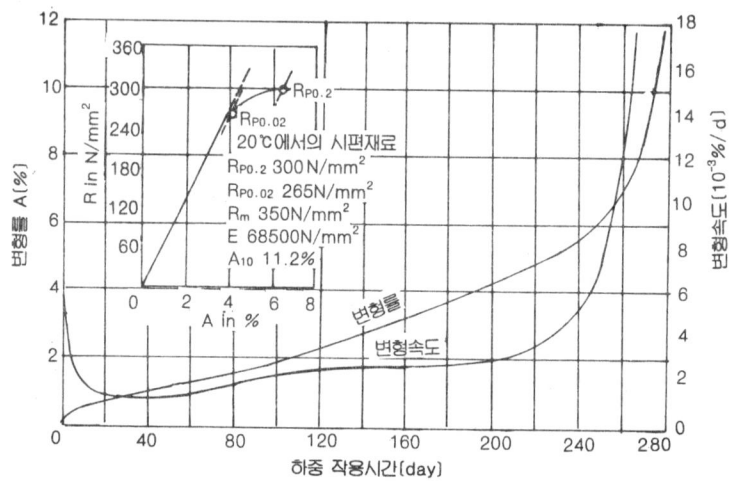

그림 4.11 AlMgSi1 합금의 하중작용시간-변형률과 하중작용시간-변형속도곡선
응력=1800N/mm², 온도=130 ℃

은 조직의 강화와 연화현상으로 제1차 크리이프에서는 소성변형에 따른 재료의 강화현상이 일어나며, 제2차 크리이프 단계에서는 가공에 따른 경화현상과 결정의 회복에 따른 연화현상이 평형을 이루다가 제3차 크리이프 단계에서는 재료의 연화가 압도하여 결국에는 국부적인 단면수축과 더불어 파단이 일어난다. 온도가 높을수록, 하중이 클수록 크리이프는 신속하게 진행되고 재료의 수명 또한 짧아진다. 응력과 온도·수명들의 관계를 조사하기 위하여는 일정하중을 1년 또는 2년 이상 작용시키는 실험을 한다. 그림 4.12는 이러한 실험결과를 도시한 것으로 일정한 응력을 갖는 Al 재료가 서로 다른 온도에서 파단되기까지 걸리는 시간을 나타내고 있다. 이들 실험결과를 계산이 용이하게 하기 위하여 그림 4.13처럼 변형시킨다. 즉 재료의 실용온도와 요구하는 수명이 정해진 상태에서 허용되는 하중을 도표를 보고 구할 수 있다. 화학공업에서 사용되는 공업용 순Al, 또는 AlMg 합금으로 된 압력탱크나 부속장치들은 그림과 같은 도표를 이용하여 약 10년간의 수명을 보장한다.

이밖에도 초음속비행기의 재료선택에서도 크리이프에 관한 관계를 고려해야만 한다. 예를 들어 초음속비행기인 콩코드의 경우 비행기 동체의 표면은 공기마찰에 의하여 가열되어 약 135℃까지 올라간다. 이 비행기의 동체재료로는 약 2.4%의 Cu와 Ni, Fe, Mg이 각각 1.2%를 함유하는 Al 합금인데, 이들 중금속의 첨가로 인하여 열간강도가 증가한다. 즉 크리이프 저항이 큰 재료가 되는 것이다.

(4) 피로파괴

재료는 탄성한계 이상으로 인장하면 소성변형되고 이에 따라 재료는 경화한다. 따라서 하중을 제거하였다가 다시 가하면 탄성한계는 이전보다 증가한다. 반복하중을 보다 정밀

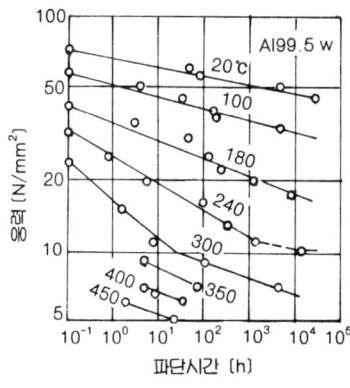

그림 4.12 순 Al의 파단-시간곡선· 곡선은 일정하중이 작용하는 동안 시편의 응력상태에 따라 파단시까지 걸리는 시간을 나타내며 각각의 곡선은 서로 다른 온도에서의 파단곡선이다

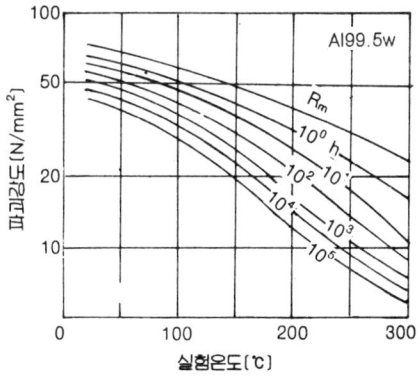

그림 4.13 그림 4.12에서의 좌표를 변경시킨 것으로 재료의 파단시간이 정해진 상태에서 온도가 파단을 위한 응력에 미치는 영향을 나타낸다. 곡선 R_m 은 순간인장시험의 값을 나타낸다

한 측정을 통하여 살펴보면 하중제거시에도 시편은 소성변형을 하여 약간 수축을 하며 재하중시에 수축되었던 만큼 연신되는 것을 알 수 있다. 실제로 이러한 현상들은 반복하중에서 항상 일어나는 것으로 재료가 소성적으로 반복 변형됨에 따라 어느곳에선가는 변형능이 감소하여 미소한 균열이 발생하고 이 균열은 반복하중이 계속되면서 그 크기가 증가하여 결국은 파괴되고 만다. 이와같이 정적하중에서는 영구히 견딜 수 있는 응력일지라도 반복해서 하중을 작용시키면 재료가 파괴되는 것을 피로파괴라 하며 응력의 진폭이 항복응력보다 낮은 상태에서도 발생한다.

피로파괴를 조사하기 위하여 그림 4.14에서 처럼 두 응력의 진폭으로 진동시킨다. 이 중 가장 많이 이용되는 것으로는 그림 4.14(d)의 경우로 평균응력이 0이 되도록 인장·압축응력을 작용시킨다. 그림 4.14(e)에 피로곡선(wohler곡선)으로 나타낸 피로시험의 결과를 도시하였다. 이 곡선은 주어진 응력상태에서 재료가 파단할 때까지의 반복횟수를 나타내고 있으며 응력이 낮을수록 반복횟수는 많아지며, 어떤 응력의 진폭이하에서는(그림에서는 $100N/mm^2$) 무한대로 반복하여도 파괴되지 않는다. 이러한 응력의 진폭을 피로한도 또는 피로강도라 한다. 엔진부품과 같이 사용수명을 예측할 수 있는 부품의 설계에서는 경제적인 이유때문에 무한대의 반복횟수보다도 제한된 반복횟수를 선택하기도 한다.

반복하중으로 인하여 발생하는 피로파괴는 재료의 노치등에 의하여 응력이 국부적으로 상승하는 곳에서 시작한다. 그림 4.15에 단면의 양쪽에 노치를 갖는 판상시편에 축방

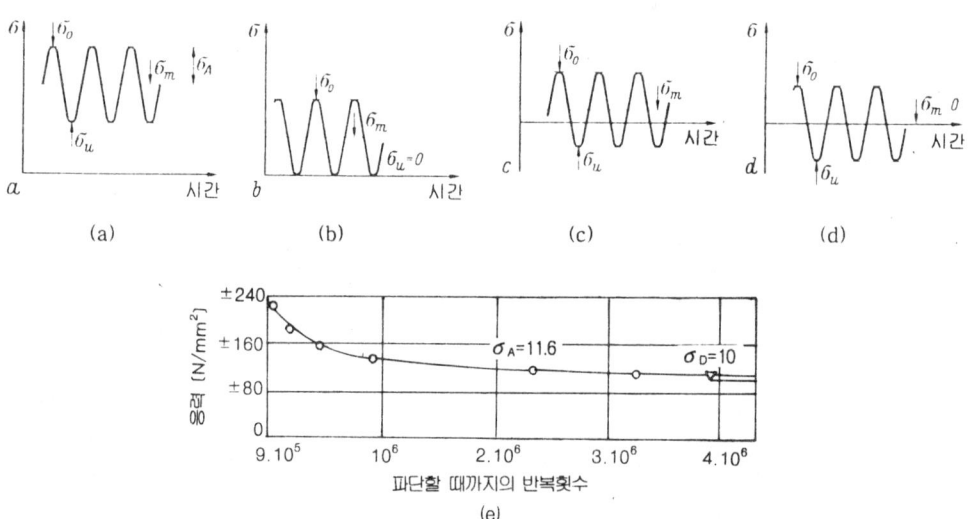

그림 4.14 반복인장시험을 통한 진동시험(a, b)과 반복인장, 압축하중을 통한 진동시험(c, d)
 e : wohler-곡선(피로곡선): 두께 5mm의 열간시효경화처리한 AlMgSi1 재료 시편의 0.2%탄성한계는 $250N/mm^2$이며 진동시험의 평균하중은 0으로((d)형) 조정하였다

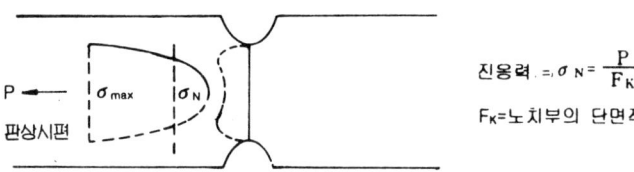

그림 4.15 노치를 갖는 판상의 시편과 인장하중하에서의 응력분포. σ_{max}=노치부에 작용하는 최대인장응력. 점선안의 빗금부분 : 노치부에 작용하는 전단응력

향으로 인장한 결과 발생하는 응력분포를 도시하였다. 정적인 하중에서 노치부는 소성변형에 의하여 응력집중이 제거되어 균일한 응력분포를 나타낼 수도 있겠으나 반복하중에서는 노치부에 높은 값의 응력집중이 발생한다. 따라서 설계자는 반복하중이 작용하는 구조물에서는 이러한 노치부를 피해야 하며 용접부위나 리벳구멍등 어쩔 수 없는 경우에는 이러한 노치효과를 고려해야 할 것이다. 한편 재료조직의 결함이나 조대한 석출물들은 내부노치로 작용하게 되며 표면부의 긁힌 곳이나 녹슨 부위 등도 피로강도를 저하시킨다. 따라서 반복하중이 작용하는 구조물에서는 소재의 조직이나 표면상태에 많은 필요조건이 요구된다.

4.4.2 단결정의 변형

탄성변형에서는 원자가 자기위치를 짧은 거리만큼 떠나있다가 하중이 제거되면서 다시 제자리로 돌아오는 반면, 소성변형에서는 원자가 상당한 거리를 옮겨가 변형하중을 제거한 후에도 원상태까지 돌아오지 못하는 상태로 이를 슬립이라 한다. 슬립에 대한 관계를 쉽게 설명하기 위한 방법으로 단결정의 재료를 조사해 본다.

대부분의 금속은 적절한 방법을 이용하여 금속용액으로부터 결정립계가 없는 수 cm 크기의 단결정을 만들 수 있다. 전혀 가공되지 않은 Al 단결정은 마치 빵반죽처럼 연해서 손가락에 감으면서 놀 수 있을 정도이나 이렇게 변형된 단결정을 다시 반듯하게 펴기 위해서는 많은 힘이 요구된다. 굽힘가공에 의해서 결정은 소성변형되어 경화되었기 때문이다. 금속의 소성변형을 흔히 밀가루 반죽하는 것과 자주 비교하지만 이는 적절하지 않다. 밀가루는 반죽시에 개개의 알갱이가 자유롭게 서로 섞여 지나치지만 금속의 경우 이러한 현상은 용융상태에서만 가능하고 고체금속 즉 결정에서는 소수의 슬립면을 따라 움직이기 때문이다.

단결정을 변형시키면 표면부에 육안으로도 관찰할 수 있는 계단모양의 단이 형성된다 (그림 4.16 참조). 이는 곧 소성변형시 결정들은 슬립면을 따라 이동하는 것을 의미하는 것으로 조대한 결정립을 갖는 조직에서도 단결정과 같이 슬립선을 쉽게 관찰할 수 있다

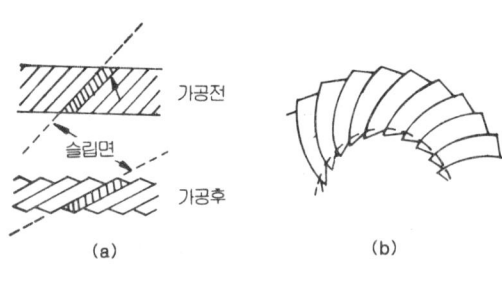
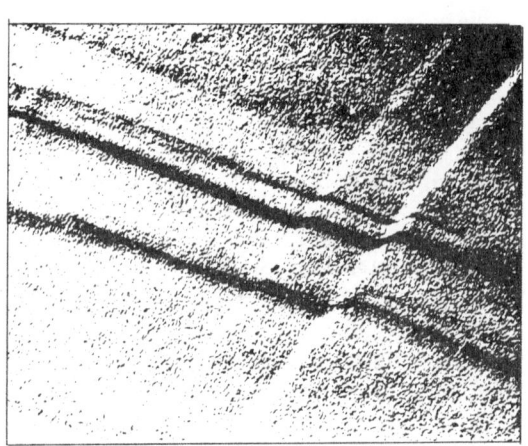

그림 4.16 가공에 따른 단결정의 거시적인 슬립 형태 (a) 압축변형시(균일변형) (b) 굽힘가공시(불균일변형); 인장(바깥쪽)과 압축(안쪽)이 동시에 작용한다

그림 4.17 Al에서의 슬립선과 슬립계단[배율=580 : 1]

(그림 4.17 참조). 슬립면 또는 슬립계단의 형태로 나타나는 조직의 이동은 원자간의 결합을 분리하는데에 필요한 힘이 원자면에 변형을 일으키는 데에 필요한 힘보다 훨씬 크므로 결정이 파단하기 전에 원자면을 따라 미끄러지기 때문이다. 이러한 미끄러짐을 슬립(slip), 슬립이 일어나는 원자면을 슬립면(slip plane), 그 방향을 슬립방향(slip direction), 슬립면과 슬립방향의 조합을 슬립계(slip system)라 한다. 더욱 자세한 것은 후에 언급할 "전위"에서 설명하겠다.

결정격자 중에서는 각종의 원자면이 생각되나 그 중에서 어느 원자면에서 어느 방향으로 슬립을 일으키는가 하는 것이 중요한 문제이다. 결정격자중의 주요한 면과 방향은 어느 것이나 저지수(低指數)의 것이며 표 4.1에 각 결정격자의 주요한 원자면의 원자밀

표 4.1 주요한 결정면의 원자밀도 및 면간거리와 주요결정방향의 원자간 거리

결정구조	결정면	원자밀도	면간거리	결정방향	원자간거리
BCC	(110)	$\sqrt{2} \times \dfrac{1}{a_0^2}$	$\dfrac{1}{\sqrt{2}} \times a_0$	[111]	$\dfrac{\sqrt{3}}{2} \times a_0$
	(100)	1	$\dfrac{1}{2}$	[110]	$\sqrt{2}$
	(111)	$\dfrac{1}{\sqrt{3}}$	$\dfrac{1}{2\sqrt{3}}$	[100]	1
FCC	(111)	$\dfrac{4}{\sqrt{3}}$	$\dfrac{1}{\sqrt{3}}$	[110]	$\dfrac{1}{\sqrt{2}}$
	(100)	2	$\dfrac{1}{2}$	[111]	$\dfrac{\sqrt{3}}{2}$
	(110)	$\sqrt{2}$	$\dfrac{1}{2\sqrt{2}}$	[100]	1
CPH	(0001)	$\dfrac{2}{\sqrt{3}}$	$\dfrac{2\sqrt{2}}{\sqrt{3}}$	[2110]	1
	(1010)	$\dfrac{\sqrt{3}}{2\sqrt{2}}$	2	[1010]	$\sqrt{3}$

a_0 : 격자정수

도와 면간거리를 표시하였다. 이러한 것은 격자정수를 단위로 하여 표시하고 있다. 이 표에서 알 수 있는 바와 같이 원자밀도가 최대의 면일수록 면간거리는 커지고 있다. 따라서 이러한 원자면간에서 상대적인 변형이 일어나기 쉽고 또 원자간 거리가 작은 방향에서는 원자상호간의 결합이 강하므로 서로 떨어지기 어렵다고 생각하면 슬립은 원자밀도 최대의 면에서 원자밀도 최대의 방향으로 일어나고, 표 4.1로부터 그 조합은 다음과 같이 될 것이라고 추측된다.

	슬립면	슬립방향
체심입방정(BCC)	(110)	[111]
면심입방정(FCC)	(111)	[110]
조밀육방정(CPH)	(0001)	[2$\bar{1}\bar{1}$0]

단결정의 변형에서는 특정의 원자면상에서 특정의 방향으로 작용하여 슬립이 일어나는 것이므로 가하여지는 외력을 이 방향의 분력으로 분해하여 생각하지 않으면 안 된다. 지금 그림 4.18과 같은 원주상의 단결정에 인장력이 가하여지는 경우를 생각한다. 단결정의 내부에 있는 하나의 슬립면이 P이고 그 내면에 있는 슬립방향을 S라 한다. 외력의 크기를 F, 슬립면의 법선과 인장축이 이루는 각을 ϕ, 슬립방향과 인장축이 이루는 각을 λ라 하면 슬립방향에서의 인장력의 분력은 $F\cos\lambda$, 또 슬립면 P의 면적은 $A/\cos\phi$이므로 이 면위에서 슬립방향으로 작용하는 힘을 전단응력으로 나타내면 다음과 같이 된다.

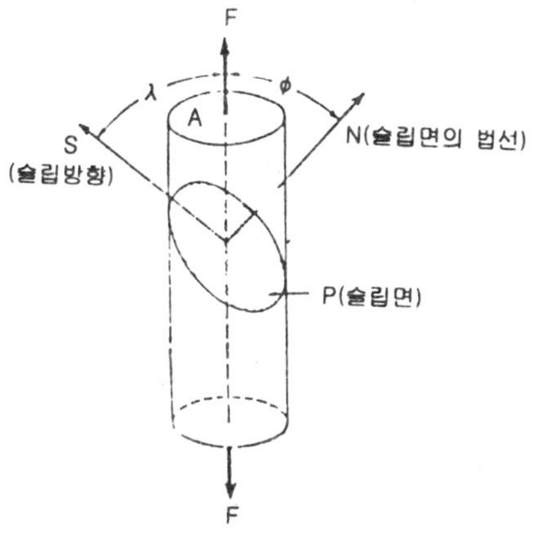

$$I = \frac{F}{A} \cos\phi \cos\lambda$$

그림 4.18 슬립면 위에 작용하는 전단응력

외력이 증가하여 이 값이 어느 임계치를 넘으면 이 면에서 드디어 슬립이 일어난다. 이때의 전단응력의 값을 임계전단응력(critical resolved shear stress)이라 부르며 CRSS라고 쓰는때도 있다.

슬립계는 하나 뿐이 아니고 몇개가 있으므로 외력이 가하여진 경우 어느 슬립계에서도 같은 관계가 성립하나, 그 중에서 인장축과의 기하학적인 관계에서 $\cos\phi \cdot \cos\lambda$ 의 값이 가장 큰 슬립계가 먼저 임계치에 달하여 슬립을 일으킨다. 외력이 더욱 커지면 다른 슬립계에서도 슬립을 일으킨다. 이것이 2중 슬립이다. $\cos\phi \cdot \cos\lambda$ 의 값은 단결정의 슬립을 생각하는 데에 중요한 인자이며 이것을 schmid인자(schmid factor)라 부른다.

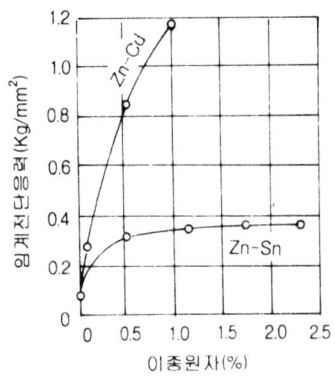

그림 4.19 임계전단응력에 대한 이종원자의
영향(Zn에 Cd는 고용하나 Sn은 고
용하지 않음)

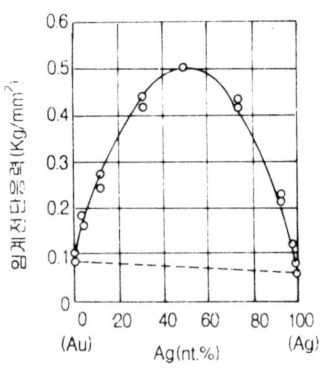

그림 4.20 합금조성에 의한 임계전단
응력의 변화

임계전단응력의 값은 온도에 따라 변화한다. 즉 실온이상의 온도범위에서는 거의 일정하나 저온이 되면 온도의 강하에 비례하여 증가한다. 또 임계전단응력은 금속의 순도 즉 불순물원자의 양에 따라서도 변화한다. 그림 4.19에 보는 바와 같이 이종원자가 증가하면 임계전단응력은 증가하나 이종원자가 고용될때에 증가는 더욱 커진다. 예컨대 Au와 Ag는 원자반경이 거의 같고 어떠한 비율로도 고용체를 만드는데 이 합금은 그림 4.20에 보는 바와 같이 50 : 50에 가까운 조성인 때 임계전단응력은 최대에 가까운 값을 나타낸다.

4.4.3 다결정의 변형

(1) 다결정의 가공경화

밀가루 반죽처럼 연하던 단결정이 가공된 후 아주 단단해지는 것과 같이 소성변형을 통하여 금속은 경화하는 것을 이미 언급하였다. 다결정조직에서의 가공경화는 단결정에서보다 훨씬 크며 결정립이 미세할수록 경화현상은 더욱 커진다. 그 이유로는 결정립계에서 슬립면의 방향이 변하여 인접한 결정립들은 서로의 슬립을 방해하기 때문이다. 그림 4.21에 방위차를 갖는 두 개의 인접한 결정립을 도시하였으며 이 결정립계에서 전위의 이동이 방해를 받는다.

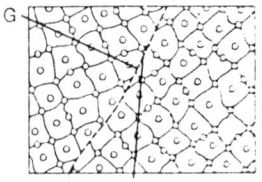

그림 4.21 냉간가공된 금속조직
G : 각결정립에서의 슬립
면(이들 슬립면은 각결정
립내에서 서로 평행하게
존재한다)

다결정재료는 단결정 재료에 비해 소성가공성은 적은 반면 강도는 훨씬 크다. 조대한 결정립을 갖는 재료는 단결정과 미세조직을 갖는 재료의 중간정도의 특성을 나타내는데 이는 곧 조대한 조직의 결정은 전위의 슬립을 방해하는 정도가 약하여, 같은 재료일지라도 조대한 조직은 미세한 조직보다 작은 강도값을 나타낸다. 이 때문에 일반적으로 재료의 가공소재는 가능한한 미세한 조직을 갖도록 하므로써 높은 강도를 갖게하고 또한 디이프드로잉과 같은 가공에서는 거친표면의 형성을 억제한다. 그러나 미세한 결정립이 언제나 요구되는 것은 아니다. 일례로 냉간압연의 경우 가능한 가공이 용이하도록 중간정도 크기의 결정립을 요구한다. 압출의 경우 미세한 조직은 압출압력이 뚜렷히 상승하므로 Al 합금의 경우 0.2~0.8mm의 직경을 갖는 중간정도의 조직을 원하고 있다.

(2) 집합조직

압연이나 인발등의 가공을 거친 재료는 비록 조직은 미세하나 소위 집합조직을 갖는 경우가 있다. 어떤 조직의 결정이 불규칙하게 정렬되지 않고 조직전반에 걸쳐 비슷하거나 똑같은 방향성을 갖고 정렬되어 있는 조직을 집합조직(texture)이라 한다. 냉간가공으로 생긴 집합조직을 변형집합조직 또는 가공집합조직(deformation texture)이라 하고 인발가공 등으로 철사 등에 형성되는 1차원적인 집합조직을 특히 섬유조직(fiber texture)이라 부른다. 이밖에도 재결정으로 얻어진 집합조직을 재결정 집합조직(recrystallization texture, annealing texture), 주조시 형성된 집합조직을 주조집합조직-열방출방향과 평행하게 등장함-이라 한다. 실제로 사용되고 있는 금속 재료는 생산과정에서 대부분이 소성가공을 거쳤거나 또는 다시 열처리한 것이므로 대부분이 다소간의 집합조직을 갖고 있다. 따라서 용도에 따라서는 그 영향을 고려해야 한다. 집합조직의 존재는 디포드로잉이나 압출가공으로 조그만 용기를 만들어 봄으로써 확인할 수 있다. 즉 집합조직을 갖는 재료를 이용하여 deep drawing을 하면 재료는 등방성이 아니므로 우선 인장방향성을 갖는 변형으로 인하여 특정방향에 변형이 집중하여 그림 4.22과 같은 귀를 형성한다. 이 경우 압연섬유조직은 압연방향과 45°의 각도를 갖는 곳에서 귀를 형성하여 4개의 귀를 갖는다. 이와는 반대로 일정한 조건하에서의 열처리를 통하여 발생하는 재결정 섬유조직은 압연방향과 0°와 90°의 방향에 귀를 형성한다. 따라서 이들 두 섬유조직을 적절하게

그림 4.22 귀의 발생 : 압연방향은 사진과 수직 방향이며
(a) 압연방향(압연집합조직)과 45° 각도에 형성되는 4개의 귀
(b) 압연방향과 0°, 90°를 갖는 4개의 귀(재결정집합조직)
(c) 압연방향과 45° 각도를 갖는 부분에서 형성된 4개의 귀와 0°, 90° 에서 형성된 4개의 귀(압연 집합조직과 재결정집합조직이 혼합된 조직)
(d) 귀의 발생이 없는 상태(집합조직이 없는 소재로 가공함)

중간열처리 하므로써 혼합섬유조직을 얻고 이에 따라 서로 비슷한 높이를 갖는 8개의 귀를 형성시킬 수 있다(45° 각도에서 4개, 0°와 90°에서 4개). 4개의 귀를 갖는 경우 이들은 가공후에 상당량을 잘라내야 하며 이외에도 제품의 규격을 맞추기 위해서는 원형의 소재 또한 충분한 크기를 가져야 하기 때문에 deep drawing할 때는 앞에서 언급한 바와 같이 8개의 귀를 형성하게 하는 것이 바람직하겠다. 이렇듯 정확한 압연과 열처리 방법에 의해 귀의 형성은 상당량 억제시킬 수 있으나 실제 생산하는데 있어서는 경제적인 이유로 해서 잘 실행되지 못하고 있는 형편이다.

(3) 격자결함

금속에서 결정격자내에 결함이 없다면 그 재료는 전혀 소성가공 할 수 없게 되어 사용이 불가능하게 된다. 금속의 특성을 깊이 이해하는데는 따라서 격자결함에 대하여 충분히 알아 두어야할 것이다. 중요한 격자결함으로는 공격자결함, 침입 및 치환형 고용체, 전위, 결정립계 등으로 이들을 그림 4.23에 도시하였다.

1) 공격자결함

공격자결함이란 금속격자내의 원자결함이라고 생각할 수 있다. 공격자결함은 고체금속에서 확산으로 표현되는 원자이동에 중요한 역할을 한다. 하나의 예를 들어보자. 수많은 자동차들이 꽉 차 있는 주차장에서는 어느 자동차 한대도 움직일 수가 없다. 하지만 차한대의 자리가 비어 있다면 그 옆의 차를 빈곳에 세우고 새로 빈자리에 그 옆의 차를 옮겨 세우는 식으로 해서 계속 옮겨갈 수 있을 것이다. 금속격자에서의 공격자결함도 이와 비슷한 경우로 격자내에 금속원자의 이동(확산)을 가능하게 한다. 확산은 석출경화합금의 용체화처리나 소재의 고온가열시 용질원자를 결정내에 균일하게 분포시키는데 있어서 아주 중요하며 이는 공격자결함의 위치로 건너 뜀으로써 이루어진다(그림 4.24).

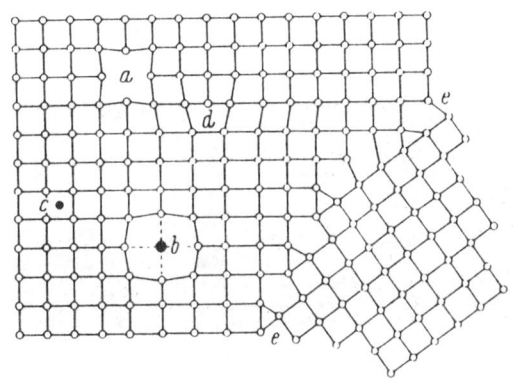

그림 4.23 격자결함
 a-c : 점결함
 a) 공결함
 b) 치환형 고용체
 c) 침입형 고용체
 d) 선결함(전위선)
 e-e) 면결함(결정입계 : 결정립의 표면)

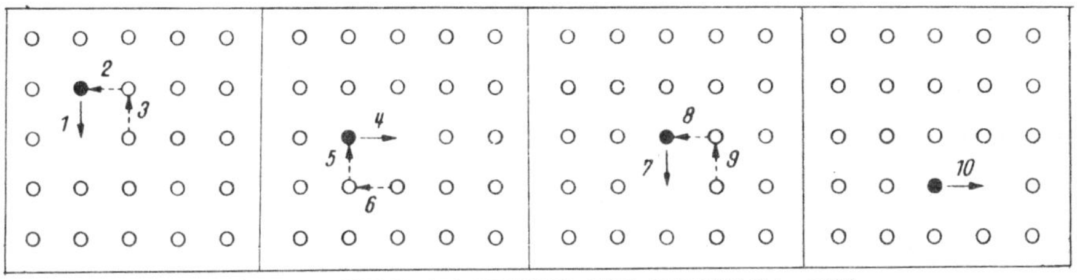

그림 4.24 용질원자가 공결함을 거쳐 확산이동하는 과정
● = 용질원자   ○ = Al원자

표 4.2 한개의 공결함을 갖는 격자점의 수 (온도가 상승함에 따라 공격자결함당 격자점의 수는 감소한다.)

온도(℃)	20	200	300	400	500	600	658 (고체)
공격자 결함당 격자점의 수	1000000000000	12250000	500000	52000	9800	2660	1440

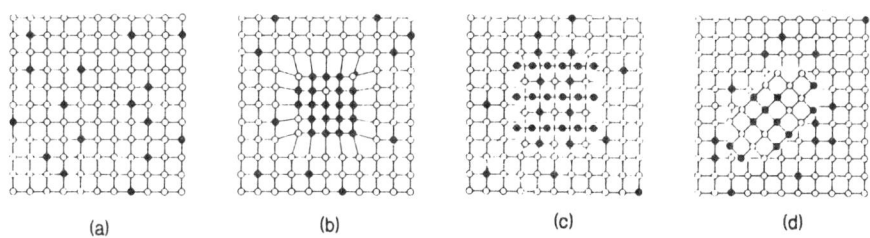

○ Al 원자
● 용질원자(예 : Cu-원자)

그림 4.25 (a) 고용체 (b) 정합(coherent) 상태
(c) 부분정합상태 : 수직격자면은 정합, 수평격자면은 부정합상태
(d) 부정합(incoherent) 상태

이러한 공격자결함은 냉간가공이나 가열에 의해 발생하는데 무엇보다도 중요한 것은 후자인 열적인 공격자결함이다. 표 4.2에 하나의 공격자결함을 소유하는 격자점의 수를 온도에 따라 나타내었다. 표에서 알 수 있듯이 용융되기 직전에는 1500개 정도의 원자에서 1개의 공격자결함을 갖고 있다. Al이 용융되면 공격자결함의 수는 급증하는데 이는 용융시의 체적증가가 원인이된다. 냉간가공에 의해 형성된 공격자결함은 파단시 순식간에 사라지나(결정립계 등에 흡수된다) 열적으로 평형상태에 있는 공격자결함은 그대로 유지된다 (표 4.2)

2) 용질원자

고용체에서 용질원자는 용매금속의 격자점상의 원자와 치환하거나 용매금속의 격자간격에 침입한다(그림 4.23). 용질원자가 어떻게 고용되는가는 용매원자와 용질원자간의 크기 차이에 의해 결정되며 이밖에도 두 원소간의 화학적 친화력은 용질원자의 석출경향에 영향을 미친다. 석출상은 격자구조를 방해한다(그림 4.25 참조).

3) 전위

전위는 결정을 갖는 재료가 소성변형을 하는데 있어서 기본요소이다. 그림 4.26에 소성변형에 따른 전위의 생성과 이동을 도시하였다. 그림에서 전위의 위치는 변형되지 않은 격자의 2개 원자에 인접하여 배열된 3개의 원자에 자리하며 이 부분의 결정격자에는 왜곡(歪曲)이 남게 된다. 그림 4.26에 도시한 평면상의 원자배열은 실제 금속결정에서는 도면에 수직으로 계속되고 있다. 이와 같은 전위의 연속을 전위선(dislocation line)이라 한다.

전위에는 여러 형태가 있으며 이중 대표적인 2가지의 전위를 그림 4.27에 도시하였다. 그림은 고무로된 지우개를 예로 들어 설명한 것으로 먼저 지우개를 한가운데까지 절단한 다음 이중 반쪽면을 전위선과 수직방향으로(A) 또는 전위선과 일치하는 방향(B)으로 움직이면 이동방향 b로 대략 원자간거리 a만큼 이동한다. 슬립방향과 크기를 vector로 표시하면 A, B에서 각각 b방향으로 슬립이 생기며 이와 같은 vector를 버거스벡터 (Burgers vector)라 한다. A와 같이 버거스벡터와 전위선이 수직인 경우를 칼날전위(edge dislocation), B와 같이 평행한 경우를 나사전위(screw dislocation)라 부른다.

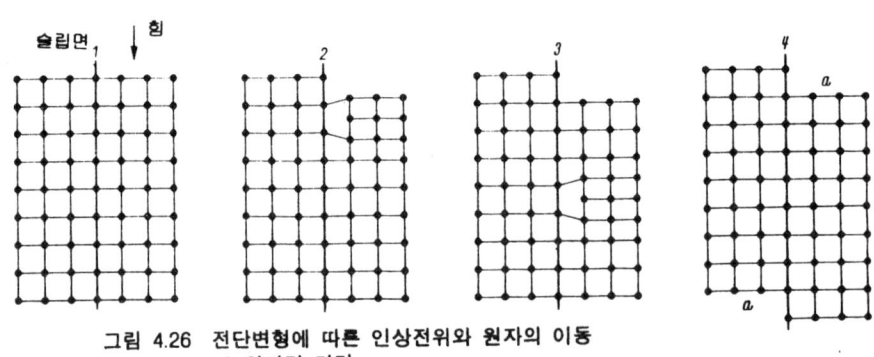

그림 4.26 전단변형에 따른 인상전위와 원자의 이동
a) 원자간 거리
1) 변형이 되지 않은 상태   2) 전위의 형성
3) 슬립면위에서 전위의 이동 4) 변형된 상태

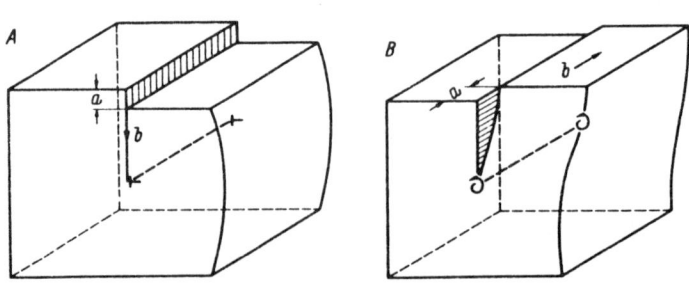

그림 4.27 인상전위(A)와 나사전위(B) a : 원자간거리 b : 슬립방향

칼날전위 A의 주변에 있는 원자배열은 그림 4.26의 3의 순간과 같으며 슬립면보다 위쪽에 여분의 원자면이 있는 때를 정의전위라 하여 ⊥의 기호로 표시하고, 반대로 슬립면보다 아래에 여분의 원자면이 있는 때를 부의전위라 하여 ⊤의 기호로 표시한다.

나사전위에서 원자는 전위선 방향으로 이동하는데 나사전위선을 따라 몇 원자 간격을 이동해 보면 마치 한바퀴 돌때마다 원자간거리만큼 높아지는 나선형계단을 걸어가는 것과 같다.

앞에서 말한 Burgers vector는 엄밀한 의미로는 다음과 같이 정의된다. 그림 4.28에 보인 바와 같이 결정격자 중에 1원자간 거리의 단계로 전위의 주위에 회로를 만든다. 전위가 없을 때의 회로와 같은 수의 단계를 쓰면 최후에 서로 맞지 않는 부분이 생긴다. 이 부분을 맞게 하기 위해서 필요한 vector를 Burgers vector라 부르며 보통 b로 표시한다. Burgers vector의 크기 b가 클수록 전위주위의 변형량도 커지므로 b를 전위의 강도라고도 한다. 결정격자가 변형함으로써 전위는 에너지를 갖으나 그 크기는 b^2에 비례한다. Burgers vector가 슬립면 위에서 1원자의 위치로부터 옆의 원자의 위치까지에 상당할 때 즉 격자의 기본 vector와 일치할 때 이 전위를 단위 강도의 전위(dislocation of unit strength) 또는 단위전위(unit dislocation)라 한다. 단위강도보다 큰 전위는 불안정하여 보다 작은 강도의 전위로 분해하려는 경향이 있다. $b \to b_1 + b_2$라는 전위의 분해는 $b^2 > b_1^2 + b_2^2$인때 일어나고 $b^2 < b_1^2 + b_2^2$일때는 일어나지 않는다. 단위강도의 전위는 Burgers vector의 방향이 결정의 조밀충진의 방향과 일치할 때 에너지적으로 최소가 된다고 한다. 이것은 슬립이 최대의 원자밀도 방향으로 일어난다는 것을 설명하는 것이다.

Burgers vector가 결정격자의 기본 vector와 일치하는 때는 Burgers vector와 같은 슬립은 1원자간격의 평행이동과 같으므로 전위가 이동한 후 결정은 다시 결함이 없는 구조가 된다. 이와 같은 전위를 완전전위(perfect dislocation)라 부른다. 이에 대하여 Burgers vector가 기본 vector와 일치하지 않는 전위를 불완전전위(imperfect dislocation) 또는 부분전위(partial dislocation)라 한다.

각각의 전위선은 수백 혹은 수천개가 넘는 인접원자를 거쳐 퍼져 있다. 냉간가공된 금속을 단면으로 잘라보면 단위 cm^2 당 약 $10^{10} \sim 10^{12}$개의 전위선이, 그리고 주조상태의 금

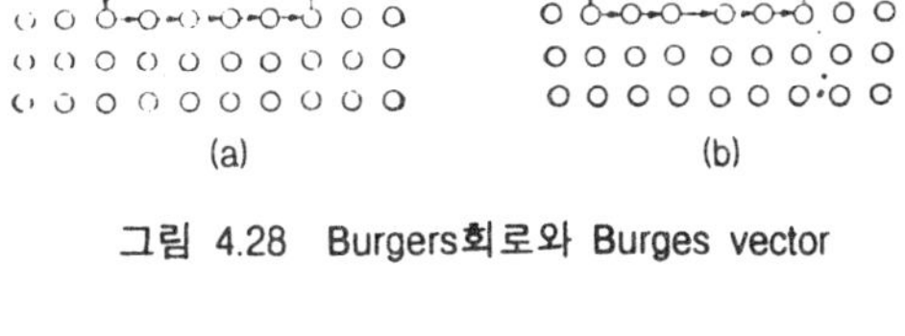

그림 4.28 Burgers회로와 Burges vector

속에서는 10^8개의 전위선이 잘리게 된다. 이는 주조상태의 경우 변의 길이가 1mm를 갖는 정육면체안에 1km의 전위선이 있으며 이들 전위선의 간격은 대략 $1\mu m$정도가 되고 있음을 말한다. 그림 4.29에 전자현미경으로 본 전위선을 나타내었으며 그림 4.30에서는 전위가 주조상태에서 이미 형성되어 있음을 보여준다. 이러한 전위는 소성가공시에 3가지 형태로 작용한다. 즉 슬립면을 따라 이동하는 전위로 소성변형을 가능하게 하며, 다른 한편으로는 소성변형중에 새로운 전위가 형성하고 이들 전위의 상호작용에 따른 전위의 집적에 의하여 변형이 점점 어렵게 되므로써 재료는 경화한다. 그림 4.31에 냉간가공에 따른 전위밀도의 증가를 도시하였다. Al에서 30~41%이상 냉간가공이 진행되면 슬립면 이외에도 결정립내에 전위가 집적되어 그림 4.30과 같은 벌집모양을 이룬다. 그 슬립면이나 결정립내에 벌집모양으로 집적된 이들 전위는 가공된 격자에 그대로 존재하면서 격자를 심하게 왜곡시켜 재료를 경화시킨다. 한편 전위의 이동은 결정격자에 존재하는 용질원자에 의해 방해를 받는다. 지금까지는 전위의 형성과 역할에 대해서 기본적인

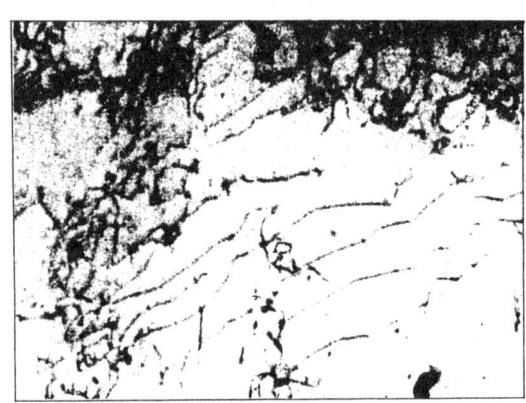

그림 4.29 99.0%Al에서의 전위선. 사진의 아래부분에는 같은 슬립면 위에 나타난 길게 늘어선 전위를 나타내며 윗부분에는 격자가 심하게 뒤틀린 전위군을 나타낸다

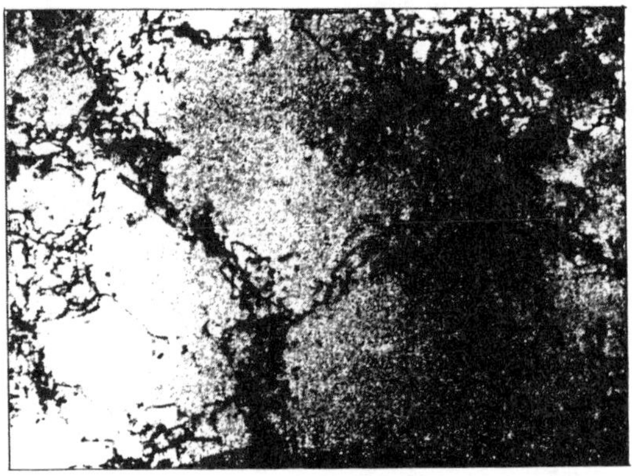

그림 4.30 99.0%Al의 연속주조조직에서 본 cell 형태로 배열된 전위

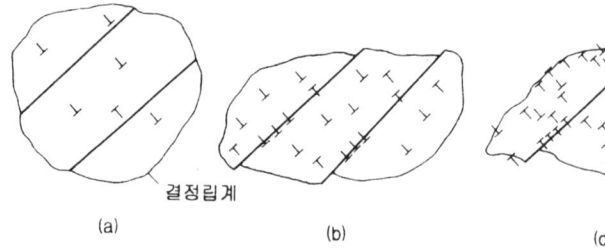

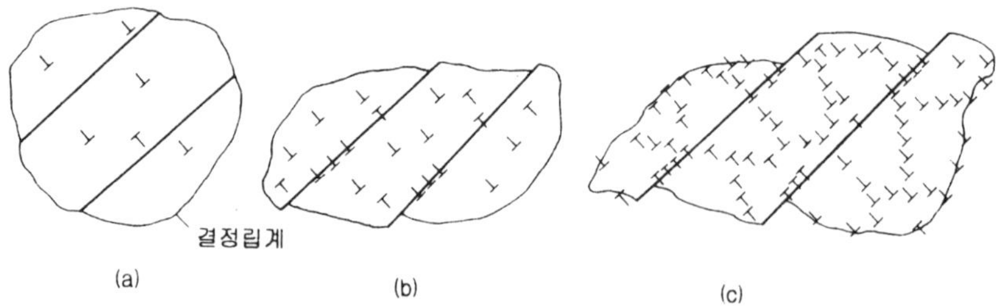

그림 4.31 원자조직으로 보는 가공경화 : 각결정립은 2개의 슬립면을 가지고 있으며 ⊥는 전위를 나타낸다
(a) 가공전의 상태
(b) 약 10~20% 냉간가공된 상태 : 전위밀도가 특별히 슬립면위에서 증가하고 있는 상태로 슬립면은 아직 움직일 수 있다.
(c) 60~80% 냉간가공된 상태 : 전위가 집적되어 슬립면이 움직일 수 없으며 결정내에서도 전위가 벌집모양으로(아결정립계) 집적되어 있다

것만을 언급하였으며 전위와 용질원자 또는 석출물과의 상호작용 등에 관하여는 강화기구를 참고하기 바란다.

4.5 열처리를 통한 가공경화의 제거

냉간가공된 조직을 보면 그림 4.32와 같이 길게 연신된 결정립이 층상으로 나타난다. 금속격자에서 원자의 규칙적인 배열은 슬립이 진행됨에 따라 방해를 받게 되며 이들 봉쇄된 미끄럼면으로 인하여 변형에 필요한 외력은 점점 더 증가하여 결국에는 더이상 변형할 수 없게 된다. 하지만 다행히도 변형된 결정격자는 회복, 재결정 등의 열처리를 통하여 다시 원상태로 돌아올 수 있게 된다.

원자는 항상 높은 에너지 상태에서 낮은 에너지 상태로 이동하려고 한다. 냉간가공시에 소모되는 에너지의 일부는 격자의 일그러짐 상태로 저장되는데 이를 제거하기 위해서는 원자가 본래의 격자위치로 되돌아 가야만 한다. 하지만 원자의 운동이 활발하지 못한 경우 즉 온도가 약 100℃이하인 경우 냉간가공에 의해 일그러진 격자가 회복되는 데는 상당한 시간을 필요로 한다. 온도가 어느 정도 상승하면 원자의 운동은 상당히 활발해져서 일그러진 격자는 기술적으로 실현가능한 시간내에 점차 원상태로 회복되며, 더욱 높은 온도(재결정온도 이상)에서 원자운동은 더욱 활발해져 변형된 격자는 전혀 결함이 없는 격자 상태로 회복된다. 냉간가공으로 변화한 성질을 가공전의 상태로 돌아가도록 가열하는 조작을 풀림(annealing)이라 하고 풀림 처리에 의하여 성질이 원상태로 돌아가는 과정은 크게 두 단계로 나눌 수 있다. 첫째는 가공으로 내부변형을 일으킨 결정립이

그림 4.32 냉간압연된 Al판의 조직

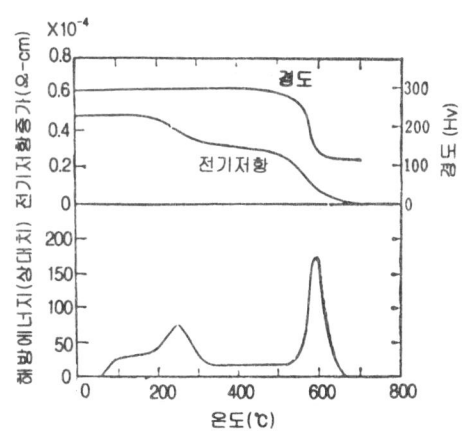

그림 4.33 냉간가공한 Ni의 가열에 따른 변형에너지의 방출과 이에 대응하는 성질의 변화

형태에는 변화가 없이 내부변형을 해방하여 가는 회복(recovery) 과정과 둘째는 가공된 결정립이 내부변형이 없는 새로운 결정립으로 변화하는 재결정(recrystallization) 과정이다. 후자의 경우에는 새로운 결정립의 핵의 발생과 성장과정을 포함하며, 새로운 결정립은 이전의 결정립과는 모양이나 방향이 다르다.

4.5.1 회복

냉간가공으로 금속이 받은 물리적, 기계적 성질의 변화는 풀림처리에 의하여 가공전의 상태로 돌아가려는 경향을 가지나 결정립의 모양이나 결정의 방향에 변화를 일으키지 않고 물리적, 기계적 성질만이 변화하는 과정을 회복이라 한다. 회복의 과정에서 여러 성질의 변화는 반드시 동일한 경과를 보이지는 않는다. 예컨대 그림 4.33에 보는 바와 같이 전기저항은 회복의 과정에서 서서히 감소하나 경도는 회복단계에서는 별로 변화하지 않고 재결정과정에서 급격히 감소한다.

회복의 과정에서는 결정구조가 전연 변화하지 않는다고 알려져 있으나 이것은 현미경으로 관찰된 조직만의 결과이며 X선기술이나 전자현미경의 발달에 따라 회복과정에 있는 결정구조에도 약간의 변화가 있음이 인정되고 있다.

냉간가공으로 결정내에 증가한 전위는 온도가 상승하여 활성화되면 먼저 슬립면 위에서 이동하기 시작한다. 이때에 동일 슬립면위에 서로 부호가 다른 전위가 존재하면 서로 가까워지고 드디어는 합체하여 소멸된다. 온도가 더욱 높아지면 슬립운동과 함께 전위의 상승운동이 일어나 이들 전위가 이동하여 점차 안정한 배열로 변한다. 만일 같은 부호의 전위가 동종의 슬립면 위에 있으면 그 슬립면은 그림 4.34(a)와 같이 만곡한다. 이것이 풀림처리에 의하여 전위가 안정한 배열로 되면 전위는 4-34(b)와 같이 슬립면에 수직하게 병열하게 된다. 이상태에서는 전위 사이의 부분은 슬립면이 직선화하기 때문에 다각형상이 되므로 이 현상을 Polygonization이라 부르고 있다. 또 이와같이 전위가 일정하게 배열하면 전위열의 양측에 결정이 약간 경사한 소위 소경각입계(small angle boundary)를 형성하며 이것은 보통의 결정립계만큼 명확한 경계는 아니므로 아결정립계(sub-

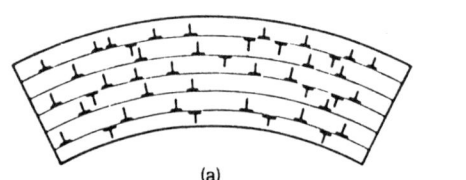 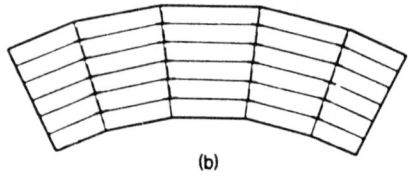

그림 4.34 냉간가공에 의한 결정면의 만곡(a)과 소둔에 의한 polygonisation(b)

그림 4.35 a, b : 전자현미경으로 살펴본 두께 0.1mm에서의 고순도 Al의 아결정립
(a) 냉간압연 가공한 상태 : 배율 350 : 1
(b) 150℃에서 2시간 동안 풀림처리한 상태 배율 350 : 1

boundary)라 한다.

 회복단계에서 전위는 겹겹이 정렬하여 아결정립계를 형성하며 이때 가입된 전위가 많으면 많을수록 아결정립계의 각은 커진다. 이밖에도 아결정립계는 그림 4.35(a)에서처럼 냉간가공된 상태에서도 형성되는 것을 볼 수 있는데 이때 형성된 아결정립계는 뚜렷하지 않으며 동시에 결정립내에도 전위가 상당량 존재하고 있음을 볼 수 있다. 그림 4.35(b)는 그림 4.35(a)와 같은 시편이나 저온풀림 처리한 상태의 조직으로 결정립내에 존재하던 전위는 아결정립계로 이동하였기 때문에 상대적으로 아주 적은 전위만이 남아 있다. 따라서 회복단계에서는 인접한 아결정립 사이의 경사각이 커지게 되어 냉간가공된 상태에서 보다 훨씬 뚜렷한 아결정립계를 관찰할 수 있다.

 냉간가공이나 회복된 상태에서의 아결정립계는 최고 2° 까지의 방위차를 가지며 원자자체는 볼 수 없기 때문에 조직에서 아결정립은 모습을 볼 수 있는 가장 작은 요소가 된다. 재결정이 진행되는 동안 전위는 슬립면 위에 집적된 전위 뿐만 아니라 아결정립계에 자리한 전위까지도 완전히 사라져 이들 아결정립계는 극히 작은 각도차를 갖게 되어 더이상 관찰되지 않으며 경화작용 역시 나타나지 않는다.

4.5.2 재결정

 압연가공을 거친 판재와 같이 냉간가공된 재료를 연화시키기 위하여는 노의 구조나 기타 조건에 따라서 수분 또는 수시간 동안 높은 온도에서 가열한다. 변형을 일으킨 금속을 가열하면 그 내부에 새로운 결정립의 핵이 생기고 이것이 성장하여 전체가 변형이 없는 결정립으로 되는데 이 과정을 재결정이라 한다. 재결정은 재결정온도 이상에서 가열이 진행되는 동안 이루어지며, 주조조직이 액체금속으로부터 형성하는 반면 재결정은 고체상태에서 새롭게 형성된 결정조직을 의미한다. 즉 재결정의 진행과정은 액체로부터 결정이 형성되는 과정과 어느정도 비슷한 것으로 그림 4.36에 냉간가공된 결정립으로부터 재결정화되는 과정을 도시하였다. 만약 이과정을 시편을 급냉시키는 방법으로 수초 동안씩 구분하여 본다면 다음과 같은 조직을 얻을 수 있을 것이다 : 대부분의 조직이 변형된 상태로 있는 반면 몇개의 재결정핵이 변형된 조직사이에서 성장하기 시작한다 (그림 4.36(b)). 가열이 지속됨에 따라 재결정은 계속 진행하여 결국에는 전체결정립이 재결정립으로 바뀐다(그림 4.36(d)). 이렇듯 재결정은 시간을 요하는 변화로서 처음에는 전혀 변화가 나타나지 않는 잠복기가 있은 후 새로운 결정립이 나타난다. 처음에는 그 수도 적고 성장속도도 늦으므로 재결정의 진행은 늦으나 차차 빨라져서 드디어는 최고의 속도에 이르고 그후 다시 점차 낮아져서 100% 재결정의 상태에 이른다. 이와같은 재결정량과 시간과의 관계를 그림 4.37에 표시하였으며 이것을 등온재결정곡선(isothermal recrystallization curve)이라 한다. 한편 가열온도가 높을수록 원자의 이동이 활발해져

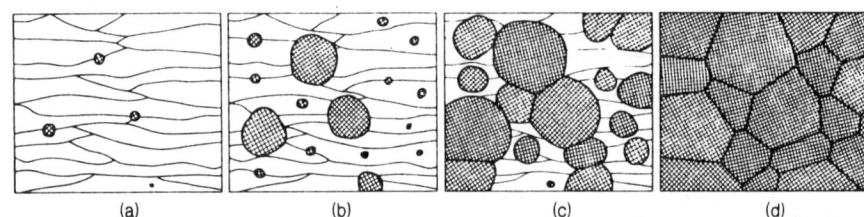

그림 4.36 재결정의 핵생성과 결정성장 : (a)-(d) 일정온도하에서의 가열시간에 따른 조직의 변화를 나타낸 것으로
(a) 가공된 조직상태에서 4개의 재결정핵이 형성되었다
(b) 이미 형성된 핵이 성장하는 동안 새로운 재결정핵이 형성된다
(c) 재결정핵이 계속 성정한다. 이때 몇개의 재결정은 서로 부딪치어 더이상 성장이 억제된다
(d) 제1차 재결정이 완료된다

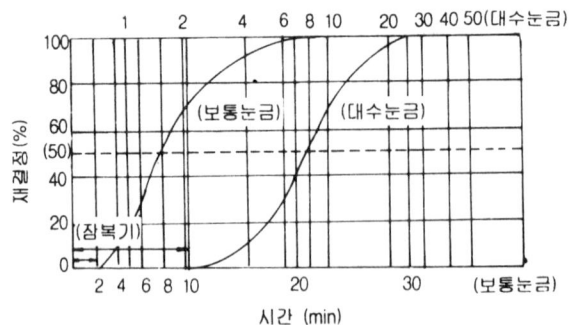

그림 4.37 등온재결정곡선

재결정 속도는 증가하며 이러한 재결정은 어느 일정한 온도를 초과하게 될때야 - 가열 시간이 정해진 상태에서 - 비로소 진행된다(그림 4.38(b)). 이때의 재결정온도는 합금의 종류, 또는 냉간가공도에 의해 결정되기 때문에 재결정온도를 말할 때는 반드시 어느 가공도에 대하여라고 해야 한다. 가공도가 커지면 재결정온도는 그림 4.39에 보는 바와 같이 점차 일정치가 된다. 가공도를 특기하지 않고 재결정온도라고만 말할 때는 1시간 동안의 풀림처리로 100% 재결정이 이루어지는 온도를 말하며 이 그림에서 일정치에 이른 온도를 말한다. 이것은 가공도가 상당히 높은 때의 재결정온도를 의미한다.

재결정의 진행은 생성되는 결정핵의 수와 그 성장속도의 두 가지 인자로 결정된다. 단위시간, 단위부피 중에 생성되는 결정핵의 수를 핵생성빈도 N으로 표시하고 핵성장속도를 G로 나타낼 때 재결정의 진행은 N과 G의 크기 또는 그 비 N/G에 의하여 좌우된다.

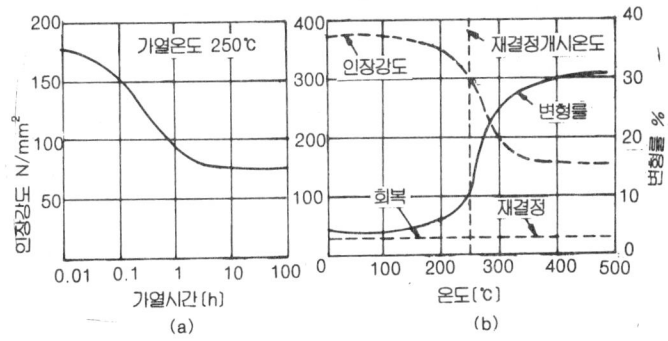

그림 4.38 (a), (b) 가열온도, 가열시간과 인장강도, 연신율과의 관계 시편은 압연가공한 순 Al재료로
(a) 가열온도 250℃에서 재결정이 완료되는 시간은 수시간이 걸린다
(b) 주어진 온도에서의 가열시간은 5분으로 재결정 온도는 약 250℃이며 약 400℃이상의 온도에서는 제1차 재결정이 5분만에 완료된다

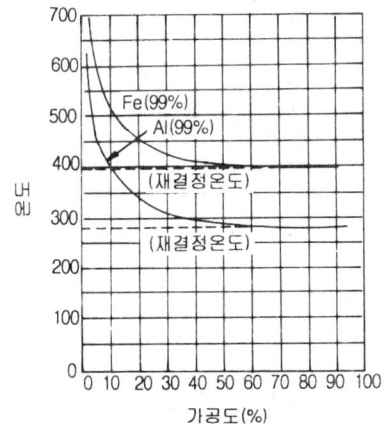

그림 4.39 1 hr 소둔으로 재결정이 끝나는 온도와 가공도와의 관계

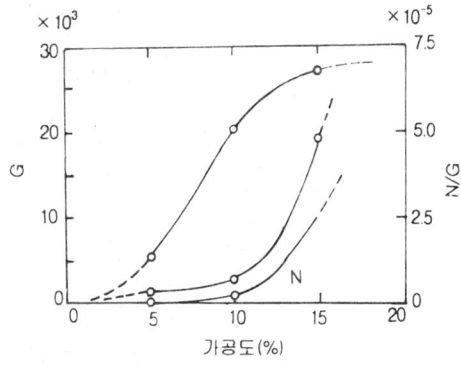

그림 4.40 Al의 가공도에 따른 핵생성빈도(N), 성장속도(G) 및 N/G의 변화

재결정의 처음단계에서는 성장하는 새결정핵은 서로 영향을 미치는 일이 적으나 성장이 진행함에 따라서 결정립 상호간의 접촉이 일어나 성장을 방해한다. 이것은 그림 4.37에서 재결정의 속도가 점차 늦어지는 단계에 해당한다. 결국 N이 작고 G가 크면 적은 수의 결정립이 크게 성장하고 반대로 N이 크고 G가 작으면 많은 수의 미세한 결정립이 된다.

그림 4.40은 가공도에 대한 N, G 및 N/G의 변화를 표시한다. 가공도가 작은 범위에서는 N은 작으나 G는 상당히 크다. 따라서 약간 가공한 금속을 풀림처리하면 소수의 결정립이 크게 성장하고 반대로 강하게 가공한 금속은 다수의 미세한 결정립이 생긴다.

이밖에도 결정핵의 생성과 성장은 온도에 따라서도 변화한다. 따라서 재결정후의 금속내부의 결정립의 크기는 가공도와 풀림온도의 함수로 생각할 수 있다. 이 관계를 3개의 좌표축을 써서 입체적으로 나타낸 것이 그림 4.41이다. 이 그림에서 알 수 있듯이 가공도와 소둔온도 및 시간을 적당히 조합하면 금속재료의 결정립을 원하는 크기로 조절할 수 있다.

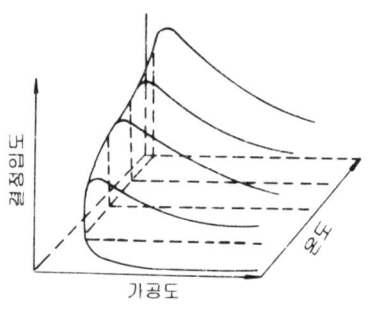

그림 4.41 재결정입도에 대한 가공도 및 소둔온도의 관계

가공조직으로는 보통 미세한 결정립을 갖는 재결정조직이 바람직한 것으로 이를 위해서는 주어진 가열시간내에 가능한 한 많은 재결정핵이 형성될 수 있도록 먼저 가공재를 강하게 가공(30~50%이상)할 것과 다음으로 풀

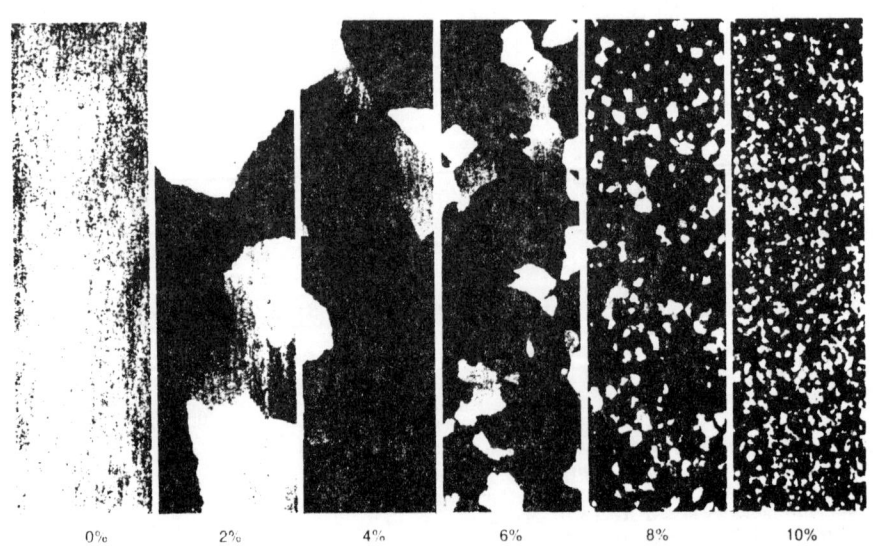

그림 4.42 냉간가공도와 재결정립크기와의 관계 : 숫자는 가열전의 냉간가공도를 나타낸다

림처리시 가능한 신속하게 재결정온도로 가열하여야만 한다.

그림 4.42에 냉간가공도에 따른 결정립의 크기를 나타내었다. 약 2~10%의 냉간가공도를 갖는 재료를 풀림처리할 경우 가장 조대한 결정립을 얻게되는데 이러한 현상은 일 예로 드로잉가공에서 찾아 볼 수 있다. 즉 부위에 따라 커다란 가공도의 차이를 갖는 가공제품을 풀림처리할 경우 상대적으로 적게 가공된 영역에서 조대한 결정이 형성한다 (그림 4.43).

냉간가공된 조직이 완전히 재결정립으로 변화하므로써 1차 재결정은 완료된다. 만일 고온 또는 장시간의 풀림을 계속하면 몇몇 재결정립이 인접한 결정립과 병합하면서 더욱 성장한다(그림 4.44). 이렇게 하여 조직은 바람직하지 않은 불균일한 결정립 크기를 갖게되는데 이를 피하기 위해서는 적절한 재결정 조건을 선택하여야만 한다.

풀림처리시 조대한 결정립이 형성하는 원인을 요약하면 다음과 같다.

① 냉간가공도가 너무 작을 경우
② 풀림온도까지의 가열이 너무 느린 경우
③ 풀림온도가 너무 높은 경우

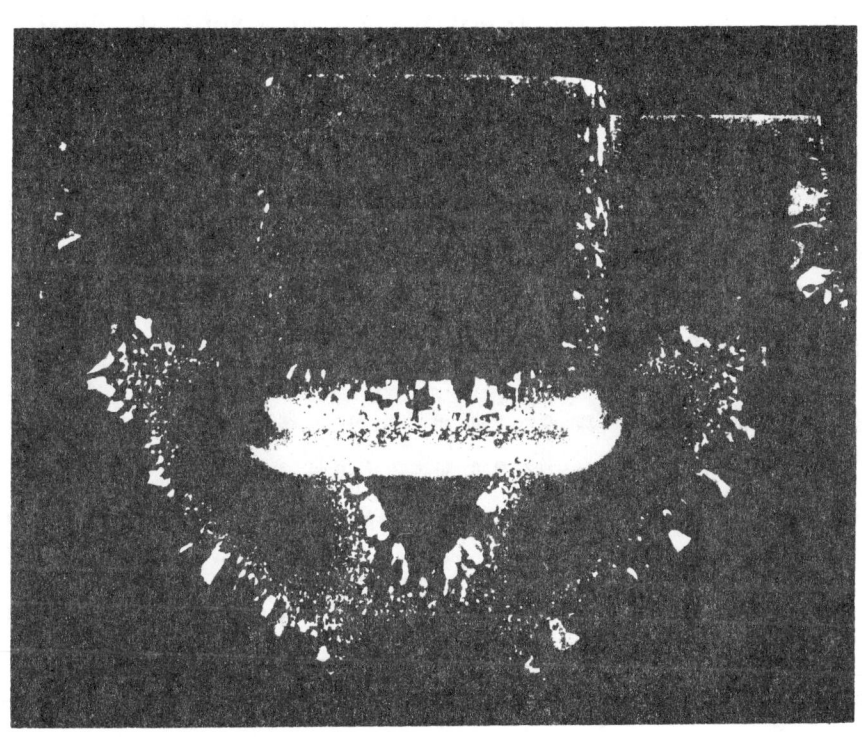

그림 4.43 AlMg3합금재료의 드로잉제품·풀림처리에 의해 재결정화시켰으며 변형이 적은 영역에서 조대한 결정립이 형성되어 있음을 볼 수 있다

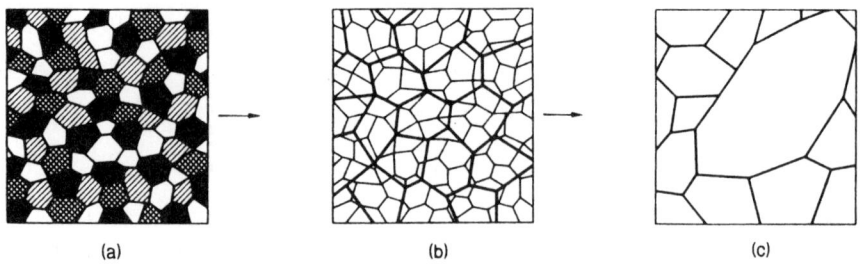

그림 4.44 1차 재결정과 결정성장
(a) 1차 재결정이 완료된 상태
(b) 1차재결정완료후 가열온도를 올리거나 가열시간이 지속됨에 따라 결정립의 크기가 커지며 결정간에 병합이 일어난다
(c) 결합이 성장한 후에는 2차 재결정이 형성되는데 이때에는 몇몇 성장된 결정립이 더욱 커진다.

④ 풀림시간이 너무 긴 경우
⑤ 용질원소의 분포가 불량한 경우

재결정과 회복에 따른 격자의 응력제거과정은 서로 비슷하게 진행한다. 재결정에서 원자의 재정렬은 광범위하며 회복단계에서는 단지 부분적으로 이루어진다. 회복과정에서는 그러나 집적된 전위의 상당량이 감소하며 이에 따라 슬립면은 다시 그 기능을 발휘할 수 있게 된다. 그림 4.38(b)에서 재결정과 회복의 차이점을 찾아볼 수 있을 것이다. 이때의 인장강도와 연신율은 회복단계에서는 거의 변화없이 진행되다가 재결정온도이상에서 급격한 변화를 나타내고 있다. 따라서 풀림처리를 적절히 이용한다면 상대적으로 높은 인장강도와 연신율이 큰 양호한 소성가공재를 생산할 수 있다.

4.5.4 열간가공에 따른 재결정과 회복

지금까지는 냉간가공에 따른 재결정과 회복을 언급하였으나 열간압연, 압출, 단조, 드로잉 등의 열간가공에 있어서도 재결정과 회복은 중요한 역할을 한다.

이미 언급된 바와 같이 금속격자는 가공에 의하여 강제적으로 일그러지게 되며 이들은 또 회복과 재결정에 의해서 원래의 형태로 돌아온다. 이때문에 열간가공에서는 냉간가공에서 보다 훨씬 적은 힘으로도 가공이 가능하다. 이밖에도 슬립면은 저온에서 보다 고온에서 더욱 활발히 작용한다. 열간가공에 있어서 회복단계는 항상 일어나지만 재결정의 형성은 온도와 가공도에 의해 영향을 받기 때문에 재료의 단면에 걸쳐 부분적으로 서로 차이를 나타낼 수 있다. 따라서 열간압연한 판재의 경우 상황에 따라서는 많이 가공된 부분만이 재결정화 되거나(그림 4.45(a)) 또는 결정립의 크기가 서로 다른 단면을

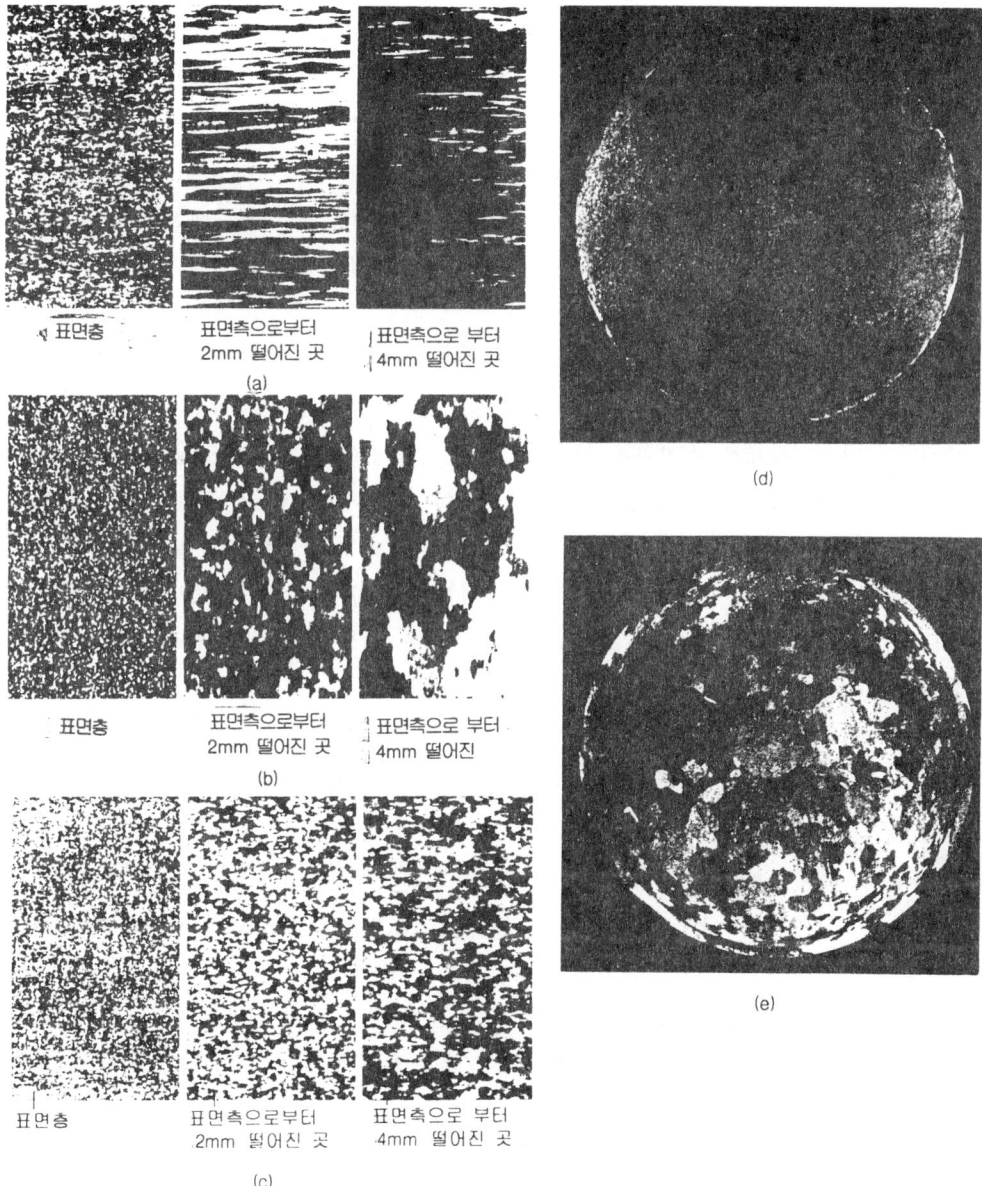

그림 4.45 (a) 너무 낮은 온도 또는 너무 적은 가공도로 열간압연된 판재의 조직(AlMn합금). 판재의 내부는 냉간가공된 조직에서처럼 가공방향으로 연신된 주조조직을 보이는 반면 표면부는 재결정화 되었다. 왼쪽 : 표면층, 가운데 : 2mm, 오른쪽 : 4mm
(b) 열간압연시 완전히 재결정화된 판재에서의 결정립 크기분포(AlMgSi합금). 표면부는 압연시에 낮은 온도에서 많은 가공도를 가지므로써 재결정조직은 미소한 결정립이 형성되었다.
(c) 충분히 높은 온도로 가공도를 크게 함으로써 거의 균일한 재결정조직을 갖는다
(d) AlCuMg합금의 압출봉, 시효처리한 상태로 내부는 재결정이 형성되지않은 집합조직을 보이고 있으며 가공도가 아주 높은 표면층만이 재결정화되었다
(e) 압출봉의 끝부분으로 중심부의 조직만이 재결정화 되지 않은 상태를 나타낸다

나타내기도 한다(그림 4.45(b)). 이러한 관계는 특별히 높은 재결정개시온도를 갖는 합금에서 더욱 뚜렷하게 나타난다. 여기에다 재결정개시온도는 가공경화가 적게 될수록 높아지는 것을 고려한다면 열간가공에서는 재료의 경화가 적기 때문에 열간가공된 Al 합금의 경우 재결정개시온도는 400~450℃ 이상에 달하므로써 열간가공중에는 재결정이 전혀 일어나지 않거나 부분적으로 미소한 양만이 재결정화된다. 미세하고 균일하게 분포된 재결정조직을 갖는 열간압연 판재를 얻기 위해서는 충분히 높은 온도에서 가공량을 크기 해야만 한다(그림 4.45(c)). 물론 이때의 가공온도는 결정립계 균열이나 조대한 결정립이 형성되지 않도록 너무 높아서도 안된다.

 Al재료에 있어서 압출성형된 형재에서도 압출직후에 이따금씩 부분적으로 혹은 완전히 재결정화된 조직을 볼 수 있다. 하지만 일반적으로 압출성형된 형재는 재결정화 되지 않고 다만 회복된 상태의 조직만을 갖는다. 이는 압출성형된 형재는 열간가공직후 보통 10~100초 이내에 200℃이하의 온도로 냉각시키기 때문이다. AlMgSi과 같은 석출경화형합금에서는 반드시 이러한 과정을 거치는데 특별히 압출가공용 합금에서는 압출가공시나 가공후에 형성될 수 있는 재결정화를 방지하기 위하여 흔히 Mn이나 Cr을 첨가한다. 이렇게 함으로써 재결정화된 조직보다 훨씬 높은 강도를 갖는 집합조직을 얻을 수 있다(압출효과).

 압출가공재의 조직은 단면이나 길이에 걸쳐 대부분 불균일하다. 가공도는 가공말기에 더욱 커지며 표면부는 다이내벽과의 마찰때문에 내부와는 다른 변형조건을 갖는다. 이로써 그림 4.45(d)와 (e)의 결과는 충분히 예상할 수 있을 것이다. 그림 4.45(d)는 압출가공된 봉재의 조직을 나타내고 있다. 봉단면의 대부분은 가공된 집합조직으로 이루어져 있으며 재결정조직은 단지 표면층의 얇은 영역에서만 관찰된다. 이와같이 합금에 따라서는 압출가공재의 표면층에 조대한 결정립이 형성되는 것을 피할 수 없게 되나 조직의 대부분은 가공조직으로 구성되어 있어 이와같은 조직은 실제로 많이 허용되고 있다. 다만 장식을 목적으로 하는 경우 표면부의 재결정조직 때문에 줄무늬가 형성되는 등 많은 어려움이 따른다.

 주변에 비하여 상대적으로 적게 가공된 주조조직이나 열간가공 조직중에서의 조대한 재결정립 등은 계속되는 냉간가공후에도 곧잘 관찰된다(예 : 양극산화처리(anodizing)후 줄무늬모양의 조직으로 나타남). 약 3mm 이상의 재정립크기를 갖는 조대한 주조조직은 비록 열간가공후에 새로이 재결정화 되었을지라도 그 흔적이 남게 되며 냉간가공 후에도 완전히 사라지지 않는다. 이미 알고 있는 바와 같이 주조조직은 주변에 불균질상으로 둘러 쌓여 있으며 이들 결정립계에 모여 있는 불균질상들은 조직의 재결정화를 통해서는 전혀 움직이지 않고 냉간가공에 의해서는 대부분 가공방향으로 이동될 뿐이다. 이렇게 하여 석출상들은 재결정립계 등에 국부적으로 집적되어 있게 되며 이들은 양극처리나 부식, 연마후에 줄무늬 모양을 나타내거나 산화피막을 변색시킨재. 석출상은 기지조직에 비하여 화학적으로 강하거나 약하게 부식되기 때문이다(그림 4.46).

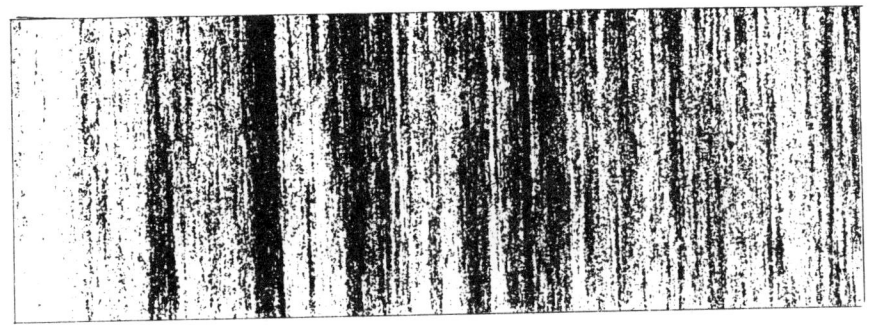

그림 4.46 미세한 결정립을 갖으나 줄무늬 조직을 보이는 연한 Al판재. 줄무늬 조직은 재결정화에 따른 조대한 조직이 원인이며 부식이나 양극처리를 통해 그 모습을 뚜렷이 볼 수 있다

제5장

금속의 강화기구

금속의 강도란 소성변형에 대한 저항성을 나타내는 말이다. 즉 어떤 강도를 갖는 물질을 영구변형시키거나 눈에 띄는 변형(소성변형)을 야기시키기 위해서는 어떤 응력이 필요하다는 것으로 이해할 수 있다. 또한 강도라는 말은 **파단응력(U.T.S)**, 압축강도 또는 파단강도 등을 의미하기도 하며 이는 한정된 연성(ductility)과 높은 강도를 갖는 재질에 관심이 많은 금속학자나 기계설계자에게 매우 흥미있는 주제가 되고 있다.

그런데 앞장에서 언급한 바와 같이 금속결정들의 유동응력이 원자의 결합강도에 기초한 계산에 의한 이론적인 전단강도에 비해 상당히 낮게 나타난다. 그 이유는 금속결정 내에 존재하고 있는 전위 때문인 것으로 밝혀졌다. 즉 금속결정에 외력이 가해지면 전위의 이동에 의해 변형이 일어나기 때문에 이상적인 전단강도보다도 훨씬 작은 응력에 의해서도 금속결정의 변형이 생기는 것이다. 따라서 모든 강화기구는 특별히 높은 온도의 creep에서 부가되는 인자인 입계의 이동을 방해하는 것을 제외하고는 일반적으로 전위의 이동도(mobility)를 감소시키고, 전위가 결정내에서 어떤 거리만큼 움직이는데 필요한 응력을 상승시키는 것이라 할 수 있다.

따라서 이 장에서는 금속결정의 항복현상과 함께 금속결정의 강화를 유도할 수 있는 여러 방법에 대해 간단히 살펴보기로 한다(마르텐사이트에 의한 강화는 철강재료편을 참조하기 바란다).

5.1 금속재료의 항복현상

구조물의 기계적 성질중에서 가장 중요한 것 중 하나가 소성변형을 일으키는 항복응력이며 이는 설계자에게 특히 중요하다.

우리가 재료에 어떤 응력을 가할 때 그 응력이 항복 응력보다 훨씬 낮은 경우에는 전위가 불순물 원자, 제2상, 입계 또는 다른 전위와의 상호작용에 의해, 또한 전위와 결정격자와의 상호작용에 의해 고정되어 있기 때문에 전위는 이동하지 않는다. 따라서 이같이 낮은 응력에서는 탄성변형만이 발생한다. 그러나 응력이 높아져서 전위가 움직이게 되면 재료는 소성변형을 시작하게 되며 이 때의 소성변형률($\dot{\epsilon}_p$)은 다음과 같이 나타낼 수 있다.

$$\dot{\epsilon}_p = \frac{1}{2} \rho b \bar{v} \tag{5.1}$$

여기서, ρ는 Burgers Vector b를 갖는 가동전위의 밀도이고, v는 전위의 평균속도이다.

큰 응력하에서 전위가 움직이기 시작하면 재료는 탄성변형과 소성변형이 동시에 일어난다. 그러나 소성변형의 초기에는 가동전위의 수가 적으며, 이동속도도 느려서 응력 변형률 곡선의 기울기는 탄성변형 영역의 기울기에서 약간 벗어날 뿐이다. 그러나 계속 응력이 가해지면 전위의 증식이 일어나고, 전위의 평균속도도 증가하여 소성변형률이 탄성변형률보다 훨씬 커져 응력-변형률 곡선이 소성변형에 의해 지배받게 된다. 이때의 응력-변형률 곡선을 그림 5.1에 나타냈다.

이처럼 재료의 항복현상은 재료내에서 전위의 이동도와 관계가 깊고, 재료 내에서의 전위의 이동도는 전위와 다른 결함과의 상호작용에 의해 좌우된다. 따라서 재료 내에서의 전위 이동을 억제시키는 여러가지의 방법이 재료의 강화기구가 될 수 있을 것이다.

전위의 이동속도에 관심이 있는 우리는 한 결정이 일정한 변형률(ϵ_p)로 소성변형된다고 할 때 평균전위속도를 식 (5-1)로부터 다음과 같이 쓸 수 있다.

$$\bar{v} = 2 \frac{\epsilon_p}{\rho b} \tag{5.2}$$

이것은 소성변형률이 일정할 때 평균전위속도는 가동전위밀도가 증가함에 따라 감소함을 의미한다. 이것이 비교적 완전한 결정에서 항복현상의 중요한 특징 중의 하나이다.

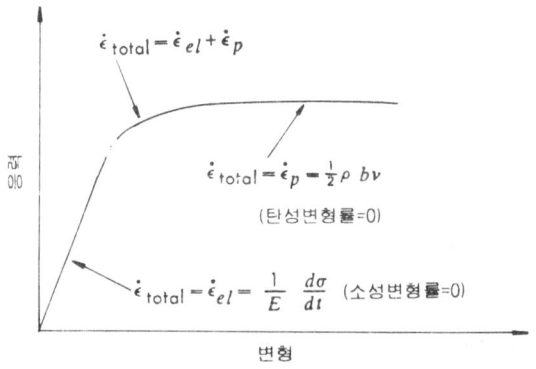

그림 5.1 인장시험에서의 탄성및 소성변형률

즉 항복의 초기단계에서는 가동전위의 밀도가 낮으므로 전위의 속도가 빨라야 하지만, 항복이 진행되면 전위의 증식에 의해 가동전위밀도가 커지므로 평균전위속도는 감소하게 되는 것이다.

전위의 밀도가 낮고 석출상이 거의 없는 비교적 완전한 결정에서 전위속도는 주로 외부에서 가해주는 응력에 의존하며 대략 다음과 같이 쓸 수 있다.

$$\bar{v} = \left(\frac{\tau}{\tau_0}\right)^m \tag{5-3}$$

여기서, τ_0는 단위전단속도(1cm/sec)를 갖게 하는 전단응력이고, m은 전위속도의 응력의존도를 나타내는 상수이다.

초기의 전위밀도를 ρ_0라 하면 인장초기에는 가해지는 응력이 너무 작아서 전위가 움직이지 못하고 시편은 탄성변형만 일어난다. 응력이 점점 커져서 초기의 가동전위밀도에 의한 평균전위속도가 탄성변형률과 거의 비슷한 소성변형률을 나타낼 때까지는 Hook의 법칙을 따르게 된다. 변형과 함께 응력이 계속 증가함에 따라 평균전위속도는 더욱 증가하게 되고, 재료의 변형은 소성변형률을 따르게 된다. 응력이 계속 증가하여 소성변형률이 가해진 전체 변형률과 같게 되면 응력-변형률 곡선의 기울기가 영이 되어 항복점에 도달하게 된다. 즉

$$\epsilon_p = \frac{1}{2} \rho b \bar{v} = \frac{1}{2} \rho_0 b \left(\frac{\tau}{\tau_0}\right)^m \tag{5-4}$$

인 때가 항복점에 도달한 때이다. 이러한 항복점현상은 거의 완전한 결정 및 몇몇의 BCC 금속에서 볼 수 있으며 그림 5.2에 나타낸 바와 같이 응력의 갑작스런 감소가 뒤따른다. 이같은 항복점응력이 떨어지는 현상은 전위의 증식때문에 일어난다. 즉 전위가 증식됨에 따라 소성변형률이 가해진 변형률보다 커지게 되면 탄성변형률은 음의 값을 갖게 되어 변형이 증가함에 따라 응력이 감소하는 것이다.

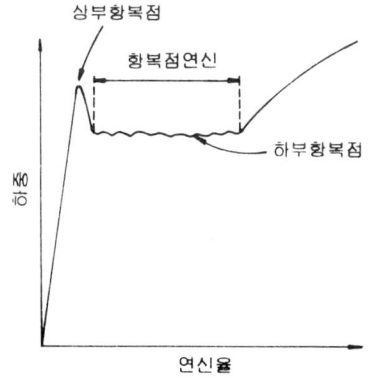

그림 5.2 응력-연신율곡선에서 나타나는
전형적인 항복점 거동

5.2 고용체 강화

일반적으로 용매원자의 격자에 용질원자가 고용되면 순금속보다 강한 합금이 된다. 이는 고용체를 형성하면 그것이 치환형 고용체이건 침입형 고용체이건 간에 격자의 뒤틀림 현상이 생기고 따라서 용질원자의 근처에 응력장(stress field)이 형성되고, 이 용질원자에 의한 응력장이 가동전위의 응력장과 상호작용을 하여 전위의 이동을 방해하여 재료를 강화시키기 때문이다. 이러한 형태의 강화를 고용체 강화라고 한다.

이때 용질원자가 격자내에 불규칙하게 분포되어 있으면 고용체 강화의 효과가 적고, 규칙적으로 분포되어 있으면 그 효과가 크다. 그 이유는 그림 5.3에 나타낸 바와 같이 전위선이 직선이고 용질원자가 완전한 불규칙도를 갖는다면, 전위선에 가해지는 힘은 전위선에 대한 용질원자의 상대적인 위치에 의해 결정되는데 그림과 같이 직선의 전위선과 완전한 불규칙도를 갖는 용질원자의 분포에서는 전위에 가해지는 힘의 합이 영(0)으로 된다. 그러나 실제적으로는 용질원자가 완전한 불규칙도를 이루지 못하고, 전위선이

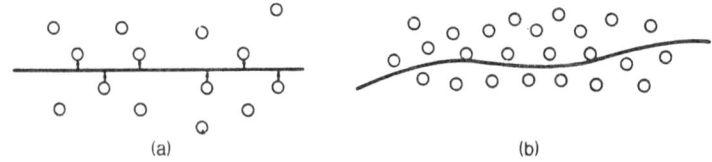

그림 5.3 고용체내의 전위모식도
    (a) 무질서한 고용체내에 있는 곧은 전위선
    (b) 무질서한 고용체내에 있는 구부러진 전위선

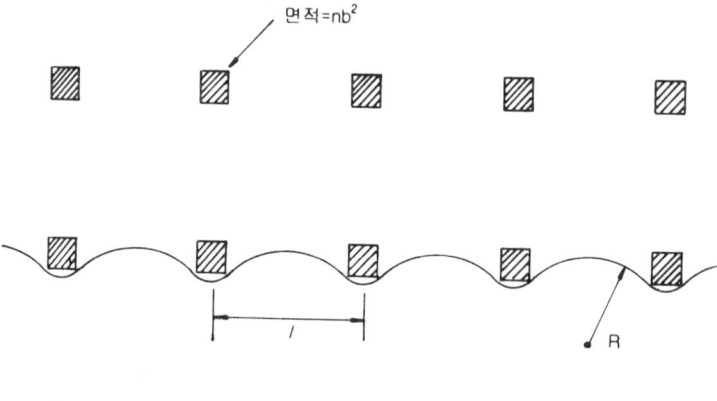

그림 5.4 슬립면에서 이용하는 전위와 용질원자집단과의 상호작용

직선을 유지하고 있지 않고 휘어지기 쉽기 때문에 전위에 힘을 작용하여 전위의 이동을 억제한다.

고용체강화의 이해를 위해 그림 5.4와 같은 경우를 생각한다. 그림에서와 같이 슬립면에서 용질원자집단 사이의 평균 거리를 l이라 하고, 각 용질원자집단은 n개의 용질원자로 이루어졌다고 가정하면 전위의 이동은 용질원자집단에 의해 저지되고 용질원자집단 사이에서 휘게 된다. 앞 장에서 전위의 곡률반지름 r과 가한 응력 τ 사이에는 반비례의 관계가 성립함을 알았다. 상황을 간단히 하기 위해서 전위의 휨에 대한 임계조건 $\left(r=\frac{l}{2}\right)$에 도달할 때까지 전위가 각 용질원자집단 사이로 잡아당겨진 상태로 있다고 하면 임계조건에서 요구되는 전단응력은 다음과 같다.

$$\tau_s = \frac{2Gb}{l} \tag{5-5}$$

또한 그림에 나타낸 바와 같이 각 용질원자집단이 차지하는 면적이 nb^2이므로 용질원자의 농도 C는 다음과 같다.

$$C = \frac{nb^2}{l^2} \tag{5-7}$$

식 (5-6)과 (5-7)로부터 전위와 용질원자의 상호작용에 의한 항복강도의 증가량은 다음과 같이 쓸 수 있다.

$$\tau_s = K_s\sqrt{C} \tag{5-8}$$

여기서 상수 K_s는 $2G/\sqrt{n}$이다. 그러나 실제적인 경우에는 전위의 곡률반경이 임계반지름이 되기 이전에 전위가 용질원자집단을 통과할 수 있다. 그런 경우 K_s는 전위와 용질원자집단의 상호작용의 강도를 의미한다. 이 식 (5-8)이 나타내는 중요한 점은 고용체강화에서 강도의 증가량은 전위와 용질원자의 상호작용에 의한 강도에 비례하며, 용질원자농도의 제곱근에 비례한다는 것이다.

5.3 석출경화와 분산강화

금속은 기지에 미세하게 분산된 불용성의 제2상에 의해 효과적으로 강화된다. 이때 분산된 제2상이 어떤 방법에 의해 도입되었는가에 따라 석출경화와 분산강화로 구별하여 부르고 있다. 즉 석출경화란 제2상이 과포화고용체로부터 석출에 의해서 형성될 경우의 강화현상을 말하는 것이고, 분산강화란 좀더 일반적인 용어로서 제2상이 고용체로부터의 석출이 아닌 다른 과정(예를 들면 분말야금법이나 내부산화법 등)에 의해 형성될 경우의 강화현상을 말하는 것이다.

석출경화가 일어나기 위해서는 그림 5.5와 같이 온도에 따른 고용도의 차이가 있어야 한다. 즉 고온에서는 제2상이 용해되어야 하고 온도가 감소함에 따라 제2상의 고용도가 감소해야 한다. 그러나 분산강화계에서는 제2상의 고용도가 고온에서도 매우 작다. 따라서 재료가 고온에서 유지될 때 석출경화계 합금에서는 제2상이 기지 중에 재용해함으로써 고온에서는 연화(軟化)되지만 분산강화계에서는 고온에서도 제2상이 기지 중에 용해하지 않으므로 고온에서도 우수한 기계적 성질을 유지한다.

이러한 제2상에 의한 강화의 크기는 제2상 입자의 분포에 따라 달라지며, 제2상 입자의 형상, 부피분율, 평균입자지름 및 평균입자간거리가 강화의 정도를 나타내는데 중요한 인자이다.

만일 이동하는 전위가 제2상 입자를 만나게 되면 전위는 제2상 입자를 자르고 지나가든가 아니면 그림 5.6에 나타낸 바와 같이 석출상 사이에서 휘어 지나가면서 제2상 주위에 전위 루프(loop)를 남기게 된다. 이같이 전위가 휘어 지나가는데 필요한 응력은 입자간 거리 l의 임계거리를 갖는 Frank-Read원의 작동에 필요한 임계전단응력과 같다.

$$\tau_p = \frac{2Gb}{l} \tag{5-9}$$

따라서 최대의 강화효과를 얻기 위해서는 제2상입자간 거리를 가능한 짧게 할 필요가 있다. 그러므로 같은 부피분율의 제2상입자가 존재한다면 제2상의 평균입자지름이 적을수록, 구상보다는 판상이나 봉상으로 존재할수록 평균입자간 거리가 짧아지기 때문에 강화효과가 크게 나타난다. 또한 제2상 입자가 전위에 의해 잘려지는 경우에는 입자의 크기가 클수록 강화효과가 커지게 된다. 그림 5.7은 제2상 입자의 크기에 따른 강도의 변화를 나타낸 것이다.

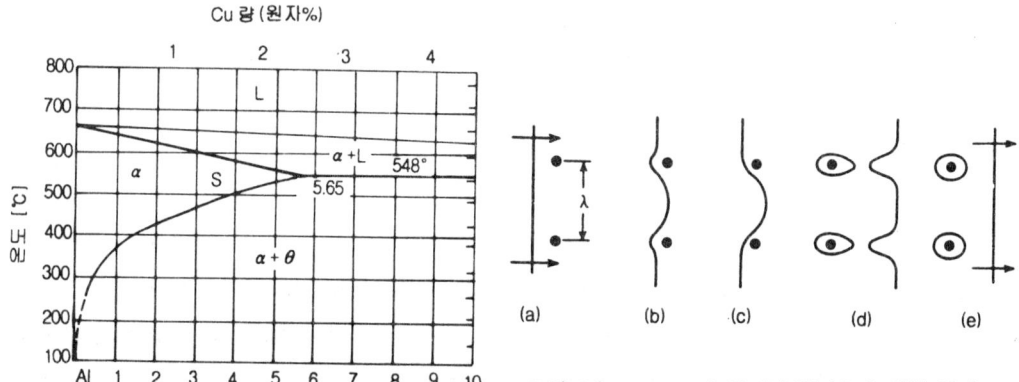

그림 5.5 Al-Cu계의 Al측의 상태도

그림 5.6 Orowan의 분산강화(기구에 의한 입자 장애물 사이를 전위가 통과하는 과정의 설명도)

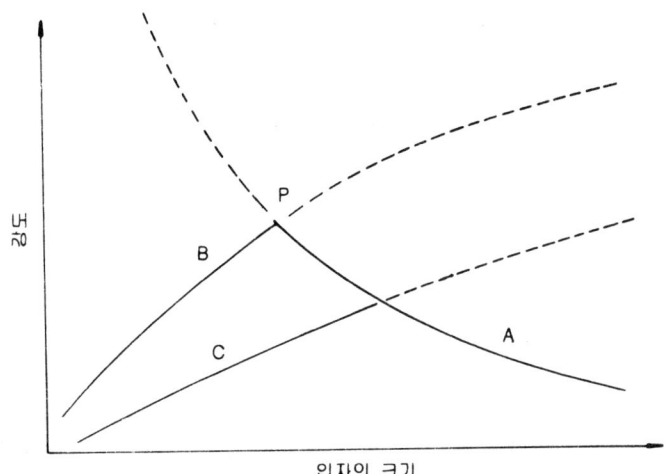

그림 5.7 변형가능한 입자(B,C)와 변형되지 않는 입자(A)가 존재할 때
입자의 크기와 강도사이의 전형적인 관계를 나타내는 곡선

5.4 결정입계에 의한 강화

일반적으로 다결정 재료에 있어서 결정입계 그자체는 고유의 강도를 갖고 있지 않으며, 결정입계에 의한 강화는 결정립 내의 슬립을 상호 간섭함에 의해 일어난다고 알려져 있다. 따라서 결정입계가 많아질수록 즉 결정의 입도가 작아질수록 재료의 강도는 증가한다.

Hall과 Petch는 인장항복응력과 결정립크기와의 사이에 다음과 같은 식이 성립함을 발견하였다.

$$\sigma_0 = \sigma_i + k' D^{-\frac{1}{2}} \tag{5-10}$$

여기서 σ_0=인장항복응력
  σ_i=입내에서 전위의 이동을 방해하는 마찰응력
  k'=결정입계의 상대적인 강화 기여도를 나타내는 상수
  D=결정립의 직경

이 식을 Hall-Petch식이라 하는데, 대부분의 결정질 재료의 결정립의 크기가 감소할수록 항복강도는 증가한다는 것을 나타내고 있다. 연성파괴가 일어날 때까지의 임의의 소성변형에서의 유동응력과 결정립의 크기 사이에도 Hall-Petch식이 성립하고, 취성파괴응력과 결정립의 크기 또 피로강도와 결정립의 크기에도 이러한 관계가 성립한다.

이와 같이 소성변형 저항성의 결정립크기 의존성에 대한 이론에는 2가지의 모델이 있다.

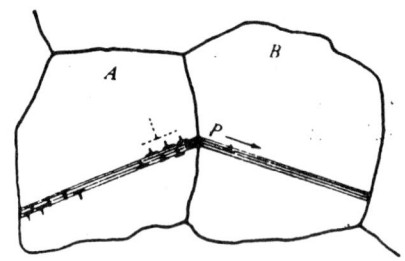

그림 5.8 한 입자에서 다음 입자로 일어나는 slip의 전파에 대한 도시

첫번째 모델은 결정립계가 전위의 이동에 대한 장애물로 작용한다는 개념이다. 그림 5.8에 나타낸 바와 같이 전위는 결정립계에 의하여 슬립면상에서 집적(pile-up)한다. 결정립계에 집적된 전위 중 선두에 있는 전위는 외부에서 가한 전단응력 뿐만 아니라 집적된 다른 전위와는 상호작용에 의한 힘도 받는다. 따라서 집적된 선두의 전위에 큰 응력의 집중이 생기고, 집적되는 전위의 수가 많아지면 선두에 있는 전위에 작용하는 응력은 결정의 이론전단응력에 접근할 수 있다. 이러한 높은 응력때문에 장애물의 반대쪽에서 항복이 시작되거나 장애물에서 균열이 생길 수 있다.

유동응력의 결정립크기 의존성에 대한 두번째 모델은 입계에서의 전위의 집적이 필요없다. 이 모델은 입계에서의 응력을 알 필요가 없고, 대신 전위밀도가 결정립과 유동응력에 미치는 영향에 초점을 두고 있다. 전위밀도의 항으로 나타낸 유동응력은 다음과 같이 쓸 수 있다.

$$\sigma_0 = \sigma_i + \alpha Gb \rho^{\frac{1}{2}} \tag{5-11}$$

여기서 σ_i=입내에서 전위의 이동을 방해하는 마찰응력
α =0.3~0.6의 상수
ρ =전위밀도

실험적 관찰에 의하면 전위밀도 ρ는 결정립의 크기 D에 반비례한다. 따라서 위식은 다음과 같이 고쳐 쓸 수 있다.

$$\sigma_0 = \sigma_i \alpha GbD^{-\frac{1}{2}} = \sigma_i + k' D^{-\frac{1}{2}} \tag{5-12}$$

그림 5.9는 Fe합금과 Al합금에서 항복응력과 입자의 크기에 대한 관계를 나타낸 것이다.

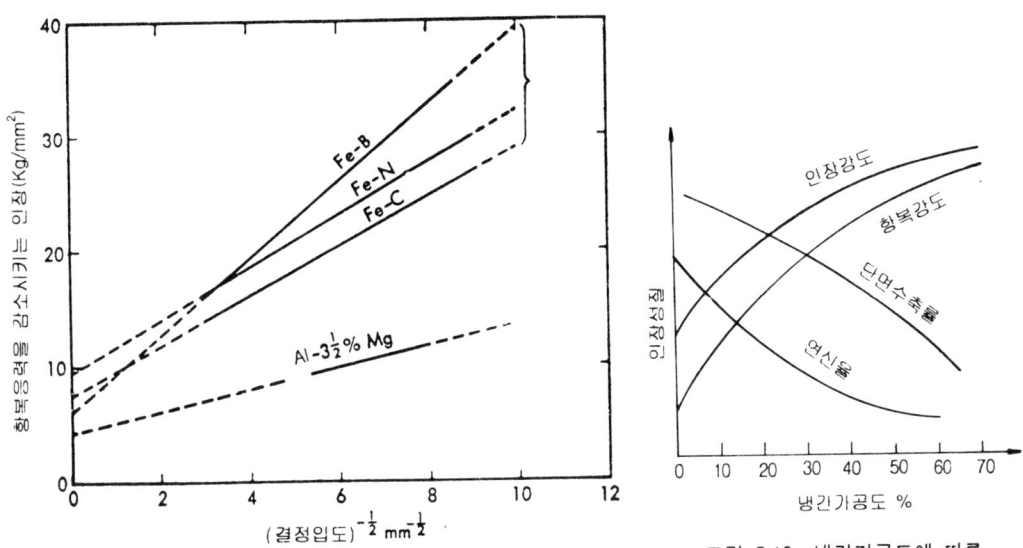

그림 5.9 Fe합금과 Al-3.5%Mg합금의 항복응력에 대한 입도 d의 영향

그림 5.10 냉간가공도에 따른 인장성질의 변화

5.5 가공경화

가공경화 또는 냉간가공은 열처리에 의하여 강화시킬 수 없는 금속이나 합금을 강화시키는 공업적으로 중요한 공정이다. 가공경화의 속도는 유동곡선(Flow curve)의 기울기로부터 측정된다. 일반적으로 가공경화속도는 입방정(cubic)금속보다 조밀육방정(hcp)금속이 더 낮으며, 온도가 상승할수록 가공경화의 속도도 낮아진다. 고용체강화에 의해 강화된 합금의 가공경화속도는 순수한 금속에 비하여 증가하기도 하고 감소하기도 한다. 그러나 냉간가공한 고용체합금의 최종 강도는 대부분 같은 정도로 냉간가공된 순금속보다 높다.

그림 5.10은 냉간가공량의 증가에 따른 강도와 연성의 전형적인 변화를 나타낸 것이다. 대부분의 냉간가공에 있어서 금속의 한 방향 또는 두 방향의 치수가 감소하고 다른 방향은 팽창하기 때문에 냉간가공은 주가공방향으로 결정립을 연신시킨다. 심한 변형을 행하면 결정립의 재배열이 일어나 우선방위(preferred orientation)를 나타낸다. 그림 5.10에 나타낸 인장성질의 변화 외에도 냉간가공은 다른 물리적 성질의 변화를 일으킨다. 수십분의 일 퍼센트 정도의 밀도가 감소하고, 산란중심(scattering centers)의 숫자가 늘기 때문에 전기 전도도는 다소 감소하고, 열팽창 계수는 약간 증가한다. 냉간가공된 상태의 내부에너지의 증가 때문에 화학반응성이 증가한다. 화학반응성의 증가는 일반적으로 부식 저항성을 감소시키고, 어떤 합금에 있어서는 응력부식균열(stress-corrosion cracking)을 일으킨다.

높은 가공경화속도는 전위들이 교차하여 전위의 활주를 방해함을 의미한다. 이같이 전위의 활주를 방해하는 과정은 다음의 결과를 통해서 일어난다.
① 전위 응력장의 상호작용
② 부동 전위를 만드는 전위의 상호작용
③ 조그 전위(dislocation jogs)를 형성함에 의한 다른 슬립시스템과의 교차

제6장 부식 및 방식

6.1 부식

 부식(corrosion)이란 금속이 어떠한 환경에서 화학적반응에 의해 손상되는 현상으로 모든 금속합금은 특정환경에서는 내식성을 띠지만 다른 환경에서는 부식에 대해 민감하다. 일반적으로 모든 환경에서 내식성을 띠는 공업용 금속재료는 거의 존재하지 않을 것이다.

 부식은 부식환경에 따라 습식(wet corrosion)과 건식(dry corrosion)으로 대별되며 다시 전면부식(general corrosion)과 국부부식(localized corrosion)으로 분류된다. 전면부식의 부식속도는 mm/yr 또는 $g/m^2/hr$ 등으로 표시되며 내식재료로서 사용여부의 평가기준으로서 일반적으로 0.1mm/yr이하의 부식속도를 갖는 재료가 내식재료로서 사용가능하다.

 특히, 부식에 의해 금속이 용출하여 제품을 오염시키는 경우 재료선정에 주의해야 한다. 그러나 전면부식은 그 부식속도로부터 수명예측이 가능하고 부식에 관한 지식이 있다면 대책은 비교적 용이하다. 반면, 국부부식은 전혀 예측할 수 없기 때문에 문제로 되고 있다.

 국부부식은 다음과 같이 분류할 수 있다.
① 공식(孔蝕, pitting)
② 틈부식(crevice corrosion)
③ 이종금속접촉부식(galvanic corrosion) ; 전지작용부식
④ 입계부식(intergranular corrosion)
⑤ 응력부식균열(stress corrosion cracking)
⑥ 수소유기균열(hydrogen induced cracking)
⑦ 수소침식(hydrogen attack)
⑧ 부식피로(corrosion fatigue)

⑨ 난류부식(erosion corrosion)
  · 캐비테이션 손상(cavitation damage)
  · 충격부식(impingement attack)
  · 찰과부식(fretting corrosion)
⑩ 선택부식(selective leaching)
  · 탈아연현상(dezincification)
  · 흑연화부식(graphitization)

6.2 부식의 전기화학

금속재료를 수용액중에 넣으면 금속표면의 불균일성때문에 anode부(양극, 陽極)와 cathode부(음극, 陰極)가 형성되어 국부전지작용에 의해 부식이 진행된다. 그림 6.1에 나타내듯이 anode부에서는 금속이 이온으로 용출하고 cathode부에서는 전자를 받아 수소발생반응(또는 산소환원반응)이 일어나 전하적(電荷的)으로는 양쪽이 균형을 이루게 된다. 이 경우, anode부에서 일어나는 반응을 산화반응, cathode에서 일어나는 반응을 환원반응이라 한다. 또한, 이러한 분극(分極)의 위치가 변화함에 따라 금속은 전면부식형태로 된다.

Fe를 염산중에 넣으면 심하게 반응하여 수소를 발생한다. 즉

$$Fe \rightarrow Fe^{2+}+2e^-\ ;\ anode\ 반응$$

$$2H^++2e \rightarrow H^2\ ;\ cathode\ 반응$$

그러나 용액중에 용존산소가 존재하면 cathode반응으로서

$$2H^+ + \frac{1}{2}O^2 + 2e- \rightarrow H_2O$$

로 되는 산소환원반응이 일어난다.

탈기(脫氣)한 알카리용액중에서는

$$H_2O+e^- \rightarrow \frac{1}{2}H^2+OH^-$$

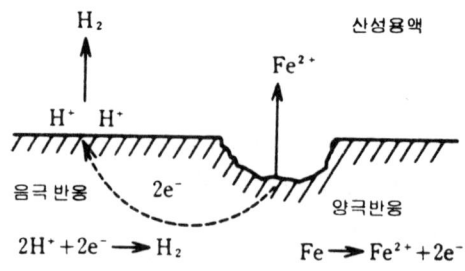

그림 6.1 산성용액중에서의 철의 부식

로 되는 반응이 일어나며 용존산소를 함유하는 알카리용액중에서는

$$H_2O + \frac{1}{2}O_2 + 2e^- \rightarrow 2OH^-$$

로 되는 cathode 반응이 일어난다.

6.2.1 속도론

금속재료의 부식이 그것이 있는 환경에서 어느정도의 속도로 진행하는가는 중요하다. 일반적으로 금속의 부식량(W)은 다음과 같이 표시된다(Faraday 법칙).

$$W(g) = k \cdot I \cdot t$$

여기서 I : 전류(A)

　　　　t : 시간(hr)

　　　　k : 상수

산용액중에서 Fe를 분극하면 그림 6.2에 나타내듯이 anode분극곡선과 cathode분극곡선이 얻어진다. 이 두개의 분극곡선의 교점(交点)을 부식전위(corrosion potential) 또는 자연전극전위(natural potential, open circuit potential)이라 하며 이곳에서의 전류를 부식전류밀도(corrosion current density)라 한다. 그리고 Faraday법칙에서 부식속도(R)은 다음과 같이 나타낸다.

$$R = 0.13 ie / \rho$$

여기서 i : 전류밀도($\mu A/cm^2$)

　　　　e : 금속의 그램 당량수(g)

　　　　ρ : 금속의 밀도(g/cm^3)

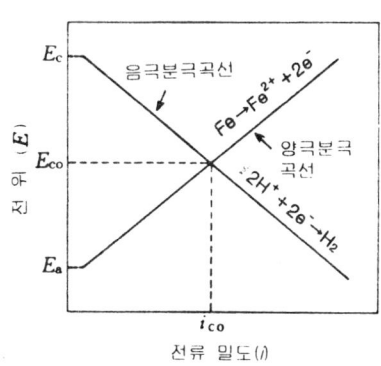

그림 6.2 산성용액중에서의 철의 분극곡선
E_{co} : 부식전위　i_{co} : 부식전류밀도

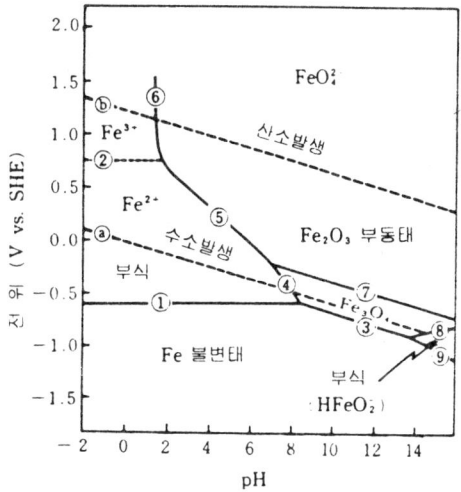

그림 6.3 Fe의 Pourbaix diagram(25℃)

6.2.2 평형론

Pourbaix등은 금속이 용액중에서 용출하는 경우의 평형전위를 계산하여 부식반응의 여부를 결정하는 기준으로 했다. 그림 6.3는 철-수소의 Pourbaix diagram을 나타내는데 그림중에 나타나는 경계선에서의 반응은 각각 다음과 같다.

① $Fe = Fe^{2+} + 2e^-$
② $Fe^{2+} = Fe^{3+} + e^-$

이들 반응은 pH에 관계없으나 다음 반응은 pH에 의존한다.

③ $3Fe + 4H_2O = Fe_3O_4 + 8H^+ + 8e^-$
④ $3Fe^{2+} + 4H_2O = F_3O_4 + 8H^+ + 2e^-$
⑤ $2Fe^{2+} + 3H_2O = Fe_2O_3 + 6H^+ + 2e^-$

수소전극반응 ⓐ는
$$H_2 = 2H^+ + 2e^-$$
산소전극반응 ⓑ는
$$2H_2O = 4H^+ + O_2 + 4e^-$$
로 나타난다.

이처럼 ①④⑤로 둘러싸인 영역에서는 Fe^{2+}, Fe^{3+}가 안정하여 철이 용출하나 ①이하의 전위에서는 부식이 생기지 않으므로 불변태(不變態)라 한다. 또한 ⑥⑤④③ⓑ로 둘러싸인 영역은 부동태화되어 철의 부식은 억제된다.

6.3 공식(孔蝕, pitting)

일반적으로 스테인레스강 및 티타늄등과 같이 표면에 생성하는 부동태막에 의해 내식성이 유지되는 금속 및 합금의 경우, 표면의 일부가 파괴되어 새로운 표면이 노출되면 그 일부가 용해하여 국부적으로 부식이 진행한다. 이러한 부식형태를 공식(pitting)이라 한다.

공식(孔蝕)은 중성용액중에서 이온(Cl^-등)이 표면의 부동태막에 작용하여 피막을 파괴함에 의해 발생하며 조직, 개재물등 불균일한 부분이 공식의 기점으로 되기 쉽다. 그림 6.4에 나타내듯이 공식에는 개방형과 밀폐형이 있다. (a)는 개방형공식으로 식공(蝕孔, pit)내의 용액은 외부로 유출되기 쉬우며 내면은 재부동태화하며 공식이 정지하기 쉽다. (b)는 밀폐형공식으로 외부로부터 Cl^- 이온이 식공내부로 침입, 농축하여 용액의 pH는 저하하고 공식은 성장하여 가는 형태이다. 공식의 진행은 다음 반응에 따른다.

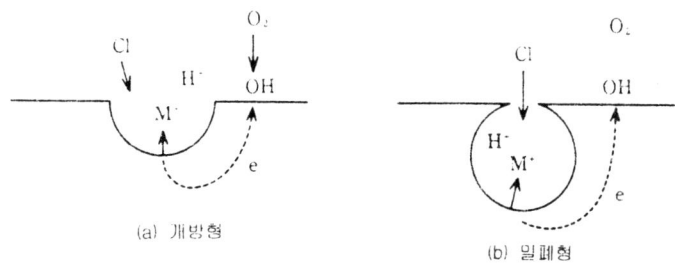

그림 6.4 공식모형도

anode 반응 ; $M \rightarrow M^+ + e^-$

cathode 반응 ; $O_2 + 2H_2O + 4e^- \rightarrow 4OH^-$

이러한 반응이 진행하면 공식내에서 M^+ 이온이 증가하므로 전기적 중성이 유지되기 위해서는 외부로부터 Cl 이온이 침입하여 M^+Cl^- 가 형성된다. 이 염(鹽)은 가수(加水)분해하여 HCl로 된다.

$MCl + H_2O \rightarrow MOH + HCl$

따라서 식공내의 pH는 저하하여 1.3~1.5까지도 되어 공식은 성장하여 가는 것이다.

6.4 틈부식(crevice corrosion)

실제의 환경에서 스테인레스강 표면에 이물질이 부착되든가 또는 구조상의 틈부분(볼트틈등)은 다른 곳에 비해 현저히 부식되는데 이러한 현상을 틈부식이라 한다. 틈부식은 공식과 유사한 현상으로 실제환경에서 생기므로 실용면에서 중요한 의미가 있다.

틈부식의 기구

① 금속의 용해에 의해 틈내부에 금속이온이 농축하여 틈내외의 이온농도차에 의해 형성되는 농도차전지작용(濃度差電池作用)에 의해 부식된다(Cu합금).

② 틈내외의 산소농담전지작용(酸素濃淡電池作用)에 의해 부식된다(스테인레스강). 즉 부동태화하고 있는 스테인레스강의 일부 불균질한 부분이 용해하면 그림 6.5에 나타내듯이 틈내부에서는 anode 반응 ; $M \rightarrow M^+ + e^-$ 과 cathode 반응 ; $O_2 + 2H_2 + 4e^- \rightarrow 4OH^-$)이 진행하고 어느시간 경과하면 틈내의 산소는 소비되어 cathode 반응이 억제되며 OH^- 의 생성이 감소한다. 그래서 틈내부의 ⊖이온량이 감소하여 전기적균형이 깨어진다. 계(系)로서는 전기적 중성이 유지될 필요가 있으므로 외부로부터 Cl^- 이온이 침입하여 금속염(M^+Cl^-)을 형성한다. 이 염(鹽)은 가수(加水)분해하여

$MCl + H_2O \rightarrow MOH + HCl$

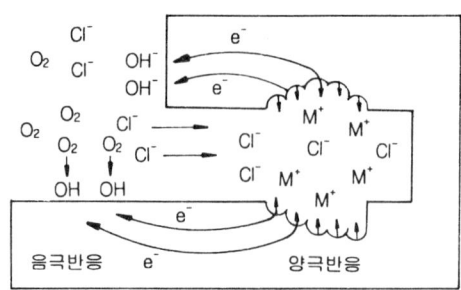

그림 6.5 틈부식기구(산소농담전지)

표 6.1 가수분해에 의한 pH 도달 한계치

반 응 식	평 형 pH	pH*
$Fe^{2+}+H_2O \rightarrow FeOH^++H^+$	$pH=4.75-1/2 \log [Fe^{2+}]$	4.75
$Fe^{2+}+2H_2O \rightarrow Fe(OH)_2+2H^+$	$pH=6.64-1/2 \log [Fe^{2+}]$	6.64
$Fe^{3+}+3H_2O \rightarrow Fe(OH)_3+3H^+$	$pH=1.61-1/3 \log [Fe^{3+}]$	1.61
$Fe^{3+}+2H_2O \rightarrow Fe(OH)_2+2H^+$	$pH=2.00-1/3 \ln [Fe^{3+}]$	2.00
$2Fe^{3+}+2H_2O \rightarrow Fe(OH)_2^{4+}+2H^+$	$pH=0.71-1/2 \ln [Fe^{3+}]$	0.71
$Fe^{3+}+H_2O \rightarrow FeOH^{2+}+H^+$	$pH=1.52-1/2 \log [Fe^{3+}]$	1.52
$Cr^{2+}+2H_2O \rightarrow Cr(OH)_2+2H^+$	$pH=5.50-1/2 \log [Cr^{2+}]$	5.50
$Cr^{3+}+2H_2O \rightarrow Cr(OH)_3+3H^+$	$pH=1.60-1/3 \log [Cr^{3+}]$	1.60
$Ni^{2+}+2H_2O \rightarrow Ni(OH)_2+2H^+$	$pH=6.09-1/2 \log [Ni^{2+}]$	6.09

* $1N$ 용액의 pH

의 반응에 의해 염산이 생겨 pH가 저하하여 부식이 성장하기 쉬운 조건으로 된다. pH의 저하는 원소의 종류에 따라 다르지만 표 6.1에 나타내듯이 Cr^{3+}, Fe^{3+} 이온에 따라 1~2 정도까지 될 수 있다.

6.5 이종금속접촉부식(galvanic corrosion) ; 전지작용부식

2종의 금속을 서로 접촉시켜 부식환경에 두면 전위가 낮은 쪽의 금속이 anode로 되어 비교적 빠르게 부식된다. 이와 같은 이종(異種) 금속의 접촉에 의한 부식을 이종금속 접촉부식 또는 전지작용부식이라 한다.

전지작용부식의 원인은 anode로 되는 금속이 이것과 접촉한 cathode로 되는 금속에 의해 전자(電子)를 빼앗기 때문이며 두금속이 금속접촉하고 있어 그 사이에서 전자(電子)를 교환할 수 있다는 것이 조건이다.

6.5.1 부식전위열(腐蝕電位列, galvanic series)

이종금속이 접촉했을 경우에 어느 금속이 anode로 되어 부식되는가는 그 환경중에서의 그들 금속의 부식전위에 의해 결정한다. 부식전위는 부식환경에 따라 다르지만 금속 및 합금을 해수중에서의 부식전위의 순서로 정리한 표 6.2은 중성에 가까운 대부분의 용액의 경우에도 이용할 수 있다. 이와 같이 부식전위의 순서로 금속 및 합금을 나열한 것을 부식전위열(galvanic series)이라 한다.

표 6.2 해수중에서의 부식전위서열

[저전위(양극측)]	땜납	Ag 납
Mg와 그 합금	18-8 스텐레스강(활성)	Ni(부동태)
Zn	Pb	인코넬(부동태)
Zn 도금강	Sn	모넬
Al-Mg 합금	4-6 황동	13 Cr 스텐레스강(부동태)
Al-Mn-Mg 합금	Mn 청동	Ti
Al-Zn 합금	Sn이 들어간 황동	18-8 스텐레스강(부동태)
Al-Mn 합금	Ni(활성)	하스테로이 C(부동태)
Al	인코넬(활성)	Ag
Al-Mg-Si 합금	하스테로이 C (활성)	Hg
Al 합판	7-3 황동	C
Cd	Sn이 들어간 7-3 황동	Au
연 강	Al 청동	Pt
Al-Cu-Mg 합금	단 동	[고전위(음극측)]
주 철	Cu	
Ni 주철	Si 청동	
13Cr스텐레스강(활성)	Cu-Ni 합금	
	청동	

표 6.2은 양극(anode)측 끝단에 가까운 금속과 그것보다 뒤에 있는 금속을 조합하면 전자(前者)가 양극으로 되어 부식됨을 의미한다. 2종 금속의 위치가 떨어져 있을수록 전위차는 커져 부식을 가속시킬 가능성이 크다. 그러나 전위차는 부식가속의 경향을 나타낼 뿐이며 실제의 부식속도를 나타낸다고는 할 수 없다. 표에 나타내는 전위차는 개로전위차(開路電位差)로 그것이 전극으로서 작동할 때에는 분극하여 전위는 변화하며 부식전류의 크기는 분극한 전위차와 밀접한 관련이 있다.

6.6 입계부식

오스테나이트계 스테인레스강을 500~800℃로 가열시키면 결정입계에 탄화물($Cr_{23}C_6$)이 생성하고 인접부분의 Cr량은 감소하여 Cr결핍층(Cr depleted area)이 형성된다. 이러한 상태를 만드는 것을 예민화처리(sensitization treatment)라 한다. 이렇게 처리된 강을 산성용액중에 침지하면 Cr결핍층이 현저히 부식되어 떨어져 나간다. 이러한 것을 입계부식(intergranular corrosion)이라 한다.

그림 6.6에 스테인레스강의 입계구조를 나타낸다. (a)는 1050~1300℃로 가열된 경우로 고용화처리 또는 용체화처리라 하며 탄화물은 완전히 용해한 상태이다. 그러나 일부 미량원소의 입계편석이 보인다. (b)는 500~700℃에서 유지함에 의해 입계에 $Cr_{23}C_6$가 석출하여 Cr결핍층이 형성되어 입계부식을 유발시킨다. (c)는 800~900℃로 가열함에 의해 탄화물이 안정화된 상태이다. 이 상태의 경우, Cr결핍층은 회복되어 입계부식이 생기지 않는다. (d)는 고순도강으로 깨끗한 입계를 나타낸다.

예민화처리에 의해 생성하는 Cr결핍층의 Cr농도는 약 5%정도까지 저하하며 그 폭은 2000~3000Å이다. Cr량이 12%이상 함유되어 있는 스테인레스 강은 부동태화하므로 내식성이 우수하지만 그 이하의 Cr농도부분은 부식되기 쉬워지므로 입계부식이 생긴다.

비예민화 스테인레스 강은 일반적으로 입계부식이 생기지 않으나 Ni, P, Si등이 함유된 스테인레스강은 끓는 HNO_3 용액중에 Cr^{6+}이온이 함유되어 있는 경우, 입계부식이 생긴다.

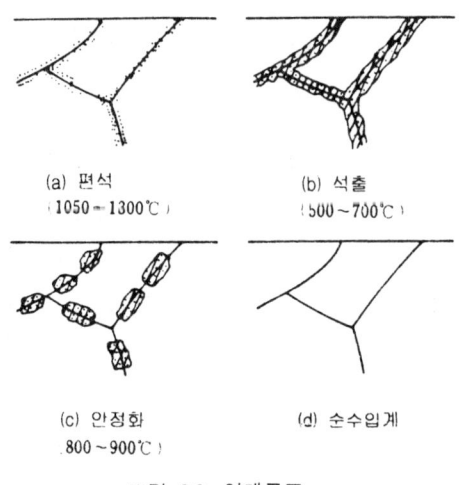

(a) 편석 (1050~1300℃)
(b) 석출 (500~700℃)
(c) 안정화 800~900℃
(d) 순수입계

그림 6.6 입계구조

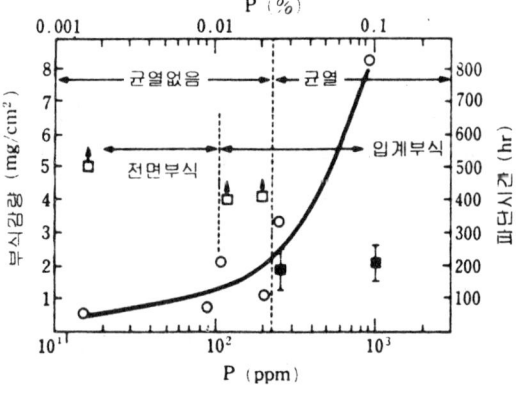

그림 6.7 비예민화 스텐레스강의 입계부식에 미치는 P의 영향
○ 입계부식 (5N HNO_3 + 0.5N $K_2Cr_2O_7$)
□■ SCC, 100 ppm $FeCl_3$, 345℃ (R.N.Duncan)

그림 6.7은 스테인레스 강중의 P함유량과 입계부식성의 관계를 나타낸 것으로 5N HNO_3+0.5N $K_2Cr_2O_7$ 용액중에서 스테인레스 강(14Cr-14Ni)중에 P가 100ppm이상 함유되면 입계부식성이 급격히 증대한다. 또한 이와 더불어 염화제2철 용액중(345℃)에서 응력부식균열 감수성이 나타난다.

6.7 응력부식균열(SCC)

응력부식균열(stress corrosion cracking, SCC)은 그림 6.8에 나타내듯이 재료, 환경, 응력 3개가 특정조건을 만족하는 경우에만 발생한다. 일반적으로 내식성이 우수한 재료는 표면에 부동태막이 형성되어 있지만 그 피막이 외적 요인에 의해 국부적으로 파괴되어 공식(pitting) 또는 응력부식균열의 기점으로 된다. 국부적으로 응력집중이 증대되어 내부의 용액은 SCC전파에 기여하여 균열이 진전하여 간다. 이처럼 피막의 생성과 파괴가 어떠한 조건하에서만 생겨 균열은 진행한다. 표면피막의 보호성이 불충분하면 전면부식으로 되어 응력부식 균열은 발생하지 않는다. 따라서 응력부식균열은 내식성이 좋은 재료에만 발생한다. 어떠한 환경에서 균열저항성이 큰 재료라도 다른 환경에서는 응력부식균열이 발생할 가능성이 충분히 있다. 즉, 어떠한 재료라도 응력부식균열을 일으킬 수 있는 환경이 존재한다.

응력부식균열은 그림 6.9에 나타내듯이 전기화학적 현상으로 수소취성균열과는 구별된다. 그림 6.10에 분극에 따른 파단시간의 변화를 나타낸다. (a)는 음극분극에 의해 파단시간이 짧아지므로 수소취성균열(hydrogen embrittlement, HE)이며 (b)는 역으로 양극

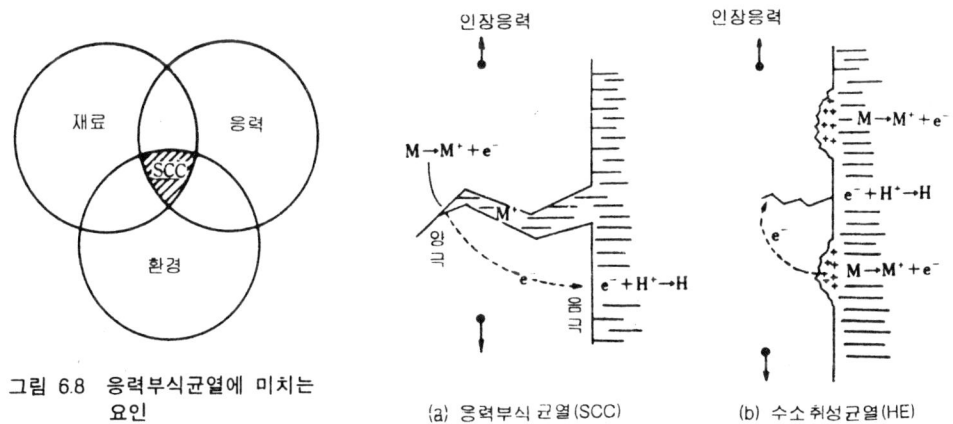

그림 6.8 응력부식균열에 미치는 요인

(a) 응력부식 균열(SCC)　　(b) 수소 취성균열(HE)

그림 6.9 응력부식균열과 수소취성균열

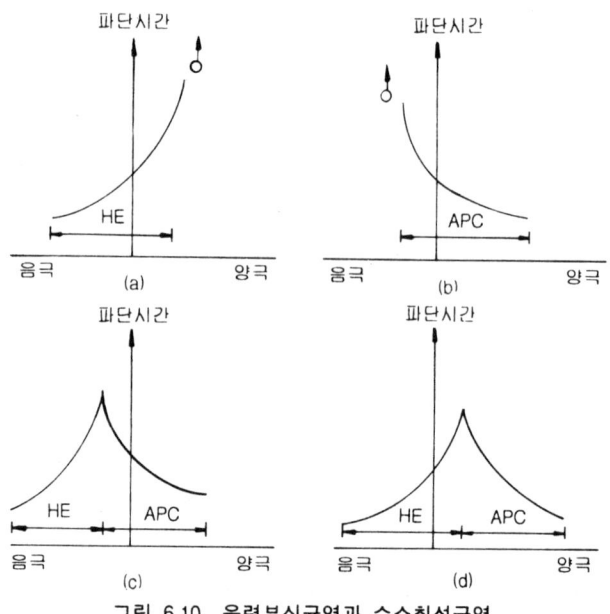

그림 6.10 응력부식균열과 수소취성균열

분극에 의해 수명이 짧아지는 경우로 활성경로형 응력부식균열(active path corrosion, APC)이다. (c)(d)는 2개의 현상이 혼재하는 경우이다. (c)에서는 부식전위보다 귀(貴)하게 하면 수명이 짧아지므로 APC이며 (d)의 경우는 부식전위보다 비(卑)하게 함에 따라 수명이 짧아지므로 HE이다.

6.8 수소취성 및 수소균열

수소취성은 전위를 고정시켜 소성변형을 곤란하게 하는 원자상수소(原子狀水素)에 의해 생기는 금속의 취성이다. 재료내부에 공동(空洞, cavity)이 있으면 그 표면에서 접촉반응에 의해 분자상수소를 발생시켜 고압의 기포를 형성하게 된다. 이와 같은 브리스터(blister)는 스테인레스 칼에서 종종 볼 수 있다. 수소에 의해 취화된 강에 어느 임계값 이상의 인장응력이 가하여지면 수소균열이 발생한다. 이러한 임계응력은 수소함유량이 증가함에 따라 저하하며 때로는 필요한 인장응력이 수소자체에 의해 생기고 수소균열은 외부부하에 관계없이 생긴다.

원자상수소는 금속자체의 부식 또는 보다 비(卑)한 금속과의 접촉에 의해 생긴다. 또한 수소는 산세(酸洗), 음극청정(cathode cleaning), 전기도금과 같은 공업적 공정에서 금속중으로 녹아 들어간다. 강의 수소취성은 Bi, Pb, S, Te, Se, As와 같은 원소가 존재할수록 더 잘 일어나게 된다. 그 이유는 이들 원소들이 $H+H=H_2$의 반응을 방해하여 강표면에 원자상 수소농도를 높게 하여 주기 때문이다. 황화수소(H_2S)는 석유공업에서 부식균열의 원인으로 된다. 수소균열은 탄소강에서 생기며 특히 고장력 저합금강, 마르텐사이트계 및 페라이트계 스테인레스강 및 수소화물(hydride)을 만드는 금속에서 현저히 발생한다. 마르텐사이트 구조인 고장력 저합금강의 경우, 약간 높은 온도 즉 250 C 대신에 400℃에서 템퍼링하면 수소취성 감수성을 저하시킬 수 있다. 비교적 고온에서 템퍼링하면 $Fe_{24}C$와 같은 조성을 띠며 수소를 간단히 흡수하는 특수한 템퍼링 탄화물인 ε탄화물로부터 일반적인 시멘타이트가 생성한다.

수소취성은 음극분극에 의해 SCC와 실험적으로 구별할 수 있다. 이는 음극분극이 수소발생에 의해 수소취성을 조장하지만 SCC는 억제하기 때문이다.

6.9 부식피로

부식피로는 부식에 의한 침식과 주기적 응력, 즉 빠르게 반복되는 인장및 압축응력과의 상호작용에 의해 생긴다. 주기적 응력의 어느 임계값, 즉 피로한계이상에서만 생기는 순수한 기계적피로와는 대조적으로 부식피로는 그림 6.11에 나타내듯이 매우 작은 응력에서도 생긴다.

부식피로는 SCC와는 대조적으로 이온과 금속의 특수한 조합에 관계없이 거의 모든 수용액에서 생긴다. 또한 부식피로는 금속표면의 결정입내에 있는 슬립선의 돌출및 산화물이 없는 냉간가공한 금속의 노출과 관계가 있다고 한다. 금속의 이러한 부분이 양극(anode)으로 되어 부식홈을 만들면 이것이 차차 입내균열로 발전된다.

부식피로는 음극방식(예, 아연피복)에 의해 양극을 불활성으로 하든지 부식억제제(예, 크롬산염)에 의해 부동태화시킴에 의해 방지할 수 있다. 강, 특히 Ti합금강의 경우는 질화에 의한 표면경화가 부식피로에 유효하다.

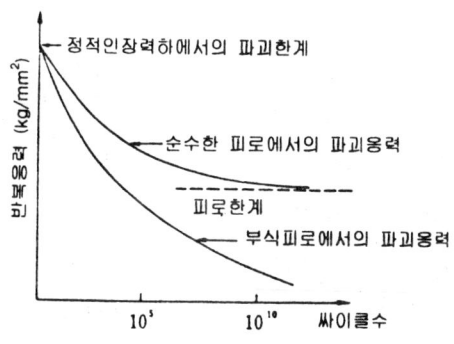

그림 6.11 순수한 기계적피로 및 부식피로에서의
파괴강도와 싸이클의 관계

6.10 에로젼 부식(난류부식)

에로젼 부식은 난류(亂流)와 관계가 있으므로 난류부식이라고도 부르며, 금속표면에 충돌하는 액체의 분출에 의해 일어나는 경우에는 충격부식(impingement corrosion)이라 한다. 난류는 부식매체의 공급 및 금속표면으로 부터의 용액을 통하여 부식생성물의 물질이동을 증가시킨다. 더우기 순수한 기계적 인자, 즉 금속과 액체간의 난류도 증가하는 전단응력에 의해 금속표면으로부터 부식생성물이 떨어져 나가는 경우도 있다. 특수한 경우에는 에로젼 부식의 이러한 기계적 요소는 기포 및 모래와 같이 부유하는 고체입자에 의해 증가한다.

에로젼 부식에 의한 국부침식은 일반적으로 부식생성물이 없는 깨끗한 표면을 나타낸다. 부식공(pit)은 액체의 흐름 방향으로 부식되어 있으며 그 단면은 액체의 흐름을 방해하도록 오목하게 된 표면을 나타낸다. 때로는 이들 부식공은 말이 상류를 향해 달려가면서

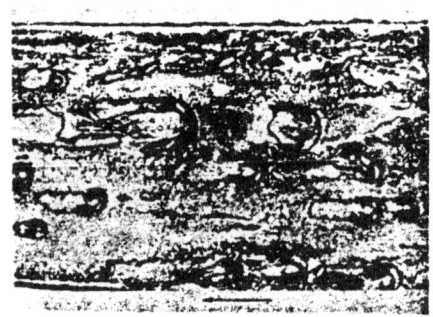

그림 6.12 온수동관의 에로젼부식 말굽형의 pit, 액체의 흐름방향은 우에서 좌로임

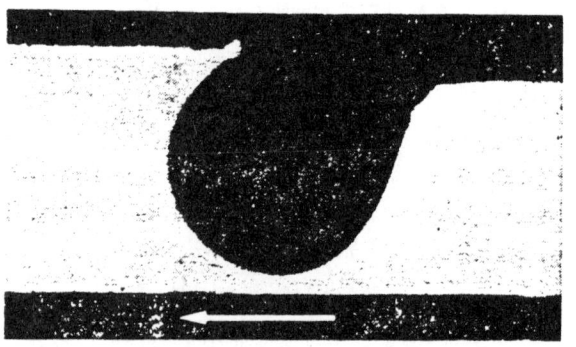

그림 6.13 가정용온수관의 측벽에서 관찰된 에로젼부식 액체의 흐름방향의 우에서 좌로임. 말굽형 pit의 단면

그림 6.14 선박용 냉각수계통에 해수를 15개월 흘렸을 때 생긴 황동제 밸브인 원추판의 에로젼 부식. 좌측 : 부식된 것 우측 : 부식되지 않은 것
재료 : 다이캐스트 황동

그림 6.15 동관의 굽은부분에서의 에로젼부식에 기인하는 천공

남기는 말굽형상을 나타낸다(그림 6.12, 그림 6.13). 난류 침식은 동관의 **황동제부분**으로 되어 있는 물의 순환장치에서 잘 생긴다. 이것은 일반적으로 난류의 원인으로 되는 **요철**(돌출부 및 굽은 부분)때문에 일어난다(그림 6.14, 그림 6.15).

6.11 캐비테이션 부식(cavitation corrosion)

캐비테이션 부식은 액체의 **빠른 유속(流速)**과 부식작용이 서로 복합적으로 작용해서 생기는 것이다. 캐비테이션(空洞)이란 유속 u가 매우 커서 베르누이 법칙($P+\rho u^2/2$=일정)에 의한 정압 P가 액체의 증기압보다도 낮아질 때, 액체중에 기포가 생기는 것을 말한다. 이들 **기포가** 금속표면에서 터지면 강한 충격작용이 생겨 부동태 산화피막이 깨지고 소지금속도 손상을 입게 된다. 또한 노출되어 냉간가공된 금속은 부식되며 이들 과정이 반복된다.

플라스틱 및 세라믹의 캐비테이션 침식은 순수한 기계적 작용(cavitation erosion)이지만 수중의 금속의 경우에는 항상 부식요소가 포함된다고 생각된다. 이는 다음의 사실로서 알 수 있다. 캐비테이션 부식은

① 음극방식에 의해 방지할 수 있다.
② 부식억제제에 의해 저감된다.
③ 연수(軟水)보다도 경수(硬水)에서 촉진된다.

6.12 찰과 부식(fretting corrosion)

찰과 부식은 접촉면에 수직압력이 작용하고 윤활제가 없으며 진동등에 의해 서로 움직이고 있는 2개의 고체중 한개 또는 2개가 금속인 계면에서 일어난다. 한쪽 표면의 요철이 다른 표면의 산화물층을 벗겨내며 노출된 금속은 다시 산화되고 새로 생성한 산화물은 다시 떨어져 나간다. 이러한 과정에서는 습기(수분)는 필요하지 않고 산소가 필요하다. 습기는 오히려 침식을 지연시키는 효과가 있는데 이는 수화된 산화물이 산화물보다도 부드러우므로 윤활작용을 하기 때문이다. 따라서 찰과부식의 기구는 전기화학적이라기 보다는 순수한 화학적작용이라 할 수 있다. 부식생성물이 수산화물이 아니라 산화물(강의 경우, Fe_2O_3)이라는 것이 찰과부식의 특징이다.

제7장 금속의 마모

7.1 마모란 무엇인가

두 물체가 서로 접촉하고 있는 상태에서 상대운동을 하게 되면 접촉면에서는 상대운동에 대한 저항력이 생긴다는 것은 주지의 사실이다. 이러한 상대운동에 대한 저항력을 마찰력이라 하고, 이 마찰력과 상대운동의 결과 접촉하는 표면으로부터 재료가 이탈하는 현상을 마모라 한다. 이러한 마모현상은 모든 기계장치에서 피할 수 없이 발생하는 것으로 우리는 이러한 현상을 억제하고자 노력을 하고 있다. 특히 공학도의 입장에서는 제품의 수명, 정밀도, 크기 등을 고려하면서 마모 및 마찰에 대한 지식과 정보의 필요성이 증가되고 있다.

상대적인 운동을 하고 있는 접촉면에서 마모가 발생하는 원인으로는 주로 두 표면간의 응착(adhesion), 돌기(asperity)들에 의한 연삭(abrasion) 또는 쟁기질(ploughing), 반복되는 응력에 의한 표면의 피로파괴(fatigue), 분위기에 의한 부식(Corrosion), 두 표면간 또는 주위 환경과의 화학적 상호작용 등이 있으나 대부분의 경우 이들의 여러가지 원인이 복합적으로 작용하고 있기 때문에 마모현상의 이해를 어렵게 하고 있기는 하지만 어떠한 마찰조건 하에서 복합적으로 작용하고 있는 마모의 원인 중 가장 우선되는 것들이 있으므로 여러가지 마모의 종류 및 마모이론이 주장되고 있는 것이다.

7.2 마모의 종류

최근 급속한 산업의 발달과 자원의 고갈, 극지방이나 우주와 같은 새로운 환경으로의 진출에 따라 기존의 기계류가 가동되고 있던 조건보다도 훨씬 열악한 조건에 처하게 되는 경우가 많고 이에 따라 가혹한 조건에서 견딜 수 있는 새로운 시스템의 필요성이 대두되고 있다. 가혹한 작동조건에 대한 내성(耐性)으로서 내마모성을 유지케하기 위해서는 기계의 설계, 윤활시스템, 재료의 특성 등을 이에 맞도록 개선하여야 한다. 그러나 재료가 우수한 내마모성을 갖게 하기 위해서는 우선 가동조건하에서 재료가 마모되는 과정을 이해하고 이에 따라서 내마모성을 띨 수 있게 하는 설계, 윤활방법, 재료의 선정이 이루어져야 한다. 따라서 많은 연구자들이 마모의 과정을 이해하기 위하여 노력을 하고 있으며 많은 마모의 원인 및 마모기구들이 보고되고 있으나 마모입자의 생성에는 매우 많은 **발생기구(wear mechanism)가** 복합적으로 작용하고 있기 때문에 마모의 종류를 명확하게 분류한다는 것은 매우 어려운 일이다. 그러나 Burwell은 마모를 야기시키는 주된 기구를 찾아서 간단하고 논리적인 분류를 하여 다음의 4종류가 마모의 기본형이라고 하였다.

(1) 응착마모(adhesive wear)

표면의 미세돌기(asperity)들의 웅착(cold-welding)에 의하여 상대운동을 하는 접촉면에서 표면입자가 다른 표면으로 응착되는 과정 또는 이의 반복과정에 의해 표면입자의 이탈이 일어나는 현상으로 기계 장치에서 가장 빈번히 발생하며 효과적인 윤활방법을 통하여 줄일 수 있다.

(2) 연삭마모(abrasive wear)

상대적으로 경한 입자나 미세돌기와의 접촉에 의해 표면으로부터 마모입자가 이탈되는 현상으로 마모면에 긁힘자국이나 끝이 파인 홈들이 나타나게 된다. 이는 상대면간의 경도조절 및 윤활방법을 통해 줄일 수 있다.

(3) 피로마모(fatigue wear)

기어나 베어링 등에서 주로 발생하며 반복되는 응력에 의해서 입자가 표면으로부터 이탈되는 현상으로 재료의 선택 및 최대응력을 줄이는 설계가 필요하다. 또한 피로마모와 비슷한 개념으로 판상박리마모(delamination wear)가 있는데 이는 미끄럼 운동을 하는 두 면에서 반복되는 응력에 의해 부표면(subsurface)에서 균열의 발생 및 균열의 전파를 통해 판상(laminar, plate type)의 마모입자가 발생되는 현상이다.

(4) 부식마모(corrosive wear)

주위의 환경조건과 반응하는 화학적 작용에 의하여 발생하는 현상이며, 매우 종류가 많고 발생원인이 매우 복잡하다. 주로 환경과의 화학반응 또는 전기화학반응이 지배적인 마모과정이다.

7.3 금속의 마모기구

7.3.1 응착마모

마찰·마모현상과 재료간의 응착현상을 관련시켜 고찰한 마모기구는 Holm에 의해서 처음 제창(提唱)되었다. 그 후 Archard 등에 의해서 응착마모이론이 발전하였으며 현재는 금속재료간의 마찰의 대부분이 응착부의 전단강도에 의해 결정되며 응착마모는 응착부의 전단파괴의 일종이란 개념이 정립되었다.

(1) Archard의 응착마모식

서로 접촉하고 있는 두 표면에서 어떻게 응착마모가 일어나는가를 개략적으로 그림 7.1에 나타내었다. **접선변위(tangential displacement)가** 재료 한쪽에 가해지고, 접촉계면의 파단에 드는 힘이 한쪽 재료내에서의 연속적인 파단에 드는 힘보다 더 크다면 상대운동의 결과 한쪽 재료내에서의 연속적인 파단이 발생하고, 전이부착되는 마모입자가 형성된다. 그러나 그림 7.1에 나타낸 바와 같이 마모분이 형성되는 경우는 매우 드문 경우이고 대부분은 원래의 표면에서 파단이 일어난다. 그 이유는 원래의 표면접합부가 매우 작은 면적에 국한되고, 대다수의 접촉부위는 어긋나게 되며, 또 두 계면사이에 공극이 형성되기 때문이다. 따라서 전단이 일어날 때 원래의 계면에서 파단이 일어나는 경우가 대부분인 것이다. Greenwood와 Tabor 등은 여러가지 금속의 2차원적 모델들로써 돌기들이 전단되는 것을 보여주었는데, 응착부위가 미끄럼 방향과 평행하지 않는 경우 그림 7.2와 같이 전이부착입자가 형성됨을 보여주었다. 이러한 미끄럼방향과 응착계면의 비평형성은 표면의 초기조도 및 미끄럼 동안의 표면조도의 증가 때문에 발생한다.

그런데 그림 7.1에 보인 바와 같은 마모입자 생성기구에 의하면 연한쪽의 마모입자만

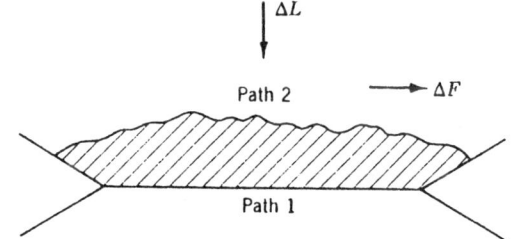

그림 7.1 응착부의 전단. 만일 응착부의 전단강도가 상부물질의 전단강도보다 크다면 전단은 path2를 따라 발생하여 빗금친 부분의 마모입자를 형성한다(이때는 상부물질의 강도가 하부물질의 강도보다 낮다고 가정함)

이 형성되고 경한금속의 마모입자는 형성되지 않을 것으로 보여진다. 그러나 비록 모든 경우에 있어서 연한금속의 마모입자가 보다 많이 형성된다 하더라도, 일반적으로 숫자는 적지만 커다랗게 떨어져 나오는 경한금속의 마모입자가 반드시 형성된다. 이는 경함금속이라도 국부적으로 낮은 강도를 갖는 부위가 있기 때문이다. 즉 연한금속의 국부적으로 높은 강도를 갖는 부위와 경한금속의 국부적으로 낮은 강도를 갖는 응착부위에서는 그림 7.3에 나타낸 바와 같이 경한금속의 마모분을 생성시키게 된다.

이제 응착마모에 대한 정량적인 계산을 위해 Archard가 제안한 응착마모모델을 살펴보자.

미세돌기들의 접합에 의해 응착부위가 생길 때 응착마모입자가 형성될 확률을 K라 하고, 형성되는 마모입자는 응착부위의 직경과 같은 직경을 갖는 반구라 가정한다(그림 7.4). 이제 미끄러지는 상대면에 하중 L이 가해지는 경우, 연한금속의 소성유동응력(flow strength)을 P라고 하면 실제 접촉면적은 다음과 같다.

$$L = P \cdot A \tag{7-1}$$

만일 형성되는 접촉부위가 같은 크기를 가지며 그들이 직경이 d이고, 총 접촉부위의 갯수가 n이라고 하면 접촉면적은 다음과 같다.

$$A = n \cdot \frac{\pi d^2}{4} \tag{7-2}$$

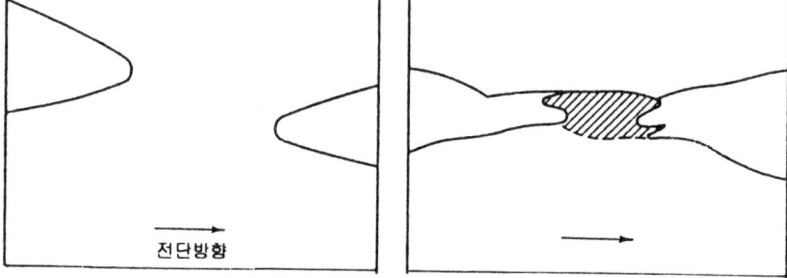

그림 7.2 마모입자의 형성과정을 보여주는 2차원적인 모식도
(Greenwood와 Tabor의 실험에 의함)

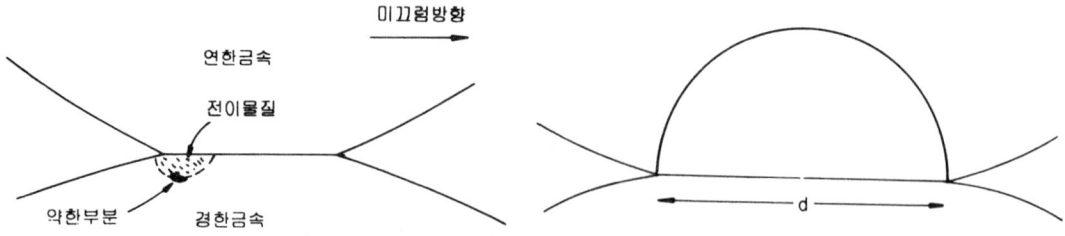

그림 7.3 상대적으로 경한 금속의 마모입자가 형성되는 것을 보여주는 모식도 경한금속의 마모입자는 일반적으로 응착부위보다 작다

그림 7.4 반구형 마모입자의 가상적인 모델

따라서

$$n = \frac{4A}{\pi d^2} = \frac{4L}{\pi p d^2} \tag{7-3}$$

길이 d만큼의 미끄럼이 일어나는 동안 접촉부위가 유지되고 그 이상의 미끄럼에 의해서는 어딘가 다른 곳에 새로운 접촉부위가 형성되어 하중을 지지한다고 가정하고, 단위거리를 미끄러질때 접촉할 수 있는 총 접촉점의 갯수를 N이라고 하면

$$N = \frac{n}{d} = \frac{4L}{\pi P d^3} \tag{7-4}$$

접촉부위가 응착되어 전이부착물을 형성하는 확률을 K라고 하고 형성되는 마모입자는 접촉부위의 직경과 같은 직경을 갖는 반구형이라 가정하였으므로 단위길이당 마모체적은 다음과 같다.

$$\begin{aligned}\frac{\partial V}{\partial x} &= K \cdot \frac{2}{3}\pi d^3 \cdot N = K \cdot \frac{2}{3}\pi d^2 \times \frac{4L}{\pi d^3 P} \\ &= K \cdot \frac{8L}{3P} = K' \cdot \frac{L}{3P}\end{aligned} \tag{7-5}$$

따라서 미끄럼 거리 x동안에 응착에 의해 형성되는 마모분의 체적은 다음과 같다.

$$V = K \cdot \frac{Lx}{3P} \tag{7-6}$$

윗식이 Archard가 제안한 응착마모의 기본식이며 여기서 K는 마모계수로 마찰계수와 마찬가지로 무차원의 값을 갖는다. 이러한 응착마모식은 마모량이 수직하중과 마찰거리에 비례하고 재료의 경도($H \fallingdotseq 3P$)에 반비례한다는 아주 간단한 식이다. 그러나 이같은 식이 성립되는 경우는 같은 조도를 갖는 동일한 금속의 경우에 성립되며 이종(異種)금속간에는 잘 성립하질 않는다. 그 예를 그림 7.5에 나타냈다. 이 그림은 소입강과 황동의 조합으로 마모시킨 경우, 재료의 경도에 따른 비마모량을 나타낸 것으로 α단상의 연질 황동이 최저의 마모량을 나타내고 $\alpha+\beta$상이나 β상의 경질 황동인 경우 약10배 이상의 마모량을 나타내고 있다.

황동에 있어 이같은 경도와 마모량의 관계는 다른 구리합금에서도 나타나고 있으며 이는 Archard의 응착마모식으로는 설명할 수 없는 마모현상인 것이다. 그러한 황동의 마모특성은 α 황동이 어떤 마찰거리의 경과 후 그림 7.6에 나타낸 바와 같이 안정한 산화마모의 상태를 나타내는데 반하여 α 황동에 비해 경도가 높은 $\alpha+\beta$ 황동이나 β 황동의 경우 마찰거리에 따라 직선적으로 마모량이 증가하는 전형적인 휘면마모(輝面摩耗) 상태를 보이는 것과 관계가 깊다. 이렇게 마모면이 다르게 나타나는 것은 Archard의 응착마모식으로 설명하기가 곤란하므로 Rabinowicz에 의해서 부착-역부착 마모모델이 제안되었다.

136 제1부 금속재료

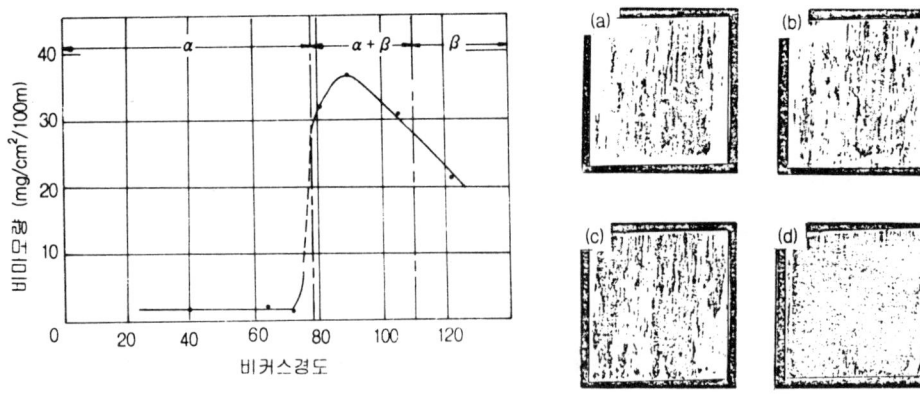

그림 7.5 소입강과 마찰시킨 각종 황동의 비커스경도와 비마모량의 관계 (v=18.6cm/s W=0.375Kg)

그림 7.6 소입강과 마찰시킨 α황동의 마모면의 변화(v=1m/s, W=3Kg)
(a) 마찰거리 (b) l=0.8km
(c) l=1.5km (d) l=2.0km

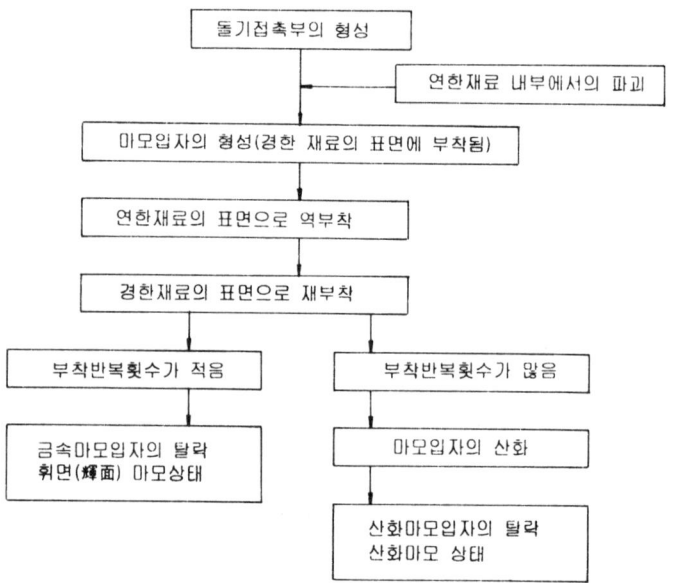

그림 7.7 부착-역부착 모델에 의한 마모진행과정

(2) 부착-역부착 마모모델

Rabinowicz는 앞서 언급한 마모면의 차이점을 설명하기 위해서 마모입자의 전이부착 (transfer)을 가정하고 그림 7.7에 나타낸 바와 같은 부착-역부착 마모모델을 제안하였다. 그는 이 마모모델의 설명을 연한쪽의 재료내부의 파괴에 의해 형성된 마모입자는 즉시 탈락하는 것이 아니라 경한쪽의 재료에 부착되고 그것이 다시 연한쪽으로 역부착되는 것으로 마모입자의 반복 부착현상을 가정하였다. 그리고 부착의 횟수가 많아서 마찰면에서 마모입자가 마모분으로 탈락하기 어려우면 마모량이 감소하고, 더우기 부착-역부착의 과정에서 마모입자가 산화되면 마찰면이 산화물로 피복되어 산화마모상태로 이행된다고 설명하였다. 즉, 부착-역부착모델은 마모입자가 마모분으로 탈락하기까지 마찰표면간을 왕복한 횟수의 역수와 응착마모식의 마모계수 K를 연관시켜 설명하는 것이라 할 수 있다.

응착마모에 있어서 마모물질의 전이부착(transfer)에 대한 간접적인 증거를 그림 7.8에 나타냈다. 그림에서 (a)와 (b)는 비슷한 마모면(wear track)을 보이고 있는데 이는 (b)의 경우 상대재인 강에 Ti가 전이부착하여 (a)의 Ti-Ti의 마찰과 같은 효과를 나타내기 때문인 것이다.

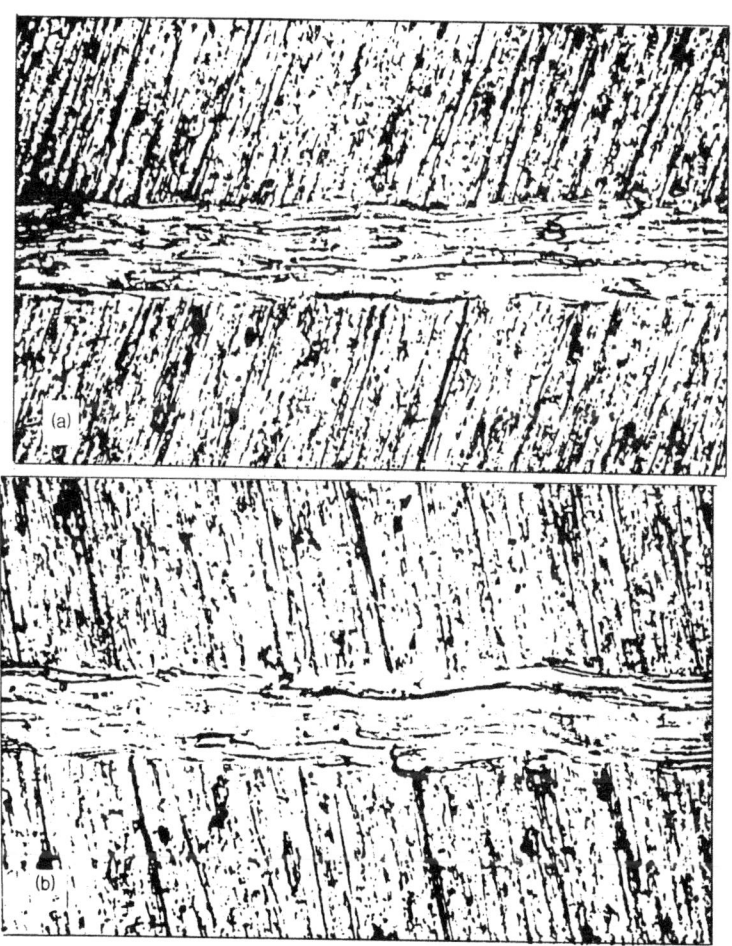

그림 7.8 Ti판의 마모트랙(track)
(a) Ti핀과 Ti판의 마모에 의한 것
(b) 1020 steel핀과 Ti판의 마모에 의한 것

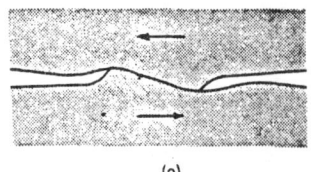 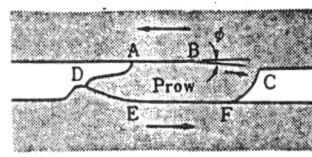 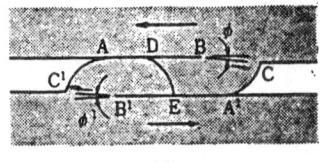

그림 7.9 Prow형성과정을 나타내는 모식도
 (a) 마찰초기, 소성변형에 의한 응착계면의 경사짐
 (b) 주로 상부재료의 전단변형에 의해 성장된 Prow
 (c) 양쪽재료의 전단변형에 의해 성장된 Prow

(3) Prow형성 마모 모델

Cocks와 Antler는 응착부의 전단파괴가 일어나는 동안 연속적으로 전단변형이 생기며, 전단변형을 받는 표면층의 재료가 또다시 접촉부위로 되어 응착되는 부위가 성장하는 것을 발견하고 그 성장된 응착부위 전체를 Wedge 혹은 Prow라 명하였다. Prow의 형성 중에 Prow가 때때로 파괴되어 마모입자로 탈락할 때까지의 일련(一連)의 과정을 Prow형성 마모모델로 제안하였다.

그림 7.9는 Cocks가 나타낸 Prow형성과정의 모식도(模式圖)이다. 그림에서 (a)는 소성변형에 의해 접촉계면이 경사진 마찰초기의 접촉부의 모식도이다. 경사진 접촉계면에서는 수직력과 마찰력의 합력이 작용하기 때문에 접촉계면의 미끄럼이 일어나기 어렵게 되고, 응착부는 한층 강하게 된다. (b)는 강하게 된 응착부에 의해 상부에 있는 재료가 연속적으로 전단되고, 전단된 것이 계의 밖으로 빠져나오지 못하고 접촉계면에서 성장한 Prow를 나타낸 것이다. BC부에서 연속적인 전단변형에 의해 마찰면에서는 길이가 (BC의 길이)×sinϕ에 해당하는 마모흔적이 생긴다. 이 전단변형에 의한 마모흔적의 형성과정이 바이트(bite)절삭에 있어서 전단면(전단각도 ϕ)과 절삭칩의 관계와 유사하기 때문에 Prow 형성과정을 마이크로절삭과 같다고도 한다. (c)는 기계적 성질이 비슷한 재료를 마찰 상대재로 하였을 경우의 Prow형성을 나타낸 것이다. 접촉부에서 양쪽의 재료가 비슷하게 소성변형을 받고, 대부분의 재료가 접촉부에 붙어서 Prow가 크게 성장하는 마모상태를 보이고 있다. 이렇게 성장한 Prow에서 때때로 전단파괴가 생기고 Prow의 일부가 마모입자로 탈락하는 것이다.

7.3.2 연삭마모(abrasive wear)

연삭마모는 경하고 거친면이 상대적으로 연한면과 상대운동을 할 때 단단한 쪽의 미세돌기나 단단한 입자가 연한쪽으로 박혀서 쟁기질(ploughing)에 의해 골(groove)을 형성하면서 마모입자를 탈락시키는 현상이라는 해석이 연삭마모에 대한 설명의 주류(主流)이다.

산업현장에서 연삭마모는 광범위하게 발생하고 있고, 실제로 산업현장에서 발생하는 마모의 50% 정도가 연삭마모에 의한다는 보고가 있다. 이렇듯 광범위하게 일어나는 연삭마모의 발생상황도 다양하다. 대표적으로 언급되는 것이 그림 7.10에 나타낸 바와 같은 two-body abrasion과 three-body abrasion이 있다. 이 외에 erosion abrasion이라고 하는 유체에 포함된 입자에 의한 연삭마모의 상황도 있는데 이를 따로 독립하여 침식마모(erosion wear)라고 부르기도 한다.

이제 연삭마모의 정량적인 고찰을 위해 연삭입자가 표면을 긁고 지나가는 간단한 상황을 설정해보자. 그림 7.11은 연삭입자가 표면과 접촉하고 있는 것이다. 만일 이 접촉에 의해서 표면의 재료가 제거된다면, 그 제거되는 체적은 다음과 같이 쓸 수 있다.

$$\delta V = CAL \tag{7-7}$$

여기서 C는 골(groove)로 파인 부분이 제거될 비율이고, A는 골의 투영단면적 그리고 L은 연삭입자가 움직인 거리이다.

또한 아래와 같은 4개의 가정을 세운다.

① 골의 투영단면적(cross-sectional area)은 P^2에 비례한다고 한다. 단 P는 연삭입자가 표면을 파고 들어가는 깊이로 한다. 즉

$$A \propto P^2 \tag{7-8}$$

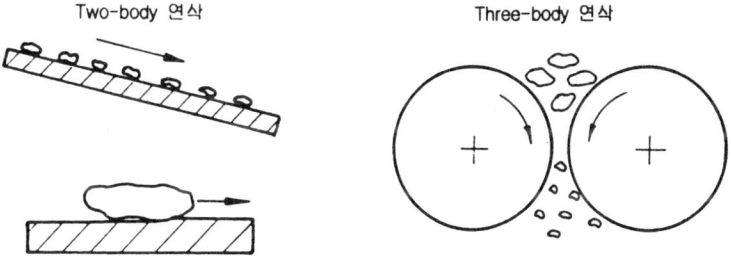

그림 7.10 Two-body연삭과 Three-body연삭

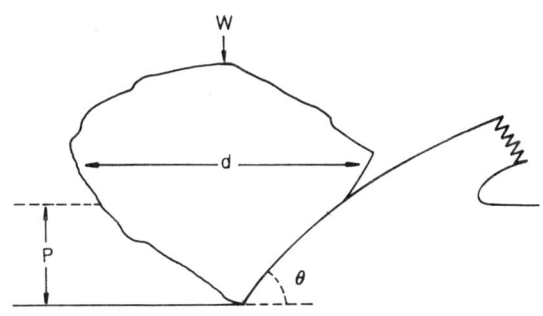

그림 7.11 이상적인 연삭입자의 접촉례

② 접촉표면의 경도는 다음과 같은 관계를 갖는다.

$$H \propto \frac{W}{P^2} \tag{7-9}$$

단 W는 연삭입자에 가해지는 하중이다.

③ 단위면적당 표면과 접촉하는 연삭입자의 수는 다음과 같은 관계를 만족한다.

$$N \propto d^{-2} \tag{7-10}$$

단 d는 연삭입자의 평균직경이고, 표면과의 접촉확률은 단위면적당 가해주는 하중과는 관계가 없다고 한다.

④ 표면과 접촉하여 물질을 제거시키는 연삭입자의 비율을 K라 하고, K는 연삭입자의 평균직경이나 단위면적당 걸리는 하중 σ와는 무관하다고 한다.

이상과 같은 가정하에서 표면과 접촉하는 연삭입자당 걸리는 평균 하중은 다음과 같다.

$$W \propto \sigma d^2 \tag{7-11}$$

또한 식 (7-8), (7-9), (7-11)로부터 골의 투영단면적은 다음과 같다.

$$A \propto \sigma d^2/H \tag{7-12}$$

단위면적당 N개의 접촉이 있고 이에 따라 제거되는 체적을 모두 더하면, 단위면적당 마모되는 체적은 다음과 같다.

$$V \propto KCNL \sigma d^2/H \tag{7-13}$$

이 식에 식 (7-10)을 넣으면

$$V \propto KCL \sigma /H \tag{7-14}$$

가 된다. 식 (7-14)에서 비례상수는 연삭입자의 모양과 분포에 의존하는 값이다.

이상과 같은 연삭마모의 간단한 모델은 표면으로부터 제거되는 마모량은 마찰거리, 단위면적당 걸리는 하중에 비례하고 재료의 표면경도에 반비례한다는 것, 그리고 연삭입자의 크기에는 무관하다는 것을 말해주고 있다.

실제로는 Richardson 등 수많은 연구자들이 표면으로부터 마모되는 양이 초기의 비선형구간을 제외하고는 마찰거리에 따라 직선적으로 증가하고 있음을 보여 주었다(그림 7.12). 그러나 마모량이 마찰거리에 직선적으로 증가하기 위해서는 식 (7-14)에 나타낸 다른 변수들의 변화가 없어야 한다. 따라서 Samuels 등 많은 연구자들이 마찰거리에 따른 마모량의 직선적인 증가는 연삭입자가 여러번의 연삭작용을 거친 후에는 그림 7.13에서와 같이 그 증가율이 둔화되고 있음을 보여 주었다.

한편 Khrushchov 등에 의한 순금속의 마모량은 금속의 경도에 반비례한다는 보고가 있은 후에 많은 연구자들이 경도와 마모량의 관계를 연구한 바 순금속 및 세라믹에 대한 경도와 내마모성이 직선적인 관계를 이루고 있음을 보여 주었다(그림 7.14).

제7장 금속의 마모   141

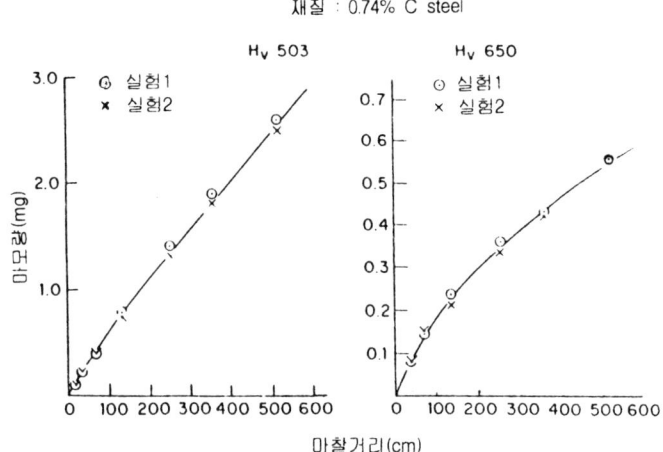

그림 7.12 500 μm유리연마포에 대해 마찰시킨 강의 마찰거리에 따른 마모량의 변화

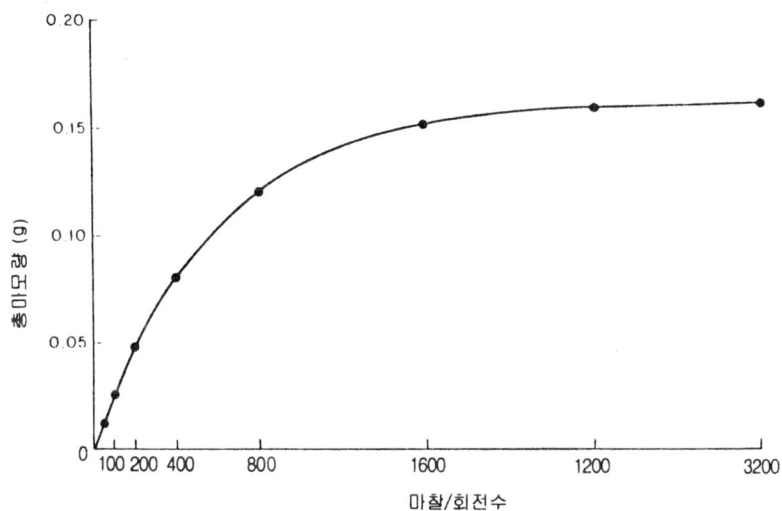

그림 7.13 70 μm의 연마포로 같은 면을 마찰 때 마모량과 마찰회전수의 관계

또한 식 (7-14)에서는 연삭입자의 크기와 마모량은 무관하다고 하였지만 실제적으로는 그림 7.15에 나타낸 것과 같이 연삭입자가 커짐에 따라 어떤 임계크기까지는 마모량이 급격히 증가하다가 임계크기가 지나면 증가율이 감소하는 것으로 나타난다. 이같은 결과는 입자의 크기에 따라 연삭입자의 형상이 변한다던가 또는 입자의 크기가 작을 경우 보다 빨리 연삭작용이 둔화(鈍化)되기 때문에 식 (7-14)의 C값이 적기 때문일 것이다.

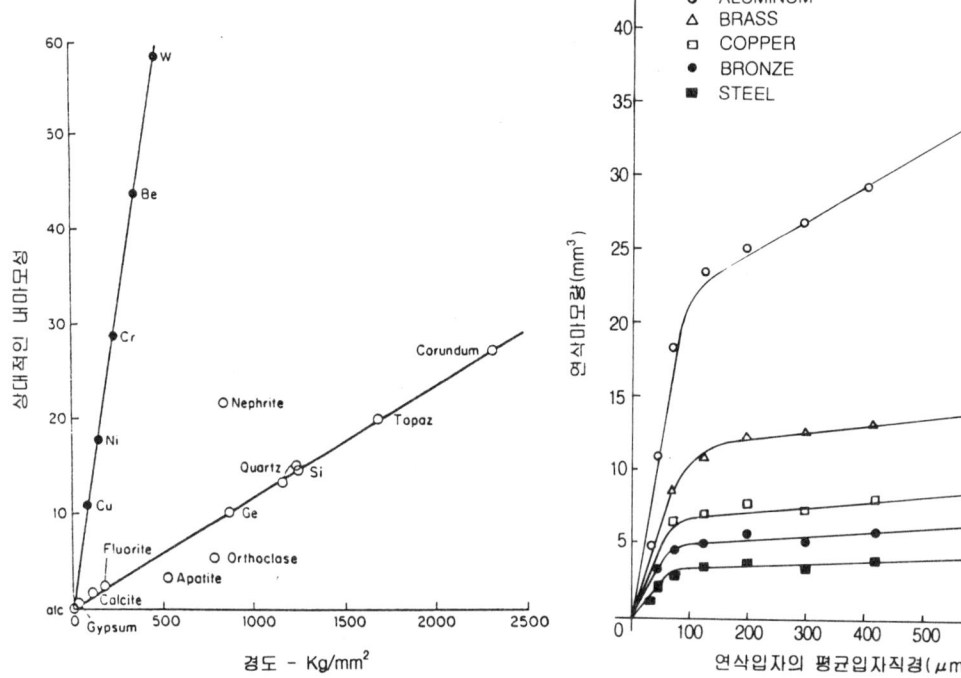

그림 7.14 동종재료간의 경도에 따른 내마모성

그림 7.15 SiC연마포를 사용했을 때 연삭입자 직경과 마모량과의 관계

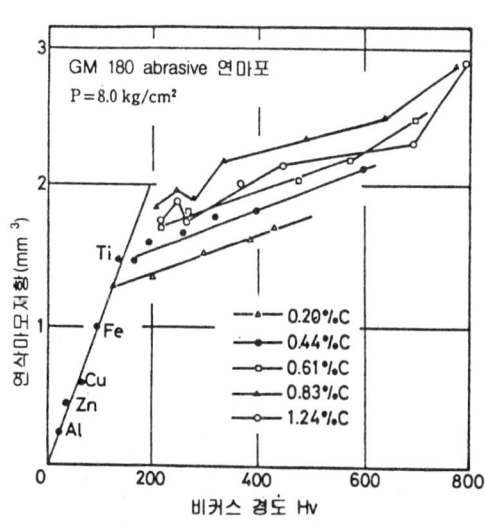

그림 7.16 순금속 및 탄소강열처리재의 비커스 경도와 연삭마모저항의 관계

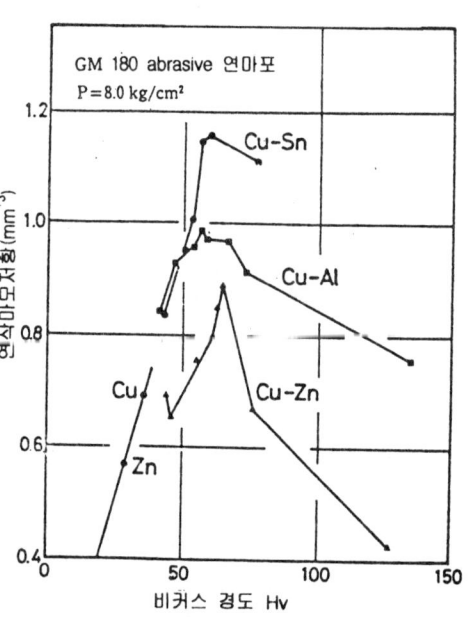

그림 7.17 각종 2원계 동합금의 비커스경도와 연삭마모저항

이상에서 연삭마모의 간단한 식을 뒷받침하는 결과들을 살펴보았지만 실용금속에 있어서는 그렇지 않은 결과들이 많이 나타난다. 그림 7.16는 순금속과 각종 열처리한 탄소강의 비커스 경도와 연삭마모저항(마모량의 역수)의 관계를 나타낸 것으로 순금속에서는 경도와 마모저항의 비례관계가 성립하지만 탄소강의 경우 경도의 상승에 따라 마모저항은 증가하고 있으나 순금속과 같은 비례관계는 보이지 않고 있다. 그림에서 알 수 있듯이 동일한 경도에 있어서도 마모저항이 탄소량에 의존하여 변화하고 있는 것은 각종 탄소강이 서로 다른 연삭마모상태에 있다는 것을 암시하는 것이다. 더욱이 그림 7.17에 나타낸 동합금의 경우에는 경도의 상승이 오히려 마모저항을 저하시키는 경우도 있어 연삭마모가 종래의 절삭개념으로 설명되기 어렵다는 것을 나타내고 있다. Hayama 등은 각종 동합금에 대해 다이아몬드 압입자를 이용하여 긁힘(scratch)시험을 행한 결과, 재료가 받은 변형상태와 긁힘에 의해서 마모입자로 제거되는 양이 변화한다고 하였다. 변형의 상태는 긁힘에 의해 대부분의 재료가 절삭칩상태의 마모입자로 제거되는 경우와 판상의 마모입자로 되는 극단적인 상태 사이에서 변화한다고 하였다. 따라서 금속재료의 연삭마모특성은 연삭입자의 침입량과 형성된 골(groove)로부터 마모입자로 제거되는 양에 의존하는 것이라 하였다. 이때 연삭입자의 **침입량**은 기계적 강도에 의해서, 그리고 골로부터 마모입자로 제거되는 양은 재료의 연성에 의해서 결정되는 것으로 생각되므로, 재료의 파괴에 요구되는 변형에너지와 연삭저항은 밀접한 관계가 있다고 하였다.

7.3.3 피로마모(fatigue wear)

상대운동을 하는 표면에 반복하중이 가해지면 표면층에 피로파괴가 일어나 그 결과로 마모입자가 발생한다는 것이 피로마모의 개념이다.

Rozeanu 등은 마찰면에서의 에너지의 축적이 마모를 촉진시킨다고 가정하고, 변형에너지의 축적으로 처음엔 표면의 미세돌기들이 가공경화되고 취약해진 돌기들은 아주 작은 외력으로도 쉽게 파괴되어 마모분으로 제거된다고 생각하여 피로파괴의 개념을 마모이론에 직접 도입하였다. 그후 피로파괴의 입장으로 마모를 수식화하는 많은 연구가 있었는데 그 중 Halling이 제안한 피로마모에 대해 살펴보기로 한다. 그는 그림 7.18에 나타낸 바와 같은 Greenwood-Williamson의 접촉모델을 출발점으로 하여 양쪽면이 반경 β의 구면과 같은 돌기로 되어 있고 어느 한쪽면(그림 7.18에서는 윗면)이 강체라고 가정하였다. 또한 아랫면의 돌기의 높이 Z가 어떤 분포 $\phi(Z)$를 갖는다 하고 재료의 변형이나 파괴는 아랫면에서 일어난다고 생각한다.

어떤 하중 P로 접촉된 면에서 각 돌기의 수직변형량 δ는 Z의 함수로 표시된다. 이

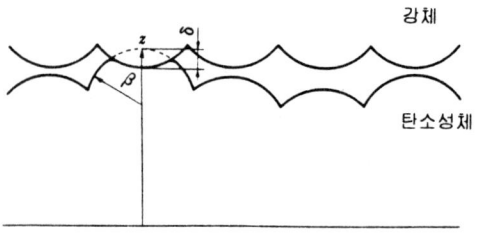

그림 7.18 Greenwood-Williamsom의 접촉 모델

δ에 대한 유효변형량 $\bar{\varepsilon}$을 구하면 아래와 같다.

$$\bar{\varepsilon} = \left(\frac{\pi}{KBC}\right)^{\frac{1}{n}} \left(\frac{\lambda \delta}{\beta}\right)^{\frac{1}{2}} \tag{7-15}$$

여기서, K는 하중과 접촉면적의 관계로부터 결정되는 양
  B는 응력과 변형의 관계로부터 결정되는 양
  C는 항복응력과 경도의 관계로부터 결정되는 양
  소성변형일 때 $\lambda=2$, $n=0$
  탄성변형일 때 $\lambda=n=1$

그는 이 유효변형량이 마모에 관여된다고 가정하고 파괴를 일으키는 조건으로 Manson-Coffin식을 이용하여

$$\bar{\varepsilon} N^{\frac{1}{m}} = \bar{\varepsilon}_1 \tag{7-16}$$

로 하였다. 여기서 ε_1은 1회의 부하에서 파괴될 때의 소성변형이다. 다음에 $\phi(Z)$에 표준편차 σ의 정규분포를 가정하여 $\bar{\varepsilon}$의 분포를 결정하고 그로부터 체적이 $\gamma \bar{\varepsilon}'$의 마모입자가 발생한다고 가정하고, 돌기의 선밀도를 η으로 하여 마모면 전체의 총합을 구하여 마모량 W를 다음과 같이 계산하였다.

$$W = \frac{1}{\pi BC} \frac{\eta \gamma}{\bar{\varepsilon}_1^m} \frac{(\sigma\lambda)^{\frac{t-n+m-2}{2}}}{\beta^{\frac{(3+m-n+t)}{2}}} \left(\frac{K}{\pi BC}\right)^{\frac{(m+t)}{(n-1)}} \frac{\left(\frac{m}{2}+\frac{t}{2}\right)!}{\left(1+\frac{n}{2}\right)!} \cdot P \cdot l \tag{7-17}$$

여기서 P는 하중, l은 마찰거리이므로 이 식도 가정에 있어서 약간의 무리는 따르지만 앞서 언급한 Archard의 식과 동일한 형태를 나타내고 있는 것이다.

또한 피로마모를 표면의 전위거동과 관련시켜 설명한 마모모델도 제안되고 있는데 그 중 대표적인 것이 전위셀(cell)상 마모모델과 판상 박리마모(delamination wear)로 대별(大別)된다.

전위셀상 마모모델은 Rigney 등에 의해 제안된 것으로 미끄럼 마찰을 받는 표면층에

전위셀이 형성되고 이 전위셀이 층상으로 탈락하여 마모입자를 형성한다고 설명한 것이다. 즉 미세돌기와 표면의 만남으로 인한 반복되는 쟁기질(ploughing)이 표면의 전위밀도를 높게 하고, 결과적으로 미세구조를 변화시켜 심하게 변형된 부위에서 전위셀상의 구조가 생긴다. 전위셀의 크기는 적층결함에너지(stacking fault energy), 하중(applied load), 온도 등에 의해 좌우된다. 전위셀의 구조는 부표면(subsurface)에서의 균열생성(crack generation)의 적당한 기회를 제공하고 미세돌기들의 압접(cold-welding)이나 전단의 도움이 없이 얇은 판상의 마모입자를 생성시킨다. 따라서 균열생성의 깊이나 마모의 심각성은 적층결함에너지와 관계있으며 마찰열에 의한 미세구조의 변화나 변형률의 변화는 마모모드(wear mode)의 급격한 변화의 원인이 된다.

피로마모를 전위의 거동과 결부시킨 또 다른 이론인 판상박리마모 이론은 Suh 등에 의해서 제안된 것으로 마찰되는 미세돌기들의 접촉상태가 돌기-돌기의 상태에서 돌기-평면의 상태로 이행되고 이들의 접촉이 계속됨에 따라 전단소성변형이 발생하여 변형이 부표면부까지 전달되면 어떤 위치에서 균열이 발생, 전파하여 판상의 마모입자를 형성한다는 것이다. 이 이론은 어떤 **깊이에서** 균열이 발생할 것인가와 발생된 균열이 표면층과 평행하게 진행될 것인가 등의 많은 문제점이 있지만 탄소성 응력장에서 전위의 **거동과 집적(集積)** 그리고 균열의 생성과 전파를 마모와 결부(結付)시킨 이론으로 평가받고 있다. 판상박리마모모델에 의해 마모분이 형성되는 과정은 다음과 같다.

① 접촉표면에서의 응력전달
② 반복되는 하중에 의한 소성변형의 증가와 변형의 축적
③ 부표면(subsurfau)부에서 공공(void) 및 균열핵 생성
④ 균열의 형성 및 전파
⑤ 판상마모입자들의 박리

이렇게 형성되는 판상박리마모의 마모율은 재질과 표면의 응력상태에 의해 결정되는 균열생성의 깊이와 균열의 생성속도 및 균열의 전파속도에 의해 결정된다. 그림 7.19는 부표면부에 형성된 균열을 보여주고 있다.

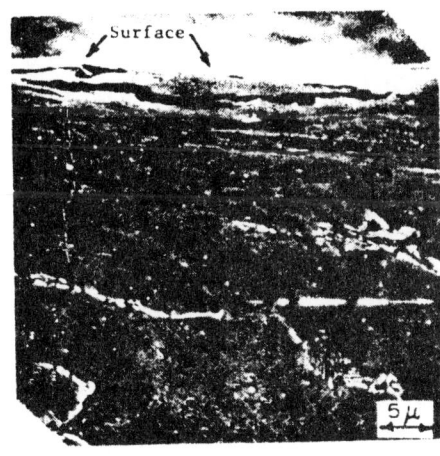

그림 7.19 AISI 1020 steel의 부표면부(subsurface)에 형성된 균열(하중 2.25kg, 속도 1.8m/min, 거리 5km의 조건으로 cylinder on cylinder type의 마모시험을 행하였음)

7.3.4 부식마모(Corrosive wear)

두 표면간의 상대운동이 가스나 액체 등의 부식성 분위기하에서 일어날 때 표면에서 전기화학적 반응이 일어나 부식생성물(corrosion products)이 한쪽 또는 양쪽 표면에 생기게 되고 이러한 부식생성물들은 대개 표면과의 접착력이 좋지 않아 계속되는 상대운동에 의해 쉽게 제거되는 일련의 과정이 부식마모이다.

부식마모에 있어서 첫번째 과정은 부식성 분위기에 의한 표면의 부식이다. 이 과정은 일반적인 부식의 과정과 동일하게 발생한다.

보통 금속에 형성되는 부식생성물은 그림 7.20에 나타낸 바와 같이 서로 다른 거동을 보이는 것이 있다. (a)와 같은 경우는 Al의 표면에 형성되는 Al_2O_3의 피막이 대표적인 것으로 형성된 부식생성물(산화피막)이 부식성 분위기를 차단하는 보호피막의 역할을 하기 때문이다. 그러나 (b)와 같이 화학반응이 초기의 반응속도로 지속되는 경우가 있는데 이는 부식생성물에 의한 피막이 형성되지 않는다던가 형성되는 피막이 매우 다공질로 되는가 또는 매우 취약해서 형성 즉시 떨어져 나가는 경우이다. (b)와 같은 경우에서는 표면에서의 물질의 손실은 마찰에 무관하게 오직 부식과정의 특성에 의존하게 된다.

부식마모의 두번째 과정은 표면의 상대운동에 의해 형성된 부식생성물에 의한 피막이 마모되어 없어지는 것이다. 부식생성물에 의한 피막이 제거되고 금속의 표면이 노출되면 또다시 부식성 분위기에 의한 부식이 계속되는 반복과정에 의해 부식마모가 진행되는 것이다.

일반적인 경우에 있어 부식생성물은 표면부에 비하여 경하고 취약한 것이 대부분이다. 따라서 형성된 피막의 두께가 얇을 때에는 내마모막의 역할을 할 수 있지만 어떤 임계두께 이상이 되면 피막은 곧 마모되며, 임계두께 이상에서 얼마나 빨리 피막이 마모될

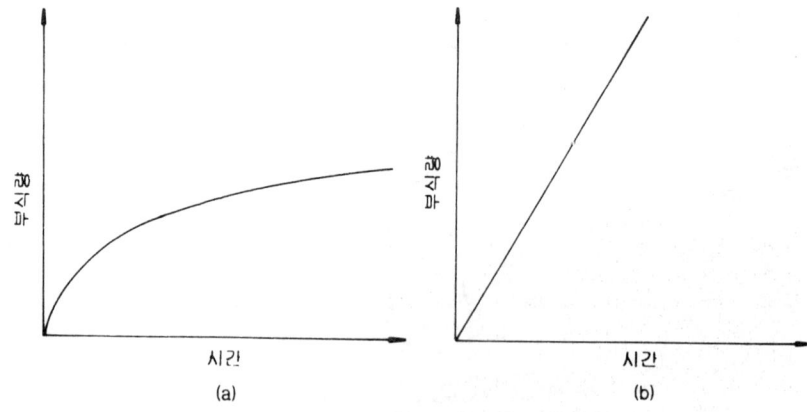

그림 7.20 시간에 따른 부식량의 관계
   (a) 보호피막이 형성되는 형
   (b) 보호피막이 형성되지 않는 형

것인가는 마찰조건에 의한다. 만일 피막이 매우 **취약하다**고 하면 그림 7.21에 나타낸 것과 같이 표면의 어디라도 피막의 파괴는 피막의 전체 두께로 발생한다.

드문 경우이긴 하지만 형성된 피막의 표면보다 경도가 낮고 연성이 있는 경우엔 마모가 발생하여도 그림 7.22에 나타낸 바와 같이 피막의 일부만이 마모되는 경우가 발생한

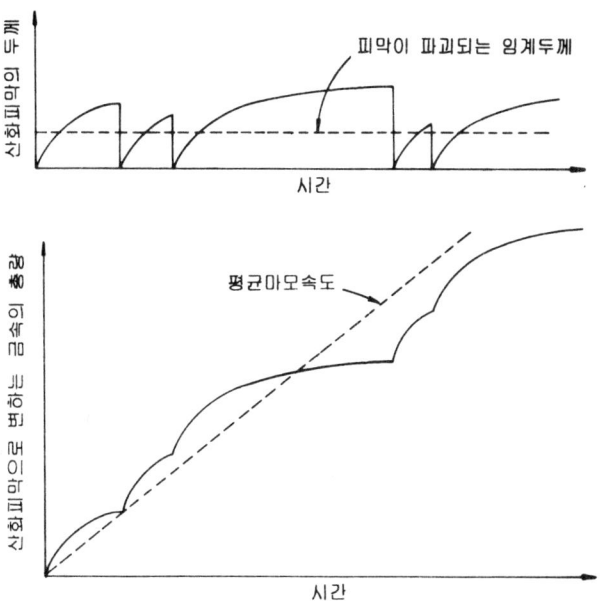

그림 7.21 부식마모 정의 모식도(이때 형성되는 산화피막은 취약하며, 완전히 떨어져나간다고 가정함)

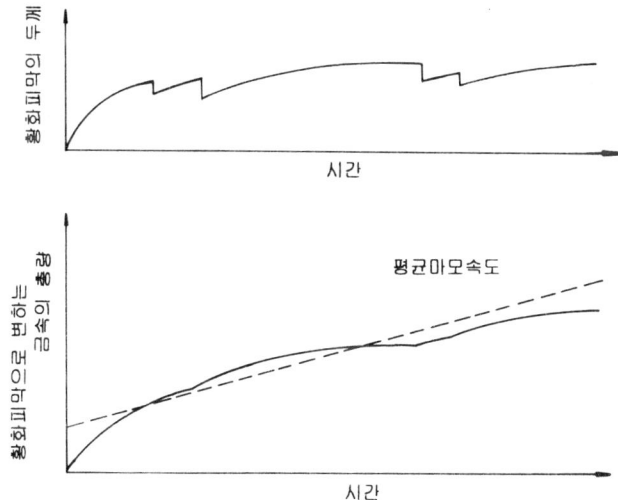

그림 7.22 부식마모과정의 모식도(이때 황화피막은 깨져나가도 모재의 **노출은** 없다고 생각한다) 그림 7.21의 마모속도보다 낮은 마모속도를 보이는 것에 주목

다. 이런 경우 피막의 형성속도와 피막의 제거 및 잔류에 대한 확률이 같다면 앞서 언급했던 경우보다 총 마모량은 훨씬 적게 나타난다.

 일반적으로 부식생성물은 분위기에 매우 의존하게 되어 아주 약간의 수증기가 증기 중에 포함되어 있어도 부식생성물은 산화물이 아닌 수산화물이 형성된다고 한다. 금속을 부식시키는 환경은 일반적으로 약간의 산소나 CO_2가 녹아 있는 물이 전기화학작용을 일으키는 것과 윤활유에 포함되어 있는 첨가제가 부식성 분위기로 작용하는 경우이다.

 부식이 마모의 주된 요인으로 작용하는 경우에는 여러가지 마모기구들이 복잡하게 얽혀지게 된다. 원래의 표면에서 발생하는 마모는 연삭마모와 응착마모에 의해 발생하게 되지만 강의 경우 대기중에서 보통 산화피막이 형성되기 때문에 부식마모와 연삭마모가 동시에 작용하는 경우가 많다.

 또 접촉응력이 매우 높은 경우에는 부분적으로 부식이 가속되어 pitting이 발생하기도 한다. 일반적으로 금속은 제조시에 내부응력을 갖기 때문에 부식성 분위기에서는 응력부식균열(Stress corrosion cracking)이 발생하는 것과 마찬가지로 부식과 상대운동이 상승효과(synegistic effect)를 일으키는 경우 마모를 가속시키게 된다. 이같은 부식마모는 마찰열과도 관계가 있으며 특히 산화물이 생성되는 경우에는 마찰열의 영향이 크며 생성된 산화물이 모재와의 접착력이 좋고 두께가 얇을 경우 이는 금속돌기들의 응착을 방해하므로써 마모를 방지하는 효과를 나타낼 수도 있다.

제 II 부

철강재료

제1장   서론

제2장   탄소강

제3장   강의 열처리

제4장   특수강

제5장   강의 표면경화

제6장   주철

제1장 서론

철(鐵)은 아직까지는 모든 금속중에서 가장 값이 싸고, Al 다음으로 많이 존재하는 원소이다. 순철 자체로서는 비교적 그 응용범위가 제한되어 있으므로 대부분의 철은 탄소강의 형태로 사용되고 있다. 탄소강은 소성가공과 열처리로써 강도, 인성 및 연성 등의 제성질을 다양하게 변화시킬 수 있고, 가격이 매우 싸기 때문에 실용재료로서의 중요성은 매우 크다. 탄소강처럼 염가로서 여러가지 우수한 성질을 조합시켜줄 수 있는 공업재료는 찾아보기 힘들다. 이와 같이 철을 기본으로 한 철강재료의 용도가 현재에도 광범위하므로 고도로 산업화된 사회에서 살고 있는 현대인들도 아직까지는 "철기시대(iron age)"에 살고 있다고 할 수 있고, 가까운 장래까지도 계속될 전망이다.

1.1 철강재료의 분류

공업용 철강재료는 전술한 바와같이 순철(순Fe)이 아니라 Fe를 주성분으로 하고 C, Si, Mn, P, S 등의 원소들을 함유하고 있으며, 이 성분중 C와 Mn은 철강재료의 성질에 큰 영향을 미친다. 철강재료를 분류하는 일반적인 방법은 표 1.1과 같다.

표 1.1 철강재료의 분류

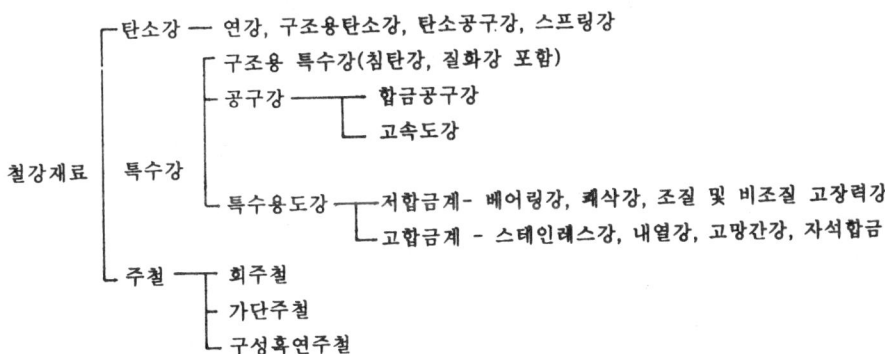

일반적으로 2.0%C 이하의 철강재료를 강(鋼 ; steel)이라 하고, 2.0%C 이상의 철강재료를 주철(鑄鐵 ; cast iron)이라 규정하고 있으나, 1.3~2.5%C 범위의 철강재료는 실용성이 없으므로 공업적으로 거의 생산하지 않고 있다.

여기서 우리는 탄소강(炭素鋼 ; Carbon Steel)과 특수강(特殊鋼 ; Special Steel)의 구분을 명확히 할 필요가 있다. 탄소강은 기본적으로는 Fe와 C의 2원합금이지만, 일반적인 탄소강에는 C 이외에는 Si, Mn, P, S 등의 불순물이 소량 함유되어 있는데, 이들 원소는 특별히 어떤 목적을 위해서 첨가된 것이 아니라, 제선과정중에 광석이나 scrap으로부터 혼입되었든가, 아니면 정련과정에서 첨가된 것이 잔존하는 것이기 때문에 이들 원소가 함유되어 있다 할지라도 특수강이라 부르지 않는다. 특수강을 정확히 정의한다는 것은 쉬운 일은 아니지만, 일반적으로는 탄소강에서는 얻을 수 없는 특수한 성질을 얻기 위하여 1종 또는 그 이상의 합금원소를 첨가시킨 강을 말한다. 그 예로서 스테인레스강은 Cr을 12%이상 첨가하여 내식성을 향상시켰고, 합금공구강은 Cr, Mo, V 등의 원소를 첨가하여 내마모성과 더불어 열처리특성을 향상시킨 특수강의 전형적인 예이다.

1.2 철강의 제조법

옛날에는 광석에서 직접 단조철(鍛調鐵)이나 연철(鍊鐵 ; wrought iron)을 만들었으나 이러한 직접제철법은 생산성이 낮기 때문에 소규모 생산에만 응용되었다. 근대에는 직접제철법보다는 대량생산이라는 관점에서 볼 때 더욱 경제적인 간접제철법을 채택하고 있는데, 이 방법은 우선 철광석으로부터 선철(銑鐵 ; Pig Iron)을 만들고, 이것을 산화정련하여 강을 만드는 것이다.

1.2.1 선철의 제조

선철은 전기로나 회전로 등의 특수제선법에 의해서도 제조되지만 현재 가장 널리 사용되고 있는 방법은 코크스(coke)를 연료로 하는 용광로(鎔鑛爐 ; blast furnace)법이다.
그림 1.1은 용광로의 구조를 나타낸다.

선철은 용광로에서 철광석을 환원함으로써 제조된다. 선철을 제조할 때에는 철광석 이외에도 연료로서 사용되는 코크스와 용제로서 사용되는 석회석($CaCO_3$)을 번갈아 장입하고, 로하부의 송풍구(tuyere)를 통하여 예열된 공기를 불어넣어 연소시킨다. 용광로 하부의 송풍구 부근은 코크스의 연소로 인하여 1600℃ 정도의 고온으로 가열되며, 이 코우크스의 연소로 인하여 생성된 CO가스가 로속을 올라가면서 다음과 같은 화학반응을 일으

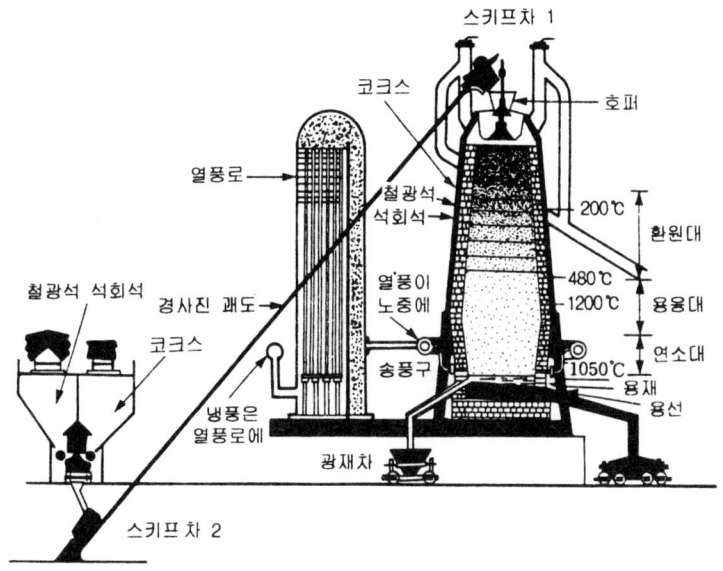

그림 1.1 용광로의 설명도

켜 철광석이 환원된다.

$$3Fe_2O_3 + CO \rightarrow 2Fe_3O_4 + CO_2 \uparrow$$

$$Fe_3O_4 + CO \rightarrow 3FeO + CO_2 \uparrow$$

$$FeO + CO \rightarrow Fe + CO_2 \uparrow$$

이와같이 CO에 의한 환원반응은 간접환원으로서 대체로 용광로 제선법에서는 85~90%가 이 반응으로 환원된다. 그러나 로하부의 고온부에서는 일부의 미환원 산화철이 C에 의해서 직접환원된다. 이렇게 하여 환원된 용철은 C 및 기타 불순물인 Si, Mn, P, S등을 많이 함유한 상태로 로상(Hearth)에 고이게 되는데, 이것을 사형 또는 금형에 주입하여 응고시킨 것이 바로 선철(銑鐵)이다. 선철의 대부분은 제강로에서 강의 제조에 사용되고, 극히 일부만이 주철제조용으로 사용된다.

1.2.2 강의 제조

선철 중에서 C, Si, Mn, P, S 등의 불순물이 함유되어 있어서 융점이 낮고, 유동성이 좋아서 주조성은 양호하지만 가단성이 없으므로 사용범위가 제한될 수 밖에 없다. 따라서 이러한 불순물을 산화제거시켜서 가단성을 부여해준 것이 鋼이다. 그러므로 제선(製銑) 과정은 산화철을 환원시키는 환원제련이고 제강(製鋼) 과정은 선철중의 불순물을 산화제거시키는 산화정련(酸化精鍊)이다.

그림 1.2는 철강의 제조공정을 보여주는 것이다.

제강법에는 평로제강법, 전로제강법, 전기로제강법 및 도가니제강법 등이 있는데, 도가니 제강법은 1740년경부터 공업화되었으나 생산성, 경제성이 불리하기때문에 그후 자취를 감추었고, 1856년경에 나타난 Bessemer제강법, 또는 Thomas제강법 등의 전로법(轉爐法)은 공기를 산화제로 사용하여 그 발생열로 제강하기 때문에 연료가 불필요해서 염가로 대량생산할 수 있으나, 강 중에 N_2, P, O_2 등의 불순물량이 많아서 강의 성질이 나쁘고, 또 값싼 고철을 사용할 수 없다는 단점이 있어서 현재는 특수한 경우를 제외하고는 이용되지 않는다.

한편 1857년경부터 발달한 평로제강법(平爐製鋼法)은 값싼 고철을 많이 사용할 수 있을 뿐만 아니라 양질의 강을 얻을 수 있고, 대량생산에도 적합하므로 이 제강법이 2차대전 직후까지 세계의 강철생산량의 대부분을 차지하였다.

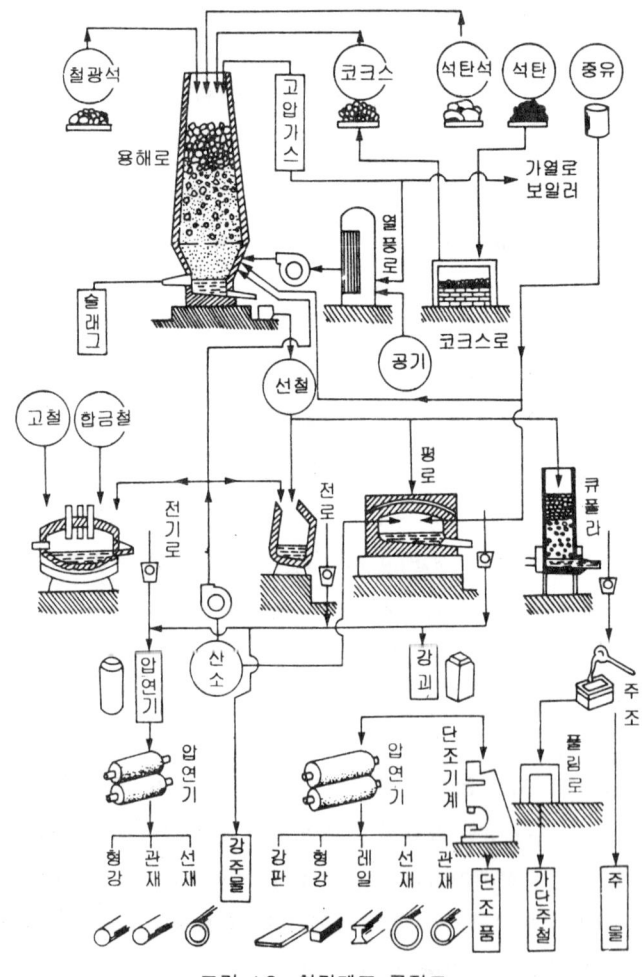

그림 1.2 철강제조 공정도

이와 함께 20세기 초에는 전기로제강법(電氣爐製鋼法)이 공업화되어 현재까지 많은 발전을 계속해오고 있다. 전기로제강법에서는 고온을 얻을 수 있고, 용강의 산화를 방지할 수 있으며, 가스를 함유하는 일이 적고, 또한 온도조절과 노내분위기 조절이 용이하고, 합금 원소 첨가량을 정확히 조절할 수 있으므로 고급강, 특히 공구강 및 기타 특수강 제조에 이용된다. 그러나 전력비가 많이 들고, 탄소전극의 소모량이 많다는 결점이 있다.

제2차 세계대전 이후 전로법의 개량법으로서 LD법이 출현되었는데, LD법(Linz와 Donawitz 공장의 첫글자에서 명명됨)은 BOF법(Basic Oxygen Furnace Process)이라고도 하며 수냉한 산소취입관을 통하여 순수 O_2를 용선위에 고속으로 취입하여 제강하는 방법이다. 이 방법의 이점은 강 중에 N_2, O_2, P 등을 적게 품어서 평로강과 같은 양질의 강을 얻을 수 있을 뿐만 아니라 산소사용에 의한 열효율의 개선으로써 값싼 고철의 사용량을 늘릴 수 있어서 염가로 생산할 수 있다는 점이다.

강괴(鋼塊)제조분야에서도 많은 발달을 하고 있는데, 대형강괴의 제조에 여러가지 방법이 고안되고 있으며, 진공 또는 감압하에서의 조괴법은 용강중의 수소량 감소에 큰 효과가 인정되어 대형 단조강괴의 백점(white spot)문제를 해결하였고, 또 연속주조법(連續鑄造法 ; Continuous Casting)의 출현으로서 ingot를 billet로 감소시키는 작업이 없어지고, 요구되는 빌렛트 크기로 직접 주조할 수 있어서 생산성이 크다는 이점이 있다.

1.2.3 Ingot의 종류

제강로에서 정련된 용강은 ladle에 넣어 주철제의 주형에 주입하여 ingot를 만든다. 강의 응고중에 과잉의 가스는 용강으로부터 방출된다. 용강중에 FeO의 형태로 존재하는 산소는 탄소와 반응으로 CO를 만든다. 즉

FeO + C = Fe + CO(가스)

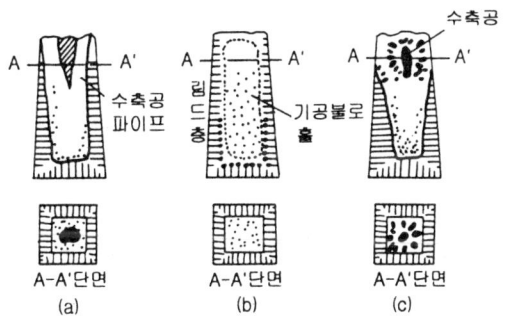

그림 1.3 각종 ingot의 종류

따라서 이 상태로 주형에 주입하여 응고시키게 되면 가스가 ingot중에 잔류하여 기공(blow hole)을 형성시킨다. 이와같이 용강중에 존재하는 산소의 양은 Al이나 Ferro-silicon(Fe-Si)과 같은 탈산제를 첨가하면 조절할 수 있는데, 이 때 탈산정도에 따라 그림 1.3과 같이 림드강(rimmed steel), 킬드강(killed steel) 및 세미킬드강(semi-killed steel)으로 분류된다.

(1) 킬드강

용강중에 존재하는 산소를 Ferrosilicon이나 Al으로 탈산시켜서 ingot중에 기공이 생기지 않도록 진정시킨 강을 킬드강이라고 한다. 킬드강의 ingot 내부에는 그림 1.3(a)에서 보는 바와 같이 기공은 거의 없으나 상부에 수축공이 형성되므로 이것을 제거하기 위해서는 전체의 10~20%를 절단해야만 한다. 킬드강의 ingot는 재질이 거의 균일하므로 0.3%C 이상의 탄소강 및 특수강과 같은 고급강에 사용된다.

(2) 림드강

림드강은 탈산 및 기타 가스처리가 불충분한 용강을 그대로 주형에 주입하여 응고시킨 ingot로서, 주입후에도 계속해서 다량의 가스를 발생하므로써 비등작용(rimming action)을 일으키게 된다. 이때 형성된 기공인 blow hole이 그림 1.3(b)에서 보는 바와 같이 전체적으로 분산되어 있으므로 강괴 전체를 사용할 수 있으나 재질이 균일하지 못하므로 보통 0.15%C 이하의 저탄소 구조용강에 사용된다.

(3) 세미킬드강

탈산의 정도를 적당히 하여 킬드강보다는 수축공의 깊이를 작게 한 것이다. 그림 1.3(c)에서 보는 바와 같이 상부에 수축공이 약간 존재하고 기공도 어느정도 분포되어 있다. 주로 0.15~0.3%C 범위의 구조용강에 적용된다.

1.3 순철

순철(純鐵 ; pure iron)에는 미량의 C 및 기타 불순물원소가 혼입되어 있어서 엄밀하게 100%의 순철을 얻을 수는 없다. 대정제(zone refining) 방법을 통하여 99.99%이상의 순도를 가지는 순철을 제조할 수는 있으나, 공업용 순철은 보통 99.9% 순도 이하이다. 표 1.2는 몇가지 공업용 순철의 화학조성을 나타낸 것이다.

표 1.2 공업용 순철의 화학조성

조성(%) 종류	C	Si	Mn	P	S	Cu
전 해 철	0.008	거의 없음	0.036	0.005	0.004	0.01
카아보닐철	0.01	0.02	0.02	0.01	0.007	-
Armco 철	0.015	0.015	0.07	0.015	0.02	-
연 철	0.02	0.13	0.10	0.24	0.002	0.06

1.3.1 순철의 변태

순철은 1539℃[1]에서 응고하며 상온까지 냉각되는 동안 A_4, A_3, A_2라고 불리우는 변태가 일어난다. A_4 변태는 1403℃에서 일어나며, δ-Fe가 γ-Fe로 변태하는 과정이다. 이때 결정구조는 체심입방격자(BCC)에서 면심입방격자(FCC)로 변화된다. A_3 변태는 910℃에서 일어나며, γ-Fe가 α-Fe로 변태하는 과정으로서, 이 때의 결정구조는 다시 면심입방격자에서 체심입방격자로 변화된다. 이와같이 동일한 물질이 어느 온도에서 가역적으로 결정구조를 변화시키는 변태를 동소변태(同素變態 ; allotropic transformation)라고 한다. 그림 1.4는 α-Fe와 γ-Fe의 결정구조를 나타낸 것이다. FCC 격자인 γ-Fe의 충진율(atomic packing fraction)[2]은 0.74이고, BCC격자인 α-Fe의 충진율은 0.68이므로

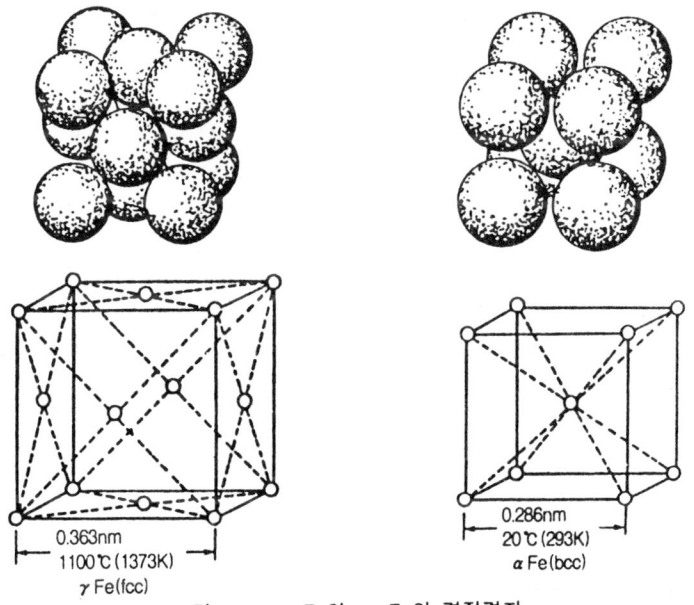

그림 1.4 γ-Fe와 α-Fe의 결정격자

---

1) 변태온도는 측정자에 따라 다소 다를 수도 있음.
2) 정육면체의 단위격자내에 원자가 차지하는 체적비

γ-Fe가 α-Fe보다 더욱 조밀한 원자배열을 갖는다는 것을 알 수 있다. A_2 변태는 768 ℃에서 일어나며, 결정구조의 변화를 수반하지는 않으나 자기적성질이 변화되므로 자기변태(磁氣變態 ; magnetic transformation)라고 한다.

일반적으로 동소변태는 가열과 냉각시에 변태온도가 틀려지게 되는데, 가열시에는 위에서 나타낸 변태온도보다 높은 온도에서 일어나고, 냉각시에는 반대로 낮은 온도에서 일어나게 된다. 따라서 가열 및 냉각시에 변태온도를 다음과 같이 구별하여 표시한다. 즉 가열시에는 c문자를 붙여서 Ac_4, Ac_3로(c문자는 불어에서 가열을 의미하는 chauffage의 첫자이다.), 냉각시에는 r문자를 붙여서 Ar_4, Ar_3로(r문자는 불어에서 냉각을 의미하는 refroidissement의 첫자이다) 표시한다. 이 두 온도의 차이는 가열 및 냉각속도가 클수록 심해지고, 반대로 가열 및 냉각속도가 작을수록 그 차이는 없어진다. A_2변태는 원자배열의 변화가 없으므로 Ac_2, Ar_2의 차이가 없다. 표 1.3은 순철의 변태와 변태온도를 나타낸 것이다.

표 1.3 순철의 변태와 변태온도

변태의 종류	변태의 내용	변태온도(℃)
A_4 (동소변태)	δ-Fe(BCC) $\underset{냉각}{\overset{가열}{\rightleftarrows}}$ γ-Fe(FCC)	1390
A_3 (동소변태)	γ-Fe(FCC) $\rightleftarrows$ α-Fe(BCC)	910
A_2 (자기변태)	α-Fe(상자성) $\rightleftarrows$ α-Fe(강자성)	768

1.3.2 순철의 성질

순철의 물리적성질은 각 변태점에서 불연속적으로 변화한다. 그림 1.5는 순철을 가열할 때 일어나는 체적변화를 보여주는 것이다. 그림에서 알 수 있듯이 가열시에 A_3 온도에서는 체심입방격자에서 면심입방격자로 결정구조가 변화됨으로써 수축을 일으키며, A_4 온도에서는 반대로 팽창한다. 표 1.4는 순철의 물리적성질을 나타낸 것이다.

한편 순철은 상온에서 연성 및 전성이 우수하고, 용접성도 좋으며, 탄소강에 비해서 내식성이 우수하다. 표 1.5는 순철의 기계적 성질을 나타낸 다.

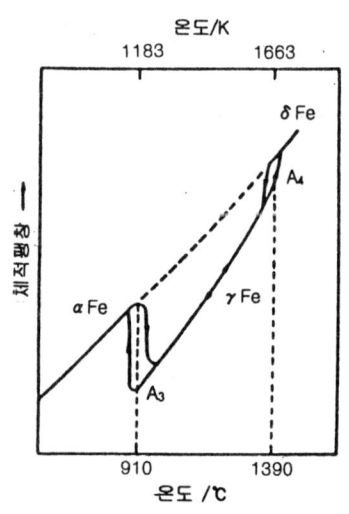

그림 1.5 순철의 변태에 따른 체적변화

표 1.4 순철의 물리적성질

용융점	1539℃	열전도도(W/m·K)	78.2(0~100℃)
끓는점	2860℃	전기비저항(Ω·cm)	10.1×10^{-6}(상온)
원자량	55.85	용융잠열(cal/g)	64.38
원자번호	26	기화잠열(cal/g)	1515
비중(g/cm³)	7.87	열팽창계수(K^{-1})	1.21×10^{-5}(0~100℃)
비열(J/kg·K)	456(0~100℃)		

표 1.5 순철의 기계적성질

종류	인장강도 (kg/mm²)	항복점 (kg/mm²)	연신율 (%)	단면수축율 (%)	탄성율 (kg/mm²)	경도 H_B
전해철	25	11	60	85	-	60~70
카아보닐철	20~28	11~17	30~40	70~80	207000	55~80
연철	30~40	19~29	20~40	40~70	-	-

1.3.3 순철의 용도

순철은 인장강도가 낮아서 기계구조용재료에 사용되는 예는 거의 없으나, 투자율이 높기 때문에 박판형태로서 변압기나 전동기에 사용되고, 카아보닐 철분은 소결시켜서 고주파용 압분철심 등에 사용된다.

제2장

탄소강

 탄소강(炭素鋼 ; Carbon Steel)은 대량생산이 가능하고, 가격이 비교적 저렴하며, 기계적성질이 우수하므로 현재 사용되고 있는 철강재료의 대부분을 차지하고 있다. 또한 상온 및 고온에서 가공성이 좋고, 탄소함유량에 따라서 성질변화가 현저하며, 특히 여러가지 열처리방법에 의해서 기계적성질을 다양하게 변화시킬 수 있다는 장점이 있기 때문에 그 용도가 매우 광범위하다.

2.1 Fe-Fe₃C 평형상태도

 6.67%C 까지의 탄소를 가지는 Fe-C 합금을 매우 서냉시킬 때 온도에 따라서 존재하는 상영역을 그림 2.1의 상태도에 나타냈다. 엄격하게 말해서 시멘타이트(Cementite,

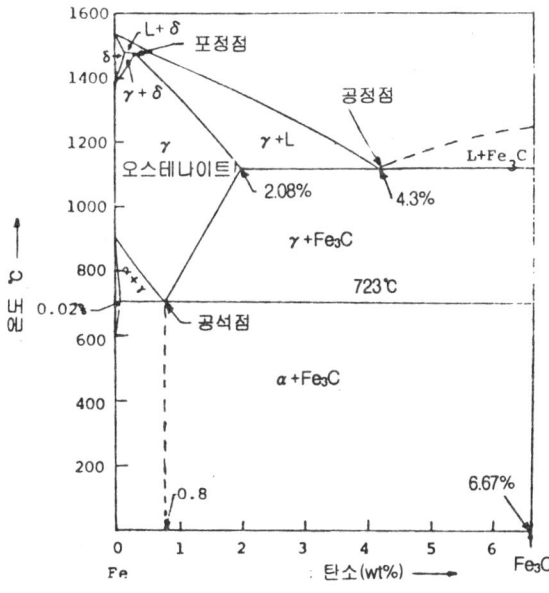

그림 2.1 Fe-Fe₃C 준안정 상태도

Fe₃C)로 불리우는 금속간화합물(金屬間化合物 ; Intermetallic Compound)은 평형상이 아니기 때문에 이 상태도는 엄밀하게 말하면 평형상태도가 아니다. 어떤 조건하에서 시멘타이트는 더욱 안정한 상인 철과 흑연으로 분해될 수 있다. 그러나 Fe₃C는 한번 형성되기만 하면 실질적으로 매우 안정하므로 평형상으로 간주된다. 이러한 이유로 인해서 그림 2.1의 상태도는 준안정 상태도이다.

2.1.1 Fe-Fe₃C 상태도에 나타나는 고상의 종류

Fe-Fe₃C 상태도에 나타나는 고상의 종류에는 4가지가 있다. 즉, α 페라이트(Ferrite), 오스테나이트(Austenite), 시멘타이트 및 δ 페라이트등이다. 이 각각의 상들을 구체적으로 나타내면 다음과 같다.

(1) α 페라이트

α 철에 탄소가 함유되어 있는 고용체를 α 페라이트 또는 단순히 페라이트라고 부르며, BCC 결정구조를 가지고 있다. 그림 2.1의 상태도에서 나타냈듯이 α 페라이트의 최대탄소고용도는 723℃에서 0.02%이므로 페라이트에 고용할 수 있는 탄소량은 매우 적은 것을 알 수 있다. 또한 α 페라이트의 탄소고용도는 온도가 내려감에 따라서 감소하여 0℃에서 약 0.008%정도이다. 탄소원자는 철원자에 비해서 비교적 원자크기가 작으므로 철의 결정격자내의 침입형자리(interstitial site)에 위치한다. 침입형자리는 4면체틈자리(tetrahedral site)와 8면체틈자리(octahedral site)의 두종류가 있는데, BCC인 α 페라이트에서는 4면체틈자리인 $\left(0\frac{1}{2}\frac{1}{4}\right)$의 크기가 크고, 그 침입형자리에 들어갈 수 있는 구의 최대반경은 0.35Å이다. 따라서 0.77Å의 반경크기를 갖는 탄소원자가 이 침입형자리에 들어가게 되면 탄소원자의 크기가 침입형자리보다 상대적으로 매우 크기 때문에 격자변형을 일으키게 된다. 이것이 α 페라이트내의 탄소고용도를 적게 하는 중요한 이유이다. 그림 2.2(a)는 BCC의 4면체틈자리의 위치를 나타낸 것이다.

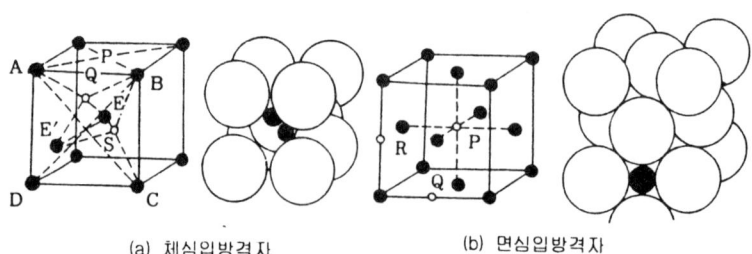

(a) 체심입방격자 (b) 면심입방격자

그림 2.2 체심입방격자 및 면심입방격자의 침입형자리

(2) 오스테나이트

γ철에 탄소가 고용되어 있는 고용체를 오스테나이트라고 하며, FCC 결정구조를 가지고 있다. 탄소고용도는 그림 2.1의 상태도에서 볼 수 있듯이 1148℃에서 2.08%로 최대이며, 온도가 내려감에 따라서 감소하여 723℃에서 0.8%로 된다. 따라서 탄소고용도는 α 페라이트보다 매우 크다. 또한 α 페라이트에서와 마찬가지로 오스테나이트중의 탄소는 침입형자리에 위치하는데, FCC의 8면체틈자리인 $\left(0\ \frac{1}{2}\ 0\right)$ 및 $\left(\frac{1}{2}\ \frac{1}{2}\ \frac{1}{2}\right)$의 크기가 8면체틈자리인 $\left(\frac{1}{4}\ \frac{1}{4}\ \frac{1}{4}\right)$보다 크고, 8면체틈자리에 들어갈 수 있는 구의 최대반경은 0.51Å이다. 그러므로 0.77Å의 반경을 갖는 탄소원자가 8면체틈자리에 들어가면 α 페라이트에서와 마찬가지로 격자변형을 일으키게 되지만, 그 변형정도는 α 페라이트보다는 작다. 이것이 오스테나이트의 탄소고용도가 α 페라이트보다 크게 되는 중요한 이유이기도 하다.

한편 이와같이 오스테나이트와 α 페라이트의 탄소고용도가 차이남으로써, 이것이 대부분의 강을 경화열처리하는데 있어서의 중요한 근거가 되는 것이다.

(3) 시멘타이트

철탄화물(Fe_3C)인 시멘타이트는 고용체라기보다는 금속간화합물로서, 6.67%의 탄소를 함유하고 있다. 결정구조는 그림 2.3과 같이 단위격자당 12개의 Fe원자와 4개의 C원자를 가지는 사방정(Orthorhombic)이고, 매우 경하고 취약한 성질을 가지고 있다.

(4) δ 페라이트

δ 철의 탄소고용체를 δ 페라이트라고 하며, α 페라이트와 마찬가지로 BCC 결정구조를 가지지만 격자상수가 다르다. δ 페라이트내의 최대탄소고용도는 1495℃에서 0.09%이다.

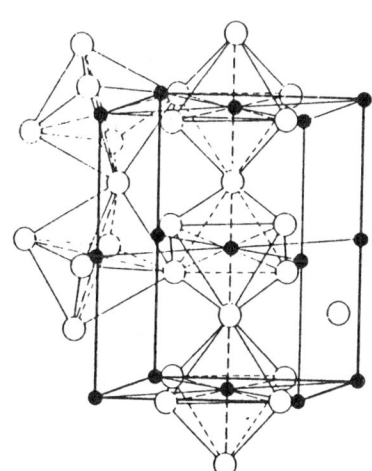

그림 2.3 시멘타이트의 원자구조.
● : 탄소원자 ○ : 철원자

2.1.2 불변반응

그림 2.1의 Fe-Fe$_3$C 상태도에는 3개의 불변반응(Invariant reaction)이 있는데, 그 반응은 일정한 온도에서 일어나며 3개의 상을 포함한다.

(1) 포정반응(Peritectic reaction)

0.53%C의 조성을 가지는 액상과 0.09%C의 조성을 가지는 δ 페라이트가 1495℃의 일정온도에서 0.17%C의 조성을 가지는 γ 오스테나이트로 변화되는 반응으로서, 다음과 같은 반응으로 나타내진다.

$$\text{액상}(0.53\%C) + \delta\text{페라이트}(0.09\%C) \xrightarrow{1495℃} \gamma\text{오스테나이트}(0.17\%C)$$

이 반응은 고온에서 일어나기 때문에 정상적으로는 탄소강의 δ 페라이트는 상온에서 존재할 수 없다.

(2) 공정반응(Eutectic reaction)

1148℃에서 4.3%C의 조성을 가지는 액상이 2.08%C의 γ 오스테나이트와 금속간화합물인 시멘타이트(Fe$_3$C)로 변화되는 반응으로서, 그 반응은 다음과 같이 나타내진다.

$$\text{액상}(4.3\%C) \xrightarrow{1148℃} \gamma\text{오스테나이트}(2.08\%C) + Fe_3C(6.67\%C)$$

일반적으로 탄소강에서는 1.2%C이상의 탄소를 함유하지 않기 때문에 공정반응이 중요하지 않으나, 2.0%C 이상의 탄소를 함유하는 주철에서는 매우 중요하다.

(3) 공석반응(Eutectoid reaction)

0.8%C를 가지는 고상의 오스테나이트가 0.02%C의 α 페라이트와 6.67%C의 시멘타이트로 분해되는 반응으로서, 이 반응은 723℃에서 일어나며 다음과 같이 나타내진다.

$$\gamma\text{오스테나이트}(0.8\%C) \xrightarrow{723℃} \alpha\text{페라이트}(0.02\%C) + Fe_3C(6.67\%C)$$

2.2 탄소강의 변태

그림 2.4는 Fe-Fe$_3$C 상태도의 일부로서, 강의 변태와 조직을 설명하는데 필요한 부분을 나타낸 것이다. 0.8%C를 함유하는 조성의 탄소강(S점)은 723℃이하로 냉각시 오스테나이트가 페라이트와 시멘타이트로 분해되는 공석반응을 일으키므로 공석강(共析鋼 ; eutectoid steel)이라고 하며, 이 반응이 일어나는 온도를 A$_1$선이라고 부른다. 또한 공석

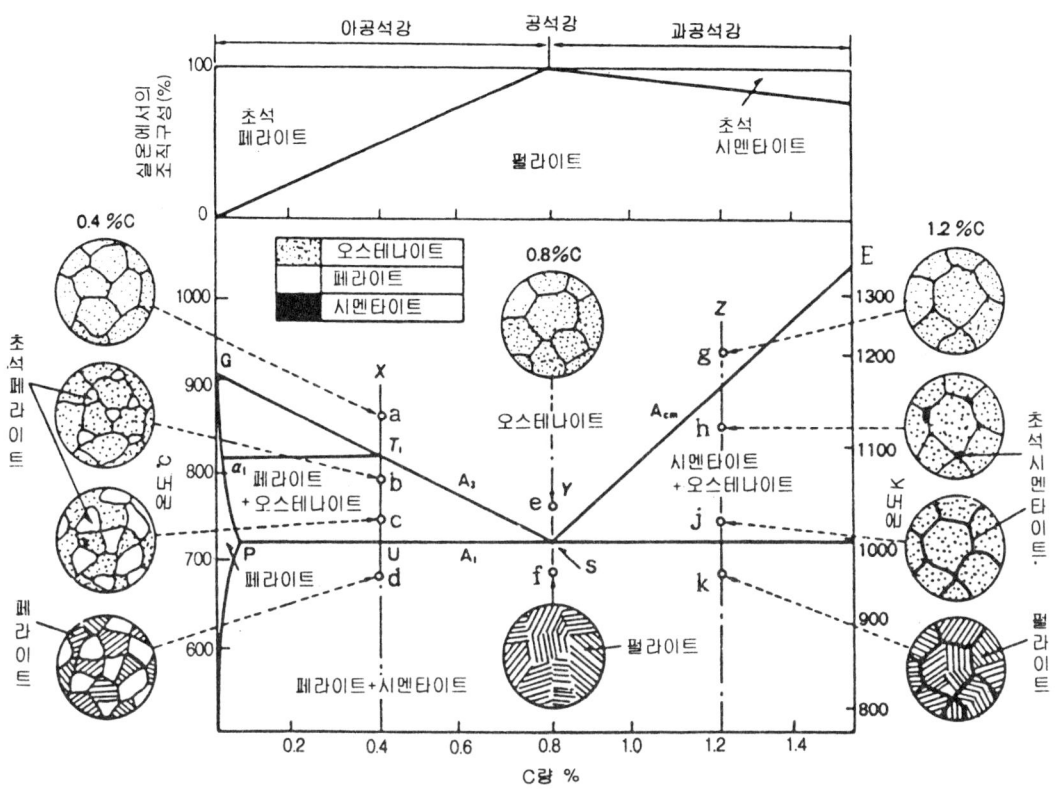

그림 2.4 Fe-Fe₃C계 평형상태도와 변태조직도

반응에 의한 변태를 공석변태, 펄라이트(pearlite) 변태, 또는 A_1변태라고 부른다.

한편 0.8%C 이하의 탄소강을 아공석강(亞共析鋼 ; hypoeutectoid steel)이라고 하는데 공업적으로 생산되는 대부분의 강은 아공석강이다. 순철이 γ철로 변태하는 온도는 910℃(A_{c3}점)이지만 아공석강이 γ오스테나이트 단상으로 변태하는 온도는 GS선 이상이므로 이 GS선을 A_3선이라고 한다.

또 0.8%C 이상의 탄소강을 과공석강(過共析鋼 ; hypereutectoid steel)이라고 부르는데, 과공석강에서는 SE선 이상으로 가열될 때 단상의 오스테나이트로 변태하므로 이 SE선을 A_{cm}선이라고 부른다. 과공석강의 탄소함유량은 0.8~2.0%C 범위이지만 공업적으로 생산되는 과공석강은 대부분이 0.8~1.2%C 범위의 탄소량을 가지고 있다. 탄소량이 1.2% 이상이면 강의 성질이 매우 취약해지므로 거의 사용되지 않고 있다.

실제적으로 강을 변태시키기 위한 가열 및 냉각속도는 평형속도보다 빠르므로 변태온도가 그림 2.5에 나타낸 것과 같이 이동된다. 순철의 경우와 마찬가지로 급속가열시에 상승된 변태온도를 첨자 c를 붙여서 A_{c1}, A_{c3} 및 A_{ccm}등으로 나타내고, 급속냉각시에 저하된 변태온도를 첨자 r을 붙여서 A_{r1}, A_{r3} 및 A_{rcm}등으로 나타낸다.

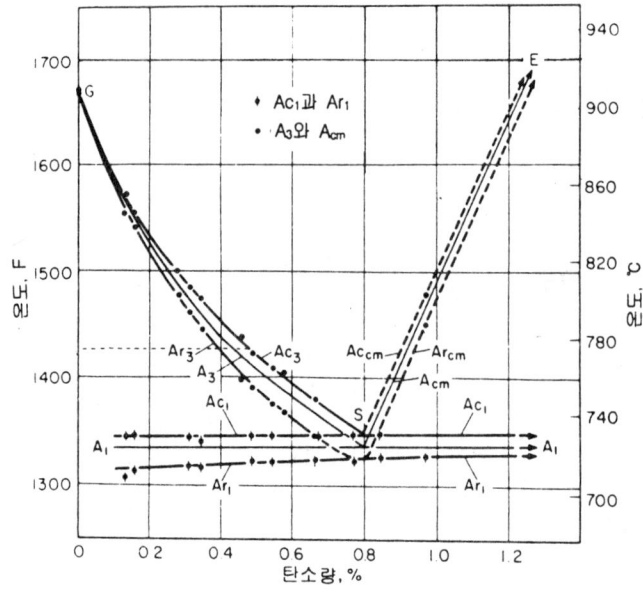

그림 2.5 강의 가열 및 냉각시 변태온도의 변화

2.2.1 탄소강의 서냉시 조직변화

여기서 서냉(徐冷)이라 함은 평형냉각에 가까운 냉각속도를 말하는 것으로서, 실제적인 열처리에서는 얻을 수도 없고 또 큰 의미도 없는 냉각속도이지만, $Fe-Fe_3C$ 상태도를 통하여 평형냉각시의 미세조직변화를 이해시켜서 2.2.3절에서 서술하는 연속냉각변태의 기초로서 응용할 수 있다는 데에 그 중요성은 매우 크다고 사료된다.

(1) 공석강

0.8%C의 공석탄소강을 750℃ 정도로 가열하여 충분한 시간동안 유지하면 조직은 균일한 단상의 오스테나이트가 되는데, 이 과정을 오스테나이트화(austenitizing)라고 한다.

이 공석강을 평형에 가까운 냉각속도로 서냉시킬 때 그림 2.4에서 e로서 지시된 온도, 즉 공석온도 직상에서는 아직까지 조직은 오스테나이트 상태로 있다. 그러나 온도가 더 내려가서 공석온도 이하로 되면(f점) 오스테나이트는 α 페라이트와 시멘타이트(Fe_3C)의 혼합조직으로 변태하게 된다. 이 조직은 그림 2.6에서도 볼 수 있듯이 페라이트와 시멘타이트가 교대로 반복되어지는 층상조직(lamellar structure)을 형성하고 있다. 이 조직은 광학현미경으로 나타낸 것으로서, 그 형태가 진주(pearl)와 비슷하기 때문에 펄라이트(Pearlite)라고 불리워진다.

그림 2.6 공석강의 펄라이트조직

이와같이 펄라이트는 단상조직이 아니라 페라이트와 시멘타이트의 2상혼합조직이라는 사실에 유의해야 할 것이다. 따라서 서냉된 0.8%C의 공석강을 A_1 변태온도 직하에서 지렛대법칙(Lever rule)을 적용시키면 이 합금을 구성하고 있는 페라이트와 시멘타이트의 중량분율을 알 수 있다. 즉,

$$페라이트의 분율(wt\%) = \frac{6.67-0.80}{6.67-0.02} \times 100\% = 88\%$$

$$시멘타이트의 분율(wt\%) = \frac{0.80-0.02}{6.67-0.02} \times 100\% = 12\%$$

따라서 723℃와 상온에서 페라이트의 탄소 고용도한계의 차이가 거의 없기 때문에 펄라이트 조직은 상온에서 약 88%의 페라이트와 12%의 시멘타이트로 구성되어 있게 되고, 또한 페라이트와 시멘타이트의 밀도가 거의 비슷하기 때문에 펄라이트 조직에 나타나는 페라이트와 시멘타이트의 면적비율은 약 7:1정도가 된다.

(2) 아공석강

0.4%C의 아공석 탄소강을 900℃(그림 2.4의 a)로 가열하여 충분한 시간동안 유지하게 되면 공석탄소강에서와 마찬가지로 균일한 오스테나이트로 된다. 그리고는 이 아공석강을 그림 2.4의 b점(약 800℃)까지 서냉시키면 오스테나이트 결정립계에서 초석 페라이트 (proeutectoid ferrite)가 우선적으로 핵생성하기 시작한다. 이 강을 다시 c점에서 서냉시키면 초석페라이트는 오스테나이트 속으로 계속해서 성장해간다. 이때 페라이트가 형성

된 지역의 과잉탄소는 오스테나이트-페라이트 계면으로부터 오스테나이트속으로 밀려나므로, 남아있는 오스테나이트의 탄소량은 점점 많아지게 된다. 따라서 A_1 변태온도 직상인 c점에 도달되면 남아 있는 오스테나이트의 탄소량은 0.4%에서 0.8%로 증가하게 된다. 한편 A_1 변태온도 아래인 d점에 도달되면 남아있는 오스테나이트는 공석반응에 의해서 펄라이트로 변태하게 된다. 펄라이트를 구성하고 있는 페라이트는 초석 페라이트와 구별하기 위해서 공석 페라이트(Eutectoid ferrite)라고 부르며, 이 두 페라이트의 조성은 평형조건하에서는 같아진다.

A_1 변태온도 위인 c점에서 지렛대법칙을 사용하면 초석 페라이트와 오스테나이트의 중량분율을 다음과 같이 계산할 수 있다.

$$\text{초석. 페라이트 분율}(wt\%) = \frac{0.80 - 0.40}{0.80 - 0.02} \times 100\% = 50\%$$

$$\text{오스테나이트 분율}(wt\%) = \frac{0.40 - 0.02}{0.80 - 0.02} \times 100\% = 50\%$$

723℃의 A_1 변태온도에서 남아있는 모든 오스테나이트는 A_1 변태온도 이하로 냉각될 때에 펄라이트로 변태하기 때문에, 그림 2.4에서 A_1 변태온도 아래인 d점에서의 펄라이트의 중량분율은 A_1 변태온도 직상인 c점에서의 오스테나이트의 중량분율과 같게 될 것이다. 따라서 0.4%C의 아공석강에 있어서 723℃ 직하의 온도에서 존재하는 펄라이트의 중량분율은 50%가 된다. 한편 A_1 변태온도와 상온에서 페라이트의 탄소 고용도한계의 차이는 미미하므로 상온에서의 초석 페라이트와 펄라이트의 상대적인 양은 d점에서 계산된 값과 비교해서 큰 차이가 없다. 그림 2.7은 0.35%C의 아공석강을 1095℃에서 오스

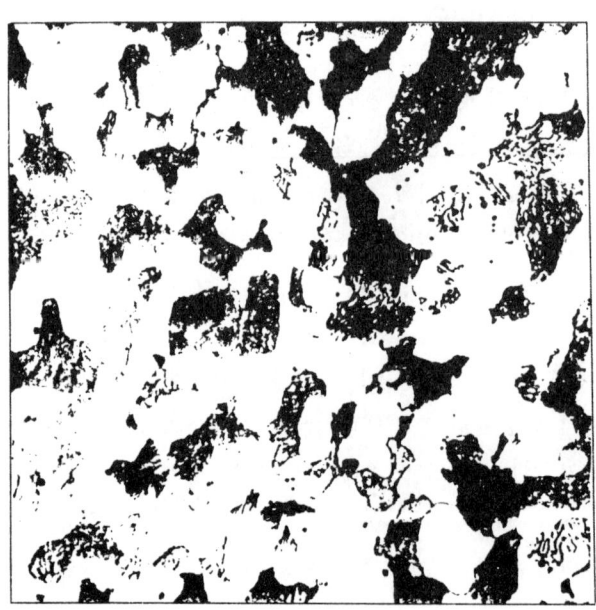

그림 2.7 아공석강(0.35%C)의 서냉조직

테나이트화한 후에 상온으로 공랭시킨 조직을 보여준다. 여기에서 흰색부분이 초석 페라이트이고, 검은 부분이 펄라이트이다.

(3) 과공석강

과공석 탄소강을 서냉시킬 때 나타나는 초석상은 시멘타이트이다. 1.2%C의 과공석강을 950℃(그림 2.4의 g점)에서 오스테나이트화한 후에 냉각할 때에 나타나는 미세조직 변화과정을 살펴보기로 하자. 이 강이 그림 2.4의 h점의 온도로 서냉되면 오스테나이트 결정립계에서 초석 시멘타이트(proeutectoid cementite)가 핵생성되어 성장하게 된다. 다시 이 강이 j점까지 냉각되는 동안에 초석 시멘타이트는 계속 성장해 가면서 오스테나이트에 있는 탄소를 고갈시키게 된다. 이 냉각과정이 평형냉각이라고 가정할 때에 j점의 온도에서 남아 있는 오스테나이트의 탄소량은 1.2%에서 0.8%로 감소하게 될 것이다. 따라서 이 오스테나이트는 A_1 변태온도 이하로 냉각되면서 공석반응에 의한 펄라이트로 변태하게 된다. 펄라이트를 구성하고 있는 시멘타이트는 초석 시멘타이트와 구별하기 위해서 공석 시멘타이트(eutectoid cementite)라고 부른다.

A_1 변태온도 직상인 그림 2.4의 j점에서 지렛대법칙을 사용하면 초석 시멘타이트와 오스테나이트의 중량분율을 구할 수가 있다. 즉,

$$\text{초석 시멘타이트 분율}(wt\%) = \frac{1.2 - 0.80}{6.67 - 0.80} \times 100\% = 6.8\%$$

$$\text{오스테나이트 분율}(wt\%) = \frac{6.67 - 1.2}{6.67 - 0.80} \times 100\% = 93.2\%$$

아공석강에서와 마찬가지로 공석온도인 723℃ 이상에서 남아 있는 오스테나이트는

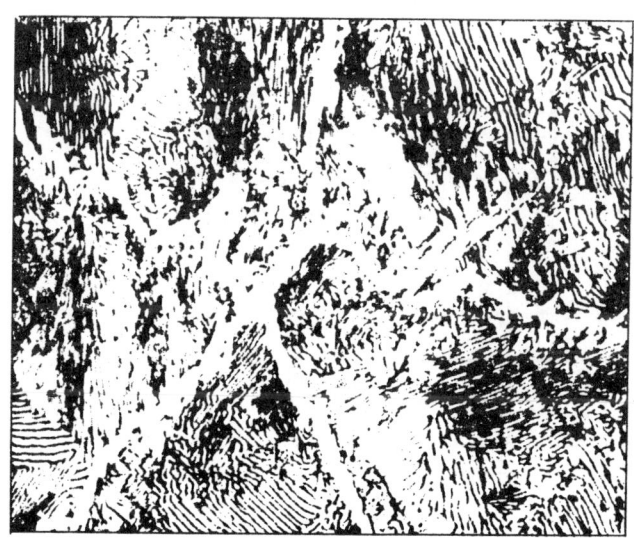

그림 2.8 과공석강(1.2%C)의 서냉조직

723℃ 이하로 냉각시 펄라이트로 변태하므로, 그림 2.4에서 A_1 변태온도 직하인 k점에서의 펄라이트의 중량분율은 A_1 변태온도 이상인 j점에서의 오스테나이트의 중량분율과 같게 될 것이다. 따라서 1.2%C의 과공석강에 있어서 723℃ 이하의 온도에서 존재하는 펄라이트의 중량분율은 93.2%가 된다. 한편 A_1 변태온도와 상온에서 페라이트의 탄소 고용도한계의 차이는 미미하므로 상온에서의 초석 시멘타이트와 펄라이트의 상대적인 양은 k점에서 계산된 값과 비교해서 큰 차이가 없다.

여기서 한가지 주목할 만한 사실은 0.4%C의 아공석강에서는 50%의 초석 페라이트가 나타나는 반면, 1.2%C의 과공석강에서는 단지 6.8%의 초석 시멘타이트가 나타난다는 것인데, 이 사실은 그림 2.7의 0.35%C 아공석강의 미세조직과 그림 2.8의 1.2%C 과공석강의 미세조직을 비교해보면 명확히 알 수 있다. 이와같이 초석상의 분율이 차이나는 이유는 0.35%C의 아공석강에서는 $(\gamma+\alpha)$상영역이 0.025~0.8%C 범위에 있지만, 1.2%C의 과공석강에서는 $(\gamma+Fe_3C)$상영역이 0.8~6.67%C 범위에 있기 때문이다.

2.2.2 항온변태(Isothermal Transformation)

공석강을 A_1 변태온도 이상으로 가열한 후 어느정도의 시간을 유지하게 되면 단상의 오스테나이트가 되는데, 이와같이 오스테나이트화한 후에 A_1 변태온도 이하의 어느 온도로 급랭시켜서 이 온도에서 시간이 지남에 따라 오스테나이트의 변태를 나타낸 곡선을 항온변태곡선(Isothermal Transformation Curve)이라 하고, 다른 용어로는 TTT곡선 (Time-Temperature-Transformation Curve), C 곡선, 또는 S 곡선이라고 불리어진다.

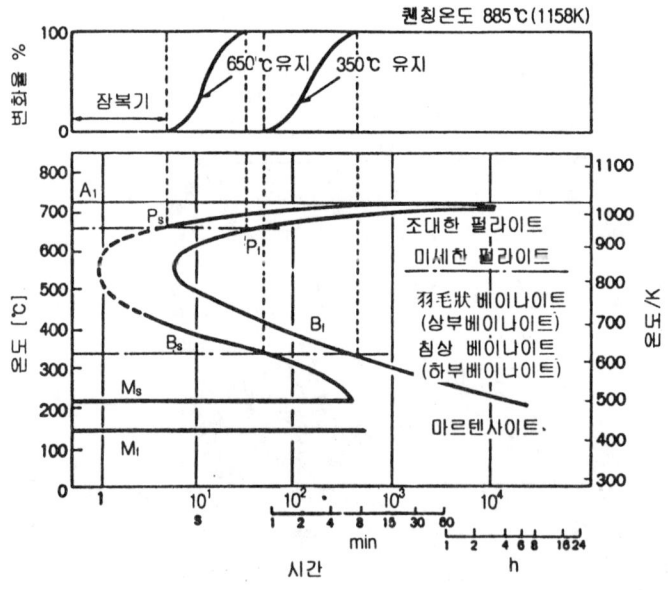

그림 2.9 공석탄소강의 항온변태곡선

그림 2.9는 공석강의 전형적인 항온변태곡선을 나타낸 것이다. 여기서 보면 550℃ 부근의 온도에서 곡선이 왼쪽으로 돌출되어 있는데, 이것은 변태가 이 온도에서 가장 먼저 시작된다는 것을 의미하는 것으로서 이 곡선의 nose라고 부른다.

항온변태곡선의 중요한 특징은 변태의 시작과 종료를 나타낸다는 것으로서, 일반적으로 nose온도 위에서 항온변태시키면 펄라이트(Pearlite)가 형성되고, nose아래의 온도에서 항온변태시키면 베이나이트(Bainite)가 형성된다.

펄라이트조직과 베이나이트 두조직 모두 페라이트와 시멘타이트로 이루어져 있으나, 펄라이트는 그림 2.6에서 보는 바와 같이 두 상이 교대로 반복되어지는 층상 조직을 나타내고 있고, 베이나이트는 침상에 가까운 형태를 나타낸다. 또한 펄라이트 형성온도범위중 비교적 높은 온도에서 형성된 펄라이트는 조대하고, 비교적 낮은 온도에서 형성된 펄라이트는 미세하다. 베이나이트 역시 형성온도에 따라 조직의 차이를 보이는데, 350~550℃ 범위의 온도에서 형성된 상부 베아나이트(upper bainite)는 페라이트 주위에 시멘타이트가 석출되는 반면에, 250~350℃ 온도범위에서 형성된 하부베이나이트(lower bainite)에서는 페라이트에 시멘타이트가 석출되어 있다.

그림 2.10은 상부베이나이트와 하부베이나이트 조직을 나타낸 것으로서 상부베이나이트는 羽毛狀, 하부베이나이트는 針狀의 형태를 나타내고 있다.

한편 그림 2.11는 공석강과 아공석강의 항온변태곡선을 Fe-C 상태도와 관련시켜서 나타낸 것이다. 그림 2.11(b)에서 보면 펄라이트가 형성되기 시작하는 시간과 종료되는 시간은 nose 부근에서 가장 짧고, A_1선으로 온도가 올라갈수록 시간이 오래 걸린다. 또 그

(a) 상부베이나이트

(b) 하부베이나이트

그림 2.10 베이나이트조직

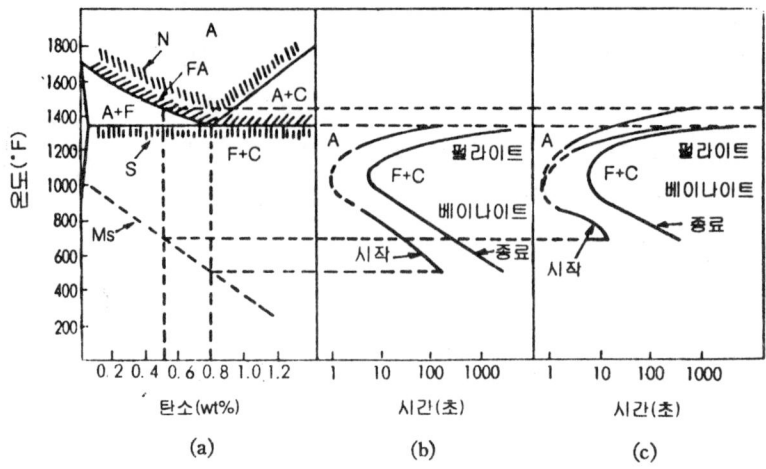

그림 2.11 Fe-C 상태도(a)와 공석강의 항온 변태 곡선 (b) 및 0.5% 탄소강의 항온 변태 곡선(c)과의 관계

림 2.11(c)에서 보면 아공석강인 0.5%C강에서는 또다른 곡선이 하나 존재하는데, 이것은 초석페라이트가 형성되기 시작하는 시간을 나타내는 곡선이다. 이와 비슷하게 과공석강에서도 초석시멘타이트가 형성되기 시작하는 곡선이 존재한다.

공석강과 아공석강의 항온변태곡선에서 나타나는 또 하나의 차이점은 마르텐사이트(Martensite)가 형성되기 시작하는 온도인 M_s 온도가 다르다는 것이다. 일반적으로 탄소함량이 적을수록 M_s 온도는 올라간다.

2.2.3 연속냉각변태(Continuous Cooling Transformations)

(1) 공석 탄소강의 연속냉각변태

대부분의 실제 열처리작업에서는 항온변태에 의해서 강을 열처리하지 않고, 오스테나이트 온도영역에서 상온까지 연속적으로 냉각변태시켜서 열처리하고 있다. 따라서 항온변태곡선을 연속냉각변태곡선으로 전환시키지 않으면 안된다. 이를 위해서는 항온변태곡선 위에 연속냉각곡선을 그려서 구할 수가 있다. 세로축은 온도, 가로축은 시간(log 눈금)으로 정하여 항온변태곡선 위에 여러가지 냉각속도로 냉각시켰을 때의 연속냉각곡선을 그림 2.12에 나타냈는데, 여기서는 간단히 하기 위해서 냉각곡선을 직선으로 표시하였다. 앞의 2.2.1절에서 공석강, 아공석강 및 과공석강을 연속적으로 서냉시켰을 때의 조직변화에 대하여 자세히 알아보았는데, 이때에는 거의 평형냉각을 가정했기 때문에 그림 2.12의 도움없이도 Fe-Fe₃C 상태도를 통하여 상변화를 예측할 수 있었다. 그러나 실제적인 열처리작업에서 매우 느린 냉각인 노냉(爐冷 ; furnace cooling)을 시킨다 해도 평형냉각보다는 매우 빠른 냉각이고, 더욱 빠른 냉각인 유냉(油冷 ; oil quenching)이나 수냉(水冷 ; water quenching)은 비평형냉각조건이 되기때문에 Fe-Fe₃C 상태도로부터 상변화를 예측할 수 없다. 따라서 그림 2.12를 통하여 연속냉각속도에 따른 변태조직의 변화에 대하여 기본적인 안목을 기르는 것이 특수강을 포함한 실제 열처리작업에 직접적으로 연결되기 때문에 후술하는 내용의 중요성은 재언을 요하지 않는다.

지금 몇개의 공석강 시험편을 A_1 변태점 이상의 온도(그림 2.12에서 t로써 표시되었다)로 가열한 후, 여러 냉각속도($v_1 \sim v_6$)로 냉각시켰다고 하자. 이때 그림 2.12에서 직선의 기울기가 클수록 냉각속도가 큰 것이다. 노냉과 같이 제일 느린 냉각은 직선 v_1, 공랭처럼 약간 빠른 냉각은 직선 v_2, 유냉과 같이 더욱 빠른 냉각은 v_3, v_4, 수냉과 같이 가장 빠른 냉각은 v_5, v_6로 나타내진다.

제일 느린 냉각속도인 v_1에서는 냉각곡선이 펄라이트 변태의 개시 및 종료선을 통과하고 있다. 즉 변태개시선과는 a_1점에서, 종료선과는 b_1점에서 교차하고 있다. 이와같이 노냉시에는 오스테나이트가 펄라이트로 변태하게 된다. 특히 이 변태가 변태개시선의 가장 높은 온도에서 일어나므로 이 펄라이트 조직은 조대하게 된다.

좀더 빠른 냉각속도(공랭)인 v_2에서도 역시 냉각곡선이 펄라이트 변태의 개시 및 종료선을 통과하고 있으므로 오스테나이트는 펄라이트로 변태된다. 그러나 변태개시온도가 a_2이고, 종료온도가 b_2이므로 노냉시보다는 약간 낮기 때문에 펄라이트 조직은 좀더 미세해진다. 이와같이 공랭에 의해서 형성된 미세 펄라이트를 소르바이트(Sorbite)라고 부른다.

더욱 빠른 냉각속도인 v_3의 냉각속도에서는 변태온도가 더욱 낮으므로 형성된 펄라이트는 소르바이트보다 더욱 미세해진다. 이와같이 가장 미세한 펄라이트를 트루스타이트(Troostite)라고 부르며, 트루스타이트 변태가 시작되는 온도를 Ar'이라고 한다.

이와같은 이유로 해서 v_3보다 빠른 냉각일 경우에 냉각곡선은 단순히 변태개시선과 a_4에서 교차될 뿐이며 종료선과는 교차되지 않는다. 이것은 펄라이트 변태가 시작되었을 뿐 종료되지 않았다는 것을 의미한다. 다시 말하면 일부의 오스테나이트는 펄라이트로

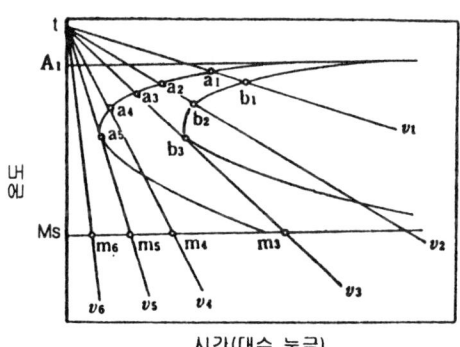

그림 2.12 S-곡선과 연속 냉각 곡선과의 관계

변태되지만 나머지는 펄라이트 조직으로 변태할 만한 시간적 여유가 없었다는 것을 나타내는 것이다. 따라서 펄라이트로 변태되지 못하고 남아 있는 오스테나이트는 그대로 냉각되다가 m_4점에 도달되면 마르텐사이트로 변태하게 된다. 이와같은 마르텐사이트 변태가 시작되는 온도를 Ar'', 또는 흔히 M_s점이라고 한다. 그러므로 v_4의 속도로 냉각하면 트루스타이트와 마르텐사이트의 혼합조직을 얻을 수가 있고 이때의 냉각속도는 유냉에 해당된다.

냉각속도가 v_5보다 클 때에는 오스테나이트는 전혀 페라이트와 시멘타이트로 분해되는 일 없이 모두 마르텐사이트로 변태된다. 탄소강에서는 이러한 냉각속도가 수냉에 해당된다. v_5와 같이 펄라이트를 형성함이 없이 전적으로 마르텐사이트를 형성시키는 최소의 냉각속도를 임계냉각속도(臨界冷却速度 ; critical cooling rate)라고 한다.

그림 2.12에서 연속냉각변태를 설명할 때 주의해야 할 사항이 한가지 있다. 즉 그림에서 냉각속도 $v_3 \sim v_1$은 도면상에서 마르텐사이트 변태개시온도인 M_s점을 통과하고 있다. 예를 들면 냉각곡선 v_3는 m_3점에서 M_s선과 교차하고 있지만 마르텐사이트로 변태하는 것은 아니다. 왜냐하면 이 냉각곡선은 이미 펄라이트 변태개시선과 종료선을 통과했기 때문에 전부 펄라이트로 변태되어 마르텐사이트로 변태할 오스테나이트가 남아 있지 않기 때문이다. 따라서 마르텐사이트 변태는 일어나지 않게 되어, m_3점보다 오른쪽의 M_s선은 아무런 의미가 없는 선이 되는 것이다.

한편 공석탄소강을 연속냉각시키면 오스테나이트로부터 펄라이트로의 변태는 어느 일정한 온도에서 일어나는 것이 아니라 냉각속도에 따라 어떤 온도범위에 걸쳐서 일어난다. 그러므로 그림 2.12에서와 같이 항온변태곡선으로부터 연속냉각에 의해서 형성되는 조직을 직접적으로 예측하는 것은 실제적으로 정확한 것이 아니다. 실험결과에 의하면 공석탄소강에서의 연속냉각곡선은 항온변태곡선에 비하여 좀더 저온측으로, 그리고 좀더 장시간쪽으로 이동되어 있다는 사실을 알 수 있다. 그림 2.13은 공석 탄소강의 연속냉각곡선이 항온변태곡선과 비교할 때 약간 右下측으로 이동되어 있는 것을 보여주는 것이다. 일반적으로 항온변태곡선을 IT 곡선, 또는 TTT곡선이라고 부르는 것과 구별하기 위해서 연속냉각곡선을 CCT 곡선(continuous cooling transformation diagram)이라고 부른다.

그림 2.14는 이와 같은 공석강의 연속냉각변태곡선 위에 오스테나이트화 온도로부터 여러가지 속도로 냉각시켰을 때의 냉각곡선과 그에 따른 형성조직을 나타낸 것이다. 그림에서 곡선 A, B 및 C는 각각 그림 2.12의 곡선 v_1, v_2 및 v_4에 해당되고, 곡선 E는 임계냉각속도를 표시하는 것이다.

곡선 A와 같이 매우 느린 냉각인 노냉에 의해서 조대한 펄라이트를 형성시키는 열처

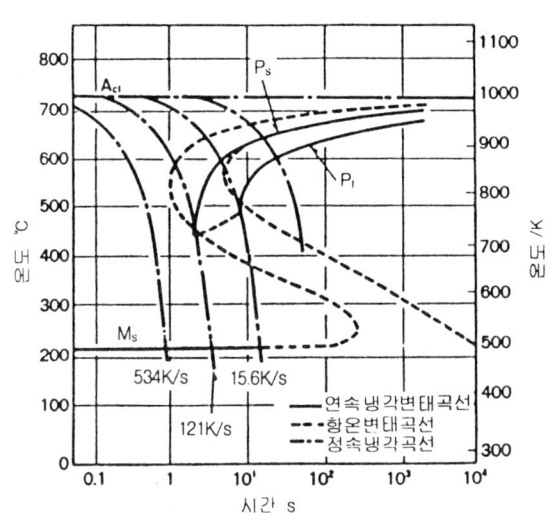 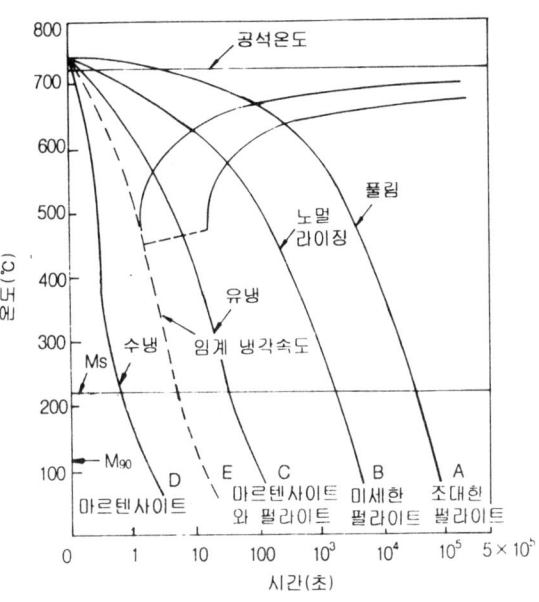

그림 2.13 공석강의 연속냉각변태곡선 및 항온변태곡선의 비교

그림 2.14 연속냉각변태

리 방법을 풀림(Annealing)이라고 하고, 곡선 B와 같이 좀더 빠른 냉각인 공랭에 의해서 미세한 펄라이트인 소르바이트를 형성시키는 열처리방법을 노멀라이징(Normalizing)이라고 한다. 또한 곡선 D에서와 같이 가장 급랭인 수냉에 의해서 전부 마르텐사이트 조직을 얻는 열처리방법을 퀜칭(Quenching)이라고 하는데, 이 방법은 강을 강화시키는 열처리방법으로서 그 중요성이 매우 크다.

한편 곡선 C와 같은 냉각속도에서는 그림 2.12에서 설명한 바와 같이 미세한 펄라이트의 변태가 개시되지만 이 변태를 완료시킬 만한 충분한 시간이 없기때문에 펄라이트로 변태하지 못하고 남아있는 오스테나이트가 마르텐사이트로 변태하게 된다. 따라서 최종조직은 미세한 펄라이트인 트루스타이트와 마르텐사이트의 혼합조직으로 된다. 이 경우의 변태는 2단계로 일어나기 때문에 분할변태(split transformation)라고 한다. 그림 2.15는 바로 이 혼합조직을 보여주는 것으로서, 검은 부분이 펄라이트이고, 밝은 부분이 마르텐사이트 조직을 나타내고 있다.

공석 탄소강의 연속냉각변태곡선으로부터 알 수 있는 또하나의 중요한 사실은 그림 2.13의 곡선 A, B, C에서 보는 바와 같이 펄라이트 변태를 일으키지 않고는 베이나이트 변태개시선이 통과되지 못한다는 것이다. 즉 연속냉각에 의해서는 베이나이트 변태가 일어날 수 없다는 것을 의미한다. 따라서 베이나이트 조직을 얻기 위해서는 공석강을 M_s 온도와 nose 온도사이로 급랭시켜서 항온변태시키는 수 밖에 없다. 그러나 이것은 탄소강에만 해당되는 것으로서, 합금원소가 첨가된 특수강에서는 연속냉각에 의해서도 베이나이트 변태를 일으킬 수 있다.

176 제II부 철강재료

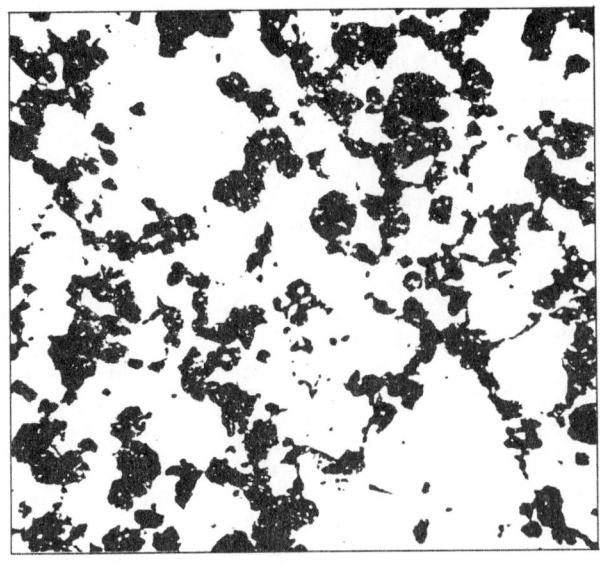

그림 2.15 공석강의 분할변태조직

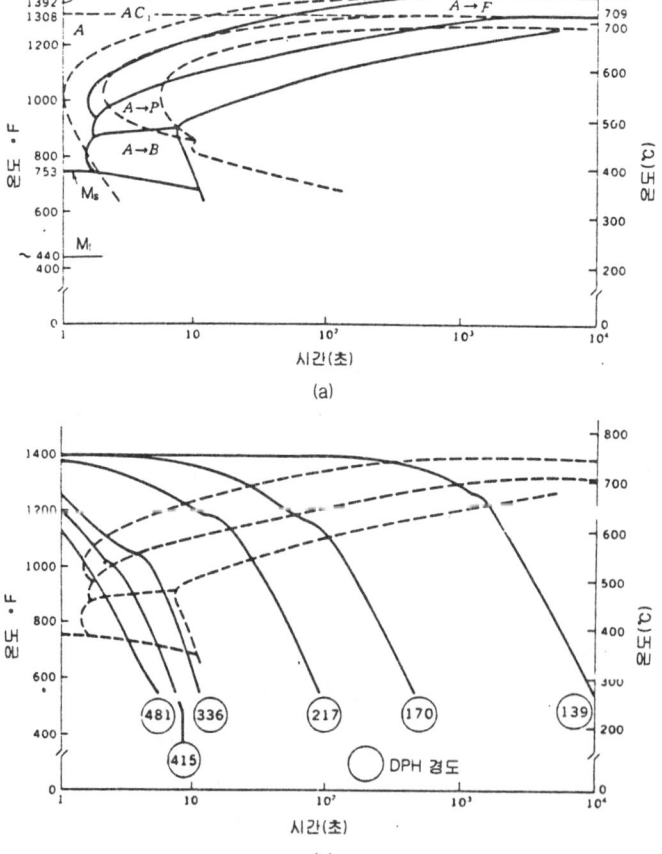

그림 2.16 (a) 0.38%탄소강 (0.70%Mn, 0.25%Si)의 연속냉각곡선. 점선은 IT곡선을 나타낸다.
(b) 냉각속도에 따른 경도변화. 표시된 냉각속도에 따른 조직변화는 그림 2.17에 나타냈다.

(2) 아공석강의 연속냉각변태

0.38%C의 아공석 탄소강의 연속냉각변태곡선을 그림 2.16에 나타냈다. 그림 2.16(b)에서는 여러가지 냉각속도에 따르는 경도값을 표시하였고, 각각의 경도값에 대한 미세조직을 그림 2.17에 나타냈다.

가장 느린 냉각속도에서는 초석 페라이트와 펄라이트가 거의 동일한 양으로 구성된 혼합조직을 형성하였고, 이때의 경도는 비커스 경도로 139DPH이었다(그림 2.16(a)). 이 조직은 아공석강을 노냉하였을 때의 조직과 유사하다. 냉각속도를 약간 빠르게 하면 그

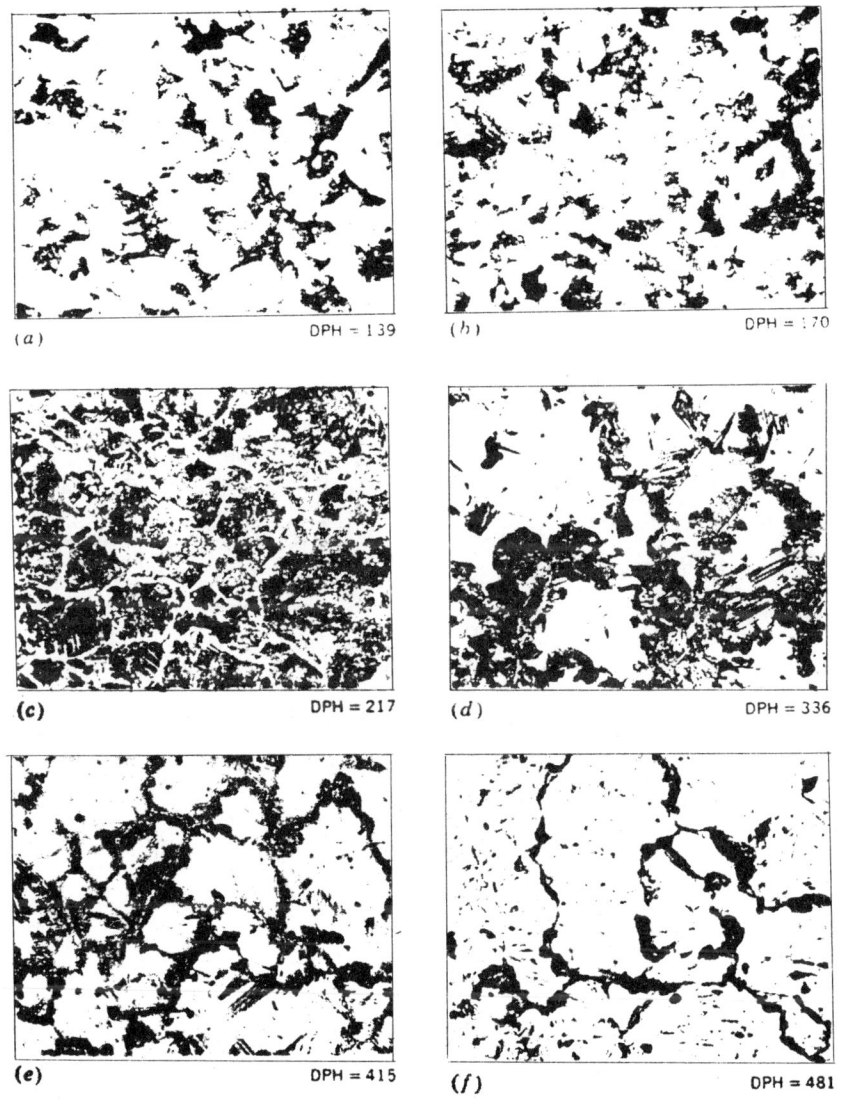

그림 2.17 0.38%탄소강시편의 냉각속도에 따른 조직변화. 각각의 조직에 대한 냉각속도는 그림 2.16(b)에 표시되어 있다.

림 2.16(b)에서 보는 바와 같이 펄라이트는 좀더 미세해지고 초석 페라이트의 양은 약간 적어지기 때문에 경도가 증가된다. 냉각속도가 더욱 빠르게 되면 그림 2.16(c)에서 보는 바와 같이 초석 페라이트의 양은 급격히 감소하게 되어 이전의 오스테나이트 결정립계에 가느다란 선의 형태로 존재하고, 약간의 비드맨시퇴텐 페라이트(Widmanstatten ferrite)도 형성된다.

냉각속도가 한층 더 빠를 때는 분할변태가 일어나서(그림 2.16(b)와 그림 2.16(d))이전의 오스테나이트 결정립계에 펄라이트가 형성되고(검은 부분), 침상의 베이나이트도 형성된다. 또한 밝은 부분은 마르텐사이트로서, 미변태된 오스테나이트가 Ms온도를 통과할 때에 변태된 것이다. 이때의 냉각속도는 매우 빠르기 때문에 초석 페라이트는 극히 소량밖에 형성되지 못한다.

냉각속도가 점점 더 빨라짐에 따라 마르텐사이트의 양은 많아져서 그림 2.17(f)에서 보면 거의 전부가 마르텐사이트로 변태된 것을 볼 수 있다. 그러나 약간의 펄라이트와 베이나이트가 아직 형성되어 있는 것을 볼 수 있다. 그림 2.17에서 주시해야 할 사항은 마르텐사이트가 형성됨에 따라서 경도가 현저하게 증가된다는 사실이다.

2.3 탄소강의 성질

탄소강의 성질은 기본적으로 탄소조성에 의해서 결정되며, 탄소량이 일정해도 가공상태나 열처리조건에 따라서 그 성질은 현저하게 변화된다. 본절에서는 표준상태의 탄소강의 성질에 관해서만 공부하기로 하고, 가공이나 열처리에 의한 성질변화는 다음 장에서 서술하기로 한다.

우선 표준조직이라고 하는 것은 탄소강을 A_3 및 A_{cm} 온도 이상 30~50℃로 가열하여 균일한 오스테나이트로 만든 후 상온으로 공랭시켰을 때에 형성되는 조직으로서, 아공석강에서는 페라이트와 펄라이트, 공석강에서는 펄라이트, 그리고 과공석강에서는 시멘타이트와 펄라이트로 된다.

2.3.1 물리적 성질과 화학적 성질

전술한 바와 같이 강은 페라이트와 시멘타이트(Fe_3C)로서 이루어진 혼합조직을 갖고 있고, 이 조직의 혼합비율은 탄소량에 의해서 결정되기 때문에 탄소강의 물리적 성질은 탄소량에 따라 직선적으로 변화된다.

그림 2.18은 탄소강에서 탄소량에 따른 물리적 성질변화를 나타낸 것이다. 그림에서

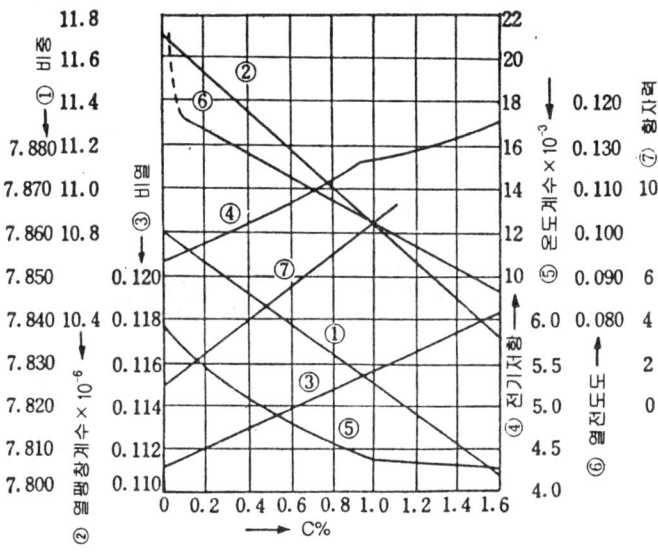

그림 2.18 강의 물리적성질 변화

보면 탄소강의 비중, 열팽창계수 및 열전도도는 탄소량이 증가함에 따라서 감소되지만, 비열, 전기저항 및 항자력은 증가된다.

한편 탄소강의 내식성은 탄소량이 증가될수록 감소하고, 소량의 Cu가 첨가되면 내식성이 향상된다.

2.3.2 상온 기계적 성질

탄소강의 탄성계수(Young's modulus) E는 20000~22000kg/mm^2, 강성률(shear modulus) G는 7700~8450kg/mm^2, Poisson의 비 ν는 0.28로서, 이들 상수들은 탄소량에 관계없이 거의 일정하다.

그러나 그림 2.19에서 보는 바와 같이 다른 기계적 성질들은 탄소량에 따라서 직선적으로 변화되는데, 아공석강에서의 인장강도, 경도 및 항복점 등은 탄소량에 따라 증가되고, 연신율 및 단면감소율은 탄소량에 따라 감소한다.

과공석강에서는, 시멘타이트가 망상으로 나타나므로 탄소량이 증가함에 따라 인장강도는 오히려 감소한다. 그러나 경도는 계속해서 증가된다.

한편 이와 같이 탄소량에 따라 기계적 성질이 변화되는 것은 표 2.1에 나타낸 페라이트, 시멘타이트 및 펄라이트의 기계적 성질과 관련되어 있다. 즉, 페라이트는 극히 연성이 크고, 인장강도는 비교적 작다. 그리고 시멘타이트는 매우 경도가 높고 취약하여 인성은 거의 없으며, 펄라이트는 페라이트에 비해서 인장강도가 크고, 경도가 높다. 따라서 아공석강에서 탄소량에 따라서 인장강도 및 경도가 증가되는 것은 펄라이트량의 증가에 기인한다는 것을 표 2.1로부터 짐작할 수 있고, 또한 과공석강에서 연신율이 감소하는 것은 연신율이 거의 0인 시멘타이트 때문이라는 사실을 알 수 있다. 이것은 그림 2.19의 하단부에 탄소량에 따른 페라이트, 시멘타이트 및 펄라이트의 양적 비율과 기계적 성질을 관련시켜보면 쉽게 알 수 있다.

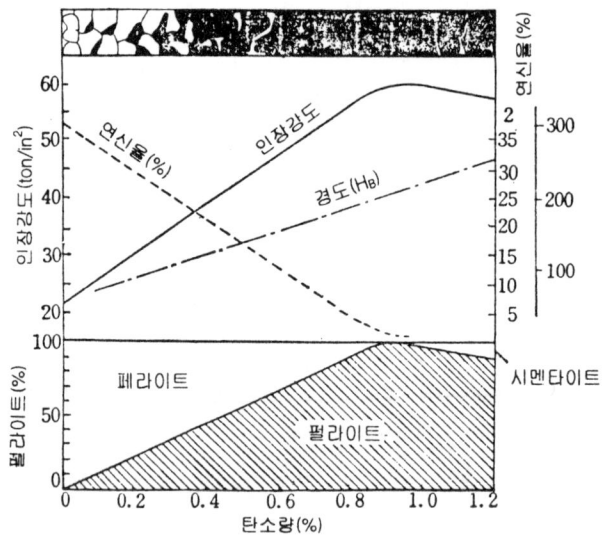

그림 2.19 탄소강의 기계적 성질 및 조직의 관계

표 2.1 페라이트, 시멘타이트 및 펄라이트의 기계적 성질

조직 성질	페라이트	시멘타이트	펄라이트
인장강도 (kg/mm^2)	35	3.5 이하	90
연 신 율 (%)	40	0	10
경 도 (H$_B$)	80	820	200

2.3.3 고온 기계적 성질

동일 성분의 탄소강이라도 온도에 따라 그 기계적 성질은 매우 달라진다. 그 예로서 0.25%C의 아공석 탄소강을 가지고 0~500℃ 사이에서 일어나는 여러가지 기계적 성질의 변화를 그림 2.20에 나타냈다.

그림에서 보는 바와 같이 탄성계수, 탄성한계 및 항복점 등은 온도가 상승함에 따라 감소한다. 그리고 인장강도는 200~300℃의 온도범위에서는 증가하여 최대가 되고, 연신

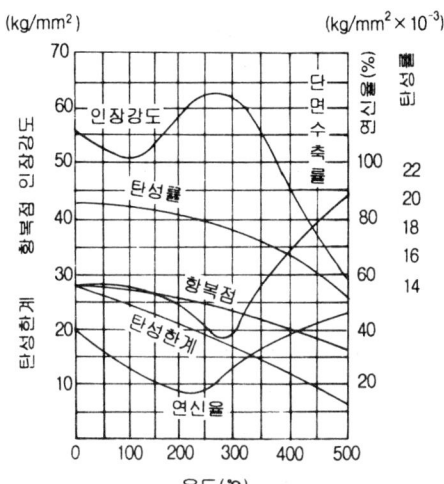

그림 2.20 온도에 따른 탄소강의 기계적 성질

율과 단면감소율은 온도상승에 따라 감소하다가 인장강도가 최대로 되는 온도에서 최소로 되고는 점차 다시 증가된다.

충격치는 200~300℃에서 가장 적으므로 탄소강은 이 온도범위에서 가장 취약하게 된다. 이것을 청열취성(靑熱脆性 ; blue brittleness)이라 하며, 이 온도범위에서 가공하는 것은 피하는 것이 좋다.

상온 이하의 온도에서는 온도가 저하됨에 따라 인장강도, 경도, 탄성계수, 항복점 및 피로한계 등은 점차 증가하지만, 연신율, 단면수축율 및 충격치 등은 감소되어 성질이 취약해진다. 충격치는 온도저하에 따라 감소하다가 어떤 임계온도, 즉 천이온도(遷移溫度 ; transition temperature)에 도달되면 급격히 감소되어 -70℃ 부근에서는 거의 0에 가까운 값을 갖는다.

2.3.4 함유원소와 강의 기계적 성질

강(鋼)중에는 제강(製鋼)과정에서 강의 제성질을 향상시키기 위해 고의로 첨가한 합금원소도 있지만, 이 이외에 선철(銑鐵), scrap 등의 원료로부터 혼입되는 미량의 잔류원소도 존재하는데, 이러한 잔류원소들이 강의 성질에 미치는 영향도 무시할 수 없다. 이러한 잔류원소들 중에서 Cu, Ni, Co, Sb, As, W, Mo, Sn 등은 제강시에 거의 제거할 수 없는 원소로서 강에 치환형으로 고용해 있고, 강의 성질을 변화시키기 위해서는 비교적 다량첨가가 필요하다. 또한 C, H, N 등의 원소들은 제강시 일부 제거할 수 있는 원소들로서, 강에 침입형으로 고용해서 미량존재로도 강의 성질에 큰 영향을 미친다. 따라서 본절에서는 강에 함유된 여러가지 원소들이 강의 제성질에 미치는 영향을 요약하여 서술하였다.

(1) 탄소(C)

탄소는 강의 강도를 향상시키는데에 가장 효과적이고 중요한 원소로서, 오스테나이트에 고용하여 퀜칭시 마르텐사이트 조직을 형성시키게 한다. 탄소량의 증가와 함께 퀜칭경도를 향상시키지만 퀜칭시 변형유발가능성을 크게 한다. Fe, Cr, Mo, V 등의 원소와 화합하여 탄화물을 형성하므로써 강도 및 경도를 향상시킨다.

(2) 망간(Mn)

탄소강에는 보통 0.35~1.0% 정도의 Mn이 함유되어 있다. 이 Mn의 일부는 강 속에 고용되며, 나머지는 강 속에 함유되어 있는 S와 결합하여 비금속개재물(nonmetallic inclusion)인 MnS를 결정립내에 형성하는데, 이 MnS는 연성이 있어서 소성가공시에 가공방향으로 길게 연신된다(그림 2.21(a)). 그러나 이 MnS의 형성으로써 강 속의 S의 양이 감소되므로 그림 2.21(b)에서 볼 수 있듯이 결정립계에 형성되는 취약하고 저융점화합물인 FeS의 형성을 억제시킨다.

한편 Mn에 의해서 펄라이트가 미세해지고, 페라이트를 고용강화시키므로써 탄소강의 항복강도를 향상시킨다. 또 퀜칭시 경화깊이를 증가시키지만, 많은 양이 함유되어 있을 때는 퀜칭균열이나 변형을 유발시킨다. 그리고 Mn은 강에 점성을 부여하므로 1.0~1.5%Mn이 첨가된 강을 강인강(强靭鋼)이라고 부르며, 특히 1.3%C, 13%Mn이 함유된 오스테나이트강을 hadfield鋼이라고 부르며 옛날로부터 유명한 강이다. 단 Mn은 강의 내산성(耐酸性) 및 내산화성(耐酸化性)을 저해하는 원소이다.

(3) 황(S)

강 속에 함유되어 있는 S는 보통 Mn과 결합하여 MnS 개재물을 형성한다. 그러나 강 중의 Mn 양이 충분치 못할 때에는 Fe와 결합하여 FeS를 형성하기도 하는데, 일반적으로 이 FeS는 그림 2.21(b)에서 보는 바와 같이 결정립계에 그물모양으로 석출되어 있다. 이 FeS는 매우 취약하고, 용융점이 낮기 때문에 열간 및 냉간가공시에 균열을 일으킬 수 있다. 따라서 해로운 FeS 개재물의 형성을 피하기 위해서는 Mn : S의 비를 보통 5 : 1로 하고 있다.

일반적으로 Mn, Zn, Ti, Mo 등의 원소와 결합하여 강의 피삭성을 개선시킨다.

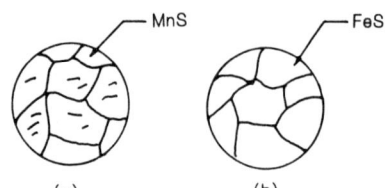

그림 2.21 탄소강에 나타나는 황화물의 도식적인 그림

(4) 인(P)

P는 강 속에 균일하게 분포되어 있으면 별문제가 없으나, 보통 Fe_3P의 해로운 화합물을 형성한다. 이 화합물은 극히 취약하고 편석되어 있어서 풀림처리를 하여도 균질화되지 않고 단조, 압연 등의 가공을 하면 길게 늘어난다. 충격저항을 저하시키고, 템퍼링취성을 촉진하며, 또 쾌삭강에서는 피삭성을 개선시키는 원소로 취급되나, 일반적으로는 불순물로서 간주된다.

(5) 규소(Si)

강 속의 Si는 선철과 탈산제에서 잔류되는 것으로서, SiO_2와 같은 화합물을 형성하지 않는한 페라이트 속에 고용되므로 탄소강의 기계적 성질에는 큰 영향을 미치지 않는다. 또한 Si는 강한 탈산제이고, 4.5% 첨가량까지는 강도를 향상시키지만 2% 이상 첨가시에는 인성을 저하시키고 소성 가공성을 해치므로 첨가량에 한계가 있다. 한편 템퍼링시 연화저항성을 증대시키는 효과도 있다.

(6) 질소(N)

강중에 잔류하는 질소량은 용해원료, 용해방법에 따라서 현저하게 변화된다. 일반적으로 질소는 극히 미량 존재로도 강의 기계적성질에 큰 영향을 미치는데 인장강도, 항복강도를 증가시키고, 연신율을 저하시킨다. 특히 충격치의 감소 및 천이온도의 상승은 현저하다. 질소는 탄소와 동일하게 침입형원소이고, 강중에서 확산속도가 빠르며, 또한 페라이트에 대해서 최대 약 0.1%(580℃)로부터 0.003%정도(상온)까지 연속적으로 용해도변화를 나타내는 등 다른 잔류원소와는 틀리는 큰 특징이 있다. 이 때문에 강은 각종의 취성이나 시효경화성을 나타낸다. 퀜칭시에 일어나는 퀜칭시효(quench aging), 냉간가공에 의한 변형시효(strain aging), 그리고 200~300℃에서의 청열취성(blue brittleness)에 의해서 강의 인장강도, 항복강도는 증가하고 충격치는 저하해서 강의 취화를 일으킨다. 특히 극연강 박판의 deep drawing 가공시에 표면에 주름이 발생하는 현상은 주로 질소의 변형시효에 의한 것이다. 이것을 안정화시키기 위해서는 질소와 친화력이 큰 Al, Ti, Zr, V, B 등을 첨가하므로써 이들의 취화현상을 방지한다. 또 질소는 다른 합금원소와 결합하여 질화물을 형성하므로 강의 여러성질에 영향을 미친다. AlN이 강중에 미세하게 석출되어 있으면 오스테나이트의 결정립이 미세하게 되어 세립강(細粒鋼)의 제조가 가능하고, 이외에 Ti, Zr, V, Nb 등도 질화물을 형성하여 결정립을 미세하게 만든다. 그러나 AlN도 다량 존재하면 고온인성을 크게 해치고, 특히 단조시에는 오스테나이트 입계에 AlN이 석출하여 입계취성을 일으킨다. 또한 AlN의 석출에 의해 고온크립강도도 저하된다.

(7) 수소(H)

수소는 원자반경이 극히 작으므로 Fe격자중에 N, C 등과 동일하게 침입형으로 고용되어 있고, 강중에서는 다른 원소에 비해서 확산속도가 매우 빠르므로 강속을 자유로이 이동할 수 있다. 또 수소는 백점(白点), hair crack, 선상조직(線狀組織) 및 용접시 비드 균열 등 여러가지 결함의 원인으로 된다. 이러한 결함의 방지 또는 제거를 위하여 최근에는 진공용해 또는 진공처리에 의해 탈수소를 행하고 있으므로 제강과정에서 생긴 수소에 의한 결함은 감소되고 있다.

(8) 산소(O)

산소는 거의 Fe에 고용되지 않기 때문에 강중에서는 주로 비금속개재물로서 존재하며, 이들중 SiO_2, Al_2O_3, Cr_2O_3, TiO_2 등은 Fe에 대해서 고용도를 갖지 않지만 FeO, MnO 등은 고온에서 약간 고용한다. 특히 이들 비금속개재물은 강의 기계적성질, 피로특성 등을 저하시킨다. 순도가 높은 Fe-O 합금에서는 산소함유량의 증가와 함께 충격천이 온도는 현저하게 상승하지만, 순 Fe에 소량의 C, Mn 등이 존재하면 그 영향은 거의 사라진다. 산소는 다량으로 함유되어 있으면 강의 침탄시 이상조직의 원인으로 됨과 동시에 경화능을 저하시키고, 가열에 의한 오스테나이트 결정립의 성장을 촉진시킨다.

(9) 구리(Cu)

Cu는 광석 등으로부터 쉽게 혼입되므로 강에는 보통 0.1~0.3% 정도 함유되어 있다. Cu는 상온에서 페라이트에 0.35%까지 고용하여 고용강화효과를 나타내므로 강도 및 경도를 약간 증가시키지만 연신율은 저하시킨다. Cu를 함유한 강에서는 열간가공성이 문제로 되는데, 특히 0.5%이상 함유되어 있을 때에는 적열취성(赤熱脆性 ; red brittleness)의 원인으로 된다. 이것은 고온가열시에 Fe보다 Cu의 산화속도가 작으므로 강표면에 편재하여 열간가공중에 강재 내부로 침투하기 때문이지만, Ni이나 Mo의 첨가로서 이 현상을 현저히 개선할 수 있다. 또한 Cu는 비교적 소량 함유되어 있어도 대기 및 해수중에서 강의 내식성을 현저하게 향상시킨다. Cu와 P가 공존할 경우 내식성 향상에 더욱 효과적이다.

한편 0.4%Cu 이상 첨가시에는 Cu의 미세석출에 의한 석출경화효과도 나타나므로, 실제로 스테인레스강에서는 Cu를 4%정도 첨가석출시켜서 강력 스테인레스강도 만들고 있다.

(10) 알루미늄(Al)

Al은 강탈산제로서 유효하나 첨가량이 많으면 강을 취약하게 함으로 탈산, 탈질용으로서는 0.1%이하로 첨가하는 것이 보통이다. 질화물인 AlN은 미세석출하여 강의 결정립 미세화에 효과적이므로 이것을 이용해서 극미세결정립을 갖는 강인강을 제조할 수 있다. 또한 고온산화방지 및 내유화성(耐硫化性)에 극히 효과적이다.

(11) 비소(As)

As는 제선제강과정에서 제거하는 것이 거의 불가능하고, 또 강재의 재질향상을 위해서 As를 인위적으로 첨가하는 경우는 거의 없다고 보아도 좋다. 즉 As는 0.2%정도 이상에서는 충격치를 현저하게 저하시키고, 충격천이온도를 상승시킴과 함께 강의 열간가공성을 해치고 적열취성을 일으킨다. 그러나 이러한 악영향은 보통강에 함유되어 있는 정도의 As량에서는 거의 문제시되지 않는다고 보아도 좋다.

(12) 붕소(B)

미량첨가(0.0005~0.003%)로서 경화능을 현저히 증가시킨다. 과잉첨가되면 Fe_3B를 형성하여 적열취성을 일으킨다.

(13) 코발트(Co)

대부분의 합금원소는 소량첨가로써 강의 경화능을 향상시키지만 Co는 예외로서 그 반대의 경향을 나타내고, 또 고가이므로 일반적인 강에는 사용하지 않고 자석, 고급절삭공구, 내열재료 등에 첨가해서 성질을 개선하는데에 사용하고 있다. 특히 강의 고온강도를 개선하는데에 효과적이다.

(14) 크롬(Cr)

13%까지 첨가로서 오스테나이트 영역을 확장시킨다. 염가이고, 다량 첨가해도 취화를 일으키지 않는 탄화물을 형성시킨다. 10%이상 첨가하면 스테인레스강으로 되고, 내산화성을 향상시키고 내유화성을 개선하므로 구조용강, 공구강, 스테인레스강 및 내열강의 거의 전부에 함유되어 있는 가장 중요하고 보편적인 합금원소이다. 단 Cr첨가량이 많게 되면 σ상이라고 하는 비자성의 취약한 상이 나타난다. Cr은 또한 저온취성과 수소취성을 방지하는 효과가 있지만 템퍼링 취성을 조장한다.

(15) 몰리브덴(Mo)

Mo은 0.1~0.3%정도의 첨가로서 Ni의 10배까지 경화능을 향상시키는 효과가 있으며 템퍼링 취성을 방지하여 템퍼링 취화저항성을 부여한다. 또한 탄화물을 형성하므로 고급절삭공구의 합금원소로도 우수한 효과를 나타내며, 결정립 조대화온도를 상승시킨다. 경화능에 관해서는 Mo 단독보다는 Cr과 병용하면 더욱 효과적이나 값이 비싸다.

(16) 니켈(Ni)

Ni은 강의 조직을 미세화시키고, 오스테나이트나 페라이트에도 고용이 잘되므로 기지를 강화시킨다. 또 Cr이나 Mo과의 공존하면 우수한 경화능을 나타내어 대형강재의 열처리를 용이하게 한다. Ni은 오스테나이트 안정화원소이므로 Cr과의 조합으로 오스테나이트계 스테인레스강, 내열강을 형성한다. 강의 저온인성을 현저히 개선시키며 용접성, 가단성(可鍛性)을 해치지 않는다. 또한 Ni은 C나 N의 확산을 느리게 하므로 내열강의 열화(劣化)를 방지하고, 팽창률, 강성률, 도전율 등의 점에서도 특징이 있다. 즉 Fe-36%Ni강은 상온부근에서의 열팽창계수가 0에 가까우므로 전자재, 특수재로서의 용도가 넓다. 따라서 Ni은 Cr과 함께 가장 중요하고도 보편적인 합금원소이다.

(17) 티타늄(Ti)

Ti은 O, N, C, S 및 H 등 어느 원소와도 강한 친화력을 나타내고, 특히 탈산, 脫窒 및 脫硫에 흔히 사용된다. 탄화물 형성능도 Cr보다 강하고, 결정립을 미세화시키기 때문에 스테인레스강이나 절삭공구강의 개량에 이용된다. 또한 타금속원소와도 화합물을 형성하여 석출경화효과가 현저하므로 석출경화형 스테인레스강이나 영구자석등에 이용된다.

(18) 주석(Sn)

Sn은 scrap으로부터 혼입되어 제강과정에서는 거의 제거하지 못하는 원소로서, 페라이트에는 약 8%까지 고용한다. 일반적으로 Sn은 강의 인장강도, 항복강도를 증가시키고, 연신율, 충격치를 감소시키는 등 P의 영향과 유사한 점이 많지만 P만큼 현저하지는 않다. 그러나 Sn은 열간가공시의 적열취성, 템퍼링취성, 저온취성 등의 원인으로 되고, 내식성에 약간의 이점이 있기는 하지만 일반적으로 강에 유해한 원소이다.

(19) 셀레늄(Se)

Mn 등과 화합물을 만들어 피삭성을 향상시킨다. 유황보다 훨씬 고가이며 용강(熔鋼)의 유동성을 좋게 한다.

(20) 칼슘(Ca)

강력한 탈산제이다. 용강중에서 기화하여 폭발하기 쉬우므로 Ca-Si, Ca-Si-Mn 등의 상태로 첨가하여 비금속 개재물의 상태 및 분포의 조정을 행한다.

(21) 니오븀(Nb)

강력한 결정립 미세화원소로서 결정립 조대화온도를 상승시킨다. 경화능을 저하시키며, 템퍼링 취성을 감소시킨다.

(22) 텔루륨(Te)

강의 피삭성을 증대시키며, 열간가공성을 해친다.

(23) 납(Pb)

강의 피삭성을 향상시킨다.

(24) 바나듐(V)

탄화물 형성능이 커서 미립탄화물을 만들어 강의 조직을 미세화시키므로 고장력강으로부터 각종 공구강에 이르기까지 많이 사용되고 있다. 템퍼링 연화저항성도 Mo이상으로 좋다. 고온강도도 대폭 향상시키지만 산화물인 V_2O_5는 증기압이 높아서 고온증발하므로 첨가량에 한계가 있다.

(25) 텅스텐(W)

W은 고가이고, 비중이 커서 편재하기 쉬우므로 구조용강에는 거의 첨가되지 않지만, 경화능을 향상시키고 Fe_4W_2C 또는 Fe_3W_3C형의 탄화물을 형성하므로 공구강 특히 절삭공구강에 이용되고, 18%W-4%Cr-1%V강은 고속도강으로서 유명하다. 또 W이 함유된 자석강도 있다.

(26) 지르콘(Zr)

N, S, C 및 H와의 친화력은 Ti보다 더욱 강하기 때문에 이들 원소의 고정에 흔히 이용되고 있다. 백점의 발생도 0.2~0.3%첨가로 완전히 방지할 수 있다고 알려져 있다.

2.4 탄소강의 소성가공

강의 소성가공에는 냉간가공(冷間加工 ; cold working)과 열간가공(熱間加工 ; hot working)의 2가지 방법이 있다. 냉간가공은 재결정온도 이하의 온도에서 가공하는 것을 말하고, 열간가공은 재결정온도 이상에서 가공하는 것을 말한다.

소성가공의 목적은 단지 원하는 형상으로 형태를 변화시키는 것 뿐만 아니라, 열간가공에서는 주조조직을 파괴시켜서 조직을 균질화시키는 효과를 꾀하고, 냉간가공에서는 가공경화에 의한 강도향상도 중요한 목적에 포함되어 있다.

소성가공 방법에는 압연, 단조, 압출, 인발, 프레스가공 등 여러가지가 있으나, 소성가공의 관점에서 가장 주된 방법은 압연이므로 본절에서는 압연에 관해서 주로 서술하고자 한다.

2.4.1 예비압연(primary rolling)

제강에 의해서 얻어진 잉곳트를 1370℃ 정도로 가열한 후에 꺼내어 예비압연기로 열간압연해서 그림 2.22와 같은 slab, billet, 또는 bloom 등의 형태로 만드는 것이 예비압연이다. slab 형태로 예비압연된 잉곳트는 강판을 만들기 위해서 재차 압연되고, 사각형의 bloom 형태로 예비압연된 잉곳트는 빔(beam), 앵글(angle) 및 레일(rail)을 만들기 위해서 재차 압연되고, billet형태로 예비압연된 잉곳트는 강선, 강봉 및 강관 등을 만들기 위해서 사용된다.

그러나 연속주조(continuous casting)를 하면 slab, billet, 및 bloom 등의 형태로 직접 주조되기 때문에 예비압연과정이 필요치 않게 된다.

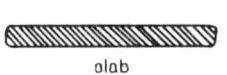
slab

bloom

billet

그림 2.22 예비압연후 강재의 전형적인 단면모양 및 치수

2.4.2 열간가공

열간압연된 강판을 만들기 위해서는 slab를 1315℃ 정도로 재가열한 후, 일련의 열간압연기를 거쳐서 25cm에서 2.5mm정도로 두께를 감소시킨다. 자동차용 강판에 주로 사용되는 저탄소강을 압연할 때에는 AlN이 고용될 수 있을 정도의 온도로 재가열하여야

한다. slab의 온도도 각 압연공정마다 고압의 물을 분사시켜서 표면의 산화피막을 제거시킬 수 있을 정도로 충분히 높게 유지해야만 한다. 산화피막이 제거되지 않으면 최종압연강판의 표면상태가 나빠지게 된다.

열간압연은 재결정온도 이상에서 행함으로써 결정립의 형태와 크기가 변화된다. 그림 2.23은 열간압연에 의해서 결정립의 변화되는 예를 도식적으로 보여주는 것이다.

압연기의 좌측 (a) 부분은 오스테나이트 상태로 가열된 slab이다. 이 부분은 아직 압연되지 않았으므로 조대한 결정립의 형상을 나타내고 있다. 압연기 사이로 밀려 들어감에 따라서 결정립들은 압착되어 압연방향으로 늘어나게 되고, 압연기를 빠져 나오면서 재결정에 의해서 새로운 결정립이 형성된다. 이때 온도가 너무 높으면 결정립이 성장하여 조대화됨으로 열간가공온도가 너무 높으면 안된다. 특히 열간가공시 재결정온도 이하로 냉각될 때에 미세한 결정립을 얻기 위해서는 재결정온도보다 약간 높은 온도에서 마무리 가공을 해야만 한다. 따라서 최종압연온도(rolling finishing temperature)는 강의 최종조직과 직접적으로 연관되므로 가능하면 높지 않은 온도에서 마무리 압연을 해야만 한다.

강의 열간압연시에 나타나는 효과를 요약하면 다음과 같다.
① 열간압연으로써 주조된 잉곳트의 조대한 주상정조직이 파괴된다.
② 주조시에 일어나는 수지상정 편석을 제거시켜서 균질화를 이룰 수 있다.
③ 특히 림드강에 존재하는 기포(blow hole)나 기공(porosity)들이 압착되어 제거된다.
④ 비금속 개재물들이 깨지고 압연방향으로 늘어나게 되어 압연제품의 성질에 방향성을 주게 된다. 일반적으로 압연방향으로의 강도가 증가된다.
⑤ 최종압연온도가 재결정온도에 근접되면 결정립 미세화를 이룰 수 있다.

그림 2.24는 0.2%C를 가지는 고장력 저합금강(HSLA ; high strength low alloy steel)의 열간압연된 조직을 보여주고 있다. 흰 부분이 페라이트이고, 검은 부분이 펄라이트이다.

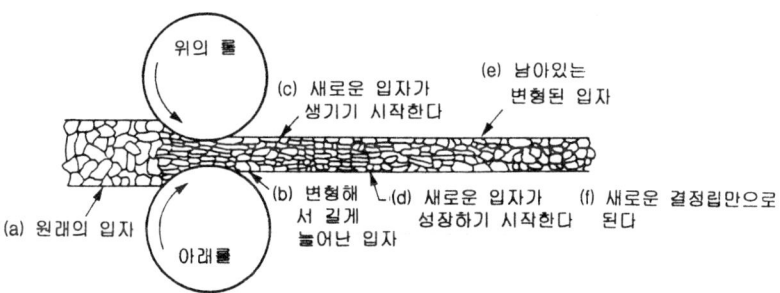

그림 2.23 열간압연중의 강의 조직변화

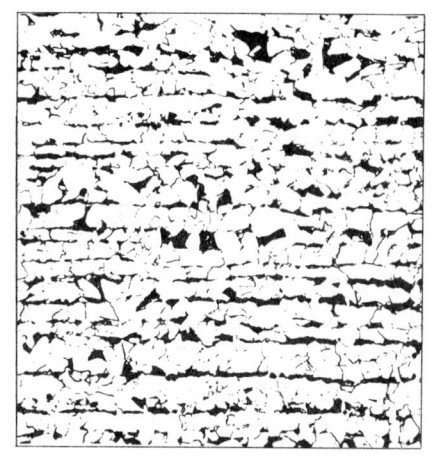

그림 2.24 HSLA의 열간압연조직.
조직은 페라이트와 펄라이트이다.

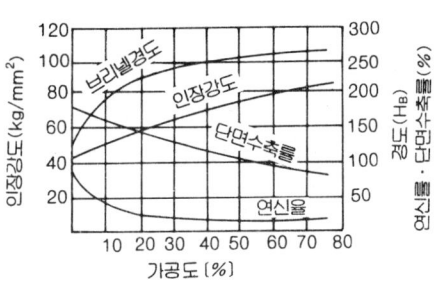

그림 2.25 가공도에 따른 기계적 성질의 변화

2.4.3 산세(pickling)

열간압연후에 냉간압연으로써 더욱 두께를 감소시킬 때에는 열간압연공정에서 형성된 산화피막을 제거시키기 위해서 산으로 세척해야만 한다. 이 공정은 보통 연속적으로 수행되며, 82℃ 정도의 염산이나 황산 속에 담가서 산화피막을 제거시키는 것이다.

2.4.4 냉간가공

강을 재결정온도 이하(주로 A_1변태온도 이하)에서 가공하면 강도와 경도가 대단히 증가되고, 연신율은 감소하게 된다. 이와 같이 냉간가공을 함으로써 강도 및 경도가 증가되는 현상을 가공경화(work hardening), 또는 변형경화(strain hardening)라고 하며, 저탄소강에서의 강도향상책으로서 매우 중요한 방법이다.

따라서 강을 냉간가공하게 되면 경화되므로 계속적인 가공이 곤란하여, 가공도중에 풀림처리를 해주어야만 하기 때문에 매우 비경제적이지만, 열간가공후에 최종적으로 냉간가공에 의해서 강도를 증가시켜야 한다든지, 또는 깨끗한 표면상태를 얻어야만 할 때에는 냉간가공이 효과적이다.

강을 냉간가공하면 조직이 섬유상으로 늘어나게 되고, 전술한 바와 같이 인장강도, 항복점, 경도 등은 증가되지만 연신율, 단면수축율은 감소되므로 성질이 취약하게 된다. 따라서 가공도중에 풀림처리를 하여 연화시키지 않으면 안된다. 그림 2.25는 저탄소강(0.1%C)을 냉간가공했을 때 가공도에 따라서 기계적 성질이 변화되는 것을 보여주는 것이고, 그림 2.26은 이 강을 90%의 가공도로 냉간압연한 후에 550℃에서 풀림처리할 때 시간에 따라 재결정이 진행되는 것을 보여주고 있다.

이와 같이 강을 냉간가공한 후에 풀림처리할 때 재결정이 일어나서 연화된다. 그림 2.27은 풀림온도에 따른 인장강도와 연신율의 변화를 나타낸 것으로서, 이 그림에서 보면 강의 재결정은 500℃ 정도에서 시작된다는 것을 알 수 있다. 한편 풀림온도는 600℃를 넘어서면 안되는데, 그 이유는 600℃ 이상에서 결정립이 성장되기 때문이다.

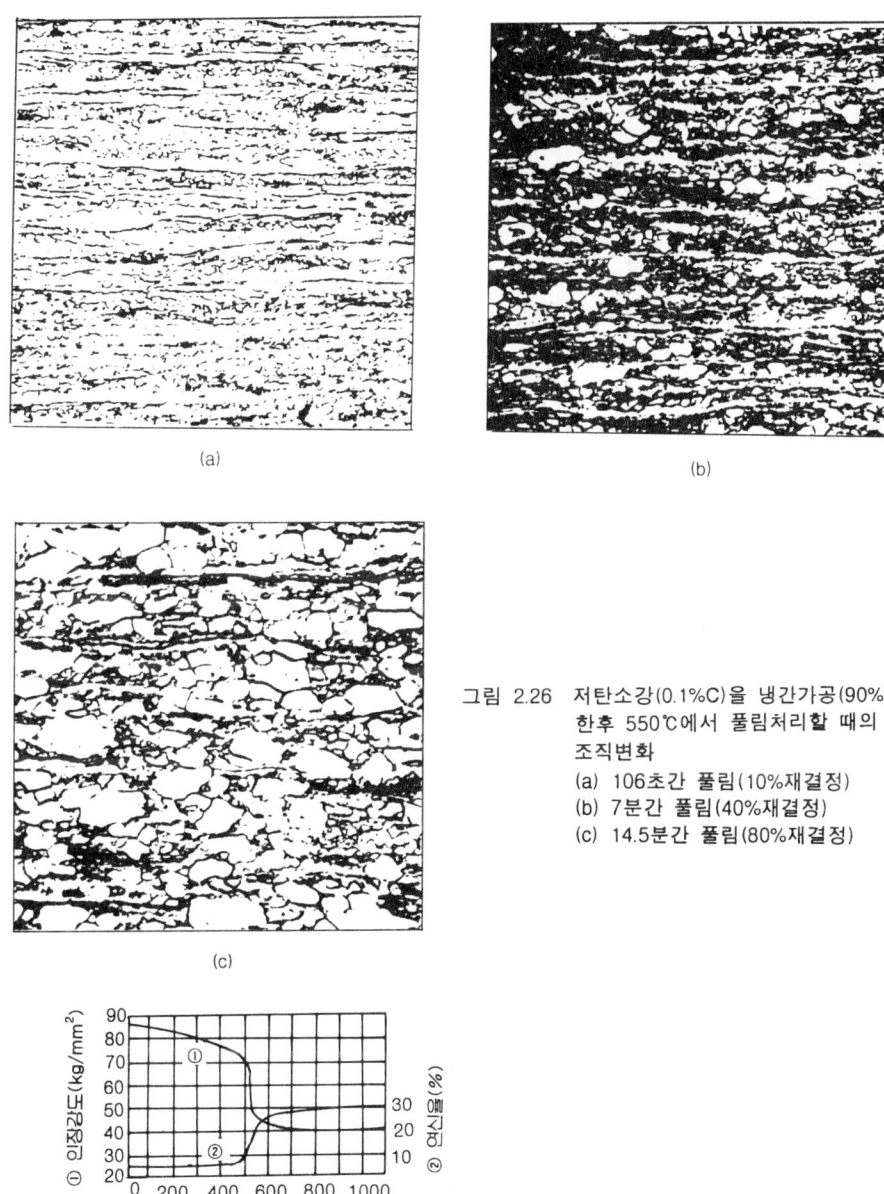

그림 2.26 저탄소강(0.1%C)을 냉간가공(90%)한 후 550℃에서 풀림처리할 때의 조직변화
(a) 106초간 풀림(10%재결정)
(b) 7분간 풀림(40%재결정)
(c) 14.5분간 풀림(80%재결정)

그림 2.27 재결정온도

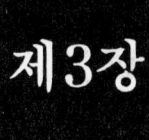

강의 열처리

열처리(熱處理 ; heat treatment)란 금속의 내부조직을 변화시켜서 필요로 하는 기계적 성질을 얻고자 행하는 가열 및 냉각과정을 말한다. 금속재료의 성질은 화학조성에 기초를 두며, 열처리 및 가공에 의해서 금속조직이 변하게 되는데, 이 조직에 의해서 제성질이 결정된다.

강이 공업적으로 매우 널리 쓰이는 이유중의 하나는 열처리 효과가 크고, 여러가지 열처리 방법에 의해서 다양한 성질을 얻을 수 있다는 장점이 있기 때문이다.

3.1 강의 열처리 기초

본절에서는 강을 열처리하기 위해서 우선적으로 알아 두어야 할 기본적인 이론에 대해서 설명하고자 한다. 일부의 내용은 2.2절의 탄소강의 변태에서 이미 개괄적으로 서술된 것도 있지만, 강의 열처리 기초로서 중요한 내용은 다소 중복된다 할지라도 좀더 구체적으로 기술하였다.

3.1.1 철-탄소 평형상태도

강에 있어서 중요한 합금원소는 탄소이다. 이 탄소의 존재에 의해서 강의 광범위한 성질이 나타내질 수 있게 된다. 상온에서 α철 내에 고용될 수 있는 탄소의 용해도는 매우 낮아서 탄소원자들은 개개의 철원자 사이에서 극히 드물게 존재할 뿐이다. 나머지의 탄소원자들은 철원자와 결합하여 시멘타이트를 형성하는데, 이 시멘타이트는 페라이트와 서로 교대로 반복되어지는 층상조직인 펄라이트를 형성한다. 공석조성(0.8%C) 이하의 아공석강에서는 탄소량이 증가함에 따라서 펄라이트량은 증가되고, 공석강에서는 100% 펄라이트로 구성되어 있다. 공석조성 이상의 과공석강에서는 여분의 탄소가 결정립계 시멘타이트로서 석출된다(그림 3.1).

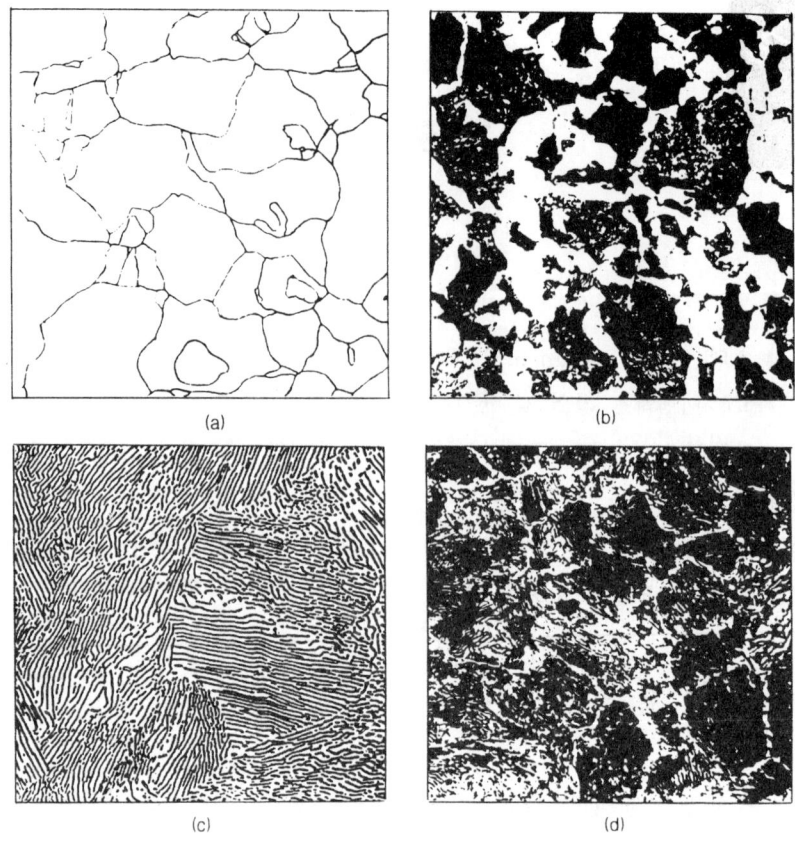

그림 3.1 탄소함유량의 변화에 따른 탄소강의 현미경 조직
 (a) 페라이트, 0.0%C (500×)
 (b) 페라이트-펄라이트, 0.4%C (500×)
 (c) 펄라이트, 0.8%C (1000×)
 (d) 펄라이트+초석시멘타이트, 1.4%C (500×)

 그림 3.1은 탄소량에 따른 탄소강의 기본적인 변태조직을 나타낸 것으로서, 쉽게 짐작할 수 있듯이 이러한 조직은 상태도와 직접적으로 관련된다.
 그림 3.2는 강의 열처리에 응용될 수 있는 철-탄소 상태도의 일부로서, Fe-C 합금에서의 변태조직은 탄소량에 따라서 여러가지 형태를 보이는 것을 상태도와 관련지어 나타냈다. 완전한 상태도를 그림 3.3에 나타냈는데, 그림에서 보면 탄소의 용해도는 페라이트에서보다는 오스테나이트에서 훨씬 크다는 것을 알 수 있다.

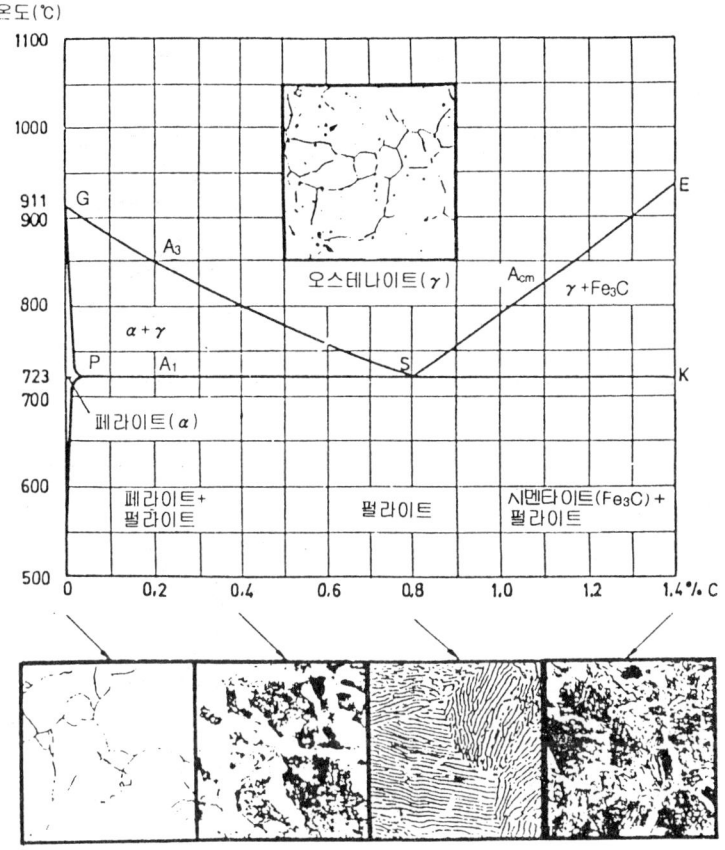

그림 3.2 철-탄소 **평형상태도의** 왼쪽 아래 부분

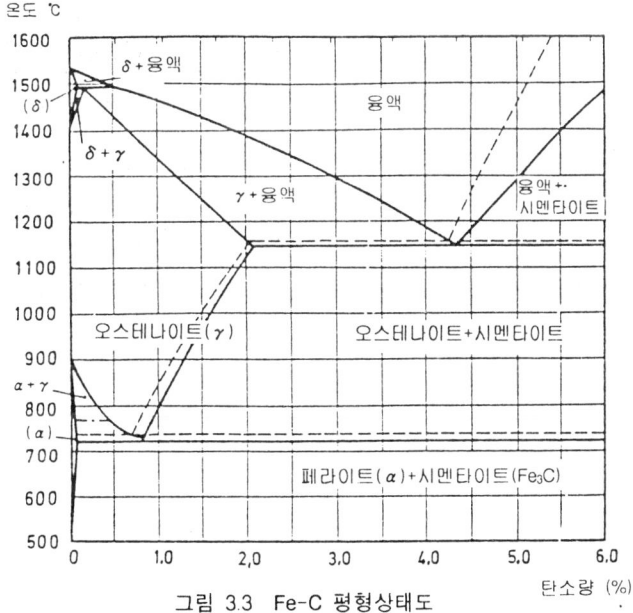

그림 3.3 Fe-C 평형상태도

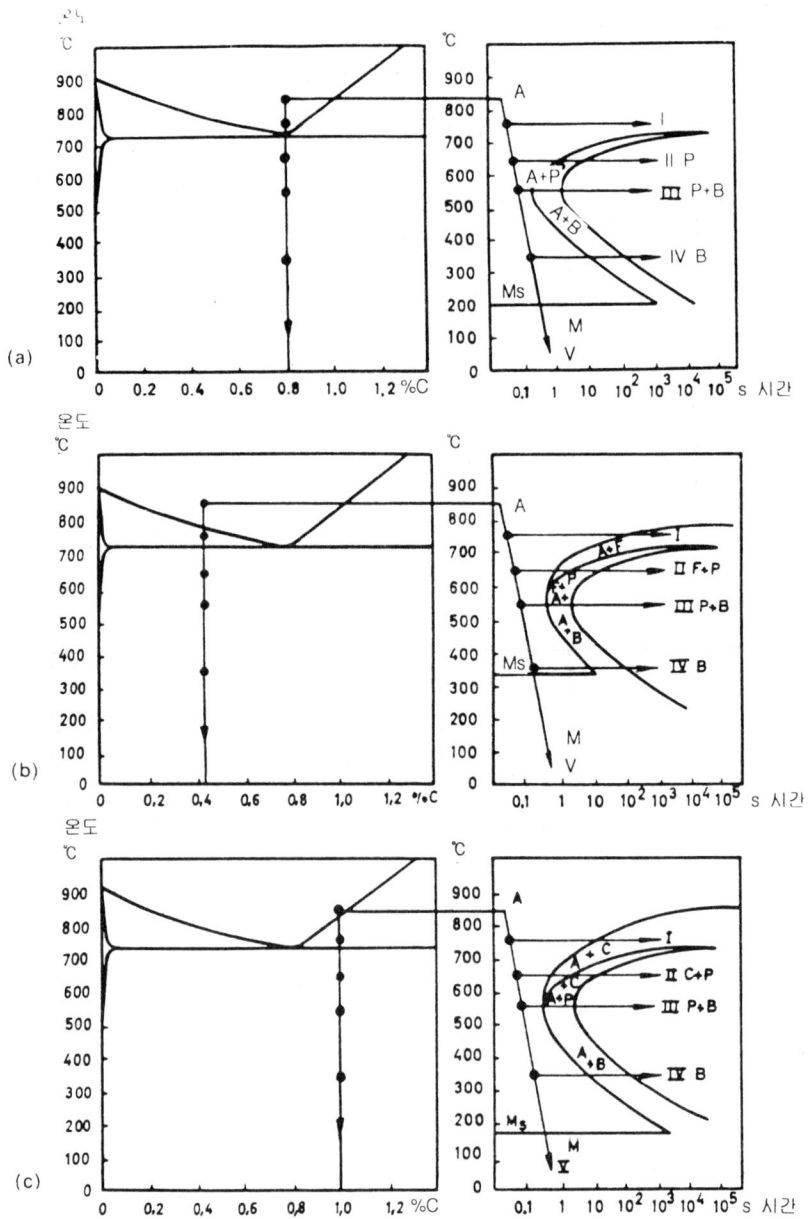

그림 3.4 (a) 0.80%C, (b) 0.45%C, (c) 1.0%C를 함유한 강에 대한 여러가지
냉각프로그램으로부터 얻어지는 조직상의 변태
A=오스테나이트, B=베이나이트, C=시멘타이트, F=페라이트,
P=펄라이트, M=마르텐사이트, Ms=마르텐사이트 생성 개시온도

3.1.2 펄라이트 변태

공석강을 오스테나이트화 온도영역, 즉 850℃로부터 750℃까지 냉각해서 이 온도에서 항온유지시키면 어떠한 변태도 일으키지 않는다. 그러나 650℃까지 냉각시켜서 항온유지하면 1초후에 펄라이트 변태가 시작되고, 10초 이내에 변태가 완료된다(그림 3.4(a)의 곡선 II). 펄라이트 형성온도가 낮아짐에 따라 층상펄라이트는 점점 미세해지고 조직은 더욱 경화된다. 그림 3.4(b)에 있는 아공석강의 경우, 750℃에서 변태를 일으키면 페라이트만이 형성되어 페라이트와 오스테나이트의 2상 평형상태가 된다(곡선 I). 변태를 650℃에서 일어나게 하면 페라이트가 우선적으로 형성되고, 잠시후에 펄라이트가 형성된다. 그림 3.4(c)에 나타낸 과공석강의 경우에도 유사한 방법으로 시멘타이트가 우선적으로 형성되고, 그 다음에 펄라이트가 형성된다.

펄라이트 형성과정을 시멘타이트의 형성으로부터 시작된다고 가정하면, 그림 3.5에서

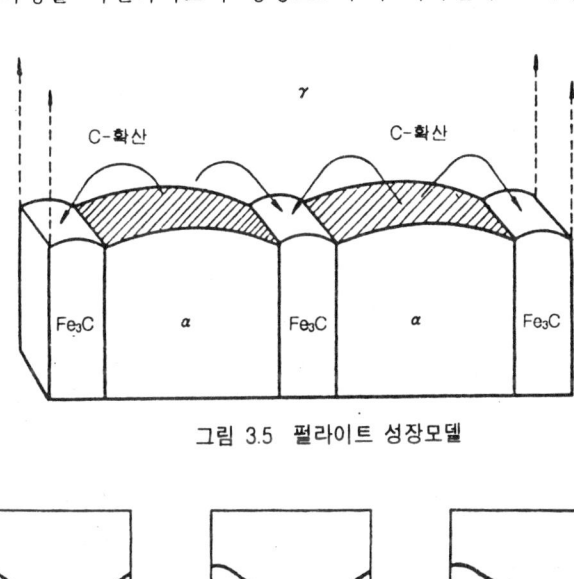

그림 3.5 펄라이트 성장모델

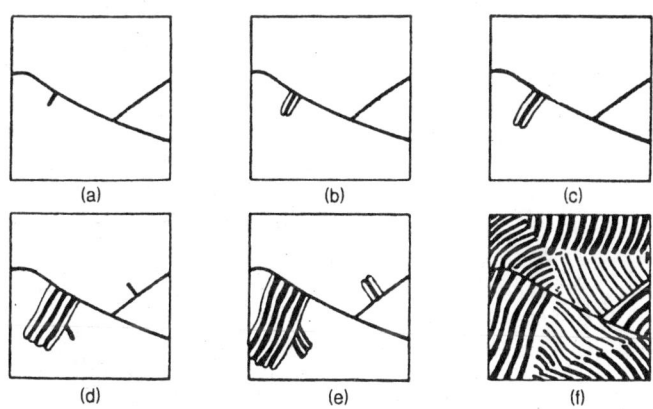

그림 3.6 펄라이트 성장과정을 나타내는 도식적인 그림
(그림 3.5의 모델을 기초로 함)

와 같이 오스테나이트에서 시멘타이트가 형성되기 위해서는 탄소원자가 확산이동해 와야만 하고, 동시에 시멘타이트의 인접한 지역은 탄소가 고갈되므로 페라이트가 형성되어, 시멘타이트와 페라이트층이 나란히 성장해간다.

그림 3.6은 위와 같이 펄라이트가 시멘타이트로부터 형성되기 시작한다고 가정할 때 펄라이트가 형성되는 과정을 도식적으로 나타낸 것이다. 이 모델은 펄라이트 형성과정의 한 예에 불과하며 정확하게 입증된 사실은 아니다.

3.1.3 베이나이트 변태

약 550℃ 이하의 온도에서 항온변태시키면 베이나이트가 형성되기 시작한다. 베이나이트형성은 오스테나이트 결정립계에서 페라이트 핵의 형성으로부터 시작된다고 가정되어 오고 있다. 페라이트 핵이 형성되면 주위의 오스테나이트 탄소농도는 증가해서 시멘타이트가 형성되어, 페라이트와 시멘타이트가 나란히 성장해간다.

온도가 내려감에 따라 결정립내에서도 같은 방법으로 베이나이트가 형성되는데 그 형태는 변화된다. 베이나이트의 형태는 형성온도 및 조성에 따라 변화되는데, 그림 3.7은 Cr-Mn강의 베이나이트 조직을 보여주는 것이다. 베이나이트는 형성온도에 따라 상부베이나이트와 하부베이나이트로 분류되며, 일반적으로 상부베이나이트는 비교적 취약한 반면, 하부베이나이트는 비교적 인성을 가지고 있는 것으로 알려져 있다.

그림 3.7 베이나이트 조직(500×)

3.1.4 마르텐사이트 변태

그림 3.4에 대하여 다시 설명하면 곡선 V와 같이 냉각시키는 경우, 즉 오스테나이트를 Ms온도 이하로 급격히 냉각하면 Ms 온도에서 페라이트가 형성되기 시작하는데, 이때 탄소는 확산할 만한 시간적 여유가 없으므로 이동하지 못하여 α철 내에 고용상태로 남아 있게 된다. 그런데 탄소원자가 차지할 수 있는 격자틈자리는 γ철에서보다는 α철에서 더 작기때문에 격자가 팽창될 수밖에 없다. 이때 야기되는 응력때문에 강의 경도가 증가되어 경화된다. 이와 같이 α철 내에 탄소가 과포화 상태로 고용된 고용체를 마르텐사이트(Martensite)라고 부른다.

마르텐사이트 형성기구에 대해서는 아직도 상당한 논란의 대상이 되고 있는데, 그림 3.8은 마르텐사이트 변태에 대한 간단한 모델을 예시한 것이다. 마르텐사이트 단위격자 모서리에 위치한 탄소원자는 단위격자를 한 방향으로 길이를 증가시켜서 정방격자 (tetragonal lattice)로 만든다. 또한 탄소량이 증가함에 따라 마르텐사이트의 체적이 증가하게 된다.

한편 펄라이트와 베이나이트의 형성은 변태시간에 따라 진행되는 반면에, 마르텐사이트 형성은 변태시간에는 무관하고 Ms 온도 이하로의 온도강하량에 따라 결정된다. 그림 3.9는 마르텐사이트 형성과정을 고온현미경으로 관찰한 것이다. 여기서 보면 220℃에서 마르텐사이트 변태가 시작되어 170℃에서 변태가 거의 종료된 것을 알 수 있다.

탄소강에 대한 마르텐사이트 형성개시온도와 종료온도인 M_s, M_f는 각각 그림 3.10에 나타낸 바와 같이 탄소량에 따라 결정된다. 또한 마르텐사이트 조직의 형태도 탄소량에 따라서 래스(lath), 혼합 및 판상(plate) 마르텐사이트로 변화된다.

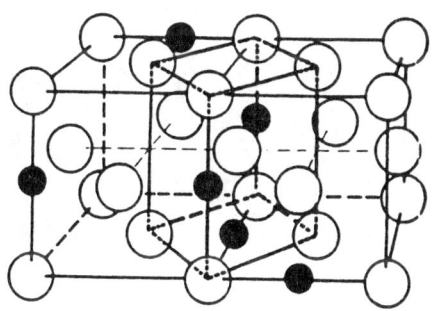

그림 3.8 마르텐사이트 형성모델

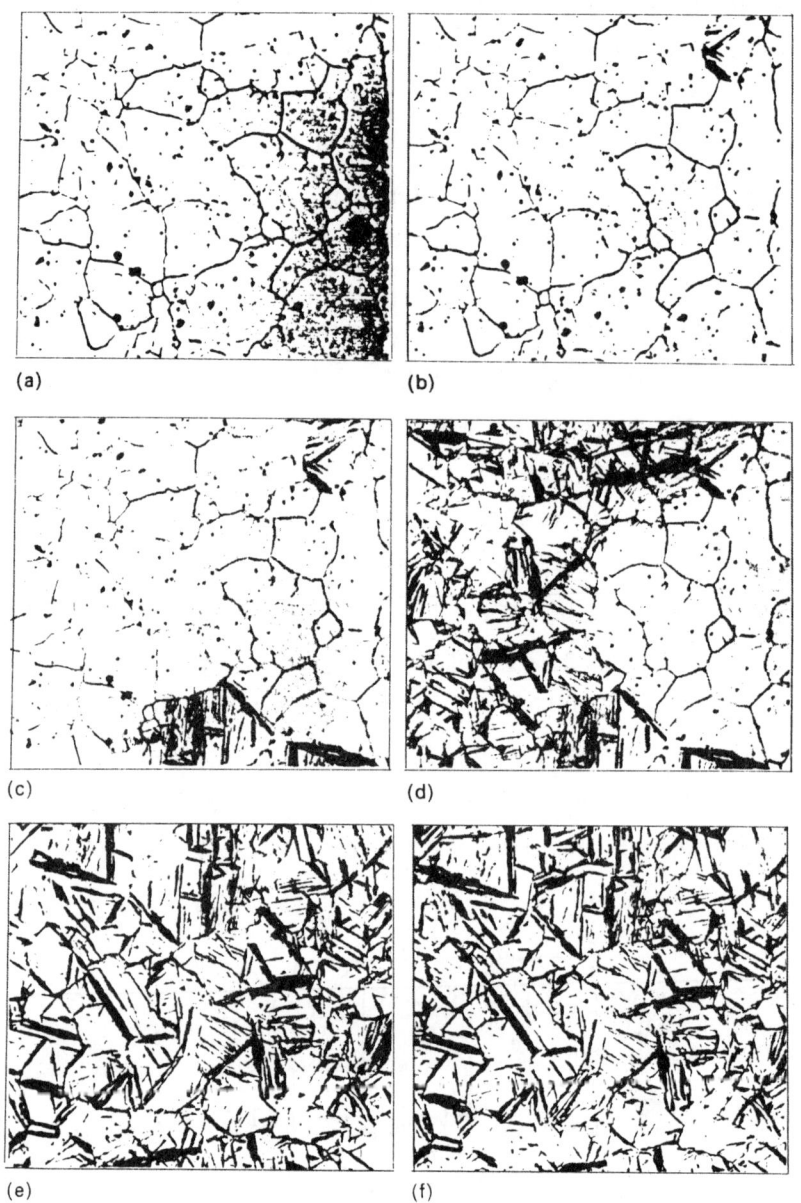

그림 3.9 연속온도강하시 오스테나이트에서 마르텐사이트로의 변태 과정
(a) 280 ; (b) 220 ; (c) 200 ; (d) 195 ; (e) 180 ; (f) 175℃

3.1.5 잔류 오스테나이트

공석강을 퀜칭하면 오스테나이트가 100% 마르텐사이트로 변태하는 것이 아니라, 일부의 오스테나이트가 마르텐사이트로 변태되지 못하고 상온까지 내려오게 된다. 이와 같이 상온에서 존재하는 미변태된 오스테나이트를 잔류 오스테나이트(retained austenite)라고 한다. 그림 3.10에서 보는 바와 같이, 0.6%C 이상의 탄소강에서는 M_f온도가 상온이하로 내려가기 때문에 상온까지 퀜칭하여도 마르텐사이트 변태는 종료되지 않는다. 이것이 잔류 오스테나이트를 형성시키는 이유로 된다. 그림 3.11은 탄소강에서 탄소함유량에 따른

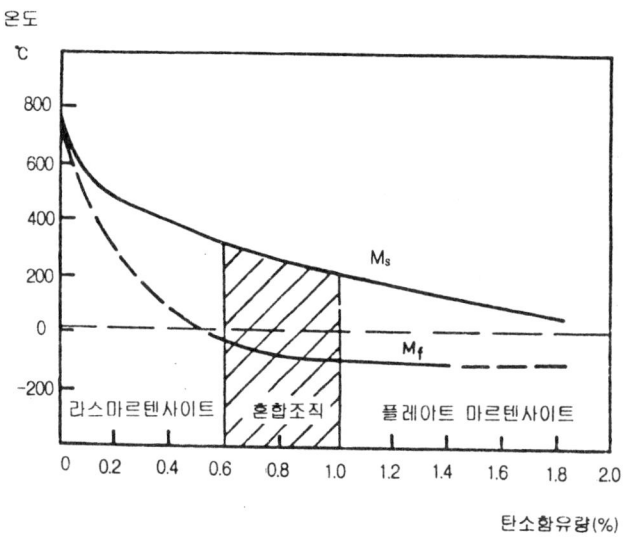

그림 3.10 M_s와 M_f 온도에 미치는 오스테나이트내 탄소함유량의 영향과 비합금강에서 형성된 마르텐사이트의 종류

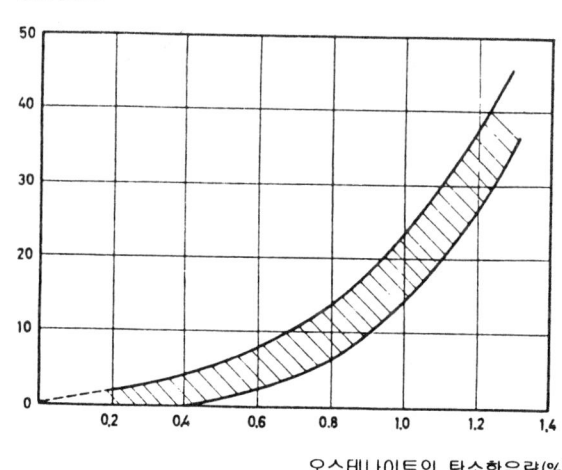

그림 3.11 경화처리시 탄소함유량에 따른 잔류오스테나이트량의 관계

잔류 오스테나이트량의 변화를 나타낸 것이다.

한편 퀜칭한 강을 상온이하의 온도까지 냉각시키면 잔류 오스테나이트가 마르텐사이트로 변태하게 되는데, 이와 같은 처리를 심랭처리(深冷處理 ; subzero treatment)라고 한다.

고탄소강이나 고합금강에서는 잔류 오스테나이트가 많이 존재하므로 퀜칭경도가 낮아질 수 있다. 또한 잔류 오스테나이트는 상온에서 불안정한 상이므로 이것이 존재하는 강을 상온에서 방치시 또는 사용시 마르텐사이트로 변태되어 치수변화를 일으키고, 연마시에도 마르텐사이트로 변태되어 균열을 일으킬 염려가 있다.

심랭처리에 사용되는 냉매로는 드라이아이스(-78℃)나 액체질소(-196℃) 등이 있다.

3.2 열처리 방법

열처리의 종류를 크게 나누면, 주조나 단조 후의 편석과 잔류 응력 등의 불균질을 제거하고, 균질화 및 연화를 위한 풀림(annealing), 결정립 미세화를 통하여 기계적성질을 개선시키기 위한 노멀라이징(normalizing) 및 경화를 위한 퀜칭(quenching), 그리고 강인화를 위한 템퍼링(tempering) 처리 등으로 나눌 수 있다.

또, 표면은 내마모성이 크고, 중심부는 내충격성이 큰 이중 조직을 나타나게 하는 표면 경화(surface hardening)도 있다.

3.2.1 풀림

한마디로 말하면 연화를 위한 것으로서, 일반적으로 적당한 온도까지 가열한 다음 그 온도에서 유지한 후 서냉하는 조작을 말한다. 이것의 목적은 내부응력의 제거, 경도 저하, 절삭성 향상, 냉간가공성 향상, 결정조직의 조절, 또는 기계적, 물리적 성질을 개선시키기 위한 것이다.

풀림에는 완전풀림, 항온풀림, 구상화풀림, 응력제거풀림, 연화풀림, 확산풀림, 저온풀림, 중간풀림 등의 여러 종류가 있다.

그림 3.12는 여러가지 열처리 방법에 대한 처리온도 영역을 나타낸 것이다.

(1) 완전풀림(full annealing)

완전풀림은 아공석강에서는 Ac_3점 이상, 과공석강에서는 Ac_1점 이상의 온도로 가열하고, 그 온도에서 충분한 시간을 유지하여 오스테나이트 단상, 또는 오스테나이트와

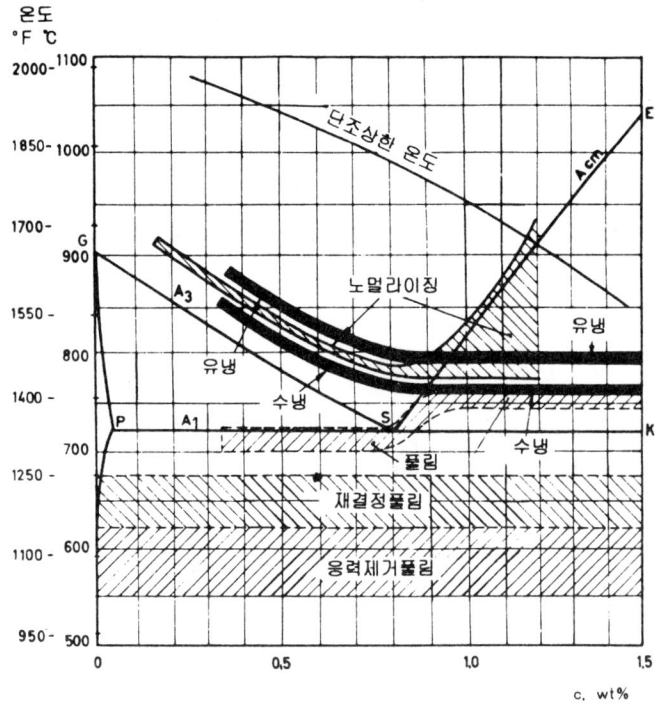

그림 3.12 열처리의 종류 및 처리온도

탄화물의 공존 조직으로 한 다음, 아주 서서히 냉각시켜서 연화시키는 조작이다. 따라서 이 경우의 조직은 아공석강에서는 페라이트와 펄라이트, 과공석강에서는 망상 시멘타이트와 조대한 펄라이트로 된다.

일반적으로, 열간압연 또는 단조를 한 강재는 조직이 불균일하다든지, 잔류응력이 잔존한다든지 또는 충분히 연화되지 않아서 이 상태로는 절삭 가공이나 소성 가공이 곤란할 때가 많다. 이 경우 금속재료를 연화시켜 절삭가공을 쉽게하기 위해서는 완전풀림을 한다.

이와 같은 처리는 탄소량이 약 0.6% 이하인 기계구조용강에 적용되며, 탄소량이 이것보다 많은 공구강에서는 구상화풀림이 적합하다.

완전풀림의 가열온도는 아공석강에서는 Ac_3점보다 30~50℃, 과공석강에서는 Ac_1점보다 약 50℃ 높은 온도가 적당하며, 너무 높은 온도에서 가열하면 결정립이 조대화되므로 주의하여야 한다.

(2) 항온풀림(isothermal annealing)

완전풀림은 강을 오스테나이트화한 다음 서서히 연속적으로 냉각해서 강을 연화시키는 것인데 비하여, 항온풀림은 탄소강을 600~650℃에서 5~6시간 동안 유지한 다음 노 냉을 한다. 고속도강과 같은 합금강은 아주 서냉하지 않으면 페라이트 변태가 끝나지 않 으며, 잔류 오스테나이트는 베이나이트나 마르텐사이트로 변태하므로 충분히 연화시킬 수 없게 된다. 그러나 이와 같은 합금강도 어느 일정한 온도에서 유지시켜 항온변태를 시키면 단시간 내에 변태가 끝나므로 쉽게 연화된다.

그림 3.13은 항온풀림과 완전풀림을 비교해서 나타낸 것이다. 항온 풀림은 저합금 구 조용강 뿐만 아니라, 고속도 공구강과 같이 합금원소를 많이 함유하는 공구강에서 풀림 시간을 단축시키기 위해서 이용된다.

(3) 확산풀림(diffusion annealing)

일반적으로 응고된 주조 조직에서 주형에 접한 부분은 합금원소나 불순물이 극히 적 고, 주형벽에 수직한 방향으로 응고가 진행됨에 따라 합금원소와 불순물이 많아지고, 최 후로 응고한 부분에 합금원소가 가장 많이 잔존하게 된다. 이와 같은 현상을 편석 (segregation)이라 한다. 강괴의 경우, 편석은 1300℃ 정도에서 수시간 동안 가열하는 균 질화처리와 그 다음 열간 가공에 의해서 어느 정도 균질화되지만 완전히 해소되지는 못 한다.

따라서, 이러한 상태의 주괴를 단조나 압연을 하면 이와 같이 편석된 것들이 가공 방 향으로 늘어나 섬유상 편석이 나타난다.

인(P), 몰리브덴(Mo) 등이 많이 함유된 강에서는 그 경향이 더욱 두드러지게 나타난 다.

이와 같은 주괴 편석이나 섬유상 편석을 없애고 강을 균질화시키기 위해서는 고온에 서 장시간 가열하여 확산시킬 필요가 있다. 이와 같은 열처리를 확산풀림이라고 한다.

가열온도는 합금의 종류나 편석 정도에 따라서 다르며, 주괴편석 제거를 위해서는 1200~1300℃, 고탄소강에서는 1100~1200℃, 단조나 압연재의 섬유상 편석을 제거하기

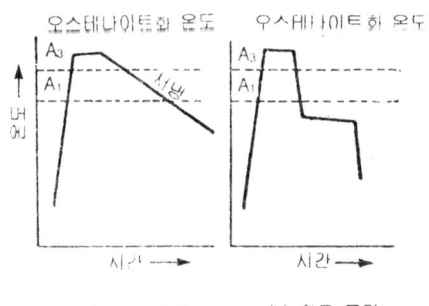

그림 3.13 완전 풀림과 항온 풀림

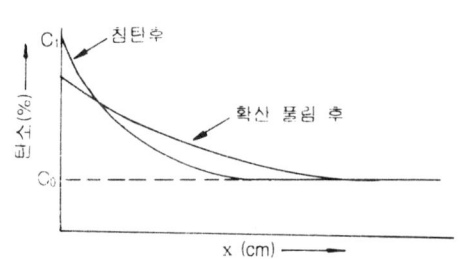

그림 3.14 침탄 제품의 확산 풀림

위해서는 900~1200℃ 범위에서 열처리하는 것이 적당하다.

또, 침탄 처리에 의해서 표면에 탄소 농도가 높아짐으로써 생기는 취약한 망상의 시멘타이트를 없애기 위하여 침탄 제품을 높은 온도에서 가열하면, 그림 3.14와 같이 표면의 탄소가 내부로 확산해서 침탄층의 깊이가 증가되며, 표면의 탄소농도는 감소되어 강인한 펄라이트는 증가되고, 취약한 시멘타이트는 감소된다.

이와 같이 내충격성 및 내마모성을 얻을 수 있는 것도 확산풀림처리에 의해서이다. 확산풀림을 할 때 풀림온도가 높을수록 균질화는 빠르게 일어나지만 결정립이 조대화되므로 주의한다.

(4) 구상화 풀림(spheroidizing annealing)

소성가공이나 절삭가공을 쉽게 하거나 기계적 성질을 개선할 목적으로 탄화물을 구상화시키는 열처리를 구상화풀림이라고 한다.

일반적으로 탄화물에 국한하지 않고 고용체 중에 제2상의 결정이 석출할 경우, 석출의 초기를 제외하고는 그 제2상은 구상으로 존재하는 상태가 가장 에너지가 낮은 안정한 상태이다.

그러나 펄라이트 중의 시멘타이트는 판상이며, 과공석강의 망상 시멘타이트도 판상에 가까운 형태이다. 이 판상 시멘타이트도 적당한 고온에서 장시간 가열하면 표면 장력에 의해 차차 에너지가 낮은 구상으로 변해 간다.

그림 3.15은 구상 시멘타이트의 생성기구이고, 그림 3.16는 구상 시멘타이트 조직을 나타내고 있다. 또, 그림 3.17에 열처리 조직과 절삭성과의 관계를 표시하였다.

시멘타이트가 구상화되면 단단한 시멘타이트에 의하여 차단된 연한 페라이트 조직이 상호 연속적으로 연결되고, 특히 가열 시간이 길어짐에 따라 구상 시멘타이트는 서로 응집하여 입자수가 적어짐에 따라 페라이트의 연속성은 더욱 좋아진다.

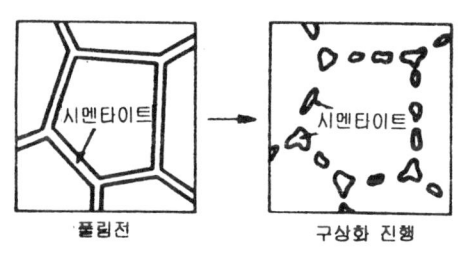

그림 3.15 망상 시멘타이트의 구상화

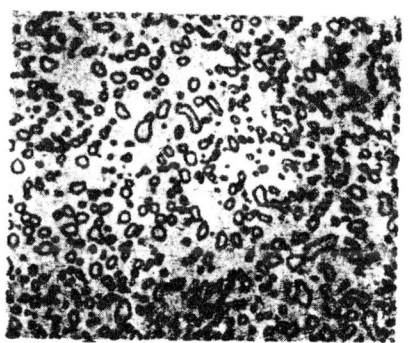

그림 3.16 구상 시멘타이트의 조직

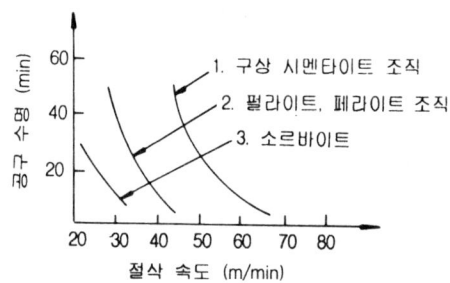

사용 강재	Cr-Mo 강(SCM 4)에 상당하는 재료		
기 호	열 처 리	조 직	브리넬 경도
1	750℃ 노냉 680℃ 9시간 유지, 공랭	구상 시멘타이트	166
2	840℃ 노냉 680℃ 5시간 유지, 공랭	펄라이트 65% 페라이트 35%	180
3	840℃ 유냉 580℃ 템퍼링	소르바이트	200
사용 공구	고속도 공구강 선삭 바이트		
절삭 조건	이송 속도 0.23 mm/회전		

그림 3.17 열처리 조직과 피삭성

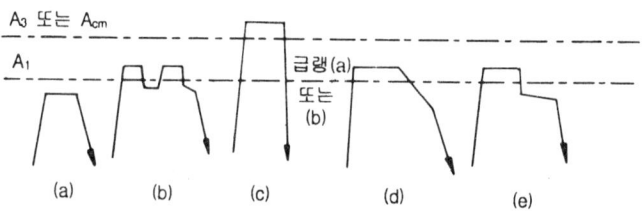

그림 3.18 시멘타이트의 구상화 처리 방법.

따라서 경도는 저하되고 소성 가공이나 절삭 가공은 잘 된다. 즉, 구상화 풀림에 의해 과공석강은 절삭성이 향상되고, 아공석강에서는 가공성이 좋아진다. 또, 그 밖에 탄화물을 구상화시킴으로써 퀜칭 경화후의 인성을 증가시키며, 퀜칭균열방지효과도 있다.

구상화풀림 방법에는 그림 3.18과 같은 여러 가지가 있다.

(5) 응력제거풀림(stress relief annealing)

단조, 주조, 기계 가공 및 용접 등에 의해서 생긴 잔류응력을 제거시키기 위해서 A_1점 이하의 적당한 온도에서 가열하는 열처리를 응력제거풀림이라고 한다.

잔류응력이 남아 있는 금속부품을 그대로 사용하면 시간이 경과함에 따라 차차 그 응력이 완화되어 치수나 모양이 변화될 경우가 있다.

또 기계가공으로 어느 한 부분을 제거하면 물체 내부의 응력이 평형을 유지할 수 없게 되어 새로운 응력 평형 상태로 변화되므로 변형이 나타나게 될 경우가 많다. 이와 같은 변형을 방지하기 위해서는 재료를 적당한 온도로 가열하여 잔류응력을 충분히 제거해 줄 필요가 있다.

일반적으로 가열온도가 높아질수록 재료는 연해지고, 잔류응력에 의해 소성변형이 일어나므로, 응력이 완화제거된다. 그림 3.19에 이것을 나타내었다. 그림에서 보는 바와 같이, 가열시간의 영향이 온도의 영향에 비교해서 비교적 작은 것을 알 수 있다.

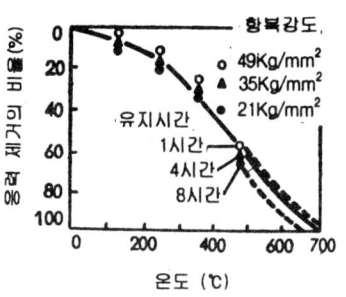

그림 3.19 강도 저하로 인한 잔류응력 감소

일반적으로 탄소량이 많은 강일수록 잔류응력이 많고, 또 제거하기가 어렵다. 잔류응력제거와 함께 결정립의 미세화나 조직의 조절도 동시에 하고자 할 경우에는 완전풀림이나 노멀라이징을 한다.

(6) 연화풀림(softening annealing)

대부분의 금속 및 합금은 냉간가공을 하면 가공경화에 의하여 강도가 증가되고 취약해져서 이 때문에 어느 가공도 이상으로 가공할 수 없게 된다. 특히 강에서는 탄소량이 많을수록 가공경화가 커진다. 이렇게 경화된 것을 절삭가공을 한다든지, 또는 더 많은 냉간가공을 하고자 할 때에는 강을 일단 연화시킬 필요가 있다. 이를 위해서는 적당한 온도로 가열하여 가공조직을 완전히 회복시키거나 재결정 및 결정 성장을 시켜야 한다.

냉간가공한 것을 가열할 경우의 성질과 조직의 변화를 그림 3.20에 나타내었다. 즉 그림 3.20에서 보는 바와 같이, 연화 과정은 3단계로 이루어진다. 즉 가열 온도의 상승과 함께 회복, 재결정 및 입자성장 현상으로 변화한다.

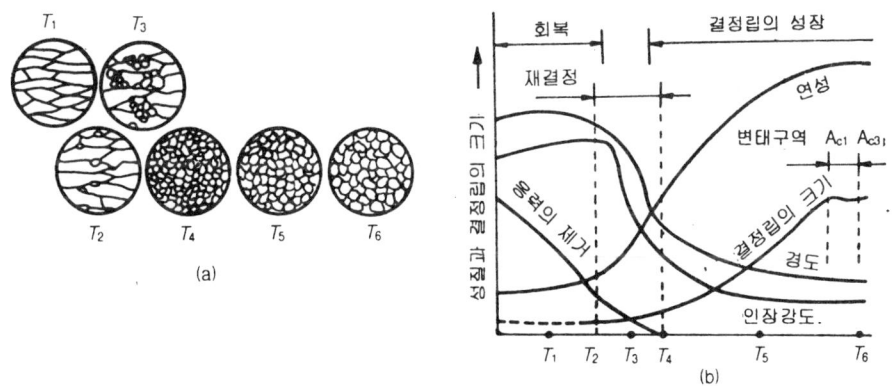

그림 3.20 냉간 가공재의 가열에 의한 성질 변화

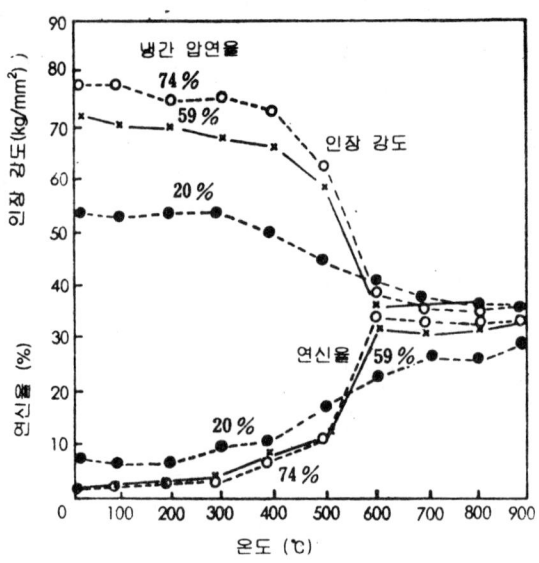

그림 3.21 냉간압연한 0.08% 탄소강의 풀림에 의한
기계적 성질 변화

첫단계인 회복은 가공에 의해서 증가된 전위밀도감소와 전위의 재배열로 인한 연화이고, 재결정은 변형된 입자속에서 변형되지 않은 새로운 결정입자로 대체하는 과정이며, 온도가 더욱 높아지면 미세한 입자가 응집, 조대화되는 단계로 된다.

이러한 변화는 내부에너지를 감소시킴으로써 보다 안정한 상태로 가고자 하는 현상 때문이며, 이러한 내부응력의 감소에 의해서 연화되는 것이다.

이와 같이 재결정에 의해서 경도를 균일하게 저하시킴으로써 소성가공 또는 절삭가공을 쉽게 하기 위한 풀림을 연화풀림이라고 하는데, A_1점 위 또는 아래의 온도에서 가열한다. 그림 3.21은 냉간압연한 극연강을 가열할 경우의 기계적성질 변화를 나타낸 것이다.

3.2.2 노멀라이징

노멀라이징(normalizing)은 강을 A_3 또는 A_{cm}점보다 30~50℃ 정도 높은 온도로 가열하여 균일한 오스테나이트 조직으로 만든 다음, 대기 중에서 냉각하는 열처리이다. 이 열처리를 하는 목적은 다음과 같다.

① 결정립을 미세화시켜서 어느 정도의 강도 증가를 꾀하고, 퀜칭이나 완전풀림을 위한 재가열시에 균일한 오스테나이트 상태로 만들어주기 위한 것이다.

② 주조품이나 단조품에 존재하는 편석을 제거시켜서 균일한 조직을 만들기 위함이다.

(1) 단강품

단강품은 대부분 저탄소 또는 중탄소강으로서 열간가공온도나 살두께가 불균일하기 때문에 결정립의 크기가 불균일해지고, 또 성장하여 조대해질 경우가 많다. 이러한 경우에 재차 오스테나이트화한 다음 공랭하면 가공 등에 의한 잔류 응력이 제거될 뿐만 아니라 결정립이 미세화된다. 이로써 강도와 인성이 증가된다.

단강품은 일반적으로 반드시 노멀라이징 또는 풀림을 하고 사용하여야 하며, 강도를 필요로 할 경우에 노멀라이징만으로도 상당한 효과를 얻을 수 있다. 단, 가열 온도가 너무 높으면 결정립은 재차 성장하고 강도와 인성도 저하되므로 주의해야 한다.

(2) 주강품

주강품에서는 응고시의 편석이나 서냉에 의한 결정립 조대화를 피할 수 없으며, 단면치수가 큰 것일수록 그 경향이 현저하다. 특히 편석이 심할 경우에는 노멀라이징 온도를 높이고 유지시간도 길게 하여 우선 확산, 균질화시킨 다음 공랭시키고, 재차 A_3 직상으로 가열하여 새로운 미세한 오스테나이트를 형성시킨 다음 공랭하면 미세한 펄라이트가 생성된다.

3.2.3 퀜칭

(1) 퀜칭의 목적

강의 퀜칭경화(quench hardening)는 오스테나이트화 온도에서 급냉하여 마르텐사이트로 변태시켜 강을 경화하는 조작인데, 그 목적은 강의 종류에 의해 2개로 대별이 된다.

그 하나는 공구강의 경우인데, 이것은 다른 금속재료를 절삭가공하기 위해 되도록 단단하거나 내마모성이 커야 하므로 고탄소마르텐사이트의 특징인 큰 경도를 그대로 이용한다. 따라서 많은 공구강에서는 템퍼링온도를 150~200℃의 비교적 낮은 온도로 하거나, 고합금강에서처럼 500~600℃로 템퍼링을 하더라도 퀜칭상태와 거의 같든지 혹은 그 이상의 경도가 얻어지도록 하여야 한다.

다른 하나의 경우는 구조용강에서와 같이 강도도 요구되지만, 오히려 강한 인성이 요구되는 용도로 제공하기 위해 일단 퀜칭해서 마르텐사이트조직으로 하고, 500~700℃의 상당히 높은 온도로 템퍼링을 해서 퀜칭상태에 비해 훨씬 낮은 경도·강도의 상태로 사용하는 것이다. 예를 들면 기계구조용 탄소강에서는 퀜칭상태로는 인장강도 170kg/mm^2 이상, 때로는 200kg/mm^{2}이상이고, 브리넬경도도 500이상이지만 실제로 사용되는 것은 충분한 템퍼링을 해서 인장강도 100kg/mm^{2}이하, 브리넬경도 300이하로 한다. 그렇게 볼 때 무리하게 퀜칭할 필요는 없고 노멀라이징정도면 되지 않겠는가 하는 의문이 생기나,

사실은 이와 같이 퀜칭과 템퍼링을 한 강은 노멀라이징처리한 강에 비해 강도와 인성의 면에서 현저하게 우수하다. 그림 3.22는 기계구조용 탄소강 SM30C, SM40C 및 SM50C를 노멀라이징처리만 한 것과 퀜칭·템퍼링처리한 것의 강도와 인성을 비교한 것으로서, 퀜칭·템퍼링처리재의 충격치는 노멀라이징재에 비해, 인장강도 60kg/mm²급에서 약 2배 크고, 80kg/mm²급에서는 약 4배를 나타내어 강인성에서 훨씬 우수하다는 것을 알게 된다. 또 표 3.1에 나타난 것처럼 Ni-Cr-Mo강의 퀜칭하는 방법을 변화시켜서 마르텐사이트, 마르텐사이트와 베이나이트, 마르텐사이트와 펄라이트의 3종류의 조직으로 해서 인장강도가 약 89kg/mm²의 일정값이 되도록 각기 적당한 온도를 골라서 템퍼링을 했을 때의 충격값과 시험온도의 관계를 그림 3.23에 표시하였다. 그림에서 알 수 있듯이 완전 마르텐사이트조직을 템퍼링한 경우에 비해 베이나이트나 펄라이트를 갖는 불완전 퀜칭조직을 템퍼링한 것은 천이온도가 상승하여 상온이하에서의 충격값의 감소가 특히 심하다.

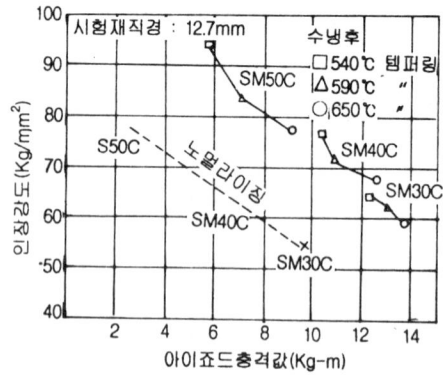

그림 3.22 기계구조용 탄소강의 노멀라이징재와 퀜칭·템퍼링재의 기계적성질의 비교

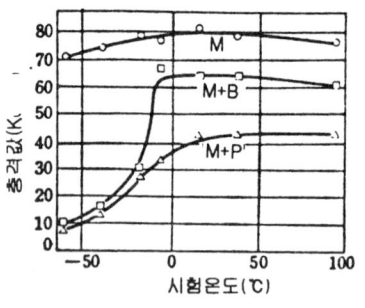

그림 3.23 열처리조직에 의한 충격값의 천이곡선의 변화

표 3.1 불완전 퀜칭에 의한 인성의 저하

성분	C	Si	Mn	Cr	Ni	Mo			
(%)	0.35	0.26	0.96	0.56	0.66	0.24			
							인장시험결과		
기호	퀜칭 방법			퀜칭 조직		템퍼링 방법	인장강도 (kg/mm²)	연신율 (%)	단면수축률(%)
M	900℃-1시간 수냉			마르텐사이트		550℃-1시간 수냉	89.6	21.4	68.9
M+B	900℃-1시간→수중(5초간)→400℃염욕(5초간)→수냉			마르텐사이트 베이나이트		590℃-1시간 수냉	88.9	21.4	63.8
M+P	900℃-1시간→600℃ 염욕(115초간) → 수냉			마르텐사이트 펄라이트		625℃-1시간 수냉	86.1	20.7	57.8

이들 예에서와 같이 완전 퀜칭·템퍼링조직과 불완전 퀜칭·템퍼링조직의 인성의 차이는 후술하는 바와 같이 주로 탄화물의 형상 및 분산상태에 관계가 있다고 생각되나, 구조용강의 퀜칭 목적은 마르텐사이트 그 자체의 경도가 아니고, 이것을 충분히 템퍼링시킨 후의 우수한 인성을 이용하는 것이므로, 이 점이 공구강의 경우와 크게 다른 점이다.

(2) 가열온도와 가열시간

퀜칭해서 마르텐사이트조직으로 변태시키기 위해서는 우선 그 강을 오스테나이트 상태로 가열하여야 한다. 그때의 가열조건, 특히 가열온도는 강의 성질에 중대한 영향을 미치므로 그들의 선정에는 충분한 고려가 필요하다. 주로 결정립도, 과열 및 탄화물 고용 등의 점을 고려해서 적정한 오스테나이트화 조건을 선택해야 한다.

이미 기술한 바와 같이 가열온도가 높아짐에 따라서 오스테나이트의 결정립은 점차 크게 성장하기 쉬워진다. 오스테나이트 결정립이 조대해지면 마르텐사이트 변태가 용이하여 열처리가 다소 쉽게 되나, 퀜칭재의 인성은 현저하게 감소된다. 표 3.2는 베어링강 2종(STB 2 : C 1%, Cr 1.3%)의 직경 8mm의 환봉을 유냉 및 마르템퍼(후술)했을 때의 정적인 굽힘시험에 의한 흡수에너지를 구하여 강의 인성에 대한 오스테나이트화온도의 영향을 나타낸 것으로, 모든 경우에 오스테나이트화온도가 상승함에 따라 인성이 감소됨을 알 수 있다. 이것은 온도의 상승과 함께 탄화물의 고용이 진행됨과 아울러 결정립이 성장해 마르텐사이트가 거칠어져 취화하기 때문이며, 아공석강에서도 Ac_3를 넘어 오스테나이트 단상이 되면 역시 빠른 결정립 성장이 일어나게 된다. 따라서 퀜칭을 위한 오스테나이트화 온도는 수냉의 경우, 아공석강에서는 Ac_3이상 30~40℃ 부근, 과공석강에서는 Ac_1이상 30~90℃ 부근으로 하는 것이 보통이며, 유냉의 경우는 이것보다 다소 높은 온도를 사용한다.

그러나 공구강의 경우, 오스테나이트화시 탄화물을 적당히 고용시켜서 마르텐사이트를 충분히 단단하게 하는 동시에 잔류 오스테나이트량을 줄이는 것이 중요하다. 탄소공구강에서는 상기와 같은 온도를 선택하면 별다른 문제는 없지만 과공석강의 경우 온도가 지

표 3.2 베어링강의 유냉 및 마르템퍼 처리시 오스테나이트화 온도에 의한 인성변화

오스테나이트화 온도(5분간 가열)	마르템퍼재 200℃의 염욕에 급냉하여 10분간 유지후 공냉		상온으로 유냉	
	경도 H_RC	흡수에너지(Kg-m)	경도 H_RC	흡수에너지(kg-m)
830℃	61	15.0	64	9.0
900℃	65	5.0	66	4.0
950℃	64	1.5	64	2.5

나치게 높을 때 오스테나이트중의 탄소량이 많아져서 Ms점이 저하하고 상온까지의 냉각시 잔류 오스테나이트가 많아져 충분한 경화가 안될 뿐 아니라 열균열도 일어나기 쉽게 된다. 한편 고속도공구강 등과 같이 W이나 Cr 등 탄화물을 만들기 쉬운 합금원소를 많이 함유한 강에서는 이들의 원소 때문에 공석변태점이 상승하는 동시에 오스테나이트 중의 탄소고용도가 감소한다. 예를 들면 18%W-4%Cr-1%V형의 고속도강(SKH2)에서는 공석점이 850℃까지 되므로 900℃ 부근까지 가열해도 오스테나이트의 탄소농도는 0.20∼0.25% 정도이므로 경도가 겨우 H_RC 50정도밖에 되지 않는다. 가열온도를 높이면 점점 탄화물의 용해도가 증가하고, 1300℃ 부근에서는 약 0.55% 정도의 탄소가 고용해서 퀜칭경도는 H_RC 66∼67로 충분히 높아지며, 동시에 고용된 W, Cr 때문에 열처리가 용이하고, 또 고속절삭으로 날끝온도가 상승해도 쉽게 경도가 저하하지 않는 우수한 템퍼링 연화저항성이 얻어지는 것이다.

그러나 이 경우도 지나치게 온도가 높아지면 역시 결정립의 조대화로 인해 취화된다. 이와같이 강의 성질이 손상될 만큼의 고온까지 가열시키는 것을 과열(overheat)이라 한다. 또, 그 정도가 더욱 심해서 입계가 일부 용융하기 시작하든지, 입계를 따라 내부까지 산화가 진행되어 후속되는 열처리나 기계가공 등의 작업에서도 정상적인 성질을 회복할 수 없는 경우를 버닝(burning)이라고 한다.

또한 오스테나이트화에서는 가열시간도 중요하다. 작업능률이나 원가 등의 입장에서는 가열시간은 짧은 것이 바람직하지만 실제로는 가열방법이나 재료의 크기에 따라 그 중심부까지 필요한 온도로 상승시키기 위한 시간이 필요하고, 확산에 의해 오스테나이트가 생성되고, 탄화물이 고용되어 균일화 시키는데 필요한 시간을 고려해야 한다. 합금원소가 많이 함유될수록 일반적으로 열전도율은 적고 또 확산속도도 늦으므로 장시간의 가열이 필요하다. 그림 3.24은 노온도의 98%에 이르는 시간을 실제 노온에 달한 것으로 보고 강재의 표면부와 중심부의 승온시간과 강재직경과의 관계를 나타낸 것이다. 강재두께가 클수록 장시간이 걸린다는 것은 당연하지만, 저합금강보다 고합금강의 것이 40∼50% 정도 긴시간을 필요로 하고, 또 그림에서 나타내지 않았지만 가열온도가 낮을수록 강재표면의 열전도량이 작으므로 오히려 장시간이 걸린다. 또한 중심부와 표면부의 승온시간차도 열전도도가 작은 고합금강 쪽이 크다.

한편 탄화물이 오스테나이트에 고용되는 고용속도는 강종에 따라 틀려지는데, 특히 텅스텐이나 바나듐과 같은 강력한 탄화물 형성원소를 함유한 강은 현저하게 늦어지지만, 동일강종이라도 퀜칭전의 조직, 주로 탄화물의 크기나 분산상태에 따라서 큰 영향을 받는다. 그림 3.25은 1%C의 탄소강을 750℃에서 오스테나이트화한 경우로서, 구상화처리를 한 거칠은 구상시멘타이트를 함유한 강이 그 고용속도가 늦으므로 오스테나이트화도

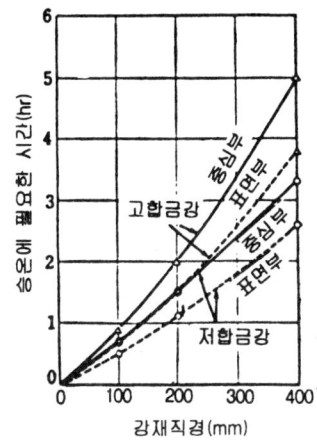

그림 3.24 900℃의 로중에 투입된 강재가 로온의 98%의 온도(882℃)까지 승온하는데 필요한 시간과 강재의 직경과의 관계

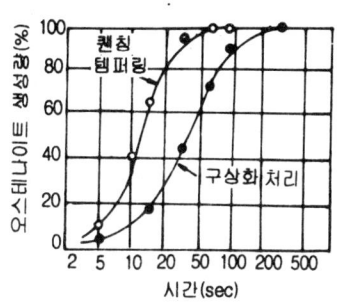

그림 3.25 퀜칭·템퍼링에 의한 미세 구상시멘타이트조직과 구상화 처리에 의한 조대 구상시멘타이트 조직의 오스테나이트화 곡선의 비교(1%C의 탄소강, 750℃ 오스테나이트화)

늦다는 것을 알 수 있다. 고탄소저크롬 베어링강에서 탄화물의 고용에 필요한 시간은 900℃의 경우, 미세펄라이트조직에서 약 2분, 펄라이트조직에서 약 3분, 구상화조직에서 1시간 이상이 필요하다고 한다. 그림 3.26는 구상화처리한 베어링강을 여러가지 온도로 오스테나이트화 했을 때의 유지시간과 미고용탄화물량의 관계를 나타낸 것으로 탄화물량이 일정값으로 안정화될 때까지 약 30~50분간이 소요되고 있지만, 온도가 높은 것이 고용해야할 탄화물이 많으므로 오히려 장시간이 걸리는 것 같이 생각되지만, 탄화물이 고용되면 퀜칭했을 때의 잔류 오스테나이트도 많아지고 경도도 저하되며 결정립의 조대화, 열균열, 시효변형등의 여러가지 문제가 발생될 수 있으므로 실제로는 반드시 평형상태까지 탄화물을 고용시킬 필요는 없다. 그리고 전술한 바와 같이 중심과 표면의 승온시간의 차이도 고려해서 각 강종의 오스테나이트화온도에 따르는 적당한 시간을 선정해야 하며, 탄소강이나 합금공구강(STS)에서는 두께 25mm당 약 30분, 다이스강(STD)에서는 그 1.5배 정도, 또 스테인레스강 등은 2배인 60분 전후를 유지한다. 고속도공구강은 1200~1350℃에서 퀜칭하며, 퀜칭을 위한 가열에는 염화바륨($BaCl_2$) 용융염욕을 사용하는 경우가 많고, 차가운 강재를 직접 고온염욕 중에 넣으면 균열이 생길 위험이 있으므로 1회 또는 2회의 예열을 해주어 그림 3.27과 같이 가열을 하는 것이 좋다.

또한 가열시간을 생각할 때 가열전의 조직의 영향도 무시할 수 없다. 탄화물이 조대한 구상 혹은 망상을 나타낼 때는 고용속도가 늦으므로 퀜칭전에 탄화물이 미세하게 균일 분산된 상태가 되도록 구상화 풀림이나 노멀라이징 등의 예비처리를 할 필요가 있다.

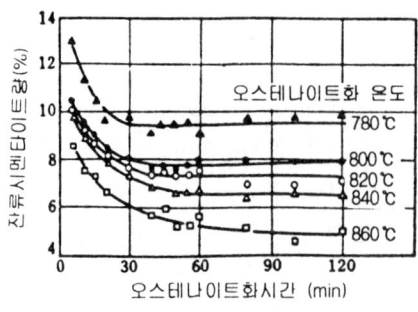

그림 3.26 오스테나이트화 온도에 의한 시멘타이트의 고용상황의 비교

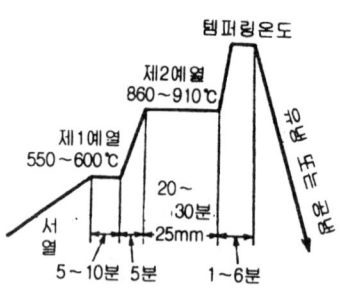

그림 3.27 고속도공구강의 퀜칭곡선

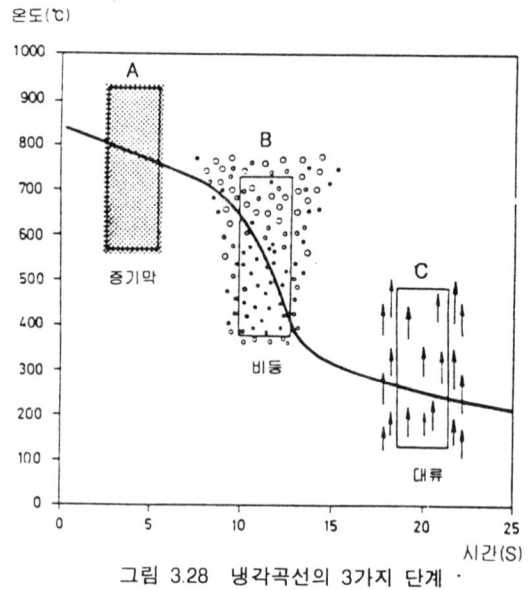

그림 3.28 냉각곡선의 3가지 단계

(3) 퀜칭액의 냉각능력

강을 퀜칭할 때 복잡한 형상의 고합금강에서는 간혹 공랭이라고 하여 단순히 공기중 방냉만으로 마르텐사이트조직을 얻을 수 있는 경우도 있지만, 그 외의 경우는 물 또는 기름 속에 투입해서 급냉하는 것이 보통이다. 잘 알려진 것처럼 기름보다 물의 냉각속도가 빠르므로 같은 강재에서도 퀜칭이 보다 잘되지만 기름이나 물도 그 온도에 따라, 혹은 첨가물에 따라, 혹은 교반하는 정도에 따라서도 그 냉각능력은 변화한다. 일정조건으로 수냉한 경우에도 강재가 식는 방법이 단순하지만은 않고 냉각도중에 냉각속도는 커지거나 작아지게 되어 미묘하게 변화한다. 그래서 이 절에서는 이들 퀜칭액의 냉각능력에 대하여 설명한다. 그림 3.28은 830℃로 가열한 작은 원주상의 강을 수냉했을 때의 냉

각곡선을 표시한 것으로, 냉각상황은 대략 3가지의 단계로 나누어진다. A의 단계는 가열된 강재의 표면에 수증기막이 생겨서 열전도가 작아지므로 강의 냉각은 비교적 늦다. 그러나 시간에 따라 점차 식어서 600℃ 이하가 되면 B의 단계로 들어간다. 즉 강표면에서 심한 비등이 일어나고, 수증기막은 곳곳에서 파괴되어 기포로 되어 없어질 때 강표면은 직접 물과 접촉해서 전도와 대류에 의해 열이 방출되어 급속히 냉각되게 된다. 약 300℃ 이하로 내려가면 마지막 C단계에 들어가서, 이미 수증기의 발생은 없고 강온도와 물온도의 차가 적어지므로 다시 냉각속도는 늦어진다.

　강의 퀜칭에서는 펄라이트변태가 일어나기 쉬운 A_1~550℃간의 온도범위를 충분히 급냉시켜야 한다. 그렇게 하는 데는 특히 A단계가 나타나는 시간을 되도록 짧게 할 필요가 있고, 그것은 수중에서 8자의 형태로 강재를 강하게 흔들어 준다거나 물을 심하게 교반시켜서 수증기막이 빠르게 파괴되도록 하면 된다. 수온은 되도록 낮추거나 5~10% 정도의 식염이나 염화칼슘을 물에 녹이면 A단계는 단축된다. 식염 등의 수용액에서는 가열된 강재표면에서 물의 증발과 함께 NaCl 등의 결정이 석출되고, 이들이 기포의 핵이 되기때문에 냉각능이 커진다고 생각되며 강표면에 숫돌분 등의 도포제를 엷게 칠해도 같은 효과가 있다. 단 숫돌분을 칠해도 그것이 퀜칭할 때 벗겨져 떨어진다면 효과가 없을 뿐 아니라 오히려 열처리 얼룩의 원인이 된다.

　그러나 Ar′ 변태가 일어나는 온도범위를 충분히 빠른 속도로 냉각시키면 그 후의 냉각까지 반드시 빨리할 필요는 없다. 오히려 300℃ 이하에서 냉각속도를 늦출 수 있다면 부품의 내외온도차를 줄이고, 변태응력의 발생이 적어져 열균열이나 열변형의 위험도 없어질 것이다. 즉 퀜칭액은 약 550℃ 부근까지의 냉각속도가 크고, 300℃ 이하에서의 냉각속도는 작아지는 것이 이상적이라 할 수 있다.

　표 3.3은 여러가지 퀜칭액의 냉각속도를 비교한 것으로, 직경 20mm의 銀球를 800℃로 가열해서 2l의 퀜칭액을 25cm/초 유속으로 교반되는 액 속에 투입해서 측정하였다. 이 표에서 알 수 있듯이 물은 냉각속도가 빠르지만 그것이 최대가 되는 온도가 비교적 낮고, 200℃ 부근에서의 냉각속도는 더욱 크므로 복잡한 형의 부품을 퀜칭할 때 열균열이 염려된다. 기름은 물보다 훨씬 냉각속도는 늦지만 種油(종유)는 광물유에 비해 고온측에서 빠르고 저온측에서 낮다고 하는 편리한 특성을 가지고 있다. 그런데 종유는 여러번 사용함으로써 산화중합을 일으키기 쉽고, 점도가 커져서 냉각능력의 저하(노화라 한다)가 빠르므로 최근에는 광물유를 여러 가지로 개량한 것이 시판되고 있다. 또 기름은 물과 달리 온도가 약간 높아지면 유동성이 갑자기 좋아지므로 60℃ 정도의 온도에서 사용하면 좋다. 단 연속해서 사용하는 경우는 강재열에 의해 점차 온도가 상승되어 냉각상태가 달라지므로 온도관리는 항상 중요하다.

표 3.3 여러가지 퀜칭액의 냉각속도

퀜 칭 액	액온(℃)	V_{700}(℃/sec)	Vmax(℃/sec)	Tmax(℃)	V_{200}(℃/sec)
수　도　물	20	370	1340	350	600
	40	190	1010	310	500
	60	60	650	270	450
11% 식염수	20	1300	2670	540	800
종　　　유	20	100	300	580	20
광　물　유	40	70	210	500	210
광물성 퀜칭유	40	100	360	520	70

한편 표 3.3과 같은 수치는 실험방법에 따라 달라지고, 단순히 동일시험조건내에서의 비교값을 제공할 뿐이다. 따라서 Grossmann 등은 액의 냉각능력을 나타내는 일반적 수치로 액과 강의 계면의 열전달계수 a와 강의 열전도도 λ의 비($H=a/\lambda$)를 퀜칭액의 냉각능(severity of quench)이라고 명명하고 있다. 정지한 물의 냉각능을 1.0으로 하면 공기, 기름, 물 및 식염수의 H 값은 대략 표 3.4와 같은 값이다. 이 표에서 보면 심하게 교반된 물이나 기름은 정지된 상태에 비해서 4배 정도까지 냉각능력이 크게 되므로 퀜칭할 때 교반이 대단히 중요한 의미를 가지고 있다는 것을 알 수 있다.

표 3.4 냉매의 냉각능 H의 값

교반의 정도＼냉매	공　기	기　름	물	식 염 수
정　　　　지	0.02	0.25~0.30	1.0	2
조　용　하　게	……	0.3~0.35	1.0~1.1	2~2.2
중　정　도　로	……	0.35~0.40	1.2~1.3	……
충　분　하　게	……	0.4~0.5	1.4~1.5	……
강　하　게	0.05	0.5~0.8	1.6~2.0	……
심　하　게	……	0.8~1.1	4	5.0

(4) 강의 경화능

1) 경화능이란

구조용강이나 공구강에서도 퀜칭의 목적은 마르텐사이트조직을 만드는 것이지만, 이미 기술한 바와 같이 강의 화학조성에 의해 정해지는 임계냉각속도라는 것이 있고 이속도 보다 천천히 냉각하면 Ar'변태에 의해서 펄라이트가 형성되어 마르텐사이트 조직으로 되지 않으므로 퀜칭이 안되게 된다. 따라서 같은 물 또는 기름에 퀜칭을 해도 강재의 직경이나 살두께가 커지면 표면은 빠르게 냉각되어도 중심부의 냉각은 대단히 늦어지므로 열처리가 어려워진다. 표면부의 경화층 깊이(hardening depth)를 측정하여 강재의 직경과의 관계를 구하면 그림 3.29와 같이 되고, 직경이 약 25mm를 넘으면 경화층 깊이는 급격히 감소한다는 것을 알 수 있다. 즉 이 강의 경우 직경 약 25mm의 중심부, 즉 표면에서 약 12.5mm의 위치의 냉각속도가 거의 임계냉각속도에 해당하고, 이 이상 두꺼워지면 중심부는 물론 표면에서 12.5mm위치에서도 임계냉각속도보다 늦게 냉각되어 열처리가 어려워진다.

그림 3.30은 일련의 시험편에 대한 단면의 경도분포를 측정한 것이다. 이들의 곡선은 U자상으로 되어 있으므로 U곡선(U curve)으로 불리워지나 이 그림에서 경도가 큰 부분의 깊이가 강직경의 증가에 따라 감소하는 경향과 함께 중심부분의 경도도 점점 낮아진다는 것을 알 수 있다.

이와 같이 열처리가 되는 깊이는 강재의 크기 또는 살두께에 따라 달라지므로 이것을 질량효과(mass effect)로 부르고 있다. 강의 임계냉각속도는 강의 화학조성을 따라 달라지므로 결국 같은 크기, 같은 형상의 강재에서도 강조성에 따라 열처리가 달라진다. 즉 열처리가 되는 깊이, 혹은 그림 3.30과 같은 경도의 분포는 우선 퀜칭되는 강의 본질적인 성능에 따라 지배되고, 이 성능을 경화능(hardenability)이라는 말로 표현한다. 질량효과가 큰 강, 즉 치수가 약간 커짐에 따라 열처리가 잘 안되는 강은 경화능이 나쁘거나 혹은 낮다고 하며 질량효과가 적은 강은 경화능이 좋다고 한다.

각 강종은 그 화학조성에 따라 제각기 고유의 경화능을 가지고 어느정도의 두께까지 완전한 열처리가 되는 한계의 살두께 혹은 직경이 있다. 그러나 이 한계치수도 퀜칭 방

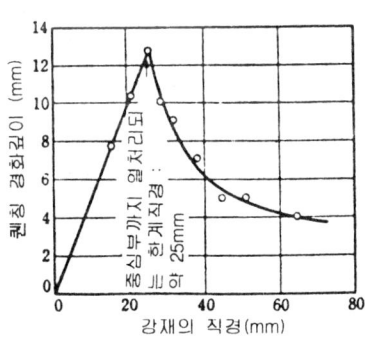

그림 3.29 일련의 강의 직경과 퀜칭 경화층 깊이와의 관계

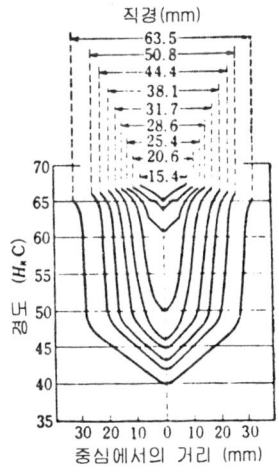

그림 3.30 일련의 강의 단면 경도 분포곡선(U곡선)

법에 의해 달라진다. 수냉보다 유냉쪽이 냉각속도가 늦기 때문에 한계 치수는 당연히 작게 된다. 또 같은 기름에서도 강하게 교반하면 한계치수는 상당히 커질 것이다. 한편 이 퀜칭방법은 목적으로 하는 물품의 형상 등에 따라서 달라져야 한다. 단순한 형상일 때에는 수냉이 더 좋지만, 복잡한 형이나 살두께가 같지 않은 강에서는 수냉을 하면 균열의 위험이 크므로 유냉이나 경우에 따라서는 공랭정도의 냉각밖에 할 수 없을 것이다. 따라서 유냉이나 공랭이 요구된다면 그러한 퀜칭에서도 강재의 중심까지 열처리가 되도록 경화능이 좋은 강을 선정할 필요가 있다. 즉 니켈, 크롬, 몰리브덴 등의 합금 원소를 함유한 고급강이 필요해진다. 이렇게 하면 재료비가 높아지므로 이 재료비를 낮추기 위해 싼 강을 사용할 때에는 반대로 공랭보다 유냉 혹은 수냉과 같은 강한 퀜칭을 할 필요가 있고, 그렇게 해서도 균열 등이 일어나지 않도록 부품의 형상치수에서부터 재검토해야 한다.

복잡한 형상은 단순화해서 두께차이를 되도록 줄이고 단면의 균형을 맞추기 위해서는 분할이 가능한 것은 분할하고, 또 살두께가 두꺼운 부분에 용도와 관계없이 구멍을 뚫어 (blind hole) 냉각속도를 빠르게 하는 등 형상에 신경을 쓸 필요가 있을 것이다. 또 경우에 따라서는 중심부까지 완전히 열처리가 될 필요가 있는가를 생각하는 일도 중요하다. 볼트와 같이 사용조건에서 그 단면에 일정한 힘이 작용할 때에는 중심이나 표면부도 동등의 강인성이 필요하며 따라서 중심부까지 완전히 퀜칭한 다음 템퍼링하는 것이 바람직하다. 그러나 축 등과 같이 굽힘 혹은 비틀림이 작용하는 부품에서는 그 힘의 성질에서 볼 때 부품의 표면부에 가장 큰 힘이 작용하게 되고, 중심부에는 거의 힘이 작용하지 않는다. 이와 같은 경우는 중심부까지 강한 강인성을 줄 필요가 없으므로 표면부만 충분히 퀜칭, 템퍼링되면 족하고, 반드시 경화능이 좋은 강을 사용할 필요는 없다. 오히려 적당하게 경화능이 나쁜 강을 골라서 중심부에는 열처리가 되지 않도록 하면 퀜칭후에 표면부에 압축응력이 남게 되어 균열의 염려도 없고, 피로성질도 좋아지기 때문에 재료비도 싸진다는 등 여러 가지의 이점이 얻어진다.

이상과 같은 관점에서 열처리부품의 제작에 있어서 재료의 선택이나 퀜칭방법은 서로 관련지어 결정해야 한다. 즉

① 부품의 기계적성질·형상·치수 등의 설계
② 사용강종의 선택
③ 열처리방법의 선택

의 3가지는 서로 유기적으로 관련시켜 검토해야 한다. 물론 대개의 경우에 우선 ①, 다음 ②, ③순으로 검토하지만 ③을 생각한 다음 다시 ②, ①를 재검토해서 최종적으로 ①, ②, ③의 3가지를 동시에 결정하는 것이 좋다.

그러나 ②의 사용강종의 선정에는 여러가지 강종의 경화능이 정량적으로 확실히 결정

되고, 어떤 퀜칭에서는 몇 mm의 두께까지 완전히 경화가 되는가, 혹은 몇 mm의 강재라면 표면에서 어떤 깊이까지 열처리가 되는가를 사전에 알고 있는 것이 바람직하다. 그래서 경화능의 정량적인 표현방법과 그 측정방법을 수립할 필요가 있다.

2) 경화능의 표시방법과 시험방법

임계냉각속도가 큰 강의 단면치수가 약간 커져서 중심부의 냉각속도가 늦어지면 중심부의 열처리가 되지 않아 경화능이 나빠지게 되며, 반대로 임계냉각속도가 작은 강은 경화능이 좋다. 따라서 경화능이 좋고 나쁜 것은 임계냉각속도가 작고 큰 것에 따르므로 임계냉각속도는 경화능의 표시방법으로서 이용된다. 그러나 임계냉각속도가 몇 ℃/초라 해도 그것으로 몇 mm의 깊이까지 완전히 경화가 되는가, 몇 mm의 굵기에서 어떤 냉각을 하면 표면에서 몇 mm까지 경화된다고 하는 실용적인 수치를 곧바로 연상하는 것은 곤란하다. 오히려 그림 3.29에서 나타낸 『중심부까지 경화가 되는 한계의 직경』이라든지 혹은 수냉면에서 몇 mm까지 경도가 얼마이상이 된다고 하는 수치를 구하는 편이 경화능을 나타내는데 보다 실용적이다. 후자는 일단퀜칭방법에 의한 경화능 시험으로서 KS 규격(KSD 0206)에도 규정되어 있고, 또 전자는 『임계직경』으로 불리워지며 앞서 말한 퀜칭액의 냉각능력 H와 같이 잘 연구되어 화학조성으로부터 강의 경화능을 예상하는 방법까지 거의 확립되어 있다. 여기서는 경화능 표시방법으로서 일단퀜칭방법에 대해서 소개하고자 한다.

일단 퀜칭방법에 의한 경화능시험(end-quench test)은 Jominy와 Boegehold에 의해 처음 시작되었다. 죠미니시험(Jominy test)이라고도 하며, 기계구조용의 탄소강 및 저합금강 등의 경화능시험에 편리하며 많이 이용되고 있다.

그림 3.31는 그 시험편 등의 치수를 나타내고, 또 그림 3.32은 시험장치를 알기쉽게 나타낸 것이다. 시험편은 직경 25mm, 길이 100mm

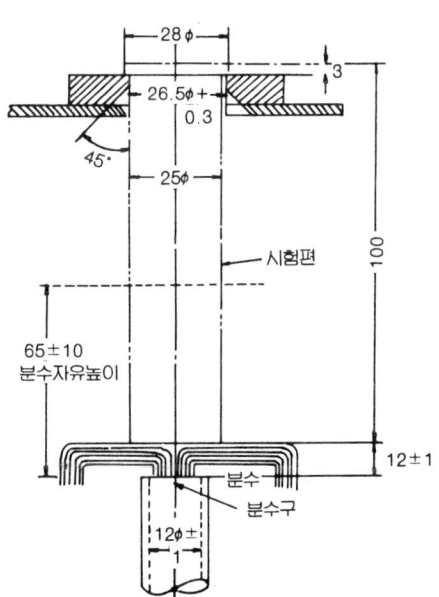

그림 3.31 죠미니시험방법의 시험편과 냉각수분출구

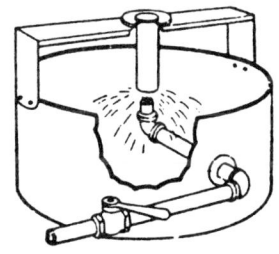

그림 3.32 죠미니시험방법에 의한 경화능 시험장치

의 원주상으로 한 쪽 끝단에 직경 28mm의 플랜지를 달고 있다. 시험장치는 일정한 유량 및 유속으로 물을 분출시켜 그림과 같이 시험편 밑의 단면에만 분수가 충돌해 그 일단만이 냉각되도록 되어 있다.

분출된 물의 강도가 일정하게 하기 위해서는 시험편을 올려놓지 않을 때의 자유높이를 65±10mm로 규정하여 이 자유높이가 일정하게 유지되도록 넘쳐 흐르는 장치를 이용하여 낙차를 일정하게 한 물탱크나 또는 물펌프를 사용한다. 시험편은 노중에서 정해진 온도로 가열을 하고 나서 꺼내어 5초이내에 이 시험장치에서 분출되는 물에 의한 퀜칭이 되도록 한다. 시험편의 측면에서의 공기나 복사에 의한 냉각은 분수에 의한 하단부로부터의 냉각에 비해 무시할 수 있을 만큼 적으므로 시험편은 하단에서 위로 향해서 점차 냉각속도가 늦어진다. 즉 1개의 시험편으로 여러가지 냉각속도가 주어지게 된다. 이렇게 해서 퀜칭이 끝난 시험편의 원주면을 축방향에 따라 깊이 약 0.4mm씩 연삭해서 그림 3.33과 같이 상하의 평행한 2면을 만들고, 이 면을 퀜칭단에서 1.5mm의 점으로부터 일정간격으로 경도를 측정하여 경도와 퀜칭단에서의 거리관계를 그래프에 나타낸다. 이 곡선을 경화능 곡선(hardenability curve, H-curve) 또는 죠미니곡선이라 한다.

그림 3.34는 퀜칭단으로부터의 거리에 따른 냉각곡선을 CCT곡선위에 나타낸 것으로써, 퀜칭단으로부터의 거리가 멀수록 마르텐사이트의 생성량이 감소되어 경도가 저하되는 것을 알 수 있다. 그림 3.34에 표 3.5의 4가지 강종에 대한 경도곡선을 나타내었다.

표 3.5 그림 3.34의 재료에 대한 화학조성(%)

번 호	C	Si	Mn	Ni	Cr	Mo
①	0.63	0.22	0.87			
②	0.43	0.29	1.65			0.36
③	0.62	2.13	0.86		0.33	
④	0.59		0.89	0.53	0.64	0.22

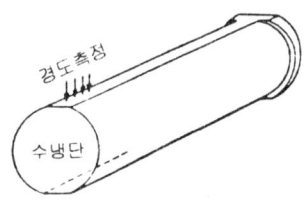

그림 3.33 죠미니곡선을 얻기 위한 시험편

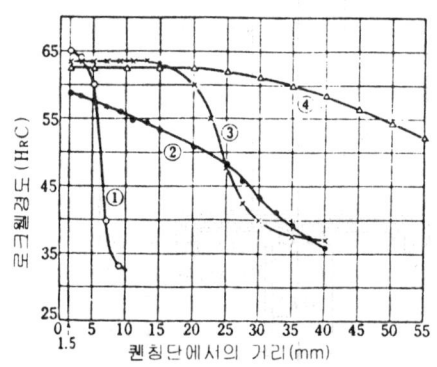

그림 3.35 표 3.5에 나타내는 4종류 강에 대한 경화능 곡선

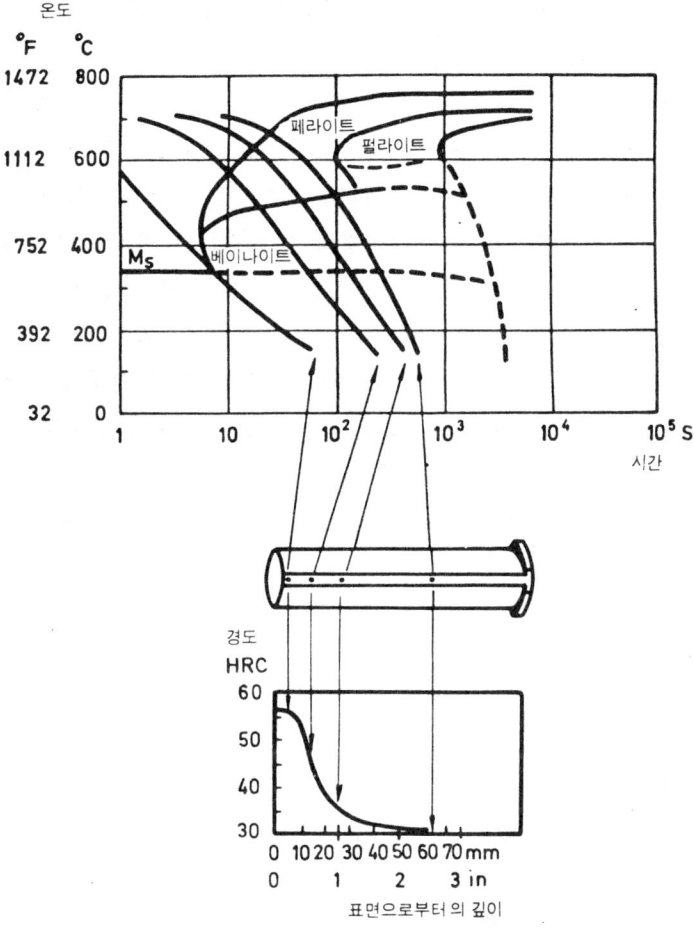

그림 3.34 죠미니거리에 해당하는 냉각곡선을 갖는 CCT곡선.
아래 부분의 그림은 죠미니시편에 따른 경도값

각 곡선으로 비교되는 이 4강종 가운데에서는 ①의 탄소강이 가장 경화능이 나쁘고, ④의 Ni-Cr-Mo강이 가장 경화능이 좋다는 것을 알 수 있다. 더우기 퀜칭단 부근의 경도는 마르텐사이트의 탄소함유량에 거의 의존하는 것으로 경화능의 대소와는 관계없고, 경화능으로부터 중요한 것은 퀜칭단에서 몇 mm의 점에서 경도가 급감하여 경화가 되지 않느냐는 것이다. KS에서는 경화능을 나타내는데 퀜칭 곡선이외에는 경화능지수를 사용할 수 있고 이것은 퀜칭단으로부터 일정거리에서의 경도 또는 일정경도에 대한 퀜칭단으로부터의 거리로 다음과 같이 나타낸다.

예 : ① 퀜칭단에서의 거리 12mm의 위치의 경도가 H_RC 36인 경우

$$J_{12mm} = H_RC\ 36$$

② 경도 H_RC 45에 대한 퀜칭단에서의 거리가 6mm인 경우

$J_{HRC45} = 6mm$

여기서 ②의 H_RC 45와 같은 특정경도를 지정하는 경우 보통은 마르텐사이트와 미세 펄라이트가 50%씩인 위치의 경도를 선정할 때가 많다. 그것은 그림 3.36에서와 같이 조직이 완전마르텐사이트 부분에서 미세펄라이트로 변화될 때 50% 마르텐사이트 부근이 가장 급격하게 조직이 변화되는 부분이며, 이것에 따라 경도의 변화도 현저하므로 경도곡선이나 조직관찰로 50% 마르텐사이트점을 결정하는 것이 쉽고 오차도 적기 때문이다. 그러나 이미 말한 바와 같이 미세펄라이트가 섞이면 기계적성질은 좋지 않으므로 큰 힘이 가해지는 부분은 적어도 90% 이상의 마르텐사이트조직으로 퀜칭하는 것이 바람직하다. 그림 3.37은 여러가지 마르텐사이트량을 함유한 강의 경도와 탄소량과의 관계를 나타낸 것이다.

이와같이 특정 경도를 지정하여 그 경도 이상의 부분은 경화가 되어 있다고 할 경우 이 특정경도를 임계경도(critical hardness)라 한다.

3.2.4 템퍼링

(1) 템퍼링의 목적

퀜칭에 의해 마르텐사이트조직으로 한 강을 그대로 사용하는 일은 거의 없고, 보통 반드시 템퍼링을 한다. 그 중요 이유로서는 다음과 같은 것을 들 수 있다.

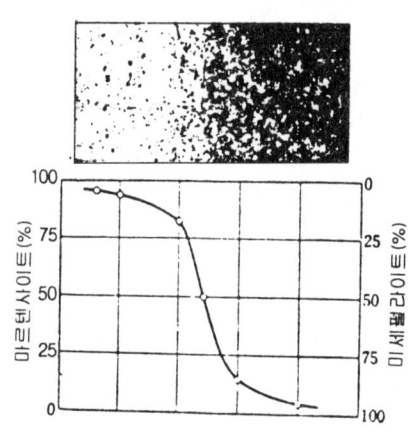

그림 3.36 마르텐사이트부분에서 미세펄라이트 부로의 조직변화

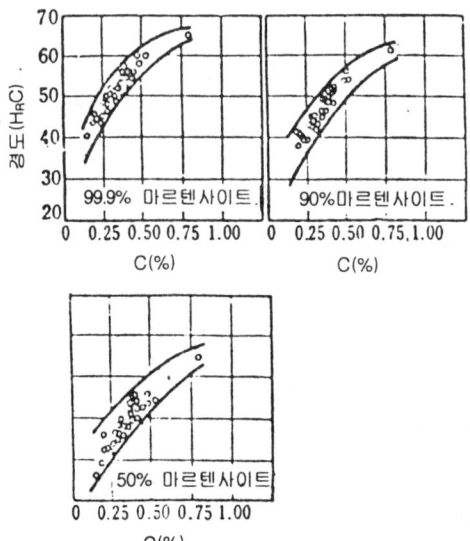

그림 3.37 탄소량 및 마르텐사이트량과 로크웰경도와의 관계

① 퀜칭에 의해 강재내에서는 내부응력이 발생되며, 그대로 연삭 등의 다듬질 가공을 하면 응력의 균형이 달라져서 변형 또는 균열을 일으킨다. 또 그대로 사용하면 시간이 경과함에 따라 응력이 완화되는 동시에 변형이 나타나게 된다.

② 마르텐사이트조직은 일반적으로 단단하고 부서지기 쉬운 성질이 있다. 또 표면부에 인장잔류응력이 있는 경우에는 불안정한 파괴를 일으키기 쉽고, 경도에 비례해서 인장강도가 반드시 높다고 할 수는 없으며, 항복점이나 탄성한계도 낮다. 이들의 경향은 탄소량이 많은 강일수록 심하다. 따라서 용도에 따라 적당한 인성을 유지하기 위해 템퍼링을 실시하며 특히 기계부품으로서 사용하기 위해서는 충분한 인성이 필요하기 때문에 500~650℃와 같은 고온에서 템퍼링을 한다. 이것은 템퍼링 마르텐사이트조직이 강도와 인성의 겸비라는 점에서 미세펄라이트보다 우수하기 때문이다.

③ 마르텐사이트는 조직자체도 불안정하고, 탄소원자의 확산속도가 크므로 과포화로 고용해 있는 탄소가 탄화물로서 석출하려는 경향이 강하고, 여기에 수반해서 체적의 수축이 일어난다. 또 잔류 오스테나이트가 함유되어 있는 경우에는 이것이 사용중에 마르텐사이트로 변태하여 체적의 팽창을 일으킨다. 이와 같이 마르텐사이트도 잔류 오스테나이트와 같이 상온에서는 불안정하고 그들이 상변화를 일으켜 강재부품의 형상이나 치수에 오차를 일으키므로 정밀한 공구나 기계부품 등에서는 이것을 특별히 경계해야 한다. 150~200℃에서의 템퍼링으로 경도를 그다지 저하시키지 않으면서도 이와 같은 조직의 불안정성을 다소 제거할 수 있다.

이상과 같은 이유에서 템퍼링을 한마디로 정의하면 「퀜칭에 의해 생긴 조직을 변태 또는 석출을 진행시켜 안정한 조직에 근접시키는 동시에 잔류응력을 감소시켜 소요의 성질 혹은 상태를 유지하는 것을 목적으로 하여 A_1점 이하의 적당한 온도로 가열·냉각하는 조작」이다.

공구강 등과 같이 「단단한」 것을 필요로 하는 용도에 사용되는 강에서는 상기의 ③에 중점을 두고 주로 200℃이하의 저온템퍼링을 해서 마르텐사이트 특유의 경도를 떨어뜨리지 않고 치수안정성과 다소의 인성을 주지만, 구조용강에서는 그들의 상태를 훨씬 넘어 ②의 큰 인성에 중점을 두고 고온템퍼링을 할 때가 많다.

(2) 템퍼링에 의한 조직과 성질의 변화

마르텐사이트가 완전한 안정상이 아니라는 것, 펄라이트나 페라이트에 비해 현저하게 경하다는 것은 이미 여러번 기술한 바 있지만, 이 마르텐사이트가 템퍼링에 의해 분해하여 탄화물을 석출해서 점점 안정한 평형상태로 가는 과정을 우선 경도변화로 조사해 보자.

그림 3.38은 3종류의 탄소강을 여러가지 온도로 템퍼링했을 때의 경도변화를 나타낸 것이다. 0.5%C강은 100℃부근까지의 템퍼링에서는 약간 연화하는 정도이나 그 후는 급속하게 경도가 감소하여 퀜칭상태의 H_RC 62.5에 비하여 350℃에서 템퍼링하면 H_RC 40으로 연화된다. 그러나 퀜칭상태의 마르텐사이트의 경도는 일반적으로 오차가 크고 그것은 탄소량이 많은 강일수록 현저하지만, 50~100℃로 템퍼링하면 이 오차가 감소하는 동시에 평균경도는 오히려 약간 증가한다. 그림 3.38의 0.8%C강과 1.0%C강에서 이 경향을 볼 수 있다. 또 이들의 고탄소강은 100℃이상에서 급속하게 연화되는 도중에 200~250℃에서 약간 연화가 정체된다. 이것은 잔류 오스테나이트가 이 부근의 온도에서 템퍼링될 때 하부베이나이트로 분해하기 때문이다.

이와같은 템퍼링과정에 있어서의 상변화를 고찰하기 위해 템퍼링가열에 수반하는 길이의 변화를 측정하면 그림 3.39와 같이 된다. 이 그림은 공석탄소강을 직경 5mm정도의 환봉시험편으로 가공하여 퀜칭한 후 열팽창계에 장치해서 매분 2℃정도의 속도로 서서히 가열시키면서 같은 치수의 풀림재와의 팽창차만을 측정한 것이다. 따라서 강에 고유의 열팽창계수를 소거하고 상변화에 의한 팽창이나 수축만이 나타나도록 한 것이다. 이 그림의 곡선에서는 우선 상변화가 다음 3가지의 단계로 분류된다.

　제1단계 : 50℃ 부근으로부터 220~230℃에 걸친 큰 수축
　제2단계 : 240~300℃ 범위에서 볼 수 있는 작은 팽창
　제3단계 : 300~400℃를 중심으로 하는 큰 수축

물론 이들의 특징적인 변화가 나타나는 온도범위는 가열속도에 따라 변하여 가열속도가 커지면 고온측으로 이동한다. 또 상기의 팽창수축에 대응한 변화는 전기저항이나 자성에도 확인되고, X선 분석이나 전자현미경 등에 의한 연구를 종합하면 강의 템퍼링과정에서의 조직변화는 다음과 같이 생각되고 있다.

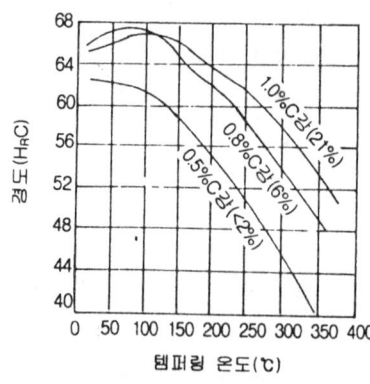

그림 3.38 퀜칭한 탄소강의 템퍼링에 의한 경도의 변화. ( ) 내의 숫자는 잔류 오스테나이트량을 나타낸다.

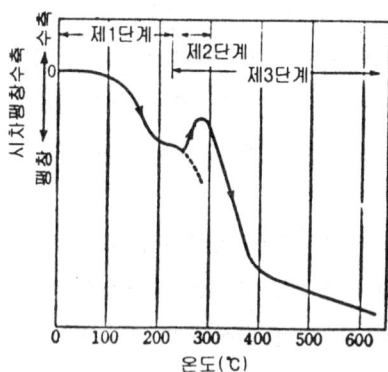

그림 3.39 퀜칭된 공석탄소강의 시차열팽창곡선 (설명도)

제1단계 : 마르텐사이트중에 과포화로 고용되었던 탄소가 탄화물로서 석출하는 과정이다. 마르텐사이트는 α철의 결정격자중에 탄소원자가 침입해 들어가서 현저하게 팽창한 상태이지만 그것으로부터 탄소원자가 빠져나와 새로운 밀도가 큰 탄화물을 형성하기 때문에 체적의 수축을 수반하는 동시에 전기저항도 감소한다. 그림 3.40의 (a) 및 (b)는 200℃에서 템퍼링했을 때의 현미경조직을 나타낸 것으로, 마르텐사이트조직에 비해 사진으로서는 침상조직이 다소 흩어진 느낌이 갈 뿐 큰 변화를 보이지 않는다. 실제로는 질산 혹은 피크린산에 의해 현저하게 부식되기 쉽게 되며 저배율로 관찰하면 단시간의 부식으로 대단히 검게 착색되어 보인다. 이것은 탄화물이 극히 미세하게 석출되어 있기 때문으로서 이때문에 퀜칭상태의 조직을 백색 마르텐사이트, 제1단계의 템퍼링상태를 흑색 마르텐사이트로 부를 때도 있고, 또 전자를 α마르텐사이트, 후자를 β마르텐사이트라고도 한다.

제1단계의 템퍼링으로 마르텐사이트는 정방정에서 거의 입방정에 가까운 상태가 되며 0.2~0.3%정도의 탄소가 고용된 상태라고 추정된다. 또 이 단계에서 석출되고 있는 탄화물은 사방정의 시멘타이트 Fe_3C와는 결정구조가 다른 중간단계의 것으로 $Fe_{2.3}C$로 나타나는 육방정의 ε 탄화물로 되어 있다. 이 ε상은 대단히 미세하고 또한 얇은 판상으로 석출되므로 그 석출의 초기에는 뒤에서 기술하는 알루미늄합금 등의 경우와 비슷한 석출경화를 나타내지만, 마르텐사이트 자체가 현저하게 硬하므로 경화의 경향은 그림 3.38에서 볼 수 있는 정도이다.

제2단계 : 240℃이상에서 확인되는 작은 팽창은 잔류 오스테나이트의 하부베이나이트로의 변태에 의한 것이다. 이 단계에서 전기저항은 감소하고 자성은 증가한다. 또 경도도 증가하게 되나 동시에 진행되는 마르텐사이트의 템퍼링연화와 상쇄되므로 잔류 오스테나이트량이 적을 경우는 그림 3.38과 같이 연화가 약간 정체하는 정도이다. 조직의 관점에서도 잔류 오스테나이트가 적다는 것과 그것이 마르텐사이트의 침상정 사이에 미세하게 분산되어 있기 때문에 광학현미경 관찰에서는 특별한 변화는 알 수 없는 것이 보통이다. 하부 베이나이트는 페라이트와 탄화물의 혼합물이나, 이 경우의 탄화물도 시멘타이트가 아닌 육방정의 ε상으로 생각되고 있다.

제3단계 : 220~230℃ 부근에서 시작되는 이 단계의 변화는 처음에는 제2단계와 겹쳐져 확실하지 않지만, 300℃ 이상에서는 크게 수축되는 것이 특징이다. 그러나 전기저항은 그다지 변화되지 않고 제1단계에서 1차로 탄소농도가 0.2~0.3%로 감소된 기지페라이트로부터 다시 탄소가 시멘타이트형으로 석출하여 페라이트 자체는 평형상태의 탄소고용도 0.02% 이하까지 탄소농도가 감소된다. 다시 온도가 높아짐에 따라 시멘타이트는 현저한 응집성장으로 조대화되는 동시에 그 수가 감소되어 가는 과정도 이 3단계 중에

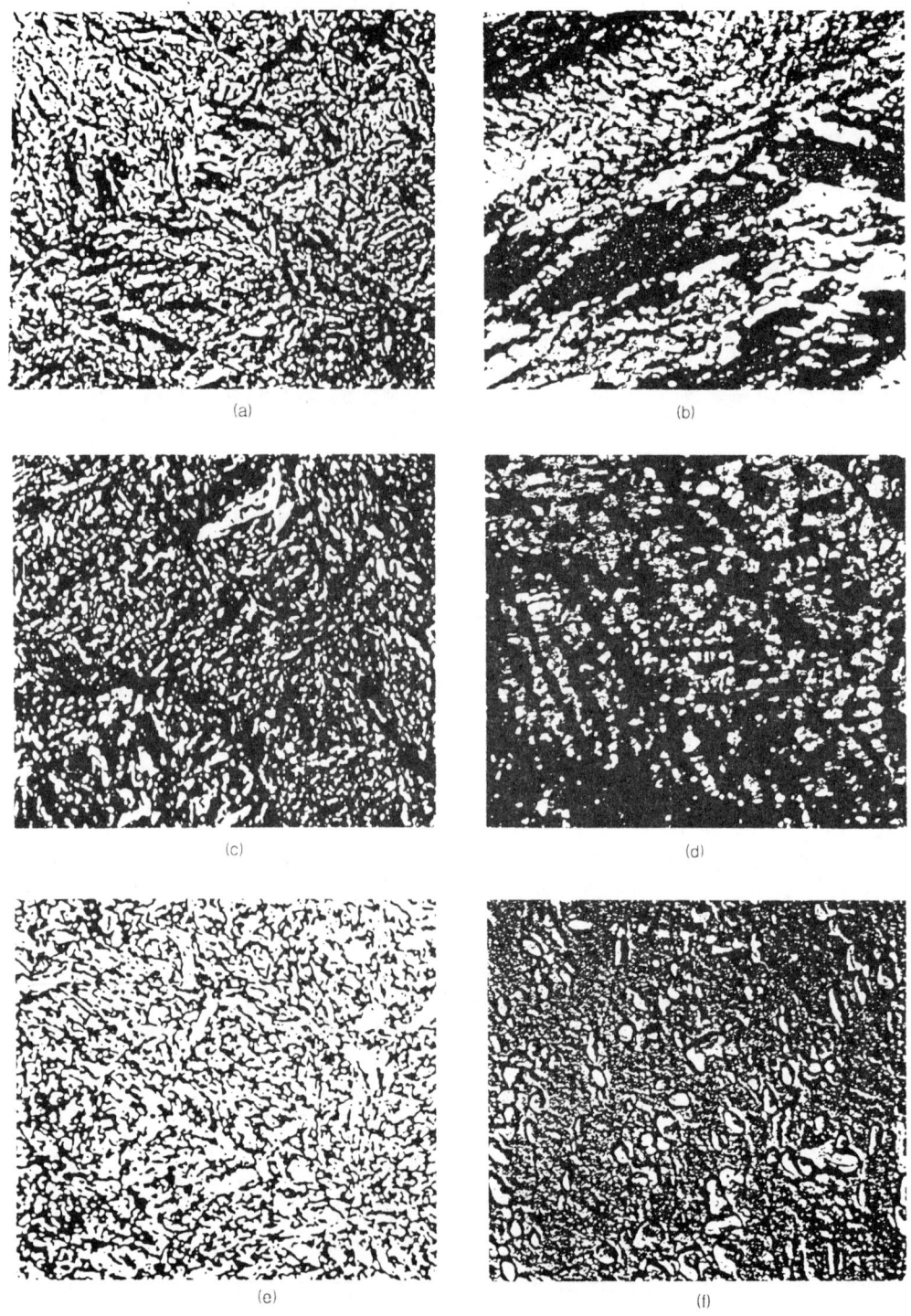

그림 3.40 공석탄소강의 템퍼링조직
(a), (b) : 200℃ (c), (d) : 400℃, (e), (f) : 600℃
(a), (c), (e)는 광학현미경조직, (b), (d), (f)는 투과전자현미경조직

포함된다. 400℃ 부근에서 템퍼링했을 때의 조직을 트루스타이트(troostite), 또 500~600℃로 템퍼링했을 때의 조직을 소르바이트(sorbite)라 할 때도 있다. 그림 3.40의 (f)에서 탄화물이 조대화되어 있는 것을 확인할 수 있다.

시멘타이트가 온도상승에 따라 응집해가는 상태를 도식적으로 나타낸 것이 그림 3.41이다. 즉 저온에서는 극히 미세하며, 또한 다수 분산해 있던 입자는 온도가 높아져서 확산이 용이해짐에 따라 보다 안정한 큰 입자로 성장하려고 한다.

시멘타이트는 대단히 경한 화합물로 비커스 경도는 1100정도이다. 그것에 비해 페라이트는 비커스 경도 100이하의 연한 상이므로 시멘타이트의 분산상태는 경도·강도에 큰 영향을 미친다. 즉 그림 3.41(c)와 같이 시멘타이트입자가 성장해서 그 수가 작아지면 입자간격은 넓어지고 연한 페라이트의 연속성이 커지므로 당연히 경도는 감소한다. 그림

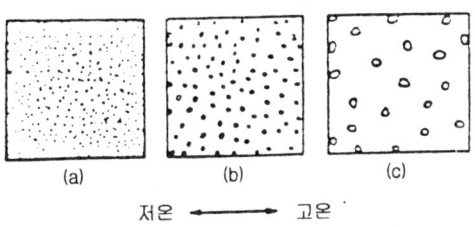

그림 3.41 템퍼링에 의한 탄화물의 응집

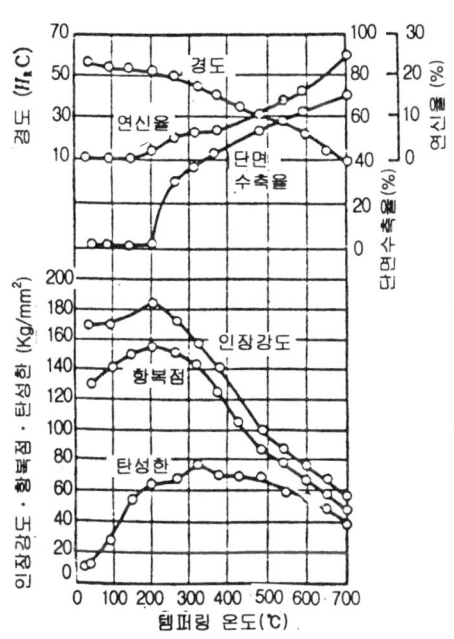

그림 3.42 퀜칭한 중탄소강의 템퍼링에 의한 기계적성질의 변화
(C 0.41%, Mn 0.72% ; 843℃ 유냉)

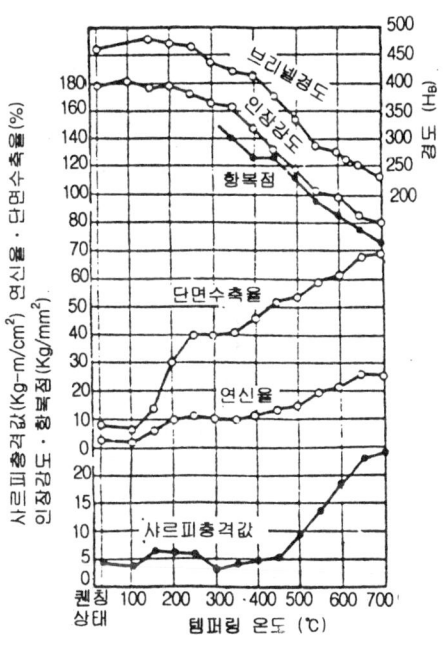

그림 3.43 크롬몰리브덴강(SCM 3)의 템퍼링에 의한 기계적 성질의 변화
(C 0.37%, Mn 0.85%, Cr 0.77% ; Mo 0.30% ; 860℃ 유냉)

3.38의 경도곡선에서 제3단계의 300℃이상 경도가 급감하는 것은 이러한 이유 때문이다. 그림 3.42는 중탄소강을 여러 가지 온도로 템퍼링해서 인장시험을 실시한 결과로 탄성한은 300~400℃에서 최대가 되지만, 인장강도와 항복점은 200℃ 부근에서 최대가 되고 그 다음은 경도와 동일하게 온도의 상승에 따라 급감한다. 한편 연신율과 단면수축률은 반대로 템퍼링온도의 상승과 함께 증가하고 인성이 회복되는 것을 알 수 있다. 그림 3.43은 동일한 결과를 Cr-Mo강에 대하여 나타낸 것이다.

(3) 템퍼링연화에 대한 합금원소의 영향과 2차경화

템퍼링처리해서 사용하는 구조용강이나 공구강에서는 합금원소를 첨가한 여러가지 강종이 있다. 이 경우의 합금원소 첨가목적은 첫째, 경화능의 개선으로서, 큰 강재에서도 중심부까지 열처리가 되도록 하여 소기의 성능을 얻는데 있다. 그러나 이들의 합금원소는 템퍼링연화에 대하여도 다소간에 영향을 미치게 되고, 특히 탄화물을 만드는 경향이 강한 원소를 첨가한 경우에는 고온에서 템퍼링을 해도 연화가 잘 안되어 절삭용공구나 단조용금형 등의 용도로 사용할 수 있다. 즉 이 경우의 합금원소는 경화능향상외에 템퍼링연화저항의 개선이라는 목적이 있고, 오히려 후자의 중요성이 크다고 생각되는 강종도 많다.

강에 첨가되는 합금원소는 일반적으로 템퍼링시에 확산이 느리기때문에 탄화물의 응집도 늦고, 같은 경도로 템퍼링하는데 보다 고온 또는 장시간의 템퍼링을 요하게 되나 템퍼링연화저항에 미치는 영향은 합금원소의 종류에 따라 달라진다. 단, Ni, Mn 및 Si과 같이 특별한 탄화물을 만들지 않고 오직 페라이트중에 고용하는 원소의 경우는 템퍼링연화저항에 대한 영향은 그다지 현저하지 못하다. 그림 3.44~그림 3.46에 Ni, Mn 및 Si의 영향을 나타냈는데, 첨가량이 많아짐에 따라 곡선전체가 약간 고온측으로 이동될 뿐

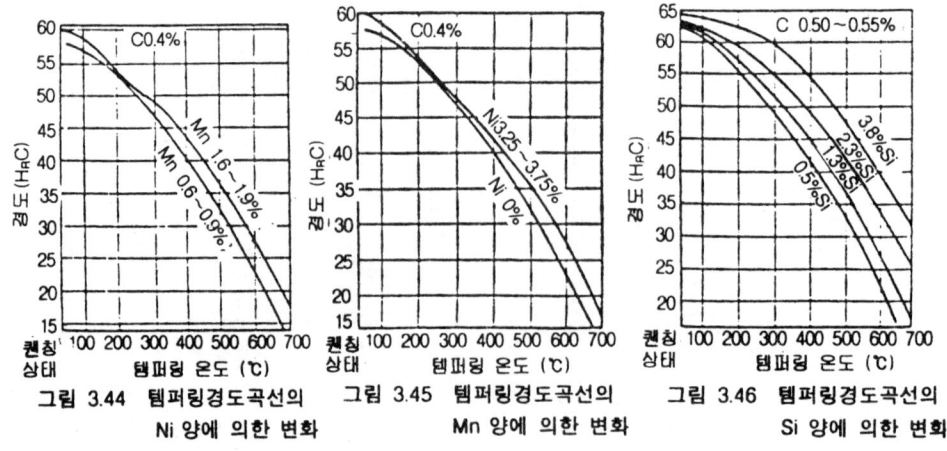

그림 3.44 템퍼링경도곡선의 Ni 양에 의한 변화   그림 3.45 템퍼링경도곡선의 Mn 양에 의한 변화   그림 3.46 템퍼링경도곡선의 Si 양에 의한 변화

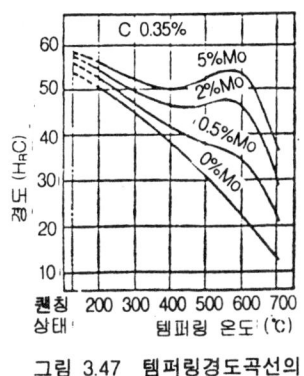
그림 3.47 템퍼링경도곡선의 Mo 양에 의한 변화

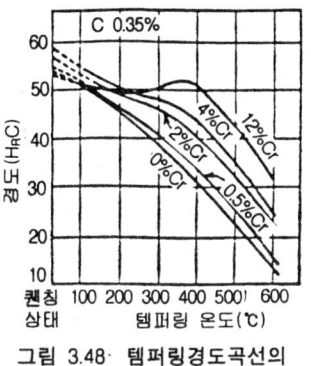
그림 3.48 템퍼링경도곡선의 Cr 양에 의한 변화

곡선의 형태가 크게 변하지는 않는다. 그러나 Cr, Mo, V, W, Nb등의 탄화물형성원소는 그림 3.47와 그림 3.48에 예시한 것처럼 500℃ 부근의 템퍼링시에도 경도의 저하가 적고, 첨가량이 많은 경우에는 500~600℃에서 경도가 오히려 증가해서 극대점이 나타나게 된다. 이와 같은 현상을 2차경화(secondary hardening) 또는 템퍼링경화(temper hardening)라 하며, V나 Nb의 경우는 불과 0.1%이하의 첨가에서도 이 현상이 현저하게 나타난다.

한 예로 Mo 첨가의 경우에 나타나는 2차경화는 다음과 같은 원인으로 일어난다.

Mo는 탄소에 비교해서 확산속도가 훨씬 늦기 때문에 400℃ 이하의 비교적 저온에서 템퍼링하면 오직 탄소원자만이 확산해서 시멘타이트의 석출응집에 의한 연화가 일어난다. 400℃ 이상이 되면 Mo도 확산되게 되고, 이 Mo은 어느정도 Fe_3C 중에 고용도를 가지고 있으므로 페라이트기지로부터 확산되어 Fe_3C 중에 농축되게 된다. 이때 Mo 원자는 Fe_3C중의 Fe원자의 일부와 교체가 되므로 이 상태의 탄화물은 $(Fe, Mo)_3C$와 같이 나타내진다. Mo을 함유한 탄화물은 단순한 Fe_3C에 비해 응집이 늦기 때문에 그만큼 템퍼링에 의한 연화는 탄소강의 경우보다 늦게 된다. 그러나 Fe_3C 중에 고용되는 Mo양은 불과 3% 정도까지이므로, 탄화물중에 Mo이 충분히 고용되어 있고 과잉의 Mo원자가 페라이트 속에 있는 경우는 Fe_3C보다 늦게 Mo 자체의 탄화물이 형성된다. 이 Mo 탄화물이 만들어지는데 필요한 탄소는 페라이트중에 남아 있는 탄소이거나, 또는 $(Fe, Mo)_3C$로 석출된 탄소로부터 공급되게 되지만, 특히 페라이트의 탄소가 소비되고 난 다음은 $(Fe, Mo)_3C$가 다시 한번 페라이트속에 고용해서 그 탄소와 Mo이 결합해서 새롭게 Mo 탄화물로서 석출하게 된다. 이와 같이 탄화물이 온도상승과 함께 혹은 시간이 경과함에 따라 변화해 가는 것을 탄화물반응이라 일컫는다. Mo의 경우, 새롭게 만들어진 탄화물은 Mo_2C이지만, 이것은 $(Fe, Mo)_3C$가 응집한 다음에 생기게 되고 그 때는 역시 극히 미세한 상태에서 시작되어 다시 한번 점점 응집해 가게 된다. 즉 Mo_2C가 생길 때 탄화물은 그림 3.41의 (b)상태에서 (a)상태로 되돌아가게 되어 입자간의 평균거리가 다시 작아지므로 이 때는 연화되지 않고 오히려 경도가 증가하게 한다. 이것이 그림 3.47에 나타낸 2차경화의 원인이다. V나 Nb에 의한 2차경화도 Mo과 같은 기구에 의한 것으로 생각된다.

Cr 첨가시도 그림 3.48에 의한 것처럼 템퍼링 연화의 지연은 역시 일어나지만 12% Cr강의 2차경화는 Mo 첨가의 경우와 달리 미세탄화물의 재석출이라기 보다는 잔류 오스테나이트의 마르텐사이트화가 주원인이라 생각된다. 즉 Cr을 12%나 첨가시킨 강에서는 Ms점이 강하해서 상온에서 오스테나이트가 상당히 잔류하므로 이것이 500℃ 부근의 템퍼링시에 탄화물을 석출하여 오스테나이트속의 탄소나 Cr의 농도가 감소되어 Ms 점이 다시 올라가므로써 템퍼링온도로부터의 냉각중에 마르텐사이트로 변태하는 것이다.

최근 Nb나 V 탄화물에 의한 2차경화는 용접구조용의 고장력강에 이용되고 있고, 잔류 오스테나이트의 마르텐사이트화에 의한 2차경화는 고속도공구강이나 다이스강 등에 이용되고 있다.

이와 같이 합금원소의 첨가로 인하여 템퍼링 연화저항성은 일반적으로 크게 되지만, 기계 구조용의 저합금강 범위에서는 완전한 마르텐사이트 조직으로 퀜칭된 것을 같은 경도로 템퍼링했을 때의 인장성질은 합금원소의 종류나 첨가량에 관계없이 거의 동등하며 그림 3.49와 같은 관계를 나타낸다.

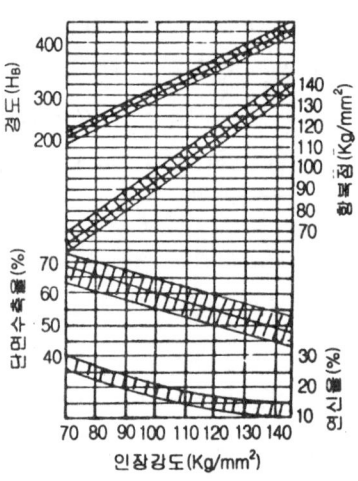

그림 3.49 퀜칭템퍼링한 저합금강의 기계적 성질

(4) 템퍼링온도와 템퍼링시간

템퍼링에 의한 기계적 성질의 변화는 확산에 의해 진행되는 탄화물의 응집과정의 결과이므로 템퍼링온도와 같이 가열시간도 기계적 성질을 지배하는 중요한 인자이다. 어떤 강을 템퍼링해서 일정 경도로 하고자 하는 경우, 템퍼링온도를 높이면 단시간에 그 경도로 되지만 낮은 온도에서는 오랜시간이 필요하다는 것은 두말할 필요가 없다.

지금 0.4%C, 0.7%Mo, 2.0%Ni, 0.8%Cr, 0.25%Mo의 Ni-Cr-Mo강(SNCM8 상당)을 완전 마르텐사이트조직으로 부터 여러가지의 온도로 템퍼링해서 HRC 35로 하는데 필요한 시간을 나타내면 다음 표와 같이 된다.

템퍼링 온도	663℃	649℃	635℃	621℃	607℃	593℃	565℃
템퍼링 시간	10분	25분	45분	100분	250분	500분	22500분

이 표에서 온도의 영향이 현저하다는 것을 확실하게 알 수 있지만, 일정온도에서 템퍼링했을 때 경도는 log시간에 비례해서 거의 직선적으로 감소하게 된다. 그림 3.50은 0.82%C, 0.75% Mn의 공석강을 퀜칭해서 HRC 67의 상태로 하여 이것을 여러가지 온도에서 템퍼링하는 경우의 경도와 시간관계를 나타낸 것으로, 템퍼링시간이 극히 짧을 때를 제외하면 템퍼링경도와 시간의 대수 $\log t$와는 거의 직선관계에 있다는 것을 알 수 있다. 이 관계를 이용하면 템퍼링온도와 시간을 다음 식과 같은 하나의 파라미터 M으로 표현하는 일도 가능하다. 즉

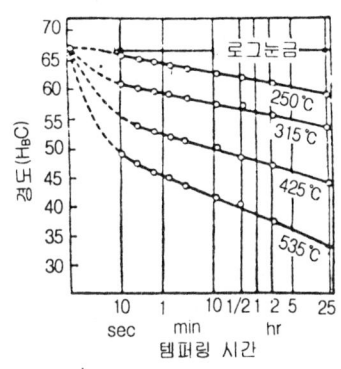

그림 3.50 0.82% C, 0.75% Mn의 공석강을 여러 가지의 온도로 템퍼링한 경우의 경도변화

$$M=(T+273)(C+\log t)$$

단 T : 템퍼링온도(℃)

t : 템퍼링시간

C : 상수

상수 C의 값은 강의 탄소량에 의해 다음과 같이 달라진다.

t의 단위를 초로 할 경우, $C=17.7-5.8\times$(탄소%)

t의 단위를 시간으로 할 경우 $C=21.3-5.8\times$(탄소%)

그림 3.51는 탄소량 0.56%의 탄소강에 대하여 t를 초로 나타내고 $C=14.3$으로 했을 때의 경도 H와 파라미터 M의 관계곡선을 나타낸 것으로, 온도·시간이 다른 많은 측정결과가 1개의 곡선으로 정리된다는 것을 알 수 있다. 또 그림 3.52는 2차경화를 나타내는 0.35%C, 2%Mo강(그림 3.47의 2% Mo의 곡선과 같은 강)의 동일한 곡선을 나타낸 것으로, 이 경우도 1개의 곡선으로 표시된다.

이와 같은 관계를 이용하여 하나의 강에 대하여 T와 t의 몇가지 결합에 의한 템퍼링

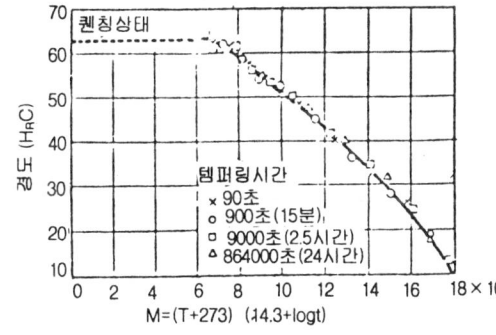

그림 3.51 0.56% C의 탄소강 H-M 곡선

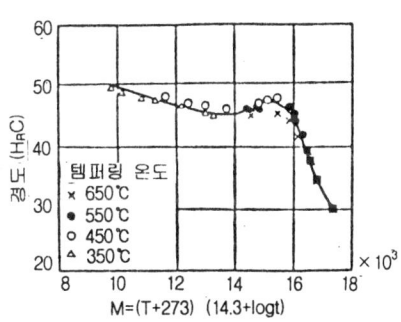

그림 3.52 0.35% C, 2% Mo강의 H-M 곡선

경도를 구해서 H-M곡선을 만들어두면 어떤 온도, 어떤 시간의 결합에 대해서도 쉽게 템퍼링경도를 추정할 수 있을 것이며, 저합금강에서는 다시 그 경도로부터 그림 3.49을 사용해서 기계적성질까지 추정할 수 있고, 또 반대로 필요한 인장강도나 항복점의 값을 지정하면 그림 3.49와 H-M곡선에서 이것을 얻기 위한 템퍼링 조건을 결정할 수 있게 된다.

(5) 템퍼링취성

템퍼링온도가 높아짐에 따라 보통 경도, 인장강도는 감소하고 연신율, 단면수축율 등은 증가하지만 이와 함께 인성도 증가한다고 할 수는 없다. 어떤 특정한 온도범위에서 템퍼링하면 현저하게 취성파괴(脆性破壞)를 일으키는 일이 있다. 또 템퍼링온도로부터 서냉하므로써 이와 같은 현상을 일으킬 수도 있다. 이와 같이 어떤 온도에서 템퍼링을 했을 때 그 이하의 온도에서 템퍼링했을 때보다 오히려 취약하게 되는 현상을 템퍼링취성(temper brittleness)이라 한다.

물론 실용강의 열처리에 있어서는 이 점에 충분히 주의할 필요가 있고 취화를 일으키지 않도록 적당한 템퍼링조건을 골라야 하며, 또 이것을 피할 수 없는 경우에는 그 위험성이 적은 다른 강종으로 변경하는 것이 바람직하다.

템퍼링취성은 300℃ 전후의 온도로 템퍼링한 경우에 나타나는 것과 보다 고온인 500℃ 혹은 그 이상의 온도로 템퍼링했을 때 나타나는 것의 2종류가 있는데, 전자는 저온템퍼링취성, 후자는 고온템퍼링취성이라 부르고 있다.

① 저온 템퍼링 취성

그림 3.53은 4종류의 탄소강을 템퍼링했을 때의 경도와 충격값의 변화를 나타낸 것으로, 경도는 템퍼링온도의 상승과 같이 단순하게 저하되어 가지만 충격값은 200℃까지의 템퍼링시에 일단은 증가하다가 200~400℃에서는 오히려 현저하게 감소되고 있다.

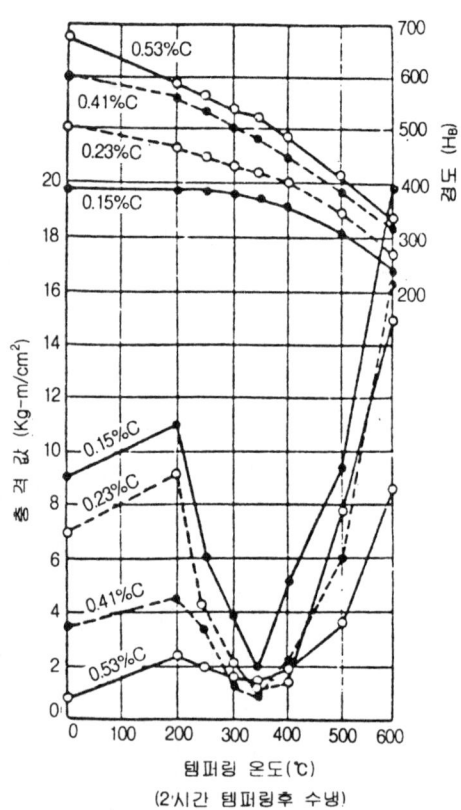

그림 3.53 4종류의 탄소강의 템퍼링에 의한 충격값의 변화

이 온도범위에서의 경도나 인장시험결과에서는 이 취화와 대응하는 특별한 변화가 나타나지 않는다. 이 현상은 인(P)이나 질소(N)를 많이 함유한 강에 확실히 나타나고, 반대로 알루미늄, 티탄, 붕소 등을 첨가시키면 취화가 적어진다.

이 취성이 나타나는 온도범위가 마치 템퍼링 제2단계의 온도와 일치하기 때문에 잔류 오스테나이트의 분해가 취화원인이라 생각되는 경우도 있는데, 그 때문에 이 현상을 A 취성이라 할 때도 있다. 그러나 그림 3.53에서와 같이 0.15%C와 같은 저탄소강에서 오히려 현저하다는것, 또 심랭처리로 잔류 오스테나이트를 감소시켜도 동일하게 취화를 나타낸다는 점으로부터 오늘날에는 잔류 오스테나이트설은 옳지 않다고 생각되고 있다. 그리고 현재도 역시 취성의 원인은 확실치 않지만 마르텐사이트의 템퍼링에 의해 석출되는 매우 미세한 박판상 시멘타이트가 중요한 관계를 가지고 있다고 생각된다.

시멘타이트는 템퍼링 초기의 ε상으로부터 변해서 250℃ 부근에서 나타나기 시작하고 이것이 충분히 성장하면 인성은 증가하지만, 극히 미세한 간격을 가지는 어떤 특정한 크기가 되었을 때 강 전체를 취약하게 한다고 볼 수 있다.

그 원인이야 어쨌든간에 이러한 취화현상을 피하기 위해 200~400℃에서의 템퍼링은 하지 않는 것이 보통이며, 많은 공구강이나 베어링강 등의 템퍼링온도를 150~175℃로 선정하는 것도 이러한 이유 때문이다.

단, 규소를 강에 첨가하면 이 취성이 나타나는 온도는 상승하고 300℃ 정도의 템퍼링에서도 특히 취화가 나타나지 않으므로 스프링재료나 초강인강 등에서는 규소를 함유한 강을 이 부근의 온도에서 템퍼링하여 강도와 탄성을 향상시키고 있다.

② 고온 템퍼링 취성

Ni-Cr강을 400℃ 이상의 온도에서 템퍼링하여 수냉시킨 경우와 서냉(노냉)시킨 경우의 충격치를 템퍼링온도에 대하여 도시하면 그림 3.54와 같이 된다. 즉 450℃ 부근까지는 수냉·서냉시료 모두 급속히 인성이 증가하지만 500~550℃에서는 현저하게 취화되고, 또 550℃ 이상에서 수냉시료는 급속히 인성을 증가시키지만 서냉시료는 수냉시료에 비해 대단히 취약하다.

이 현상을 고온 템퍼링 취성이라 하지만 보통 간단히 템퍼링취성이라 하면 이 현상을 말하는 것이다. 또 500~550℃에서의 템퍼링으로 생기는 취성을 1차 템퍼링취성, 더욱 높은 온도의 템퍼링후 서냉시에 나타나는 것을 2차 템퍼링취성이라 구별할 때가 있다. 그러나 이 양자는 본질적으로 완전히 같은 현상으로 생각해도 좋은데, 즉 500~550℃의 범위에서 템퍼링하든지 혹은 이 범위를 통해서 서냉하는 경우에 현저하게 취화를 일으킨다고 해석해야 하는 것이 바람직하다.

이러한 취화는 0.6% 이상의 망간(특히 1.5% 이상의 경우)을 함유한 망간강, 혹은 크

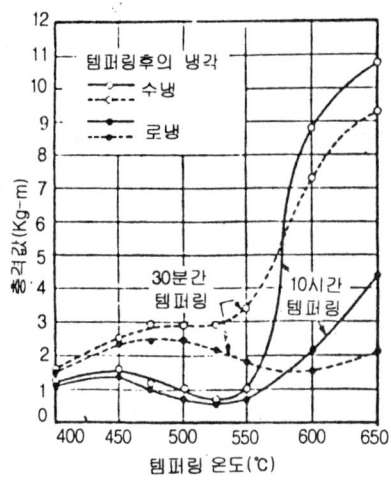

그림 3.54 Ni-Cr강의 템퍼링에 의한 충격값의 변화(C 0.35%, Ni 3.44%, Cr 1.05%, Mn 0.52%)

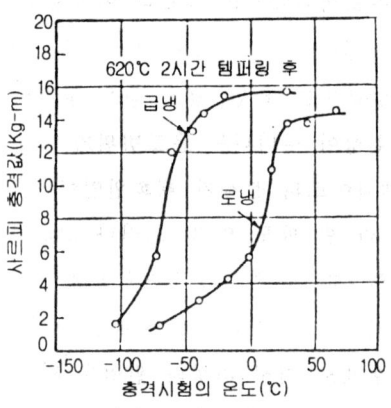

그림 3.55 템퍼링온도로부터의 냉각속도에 의한 충격값의 변화(크롬강 : C 0.4%, Cr 0.8%, Mn 0.8%)

롬 또는 니켈을 함유한 강에서 많이 나타나지만 저온 템퍼링 취성과 같이 인장시험의 결과나 그밖에 여러가지 물리적성질 등에는 거의 여기에 대응하는 변화는 확인되지 않고 충격시험의 경우에만 나타난다. 그러므로 충격적인 하중을 받는 기계부품에서는 특별히 주의해야 한다.

또한 이 취성은 단순히 상온에서의 충격값의 감소 뿐 아니라 사실은 충격값의 천이온도를 상승시키기 때문에 문제시되는 것이다.

그림 3.55는 크롬강을 620℃로 2시간 템퍼링한 다음 급냉한 경우와 노냉한 경우의 천이곡선을 비교한 것이다. 그림에서 분명한 것처럼 템퍼링온도로부터의 냉각속도를 느리게 한 경우 천이온도는 70~80℃ 상승하는 것을 알 수 있다. 이와 같은 천이곡선을 구해서 비교하면 템퍼링취성이 현저한 상태를 정확하게 포착할 수 있다.

고온템퍼링취성의 본성도 현재로는 아직 충분한 해석이 되지 않았지만 템퍼링 가열에 의해 어떤 종류의 화합물이 입계로 석출취화하기 때문으로 생각되고 그 화합물로서는 탄화물, 질화물 혹은 인화물 등을 들 수 있지만 확인되지는 않았다.

이와 같이 원인은 확실치 않지만 방지대책은 확립되어 있다. 즉, 그림 3.54에서도 알 수 있다시피 600℃ 이상의 온도로 템퍼링하는 것과 그 템퍼링온도로부터 급냉시키는 것이 바람직하다. 단, 전에도 기술한 바와 같이 템퍼링온도는 요구되는 인장강도 등의 기계적성질에 따라 결정되므로 그러한 점에서 600℃ 이하의 온도로 템퍼링하는 경우도 있지만 전술한 바와 같이 템퍼링온도는 템퍼링시간과 관계가 있으므로 그 선택에서는 상당한 자유도가 있다. 즉 600℃이하의 템퍼링이 요구되는 경우에도 그것에 의한 취화를 피하기 위해 좀더 높은 온도를 사용하도록 하고 그대신 템퍼링시간을 단축시키면 되는 것이다.

그림 3.56은 Ni-Cr강을 1050℃로부터 퀜칭해서 다시 이것을 450~600℃사이의 각 온도에서 4분 내지 16시간 템퍼링을 한 후 수냉하였을때 경도와 충격값의 관계를 조사한 것이다. 이 그림에 나타낸 것처럼 템퍼링경도는 같아도 템퍼링시간이 짧을수록 충격값은 크다.

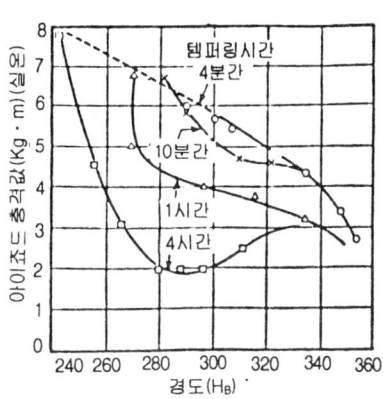

그림 3.56 템퍼링시간의 길이에 따른 충격값과 경도곡선의 변화
(C 0.26%, Ni 3.51%, Cr 0.72%)

단, 강재의 단면 치수가 크고 급냉해도 중심부의 냉각속도가 늦어질 경우는 취화를 피할 수 없지만 이 때에도 Mo을 함유한 강을 사용하면 템퍼링취성을 막을 수가 있다. 이러한 점때문에 Ni-Cr강의 대용강으로 Ni-Cr-Mo 강이 출현한 것이다.

(6) 이중 템퍼링(double tempering)

고합금 크롬강과 고속도강에서의 잔류 오스테나이트는 500℃부근의 템퍼링온도에서 냉각할 때 마르텐사이트로 변태한다. 따라서 이러한 강은 새롭게 생성된 마르텐사이트에 인성을 주는 재템퍼링을 실시해야 된다. 만약 필요한 경도가 첫번째 템퍼링 후 이미 도달되었다면 두번째 템퍼링은 강의 경도가 감소되지 않도록 보다 낮은 온도에서 실시해야 한다. 실제로 이러한 2차 템퍼링은 1차 템퍼링보다 10~30℃정도 낮은 온도에서 실시하며, 고탄소 고크롬강(STD 11)이나 고속도강 등과 같이 합금원소 함유량이 많은 강에서는 필수적인 처리이다.

(7) 방전가공 혹은 연삭후의 템퍼링

경화해서 템퍼링한 공구를 연삭이나 방전가공(EDM : eletro-dischange machining)을 실시하면 강표면에서 발생된 열에 의하여 조직이 변태하게 되고, 바람직하지 못한 형태의 응력이 예외적으로 짧은 시간 후 발생하여 균열이나 파괴를 초래하게 된다. 이러한 나쁜 효과는 연삭이나 방전가공 후 템퍼링처리를 실시하면 피할 수 있다. 특히 금형을 열처리한 후 방전가공하면 응고조직층과 마르텐사이트층이 형성되어 원래의 열처리조직이 파괴되므로 재차 템퍼링처리해 주는 것이 중요하다.

(8) 자기 템퍼링(자동 템퍼링)

약 400℃ 부근 혹은 더 높은 M_s온도를 갖는 강(0.3%이하의 탄소를 함유한 강에 대한 경우)은 M_f 온도가 대략 200℃이상이므로 이러한 강을 퀜칭할 때 200℃ 정도에서 마르텐사이트변태가 완료되고, 그 이하의 온도로 냉각될 때 이 마르텐사이트가 템퍼링된다. 이러한 강은 실온까지 냉각할 때 더 이상의 균열이 일어날 가능성은 없어진다. 이와 같이 저탄소강은 퀜칭하는 동안에 템퍼링효과도 같이 나타내므로 이러한 과정을 자기템퍼링(self-tempering) 혹은 자동템퍼링(auto-tempering)이라 부르며, 다음에 계속되는 템퍼링이 필요하지 않으면서도 양호한 효과를 나타낸다.

3.2.5 특수 열처리

(1) 가공 열처리

가공 열처리(thermomechanical treatment)란 소성가공(plastic working)과 열처리를 결합시킨 처리 방법으로서, 이 방법은 보통의 열처리나 또는 소성가공을 독립적으로 사용했을 때 얻어질 수 없는 조직이나 기계적 성질을 얻고자 할 때 사용된다.

일반적으로는 연성이나 인성을 향상시키고자 할 때 이 가공 열처리 방법을 사용한다.

그림 3.57은 마르텐사이트의 성질을 개량시킬 때 사용되는 가공 열처리의 예를 나타낸 것이다.

여기서 I은 오스테나이트가 마르텐사이트로 변태하기 전에 가공을 하는 것이고, II는 오스테나이트가 마르텐사이트로 변태하는 도중에, 그리고 III은 마르텐사이트로 변태가 완료된 후에 가공을 하는 것이다.

I의 경우와 같이 불안정한 오스테나이트 상태에서 가공 처리를 하는 것을 특별히 오스포밍(ausforming)이라고 한다.

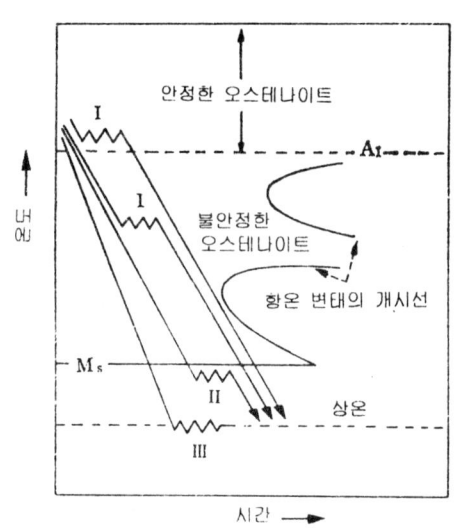

그림 3.57 가공열처리의 예

그런데 실용되고 있는 가공 열처리 중에서 가장 중요한 것은 고장력 저합금강(high strength low alloy steel : HSLA)의 제어압연(controlled rolling)일 것이다.

이 방법은 마르텐사이트를 개량시키는 것이 아니고, Nb, V 및 Ti 등의 합금원소를 소량 첨가함으로써 열간압연후의 페라이트의 결정립 크기를 미세화시키거나 또는 탄화물과 질화물을 석출시켜서 강도를 증가시키는 것이다.

이와 같은 가공 열처리 방법은 초기에는 주로 철합금에 사용되어 왔으나, 현재는 항공산업이 발달함에 따라 고장력 Al 합금에도 많이 시도되고 있다.

(2) 오스템퍼링

그림 3.58와 같이 오스테나이트 상태로부터 M_s이상인 어느 온도의 염욕으로 퀜칭하여 과냉 오스테나이트가 변태 완료하기까지 항온을 유지하고, 공기 중으로 냉각하는 과정을 오스템퍼링(austempering)이라고 한다. 이때 얻어지는 베이나이트는 인성이 크고, 이 방법에 의하면 퀜칭 변형과 균열을 방지할 수 있게 된다.

(3) 마르퀜칭

오스테나이트 상태로부터 M_s 직상의 염욕으로 퀜칭하여 강의 내외가 동일한 온도가 되도록 항온 유지하고, 과냉 오스테나이트가 항온변태를 일으키기 전에 공랭시켜서 Ar″ 변태가 천천히 진행되도록 하는 조작을 마르퀜칭(marquenching)이라 한다.

그림 3.59는 이 방법을 나타내고 있다. 이 방법에 의하면 수냉보다는 경도가 다소 저하되나, 퀜칭 균열이나 변형 발생가능성이 감소된다.

고탄소강, 특수강, 게이지강, 베어링강 등과 수냉이나 유냉하면 균열이나 변형을 일으키기 쉬운 강종에 이 방법이 적합하다.

(4) 마르템퍼링

이 방법은 M_s와 M_f 사이에서 항온처리를 행하는 것이다. 오스테나이트 상태로부터 M_s 이하의 염욕 중에 퀜칭한다. 변태가 대충 완료될 때까지 동일 온도로 유지한 후 공기 중에서 냉각한다. 이와 같이 하면 오스테나이트의 일부는 마르텐사이트가 되고, 일부는 베이나이트의 혼합 조직이 된다.

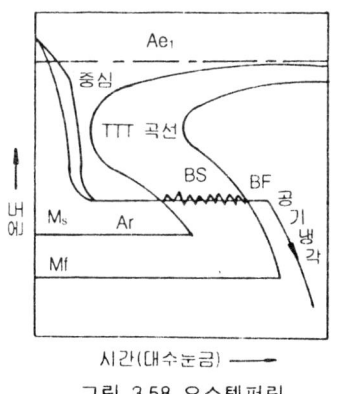

그림 3.58 오스템퍼링

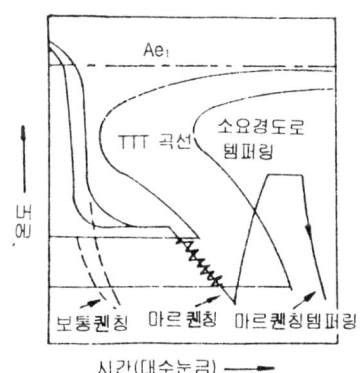

그림 3.59 마르퀜칭

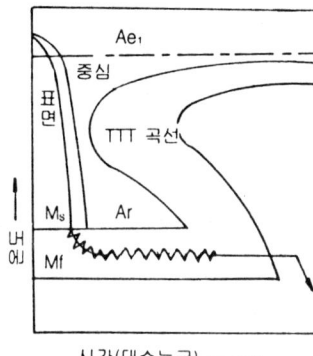

그림 3.60 마르템퍼링

그림 3.60과 같이 마르템퍼링(martempering)하면 잔류 오스테나이트의 베이나이트화로 인하여 경도는 그다지 떨어지지 않으면서도 충격값이 높은 조직을 얻을 수 있다. 그러나 유지 시간이 긴 것이 결점이다.

3.3 탄소강의 용도

실용되고 있는 탄소강은 탄소량이 0.05~1.7%C까지가 보통이며, 여기에는 매우 연질이어서 가공이 용이하고 퀜칭효과가 거의 없는 저탄소강으로부터 너무 경질이어서 가공이 어렵고 퀜칭 효과가 매우 좋은 고탄소강에 이르기까지 그 종류는 매우 많다. 탄소함유량에 따라서 성질도 매우 달라지기 때문에 그 용도도 성질에 따라서 많이 달라지게 된다.

① 가공성을 요구하는 경우 C=0.05~0.3%
② 가공성과 동시에 강인성을 요구하는 경우 C=0.3~0.45%
③ 강인성과 동시에 내마모성을 요구하는 경우 C=0.45~0.65%
④ 내마모성과 동시에 경도를 요구하는 경우 C=0.65~1.2%

3.3.1 구조용 탄소강

탄소함유량이 0.05%에서 0.6%까지의 것이 포함되는데, 현재 공업용으로 사용되는 대부분의 철강재료가 이에 속한다. 건축이나 교량, 선박, 철도,차량, 기타 구조물에 쓰이는 판, 봉, 관, 형강 등 그 용도가 광범위하다.

표 3.6은 각종 탄소강의 화학성분을 나타낸 것이며, 표 3.7은 각종 탄소강의 기계적성질과 용도를 나타낸 것이다.

보통 구조용강은 평로강 및 전로제강에 의한 림드강이 많이 쓰이며, 대부분이 단조, 또는 압연된 상태 그대로 사용되나, 강의 용도에 따라서 열처리하여 사용하는 것이 좋다.

표 3.6 각종 강의 화학성분

종 류	성 분 (%)				
	C	Si	Mn	P	S
특 별 극 연 강	<0.08	<0.05	0.24~0.40	<0.05	<0.05
극 연 강	0.08~0.12	<0.05	0.30~0.50	<0.05	<0.05
연 강	0.12~0.2	<0.02	0.23~0.50	<0.05	<0.05
반 연 강	0.2~0.3	<0.02	0.40~0.60	<0.05	<0.05
반 경 강	0.3~0.4	0.15~0.25	0.40~0.60	<0.05	<0.05
경 강	0.4~0.5	0.15~0.25	0.50~0.70	<0.05	<0.05
최 경 강	0.5~0.9	0.15~0.25	0.60~0.80	<0.05	<0.05

표 3.7 각종 강의 기계적 성질과 용도

종 별	기 계 적 성 질				용 도
	연장강도 (kg/mm^2)	항복점 (kg/mm^2)	연신율 (%)	경 도 (H_B)	
특 별 극 연 강	32~36	18~28	80~40	95~100	전 신 선
극 연 강	36~42	20~29	30~40	80~120	용 접 관
연 강	38~48	22~30	24~36	100~130	조 선 용 판
반 연 강	44~55	24~36	22~32	120~145	건 축 조 선 용 판
반 경 강	50~60	30~40	17~30	140~170	볼 트, 축
경 강	58~70	34~46	14~26	160~200	실 린 더
최 경 강	65~100	35~37	11~20	186~235	외 륜, 축

3.3.2 판용강(板用鋼)

용도와 제조법으로 강판을 분류할 경우에는 후판(두께 6mm 이상), 중판(두께 1~6mm), 박판(두께 1mm이하)의 3가지로 구분한다. 후판은 재질적으로 구조용강과 아무런 차이가 없으나, 박판은 그 제조상의 요구에 의하여 다소 특수한 것이 사용된다.

저탄소 강판은 주로 자동차용 강판이나 주석도금용 강판 등에 사용되는 것으로서, 제조비가 비교적 저렴하고, 다음과 같은 성질을 갖추어야 한다.

① 성형성(formability)과 용접성(weldability)이 좋아야 한다.
② 충분한 최종강도를 가져야 한다.

③ 외양이 좋아야 한다.
④ 도금시에 반응이 일어나지 않아야 한다.

위와 같은 성질을 갖춰주기 위해서는 화학조성, 제조공정 및 열처리방법을 적당히 선택하여야만 한다. 저탄소 강판의 통상적인 탄소량은 0.06~0.12% 범위이고, deep drawing용 강판일 때는 P와 S량을 0.04%이하로 해야만 한다.

저탄소강판이 deep drawing용이나 성형용으로 사용될 때는 강판 코일을 풀림처리에 의해서 연화시켜야 한다. 이 방법을 상자풀림(box annealing)이라고 하는데, 림드강에서는 A_1변태온도 직하인 705℃ 정도에서 충분한 시간 유지시킨 후에 서냉하는 것이다. 그러나 Al-킬드강에서는 AlN이 재결정을 방해하기 때문에 730℃정도에서 풀림처리하는 것이 보통이다. 한편 연속풀림(continuous annealing)을 하면 가열속도가 빠르므로 결정립이 미세해져서 상자풀림한 것보다 강도가 높고, 연성이 낮아진다. 따라서 상자풀림한 킬드강판의 성형성은 연속풀림한 강판보다 우수해진다.

냉간압연후 풀림처리한 강판은 보통 조질압연(temper rolling)해서 사용되는데, 조질압연하면 변형시효(strain aging)효과를 감소시켜서 불균일 변형이 억제되고, 표면상태가 좋아진다.

3.3.3 선재강(線材鋼)

(1) 연강선재(mild steel wire rope)

이것은 보통 철선이라고 하며, 탄소함유량이 0.06~0.25%, 인장강도가 35~70kg/mm^{2}이며, KS에서는 표 3.8에 나타낸 바와 같이 4종으로 구분한다.

(2) 경강선재(hard steel wire rope)

강괴로부터 열간압연에 의하여, 5~6mm의 지름으로 압연된 와이어 로프를 상온에서 잡아뽑아 만드는데, 탄소함유량은 0.25~0.85%정도이고, 인장강도는 성분에 따라 다르나 같은 종류의 재료이면 지름이 작을수록 커진다. 예를 들면 0.20~0.90%C, 지름 6.0~0.2mm인 철선의 인장강도는 80~300kg/mm^{2}에 달한다.

표 3.8은 선재의 성분과 용도를 나타낸 것이다.

(3) 피아노 선재(piano or music wire rope)

피아노선은 탄소함유량이 0.55~0.95% 정도의 대단히 강인한 탄소강선으로서, 잡아뽑는 중에 열처리하여 소르바이트(sorbite) 조직으로 만든 것이다.

여기서 강을 A_3점 이상(보통 900℃정도)으로 가열하여 400~550℃의 연욕에서 항온변

표 3.8 선재의 성분과 용도

강의 종류		기 호	화 학 성 분 (%)					용도
			C	Si	Mn	P	S	
연강선재	1 종	MSWR 1	0.06~0.09	0.30 이하	0.50 이하	0.040 이하	0.040 이하	외장선
	2 종	MSWR 2	0.09 이하	0.30 이하	0.50 이하	0.040 이하	0.040 이하	전신선
	3 종	MSWR 3	0.15 이하	0.30 이하	0.60 이하	0.050 이하	0.060 이하	철선, 아연도철선, 철망, 리벳못과 나사류
	4 종	MSWR 4	0.15~0/25	0.35 이하	0.60 이하	0.050 이하	0.060 이하	
경강선재	1 종	HSWR 1	0.25~0.35	0.15~0.35	0.60 이하	0.045 이하	0.045 이하	나사류, 경강연선, 스포크
	2 종	HSWR 2	0.35~0.45	0.15~0.35	0.60 이하	0.045 이하	0.045 이하	
	3 종	HSWR 3	0.45~0.55	0.15~0.35	0.60 이하	0.040 이하	0.040 이하	경강연선, 와이어 로프, 스프링, 양산살, 스포크
	4 종 A	HSWR 4A	0.55~0.65	0.15~0.35	0.30~0.60	0.040 이하	0.040 이하	
	4 종 B	HSWR 4B	0.55~0.65	0.15~0.35	0.60~0.90	0.040이하	0.040 이하	
	5 종 A	HSWR 5A	0.65~0.75	0.15~0.35	0.30~0.60	0.030 이하	0.030 이하	와이어 로프, 스프링, 타이어 심선
	5 종 B	HSWR 5B	0.65~0.75	0.15~0.35	0.60~0.90	0.030 이하	0.030 이하	
	6 종 A	HSWR 6A	0.75~0.85	0.15~0.35	0.30~0.60	0.030 이하	0.030 이하	스프링, 방직용 바늘, 편침, 와이어 로프
	6 종 B	HSWR 6B	0.75~0.85	0.15~0.35	0.60~0.90	0.030 이하	0.030 이하	
	7 종	HSWR 7	0.50~0.60	0.15~0.35	0.70~0.90	0.040 이하	0.040 이하	포 침

<주> 7종은 Cu 0.25% 이하로 한다.

표 3.9 피아노 선재의 성분과 용도

종 류		기 ·호	화 학 성 분 (%)						용 도
			C	Si	Mn	P	S	Cu	
피아노선재	1종 A	PWR 1A	0.65~0.75	0.12~0.32	0.30~0.60	0.025 이하	0.030 이하	0.20 이하	일반 스프링, 진동기의 회전자, 바인드선, 와이어 로프, 내연기관의 밸브 스프링, 코일 스프링 등
	1종 B	PWR 1B	0.65~0.75	0.12~0.32	0.60~0.90	0.025 이하	0.030 이하	0.20 이하	
	2종 A	PWR 2A	0.75~0.85	0.12~0.32	0.30~0.60	0.025 이하	0.030 이하	0.20 이하	
	2종 B	PWR 2B	0.75~0.85	0.12~0.32	0.60~0.90	0.025 이하	0.030 이하	0.20 이하	
	3종 A	PWR 3A	0.55~0.85	0.12~0.32	0.30~0.60	0.025 이하	0.030 이하	0.20 이하	
	3종 B	PWR 3B	0.85~0.95	0.12~0.32	0.60~0.90	0.025 이하	0.030 이하	0.20 이하	

태 시키거나 또는 수증기 중에 퀜칭하는 방법인 열욕퀜칭으로 소르바이트 조직을 얻는 열처리방법을 파텐팅(patenting)이라고 하는데, 피아노선은 탄소량이 많고 P, S등 불순물이 적은 강재로서, 인장강도는 350kg/mm^2 이상인 것도 있다.

이것을 스프링으로 사용할 경우에는 탄성한도나 피로한도를 높여 주기 위해서 청색의 산화피막이 생길 정도의 온도(200~360℃)에서 저온풀림을 하는데 이것을 블루잉 (bluing)이라고 한다.

표 3.9는 피아노 선재의 성분과 용도를 나타낸 것이다.

3.3.4 쾌삭강

쾌삭강(free cutting steel)은 절삭가공이 양호하여 고속 자동절삭에 적합한 강을 말하며, 보통 강보다 P, S의 함유량을 많게 하거나, 또는 Pb, Se, Zr 등을 첨가하여 피절삭성을 향상시킨 것이다.

황쾌삭강은 황의 함유량을 많게 하여 결정립계에 취약한 MnS 또는 FeS이 석출되면 칩(chip)이 짧고, 분리되기 쉬우므로 절삭속도를 크게 할 수 있고, 연쾌삭강은 납(Pb)을 첨가함으로써 결정립계에 Pb이 석출하여 피절삭성을 좋게 한 것이다. 일반적으로 쾌삭강은 강도가 별로 요구되지 않고, 가공면이 아름다와야 할 기계부품에 사용된다.

3.3.5 레일 및 철도 외륜강

레일과 외륜은 평로, 전로강 중에 탄소가 많은 것을 이용한다. 이것은 운행중에 하중을 받으므로 인성과 경도와 내마모성이 요구된다.

레일용 강은 탄소가 0.35~0.6%의 것이 사용된다. 소형 레일은 압연가공할 때 냉각되기 쉽고, 또 완성가공온도가 저하됨으로써 함유탄소량이 적어도 경도가 아주 크게 되나, 대형 레일은 단조완료온도가 높으므로 저온가공에 의한 경화작용을 받지 않으므로 탄소량을 많게 하는 것이 보통이다.

레일은 사용중에 상온가공을 받아서 표층부가 경화되는데, 이 경우에는 마모가 적게 되는 성질을 가지고 있다. 저탄소 레일은 60~80%, 고탄소 레일은 30~40%정도 경도가 크게 된다. 경화되면 마모가 적으나 특히 P이 많으면 냉간취성이 생기기 쉬우므로 실제 사용에는 P을 적게하는 것이 좋다. P을 적게 하기 위해서는 염기성 강을 사용한다. 그러나 열대 지방에서는 상온취성이 적으므로 P이 많은 것을 사용하는 경우도 있다.

철도 외륜강도 인성이 크고 내충격성이 필요하다. 이것은 레일강보다 고급강을 사용하며, 보통 염기성 평로강, 전기로강, 도가니강 등이 사용된다. 기관차용 외륜과 같이 큰 하중을 받는 것은 퀜칭한 후에 600℃에서 템퍼링하여 소르바이트 조직으로 하여 사용한다.

표 3.10은 레일강의 성분과 기계적 성질을 나타낸 것이다.

표 3.10 레일강의 조성과 기계적 성질

종 별	성 분 (%)					기 계 적 성 질			
	C	Si	Mn	P	S	인장강도 (kg/mm^2)	항복점 (kg/mm^2)	연신율 (%)	경 도 (H_B)
염기성 전로강	0.35~0.45	0.15 이하	0.6~0.8	0.08 이하	0.05 이하	60~70	31~42	15~20	165~200
평로강	0.25~0.4	0.15~0.25	0.6~0.9	0.06 이하	0.05 이하				

표 3.11 스프링강

종류	기호	화 학 성 분 (%)								용도 예
		C	Si	Mn	P	S	Cr	V.	B	
1종	SPS 1	0.75~0.90	0.15~0.35	0.30~0.60	<0.035	<0.035	—	—	—	주로 겹판 스프링
2종	SPS 2	0.90~1.10	0.15~0.35	0.30~0.60	<0.035	<0.035	—	—	—	주로 코일 스프링
3종	SPS 3	0.55~0.65	1.50~1.80	0.70~1.00	<0.035	<0.035	—	—	—	주로 겹판 스프링 및 코일 스프링
4종	SPS 4	0.55~0.65	1.80~2.20	0.70~1.00	<0.035	<0.035	—	—	—	
5종	SPS 5	0.50~0.65	0.15~0.35	0.65~0.95	<0.035	<0.035	0.65~0.95	—	—	
6종	SPS 6	0.45~0.55	0.15~0.35	0.65~0.95	<0.035	<0.035	0.80~1.10	0.15~0.25	—	주로 코일 스프링
7종	SPS 7	0.50~0.60	0.15~0.35	0.65~0.95	<0.035	<0.035	0.65~0.95	—	>0.005	주로 겹판 스프링 및 코일스프링

종 류	열 처 리 (℃)		인 장 시 험			경도시험 (H_B)
	템퍼링	퀜칭	인장강도 (kg/mm^2)	연 신 율 (%)	단면수축률 (%)	
1 종	830~860 유냉	450~500	110 이상	>8	—	341~401
2 종	830~860 유냉	450~500	115 이상	>7	10 이상	352~415
3 종	830~860 유냉	480~530	125 이상	>9	15 이상	363~429
4 종	830~860 유냉	490~540	125 이상	>9	20 이상	363~429
5 종	830~860 유냉	460~510	125 이상	>9	20 이상	363~429
6 종	840~870 유냉	470~540	125 이상	>10	30 이상	363~429
7 종	830~860 유냉	460~510	125 이상	>9	20 이상	363~429

3.3.6 스프링강

스프링은 탄성한계가 높고, 충격 및 피로에 대한 저항력이 크며, 급격한 진동을 완화하고 에너지를 축적하기 위하여 사용하므로, 스프링강(spring steel)은 사용중에 영구변형을 일으키지 않아야 한다. 따라서 경도는 최저 H_B 340이상(그 이하는 영구변형이 일어나기 쉽다), 조직은 소르바이트 조직이 좋다.

표 3.11은 각종 스프링강의 성분과 용도, 열처리 온도와 기계적 성질을 나타낸 것이다.

3.3.7 탄소공구강

구조용 탄소강과 공구용 탄소강은 조성으로는 명확한 구별이 어렵다. 대략 실용상으로는 0.60%C 까지를 구조용, 0.60~1.50%C까지를 공구용으로 규정하고 있다.

탄소량이 많은 것은 경도가 크고, 적은 것은 대신 인성이 크다. 따라서 칼날이나 바이트와 같은 절삭용공구는 경도가 큰 것이어야 하고, 단조용 공구와 같이 타격을 많이 받는 부품의 재료는 인성이 좋은 것을 사용하여야 한다.

공구강의 가공온도는 탄소함유량에 따라 다르나, 대략 950~1,000℃에서 시작하여 850~900℃에서 완료되며, 단조가 끝나면 조직이 조대해지지 않도록 급랭시킨다.

공구강 중의 탄소함유량이 0.8% 이상이 되면 시멘타이트가 망상으로 나오기 때문에 그대로 쓰면 취약하므로 반드시 680~730℃에서 3~10시간 정도 풀림하여 시멘타이트를 구상화하여야 한다. 구상화한 공구강은 물, 또는 10% 소금물 중에 퀜칭한 후, 사용목적에 따라 적당히 템퍼링한다. 사용온도가 200℃이상으로 되면 경도가 낮아지므로 고속절삭은 불가능하다.

공구강으로서의 구비조건을 열거하면 다음과 같다.
① 고온경도를 가질 것
② 내마모성과 인성이 클 것
③ 열처리가 용이할 것
④ 가공이 용이하여 값이 저렴할 것

이와 같은 조건을 만족시키기 위하여 합금공구강을 많이 사용하고 있으나, 열처리법이나 가공이 간단하고 가격이 낮다는 장점때문에 탄소공구강(carbon tool steel)을 많이 사용하고 있다.

표 3.12는 탄소공구강에 대한 KS 규격을 나타낸 것이다.

표 3.12 탄소공구강

종류	기호	화 학 성 분 (%)					열처리 (℃)			템퍼링후 경도 (H_RC)	풀림 경도 (H_B)	용 도 예
		C	Si	Mn	P	S	풀림	퀜칭	템퍼링			
1종	STC 1	1.30~1.50	<0.35	<0.50	<0.030	<0.030	750~780 서냉	760~820 수냉	150~200 공랭	63이상	<217	경질 바이트, 변도칼, 각종 줄
2종	STC 2	1.10~1.30	<0.35	<0.50	<0.030	<0.030	750~780 서냉	760~820 수냉	150~200 공랭	63이상	<217	바이트, 커터 제작용공구, 드릴, 소형펀치, 변도 날 등
3종	STC 3	1.10~1.10	<0.35	<0.50	<0.030	<0.030	750~780 서냉	760~820 수냉	150~200 공랭	63이상	<217	탭, 나사 절삭용 다이스, 쇠톱날, 철공용 끌, 게이지 태엽, 변도칼
4종	STC 4	0.90~1.00	<0.35	<0.50	<0.030	<0.030	740~760 서냉	760~820 수냉	150~200 공랭	61이상	<207	태엽, 목공용 드릴, 도끼, 철공용 끌, 변도칼, 목공용 띠톱, 펜촉
5종	STC 5	0.80~0.90	<0.35	<0.50	<0.030	<0.030	740~760 서냉	760~820 수냉	150~200 공랭	59이상	<207	각인, 스냅, 태엽, 목공용 띠톱, 원형톱, 펜촉, 등사판, 춤, 볼날등
6종	STC 6	0.70~0.80	<0.35	<0.50	<0.030	<0.030	740~760 서냉	760~820 수냉	150~200 공랭	56이상	<201	각인, 스냅, 원형톱, 태엽, 우산대, 등사판, 춤
7종	STC 7	0.60~0.70	<0.35	<0.50	<0.030	<0.030	750~780 서냉	760~820 수냉	150~200 공랭	54이상	<201	각인, 스냅, 프레스형, 칼 등

3.3.8 주강

탄소강 주강은 보통주강이라고도 하며, 주강 제품 생산량의 대부분을 이룬다. 주강(cast steel)은 주철에 비하여 용해, 주입 온도가 400℃ 가량 높은 관계로 응고할 때 수축이 크고, 가스의 방출이 많아 주철보다 고도의 기술을 요한다. 주형 재료의 내열성 및 주조방안에도 세심한 배려가 있어야 한다.

탄소강 주강은 C% 함량에 따라 0.20%C 이하의 저탄소주강과 0.2~0.5%C의 중탄소주강 및 0.5%C 이상의 고탄소주강으로 분류하기도 한다. 이것은 구조용 재료 또는 기계 부품 중에서 단조할 수 없고, 주철로는 그 강도가 부족할 때에 주강을 사용한다. 주강의 화학성분은 표 3.13과 같다.

주강은 종전에는 평로, 전로에서 제조하였으나, 최근에는 전기로가 주로 사용되고 있다. 저탄소의 연강품은 전동기, 발전기의 하우징 등에 사용되고, 고탄소주강품은 강력 내마모 부분 예를 들면 기어, 로울러, 실린더, 피스톤, 베어링 케이스, 각종 프레임(frame)에 사용된다.

표 3.13 주강의 성분

C	Mn	Si	P	S
0.1~0.6%	0.6~0.9%	0.2~0.6%	<0.05%	<0.05%

주강제품에는 기포, 편석이 있어서는 안되기 때문에 제강시 충분히 탈산제를 첨가하여 만들게 되므로 Mn 및 Si가 많게 된다. 주조온도는 1,500~1,550℃이며, 수축률은 연강에서는 2.4%, 경강에서는 2% 등으로서, 탄소량에 따라서 변하나 보통 평균 2% 정도이다.

주조한 것은 내부응력이 생기고, 또 주조하여 방치한 것은 조직이 조대하며, 흔히 비드맨시퇴텐(Widmanstatten)등의 약한 주조조직으로 되어 있으므로, 이것을 개선하기 위하여 풀림(annealing)처리한다. 그 온도는 Ac_3 이상 30~50℃, 냉각속도는 될 수 있는 대로 느린 것이 좋다. 풀림시간은 주조의 중량 및 두께에 따라 다르다.

표 3.14 구조용 주강의 기계적 성질

종 류	기 호	인장강도 (kg/mm^2)	항복점 (kg/mm^2)	연신율 (%)	단면수축률 (%)	굽힘각도
1 종	SC 37	37 이상	18 이상	26 이상	35 이상	120°
2 종	SC 42	42 이상	21 이상	24 이상	35 이상	120°
3 종	SC 46	46 이상	23 이상	22 이상	30 이상	90°
4 종	SC 49	49 이상	25 이상	20 이상	25 이상	90°
5 종	SC 55	55 이상	28 이상	15 이상	—	—

특수강

 탄소강은 비교적 염가로써 고강도를 얻을 수 있지만, 이와 같은 성질만으로 모든 공업적 응용에 충족시켜 주지는 못한다. 일반적으로 탄소강은 다음과 같은 한계성을 갖고 있다.

① 인성과 연성을 감소시킴없이 10,000psi 이상의 강도를 얻을 수 없다.
② 큰 부품의 조직을 완전히 마르텐사이트로 할 수 없다. 즉, 경화능이 작다.
③ 중탄소강을 완전한 마르텐사이트 조직으로 하기 위해서는 급속냉각이 필요한데, 이러한 냉각속도에서는 변형이나 균열을 유발시킬 수 있다.
④ 저온에서의 충격저항성이 낮다.
⑤ 공업적 환경에 대한 내식성이 좋지 못하다.
⑥ 고온에서 쉽게 산화된다.

 위와 같은 탄소강의 한계를 극복하기 위해서는 탄소강에 합금원소를 첨가시켜야만 한다. 따라서 탄소강에서는 얻을 수 없는 특수한 성질을 나타내기 위하여 1종 이상의 합금원소를 첨가한 강을 특수강(特殊鋼 ; special steels) 또는 합금강(合金鋼 ; alloy steels)이라고 한다.

4.1 합금원소의 영향

4.1.1 오스테나이트 형성원소

 C, Ni 및 Mn은 이 부류에 속하는 가장 대표적인 원소들이다. Ni이나 Mn을 충분히 많이 첨가하면 심지어 실온에서 조차도 오스테나이트계 강이 된다. 이러한 보기로서는 13% Mn, 1.2% Cr 및 1%C를 함유한 해드필드강(Hadfield steel)을 들 수 있다. 이러한 강에 있어서 Mn과 C는 다같이 오스테나이트를 안정화시키는 작용을 한다. 또 하나의 예로써는 18%Cr과 8%Ni을 함유한 오스테나이트계 스테인레스강이 여기에 속한다.

4.1.2 페라이트형성원소

이 부류에 속하는 가장 대표적인 원소는 Cr, Si, Mo, W과 Al이다. 13%이상 Cr을 함유한 고체상태 Fe-Cr합금은 초기융점까지의 전 온도구역에서 페라이트조직이 나타난다. 페라이트계강의 또 다른 경우는 변압기용 판재로 사용되는 재료이며, 이것은 약 3% Si를 함유한 저탄소강이다.

4.1.3 탄화물형성원소

몇가지 페라이트형성원소들은 동시에 탄화물형성원소로서도 작용한다. 아래에 열거한 원소들의 탄소에 대한 친화력은 왼쪽에서 오른쪽으로 갈수록 증가한다.

   Cr, W, Mo, V, Ti, Nb, Ta, Zr

탄화물 중에서 일부의 탄화물은 특수 탄화물로 취급되기도 한다. 즉 Cr_7C_3, W_2C, VC, Mo_2C와 같은 비철함유 탄화물들이 여기에 속한다. 이중(double) 또는 복합탄화물(complex carbides)이라고 불리어지는 것은 Fe_4W_2C등과 같이 Fe와 탄화물형성원소를 동시에 포함하고 있는 것을 말한다.

일반적으로 고속도강과 열간가공용 공구강 등은 M_6C, $M_{23}C_6$ 및 MC로 표시되는 3가지 형태의 탄화물을 포함하는데, 여기서 기호 M은 모든 금속원자를 총괄적으로 나타낸다. 따라서 M_6C는 Fe_4W_2C, Fe_4Mo_2C를 나타내며 $M_{23}C_6$는 $Cr_{23}C_6$를, MC는 VC나 V_4C_3를 나타낸다.

4.1.4 입자성장에 미치는 효과

0.03에서 0.10%범위에 속하는 소량의 Al, Nb, Ti 및 V는 오스테나이트화 온도에서 입자성장을 제어하는 중요한 역할을 한다. 이러한 원소들은 심하게 분산된 탄화물, 질화물, 질탄화물(Al은 질화물로만 존재)로 존재하므로 이들을 고용시키기 위해서는 상당한 고온이 필요하기 때문이다. 그림 4.1은 약 0.05%Nb 또는 Ti을 함유한 강에서 Nb와 Ti탄화물은 온도가 1200℃를 초과할 때까지도 고용되지 않고 존재하고 있다는 것을 나타낸다. V와 N을 각각 0.1% 및 0.010% 함유한 바나듐 질화물은 1000℃ 내지는 그 이상 어느 온도까지 미고용 상태로 남아 있다. 온도를 더 높이면 입자성장을 저지하는 상이 고용되어 입자크기를 증가시킨다. 이상에서 언급한 원소들은 HSLA강(High Strength Low Alloy)으로 알려진 고장력 구조용강에 첨가되는 미량성분으로 많이 사용된다.

미세입자 표면경화강을 생산할 때 얻는 효과는 용강에 적당량의 Al을 첨가하므로써

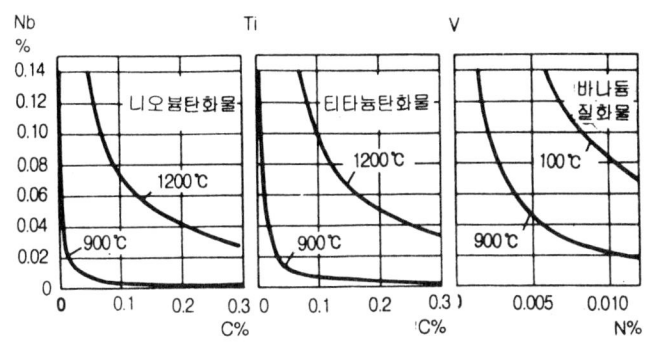

그림 4.1 여러온도의 강중에서 존재하는 니오븀탄화물, 티타늄탄화물 및 바나듐질화물의 용해도

얻어진다. 실제로는 일차적으로 산소함량을 적당한 수준까지 낮추고, 그 다음에 Al을 강의 질소함량에 해당되는 양만큼 첨가한다. 강을 냉각시킴에 따라 AlN 입자의 분산이 일어나게 되고 그 결과 강은 일반적으로 사용되는 열처리 온도에서 입자성장에 견디게 된다.

침탄경화 작업시 사용되는 침탄온도는 950℃를 초과하지 않는 것이 일반적이다. 따라서 Al과 N를 첨가한 미세입자처리는 그때 사용하는 침탄온도 범위에서 실시하면 충분하다. 경우에 따라서는 작업을 촉진하기 위해서 1000℃와 같은 고온이 사용되기도 한다. 이러한 경우 Ti은 유용한 합금원소로 사용된다. 고속도강과 그 외의 고합금 공구강에서 존재하는 W과 Mo 탄화물은 입자성장을 저지시키는 역할을 한다.

4.1.5 공석점에 미치는 효과

A_1점은 오스테나이트 형성원소가 첨가되면 강하되고, 페라이트형성 원소에 의해 상승된다. 공석조성을 갖는 크롬강은 공석탄소강보다 높은 오스테나이트화 온도가 필요한 반면, 3%Ni강은 그림 4.2에서 보는 바와 같이 700℃이하에서도 이미 오스테나이트화하기 시작한다. 이러한 현상은 강이 A_1 부근의 온도에서 사용될 때 실용상 대단히 중요한 의미를 갖는다.

Fe-C 상태도에서 공석점은 0.8%C와 723℃(A_1)에서 나타난다. 합금원소를 첨가하면 이 점의 탄소농도가 감소된다. 예를 들면 5%Cr을 함유한 강은 0.5%C에서 공석점이 된다. Cr이 미치는 영향을 그림 4.3에 예시하고 있다.

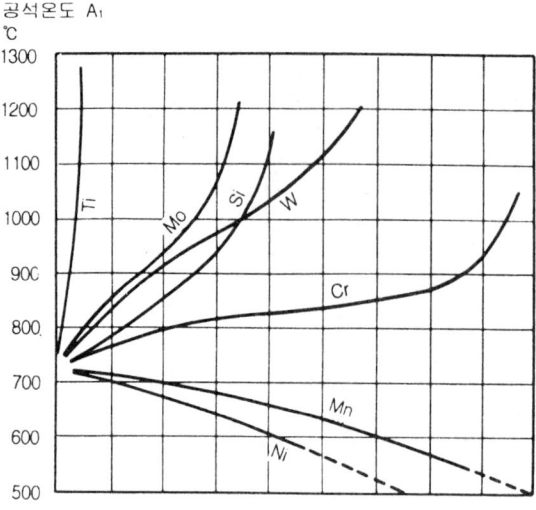

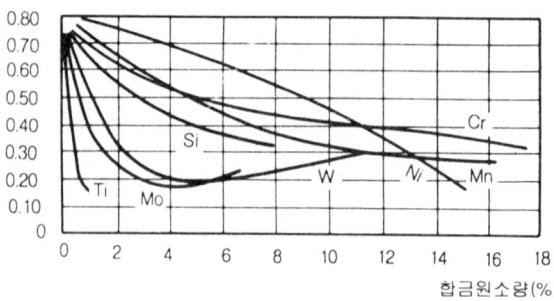

그림 4.2 공석온도와 공석탄소량에 미치는 첨가 합금원소의 영향

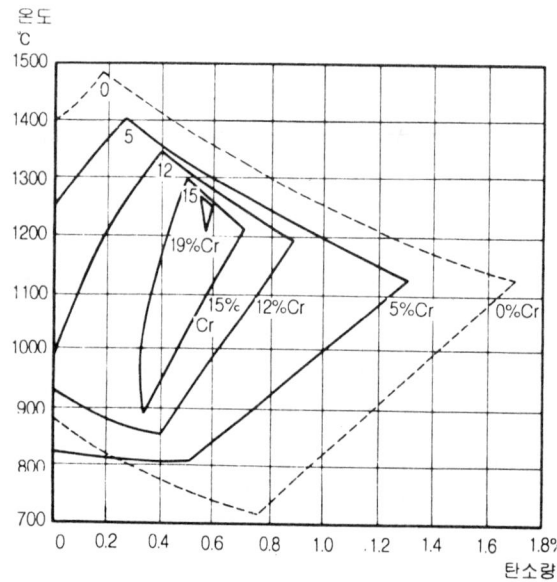

그림 4.3 오스테나이트 영역에 미치는 Cr과 C의 효과. 점선은 기본 합금(base alloy)의 오스테나이트 영역을 나타낸다. 즉 공석점은 철과 탄소만을 함유한 합금에서는 이동되지 않음을 나타낸다.

4.1.6 마르텐사이트 생성온도에 미치는 효과

Co를 제외한 대다수의 합금원소는 마르텐사이트 생성종료온도, 즉 100% 마르텐사이트가 형성되는 온도인 M_f점과 함께 마르텐사이트 생성개시온도인 M_s점을 다같이 강하시킨다. 0.5%이상의 탄소를 함유하는 대부분의 강은 M_f점이 상온 이하이다. 이것은 경화후 이러한 강이 어느 정도의 잔류 오스테나이트를 항상 함유하고 있다는 것을 의미한다. M_s점은 아래에 있는 각 항에 합금원소의 농도(%)를 대입하면 아래에 주어진 식으로부터 계산할 수 있다.

$$M_s(℃)=561-474C-33Mn-17Ni-17Cr-21Mo$$

고합금과 중합금강에 대해 Stuhlman은 다음과 같은 식을 제시하였다.

$$M_s(℃)=550-350C-40Mn-20Cr-10Mo-17Ni-8W-35V-10Cu+15Co+30Al$$

이 식은 모든 합금원소가 오스테나이트에 완전히 고용되어 있다고 가정할 경우에만 정확히 사용할 수 있다.

모든 합금원소 중에서 탄소는 M_s온도에 가장 강력한 영향을 미친다. 그림 4.4는 여러 가지의 강에서 M_s 온도에 미치는 Mn의 영향에 대한 실험적 결과를 그림으로 나타낸 것이다.

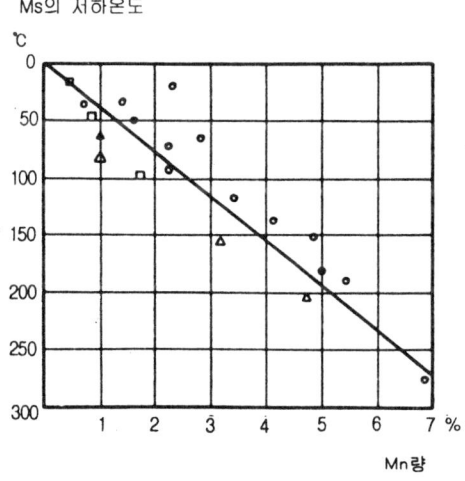

그림 4.4 Ms온도에 미치는 Mn의 영향

4.2 구조용 특수강

4.2.1 Cr강

탄소강에 Cr이 첨가되면 경화능, 강도 및 내마모성이 향상된다. 또한 Cr은 강력한 페라이트 안정화원소이고, 이 강종의 Cr 첨가량은 2% 이하이므로 Fe_3C 중의 Fe와 치환하여 복탄화물인 $(Fe \cdot Cr)_3C$를 형성한다.

표 4.1은 Cr강의 종류를 나타낸 것으로서, Cr량은 0.9~1.2%로 일정하고 탄소량만 다를 뿐이다. Cr강은 주로 Roller, 볼트, 너트 및 캠축 등에 사용되고 있고, 이중 SCr 415 및 420강은 침탄용강으로 사용된다.

열처리는 830~880℃에서 유냉을 하고, 550~650℃에서 템퍼링한 후 템퍼링 취성(temper embrittlement)을 방지하기 위하여 수냉하는 것이 보통이다. 표 4.2는 SCr 430강을 830℃에서 퀜칭했을 때 템퍼링 온도에 따른 기계적 성질을 나타낸 것으로서, 강도와 경도는 매우 높은 편이지만 연성이 비교적 낮다.

표 4.1 Cr강의 종류

기 호		화 학 조 성			비 고
KS	JIS	C	Mn	Cr	
SCr 415	SCr 21	0.13~0.18	0.60~0.85	0.90~1.20	침탄강
SCr 420	SCr 22	0.18~0.23	0.60~0.85	0.90~1.20	침탄강
SCr 430	SCr 2	0.28~0.33	0.60~0.85	0.90~1.20	강인강
SCr 435	SCr 3	0.33~0.38	0.60~0.85	0.90~1.20	강인강
SCr 440	SCr 4	0.38~0.43	0.60~0.85	0.90~1.20	강인강
SCr 445	SCr 5	0.43~0.48	0.60~0.85	0.90~1.20	강인강

표 4.2 SCr 430강의 열처리후 기계적성질

템퍼링 온도 (℃)	인장강도 (kg/mm^2)	항복점 (kg/mm^2)	연신율 (%)	단면수축률 (%)	경도 (H_B)
427	125.8	108.9	14.0	50.0	375
482	116.7	104.0	15.0	53.0	341
538	96.3	83.6	18.0	58.0	285
593	91.3	78.0	20.0	61.0	269
649	80.1	66.7	22.0	65.0	235

4.2.2 Cr-Mo 강

이 강종은 Cr(0.9~1.20%) 외에 Mo을 소량(0.15~0.30%) 함유하고 있으므로 경화능이 크고, 템퍼링 연화저항성도 크며, 템퍼링 취성의 경향도 비교적 적은 편이다.

강인강에는 Ni-Cr강이 가장 많이 사용되어 왔으나, 값이 비싼 Ni 대신에 Mo을 첨가하므로써 우수한 성질을 얻을 수 있기 때문에 Ni-Cr강의 대용강으로서 자동차용 크랭크축, 볼트 및 기어류에 주로 사용되고 있다.

표 4.3은 Cr-Mo강의 종류를 나타낸 것이다.

열처리는 830~880℃에서 유냉하고, 550~650℃에서 템퍼링한다. 템퍼링취성의 경향은 크지 않으나, 템퍼링 후에는 수냉하는 편이 좋다. Cr강과 동일한 인장강도를 얻기 위해서는 템퍼링온도를 상승시켜도 되므로 인성이 우수해진다.

한편 침탄강은 850~900℃에서 유냉하여 1차 퀜칭, 800~850℃에서 유냉하여 2차 퀜칭하고, 150~200℃에서 템퍼링한 후 공랭한다.

표 4.4는 1in 직경의 SCM 440강봉을 843℃에서 유냉후 템퍼링 온도에 따른 기계적성질을 나타낸 것이다.

표 4.3 Cr-Mo강의 종류

기 호		화 학 조 성				비 고
KS	JIS	C	Mn	Cr	Mo	
SCM 415	SCM 21	0.13~0.18	0.60~0.85	0.90~0.20	0.15~0.30	침탄강
SCM 420	SCM 22	0.18~0.23	0.60~0.85	0.90~0.20	0.15~0.30	침탄강
SCM 421	SCM 23	0.17~0.23	0.70~1.00	0.90~1.20	0.15~0.30	침탄강
SCM 430	SCM 2	0.28~0.33	0.60~0.85	0.90~1.20	0.15~0.30	강인강
SCM 432	SCM 1	0.27~0.37	0.60~0.85	1.00~1.50	0.15~0.30	강인강
SCM 435	SCM 3	0.33~0.38	0.60~0.85	0.90~1.20	0.15~0.30	강인강
SCM 440	SCM 4	0.38~0.43	0.60~0.85	0.90~1.20	0.15~0.30	강인강
SCM 445	SCM 5	0.43~0.48	0.60~0.85	0.90~1.20	0.15~0.30	강인강
SCM 822	SCM 24	0.20~0.25	0.60~0.85	0.90~1.20	0.35~0.45	침탄강

표 4.4 SCM 440강의 열처리후 기계적성질

템퍼링 온도 (℃)	인장강도 (kg/mm^2)	항복강도 (kg/mm^2)	연신율 (%)	단면수축율 (%)	경 도 (H_{RC})	Izod충격치 (ft·lb)
316	161.7	137.0	11.0	40	47	7
427	140.6	119.5	15.0	48	41	16
538	111.0	98.4	18.0	56	35	45
649	94.9	80.8	22.0	63	25	80

4.2.3 Ni-Cr강

Ni-Cr강은 구조용 특수강의 시초로서, 병기용 특수강에 주로 사용되었으나 현재는 Cr-Mo강, Ni-Cr-Mo강의 출현으로 그 사용량이 감소하고 있다.

Ni을 첨가하면 강도를 증가시키면서도 인성을 해치지 않기 때문에 우수한 합금원소로서 간주되며, 또한 Ni 첨가로써 경화능이 더욱 향상되므로 대형 강재에도 사용될 수 있다. 그러나 템퍼링취성의 염려가 있으므로 주의해야 한다.

표 4.5는 Ni-Cr강의 종류를 나타낸 것이다.

강인강은 크랭크축, 강력 볼트 및 기어 등에 사용되며, 열처리는 820~880℃ 범위에서 유냉하고, 550~650℃ 범위에서 템퍼링한다. Ni% 또는 Cr%가 높은 강은 템퍼링취성이 나타나기 쉬우므로 템퍼링후에는 수냉하는 것이 좋다.

표 4.6은 1 in 직경의 SNC 236강봉을 830℃에서 유냉후 템퍼링 온도에 따른 기계적 성질을 나타낸 것이다.

침탄강 중 SNC 815강은 어느 정도의 자경성을 가지고 있으므로, 작은 부품에서는 공랭으로도 경화시킬 수 있다. 따라서 퀜칭시 변형을 피해야만 하는 부품에 적합하다.

표 4.5 Ni-Cr강의 종류

기 호		화 학 조 성				비 고
KS	JIS	C	Mn	Ni	Cr	
SNC 236	SNC 1	0.32~0.40	0.50~0.80	1.00~1.50	0.50~0.90	강인강
SNC 415	SNC 21	0.12~0.18	0.35~0.65	2.00~2.50	0.20~0.50	침탄강
SNC 631	SNC 2	0.27~0.35	0.35~0.65	2.50~3.00	0.60~1.00	강인강
SNC 815	SNC 22	0.12~0.18	0.35~0.65	3.00~3.50	0.70~1.00	침탄강
SNC 836	SNC 3	0.32~0.40	0.35~0.65	3.00~3.50	0.60~1.00	강인강

표 4.6 SNC 236강의 열처리후 기계적 성질

템퍼링 온도 (℃)	인장강도 (kg/mm^2)	항복강도 (kg/mm^2)	연 신 율 (%)	단면수축율 (%)	경 도 (H_B)
530	102.6	92.8	17.5	57.0	293
593	92.1	82.9	21.2	61.0	269
649	87.1	76.6	21.5	60.2	248

4.2.4 Ni-Cr-Mo강

Ni과 Cr을 첨가한 저합금강은 탄성한계, 경화능, 충격인성 및 피로저항성이 향상된다. 더구나 0.3%정도의 Mo이 첨가되면 경화능이 더욱 커지고 템퍼링 취성에 대한 민감성이 최소로 된다. 따라서 이 강종은 경화능이 커서 펄라이트 변태가 지연되므로 공랭시 베이나이트로 변태된다.

표 4.7은 Ni-Cr-Mo강의 종류를 나타낸 것이다.

표 4.7 Ni-Cr-Mo강의 종류

규격	화 학 성 분 (%)							
	C	Si	Mn	P	S	Ni	Cr	Mo
SNCM 1	0.27~0.35	0.15~0.35	0.60~0.90	0.300이하	0.300이하	0.60~2.00	0.60~1.00	0.15~0.30
SNCM 2	0.20~0.30	0.15~0.35	0.35~0.60	0.300이하	0.300이하	3.00~3.50	1.00~1.50	0.15~0.30
SNCM 5	0.25~0.35	0.15~0.35	0.35~0.60	0.300이하	0.300이하	2.50~3.50	2.50~3.50	0.15~0.30
SNCM 6	0.38~0.43	0.15~0.35	0.70~1.00	0.300이하	0.300이하	0.40~0.70	0.40~0.65	0.15~0.30
SNCM 8	0.36~0.43	0.15~0.35	0.60~0.90	0.300이하	0.300이하	1.60~2.00	0.60~1.00	0.15~0.30
SNCM 9	0.44~0.50	0.15~0.35	0.60~0.90	0.300이하	0.300이하	1.60~2.00	0.60~1.00	0.15~0.30
SNCM 21	0.17~0.23	0.15~0.35	0.60~0.90	0.300이하	0.300이하	0.40~0.70	0.40~0.65	0.15~0.30
SNCM 22	0.12~0.18	0.15~0.35	0.40~0.70	0.300이하	0.300이하	1.60~2.00	0.40~0.65	0.15~0.30
SNCM 23	0.17~0.23	0.15~0.35	0.40~0.70	0.300이하	0.300이하	1.60~2.00	0.40~0.65	0.15~0.30
SNCM 25	0.12~0.18	0.15~0.35	0.30~0.60	0.300이하	0.300이하	4.00~4.50	0.70~1.00	0.15~0.30
SNCM 26	0.13~0.20	0.15~0.35	0.80~1.20	0.300이하	0.300이하	2.80~3.20	1.40~1.80	0.40~0.60

열처리는 820~870℃에서 유냉하고, 550~680℃에서 템퍼링한 후 수냉하는 것이 좋다. 그러나 침탄강인 SNCM 26은 Ni, Cr, Mo 함량이 크므로 공랭하여도 경화된다. 표 4.8은 1 in. 직경을 갖는 봉상의 SNCM 8강을 802℃에서 유냉한 후 템퍼링 온도에 따른 기계적 성질을 나타낸 것이다.

이 강종은 주로 자동차용 크랭크축, 강력 볼트 및 기어 등에 사용된다.

표 4.8 SNCM 8강의 템퍼링 온도에 따른 기계적 성질

템퍼링 온도 (℃)	인장강도 (kg/mm^2)	항복강도 (kg/mm^2)	연 신 율 (%)	단면수축율 (%)	경 도 (H_B)
538	123.0	116.7	14.2	45.9	352
593	115.3	111.7	16.5	54.1	331
649	97.7	89.9	20.0	59.7	277

4.2.5 고 Mn강

탄소강 내에 Mn량이 2.0% 이상으로 되면 취성이 커진다. 그러나 Mn량이 12%정도로 증가되고 탄소량이 1.1%정도로 되면 오스테나이트 영역에서 급랭하여도 상온에서 오스테나이트로 존재한다. 이 강을 Hadfield강이라고 하며, 상온의 오스테나이트 상태에서 가공경화속도가 매우 크기 때문에 큰 충격응력 조건하에서 내마모성이 우수하다.

이 강의 가공경화속도가 큰 이유는 오스테나이트 본래의 성질과 가공에 의하여 마르텐사이트로 변태하는 2가지 이유 때문이다. 따라서 이 강의 경도는 그다지 높지 않으나 절삭가공이 곤란하여 주로 주강의 형태로 제조된다. 이러한 특징을 이용해서 광석분쇄기의 기어나 노면전차의 교차레일 등에 사용하면 사용면은 가공에 의하여 단단해지므로 내마모성이 있고, 내부는 연하므로 전체적으로는 인성을 가지게 된다.

4.2.6 마르에이징강

마르에이징강(maraging steel)은 고장력강의 하나로서, 탄소량이 매우 낮기 때문에 퀜칭경도가 낮은 것이 특징이므로, Fe-Ni 마르텐사이트 상태에서 시효경화에 의하여 강도를 증가시킨다. "maraging"이란 명칭은 "*mar*tensite"와 "*age* harden*ing*"의 조합으로 이루어진 것이다.

Co, Mo, Ti, Al등과 함께 18%Ni이 함유된 마르에이징강은 초고장력 구조용강(ultra high-strength structural steel)으로 간주되고 있다. 완전히 시효경화된 이 강의 공칭항복강도에 따라 135(200), 165(250), 195(300) kg/mm^2(ksi)의 3종이 개발되고 있으며, 그 조성을 표 4.9에 나타냈다.

표 4.9 18%Ni강의 조성

항복강도 (kg/mm^2)	화 학 조 성 (wt%)					
	C	Ni	Co	Mo	Al	Ti
135	0.03이하	18	8	3.2	0.1	0.2
165	0.03이하	18	8	5.0	0.1	0.4
195	0.03이하	18	9	5.0	0.1	0.6

18%Ni 마르에이징강은 오스테나이트화 온도로부터 냉각시에 마르텐사이트로 변태하는데, 이때 마르텐사이트 형성은 냉각속도에는 무관하므로 두께가 큰 부품도 공랭으로써 완전한 마르텐사이트 조직을 얻을 수 있다. 이 강의 M$_s$ 온도는 약 155℃이고, M$_f$ 온도는 약 98℃이다.

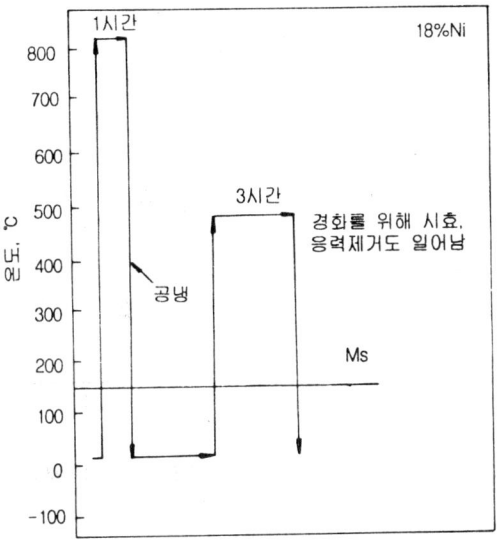

그림 4.5 18%Ni Maraging강의 열처리

한편 이 강의 탄소량은 극히 적기때문에 형성된 마르텐사이트는 비교적 연성이 크며, 재가열해도 템퍼링 반응이 일어나지 않는다.

열처리는 850℃에서 1시간 유지하여 용체화처리한 후 공랭 또는 수냉하고, 480℃에서 3시간 시효처리한다. 대표적인 열처리공정을 그림 4.5에 나타냈다. 시효처리시에 이 강의 강도와 경도는 급격하게 상승하는데, 이때 나타나는 강화현상은 주로 Ni_3Mo와 Ni_3Ti의 석출상에 기인하는 것으로 알려져 있다. 과시효 또는 더 높은 시효온도에서는 Fe_2Mo의 석출상도 나타난다고 보고되고 있다. 그림 4.6에 나타낸 바와 같이 Mo이 주된 시효경화 원소이고, Co의 역할은 마르텐사이트 기지의 Mo의 용해도를 감소시킴으로써 Ni_3Mo의 석출을 촉진시키는 간접적인 강화효과가 있을 뿐이다.

이 강은 인장강도가 높으면서도 충격인성이 매우 우수하고, 또한 용체화처리후 시효처리하기 전에 약 50% 냉간가공하면 강도가 더욱 높아진다. 표 4.10은 18%Ni 마르에이징 강의 기계적 성질을 나타낸 것이다.

표 4.10 18%Ni 마르에이징강의 기계적 성질

공칭항복강도 (kg/mm^2)	항복강도 (kg/mm^2)	인장강도 (kg/mm^2)	연신율 (%)	단면수축률 (%)	상온충격치 (J)
135	129~143	135~150	14~16	65~70	81~149
165	165~185	173~190	10~12	48~52	24~35
195	195~208	204~210	12	60	14~27

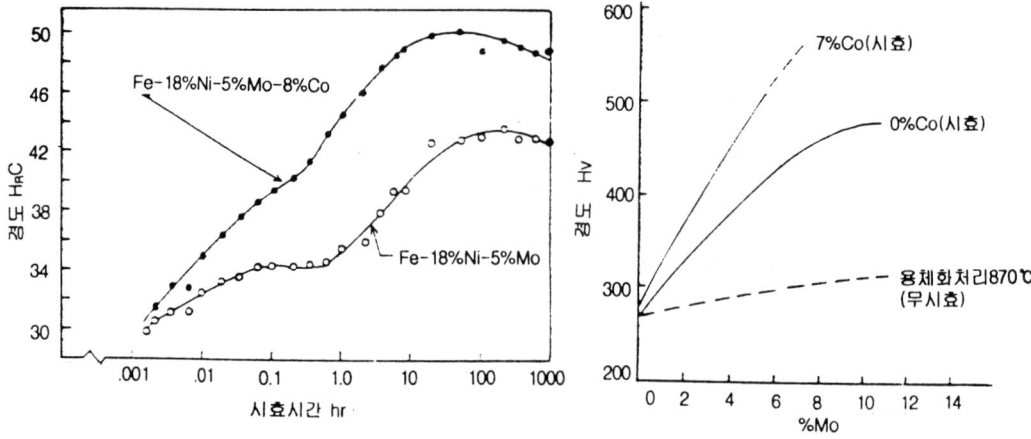

그림 4.6 18%Ni마르에이징강의 시효경도에 미치는 Mo과 Co의 영향

18%Ni 마르에이징강의 주된 용도는 missile case, cannon recoil spring, bearing, bolt 및 금형용 punch와 die에 사용된다.

18%Ni 마르에이징강 이외에도 20%Ni, 25%Ni 마르에이징강 등이 있는데, 이들은 값이 비싸므로 상업적으로는 거의 이용되지 않고 있고, 특히 25%Ni 마르에이징강은 M_s온도가 상온 이하이므로 용체화처리후에도 오스테나이트 상태로 존재한다. 따라서 시효경화처리하기 전에 오스에이징(ausaging)이나, 냉간가공과 심랭처리를 통하여 기지조직을 마르텐사이트로 변태시켜야 한다.

4.3 공구강

공구강은 금속, 플라스틱 또는 목재 등을 원하는 형태로 가공 및 성형하는데에 사용되는 강종으로서, 내마모성, 상온 및 고온경도, 내열성, 강도 및 인성 등이 용도에 맞게 갖추어져 있어야만 한다. 어떤 경우에는 치수안정성이 매우 중요시될 때도 있다. 또한 공구강은 사용하기에 경제적이어야 하고, 공구의 형상으로 제작하기가 쉬워야 한다.

강의 총생산량 중에 공구강이 차지하는 비율은 매우 적지만, 다른 강종이나 공업재료를 원하는 형상으로 만들어 내는데에 사용되기 때문에 그 중요성은 매우 크다. 공구강의 사용예를 보면 드릴, deep drawing die, 전단용 칼, 펀치, 압출다이 및 절삭공구 등에 주로 사용된다. 고속절삭이 특히 필요한 경우에는 공구강보다는 초경합금을 사용하는 것이 훨씬 경제적이다.

4.3.1 공구강의 분류

공구강을 분류하는 방법은 여러가지가 있는데, KS규격에서는 탄소공구강, 합금공구강 및 고속도강으로 분류되고, AISI규격에서는 수냉경화형 공구강, 내충격용 공구강, 냉간가공용 공구강(유냉경화형, 공랭경화형, 고탄소 고크롬), 열간가공용 공구강, 고속도 공구강, 특수목적용 공구강 및 몰드 공구강 등으로 분류되고 있다.

이와 같이 AISI 분류체계에서는 퀜칭방법, 응용범위, 특징 및 조성 등에 따라 구체적으로 분류하고 있기 때문에, 본서에서는 대분류는 KS에 의한 분류를 따르고, 소분류는 AISI 분류체계에 준하여 아래와 같이 분류하였다.

<공구강의 분류>
① 탄소공구강
② 합금공구강
    ⓐ 수냉경화형 공구강
    ⓑ 내충격용 공구강
    ⓒ 냉간 가공용 공구강 ┬ 유냉경화형 공구강
                                ├ 공랭경화형 공구강
                                └ 고탄소 고크롬
    ⓓ 열간 가공용 공구강
③ 고속도강 ┬ Mo계 고속도강
           └ W계 고속도강

4.3.2 탄소공구강

탄소공구강의 종류, 조성 및 용도는 3장에서 나타낸 바 있으므로 여기서는 그 특징과 열처리방법에 대해서 서술하기로 한다.

탄소공구강은 재료를 절삭 및 성형하는데 사용되는 공구강 중 가장 오래된 것으로서, 그 특성은 비교적 높은 탄소량에 의해서 나타난다. STC 1에서 STC 7까지 7종이 있으며, 탄소량은 0.7~1.5% 범위이고 수냉에 의해서 경화된다.

소형 공구를 제외하고는 경화처리에 의해서 표면만 경화되고, 중심부는 비교적 인성을 지니므로 양호한 내마모성과 인성을 동시에 얻을 수 있는 경화능이 낮은 강종이다. 이와 같이 탄소공구강은 열처리가 비교적 간단하고, 값이 싸다는 장점때문에 공구소재로 널리 이용되고 있다.

그러나 탄소공구강으로 얻을 수 있는 성질에는 한계가 있고, 또한 수냉으로 경화시키기 때문에 복잡한 형상의 부품일 때는 열처리시 문제를 일으킬 염려가 있으므로 다음과 같은 경우에는 합금공구강을 선택하여 사용하는 것이 좋다.
① 하나의 부품내에 심한 치수변화가 있을 때, 즉 두터운 부위와 얇은 부위가 공존할 때
② 예리한 모서리가 존재할 때
③ 다이의 hole 간격이 좁을 때
④ 매우 큰 내마모성이 필요할 때
⑤ 인성이 요구될 때
⑥ 열처리시 최소의 치수변형이 요구될 때
⑦ 사용중 고온경도가 요구될 때

탄소공구강은 다른 공구강과 마찬가지로 구상화 풀림 상태로 공급되는 것이 보통이다. 이러한 구상화 조직은 퀜칭 및 냉간가공시 유발될 수 있는 균열의 위험을 줄이고, 기계가공성을 높이기 위함이다.

전술한 바와 같이 탄소공구강은 경화능이 작기 때문에 수냉을 하여도 표면부위만 마르텐사이트로 변태되고 내부는 펄라이트로 된다. 그림 4.7은 S.T.C 4에 해당되는 강의 퀜칭온도에 따른 경화깊이를 나타낸 것이다.

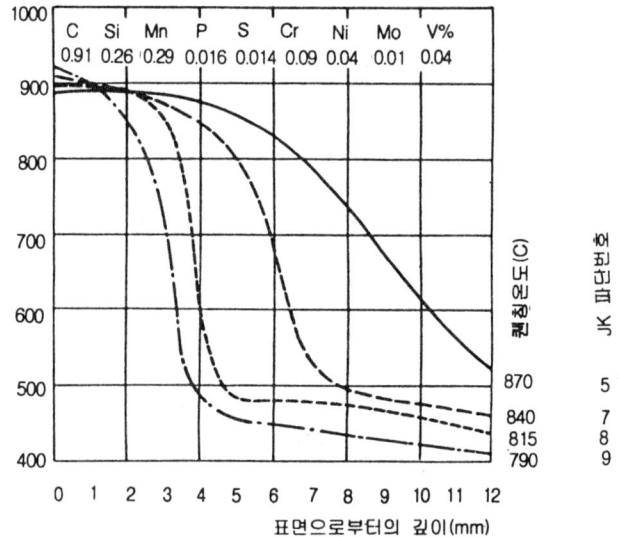

그림 4.7 STC 4강에 해당하는 직경 25mm탄소강의 경화깊이 여러 온도에서 물속에 퀜칭

4.3.3 합금공구강

(1) 수냉경화형 공구강

합금공구강 중 수냉경화형 공구강은 탄소공구강에 0.25% 정도의 V을 함유한 강으로서, 탄소공구강과 마찬가지로 경화능이 작기 때문에 수냉으로 경화시킨다. 표 4.11은 수냉경화형 공구강인 STS43강의 조성을 나타낸 것이다.

표 4.11 수냉경화형 공구강

KS	JIS	AISI	화 학 조 성 (%)
STS 43	SKS 43	W2	0.7~1.3C, 0.15~0.35V

탄소공구강에 V이 첨가되면 오스테나이트화 할 때 결정립 조대화를 방해하기 때문에, 높은 온도에서 경화시켜도 결정립이 미세한 상태로 된다.

탄소공구강이나 수냉경화형 합금공구강은 경화능이 낮아서 중심부까지 경화되지 않기 때문에 인성이 우수한 편이다. 볼트의 cold-heading용 upsetting die와 같이 가혹한 충격조건하에서 사용되는 공구들이나, coining 펀치와 같이 내마모성과 굽힘응력이 가해지는 공구들은 중심부까지 경화시켜서는 안되므로 위와 같은 특성을 이용하면 효과적이다. 한편 칼, 가위, 문자용 다이와 펀치 등 전단공구나 소형 공구들에서는 사용중에 큰 충격이 가해지지 않고, 또한 두께가 작으므로 전체를 경화시킬 수 있어서 탄소공구강이나 수냉경화형 합금공구강을 사용하면 염가로 요구조건을 충족시켜 줄 수 있어서 매우 효과적이다.

(2) 내충격용 공구강

내충격용 공구강은 전단용 칼, 끝 및 리벳 세트 등과 같이 반복하중에서 사용되는 용도로 적합하다. 이 강의 가장 중요한 성질은 인성이고, 경도는 그 다음이다. 따라서 이 강의 탄소량은 약 0.50%정도로 다른 공구강보다 비교적 낮은 편이므로, 사용경도도 H_RC 56~60정도의 범위로 다소 낮은 편이다. 표 4.12는 내충격용 공구강인 STS 41강의 조성을 나타낸 것이다.

표 4.12 내충격용 공구강

KS	JIS	AISI	화 학 조 성 (%)
STS 41	SKS 41	S1	0.55C, 0.25Mn, 0.25Si, 1.25Cr, 0.2V, 2.75W

STS41강의 주된 용도는 볼트의 header die, 끌, 파이프 절삭기, 콘크리트 드릴, 단조용 다이, 성형용 다이, 열간 및 냉간가공용 펀치 및 전단용 칼 등이다.

이 강의 경화열처리로서, 760~790℃에서 예열한 후 930~980℃에서 유냉으로 퀜칭하고, 템퍼링은 냉간용일 때에 150~260℃에서 행하여 H_RC 45정도의 경도로 사용한다. 이 공구강은 퀜칭온도가 비교적 높기 때문에 탈탄되기 쉬우므로 분위기로 또는 염욕에서 열처리하는 것이 좋다.

한편 이와 같은 STS41(AISI S1)강은 값이 비싼 W이 2.5%정도 함유되어 있으므로 미국에서는 W대신에 1.4%Mo을 첨가한 S7과, 0.4%Mo와 2.0%Si을 첨가한 S5공구강이 사용되고 있다. 그림 4.8은 S5 공구강의 열처리 조직을 나타낸 것이다.

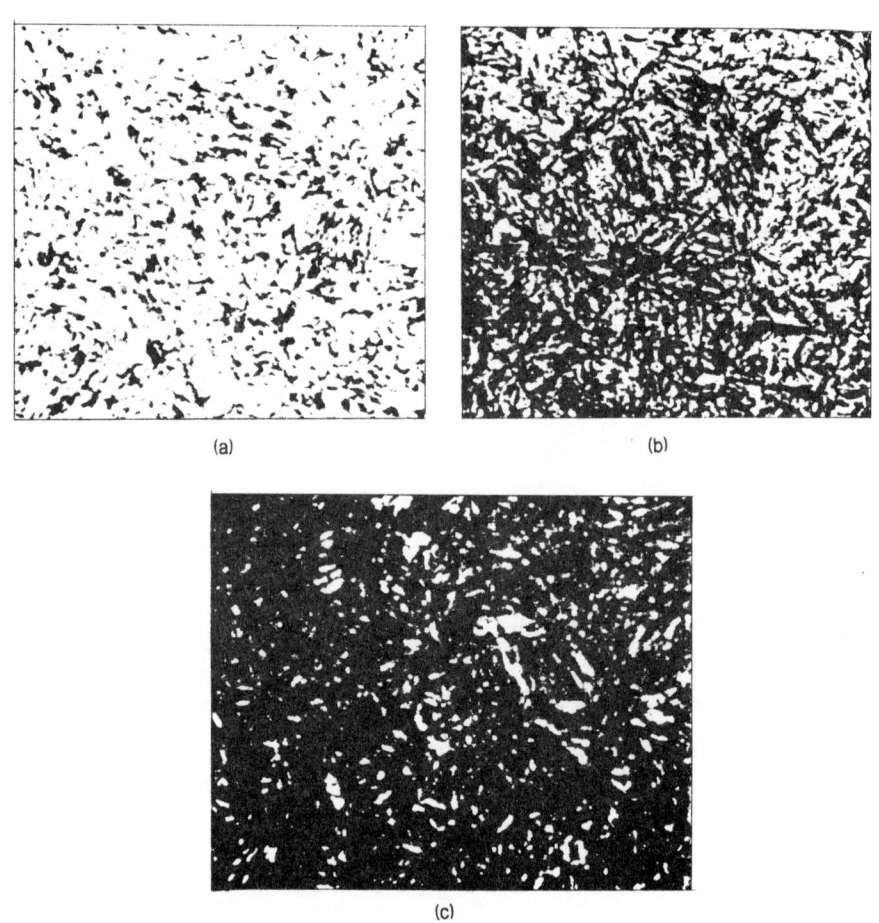

그림 4.8 AISI S5 내충격용 공구강의 미세조직
    (a) 노멀라이징조직(927℃, 1시간). (b) 유냉조직(899℃)
    (c) 퀜칭(899℃) 후 템퍼링(399℃) 조직

(3) 냉간가공용 유냉경화형 공구강

냉간가공용 공구강은 내마모성과 인성이 중요시되는 냉간가공용 공구나 다이에 널리 사용된다.

유냉경화형 공구강은 퀜칭경도가 높고, 낮은 퀜칭온도에서도 경화능이 우수하며, 복잡한 형상의 공구나 금형의 열처리시에도 균열의 염려가 없고, 예리한 절삭날을 유지할 수 있는 특징이 있다. 그러나 이 강종은 고속절삭용이나 열간가공용으로는 사용하지 못한다. 표 4.13은 유냉경화형 공구강의 종류를 나타낸 것이다.

이 강종의 주된 용도는 블랭킹 다이, bending 다이, 성형용 다이 및 펀치, 전단용 칼 등에 사용된다.

표 4.13 유냉경화형 공구강의 종류

규 격			화 학 조 성 (%)						
KS	JIS	AISI	C	Cr	Mo	V	W	Mn	Si
STS 3	SKS 3	O1	0.9	0.5	1.2	0.2	0.5		
STS 95	SKS 95	O6	1.45		0.25			0.8	1.15

STS3강은 가장 널리 사용되는 공구강 중에 하나로서, 경화능이 커서 유냉으로 경화시킬 수 있기 때문에 수냉경화형 공구강에 비해서 치수변화, 변형 및 균열의 위험성이 적다. 그러나 치수변화에 대해서는 공랭경화형 공구강 보다는 큰 편이다. 그림 4.9은

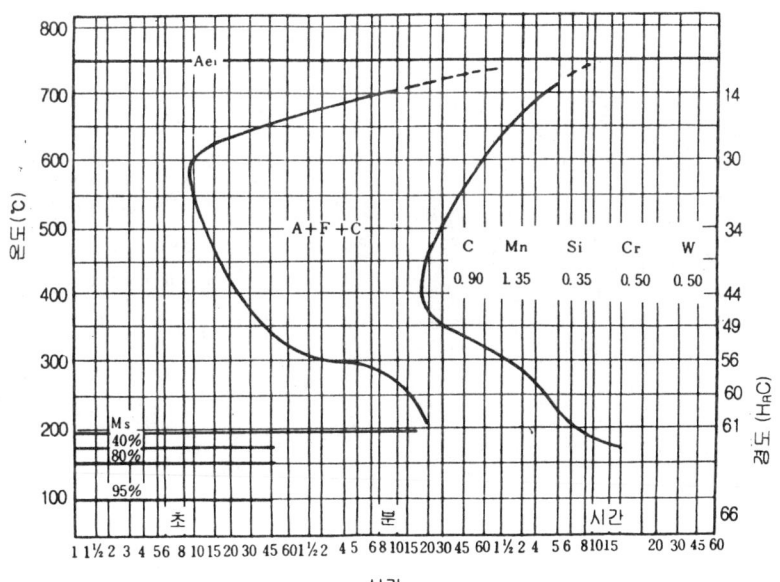

그림 4.9 STS 3강의 항온변태곡선(오스테나이트화 온도 : 790℃)

STS3강의 항온변태곡선을 나타낸 것이다.

풀림은 790℃에서 노냉하며, 퀜칭온도는 800℃, 템퍼링 온도는 160~200℃이다. 풀림상태에서는 페라이트와 구상 탄화물이 존재하는데(그림 4.10(a)), 이 탄화물은 815℃ 정도에서 오스테나이트화 하면 거의 고용되어 소량만이 잔류한다. 상온으로 유냉시키면 마르텐사이트 외에 약간의 미용해 탄화물과 베이나이트 및 잔류 오스테나이트가 존재하게 된다(그림 4.10(b)) 150℃에서 2시간 템퍼링하면 템퍼링 마르텐사이트와 약간의 미용해 탄화물이 존재하며(그림 4.10(c)), 더욱 높은 온도에서 오스테나이트화 한 후 퀜칭하면 조대한 조직이 템퍼링 후에도 잔류하게 된다(그림 4.10(d)).

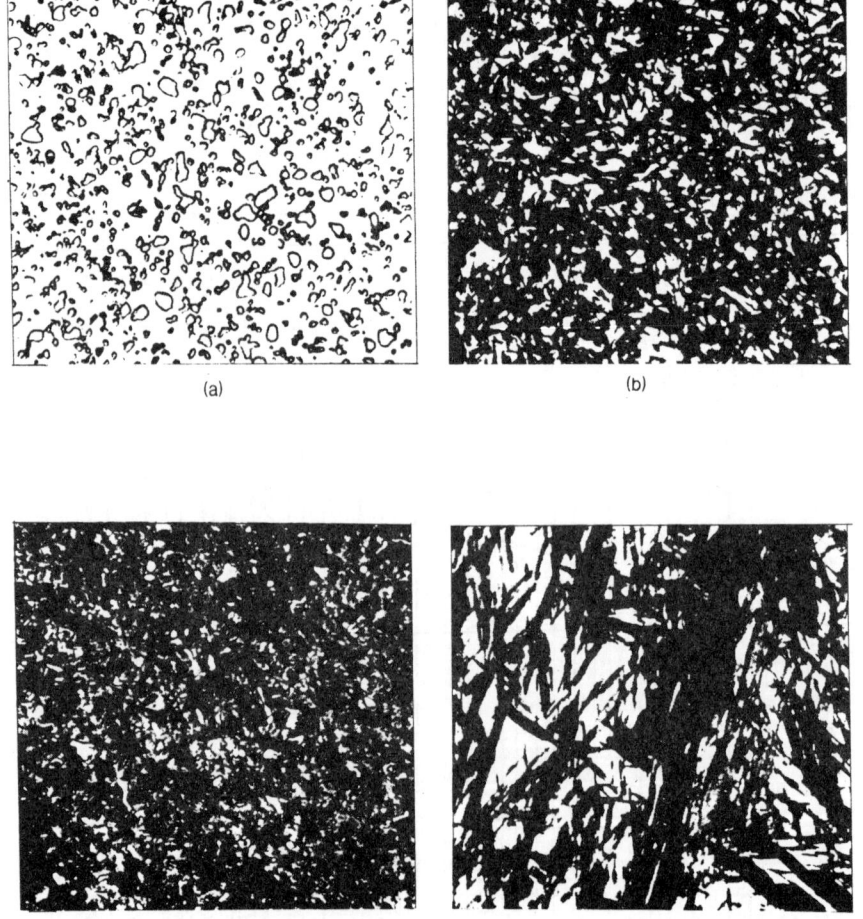

그림 4.10 STS 3강의 미세조직
(a) 완전풀림조직 (b) 정상적인 퀜칭(815℃, 유냉) 템퍼링(150℃) 조직.
(c) 유냉조직(815℃) (d) 과열조직 : 927℃에서 유냉후 150℃에서 템퍼링

(4) 냉간가공용 공랭경화형 공구강

공랭경화형 공구강은 블랭킹 다이, 성형용 다이 및 인발 다이 등과 같이 큰 인성과 어느 정도의 내마모성이 요구되는 용도로 특히 적합하다. 이 강은 유냉경화형 공구강인 STS3강에 비해서 퀜칭 및 템퍼링 후의 치수 변화가 1/4 정도밖에 되지 않으므로 복잡한 형상의 다이에도 사용될 수 있다.

표 4.14는 공랭경화형 공구강의 대표적인 강종인 STD 12강의 조성을 나타낸 것으로서 주된 합금원소는 Cr과 Mo이고, 여기에 V과 Mn이 함유되어 있다.

표 4.14 공랭경화형 공구강

규 격			화 학 조 성 (%)				
KS	JIS	AISI	C	Cr	Mo	V	W
STD 12	SKD 12	A2	1.0	1.0	1.10	0.25	0.6

STD 12강은 내마모성 보다는 인성이 더욱 중요시되는 용도에 사용되는 강종으로서 풀림상태에서 경도가 낮으므로 기계가공성이 좋다. 또한 합금원소량이 많기 때문에 그림 4.11의 항온변태곡선에서 보는 바와 같이 경화능이 우수하다.

열처리는 970℃ 정도에서 오스테나이트화 한 후 공랭하고, 170~200℃ 범위에서 템퍼링한다. 경도와 인성의 가장 바람직한 조합은 200℃ 템퍼링에서 얻어지나, 약간의 경도

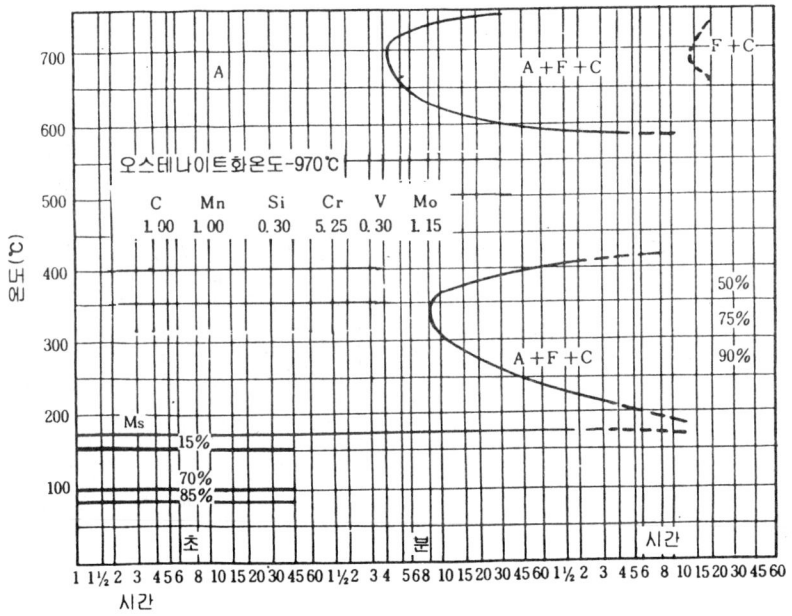

그림 4.11 STD 12강의 항온변태곡선

저하를 감소하면서 높은 인성을 얻기 위해서는 510℃ 정도에서 템퍼링하는 것이 좋다. 크기가 큰 다이를 퀜칭할 때는 비교적 서냉되기 때문에 탄화물의 석출과 베이나이트가 형성되므로 잔류오스테나이트가 많아지게 된다. 큰 부품에서 이러한 문제를 방지하기 위해서는 540℃의 염욕으로 퀜칭한 후 상온까지 공랭하는 것이 좋다.

STD 12강의 열처리시 나타나는 미세조직 변화를 그림 4.12에 나타냈다. 풀림상태에서는 페라이트와 주로 M_7C_3와 $M_{23}C_6$ 형의 탄화물로 구성되어 있다(그림 4.12(a)). 이러한 합금 탄화물의 고용속도는 930℃ 정도까지는 느리기 때문에, 970℃ 정도로 가열하여 오스테나이트화를 하여야 한다. 그러나 어느 정도의 탄화물이 열처리 후에도 잔류하는 것을 그림 4.12(b)에서 볼 수 있다.

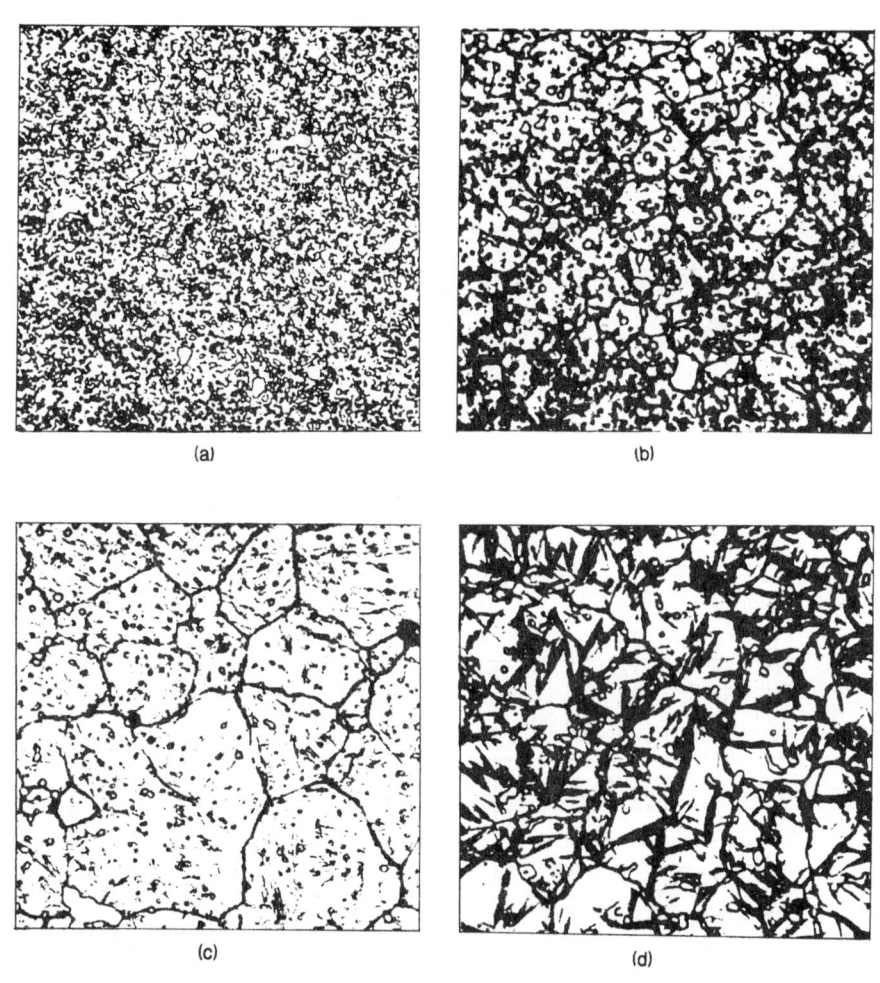

그림 4.12 STD 12강의 미세조직
    (a) 완전풀림조직 (b) 955℃에서 오스테나이트화, 232℃에서 2중템퍼링, 정상조직.
    (c) 1010℃에서 오스테나이트화, 템퍼링 안함.
    (d) 982℃에서 오스테나이트화, 510℃에서 2중템퍼링

균열발생 가능성을 감소시키기 위해서는 퀜칭시 60℃ 정도로 냉각되면 즉시 템퍼링해야 하며, 이때 가열은 서서히 행하여야 한다. 만일 템퍼링 후에도 잔류 오스테나이트가 존재하면 상온에서 마르텐사이트로 변태하므로 치수변화를 유발시키게 된다. 이러한 문제를 방지하기 위해서 2중 템퍼링(double tempering)을 행하는 것이 필수적이다.

한편 STD 12강을 오스테나이트화 할 때 적정온도 이상으로 과열(overheating)되면 조대한 결정립조직이 나타난다(그림 4.12(c)). 이러한 조직에서는 높은 경도를 얻지 못하므로 바람직하지 못하다. 또한 퀜칭시 상온까지 냉각되기 전에 템퍼링하면 상당량의 잔류 오스테나이트가 존재하게 된다(그림 4.12(d)). 이러한 조직에서도 높은 경도를 얻지 못할 뿐만 아니라, 사용하는 도중 치수변화를 일으킬 염려가 있으므로 바람직하지 못하다.

(5) 냉간가공용 고탄소-고크롬 공구강

고탄소-고크롬 공구강은 원래 고속절삭 공구강의 대용강으로 개발된 것이지만 고속절삭시에 충분한 경도를 얻을 수 없고, 또한 너무 취약하기 때문에 이러한 용도로는 사용이 제한되어 왔다. 그러나 내마모성이 우수하고, 강도가 크기 때문에 냉간가공용 금형강으로서 매우 유용하게 사용되고 있다. 표 4.15는 고탄소-고크롬강의 종류와 조성을 나타낸 것으로, 이 강종의 주된 용도는 펀치, 블랭킹 다이, 냉간성형용 다이, 인발 및 압출다이 등에 사용되고 있다.

이 강종의 우수한 내마모성은 고크롬(12%)과 고탄소(1.5~2.35)량에 의한 것이다. 또한 Cr량이 많기 때문에 고온에서 산화저항성이 크고, 경화 및 시편연마시에 녹이 슬 위험성이 적다.

표 4.15 고탄소-고크롬 공구강의 종류

규격			화학조성 (%)			
KS	JIS	AISI	C	Cr	Mo	V
STD 11	SKD 11	D2	1.5	12.0	1.0	0.5
STD 1	SKD 1	D3	2.25	12.0	—	—

Mo 첨가로써 경화능과 인성이 향상되지만 오스테나이트의 결정립 크기나 잔류 오스테나이트량에는 영향을 미치지 않는다. V은 결정립을 미세화시키지만 0.8%이상 첨가되면 경화능이 저하된다. V은 또한 잔류오스테나이트량을 감소시키고, 1.0% 첨가까지는 인성을 향상시킨다.

이 강의 치수변화를 최소로 하기 위해서는 오스테나이트화 온도로 서서히, 그리고 균일하게 가열하여야만 한다. 보통 염욕이나 분위기 조절로에서 가열한다.

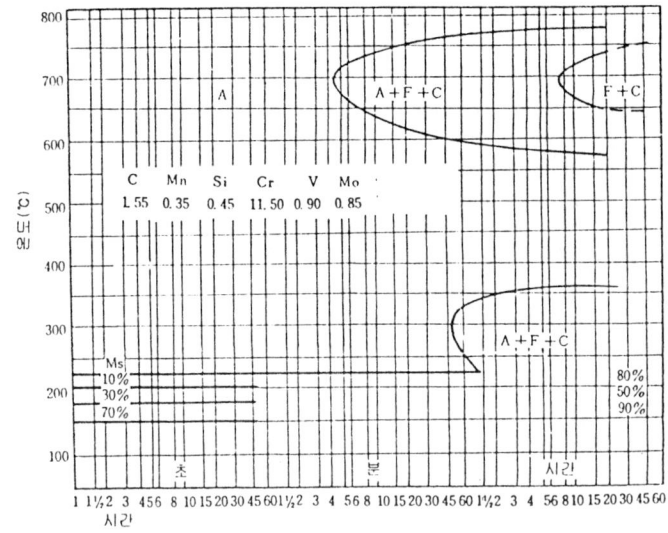

그림 4.13 STD 11강의 항온 변태곡선

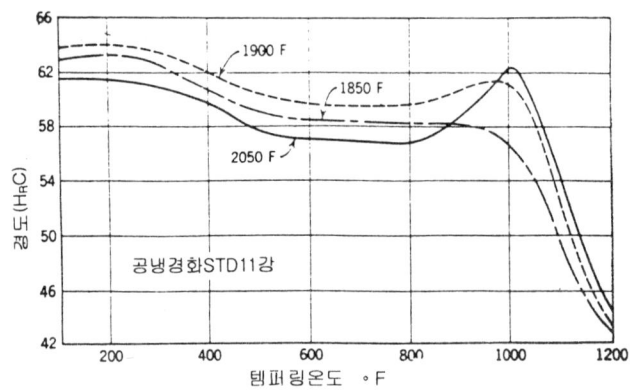

그림 4.14 STD11강의 템퍼링 경도에 미치는 오스테나이트화 온도의 영향. 1120℃(2050°F)의 경우에 잔류 오스테나이트량이 많아서 경도가 낮다. 그러나 450℃ 이상의 템퍼링온도에서는 $\gamma_P \rightarrow M$의 변태와 탄화물석출에 의해서 경도증가량이 크다.

STD 11강은 그림 4.13에서 보는 바와 같이 0.8%Mo 첨가로써 펄라이트의 형성을 억제하기 때문에 공랭으로도 충분한 경도를 얻을 수 있다.

STD 11강의 퀜칭열처리는 1010~1040℃에서 공랭하는 것이 보통이다. 너무 높은 온도에서 오스테나이트화 하면 그림 4.14에서 볼 수 있듯이, 450℃까지 템퍼링시 오히려 경도가 저하된다. 이와 같이 경도가 저하되는 이유는 너무 많은 탄소와 Cr이 오스테나이트 속으로 고용되어서 M_s 온도가 낮아지므로 결국 잔류오스테나이트량이 증가되기 때문이다. 그림 4.15는 경화온도에 따른 잔류오스테나이트량의 변화를 보여주는 것이다. 500℃ 이상에서 템퍼링하면 잔류오스테나이트가 마르텐사이트로 변태하기 때문에 경도가 다시 증가된다. 이때 치수도 같이 증가된다. 따라서 1차 템퍼링시에 형성된 마르텐사이트를 템퍼링 마르텐사이트로 바꿔주기 위해서는 좀더 낮은 온도에서 2차 템퍼링을 하는

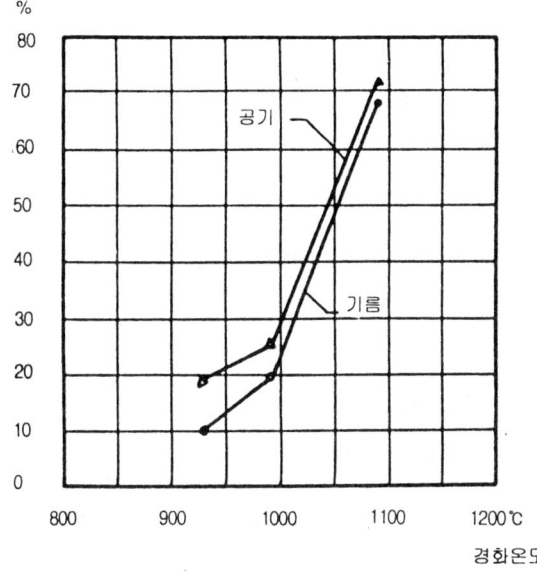

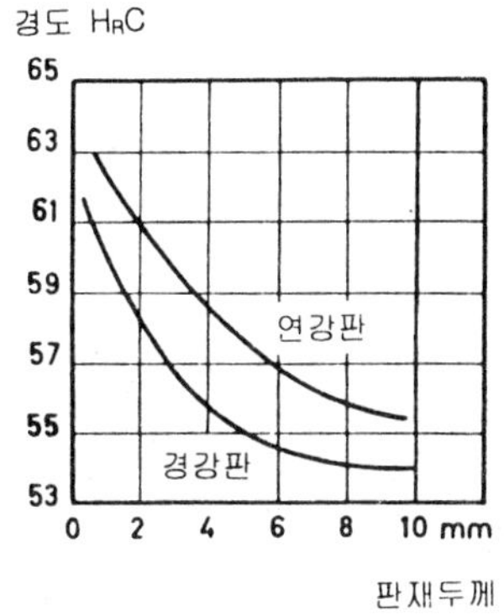

그림 4.17 여러가지 판재두께에 따른 블랭킹 및 펀칭 공구용에 적당한 경도값

그림 4.15 STD 11강을 공기와 기름속에서 각각 냉각할 때 잔류 오스테나이트의 양에 미치는 경화온도의 영향

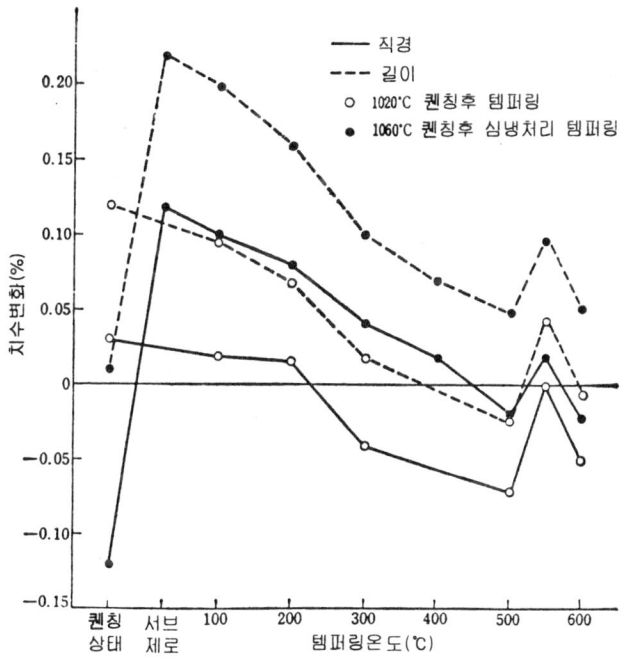

그림 4.16 퀜칭-심냉처리-템퍼링처리시와 퀜칭-템퍼링시의 치수변화

것이 필수적이다. 표 4.16은 STD 11강의 퀜칭 및 템퍼링 열처리후에 일어나는 시효변형을 나타낸 것이고, 그림 4.16은 템퍼링 온도에 따른 치수변화를 나타낸 것이다.

한편 그림 4.17은 여러가지 두께의 강판을 블랭킹 및 펀칭 성형시 공구강에 요구되는 경도값을 나타낸 것으로서, 강판의 두께가 클수록 하중이 커지므로 경도는 약간 작더라도 인성이 큰 것이 필요하다.

그림 4.18은 STD 11강의 열처리조직을 나타낸 것이다

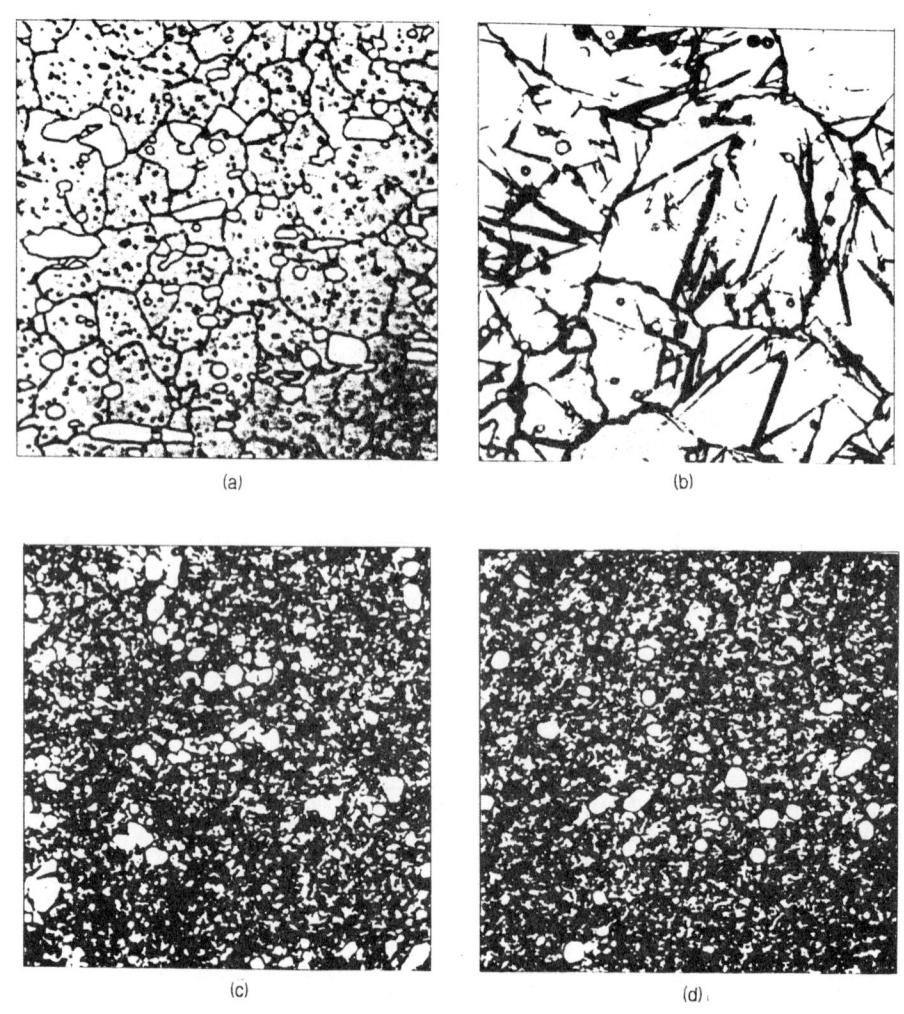

그림 4.18 STD11강의 미세조직(1.50C, 0.30Si, 0.50Mn, 12.0Cr, 0.90V, 0.75Mo)
(a) 1020℃에서 오스테나이트화처리후 공냉하여 288℃에서 템퍼링. 30~40%의 잔류 오스테나이트가 존재함
(b) 1150℃에서 오스테나이트화 처리후 공냉하여 510℃에서 템퍼링. 과열조직.
(c) 980℃에서 오스테나이트화 처리후 공냉하여 510℃에서 2중템퍼링. underheating조직.
(d) 1023℃에서 오스테나이트화 처리후 공냉하여 510℃에서 2시간 템퍼링. 정상조직

표 4.16 STD 11강의 시효변형

열 처 리		경도 H_RC	20℃에서의 길이변화(μ in./in.)			
			1일	1주일	1개월	3개월
퀜칭상태		64.5	0	+12	+14	+7
템퍼링	510℃, 1시간, 유냉 510℃, 1시간, 유냉 232℃, 1시간, 유냉	63	0	+210	+310	+370
	-196℃ 심랭처리 510℃, 1시간, 유냉 ----→ 3회 반복 232℃, 1시간 공랭	59.5	0	-1	-2	-2

(6) 열간가공용 공구강

열간가공용 공구강은 열간압출, 열간단조 및 다이캐스팅 다이 등과 같은 용도로 사용되는 강종으로서, 일반적으로 다음과 같은 성질이 요구된다.

① 고온가공온도에서의 변형저항. 탄소강은 고온에서 연해지기 때문에 이 용도로 사용할 수 없다.
② 기계적 충격과 열충격(특히 수냉시)에 대한 저항성. 이 공구강의 내충격성을 향상시키기 위해서는 탄소량이 적어야만 한다.
③ 고온에서 마식(erosion) 및 마모에 대한 저항성
④ 열처리시 변형저항성. 복잡한 형상의 금형은 열처리시 변형되기 쉽다.
⑤ 열균열(heat checking)에 대한 저항성.

표 4.17은 흔히 사용되는 열간가공용 공구강의 종류를 나타낸 것으로서, 대부분 경화능이 좋기 때문에 비교적 큰 공구도 공랭으로써 경화시킬 수 있다.

표 4.17 열간가공용 공구강의 종류

규 격			화 학 조 성 (%)				
KS	JIS	AISI	C	Cr	Mo	V	W
STD 5	SKD 5	H21	0.35	3.5	—	—	9.0
STD 6	SKD 6	H11	0.35	5.0	1.5	0.4	—
STD 61	SKD 61	H13	0.35	5.0	1.5	1.0	—
STD 62	SKD 62	H12	0.35	5.0	1.5	0.4	1.5

STD 6, STD 61 및 STD 62강에는 Si이 0.8~1.2% 첨가되어 있는데, 그 이유는 오스테나이트화 온도에서의 산화 저항성을 향상시키기 위함이다. 그림 4.19는 STD 61강의 항온변태곡선을 나타낸 것이다.

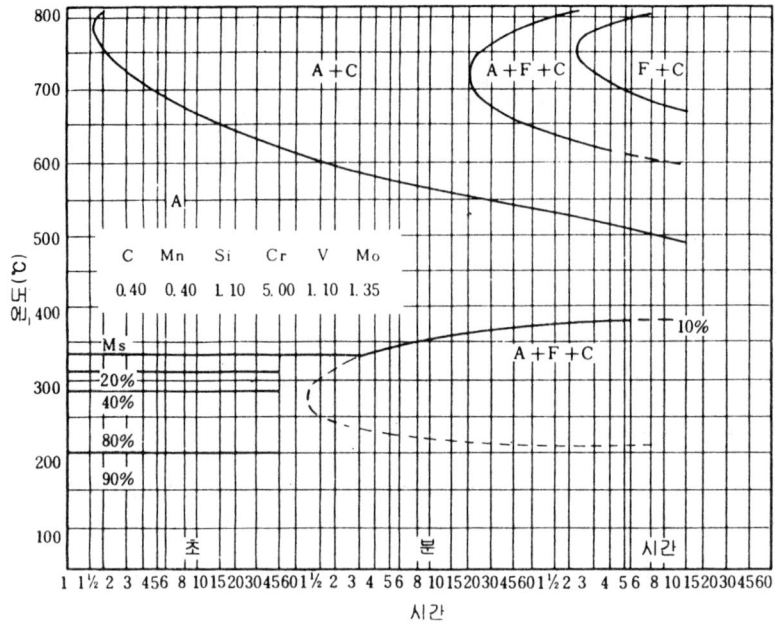

그림 4.19 STD61강의 항온변태곡선(오스테나이트화온도 : 1010℃)

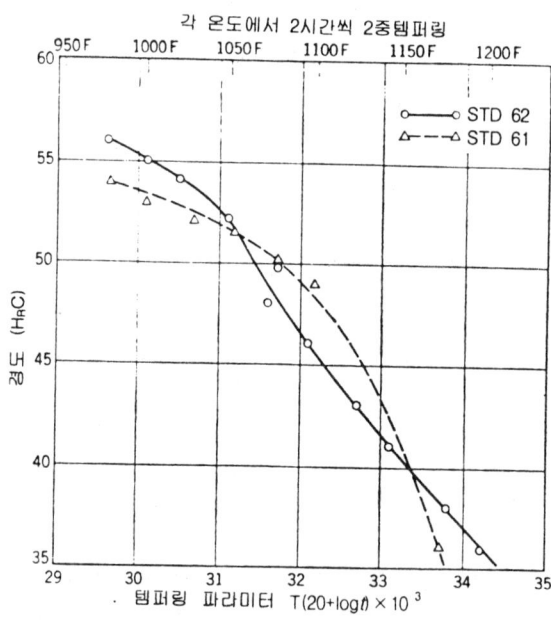

그림 4.20 STD62, STD61강의 템퍼링 곡선
STD61강의 연화저항성이 더 크다.

경화열처리시 오스테나이트화는 1010℃ 정도의 온도에서 실시하는데, 이때 Mo 탄화물과 Cr탄화물이 오스테나이트 내로 고용된다. 단 V탄화물(MC)만이 고용되지 않고 남아 있다. 오스테나이트화 후 상온으로 공랭하면 마르텐사이트, 잔류오스테나이트 및 약간의 베이나이트가 존재한다. 이 조직을 580℃에서 2회 템퍼링하면 잔류오스테나이트는 템퍼링 마르텐사이트로 변화된다. 즉, 공랭시에 형성된 잔류오스테나이트는 1차 템퍼링시 마르텐사이트로 변태하고, 2차 템퍼링시 이 새로운 마르텐사이트가 템퍼링 마르텐사이트로 변태하게 된다. 따라서 이와 같은 열간가공용 공구강의 치수안정성을 최대로 하기 위해서는 2중 템퍼링이 필요하다.

STD 61, STD 62강을 여러 온도에서 각각 2시간씩 2중템퍼링한 후의 경도변화를 그림 4.20에 나타냈는데, STD 61강은 610℃에서 2시간씩 2중템퍼링한 후에도 H_RC 45정도의 경도가 유지되므로 고온 연화저항성이 매우 우수한 것을 알 수 있다.

그림 4.21은 STD 61강의 열처리조직을 나타낸 것이다.

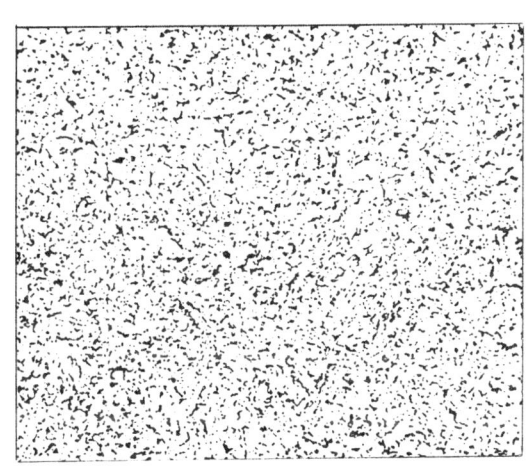

(a)　(b)

그림 4.21 STD61 열간공구강의 미세조직(0.40C, 1.0Si, 0.40Mn, 5.25Cr, 1.0V, 1.2Mo)
(a) 완전풀림조직 : 페라이트기지에 미세한 구상탄화물 조직.
(b) 퀜칭-템퍼링조직 : 1010℃에서 오스테나이트화 처리하여 공냉후 578℃에서 2중 템퍼링. 템퍼링 마르텐사이트 기지에 미세 탄화물조직
(c) 과열조직 : 1150℃에서 오스테나이트화 처리후 공냉하여 578℃에서 2중 템퍼링. 템퍼링 마르텐사이트기지에 미세탄화물 조직.

(c)

(7) 2차경화

공구강에서 일반적으로 나타나는 고온연화저항성은 2차경화(二次硬化 ; secondary hardening)현상과 관련된다.

탄소강을 템퍼링하면 템퍼링 온도가 상승함에 따라 강도와 경도가 감소하고, 반면에 연성이 향상된다. 이와같은 기계적성질의 변화는 시멘타이트의 석출과 점차적인 조대화에 기인하는 것이다.

그러나 Cr, Mo, V 및 W과 같은 탄화물 형성원소가 첨가된 공구강에서는 고온에서 템퍼링시 시멘타이트보다 더욱 안정한 합금탄화물이 형성되므로 재차 경화된다. 이 현상은 500~600℃에서 템퍼링할 때 현저하게 나타나며, 이것을 2차경화라고 한다.

이와 같은 합금탄화물의 조대화속도는 합금원소의 확산속도에 의존하는데, 이러한 합금원소의 확산속도는 매우 느리기 때문에 형성된 합금탄화물의 크기는 매우 미세하게 된다.

그림 4.22는 V이 첨가된 강의 2차경화를 나타낸 것으로서, V첨가강에서는 V_4C_3가 2차경화의 주역이고 600℃정도에서 최대 2차경화효과를 나타낸다. 한편 Cr첨가강에서는 Cr_7C_3가 2차경화의 주역이고 500℃정도에서 최대효과를 나타내며, Mo첨가강에서 형성되는 탄화물은 Mo_2C이고 550℃에서 최대 2차경화효과를 나타낸다.

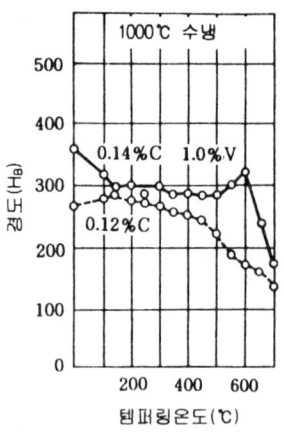

그림 4.22 V첨가강과 탄소강에서 템퍼링온도에 따른 경도 변화

4.3.4 고속도 공구강

고속도강(高速度鋼 ; high speed steel)은 금속을 고속으로 절삭하는데 사용되는 공구강으로서, 절삭속도가 크기 때문에 공구의 tip 부분이 빨갛게 될 정도의 고온으로 가열되므로 이 온도에서의 연화저항성을 가져야만 한다. 이와 같은 적열범위에서 연화에 견디는 능력을 적열경도(赤熱硬度 ; red hardness)라 하며, 고속도강에서는 매우 중요한 성질이다. 이 강은 또한 계속되는 사용에도 예리한 절삭날을 유지할 수 있도록 하기 위하여 우수한 내마모성과 경도를 가져야 하고, 사용중 충격에 견딜 수 있는 인성을 가져야 한다.

고속도강은 W계와 Mo계의 2종류로 대별되는데, 그 각각의 종류에 따른 열처리 온도와 용도를 표 4.18에 나타냈다. 함유된 합금원소중 W과 Mo은 탄화물형성과 적열경도를 위해서 첨가되었고, V은 내마모성, Cr은 내산화성과 경도향상, 그리고 Co는 고온경도를 증가시키기 위하여 첨가되었다.

표 4.18 고속도강의 종류와 열처리온도

종류의 기호	화학 성분 %										참고 용도 보기
	C	Si	Mn	P	S	Cr	Mo	W	V	Co	
SKH 2	0.73~0.83	0.40 이하	0.40 이하	0.030 이하	0.030 이하	3.80~4.50	—	17.00~19.00	0.80~1.20	—	일반절삭용 기타 각종 공구
SKH 3	0.73~0.83	0.40 이하	0.40 이하	0.030 이하	0.030 이하	3.80~4.50	—	17.00~19.00	0.80~1.20	4.50~5.50	고속 중절삭용 기타 각종 공구
SKH 4	0.73~0.83	0.40 이하	0.40 이하	0.030 이하	0.030 이하	3.80~4.50	—	17.00~19.00	1.00~1.50	9.00~11.0	난삭재 절삭용 기타 각종 공구
SKH 10	1.45~1.60	0.40 이하	0.40 이하	0.030 이하	0.030 이하	3.80~4.50	—	11.50~13.50	4.20~5.20	4.20~5.20	고 난삭재 절삭용 기타 각종 공구
SKH 51	0.80~0.90	0.40 이하	0.40 이하	0.030 이하	0.030 이하	3.80~4.50	4.50~5.50	5.50~6.70	1.60~2.20	—	인성을 필요로 하는 일반 절삭용 기타 각종 공구
SKH 52	1.00~0.10	0.40 이하	0.40 이하	0.030 이하	0.030 이하	3.80~4.50	4.80~6.20	5.50~6.70	2.30~2.80	—	비교적 인성을 필요로 하는 고경도재 절삭용 기타 각종 공구
SKH 53	1.10~1.25	0.40 이하	0.40 이하	0.030 이하	0.030 이하	3.80~4.50	4.60~5.30	5.70~6.50	2.80~3.30	—	
SKH 54	1.25~1.40	0.40 이하	0.40 이하	0.030 이하	0.030 이하	3.80~4.50	4.50~5.50	5.30~6.50	3.90~4.50	—	
SKH 55	0.85~0.95	0.40 이하	0.40 이하	0.030 이하	0.030 이하	3.80~4.50	4.60~5.30	5.70~6.70	1.70~2.20	4.50~5.50	비교적인성을 필요로 하는 고속 중절삭용 기타 각종 공구
SKH 56	0.85~0.95	0.40 이하	0.40 이하	0.030 이하	0.030 이하	3.80~4.50	4.60~5.30	5.70~6.70	1.70~2.20	7.00~9.00	
SKH 57	1.20~1.35	0.40 이하	0.40 이하	0.030 이하	0.030 이하	3.80~4.50	3.00~4.00	9.00~11.00	3.00~3.70	9.00~11.00	
SKH 58	0.95~1.05	0.50 이하	0.40 이하	0.030 이하	0.030 이하	3.80~4.50	8.20~9.20	1.50~2.10	1.70~2.20	—	인성을 필요로 하는 일반 절삭용 기타 각종 공구
SKH 59	1.00~1.15	0.50 이하	0.50 이하	0.030 이하	0.030 이하	3.80~4.50	9.00~10.00	1.20~1.90	0.90~1.40	7.50~8.50	비교적 인성을 필요로 하는 고속중절삭용 기타 각종 공구

비고 각종 모두 불순물로서 Cu 0.25%, Ni 0.25%를 넘지 않아야 한다.

종류의 기호	열처리온도 ℃		퀜칭템퍼링 경도 H_RC
	퀜칭 (유냉)	템퍼링 (공냉)	
SKH 2	1250 ~ 1290	550 ~ 580	63 이상
SKH 3	1260 ~ 1300	550 ~ 580	64 이상
SKH 4	1260 ~ 1300	550 ~ 580	64 이상
SKH 10	1210 ~ 1250	550 ~ 580	64 이상
SKH 51	1200 ~ 1240	540 ~ 570	63 이상
SKH 52	1200 ~ 1240	540 ~ 570	63 이상
SKH 53	1200 ~' 1240	540 ~ 570	64 이상
SKH 54	1190 ~ 1230	540 ~ 570	64 이상
SKH 55	1200 ~ 1240	540 ~ 580	64 이상
SKH 56	1200 ~ 1240	540 ~ 580	64 이상
SKH 57	1210 ~ 1250	550 ~ 580	65 이상
SKH 58	1800 ~ 1220	540 ~ 570	64 이상
SKH 59	1170 ~ 1210	520 ~ 580	65 이상

비고 각종 모두 템퍼링은 2~3회 반복한다

(1) W계 고속도강

맨 처음 개발된 고속도강은 W계로서, 1904년에 18%W, 4%Cr, 1%V(18-4-1 고속도강)이 첨가된 SKH 2(AISI T1)강이 시초이다. 이 강은 현재까지도 가장 널리 사용되는 강의 하나로서, 그 용도는 절삭용 공구 뿐만 아니라 냉간 압출다이, cold-heading die insert 등 금형재료로도 사용되고 있다.

절삭용 공구의 최종적인 성질에 영향을 미치는 요인은 열처리인데, 열처리가 정확하게 이루어지지 않는다면 바람직한 성질을 얻을 수 없다.

(a)

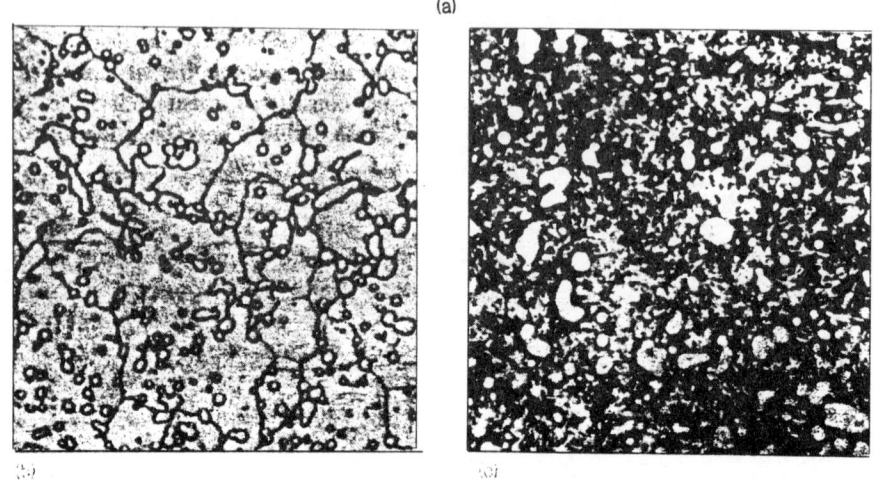

(b)　　　　　　　　　　　　　　　(c)

그림 4.23 SKH2강의 미세조직(0.75C, 18.0Cr, 4.0Cr, 1.0V).
(a) 완전풀림조직 : 페라이트기지에 탄화물입자.
(b) 퀜칭조직 : 1279℃에서 3~4분 오스테나이트화 처리하여 607℃로 염욕퀜칭후 공냉. 마르텐사이트기지에 미용해탄화물.
(c) 퀜칭-템퍼링조직 : (b)와 같은 처리후 538℃에서 2중템퍼링. 템퍼링 마르텐사이트기지에 미용해 탄화물.

풀림상태에서 SKH 2강의 조직은 페라이트 기지내에 약 30%정도의 복합탄화물로 구성되어 있다(그림 4.23a). 이 탄화물들은 M_6C, $M_{23}C_6$ 및 MC의 3群에 속한다고 알려져 있다. 이중 M_6C는 Fe_4W_2C 또는 Fe_3W_3C의 조성을 갖고, 어느 정도의 Cr, V 및 Co를 함유하며, 2차경화에 중요한 역할을 한다. 또 $M_{23}C_6$는 Cr탄화물이고 MC 탄화물은 VC 또는 V_4C_3로서, 경도가 크기 때문에 내마모성 향상에 기여한다.

경화열처리로서, 우선 1회 내지 2회의 예열후 1250~1290℃로 가열하여 오스테나이트화 한다. 이 온도는 액상선 직하이므로 공정조직이 용융되지 않도록 온도제어에 주의하여야 한다. 이와 같이 오스테나이트화 온도를 높게 하여 가능한한 많은 탄화물을 오스테나이트로 고용시킴으로써 퀜칭 및 템퍼링 후에 최고경도를 얻을 수 있다. 오스테나이트화시 결정립 성장과 탈탄이 일어날 염려가 있으므로 이 온도에서의 유지시간은 길게 하지 말아야 한다. 보통 5분 정도가 적당하다.

오스테나이트후 560℃의 열욕으로 퀜칭하고 상온까지는 공랭시킴으로써 퀜칭시 균열과 변형발생을 감소시킨다. 또한 이와 같은 540~650℃ 온도범위의 열욕으로 퀜칭함으로써, 그림 4.24에서 알 수 있듯이 고온에서의 결정립계 탄화물 석출을 방지할 수 있다. SKH 2강의 퀜칭조직은 60~80%의 마르텐사이트, 15~30%의 잔류오스테나이트 및 5~10%의 미용해 M_6C와 VC 탄화물로 구성되어 있다(그림 4.23(b)).

SKH 2강의 템퍼링시 조직변화는 다음과 같은 4단계로 구분된다.
① 1단계(상온~400℃) : 마르텐사이트의 결정구조가 정방정에서 입방정으로 변화되고, 육방정의 ε 탄화물이 형성된다. 이 탄화물은 270℃ 정도에서 석출되고, 300~400℃에서는 시멘타이트로 바뀌어진다.
② 2단계(470~570℃) : 약간의 시멘타이트가 고용되고, 500℃ 정도에서 M_2C 탄화물이 석출되어 2차경화현상을 나타낸다(그림 4.25).

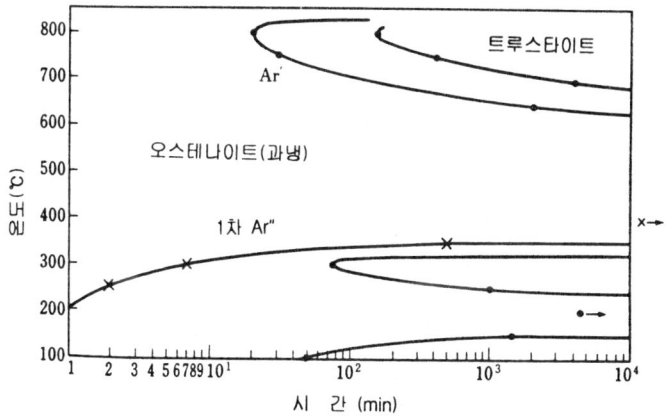

그림 4.24 SKH2강의 S곡선(T_A 1300℃)

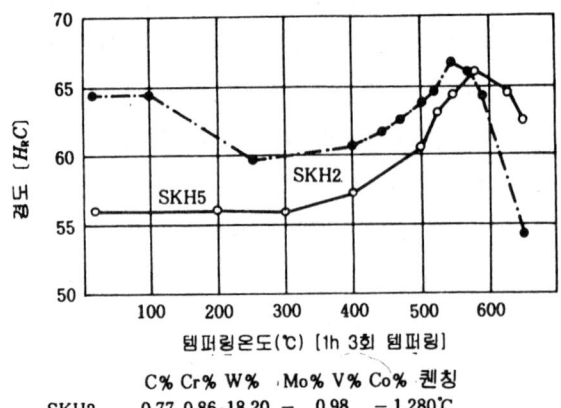

그림 4.25 고속도강의 템퍼링경도

	C%	Cr%	W%	Mo%	V%	Co%	퀜칭
SKH2	0.77	0.86	18.20	–	0.98	–	1,280℃
SKH5	0.31	4.06	20.25	0.72	1.48	17.65	1,320℃

③ 3단계(500~620℃) : 이 온도범위에서 템퍼링시 오스테나이트에서 합금탄화물이 석출하므로써 상온으로 냉각시 잔류오스테나이트가 마르텐사이트로 변태한다. 이와 같은 새로이 형성된 마르텐사이트를 템퍼링하기 위해서는 2중템퍼링이 필요한데, 그림 4.23(c)는 SKH 2강을 538℃에서 2중템퍼링한 후의 조직을 보여주는 것이다.

④ 4단계(620℃ 이상) : 620℃ 이상의 온도에서 템퍼링하면 M_2C와 Fe_3C가 고용되는 반면에 M_6C와 $M_{23}C_6$ 탄화물이 석출하여 응집된다. 따라서 620℃ 이상에서는 경도가 급격히 감소된다.

(2) Mo계 고속도강

약 1930년까지는 W과 Mo 가격이 비슷했으나, Colorado의 Mo광산이 발견되면서 Mo의 가격이 싸졌기 때문에 이때부터 Mo계 고속도강이 개발되었다. 오늘날 가장 널리 사용되는 Mo계 고속도강은 SKH 51(AISI M2)강으로서, W량을 5%정도로 줄이고, Mo량을 5%로 하였다. 또한 V량은 18-4-1형 SKH 2강의 1%에 비해서 SKH 51강에서는 2%로 증가시켰다.

Mo계 고속도강은 W계 고속도강에 비해서 탈탄되기 쉬우므로 열처리시에 온도조절에 주의하여야 한다. 또 Mo계 고속도강은 비교적 낮은 온도에서 포정반응을 일으키므로 오스테나이트화 온도를 낮춰야 한다. 그 예로 W계 SKH 2강의 오스테나이트화 온도는 1260~1300℃인데 반하여, SKH 51강의 오스테나이트화 온도는 1190~1230℃이다.

SKH 51강의 IT곡선을 그림 4.26에 나타냈는데, SKH 2강과 마찬가지로 700℃정도에서 고온변태를 막기 위하여 565℃ 정도의 온도로 열욕퀜칭하여야 한다. 또 템퍼링 온도

제4장 특수강 279

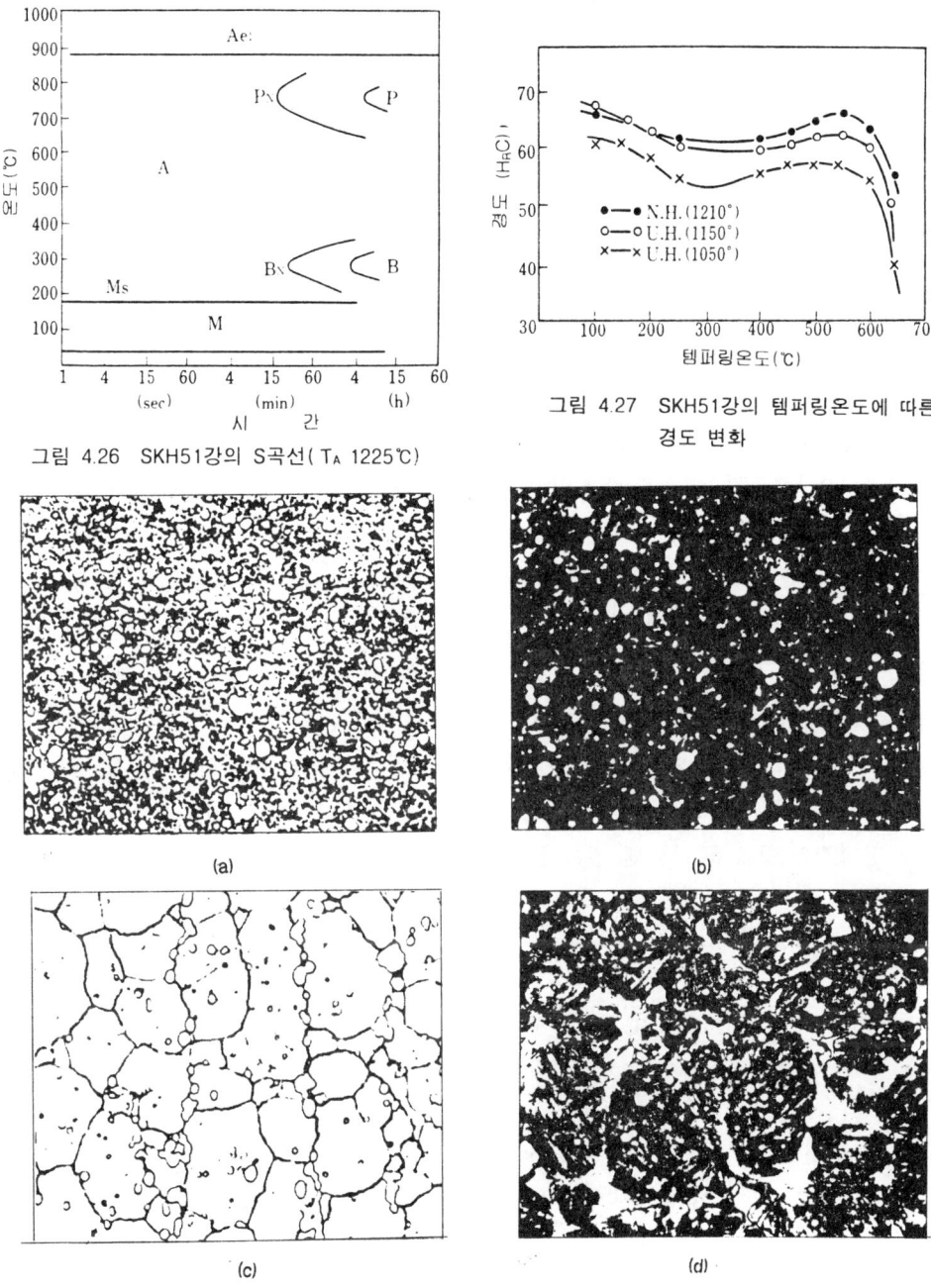

그림 4.26 SKH51강의 S곡선(T_A 1225℃)

그림 4.27 SKH51강의 템퍼링온도에 따른 경도 변화

그림 4.28 SKH51고속도강의 미세조직(0.85C, 6.30W, 4.15Cr, 1.85V, 5.05Mo)
(a) 완전풀림조직 : 페라이트기지에 탄화물입자로 구성됨.
(b) 퀜칭-템퍼링 조직 : 1200℃에서 오스테나이트화 처리하여 565℃로 퀜칭한 후 상온까지는 공냉. 55℃에서 2중템퍼링.
(c) 퀜칭조직 : 1200℃에서 오스테나이트화 처리하여 565℃로 퀜칭후 상온까지 공냉. 조직은 마르텐사이트, 탄화물 및 잔류오스테나이트.
(d) 과열조직 : 1245℃에서 오스테나이트화 처리하여 565℃로 퀜칭후 상온까지 공랭. 550℃에서 2중 템퍼링.

에 따른 경도변화를 그림 4.27에 나타냈는데, 550℃에서 템퍼링시 2차경화가 일어나는 것을 볼 수 있다.

그림 4.28은 여러가지 열처리상태에서의 미세조직을 보여주는 것으로서, SKH 2강에 거의 유사한 조직을 나타내고 있다.

4.3.5 소결공구재료

소결공구재료란 WC, TiC및 TaC와 같은 단단한 탄화물입자를 결합재인 Co와 함께 혼합하여 소결시킨 공구재료를 말하며, 일반적으로 超硬合金(superhard tool materials)이라고 불리워진다. 이 ˙소결공구는 경도와 내마모성이 극히 우수하기 때문에 고속도강에 비해서 5배 정도의 고속으로 절삭할 수 있다.

소결공구의 제조는 미세한 WC입자($1 \sim 3 \mu m$)와 금속 Co분말을 잘 혼합하여 Co가 WC 입자에 도포되도록 한다. 이 혼합재를 Co의 용융점 이상의 수소분위기하에서 소결한다. 이때 액상 Co금속이 WC입자에 습윤(wetting)되는데, 약 1%정도의 탄화물은 Co 내에 고용된다. Fe이나 Ni에 비해서 Co 내의 WC의 용해도가 매우 적기 때문에 결합재로서는 주로 Co가 사용된다. 또한 Co는 고온에서 탄화물과의 습윤성이 매우 우수하기 때문에 소결작업을 용이하게 한다.

소결공구재료는 2가지로 구분되는데, ① 주로 WC로 이루어진 재료 및 ② WC 뿐만 아니라 다량의 TiC와 TaC를 함유하는 재료 등이다. 표 4.19는 소결공구재료의 조성, 경도 및 전형적인 용도를 나타낸 것이다.

표 4.19 소결공구재료의 종류 및 그에 따른 경도와 용도

조 성	경도 (H_RA)	용 도
97WC-3Co	92.5-93.2	주철, 비철합금 및 초내열합금절삭용, 충격이 덜걸리는 다이용
94WC-6Co	90.5-93.1	주철 절삭용 및 충격이 중간정도의 다이용
90WC-10Co	87.4-91.3	큰 충격이 걸리는 다이용
84WC-16Co	86.0-89.0	강의 고속 마무리 절삭용. 내충격성이 작음
75WC-25Co	83.0-85.0	강의 중절삭용 충격이 중간정도의 다이용
71WC-12.5TiC -12TaC-4.5Co	92.1-92.8	강 및 합금주철의 마무리 또는 중간절삭가공용 충격이 중간정도의 다이용
72WC-8TiC -11.5TaC-8.5Co	90.7-91.5	강 및 합금주철의 중간절삭가공용 인성과 내마모성이 좋음
64TiC-28WC-2TaC -2Cr$_2$C$_3$-4.0Co	94.5-95.2	강 및 주철의 고속마무리 절삭용
57WC-27TaC-16Co	84.0-86.0	용접강관의 flash절삭용. Al선, 봉 및 관의 열간압출 다이용

그림 4.29 84WC-16Co 초경합금 (×1500)

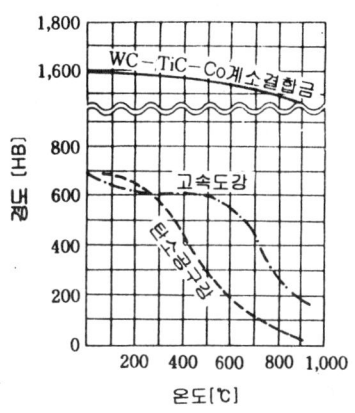

그림 4.30 각종 공구재료의 고온경도

그림 4.29는 84WC-16Co조성을 갖는 초경합금의 조직을 나타낸 것으로서, Co기지속에 박혀 있는 각진 WC입자를 볼 수 있다. 또 그림 4.30은 여러가지 공구재료의 고온경도를 나타낸 것으로서, 초경합금이 다른 공구재료에 비해서 고온까지도 경도를 유지하는 것을 알 수 있다. 이러한 성질은 고속절삭시에 매우 유용한 성질이다.

4.4 베어링강

베어링강은 회전하는 베어링의 궤도륜(race), Ball 및 Roller 제조에 사용되는 강으로서, 주로 고탄소 크롬 베어링강이 사용되며, 충격을 받는 경우에는 침탄 베어링강이 사용된다. 이외에 특수용도로서 내식 베어링강, 내열 베어링강 등이 있다.

베어링강은 최종상태로 열처리되었을 때 경도, 항복강도, 인성, 내마모성, 치수안정성 및 피로강도등이 요구된다. 그중에서도 중요한 성질은 회전접촉에 대한 피로저항강도이고, 이것을 회전피로수명이라고 한다.

표 4.20은 고탄소 크롬 베어링강의 종류, 경도 및 용도를 나타낸 것으로, 이 강종은 가격이 비교적 싸고, 퀜칭에 의해 높은 경도를 얻을 수 있으며, 구상화풀림상태에서 피삭성이 좋다는 이점 때문에 널리 사용되고 있다.

STB 1은 소형 볼베어링용으로 사용되지만 경화능과 템퍼링 저항성이 나쁘므로 사용량이 적다. STB 2는 표준규격 베어링강으로서, 제일 많이 사용되는 대표적인 베어링강이고, STB 3은 경화능이 좋기 때문에 대형 베어링에 사용된다.

STB 2강을 단조후 서냉시키면 망상 탄화물이 나타나므로 노멀라이징시켜 소르바이트 조직으로 만들고, 이것을 재차 구상화처리한다. 구상화풀림은 780~820℃에서 하며, 구상화 조직이 불량하면 퀜칭시 경도가 얻어지지 않거나 퀜칭균열의 원인이 된다. 퀜칭은 780~830℃에서 수냉하거나, 800~850℃에서 유냉하며, 템퍼링은 150~170℃에서 행한다.

표 4.20 고탄소 크롬 베어링강의 화학성분 및 용도

규격			화학성분						풀림경도		퀜칭-템퍼링 경도(H$_R$C)	용도
KS	JIS	AISI	C	Si	Mn	P	S	Cr	Mo	HB	H$_R$B		
STB1	SUJ1	-	0.95~1.10	0.15~0.35	≤0.50	≤0.025	≤0.025	0.90~1.20	-	≤201	≤94	60~63	직경 7mm이하의 볼·롤러
-	-	51100	0.98~1.10	0.20~0.35	0.25~0.45	≤0.025	≤0.025	0.90~1.15	-	-	≤92	60~63	소형볼·롤러
STB2	SUJ2	-	0.95~1.10	0.15~0.35	≤0.50	≤0.025	≤0.025	1.30~1.60	-	≤201	≤94	60~63	직경 35mm이하의 볼·롤러 두께 30mm 하의 궤도륜
-	-	52100	0.95~1.10	0.20~0.35	0.25~0.45	≤0.025	≤0.025	1.30~1.60	-	-	≤92	60~63	
STB3	SUJ3	-	0.95~1.10	0.40~0.70	0.90~1.15	≤0.025	≤0.025	0.90~1.20	-	≤207	≤95	60~63	직경 35mm이상의 볼·롤러 두께 30mm이상의 궤도륜
STB4	SUJ4	-	0.95~1.10	0.15~0.70	≤0.50	≤0.025	≤0.025	1.30~1.60	0.10~0.25	≤201	≤94	60~63	STB2와 STB3의 중간크기의 볼·롤러, 궤도륜
STB5	SUJ5	-	0.95~1.10	0.40~0.70	0.90~1.15	6≤0.02	≤0.025	0.90~1.20	0.10~1.25	≤207	≤95	60~63	대형 볼·롤러, 궤도륜

4.5 스프링강

 스프링은 용도에 따라 형상이 매우 광범위하고, 또 스프링 제조설비의 능력에 따라서도 제조방법이 다르므로 공급되는 소재의 형상 및 치수상태는 다양하다.
 일반적으로 스프링강에 요구되는 기본적 특성은 탄성한계 및 피로강도가 높고, 크립저항성 및 충분한 인성을 가져야 한다. 또한 공업적으로는 스프링의 성형 및 열처리가 용이하고, 가격이 저렴해야 한다.

4.5.1 열간성형 스프링강

 열간성형 스프링강은 퀜칭 및 템퍼링 특성이 중요하고, 또한 조직, 내부결함 및 청정도 등이 재료강도를 크게 좌우한다. 그리고 열간성형 스프링강은 열처리한 후 표면가공

표 4.21 스프링강의 종류

종류	기호	화학성분 %								
		C	Si	Mn	P	S	Cr	Mo	V	B
1종	SPS 1	0.75~0.90	0.15~0.35	0.30~0.60	0.035이하	0.035이하	-	-	-	-
2종	SPS 3	0.56~0.64	1.50~1.80	0.70~1.00	0.035이하	0.035이하	-	-	-	-
	SPS 4	0.56~0.64	1.80~2.20	0.70~1.00	0.035이하	0.035이하	-	-	-	-
3A종	SPS 5	0.52~0.60	0.15~0.35	0.65~0.95	0.035이하	0.035이하	0.65~0.95	-	-	-
	SPS 5A	0.56~0.64	0.15~0.35	0.70~1.00	0.035이하	0.035이하	0.70~1.00	-	-	-
4 종	SPS 6	0.47~0.55	0.15~0.35	0.65~0.95	0.035이하	0.035이하	0.80~1.10	-	0.15~0.25	-
5 종	SPS 7	0.56~0.64	0.15~0.35	0.70~1.00	0.035이하	0.035이하	0.70~1.00	-	-	0.0005이상
6 종	SPS 8	0.51~0.59	1.20~1.60	0.60~0.90	0.035이하	0.035이하	0.60~0.90	-	-	-
7 종	SPS 9	0.56~0.64	0.15~0.35	0.70~1.00	0.035이하	0.035이하	0.70~0.90	0.25~0.35	-	-

표 4.22 스프링강재의 열처리 온도 및 기계적 성질

규격		열처리 (℃)		인장시험				경도시험 H_B	용도
KS	JIS	퀜칭	템퍼링	항복강도 (kg/mm^2)	인장강도 (kg/mm^2)	연신율 (%)	단면수축율 (%)		
SPS 1	SUP 3	830~860유냉	450~500	85이상	110이상	8이상	—	341~401	판 스프링
SPS 2	SUP 4	830~860유냉	450~500	90이상	115이상	7이상	10이상	352~415	코인 스프링
SPS 3	SUP 6	830~860유냉	480~530	110이상	125이상	9이상	20이상	363~429	자동차용 판스프링, 선박용 코인 스프링
SPS 4	SUP 7	830~860유냉	490~540	110이상	125이상	9이상	20이상	363~429	자동차용 판스프링, 선박용 코인스프링
SPS 5	SUP 9	830~860유냉	460~510	110이상	125이상	9이상	20이상	363~429	판 스프링, 코인스프링, 토션 바
SPS 6	SUP 10	84~870유냉	470~540	110이상	125이상	10이상	30이상	463~429	코인 스프링, 토션 바
SPS 7	SUP HA	830~860유냉	460~520	110이상	125이상	9이상	20이상	363~429	대형 스프링 토션 바

없이 사용되는 경우가 많으므로 치수정밀도, 표면상태 및 탈탄 등이 중요한 문제이다.

표 4.21은 스프링강의 종류를 나타낸 것이고, 표 4.22는 열처리 온도, 기계적 성질 및 용도를 나타낸 것이다.

4.5.2 냉간성형 스프링강

소형 스프링은 성형에 큰 힘을 필요로 하지 않으므로 냉간성형으로 제조한다.

(1) 경강선(硬强線)과 피아노선

경강선재는 탄소함유량 0.25~0.85%의 탄소강을 파텐팅(patenting) 처리하여 소르바이트 조직으로 만든 후 인발(wire drawing)하여 만들고, 피아노선재는 0.6~0.95%C강을 역시 파텐팅후 인발하여 만든다. 경강선보다 피아노선재의 강도와 인성이 우수하다.

파텐팅은 가열로에 강선을 Ac_3점 이상으로 가열한 후, 연속적으로 450~550℃의 鉛俗(lead bath)으로 급랭하여 항온변태를 행하는 것이다.

(2) 오일템퍼선

강선을 연속가열로에 의해 퀜칭-템퍼링을 행하여 필요한 강도를 내도록 한 것이 오일템퍼(oil temper)선이다.

오일템퍼선은 일반적으로 열처리한 표면상태로 사용되므로, 표면성질이나 탈탄에 대한 주의가 필요하다. 오일템퍼후 표면을 연마하거나, 냉간인발을 행하여 사용하기도 한다.

4.5.3 내열 스프링강

내열 스프링강이 가져야 할 중요한 성질은 내열 크립성, 고온 피로강도 및 상온과 고온에서의 인성이다. 내열스프링강에는 보통 열간 공구강, 스테인레스강 및 내열강 등이 사용된다.

표 4.23은 내열 스프링재료의 최고 사용온도를 나타낸 것이다.

표 4.23 내열 스프링재료의 최고 사용온도

강 종	강화방법	최고사용온도(℃)
경강선	냉간가공	120
피아노선	냉간가공	120
탄소강 오일템퍼선	퀜칭-템퍼링	170
저합금강	퀜칭-템퍼링	300
열간 공구강	퀜칭-템퍼링	350~500
고속도강	퀜칭-템퍼링	500~550
마르텐사이트계 스테인레스강	퀜칭-템퍼링	300
오스테나이트계 스테인레스강	냉간가공	300
Ni기 합금	냉간가공+시효경화	250

4.6 내열강

공업의 발달에 따라서 기계나 장치의 중요한 부분이 고온을 받아야 하는 경우가 많다. 화력발전, 항공기 및 화학공업에 사용되는 기계장치의 성능을 향상시키려면 금속재료의 사용가능온도를 상승시켜야만 한다.

증기터빈의 가동온도는 600℃ 정도이고, 항공기 엔진은 750℃ 정도의 고온에 노출되어 있다. 화학공업에 있어서도 더욱 고온의 작업이 요구되므로 고온고압에 견디는 재료가 요구된다.

일반적으로 내열재료에 요구되는 성질은 다음과 같다.

① 고온에서 화학적으로 안정할 것, 즉 연소가스를 비롯한 각종 가스에 의하여 부식되지 않을 것.

② 고온 기계적 성질이 우수할 것, 즉 고온경도, 크립한도, 전연성 및 열피로등의 성질

이 우수할 것.

③ 고온에서의 조직이 안정할 것, 즉 사용온도에서 변태를 일으킨다든지, 탄화물이 분해되는 일이 없을 것

④ 열팽창 및 열에 대한 변형이 적을 것.

⑤ 소성가공, 절삭가공, 주조 및 용접이 쉬울 것 등이다.

표 4.24는 내열강의 종류와 그에 따른 제성질 및 용도를 나타낸 것이다.

표 4.24 내열강 (KSD 3704)

종류	기호	화 학 성 분 (%)							용 도
		C	Si	Mn	Ni	Cr	Mo	W	
내열강 1종	HRS 1	0.40~0.50	3.00~3.50	0.60 이하	—	7.50~9.50	—	—	750℃까지의 내산화용
2종	HRS 2	0.35~0.45	2.00~2.80	0.60 이하	—	12.0~15.0	—	—	850℃까지의 내산화용
3종	HRS 3	0.35~0.45	1.80~2.50	0.60 이하	—	10.0~13.0	0.70~1.30	—	내연기관의 배기밸브용
4종	HRS 4	0.35~0.45	1.50~2.50	0.60 이하	13.0~15.0	14.0~16.0	—	2.00~3.00	1,150℃이하의 내산화용
5종	HRS 5	0.25 이하	1.50 이하	0.60 이하	19.0~22.0	24.0~26.0	—	—	750℃의 작동 기관의 내압부분

기 호	열 처 리 ℃			인 장 시 험				충격시험	경도시험
	풀림	퀜칭	템퍼링	항복점 Kg/mm²	인장강도 kg/mm²	연신율 %	단면수축율%	샤르피 kgm/cm²	경 도 H_B
HRS 1	800~900	980~1,080 유냉	800~950 공랭(유냉)	70 이상	95 이상	15 이상	35 이상	3 이상	269 이상
HRS 2	800~900	1,000~1,100 유냉	650~750 공랭(유냉)	90 이상	110 이상	15 이상	35 이상	3 이상	293 이상
HRS 3	800~900	980~1,1080 유냉	800~950 공랭(유냉)	70 이상	95 이상	15 이상	35 이상	3 이상	269 이상
HRS 4	800~900	930~980 유냉	—	—	75 이상	30 이상	40 이상	6 이상	248 이하
HRS 5	800~900	약1,100 유냉	—	—	60 이상	40 이상	50 이상		145~210

HRS 1~3강은 Si-Cr계 내열강으로서, 자동차와 항공기 내연기관의 밸브용 재료로 사용되고 있다.

밸브용 내열강은 보통 고온에서 굽힘, 파괴, 반복가열시의 변형 및 균열이 발생되지 않을 정도의 충분한 고온강도외에, 사용온도에서의 내마모성, 내산화성 및 내식성 등이 요구된다. 또한 열전도도가 클 것, 열팽창계수가 작을 것 등도 중요한 요구특성이다.

특히 최근에는 연료의 성능향상에 따라 밸브의 작동온도가 상승하고, 또 산화납의 고

온부식 등 특수한 부식환경에 의한 밸브의 수명저하란 점에서 Si-Cr강 뿐만 아니라 Ni 함유량이 높은 오스테나이트계 내열강의 연구개발도 활발하다.

Si-Cr강은 상기의 모든 특성을 만족시키는 것이 아니다. 즉 열전도도가 낮아 보통강의 1/2~1/3정도이고, 또 고온강도도 다른 고급 밸브용 내열강보다 약간 떨어지는 결점이 있지만 Si첨가에 의해 변태점이 상승하여 고온 내산화성이 뛰어나고, 가격이 저렴하다는 장점이 있다.

HRS 4 및 5강은 오스테나이트계 내열강인데, 이 강들은 Si-Cr계 내열강보다 내열성이 크며 파괴강도가 높다.

4.7 초내열합금(Superalloy)

초내열합금은 Fe기, Ni기, Co기의 3종류로 대별되지만 가스터빈(gas turbine)이 실용화된 1938년경부터 오늘날까지의 불과 50여년간에 장족의 발전을 거듭하여 주로 젯트엔진의 대형화, 고성능화에 큰 역할을 담당해 왔다. 그림 4.31은 각종 금속재료에 대하여 강도와 내산화성의 관점으로부터 사용가능온도를 구해서 비교한 것이다. Mo이나 W합금은 고온강도는 크지만 내산화성이 나쁘고, Pt합금은 반대로 강도가 낮다. 따라서 Ni기와 Co기의 초내열합금은 강도와 내산화성이 겸비되어 있어서 매우 우수한 합금임을 알 수 있다.

표 4.25는 주요 초내열합금의 종류와 화학조성을 나타낸 것이다. 또 그림 4.32~4.34는 각종 초내열합금의 1000시간 creep파단강도와 온도와의 관계를 나타낸 것이다.

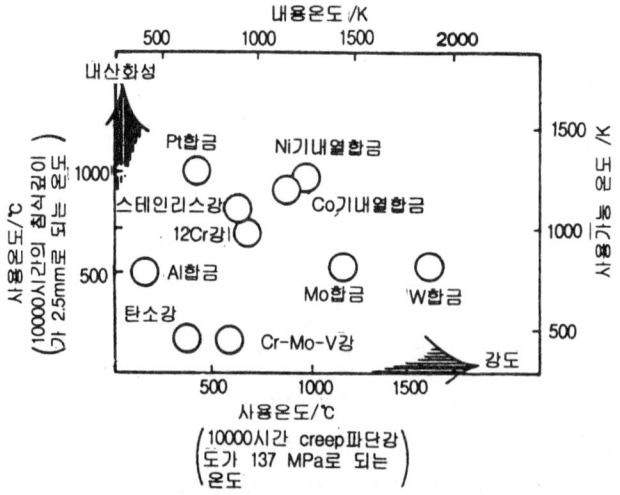

그림 4.31 각종 금속재료의 내산화성과 강도로부터 본 사용가능 온도의 비교

제4장 특수강 287

표 4.25 초내열합금의 화학성분(%) (합금명은 그룹별로 ABC순으로 나타냈다)

분류	합금 명	Ni	Cr	Co	Mo	W	Al	Ti	Fe	Mn	Si	C	B	Zr	기타	대응 JIS
Fe기	A-286	26	15	—	1.25	—	0.2	2.15	36.0	1.40	0.40	0.05	0.003	—	0.03N	SUH 660
	Discaloy	26.0	13.5	—	2.75	—	0.1	1.75	53.6	0.9	0.8	0.05	—	—		
	Incoloy 800	32.5	21.0	—	—	—	0.4	0.4	48	0.8	0.5	0.05	—	—	0.4Cu	NCF 800
	Incoloy 800H	32.5	21.0	—	—	—	0.4	0.4	48	0.8	0.5	0.08	—	—	0.4Cu	NCF 800H
	Incoloy 825	42	21	—	3	—	0.9	0.1	30	0.5	0.2	0.03	—	—	2.0Cu	NCF 825
	Incoloy 901	42.7	13.5	—	6.2	—	0.25	2.5	34	0.45	0.40	0.04	0.005	—		
	N-155	20.0	21.0	20.0	3.0	2.5	—	—	30.3	1.50	0.5	0.15	—	—	1.0Nb	SUH 661
	V-57	27.0	14.8	—	1.25	—	0.25	3.0	52.0	0.35	≤0.75	0.08	0.010	—	0.50V	
Ni기	B-1900[a]	64	8.0	10.0	6.0	—	6.0	1.0	—	—	≤0.25	0.10	0.015	0.08	4.3Ta	
	Hastelloy X	47.3	22.0	1.5	9.0	0.6	—	—	18.5	0.5	0.5	0.10	—	—		
	IN-100[a]	60	10.0	15.0	3.0	—	5.5	4.7	—	—	—	0.18	0.014	0.06	1.0V	
	IN-792[a]	61	12.4	9.0	1.9	3.8	3.1	4.5	—	—	—	0.12	0.020	0.10	3.9Ta	
	Inconel 600	76.6	15.8	—	—	—	—	—	7.2	0.20	0.25	0.04	—	—		NCF 600
	Inconel 601	60.5	23	—	—	—	1.35	—	14.1	0.5	0.25	0.05	—	—		NCF 601
	Inconel 713C[a]	72.0	12.5	—	4.2	—	6.1	0.8	<2.5	<0.25	≤0.50	0.12	0.012	0.10	0.25Cu	
	Inconel 718	53.0	18.6	—	3.1	—	0.4	0.9	18.5	0.20	0.18	0.04	—	—	2.0Nb	
	Inconel X750	73.0	15.0	—	—	—	0.8	2.5	6.8	0.70	0.25	0.04	—	—	5.0Nb+Ta	NCF 750
	Inconel 751	72.0	15.5	—	—	—	1.2	2.3	7.0	0.5	0.25	0.05	—	—	0.9Nb+Ta	NCF 751
	MAR-M 246[a]	59.8	9.0	10.0	2.5	10.0	5.5	1.5	—	—	—	0.15	0.015	0.05	1.0Nb, 0.2Cu	
	Nimonic 80A	74.7	19.5	1.1	—	—	1.3	2.5	—	0.10	≤1.0	0.06	0.018	0.15	1.5Ta	NCF 80A
	Nimonic 115	54.9	15	14.8	4.0	—	5.0	4.0	—	—	—	0.15	0.005	—		
	Rene 41	55.3	19.0	11.0	10.0	—	1.5	3.1	1.0	—	—	0.09	0.005	0.05		
	Udimet 500	53.6	19.0	18.5	4.0	—	2.9	2.9	—	—	≤0.75	0.08	0.006	—		
	Udimet 520	56.9	19.0	12.0	6.0	1.0	2.0	3.0	—	—	—	0.05	0.005	—		
	Udimet 700	53.4	15.0	18.5	5.2	—	4.3	3.5	—	—	—	0.08	0.030	—		
	Udimet 710	54.9	18.0	15.0	3.0	1.5	2.5	5.0	—	—	—	0.07	0.020	—		
	Waspaloy	58.3	19.5	13.5	4.3	—	1.3	3.0	—	—	≤0.75	0.08	0.006	0.06		
Co기	FSX-141[a]	10.0	29.0	32.0	—	7.5	—	—	1.0	—	—	0.25	0.010	—		
	MAR-M302[a]	—	21.5	58.0	—	10.0	—	—	—	—	—	0.85	0.005	0.20	9.0Ta	
	MAR-M322[a]	—	21.5	61.0	—	9.0	—	0.75	—	—	—	1.00	—	2.25	4.5Ta	
	MAR-M509[a]	10.0	21.5	55.0	—	7.0	—	0.20	—	—	0.40	0.60	—	0.50	3.5Ta	
	S-816[b]	20.0	20.0	42	4.0	4.0	—	—	4.0	1.2	0.40	0.38	—	—	4.0Nb	
	WI-52[a]	—	21.0	63.0	—	11.0	—	—	2.0	0.25	≤0.50	0.45	—	—	2.0Nb	
	X-40[a]/X-45[a]	10.5	25.5	54.0	—	7.5	—	—	—	0.75	0.50	0.50~0.25	0.010	—		

비고 : a : 주조합금, b : 단조합금이외에 주조합금도 있다.

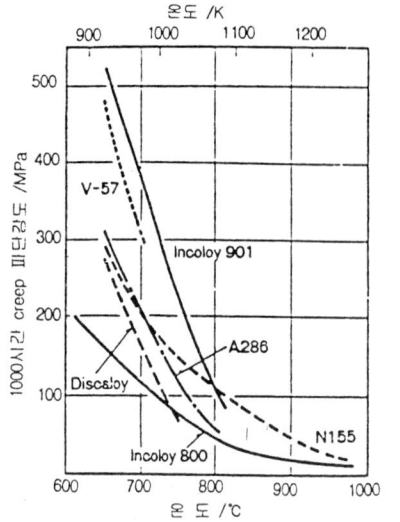

그림 4.32 각종 Fe 기초내열합금의 1000시간 creep 파단강도

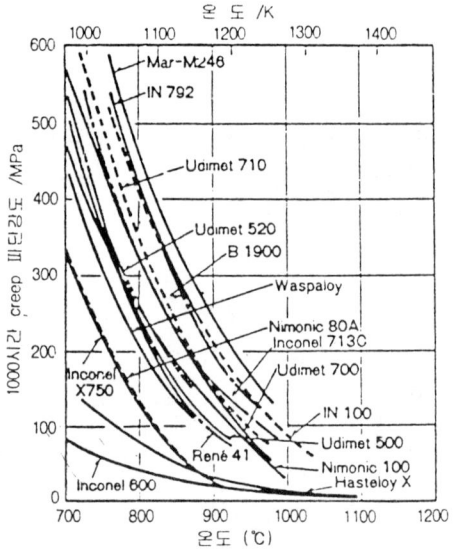

그림 4.34 각종 Co 기초내열합금의 1000시간 creep 파단강도

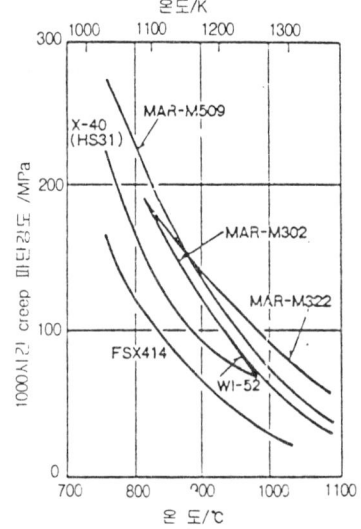

그림 4.33 각종 Ni 기초내열합금의 1000 시간 creep 파단강도

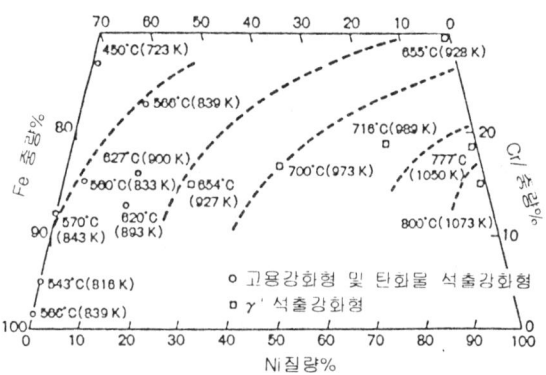

그림 4.35 Fe 기초내열 및 Ni-Fe 기초내열합금의 기본 조성(Fe, Ni, Cr)과 사용가능온도(사용가능온도 : 309 MPa의 응력으로서 1000시간에서 파단하는 온도)

4.7.1 Fe기 초내열합금

이들 합금은 Ni, Cr함량이 많고, Mo 이외에 W, Nb, Ti을 첨가하여 탄화물석출에 의한 석출경화를 이용한 Timken 16-25-6, ATA-2, 19-9DL 및 ATS 6등이 있고, 이들은 熱冷加工(HCW : Hot Cold Work)을 하므로 고온 크립특성이 개선되어 650~750℃에서 사용될 수 있다.

1950년대에는 새로운 석출경화형 합금인 Discaloy, A-286, V-57등이 개발되어 현재도 사용되고 있다. 이 합금들은 약 15%의 Cr을 첨가하여 내식성을 부여하였고, 고용강화를 위해 Mo과 W을, γ'상[Ni_3(Al, Ti)]에 의한 석출경화를 위해서는 Al과 Ti을 합쳐서 2~3% 첨가되어 있다. 또 페라이트가 생기지 않도록 하기 위해서 Ni이 25%까지 함유되어 있다. 이들 Fe기 초내열합금에서는 강화원소량을 더욱 증가시키면 복잡한 결정구조의 σ상(AB형), μ상(A_7B_6형), Laves상(A_2B형) 등의 TCP(topologically close-packed)금속 간화합물이 석출되기 쉬워진다. 따라서 이것을 방지하면서 더욱 강화원소를 첨가할 수 있도록 하기 위해서 Fe량을 줄이고 그 대신에 Ni량을 증가시켜서 효과적으로 강도를 높인 Ni-Fe기 합금 Incoloy 901, Incoloy 825가 개발되었다. 그림 4.35는 Ni량의 증가와 함께 사용온도가 상승하는 것을 Fe-Ni-Cr 3원계 조성도에 등고선의 형태로 나타낸 것이다.

4.7.2 Ni기 초내열합금

80%Ni, 20%Cr의 소위 니크롬합금은 1906년에 Marsh에 의해서 개발되었지만, 이것을 0.4%의 Ti과 0.1%의 탄소로 강화시킨 Nimonic 75가 영국에서 개발된 것은 1930년대 말경이고, 이어서 Ti, Al을 증량시킨 Nimonic 80, 그 Ti, Al을 적게 조정한 Nimonic 80A 등 일련의 Nimonic계 합금이 출현하였다. 미국에서도 1939년 이래 Inconel 600, Inconel X-750, M 252, Waspaloy 등을 시초로 해서 각종 합금이 개발되었다. 이러한 합금에서는 각종 합금원소에 의한 고용강화, 탄화물이나 δ상(Ni_3Nb)에 의한 석출강화도 이용되지만, γ'상[Ni_3(Al, Ti)]의 석출강화 기여가 가장 크며 대체로 Al, Ti량의 증가와 함께 γ'상의 양도 증가되어 고온강도를 향상시킨다. 그러나 Al, Ti는 용해시에 산화되기 쉽고, 또 고온강도의 증가는 필연적으로 단조성을 해치므로 1950년대말부터 로스트왁스

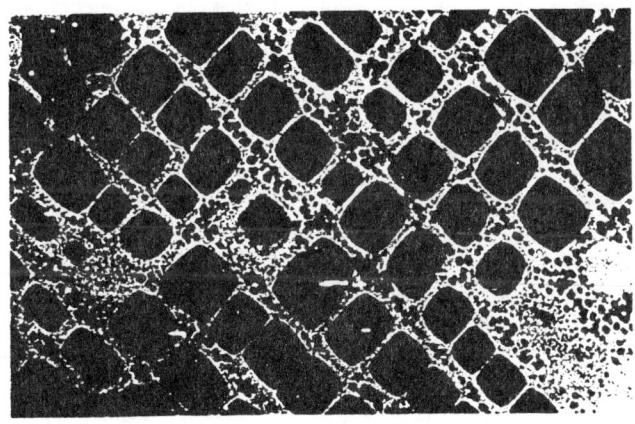

그림 4.36 Nimonic 115 합금의 투과전자 현미경 사진

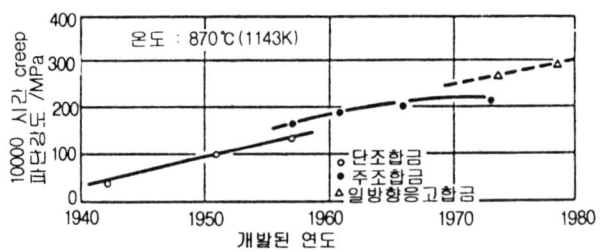

그림 4.37 조직과 creep 파단강도의 추이로부터 본 Ni기 초내열합금의 발전과정

(lost wax)법에 의한 정밀주조합금으로 크게 전환되었다. 이에 따라 60~65체적%의 γ' 상을 함유한 합금도 개발되어 실용화되고 있다.

그림 4.36은 Nimonic 115합금에 나타나는 γ' 상을 보여주는 것이고, 그림 4.37은 Ni기 초내열합금의 발전과정을 도식적으로 나타낸 것이다.

4.7.3 Co기 초내열합금

Co는 417℃ 이하에서는 hcp의 ε 상, 417℃ 이상에서는 fcc의 γ 상으로 존재하고, Fe, Mn 및 Ni의 첨가로써 강하고 인성이 있는 γ 상을 안정화시킨다. 그러나 Mn은 Co합금의 강도를 저하시키고, Fe의 첨가도 강도개선에 기여하지 못하므로 γ 안정화원소로서는 Ni만이 전적으로 사용되고 있다. 또 Cr이나 Mo, W, Ta등의 내화금속원소의 첨가에 의한 고용강화와 이들 원소의 탄화물에 의해서 강도를 높이고 있다.

Co기 합금은 처음에 치과용 주조합금인 Vitallium(0.25C-28Cr-6Mo)이 항공기에 사용된 것을 계기로 해서 1940년대 이후 HS 21, X 40(HS31), X 45, WI 52 등이 개발되었고, 1960년대에 들어와서는 진공용해의 채용에 의해 W외에 Ta의 다량첨가도 가능해져서 일련의 Mar-M합금도 등장했다. 초기의 항공기용 gas turbine에는 Co합금이 널리 사용되었지만 γ' 석출형 Ni기합금의 급속한 발전과 함께 Co합금보다도 강도가 큰 Ni기 합금이 점차로 개발되어 動翼에는 전적으로 Ni기 합금이 사용되고 있다. 그러나 Co합금은 대체로 Cr의 함유량이 많기 때문에 고온내부식성이 크고 또 내열피로성, 용접성, 주조성 등의 점에서도 우수하기 때문에 최근에는 정밀주조품으로서 부하응력이 그다지 크지 않은 부품에 사용되고 있다.

4.7.4 제조방법의 진보

(1) 일방향응고, 단결정

이미 서술한 바와 같이 Ni기 초내열합금은 진공용해와 정밀주조의 이용에 따라 크게 발전하여 왔다. gas turbine blade에서는 고속회전에 의한 원심력이 blade의 길이방향으로 큰 인장응력을 일으키고, 그 응력방향에 수직한 결정립계가 creep파괴의 기점으로 되기 쉽다. 따라서 주형의 하단으로부터 냉각이 되게끔 하면 길이방향에 수직한 결정립계는 없고 평행한 주상정만으로 되는 일방향응고를 turbine blade의 정밀주조에 응용하는 방법이 1965년에 개발되어 creep파단강도와 피로강도를 대폭적으로 개선하였다. 이어서 1967년에는 일방향응고에 대한 활발한 연구에 힘입어 단결정 turbine blade의 제조방법도 개발되었다. 단결정의 경우는 입계강화원소인 C, B, Zr, Mg 등의 함유량을 최소한으로 하여 합금의 용융개시온도를 가능한한 높게 함과 동시에, blade의 길이방향을 creep 강도가 크고 탄성계수가 작은 [001]방향으로 일치되도록 결정을 성장시키고, 특히 고온의 고용화열처리와 시효처리에 의해 γ' 입도를 조정해서 $\gamma-\gamma'$ 2상조직으로 하는 것이다. 이와같이 해서 특별히 합금설계한 Ni기 단결정합금의 일례를 보면 Alloy 454는 10%Cr, 4%W, 5%Ti, 12%Ta 및 5%Co의 6원소를 함유한 비교적 단순한 조성을 가지면서도 고온의 제특성은 매우 우수하다.

한편 共晶조성을 갖는 합금에 일방향응고를 적용해서 섬유상 또는 판상의 경하고 강한 상을 강인한 기지상중에 일방향으로 배열시킨 일종의 섬유강화형 方向凝固共晶合金도 개발되고 있다. 이것은 응고과정만으로 복합재료를 제조할 수 있기 때문에 "*in-situ* composite"이라고도 불리워진다.

(2) 분말야금

gas turbine의 disk는 오늘날에도 일반적으로 단조품으로 제조되고 있지만, 고강도화를 위해 합금조성은 점점더 복잡해지고 또 제품치수도 점점 커지므로 대형주괴를 만들 때의 편석에 의한 제성질의 불균일을 피할 수 없다. 특히 편석은 합금의 연성이나 가공성을 해치게 되고, 입계의 편석부는 융점이 낮아져서 합금의 사용온도는 저하된다. 이와 같은 문제점을 해결하기 위하여 초내열합금의 제조방법에 분말야금방법을 응용하는 것이 1970년대 이후의 중요한 기술동향의 하나이다.

즉 초내열합금의 용탕에 atomize법이나 급냉응고법(rapid solidification process ; RSP)등을 적용해서 합금분말을 만들고, 이것을 소결한 후 열간가공등의 방법으로 디스크를 제조하는 것이다. 결정립이 매우 미세하기 때문에 초소성현상을 이용해서 요구되는 형상으로 성형한 후 통상적인 고용화열처리로 정상적인 결정립크기로 성장시키고, 더욱이 시효처리를 행하여 합금 본래의 강도를 갖게 하는 것도 가능하다. HIP(Hot Isostatic Pressing)이나 鋼製의 원통용기에 분말을 충진시킨 후 열간압출가공을 행하는 등의 프로세스도 개발되고 있다.

한편 합금원소의 다량첨가에 의한 융점의 저하를 피하고, 또 안정한 분산상에 의한 강화를 꾀하기 위해서 합금원소량을 저하시켜서 융점을 순Ni의 융점에 가깝게 하고 부족한 강도를 Y_2O_3등의 산화물을 분산시킨 酸化物分散强化型(oxide dispersion strengthening ; ODS)合金 등도 개발되고 있다.

4.8 스테인레스 강

스테인레스 강은 부식에 견딜 수 있도록 여러가지 특수원소를 합금한 강으로서 대별하면 ① 페라이트계 스테인레스강(저C고Cr) ② 마르텐사이트계 스테인레스강(중C고Cr) ③ 오스테나이트계 스테인레스강(저C고Cr고Ni) ④ 강력 스테인레스강(고Cr고Ni) 등이 있다.

4.8.1 페라이트계 스테인레스강

Fe-Cr계의 상태도는 그림 4.38에 나타내듯이 γ 루프의 최대 Cr량이 13%로 이것이상의 Cr을 합금하면 변태점이 소실된다. 단, C을 동시에 합금한 Cr강의 경우, 고온에서 오스테나이트의 조성범위가 상당히 고Cr쪽으로 넓어져 그 범위내의 것은 소입에 의해 경화될 수 있다. 또한 Fe-Cr계 상태도의 경우, 820℃이하의 페라이트 범위에서 FeCr이 주(主)인 비자성의 금속간화합물 σ상(고용체)이 존재하며 저온으로 될수록 나타나는 조성범위가 저Cr쪽으로 넓어진다.

페라이트계 스테인레스강으로서 0.12%이하의 C에 Cr을 13% 또는 18% 합금한 강이

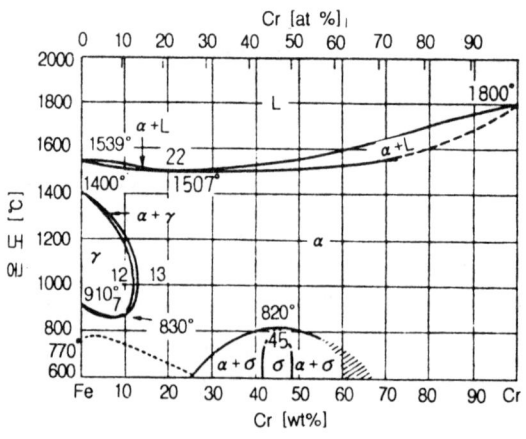

그림 4.38 Fe-Cr계 상태도

주로 사용되며 Ni자원의 절약의 관점에서 금후 점차 기대되는 스테인레스 강으로서 고온, 실온에서 모두 가공성이 풍부하여 판, 관, 봉, 선 또는 단조품으로 가정용기구, 화학공업등에 사용되고 있다. 이들 스테인레스강은 열처리하여도 경화하는 일은 없지만 미량의 탄화물이 존재하면 내식성이 저하되므로 경우에 따라서는 950~1050℃로 가열하여 탄화물을 고용시킨후, 유냉하여 이것을 800℃이하에서 템퍼링하여 사용하거나 (C+N)의 양을 극히 미량으로 억제한 내식성이 우수한 스테인레스 강을 사용하기도 한다. 조직은 어느 것이나 페라이트 조직으로 인장강도는 55kg/mm^2 정도이며 Cr이 많은 것은 다소 취성이 증가하지만 내식성은 양호하다. 이러한 의미에서 최근에는 Cr20%~30%정도의 것도 특수한 경우에 사용되지만 이는 내식성 스테인레스강이라기보다 내열강이다. 또한 이외에 Pb, Se등을 첨가한 쾌삭성 스테인레스강의 수요가 증가하고 있다.

4.8.2 마르텐사이트계 스테인레스강

앞에서 언급한 저C의 13~18%Cr스테인레스강에 비해 C을 0.20~0.50%, 용도에 따라서는 1.2%까지 증가시킨 고Cr강을 소입하면 마르텐사이트 조직으로 되며 이것을 적당히 템퍼링한 것이 마르텐사이트계 스테인레스강이다. 이 강은 칼, 의료용기구, 증기터빈날개, 다이스, 게이지, 내식성 베어링, 내마모성을 요하는 화학공업용 기계부품 등에 사용된다. C량이 많을수록 경도가 증가하여 내마모성은 좋아지지만 Cr이 C와 결합하여 탄화물을 만들어 기지(matrix)의 고용Cr량이 감소하므로 내식성이 감소한다. 소입온도는 Cr량이 많을수록 높으며 950~1050℃에서 급냉한다. 템퍼링온도는 용도에 따라 100~400℃ 또는 650~750℃이며 그 중간온도에서는 템퍼링하지 않는다. 이는 400~600℃에서 템퍼링하면 Cr을 고용한 미세탄화물이 석출하여 그 부근의 고용Cr농도를 국부적으로 현저히 감소시켜 내식성이 현저히 감소할 뿐 아니라 475℃취성의 영향도 있어 점성강도가 저하하기 때문이다. 또한, 고급 마르텐사이트계 스테인레스강에는 Mo, Co, V등을 소량합금하여 재질을 향상하고 있다.

이상의 페라이트계 및 마르텐사이트계 스테인레스강은 오스테나이트계 스테인레스강에 비해 내식성이 떨어지지만 다음의 3가지점에서 우수하다. ① 응력부식균열(SCC)이 일어나지 않는다. ② S가 함유된 가스 또는 수용액에서는 오스테나이트계 스테인레스강보다도 내식성이 우수하다. 이는 S과 친화력이 강한 Ni을 함유하지 않기 때문이다. ③ 팽창계수가 오스테나이트계 스테인레스강보다도 작으므로 가열냉각의 반복이 요하는 부분에서는 더욱 안전하다.

4.8.3 오스테나이트계 스테인레스강

내식성 및 고온강도가 요구되는 경우에는 고Cr강에 다량의 Ni을 합금한 오스테나이트계 스테인레스강을 사용한다. 대표적인 것으로 저C에 18%Cr, 8%Ni을 합금한 18-8스테인레스강이 있는데 이는 페라이트계 스테인레스강에 비해 내식성이 현저히 우수하다. 오스테나이트계 스테인레스강은 화학공업, 석유공업뿐만 아니라 가정기구, 건축, 전기기계, 항공기, 차량, 선박, 저온용, 원자로관계등 그 응용범위가 매우 넓으며 요구되는 조건도 다양하다. 단, 오스테나이트계 스테인레스강은 S가 함유된 가스 또는 수용액 및 염산산성용액이 작용하는 부분에는 적합하지 않아 내염산합금으로는 하스테로이계통의 Ni합금이 사용된다.

Fe에 Ni을 합금하는 경우, Ni량의 증가에 따라 A_3변태점이 강하하고 Ni을 약 30% 합금하면 실온에서 오스테나이트 조직으로 된다. 그러나 시판용 강처럼 소량의 C 및 N을 함유하는 것은 동시에 Cr을 합금하면 오스테나이트만의 조직으로 되는 Ni량은 적어진다. 그림 4.39는 Fe에 Cr과 Ni을 합금한 것을 서냉한 경우의 조직도로서 18-8 스테인레스강은 오스테나이트의 한계에 가까운 조성이다. 이 경우, 얻어지는 오스테나이트는 평형상태에서 단일상이 아니라 약간의 페라이트 및 탄화물과 공존하는 범위이므로 일반적으로 1050~1100℃로 가열하여 탄화물을 고용시킨후 급냉하여 단일상의 비자성인 준안정 오스테나이트 조직으로 사용한다. 그러나 18-8스테인레스강은 선재 또는 판재로 냉간가공하면 일부 강자성의 페라이트가 생기므로 자성을 띤다. 최근에는 내식성이 우수한 스테인레스강이 요구되어 소량의 Si을 합금한 것, Cr및 Ni의 양을 함께 증가시킨 20-10 또는 25-20형의 오스테나이트계 스테인레스강등도 사용되고 있다.

오스테나이트계 스테인레스강은 변태점이 없으므로 열처리에 의해 기계적성질을 개선한다든지 결정립을 조절하는 것은 불가능하다. 또한 오스테나이트 조직이므로 연하고 가공성이 풍부하여 판재, 봉재, 선재등으로 쉽게 가공할 수 있으며 강도는 고온에서 급냉

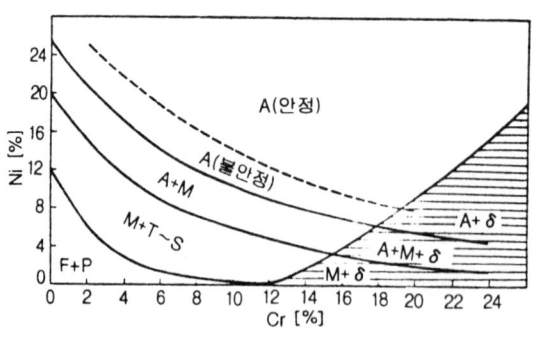

그림 4.39 Fe-Cr-Ni계의 조직도

한 경우, 인장강도 50~60kg/mm²정도이다. 그러나 가공경화성이 크고 가공에 의해 거의 점성강도가 저하하는 일이 없이 강도를 현저히 증가시킬 수 있다. 또한 오스테나이트 조직이므로 페라이트계에 비해 고온에서도 강한 특징이 있다. 오스테나이트 스테인레스강의 결점으로 입계부식 및 용접성외에 응력부식균열이 일어난다는 점. 열팽창계수가 일반강의 약 1.5배이며, 열 및 전기전도도는 작아 일반강의 약 ¼정도이다. 최근에는 이상의 페라이트계와 오스테나이트계 양쪽의 장점을 취한 2상 스테인레스강(페라이트+오스테나이트)이 실용화되고 있고, 강도가 높으며 응력부식균열 저항성 및 공식(孔飾)저항성도 우수하다.

4.8.4 강력 스테인레스강

이제까지 기술한 스테인레스강의 인장강도는 마르텐사이트계를 제외하고는 50~60kg/mm²정도이다. 오스테나이트계 스테인레스강은 가공에 의해 현저히 강화하지만 제품의 형태가 박판 또는 환봉과 같은 극히 단순한 것에 국한되며 용접구조물 및 복잡한 기계부품에는 응용할 수 없는 제조상의 한계가 있다. 이에 부응하며 최근 내식성을 저하시키지 않고 강도가 높은 스테인레스강이 강하게 요망되어 석출경화형의 강력스테인레스강이 개발되었다. 이것은 초고장력강의 일종이기도 하다. 이러한 형태의 강력스테인레스 강으로서는 5종류가 있다. ① 마르텐사이트형(17-4PH강) ② 반오스테나이트형(17-7PH강) ③ 오스테나이트형(17-10PH강) ④ 오스테나이트+페라이트(V-2B강) ⑤ 냉간가공형(테네론강)이며 ( )내는 대표적인 강종을 나타낸다. ①~④는 시효처리에 의해 ⑤는 냉간가공에 의해 인장강도를 130kg/mm²이상으로 강화한 것이다. 강력스테인레스강은 강도향상을 위해 내식성을 다소 희생하면서 경화한 것이므로 내식성은 18-8스테인레스강과 거의 같은 정도이거나 이것보다 약간 떨어지지만 고 Cr페라이트계 스테인레스강에 비하면 우수하다.

17-4PH강과 같은 마르텐사이트형은 오스테나이트에 고용되지만 마르텐사이트에는 고용하지 않는 성질의 화합물을 고온가열하여 용체화후 급냉하여 오스테나이트에서 마르텐사이트로 변태 후, 시효가열에 의해 마르텐사이트 기지(基地, matrix)에 미세히 석출시켜 강화한 강이다. 그 대표적인 주요성분은 17%Cr, 4%Ni, 4%Cu, 0.35%Nb을 표준으로 하며 석출경화(precipitation hardening)강은 1000~1050℃에서 유냉 또는 공랭하면 Cu를 과포화로 고용한 마르텐사이트조직으로 된다. 단 Ni 양이 적으므로 약 20% 정도의 페라이트가 혼재한다. 이것을 450~600℃에서 가열시효시키면 Cu이 풍부한 금속간화합물이 매우 미세하게 석출하여 인장강도가 140Kg/mm² 정도로 증가한다.

17-7PH강과 같은 반(半)오스테나이트형도 같은 원리이지만 열처리가 다르다. 주요성

분은 17%Cr, 7%Ni, 1.5%Al이다. 이 강을 1030~1050℃에서 공랭하면 Al을 함유하므로 소량의 페라이트가 있는 오스테나이트 조직이 얻어진다. 이 상태는 연하고 가공성이 우수하므로 응용범위가 넓다. 그러나, 이 상태 그대로는 시효가열해도 경화하지 않는다. 그래서 이것을 마르텐사이트 변태시키기 위해 중간처리를 행한다. 그 방법으로 ① 760℃에서 90분 정도 가열하여 오스테나이트로부터 Cr탄화물을 석출시키고 오스테나이트를 불안정하게 하여 M_s점을 상승시킨 후 공랭하든가 ② 950℃에서 10분정도 유지하여 Cr탄화물을 오스테나이트중에 재고용시켜 M_s점을 실온이하로 내린후 공랭하고 곧이어 -70℃부근에서 심랭(深冷)처리하든가 ③ 열처리를 하지 않고 60%이상의 냉간가공을 행한다. 이상의 어떠한 경우도 17-4 PH형과 다르며 이들의 중간처리인 2단처리에 의해 마르텐사이트로 변태시킨 후, 480~560℃에서 시효가열하면 인장강도 160kg/mm^{2}정도의 강이 얻어진다. 이 강의 경화기구는 Ni과 Al의 금속간화합물이 석출하기까지의 중간과정에 의한 것이라고 생각되어진다. 최근 제트항공기의 기체재료로서 주로 이러한 계통의 강 또는 Ti합금이 사용된다. 17-7 PH강을 개량하여 Mo을 2~3% 합금한 15-7 Mo PH 강은 150~200kg/mm^2 정도의 인장강도를 나타내며 500℃정도까지의 고온강도도 높으므로 특히 초음속 제트기의 기체재료로 사용된다.

4.8.5 475℃취성, 입계부식 및 응력부식균열

페라이트계 스테인레스강의 결점으로 2개의 취성문제가 있다. 첫째로 페라이트계 스테인레스강과 같은 고Cr강을 450~550℃에서 장시간가열후 냉각하면 현저히 취화하고 내식성도 떨어지는 현상으로 475℃ 취성이 있다. 페라이트계 Cr강을 600℃이상으로 가열한 채 냉각하는 일없이 사용하는 경우는 이러한 문제가 일어나지 않지만 앞의 온도범위에서 가열냉각을 반복하는 장치재료로서 사용할 때는 주의를 요한다. 475℃ 취성의 원인으로 산화Cr설, 인(P)화물설, 탄질화물설, σ상 생성설, 규칙격자설 및 α고용체의 공석분해설 등 여러가지의 이론이 있지만 아직 충분한 설명이 되지 못하고 있다. 또 하나의 취성은 700~800℃의 온도에서 장시간 가열하면 탄화물의 석출에 의한 취화외에 고Cr강에서는 취성을 나타내는 σ상의 석출에 의한 취화가 일어나 σ상이 미세하게 분산하여 석출하면 강도, 경도는 증가하나 연신률, 단면수축률, 충격치등(점성강도)은 저하한다. Mo, Si 또는 Mn을 합금하면 σ상의 석출범위가 넓어지나, σ상이 생성하여 기계적성질이 감소한 것은 950℃이상으로 단시간 가열후 급냉하면 점성강도를 회복한다. σ상의 석출에 의한 취화는 오스테나이트계 스테인레스강에서도 일어난다.

Cr스테인레스강의 공통된 결점으로 입계부식이 있다. 스테인레스강은 C을 소량함유하지만 그 소량의 C가 기지에 고용되어 있는 Cr과 쉽게 결합하여 Cr탄화물($Cr_{23}C_6$)을 만들어 결정입계에 석출한다. 그 결과 그림 4.40에 나타내듯이 Cr탄화물 근방의 Cr고용량은 수%정도의 저Cr으로 되어 내식성이 현저히 저하된다. 따라서 입계부식을 방지하기 위해서는 여러가지 방법이 있지만 현재 널리 이용되는 것은 C와의 친화력이 Cr보다 훨씬 큰 Ti 또는 Nb을 미리 합금하여 C를 전부 이들과 안정한 화합물로 만들어 두는 방법이다. 이들 화합물은 Cr을 함유하지 않으므로 기지에 고용

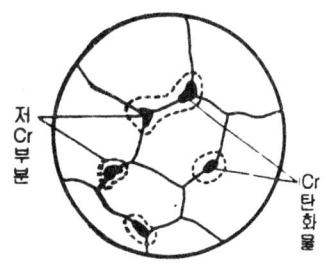

그림 4.40 입계부식의 개략도

하고 있는 Cr량을 감소시키는 일은 없다. 단, 이 경우, 고온에서 급냉한 상태의 것은 600℃정도로 가열하면 확산속도가 큰 Cr이 먼저 탄화물을 만들어 입계부식의 원인으로 되므로 안정화소둔으로 850~900℃에서 2~4시간 가열하여 미리 Ti 또는 Nb탄화물로 바꾸어 둘 필요가 있다. 고Cr강의 용접부취화도 이러한 입계부식과 거의 같은 원인에 의한 것이다.

오스테나이트계 스테인레스강만에 나타나는 취성으로 응력부식균열(SCC)현상이 있는데 이는 마르텐사이트계 스테인레스강에서도 유사한 현상이 나타나지만 본질적으로 다르다. 응력부식균열은 염화물의 고온용액중에서 일어나기 쉬우며 응력은 인장응력의 경우에만 일어난다. 응력부식균열은 대부분 결정입내를 통과하는 균열로서 황동에서 나타나는 season균열 및 연강의 알카리취성에 의한 입계균열과는 다르다. 응력부식균열을 방지하기 위해서는 오스테나이트 안정도를 증가시키는 것이 효과적이어서 1%정도의 Cu를 합금하든가 Ni을 다량합금하는 방법이 있으며 쇼트 피닝(shot peening)과 같은 표면가공처리도 유효하다.

제5장 강의 표면경화

 기어, 크랭크축, 클러치, 캠, 스핀들 등의 부품은 내마모성, 인성 및 강도를 겸비해야만 하기 때문에, 이들 부품은 우선 성형성이 좋은 저탄소강이나 중탄소강으로 만든 후에 최종적으로 표면경화시킨다. 표면경화 처리에 의하여 경화처리시에 일어날 수 있는 변형과 균열을 감소시킨다.
 강의 표면을 경화시키는 방법은 化學的 硬化法과 物理的 硬化法으로 대별된다. 화학적 경화법은 강의 표면층에 여러가지 원소들을 확산침투시켜서 표면조성의 변화에 의한 경화층을 얻는 방법으로서 침탄, 질화, 침탄질화, 금속침투법 등이 있고, 물리적 경화법은 표면층의 조성은 변화시키지 않고 조직만을 변화시켜서 경화층을 얻는 방법으로서 고주파 경화, 화염경화 등의 방법이 있다.

5.1 물리적 표면경화법

5.1.1. 고주파 경화법

 고주파 전류를 강재부품의 형상에 대응시킨 1차 코일(유도자) 쪽에 통하게 하고, 그 가운데에 강제 부품을 놓으면 표피효과(skin effect)에 의하여 표면층에만 맴돌이 전류(eddy current)가 유도되어 표피는 가열된다. 또한, 주파수가 클수록 층이 얇고 또 고온으로 가열된다. 표면온도가 A_1점을 넘었을 때 냉각수를 분사하여 급랭하면 표면만 경화되고 내부는 경화되지 않게 된다.
 이것은 미국의 오하이오 크랭크軸 회사(The Ohio Crank Shaft Co.)에서 제일 먼저 시작하였는데 토코 방법(Tocco process)이라고도 한다.
 보통 실제로 사용되고 있는 주파수는 수천 내지 수만 사이클로서 1차 쪽의 전류는 6,000~15,000A이다. 이것에 의해서 2차 쪽 강의 표면은 수초 이내에 가열되므로 퀜칭온도에 도달하는 즉시 급랭하면 표면만 경화되고, 내부는 거의 변화가 없게 된다. 또 가열시간이 불과 수초라는 극히 짧은 시간이므로 보통 가열때와 달리 표면의 산화, **탈탄** 또는 결정입자의 조대화 등이 일어나지 않는다.

그림 5.1은 고주파 경화법에서의 공작물과 유도자의 관계를 보여 주는 것으로, 적당한 코일을 선택하는 것이 고주파 경화를 잘하기 위한 첫 조건이 된다.

그러나 이러한 고주파 경화법은 표면만 가열되므로 전체로서의 변형은 적으나, 급열이나 급랭으로 인하여 재료가 변형되는 경우가 많다. 마르텐사이트의 형성에 의한 체적변화 때문에 내부응력이 발생하고 따라서 경화층이 이탈되거나 **퀜칭균열**이 생기기 쉽다. 그러므로 이러한 재료는 미리 노멀라이징 처리하면 균열을 방지할 수 있다.

고주파 경화에 적당한 재료는 탄화물이 미세하게 분포되어 오스테나이트화가 빠르고, 또 비교적 낮은 온도에서 퀜칭할 수 있는 것이 좋다. 이러한 조건을 갖춰주기 위해서 어느정도의 경화능을 갖는 0.4~0.6%C의 구조용 탄소강이나 합금강을 사용하며, 탄화물이 오스테나이트 중으로 고용되기 쉽도록 하기 위하여 미리 미세펄라이트조직으로 해 놓을 필요가 있다. 또 균열을 방지하여야 하므로 비금속 介在物과 P, S등이 적고 균일하게 분포되어 있어야 하며, 기계가공도 용이한 것이라야 한다. 한편 고주파경화층의 경도는 일반적인 퀜칭 상태강의 경도에 비해서 높은 경향을 보이는데, 이것은 급열급랭에 의한 특이한 조직과 표면층에 거시적으로 큰 압축 응력이 존재하기 때문이다. 일반적인 경화법에 비하여 유도경화법은 많은 이점을 갖는다는 것을 알 수 있다. 유도경화법의 중요한 이점은 다음과 같다.

① 제한된 국부적 경화법이다.
② 가열시간이 짧다.
③ 표면산화와 탈탄이 최소로 일어난다.
④ 변형이 적다.
⑤ 피로강도가 증가한다.
⑥ 경화시키지 않은 표면에 필요한 교정작업을 실시할 수 있으며, 어느정도 범위까지는 경화한 표면에도 실시할 수 있다.

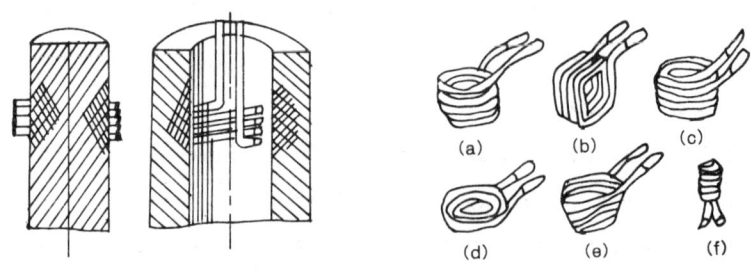

그림 5.1 공작물과 유도자와의 관계
(a), (b), (c)는 **축, 봉재의 경화용**, (d)는 평면의 경화용
(e)는 **기어등의 경화용**, (f)는 구멍내부의 경화용

⑦ 공정을 생산라인과 바로 연결시켜 사용할 수 있다.
⑧ 유지비가 저렴하다.

이에 대하여 유도경화의 결점은 다음과 같다.

① 시설비가 고가이다.
② 유도경화에 적당한 형상을 갖는 부품에 대해서만 적용할 수 있는 제한된 방법이다.
③ 유도경화시킬 수 있는 강종이 제한되어 있다.

5.1.2 화염경화법

화염경화법(flame hardening)을 쇼터라이징(shorterizing) 또는 도펠-듀로(Doppel-Durro)법이라고 한다. 이 방법은 강력한 가열력을 가진 산소-아세틸렌 불꽃을 사용하여 강 표면을 빨리 가열하고, 이것이 퀜칭온도에 이르렀을 때 냉각수로써 급랭시켜 표면만 경화하는 것이다. 불꽃은 산소와 아세틸렌의 혼합비가 1 : 1일 때가 가장 좋다. 화염경화에 가장 적당한 재료는 고주파경화와 같으며, 탄소가 0.4~0.6%의 것이 좋다. 미리 퀜칭·템퍼링(조질)을 실시한 후 사용한다.

화염경화법은 가열 및 냉각방법에 따라서 그림 5.2와 같이 3가지 형태가 있으며, (a)의 방법은 강부품의 표면을 토치로 가열한 후 냉각조(cooling tank)에서 퀜칭하는 방법으로 퀜칭온도가 약간 높게 되기 쉬우므로 퀜칭균열이 생기기 쉽고, (b)의 방법은 가열후 불꽃을 끄고 분사장치에서 냉각수를 분사하는 방법으로 가장 많이 이용되는 방법이며, (c)의 방법은 평평한 소형 부품에 적당한 방법으로서 강재를 순환하는 물속에 담그어 경화 부분을 수면과 같게 하거나 약간 위로 하여 가열하는 방법으로 퀜칭균열이 적게 된다. 선반의 베드 등은 대형이지만 이 방법이 이용된다.

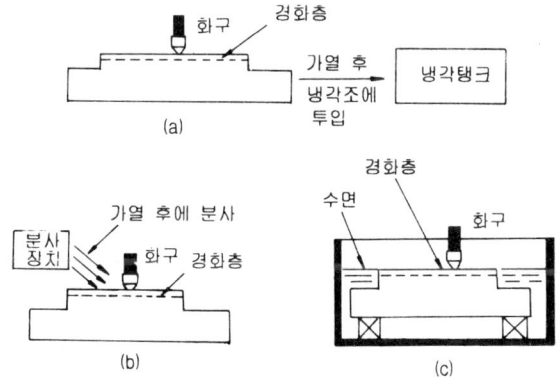

그림 5.2 화염경화법의 가열 및 냉각형태

5.2 화학적인 표면경화법

5.2.1 침탄경화

저탄소강의 표면에 탄소를 침투시켜서 고탄소강으로 만든 다음에 이것을 퀜칭하여 경화하는 방법을 浸炭硬化(carburizing)라 한다. 이 침탄법에는 침탄처리에 사용되는 浸炭劑(carburizing agent)의 종류에 따라 고체 침탄·액체 침탄·가스 침탄 등으로 나뉜다.

(1) 固體 浸炭法(pack carburizing)

가장 일반적인 침탄 방법으로서, 침탄제로는 목탄, 입상 코우크스, 골탄 등을 사용하며, 침탄촉진제로서는. 탄산바륨(BaCO$_3$)이나 탄산소다(Na$_2$CO$_3$)을 사용하는데, 이들을 6 : 4의 비율로 혼합하여 연강판이나 내열강판으로 만든 침탄 상자에 넣고, 이 속에 침탄하려는 강재를 중앙에 넣어 공기의 출입을 차단하기 위하여 내화점토같은 것으로 밀폐한 후, 침탄로 중에서 900~950℃ 정도로 가열하여 4~6시간 동안 유지하면 재료 표면에 0.5~2.0mm정도의 침탄층을 얻을 수 있다.

이때 침탄상자 안에 있던 산소가 침탄제와 반응하여 일산화탄소(CO)를 발생시키고, 이 일산화탄소가 강재 표면에서 분해하여 이산화탄소(CO$_2$)와 탄소(C)가 되어, 이 C가 강재 중에 침투 확산하여 강재 표면에 C가 침입되는 것이다. 즉 CO$_2$는 침탄제와 반응해서 CO가 되고, 또 CO는 분해해서 침탄되고, 이와 같은 작용이 연속적으로 반복해서 침탄이 계속되는 것이다. 침탄층의 탄소량은 0.85~0.9%가 적당하며, 1.0%를 넘으면 좋지 않다.

재료 중에 크롬(Cr)이 포함되어 있으면 탄소의 확산이 늦어져서 표층부의 탄소농도를 크게 하여 재질이 균일하지 못하므로 완화침탄이나, 또는 침탄 후 확산풀림처리를 하여 과잉침탄조직을 해소하여야 한다. 침탄속도에 가장 영향을 주는 것은 침탄온도로서 보통 900~950℃에서 행한다. 950℃이상에서 실시하면 내부 조직에 많은 변화를 가져오기 때문에 가급적 피하는 것이 좋다.

침탄처리때 침탄깊이도 큰 요소 중의 하나인데, 너무 깊으면 비용도 많이 들 뿐만 아니라 인성이 나빠져서

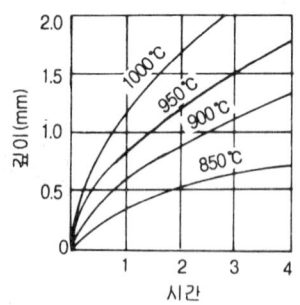

그림 5.3 침탄깊이와 침탄시간

재질을 해칠 우려가 있다. 또한 침탄제의 입도도 큰 영향을 주는데, 너무 입도가 작으면 열의 통과 속도가 작아져서 시간이 많이 걸리게 된다.

그림 5.3은 침탄시간과 침탄깊이의 관계를 나타낸 것이다.

침탄처리 후의 열처리

침탄 후에는 침탄 상자 중에서 그대로 서냉한 다음, 재가열하여 퀜칭-템퍼링을 하는 것이 원칙이나, 때로는 침탄온도로부터 직접 퀜칭하는 것도 있으며, 특별한 경우에는 확산풀림이나 구상화풀림을 하기도 한다.

① 확산풀림(diffusion annealing) : Cr강이나 Cr-Mo강과 같이 탄소의 확산이 느려서 탄소가 표면에 집중되어 있는 경우에 침탄층의 탄소를 내부로 확산시킬 목적으로 하여 침탄 온도에서 30분~4시간 정도 풀림을 한다.

② 구상화 풀림 : 침탄층에 나타난 망상의 시멘타이트는 퀜칭 전에 구상화하는 것이 바람직하다. 1차 및 2차 퀜칭을 행할 때에는 1차 퀜칭한 후에 구상화 풀림(650~700℃)을 하는 것이 좋다.

③ 퀜칭 : 침탄은 900~1,000℃의 고온에서 오랜 시간 가열하는 처리이므로 처리품 중심부의 조직이 대단히 조대해진다.

　이러한 조직을 미세화하기 위해서 Ar_3 이상 30℃까지 가열한 후 기름 중에 1차 퀜칭한다. 다음에 표면의 침탄부를 경화시키기 위해서 Ac_1점 이상까지 가열한 후에 수중에 2차 퀜칭한다. 이 처리에 의해서 침탄 강재의 표면은 마르텐사이트가 되어서 경화한다.

④ 템퍼링 : 퀜칭한 것은 반드시 저온 템퍼링(150~180℃)을 실시하여야 한다. 저온 템퍼링은 침탄퀜칭품의 연마균열의 방지에 절대적으로 필요한 처리이며, 내마모성을 향상시키기 위해서도 좋다.

그림 5.4는 고체침탄 가열로의 한가지 보기이며, 그림 5.5는 침탄조직의 모양을 도식적으로 나타낸 것이다.

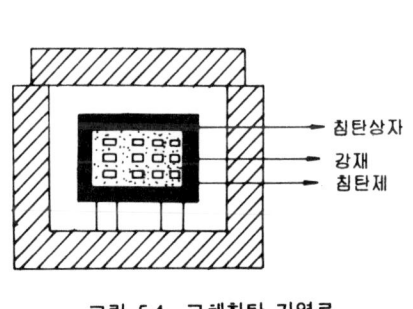

그림 5.4 고체침탄 가열로

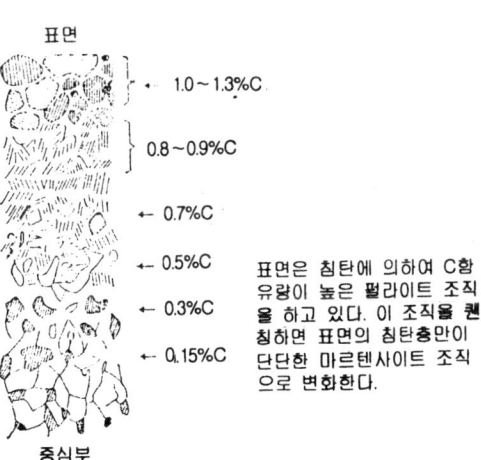

그림 5.5 침탄조직

(2) 액체침탄법(liquid carburizing)

이 방법은 침탄질화법(carbonitriding) 또는 시안 청화법(cyaniding)이라고도 한다.

침탄제로는 시안화칼륨(KCN), 시안화나트륨(NaCN) 및 페로시안칼륨[$K_4Fe(CN)_6$ $3H_2O$], 페로시안화나트륨[$Na_4Fe(CN)_6 \cdot 3H_2O$]등을 사용하고, 촉진제로는 탄산칼륨(K_2CO_3) 탄산나트륨(Na_2CO_3), 염화칼륨(KCl), 염화나트륨(NaCl)등을 사용한다.

조작방법은 위와 같은 침탄제와 촉진제를 鋼製 상자에 넣어 550℃ 이상으로 가열하면 용해되어 액체로 된다. 이 용융욕을 약 600~900℃로 가열시킨 다음 용융욕 중에 재료를 침적시키면 침탄과 질화가 동시에 진행되어서 C와 N가 재료 중에 침입하게 된다.

침탄제로는 보통 NaCN 54%, Na_2CO_3 44%, 기타 약 2%를 혼합한 것이 가장 많이 사용되며, 800~900℃로 20~30분간 가열하면 약 0.1~0.5mm정도의 침탄층이 생기고 침탄 부분의 탄소함유량은 0.7~1.0% 정도가 된다.

액체침탄법의 화학적인 반응은 다음과 같다.

$$2NaCN+O_2 \rightarrow 2Na(CN)O$$
$$4Na(CN)O \rightarrow 2NaCN+Na_2CO_3+CO+N_2 \uparrow \text{ (질화)}$$
$$2CO+3Fe \rightarrow CO_2+Fe_3C \text{ (침탄)}$$

처리온도가 700℃ 이하인 경우에는 주로 窒化가, 그리고 800℃ 이상의 고온인 경우에는 주로 浸炭이 일어난다. 침탄 깊이는 가열온도 900℃에서 30분 처리에 의하여 약 0.3mm 정도가 얻어지며, 처리온도가 높을수록 깊어진다.

표 5.1은 액체 침탄제의 종류를 나타낸 것이다.

표 5.1 액체침탄제의 종류

No.	주 성 분 (%)				$BaCl_2$	사용온도
	NaCN	Na_2CO_2	NaCl	KCl		
1	15~40	30~55	30~40	—	—	620~815℃
2	17~23	10~30	20~30	—	15~40	845~900℃
3	8~12	20~30	5~15	6~20	45~55	900~935℃
4	35~40	—	—	5~10	40~60	840~950℃
5	45~50	—	15~25	—	($BaCO_3$ 20~30)	815~900℃
6	30~40	20~30	20~30	—	15~25	790~900℃
7	70~80	10~15	10~15	—	—	815~950℃
8	60~70	15~25	15~25	—	—	815~950℃
9	40~50	5~10	40~50	—	—	815~750℃
10	30~40	—	—	60~70	—	525~680℃
11	55~65	(KCN 35~45)	—	—	—	525~680℃

액체침탄법의 이점은 다음과 같다.
① 가열이 균일하고, 제품의 변형을 방지할 수 있다.
② 온도 조절이 용이하다.
③ 산화가 방지되므로 가공시간이 절약된다.

그러나 침탄제의 값이 비싸며 침탄층이 얇고, 또한 발생하는 가스가 유독한 것이 결점이다.

浸炭 후의 熱處理

① 퀜칭 : 고온의 처리온도에서 그대로 퀜칭하면 강의 표면에 잔류 오스테나이트가 생기기 쉬우므로, 일단 공랭한 후에 재가열하여 퀜칭하거나, 또는 침탄온도로부터 730~750℃까지 냉각하여 그 온도에서 직접 퀜칭하는 방법을 사용한다. 또 물에 퀜칭하지 않고 마르퀜칭을 실시하면 퀜칭 변형이 감소된다.

② 템퍼링 : 퀜칭한 후에는 반드시 150℃정도에서 충분히 템퍼링을 하여야 한다.

그림 5.6은 침탄층의 단면조직을 나타낸 것으로서, (a)에서 보면 표면의 공석조성으로부터 내부로 감에 따라 아공석조성으로 되는 것을 알 수 있다. 또한 (b)는 과침탄조직으로서, 표면층은 과공석조성으로 되어 유리시멘타이트가 網目狀으로 석출되므로, 1차 퀜칭시 오스테나이트 중으로 완전히 고용되지 못하여 퀜칭균열을 일으킬 염려가 있다. 이 경우는 확산풀림처리를 하든가 또는 시멘타이트의 구상화처리가 필요하게 된다.

(3) 가스 침탄법(gas carburizing)

이 방법은 주로 작은 鋼部品에 이용되는데, 일반적으로 천연가스나 프로판, 부탄, 메

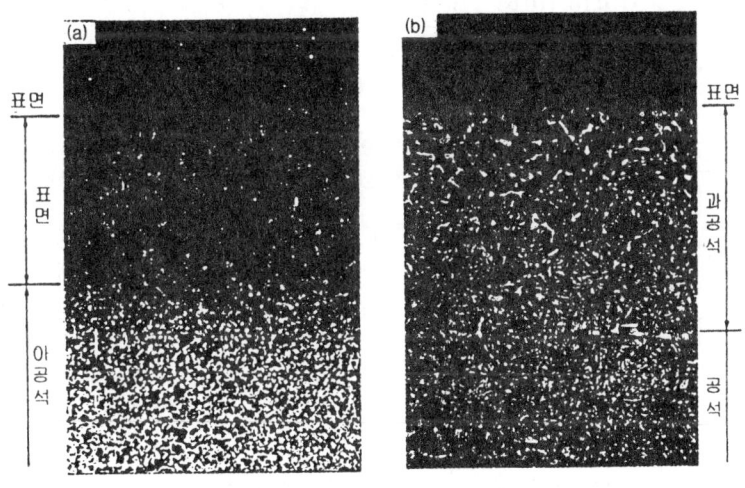

그림 5.6 침탄층의 현미경조직(SCM 420강)
(a) 정상침탄조직(×100×2/3) (840℃(1113K)→공냉)
(b) 과잉침탄조직(×400×2/3) (840℃(1113K)→유냉)

표 5.2 각종 침탄강

명칭		기호	화학 성분 (%)					용도	비고
			C	Mn	Ni	Cr	Mo		
기계구조용 탄소강	21종	SM 9 CK	0.07~0.12	0.30~0.60				방직기의 줄, 로울러 등	1차 880~920℃ 유냉 (또는 수냉) 2차 750~800℃ 수냉
	22종	SM 15 CK	0.12~0.18	0.30~0.60				캠축, 피스톤핀 등	1차 870~920℃ 유냉 (또는 수냉) 2차 750~800℃ 수냉
크롬강	21종	SCr 21	0.13~0.18	0.60~0.85		0.90~1.20		캠축, 핀	1차 850~900℃ 유냉 2차 800~850℃ 유냉 (또는 수냉)
	22종	SCr 22	0.18~0.23	0.60~0.85		0.90~1.20		기어 스플라인 축	1차 850~900℃ 유냉 2차 800~850℃ 유냉 (또는 수냉)
니켈크롬몰리브덴강	21종	SNCM21	0.17~0.23	0.65~0.90	0.40~0.75	0.40~0.65	0.15~0.30	기어, 축류	1차 850~900℃ 유냉 2차 800~850℃ 유냉
	22종	SNCM22	0.12~0.18	0.40~0.70	1.60~2.00	0.40~0.65	0.15~0.30	기어	1차 850~900℃ 유냉 2차 780~830℃ 유냉
	23종	SNCM23	0.17~0.23	0.40~0.70	1.60~2.00	0.40~4.50	0.15~0.30	로울러베어링, 기어	1차 850~900℃ 유냉 2차 770~820℃ 유냉
	25종	SNCM25	0.12~0.18	0.30~0.60	4.00~4.50	0.70~1.00	0.15~0.30	강력기어	1차 830~880℃ 유냉 2차 750~800℃ 유냉
	26종	SNCM26	0.13~0.20	0.80~1.20	2.80~3.20	1.40~1.80	0.40~0.70	강력기어 강력축류	1차 850~900℃ 공냉 (또는 유냉) 2차 770~830℃ 공냉(유냉)
니켈크롬강	21종	SNC 415	0.12~0.18	0.35~0.65	2.00~2.50	0.20~0.50	—	피스톤핀, 기어	1차 850~900℃ 유냉 2차 750~800℃ 수냉 (또는 유냉)
	22종	SNC 815	0.12~0.18	0.35~0.65	3.00~3.50	0.70~1.00	—	캠축, 기어	1차 830~880℃ 유냉 (또는 공냉) 2차 750~800℃ 유냉
크롬몰리브덴강	21종	SCM 415	0.13~0.18	0.60~0.85		0.90~1.20	0.15~0.35	피스톤핀·기어·축류	1차 850~900℃ 유냉 2차 800~850℃ 유냉
	22종	SCM 420	0.18~0.23	0.60~0.85	—	0.90~1.20	0.15~0.35	기어·축류	1차 850~900℃ 유냉 2차 800~850℃ 유냉
	23종	SCM 421	0.18~0.23	0.70~1.00	—	0.90~1.20	0.15~0.35	기어·축류	1차 850~900℃ 유냉 2차 800~850℃ 유냉

탄, 에틸렌 가스 등을 침탄제로 사용한다.

    이런 가스들을 變成爐 안에 넣어 Ni을 촉매로 해서 침탄 가스로 변성시킨 후 가열로 중에 다시 불어넣어 침탄처리를 한다.

    이 가스 침탄은 가스 중의 CO나 메탄(CH_4)이 주침탄제 역할을 하며, 침탄되는 화학반응은 다음과 같다.

$$CH_4 + 3Fe \leftrightharpoons Fe_3C + 2H_2 \uparrow$$

$$2CO + 3Fe \leftrightharpoons Fe_3C + CO_2 \uparrow$$

침탄성 가스를 침탄 가열로에 보내어 900~950℃로 3~4시간 가열하면 깊이 1mm 정도로 침탄된다. 그러나 최근에는 1,000~1,200℃의 고온침탄을 많이 쓰고 있으며, 이 방법에 의하면 침탄시간이 많이 단축된다. 또 고주파가열에 의하여 가스침탄을 실시하면 (약 1,100℃, 침탄시간 40분), 보통 가스침탄에 비하여 1/10이하의 침탄시간으로도 깊이 0.3~1.2mm 정도로 침탄된다.

가스침탄은 고체침탄에 비해 가열시간이 짧고, 조작이 간단하며, 표면탄소농도의 조절이 가능하다는 것이 특징이다. 또 광휘상태의 표면을 얻을 수 있고, 침탄종료후에 직접 퀜칭할 수가 있다.

침탄후의 열처리

가스 침탄 후에는 800℃ 정도까지 온도를 강하한 다음에 물 또는 기름 중에 그대로 직접 퀜칭하는 것이 보통이나, 이때에 마르퀜칭을 하면 퀜칭변형이 적게 된다. 그러나 가스침탄 조직은 대부분이 표면과 중심부 사이의 탄소량에 현저한 차이가 생기기 쉬우므로, 침탄 후에 확산풀림을 하고, 그 후에 다시 퀜칭하는 것이 좋으며, 퀜칭후에는 150~180℃의 저온템퍼링을 실시한다.

이상과 같은 여러 가지 방법의 침탄에 사용되는 강을 침탄강(carburizing steel)이라고 하며, 그 종류를 보면 표 5.2와 같다.

침탄용강으로서는 우선 중심부의 인성을 갖기 위해서 탄소량이 약 0.2% 이내로 제한될 수 밖에 없다. 또한 침탄작업은 900℃이상에서 장시간 가열하므로 오스테나이트 결정립이 조대화되지 않도록 해야하고, 탈산을 충분히 한 청정한 강을 사용해야 한다.

표 5.2의 침탄용강중 탄소강은 질량효과가 크고 퀜칭균열의 염려가 있으므로 단순한 형상의 소형부품이나 얇은 부품에만 적용된다. Cr강은 탄소강에 비해서 침탄층의 경도가 높고 강인하지만 탄화물형성원소인 Cr때문에 과침탄되기 쉽다. Cr-Mo강은 기계적성질이 우수하고, 질량효과도 적지만 Cr강과 동일하게 과침탄되기 쉽다. Ni-Cr강은 위의 어느 강종보다도 강인하고 질량효과도 적으며, 결정립의 조대화도 적다. Ni-Cr-Mo강은 이보다 더욱 우수한 성질을 갖고 있다.

(4) 침탄에 미치는 각종 원소의 영향

Cr은 2~3%까지는 첨가량에 따라 침탄량을 증가시키나 그 이상 함유하게 되면 반대로 침탄량은 감소한다. 그리고 15% 이상이 되면 전혀 침탄이 안된다.

Ni는 함유량의 증가에 따라 침탄량도 감소한다. Ni과 Cr이 공존할 때에는 침탄량은 Cr과 함께 증가하고 Ni과 함께 감소한다. 따라서 Ni의 함유량이 적을수록 Cr의 영향은 커지고, 또 Cr의 함유량이 적을수록 Ni의 영향이 커진다. Mn은 5% 정도까지는 영향이 거의 없다. 바나듐(V)은 2%까지는 V의 증가에 따라서 침탄량이 급격히 감소한다. 몰리브덴(Mo)은 함유량이 많을수록 침탄량이 점차 증가한다. Si는 함유량의 증가에 따라서 침탄량은 감소하다가 4.5~5.5%부터는 침탄이 전혀 안된다. C는 함유량이 많으면 많을수록 침탄량은 적게 된다. 즉, 1.0% 이상의 것은 오히려 탈탄 반응이 일어난다.

5.2.2 질화법(Nitriding)

(1) 가스질화(gas nitriding)

암모니아(NH_3)를 고온에서 가열하면 $NH_3 = N + 3H$로 되며, 이 때에 발생기의 질소와 수소로 분해한다. 이 발생기의 질소는 분자 모양의 질소와 달라서 반응성이 강하기 때문에 가열된 철, 또는 강철에 접촉하면 철 또는 그 함유원소와 반응을 일으켜 질화물을 만든다. 이 질화물은 Fe_4N(FCC 5.9%N)과 Fe_2N(CPH 11.1%N)의 2가지로서, 이것이 시간의 경과에 따라서 내부로 확산하여 질화층을 형성한다. 이와 같은 성질을 이용하여 강의 표면을 경화하는 것이 질화에 의한 경화법이며, 침탄에 의한 경화법과 본질적으로 다르다.

주철, 탄소강 및 Ni, Co 등을 함유하는 강재는 질화되어도 경화하지 않으나 Al, Cr, Ti, V, Mn등을 함유하는 강재는 심하게 경화한다.

질화된 강은 표면 경도가 Hv 1,000~1,200에 이르며, 내마모성과 내식성이 있어 고온에서도 안정한 특성을 가지나, 침탄처리때보다 10여배의 시간이 더 걸리며, 비용이 많이 드는 결점이 있다.

1) 질화방법

질화를 요하지 않는 부분은 미리 Sn이나 Pb-Sn 합금인 땜납 등으로 둘러싸거나, Ni의 도금을 하여 질화상자안에 넣는다. 암모니아 가스의 유통이 잘 되게 하기 위하여 제품 사이에 틈을 벌리거나 Ni로 만든 그물 위에 제품을 늘어 놓으면 좋다. 질화 상자에 암모니아 가스를 보내어 완전히 공기를 배출한 다음 온도를 높인다.

질화된 경화면은 은회색의 빛깔을 띠며 대단히 단단하다. 질화상자에 사용되는 재료는 13% Cr강, 21% Cr강, 18% Cr-8% Ni강 등으로서, 오랜 시간 가열에도 잘 견딘다.

2) 질화층의 경도와 깊이

질화온도가 높으면 최고의 경도가 얻어지지 못한다. 최고의 경도와 질화층의 깊이와의 관계를 나타낸 것이 그림 5.7인데, 질화온도가 높을수록 최고 경도는 낮아지며 질화층이 깊어진다.

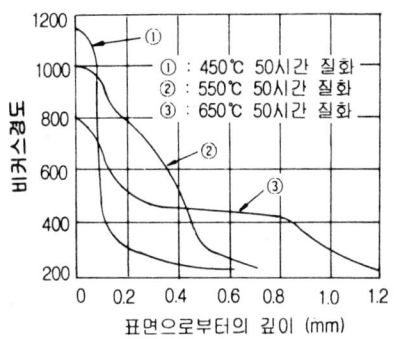

그림 5.7 질화온도와 최고경도

표 5.3 침탄법과 질화법의 비교

침 탄 법	질 화 법
1. 경도는 질화법보다 낮다.	1. 경도는 침탄층보다 높다.
2. 침탄 후의 열처리가 필요하다.	2. 질화 후의 열처리가 필요없다.
3. 침탄 후에도 수정이 가능하다.	3. 질화 후의 수정이 불가능하다.
4. 질화법보다 침탄법이 단시간내에 같은 경화 깊이를 얻을 수 있다.	4. 질화층을 깊게 하려면 긴 시간이 걸린다.
5. 경화에 의한 변형이 생긴다.	5. 경화에 의한 변형이 적다.
6. 고온으로 가열되면 템퍼링되어 경도가 낮아진다.	6. 고온으로 가열되어도 경도는 낮아지지 않는다.
7. 침탄층은 질화층처럼 취화되지 않는다.	7. 질화층은 취화되기 쉽다.
8. 침탄강은 질화강처럼 강재 종류에 대한 제한이 적다.	8. 처리강의 종류에 많은 제한을 받는다.

침탄법과 질화법을 비교하여 보면 표 5.3과 같이 된다. 질화강은 엔진의 실린더나 밸브, 연료를 분사하는 노즐, 핀, 기어, 각종 금형, 절삭 공구 등에 널리 사용된다.

질화용강은 Al, Cr, Mo, V 등을 함유하는 중탄소량의 구조용강이다. Al은 질화층을 경화시키는데에 가장 필요한 원소이고, Cr, Mo 및 V도 질화층을 경화시키지만 강재 자체의 성질을 좋게 하는 효과도 있다. 질화처리는 보통 500~550℃에서 장시간 가열하여 행하는데, 이 온도는 또한 합금강의 템퍼링취성을 일으키는 온도이므로 Mo첨가로서 이 템퍼링취성을 방지하고 있다.

KS와 JIS 모두 질화용강으로서는 표 5.4에 나타낸 1강종만이 규정되어 있다. 질화전의 열처리온도도 표 5.4에 병기하였는데, Al, Cr, Mo등과 같이 변태점을 상승시키는 원소를 함유하고 있으므로 퀜칭온도는 880~930℃로 약간 높게 하고, 또 질화온도에서 장시간 가열유지하는 동안에 템퍼링취성이 일어나므로 미리 인성을 높게 할 목적으로 템퍼링온도도 630~720℃로 높게 한 후 급랭한다. 질화용강에는 기본조성에 Ni을 약 3.5%

표 5.4 질화용강(KSD 3756)

종류	기호	화 학 성 분 (%)							
		C	Si	Mn	P	S	Cr	Mo	Al
Al-Cr-Mo 강	SACM 645	0.40~0.50	0.15~0.50	<0.60	<0.030	<0.030	1.30~1.70	0.15~0.30	0.70~1.20
		열 처 리		기 계 적 성 질					
		퀜칭 (℃)	템퍼링 (℃)	항복점 (kg/mm^2)	인장강도 (kg/mm^2)	연신율 (%)	샤르피충격치 (kg·m/cm^2)	경 도 (H_B)	
		880~930 유냉	630~720 급랭	>70	>85	>15	>10	229~285	

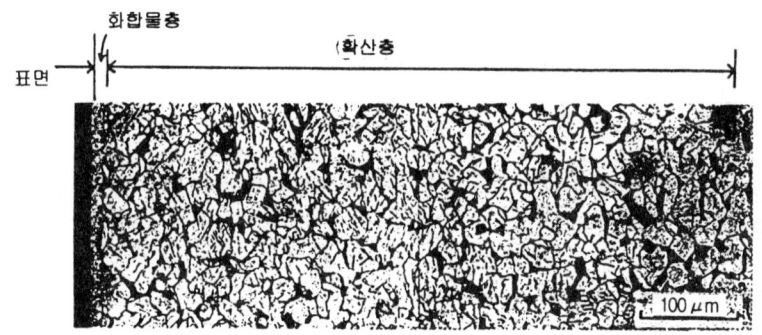

그림 5.8 질화후의 조직
강 SM15C, 550℃(823K)-6h 질화후수냉, 300℃(573K)-1h 시효
질화가스 N$_2$(33%)+H$_2$(66%)+C$_3$H$_8$(1%) (이온연질화처리)

부가적으로 첨가한 Nitralloy N이라고 불리어지는 강이 있는데, Ni첨가로서 열처리가 용이해지고, 조직을 미세화함과 동시에 Ni-Al화합물을 석출시켜서 경도를 높이는 등 기계적성질을 개선하는 효과가 있다.

그림 5.8은 SM 15 C강의 질화층 단면조직(이온연질화)으로서, 표면의 백색층은 취약한 ε 상이므로 사용하기 전에 연삭으로 제거하는 것이 좋다. 내부의 흑색 침상부분은 γ 상이고, 기지는 α 이다.

(2) 연질화(soft nitriding)

가스질화법은 처리하는데에 장시간을 요하고, 규정된 질화용강에서만 처리가 가능하다. 또 전술한 시안화합물의 염욕을 사용한 액체침탄질화법에서는 질화를 목적으로 할 때 저온에서 처리해야 하므로 질화작용이 활발하지 못하다. 따라서 처리시간의 단축과 일반구조용강에도 질화처리할 수 있도록 한 것이 바로 연질화법이다.

연질화법은 [KCN(>48%)+KCNO(>42%)+Na$_2$CO$_3$(안정제)]를 주성분으로 하는 용융시안염욕을 사용하여, Ti으로 내부코팅된 pot중에서 약 570℃로 1.5시간 처리(염욕의 활성도를 높이기 위해서 염욕바닥으로부터 공기를 불어넣는다)하는 방법이다. 일반적으로는 처리후 약 300℃에서 1시간정도 풀림을 행한다.

일반구조용강에 처리하는 경우, 경도는 HV 500~700정도이므로 일반적인 가스질화법 (HV 1000정도)에 비해 **경도가 낮기 때문에 연질화법이라고 부르는 것이다. 그러나 Cr강 등에 처리하면 HV1000이상의 경도가 얻어진다.**

최근 환경오염을 일으키는 공해물질배수 문제때문에 시안염을 사용하는 이 질화법은 가능하면 사용치 않는 것이 **좋고, 그 대신에 RX가스에 암모니아를 첨가한 가스로서 처리하는 가스연질화법을 많이 사용하는 것이 환경보존의** 관점에서 바람직하다.

(RX 가스의 조성은 20%CO+40%H$_2$+40%N$_2$이다)

(3) 이온질화(ion nitriding)

전술한 바와 같이 연질화법은 시안화합물을 사용하므로 공해대책에 만전을 기하지 않으면 안된다. 이러한 문제점을 보완해주기 위해서 출현한 것이 이온질화법으로서, 이 방법은 무공해라고 하는 점 때문에 최근 관심이 고조되고 있다. 이온질화의 원리는 다음과 같다.

밀폐시킨 용기내의 압력을 0.1~2.5MPa(1~20Torr)로 감압해서 300~1000V의 직류전압을 걸어주면 전극간에 글로우방전(glow discharge)이 발생한다. 즉 강재를 음극으로 하고, 용기벽을 양극으로 한 후 N$_2$+H$_2$ 혼합가스 분위기중에서 양극간에 전압을 걸어주면 N$_2$가스는 여기(excitation)되어 이온화되면서 글로우방전의 전형적인 발광현상이 나타난다. 이때 이온화된 N$^+$이온은 고속으로 가속되어 처리 강재에 충돌한다. 이 N$^+$이온의 높은 운동에너지의 대부분은 열에너지로 화하여 강재를 가열시키고 동시에 질소가

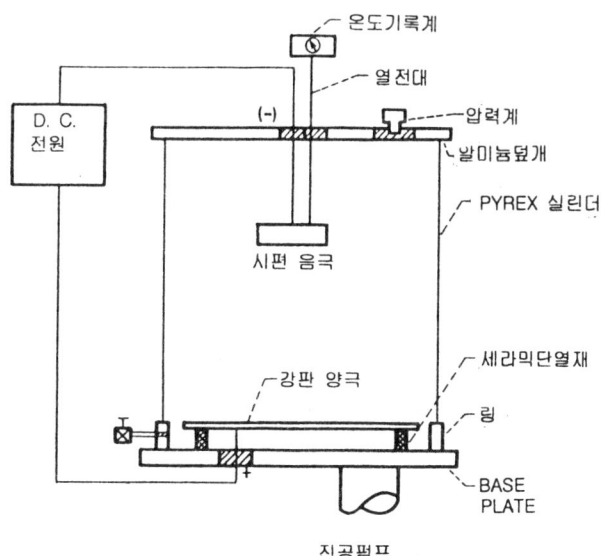

그림 5.9 이온질화장치의 개략도

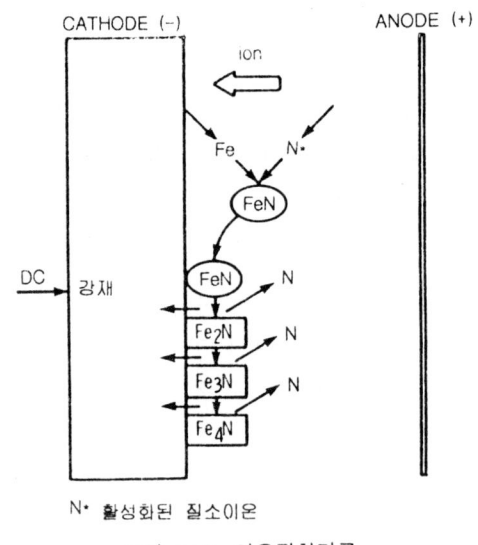

N* 활성화된 질소이온

그림 5.10 이온질화기구

침입된다. 따라서 로내에는 별개의 가열장치가 필요없다. 그림 5.9는 이온질화장치의 개략도를 나타낸 것이다.

한편 충돌의 반작용으로 표면으로부터 Fe, C, O 등의 원자 및 전자가 방출되어, Fe원자는 N과 화합해서 FeN을 만들어 강재표면에 흡착하지만 이것은 재차 이온충격과 높은 온도에 기인하여 FeN보다 질소량이 적은 Fe_2N, Fe_3N, Fe_4N으로 된다. 이때 흡착된 일부의 N은 강재내부로 확산하게 된다. 이와같이 음극으로부터 방출된 Fe는 N의 carrier로 작용한다. 질소가스분압, 전압, 가스압, 온도, 시간 등의 조정에 의해서 강재표면층에 ε상(Fe_2N 또는 Fe_3N), γ'상(Fe_4N) 또는 이들의 혼합층을 임의로 생성시킬 수 있는 것이 이온질화의 특징중 하나이다. 그림 5.10은 이온질화기구를 나타낸 것이다.

한편 이온화된 H^+이온은 강재내로 확산해서 강재중의 산화물의 환원 및 표면 스케일의 제거등의 역할을 한다. 이온질화의 특징을 요약하면 다음과 같다.

① 유독성의 시안화합물을 사용하지 않는다.
② 질화속도가 비교적 빠르다.
③ N_2+H_2 혼합가스를 사용하므로, H^+에 의한 강재의 표면청정효과가 있다.
④ 질화층 조성의 조정이 가능하다.
⑤ 특별한 가열장치가 필요없다.

그러나 온도측정이 어렵다는 것과 강재의 배치, 형상, 질량 등에 따라 온도나 질화층이 불균일하게 되는 등의 결점도 있다. 분위기가스로 C_3H_8과 같은 C화합물을 첨가하면 이온연질화도 가능하다.

(4) 가스연질화

가스연질화법은 RX가스[1]와 암모니아(NH_3)가스를 50 : 50으로 혼합하고 570℃에서 처리하는 무공해방법으로서, 분위기제어에 의해 연질화가 가능하다. 처리온도는 550~600℃에서 30분 정도의 단시간에 질화가 가능하고, 더구나 어떠한 강종에도 질화처리할 수 있다는 장점이 있다. 또 연질화라고 할지라도 Cr을 함유하는 강에서는 HV 1000이상의 경한 질화층을 얻을 수 있다.

5.2.3 금속 침투법

금속침투법(metallic cementation)은 피복하고자 하는 부품을 가열해서, 그 표면에 다른 종류의 피복 금속을 부착시키는 동시에 확산에 의해서 합금 피복층을 얻는 방법으로서, 주로 철강제품에 대하여 행하여진다. 그 목적은 내식성·방청성·내고온 산화성 등의 화학적 성질을 향상시키는 것이 주이며, 동시에 경도와 내마모성이 향상되는 효과를 수반한다.

확산 침투 원소는 Zn, Cr, Al, Si, B 등이 있다.

(1) 세라다이징(sheradizing, Zn 침투법)

Zn을 침투 확산시키는 법으로서, 청분(blue powder)이라고 불리는 300메시(mesh)정도의 미세한 Zn 분말 속에 경화시키고자 하는 재료를 묻고, 보통 300~420℃로 1~5시간 동안 처리해서 두께 0.015mm정도의 경화층을 얻는 방법이다.

(2) 크로마이징(chromizing, Cr침투법)

재료의 표면에 Cr을 침투 확산시키는 법으로서, 도금할 물건을 침투제인 Cr분말 (Al_2O_3을 20~25% 첨가)속에 파묻고, 환원성 또는 중성 분위기 중에서 1,000~1,400℃로 가열한다. 모재로서는 보통 탄소량 0.20% 이하의 연강이 사용되며, 탄소량이 그 이상으로 되면 Cr 침투가 곤란해진다. Cr이 침투된 표면층은 高 Cr의 조성이 되어 스테인레스강의 성질을 갖게 되므로 내열, 내식성 및 내마모성이 크게 된다.

(3) 칼로라이징(galorizing, Al 침투법)

주로 鐵鋼의 표면에 Al를 침투 확산시키는 법으로서, 알리터어룽(alitierung)이라고도 한다.

주1) RX가스는 20%CO+40%H_2+40%N_2 조성의 가스를 말한다.

이 방법은 Al분말을 소량의 **염화암모늄**과 **혼합**시켜 피경화재료와 같이 회전로중에 넣어 중성 분위기를 만든 후 850~950℃에서 4~6시간 동안 가열한다. 가열한 후에는 로에서 끌어내서 다시 800~1,000℃에서 12~40시간 동안 가열하여 침투된 Al이 확산되도록 한다.

(4) 실리코나이징(siliconizing, Si **침투법**)

철강에 규소를 침투시키면 내산성이 향상된다.

(5) 보로나이징(boronizing, B **침투법**)

철강에 붕소를 확산침투시키면 **경도**가 커진다(Hv=1,300~1,400).

5.3 기타 표면경화법

5.3.1 쇼트 피닝

쇼트 피닝(shot peening)은 **표면** 냉간가공의 일종인데, 금속재료의 표면에 고속으로 강철이나 주철의 작은 입자(0.5~1.0mm)를 분사시켜서 금속와 표면층을 가공경화에 의하여 경화시키는 방법으로서, 이와 같은 처리를 한 재료는 인장강도나 압축강도에는 그다지 영향이 없으나, **휨**이나 **비틀림**의 반복응력에 대하여서는 기계 부품의 피로한계를 뚜렷하게 증가시킨다.

5.3.2 방전경화법

방전경화법(spark hardening)은 **최근**에 개발된 새로운 표면경화의 하나로서, 방전현상을 이용하여 강의 표면을 **침탄·질화**시키는 방법이다. 즉, 음극에 탄화텅스텐(WC)이나 탄화티탄(TiC) 등의 초경합금을 사용하는데, 이것을 공구의 피경화부분을 향하여 방전(spark)시켜서 공구 표면에 WC이나 TiC을 용착시키고, 동시에 그 열로서 주위도 경화시키는 방법이다. 전압 120V로서 50~70μm두께의 경화층이 얻어진다. 이 경화층의 경도는 Hv 1,400~1,600에 달하므로 내마모성이 향상되고, 공구의 절삭 수명이 증가된다.

5.4 강의 산화와 탈탄

5.4.1 강의 산화

열처리 가열 중에 천강이 공기 중의 산소 또는 산화성 연소가스와 작용하여 산화철을 만드는 현상을 산화(oxidation)라 하고, 산화에 의해서 생긴 검고 단단한 피막(흑피)을 스케일(scale)이라 한다.

산화되면 천강의 손실, 다듬질면의 파괴가 일어날 뿐만 아니라 퀜칭중에 급랭을 방해하여 소위 軟鮎(soft spot)이 생기게 되므로 주의해야 한다.

5.4.2 鋼의 탈탄

강을 고온에서 오랜 시간 가열하면 산화되고, 이때 강 중의 탄소도 산화되어 CO_2 또는 CO 가스로 되어 제거된다. 이것을 탈탄(decarburizing)이라고 한다.

이와 같이 강철 표면의 탄소함유량이 감소하면 탄소가 확산되어 탈탄부의 부족을 보충하고, 강철 전체에 있어서의 탄소함유량을 균일하게 하려는 경향이 생긴다.

그러나 탈탄속도가 확산속도보다 빠를 경우에는 강철의 표면에 탄소를 함유하지 않은 연한 페라이트의 부분이 형성되어 표면경도가 현저하게 감소된다. 이러한 현상은 특히 공구강과 같은 고탄소강에 있어서, 표면의 연화가 제품의 성능을 해치는 경우에는 대단히 중요한 문제가 되는 것이다.

5.4.3 산화 및 탈탄 방지책

대부분의 강은 열처리한 이후에 충분히 연마해서 사용하기 때문에 침탄 또는 탈탄되어도 큰 문제는 없지만, 금형의 열처리시 부적절한 노내분위기에 기인하여 침탄 또는 탈탄의 정도가 심할 때에는 경화처리하는 도중 균열을 발생시킬 염려가 있다. 물론 열처리 후에 연마하지 않고 사용될 때는 적절한 노내분위기 선택이 매우 중요한 문제로 대두된다. 따라서 금형강은 가능하면 중성분위기(침탄 또는 탈탄되지 않는 분위기)에서 경화처리되는 것이 이상적이긴 하지만, 실제로 완전한 중성분위기에서 열처리한다는 것은 불가능하다. 산화 및 탈탄은 금형열처리시에 매우 중요한 문제이기 때문에 본절에서는 금형 열처리시 산화 및 탈탄방지책에 대하여 설명하고자 한다.

(1) 패킹경화처리(pack hardening)

경화처리시에 표면을 보호하기 위한 패킹재로는 주철칩, pitch coke, 공업용 분말 등이 사용되는데, 이들 패킹재의 문제점은 강종에 따라 중성분위기를 형성하지 못할 수도 있다는 것이다.

(2) 분위기 제어(atmosphere control)

금형을 경화시키기 위한 대부분의 열처리로는 중성분위기를 만들어 주도록 설계되어 있다. 금형의 표면을 보호하기 위하여 사용되는 분위기 개스중에서 가장 이상적인 것은 분해 암모니아가스 분위기이다. 한편 염욕 등의 사용은 조심스럽게 하지 않으면 금형을 탈탄시키거나 침탄시킬 수 있다.

(3) 진공열처리(vacuum heat treatment)

이 방법은 금형강의 표면을 보호하는 가장 좋은 방법이라는 데에는 의심의 여지가 없다. 실제로 진공열처리방법을 적절히 사용하기만 하면 탈탄이나 침탄이 일어나지 않는 광휘표면의 금형을 얻을 수 있어서 열처리되지 않은 금형과의 식별이 어려우므로 조심해야만 한다. 그러나 진공로에서 열처리된 금형이 광휘표면을 나타낸다 할지라도 탈탄되지 않았다는 보장이 없기 때문에 진공열처리가 그리 간단한 작업은 아니다. 이러한 문제는 노내진공도가 충분치 못하거나, 불활성 가스와 함께 수분 또는 공기가 유입된다거나, 또는 leak가 생길 때 일어난다.

대부분의 금형열처리시 부분적 탈탄을 방지하기 위해서는 $10^{-3} \sim 10^{-4}$torr의 진공도가 필요하나 실제의 진공열처리 조업에서는 $5 \times 10^{-2} \sim 10^{-2}$torr정도의 진공도가 사용되기 때문에 광휘표면을 나타낸다 할지라도 부분적으로는 탈탄된 상태가 된다. 이 상태하에서 금형의 경도는 정상적인 값을 나타내지만 요구되는 내마모성을 갖추고 있지는 못하게 된다.

(4) 포장처리(wrapping by stainless steel foil)

근래에 공랭경화형 강종의 탈탄을 방지하기 위하여 흔히 사용되는 방법은 스테인레스강 foil로 금형을 포장해서 열처리하는 것이다.

수냉 및 유냉경화형 강종을 스테인레스강 foil로 포장하여 열처리하면 퀜칭시 느린 냉각속도때문에 경도가 낮아지므로 사용치 않는 것이 좋다. 간혹 유냉경화형 강종을 경화처리할 때에는 오스테나이트화후 foil을 신속히 제거시켜서 퀜칭하기도 한다.

이와 같이 foil로 금형을 싸서 열처리할 때에는 foil에 구멍이 나지 않도록 세심한 주의를 기울여야 하며, 가능하면 큰 제품의 열처리에는 사용하지 않는 것이 좋다.

5.5 CVD(化學蒸着法, Chemical Vapor Deposition)

5.5.1 CVD의 분류

CVD를 분류하면 표 5.5와 같다. 이들중 고온 CVD가 가장 많이 사용되고 있다. 플라즈마 CVD는 직류 또는 고주파 방전에 의해 생긴 플라즈마를 이용한다.

표 5.5 CVD의 분류

CVD		온 도	피 막
열CVD	高溫CVD	1000℃	TiC · TiN · Al_2O_3
	低溫CVD	300℃~550℃	W_2C
	플라즈마CVD	300℃~500℃	TiN · TiC C-BN · Si_3N_4
光CVD			TiC

이는 플라즈마에 의해 활성도가 높은 이온을 생성하여 CVD의 밀착성과 물리증착법(PVD)의 저온화라고 하는 양자(兩者)의 장점을 겸비한 새로운 공정으로 주목되고 있다.

5.5.2 화학반응

열(熱)CVD의 반응식은 다음과 같다.

- TiC : $TiCl_4 + CH_4 + H_2 \rightarrow TiC + 4HCl + H_2$
  $TiCl_4 + 2Fe + C \rightarrow TiC + 2FeCl_2$
  $TiCl_4 + C(Fe) + 2H_2 \rightarrow TiC + 4HCl$
- TiN : $TiCl_4 + 1/2N_2 + 2H_2 \rightarrow TiN + 4HCl$
- Al_2O_3 : $2AlCl_3 + 3CO_2 + 3H_2 \rightarrow Al_2O_3 + 6HCl + 3CO$
- W_2C : $2WF_6 + 1/6C_6H_6 + 5\,1/2H_2 \rightarrow W_2C + 12HF$

그림 5.11은 열 CVD의 대표적인 코팅장치의 개략도를 나타낸다. 밀봉한 리토트(retort)내에 코팅부품을 장입하고 소정의 온도로 유지한 후, $TiCl_4$, H_2, CH_4 등의 혼합가스를 공급하면 코팅온도 및 금형재료에 따라 약간 다르지만 대략 2~4시간에 5~15 μm이 석출한다. TiC 단층외에 TiC + TiN의 2중코팅도 효과적이다.

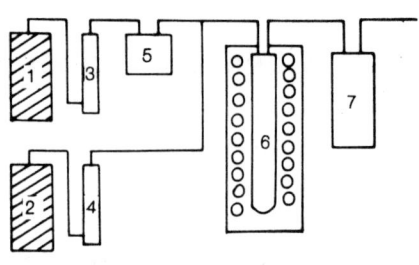

1. H₂가스 5. TiCl 증발기
2. CH₄가스 6. TiC 증착로
3. 4유량계 7. 배기가스처리장치

그림 5.11 Tic코팅장치

5.5.3 특징

① 결정성이 양호한 코팅막을 얻을 수 있다.
② 코팅층은 모재와 강한 금속결합을 하므로 밀착강도가 강하다.
③ 가스에 의한 코팅이므로 피막의 밀착성이 PVD에 비해 양호하며 균일한 코팅막을 얻을 수 있다.

(1) 적용모재(適用母材)

1) 강

TiC의 경우, 모재에 0.4%이상의 C가 필요하다.

    탄소공구강(SK3, SK4, SK5)

    냉간다이스강(SKD11, SKD12, DC53, SLD8)

    냉간금형용강(SKS3, SKS31)

    마르텐사이트계 스테인레스강(STS440C, STS420)

    고속도 공구강(SKH51, SKH55, SKH57, YXR3, MH85 고속도강)

    플라스틱 금형용강(PD613, HPM31)

이상의 강종이 금형의 목적에 따라 사용되고 있다.

2) 초경합금

소성가공용으로서 G2~G7이 일반적으로 사용되고 있다. G2~G4는 판금프레스용으로, G5~G7은 냉간단조용으로 사용된다.

(2) 밀착성

스크래취(scratch) 시험기는 A.E(acoustic emission)의 측정에 의해 임계하중(Lc)을 알아낼 수 있어 밀착성을 평가하는데 사용되고 있다. 코팅두께 및 모재의 경도에 따라 그 값은 변화한다. 그림 5.12는 TiC층이 $8\mu m$인 경우(Lc=47N)의 결과이다.

(3) 경도

그림 5.13은 표면처리에 사용되고 있는 경질(硬質)물질의 경도를 나타낸다. TiC 경도는 1000℃에서 증착한 상태에서의 마이크로 비커스 경도를 나타낸다. 고속도 공구강은 1150~1210℃의 범위에서 퀜칭하지만 이때 TiC층 중에 W, Mo, V이 고용하여 경도를 감소시킨다(그림 5.14, 15). 한편, 모재와의 밀착력은 SKD11에 비해 더욱 향상된다.

표면처리의 종류	실측 데이타	Lc 임계하중
CVD TiC 코팅 층두께 : 8mm	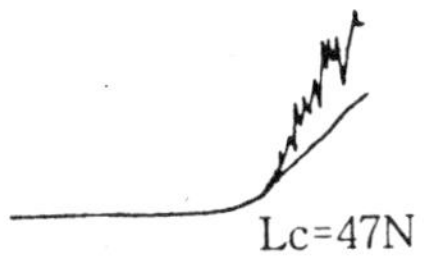 Lc=47N	47N

그림 5.12 스크래취시험의 Lc 실측

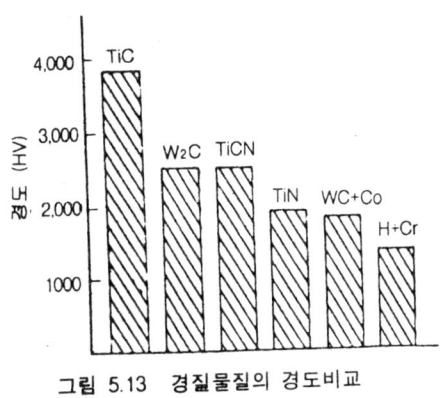

그림 5.13 경질물질의 경도비교

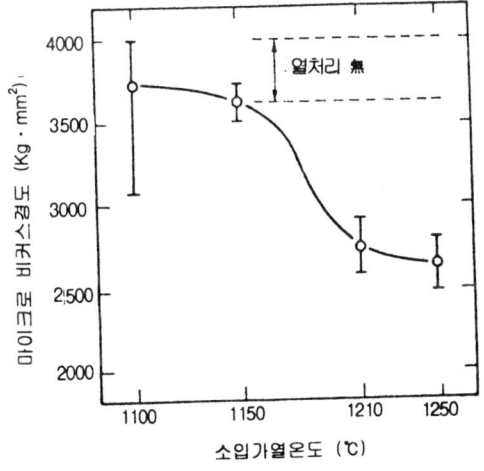

그림 5.14 소입가열온도와 TiC층의 마이크로 비커스경도와의 관계(가열유지시간 20분)

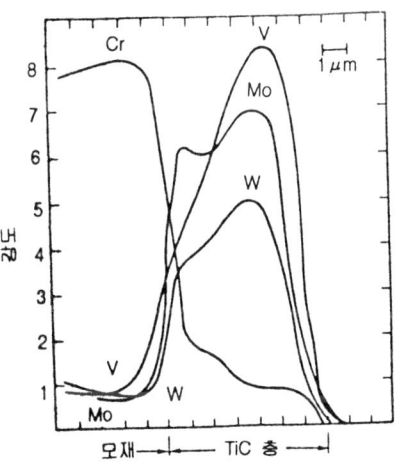

그림 5.15 1210℃에서 60분간 유지한 시료의 EPMA에 의한 분석결과

(4) 내마모성

질화처리한 SKH 51의 내마모성을 그림 5.16에 나타낸다. 이것의 표면경도는 HV 1360이며 초경합금은 WC+11%Co의 경우 HV 1700이다. TiC 코팅한 경우, 초경합금과 거의 같은 내마모성을 나타낸다.

(5) 마찰특성

핀디스크 마찰마모시험기를 사용하여 측정한 마찰계수 및 마모량을 표 5.5에, 무윤활 상태에서 재질을 교환한 경우의 마찰계수를 그림 5.17에 나타낸다. 무윤활상태에서는 TiC-강이 강-강에 비해 마찰계수가 1/5~1/3로 되어 있다. 표 5.5는 TiC 코팅 디스크와 짝을 이루는 핀의 마찰이 극히 작은 것이 특징적이다.

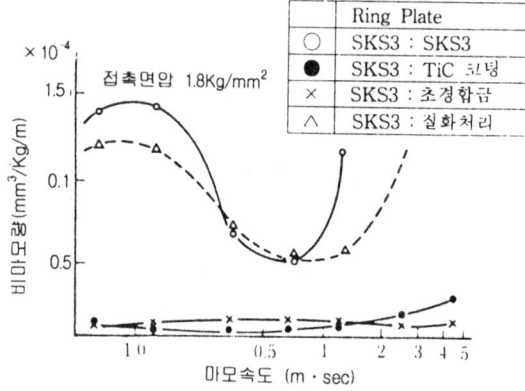

그림 5.16 쾌속마모 시험결과

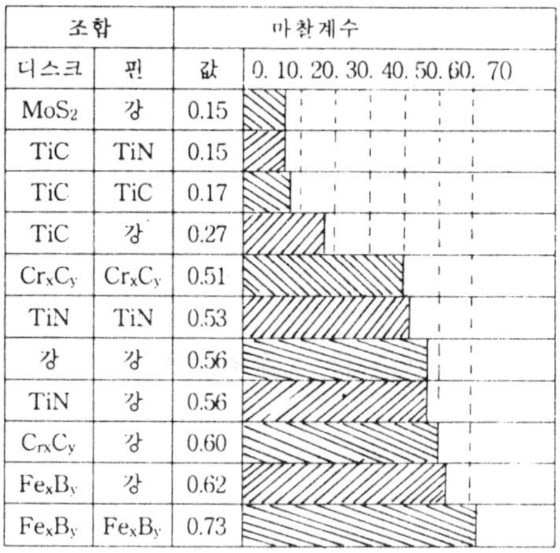

그림 5.17 무윤활상태에서의 마찰계수

표 5.6 핀-디스크 마찰마모 시험(핀재질 : SKS2, 윤활유 : 페로사이트 K, 핀크기 : 球φ6mm)

No.	재질		하중 (kg/mm)	미끄러짐의 속도 (cm/min)	윤활	총회전수	평균마찰계수	마모량	
	핀	디스크						핀(mm³)×10⁻⁶	디스크(mm³)×10⁻⁴
1	鋼	TiC	95	50	有	10,000	0.1	17.2	4.8
2	鋼	鋼	77	50	有	10,000	0.09	21.2	6.2
3	鋼	TiC	120	50	有	10,000	0.1	17.2	4.2
4	鋼	鋼	120	50	有	10,000	0.09	91	6.9
5	鋼	TiC	95	50	無	1,000	0.14	3.4	2.1
6	鋼	鋼	77	50	無	1,000	0.7	770	128
7	鋼	TiC	120	50	無	1,000	0.15	3.4	5.5
8	鋼	鋼	120	50	無	1,000	0.7	1,800	128
9	鋼	TiC	95	173	無	1,000	0.14	1.4	3.1
10	鋼	鋼	95	0.8	無	1,000	0.12	0.22	1.8

(6) 내식성

TiC 및 TiN자체는 내식성이 매우 강하다. 특히 전자(前者)는 왕수와 불산이외에는 부식되지 않을 정도로 내식성이 강하나 강한 부식환경에서는 코팅층에 피트(pit)가 발생하여 부식된다.

(7) 내산화성

TiC 및 TiN은 공기중에서 고온으로 되면 산화하여 본래의 내마모성을 해치므로 주의를 요한다. TiC는 TiO_2로 되어 HV 600정도까지 감소한다. 코팅한 금형이 고온에서 사용되는 경우, 연속적인지 여부와 관련이 있지만 TiC의 경우, 일반적으로 500℃이상에서 사용하는 경우는 주의를 요한다. TiN은 TiC보다 100℃정도 사용한계온도가 높다.

5.6 PVD(物理蒸着法, Physical Vapor Deposition)

PVD법은 크게 2가지로 분류할 수 있다.
① 이온을 이용하지 않는 방법 : 진공증착법
② 이온을 이용하는 방법 : 스퍼터링법, 이온플레이팅법, 이온주입법, 이온빔믹싱법

대표적인 코팅방법은 표 5.7에 나타내는 바와 같고 표 5.8은 PVD와 CVD를 비교한 것이다. 최근 이온이 갖는 에너지를 유효히 사용하여 저온영역에서 우수한 피막을 형성할 수 있는 것으로서 이온플레이팅, 이온주입 및 이온빔믹싱등의 방법이 주목받고 있다.

PVD법으로 형성시킬 수 있는 경질이며 내마모성, 내식성, 내열성 등이 우수한 재료로서는 화인 세라믹(fine ceramic)이 있다. 그 예로 TiN, Si_3N_4, C-BN, H_fN등의 질화물, TiC, SiC, CrC, 다이아몬드 등이 있다.

표 5.7 코팅 처리방법의 종류

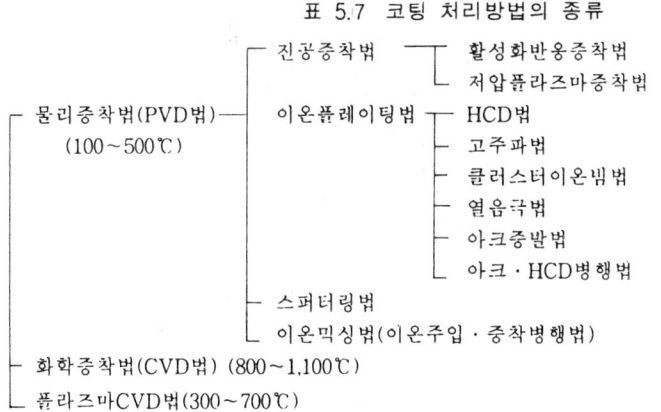

표 5.8 PVD법과 CVD법의 비교

	이온플레이팅법 (PVD법)	화학증착법 (CVD법)
처리온도	100~500℃	800~1,100℃
후처리	없음	진공소입, 소여, 라핑
변형	없음	발생한다
내충격성	양호	불량
부착력	양호	매우 양호

5.6.1 이온플레이팅(ion plating)

(1) 이온플레이팅의 원리

이온플레이팅법은 1964년 미국의 Mattox에 의해 개발된 것으로 진공용기내에서 금속을 증발시켜 증발입자가 피증착물에 도달하기 전에 이온화하고 피증착물에는 ⊖전위를 걸어 진공증착보다 밀착력이 우수한 피막을 얻는 방법이다.

이온화하는 데는 일반적으로 방전(放電)이 사용되는데 방전에는 그림 5.18에 나타내듯

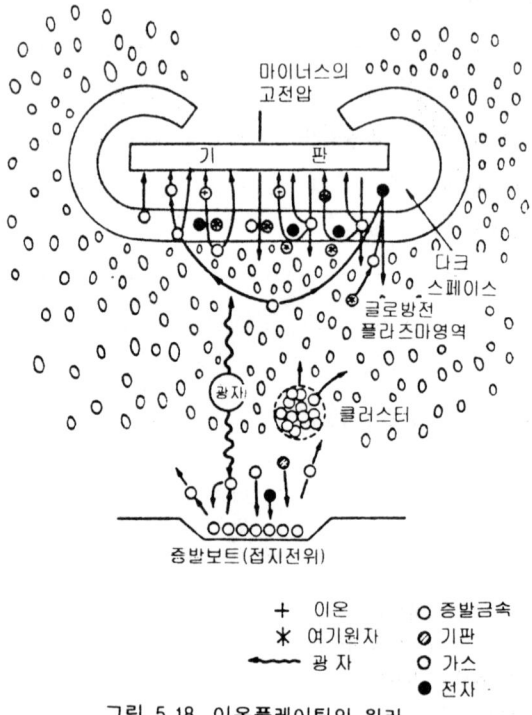

그림 5.18 이온플레이팅의 원리

이 다양한 입자가 생성한다. 이온플레이팅의 효과를 향상시키기 위해서는 이온화율(기판에 도달한 증발입자중 이온화된 원자의 비율)을 높이는 것이 필요하다.

(2) 이온플레이팅의 종류

진공용기내의 압력 $1\times10^{-2}\sim1\times10^{-3}$torr 정도의 Ar가스 분위기에서 기판에는 증발원 및 진공용기의 벽(접지전위)에 대해 -0.5~2Kv 정도의 ⊖전압을 인가(印加)하면 기판과 주위의 사이에서 글로방전(glow discharge)이 발생한다. 기판의 주위에는 강한 다크 스페이스(dark space)가 생긴다. 이 상태에서 증발원으로부터 금속(또는 화합물)을 증발시키면 증발원자는 글로방전의 플라즈마중에서 전리(電離)되어 이온으로 된다. 이온화된 증발원자는 가스이온과 함께 다크 스페이스에서 가속되어 기판에 충격적으로 입사하여 피복된다. 이것이 Mattox법으로서 이온화율은 0.1~0.3%정도에 불과하다. 따라서 이온화율을 증가시키는 여러가지 방법이 제안되었다.

① 기판(substrate)근방에 열음극을 설치하여 이것으로부터 발생하는 열전자를 증발원자에 충돌시켜 이온화시키는 다음극법(多陰極法)
② 증발원 바로 위에 고주파 코일을 설치하여 고주파 자계(磁界)로 이온화를 촉진하는 고주파 여기법
③ 증발원의 가속에 고주파를 사용하여 누설자속(磁束)에 의해 이온화를 촉진하는 유도가열법
④ 증발공간에 증발원자와 반응하기 쉬운 가스를 도입하여 화합물피복을 하는 반응성 증착법에 방전을 가해 화학론적으로 좋은 화합물을 얻는 활성화반응증착법(ARE법)
⑤ 증발원에 밀폐형 용기를 사용하여 가는 노즐로부터 수개~수백개의 원자 및 분자의 괴로서 얻어진 증발입자(클러스터)의 일부를 이온화하여 기판에 충돌시키는 클러스터법
⑥ 저전압대전류의 특수전자총(HCD 전자총)을 사용하여 플라즈마 전자빔에 의해 물질을 증발시키면서 동시에 이온화하는 HCD법
⑦ 증발물질의 금속을 음극타겟트로 사용하여 아크방전에 의해 냉각된 금속을 국부적으로 녹여 동시에 이온화하는 아크방전법 등이 있다.

(3) 이온플레이팅의 특징

① 피막과 기판과의 밀착성 및 피막의 치밀성이 양호하다.
② TiN, TiC, CrN, CrC, Al_2O_3, SiO_2등과 같은 특이한 화합물 피막을 얻을 수 있다.
③ 코팅온도가 낮아 기판을 변형시키지 않는다.

(4) 이온플레이팅 장치

1) HCD(Hollow Cathode Discharge, 中空熱陰極)

① 원리 : HCD 장치의 개략도를 그림 5.19(a)에, HCD의 원리는 그림 5.19(b)에 나타낸다. 이 방법의 경우 음극내부에 $10^{-1} \sim 10^{-3}$torr의 Ar가스를 보내면서 고주파를 통전함에 의해 음극을 승온(昇溫)시켜 플라즈마를 발생시킨다. 이 플라즈마내의 이온은 중공음극 내부에 충돌하여 온도를 약 2000℃로 상승시켜 다량의 열전자를 발생하여 전자밀도가 급격히 증가한다. 이렇게 하여 나온 저전압(수십 V)고전류(300~600A)의 전자빔에 의해 금속을 용융, 증발시켜 이온화하여 기판에 피복시킨다.

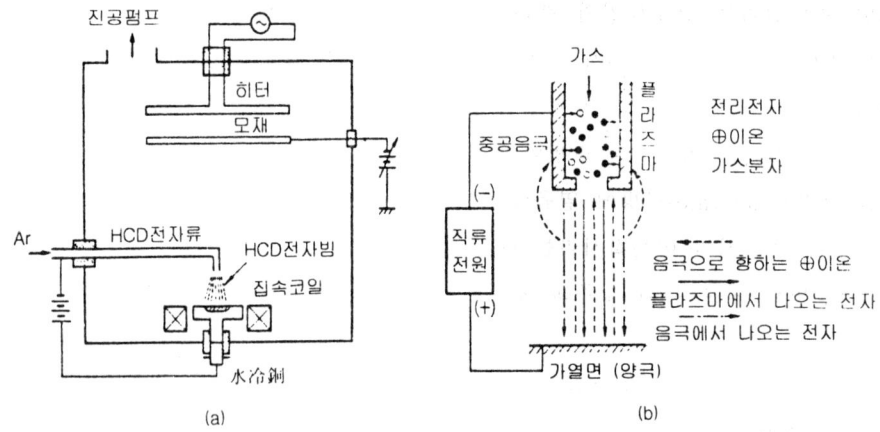

그림 5.19 (a) HCD이온플레이팅의 개념도 (b) HCD건의 원리도

② 특징
ⓐ HCD총에서 나온 대량의 전자에 의해 증발입자 및 반응가스의 이온화율이 약 40~75%에 달해 쉽게 화합물을 생성할 수 있다.
ⓑ 증발입자가 고체상태에서 용융상태를 거쳐 기화, 이온화하므로 치밀한 피막을 형성할 수 있다.
ⓒ HCD법의 전자빔은 이온프레이팅을 행하는 압력($10^{-2} \sim 10^{-4}$torr)에서 안정하므로 조작성 및 재현성이 우수하다. 따라서 공구강의 코팅방법으로 초기에 많이 보급된 방법이다.

③ 용도 : 절삭공구, 프레스공구, 금형등에의 TiN, TiC 등의 초경피막, 자동차부품, 항공기부품에의 Cr, CrN, Cr+TiN(다층막)등의 초경피막, 안경프레임, 시계의 줄 및 케이스에의 TiN, TiCN, TiCNO 등의 장식피복과 생산장치에 실용화되고 있다. 그림 5.20은 이온플레이팅 공정을 나타낸다.

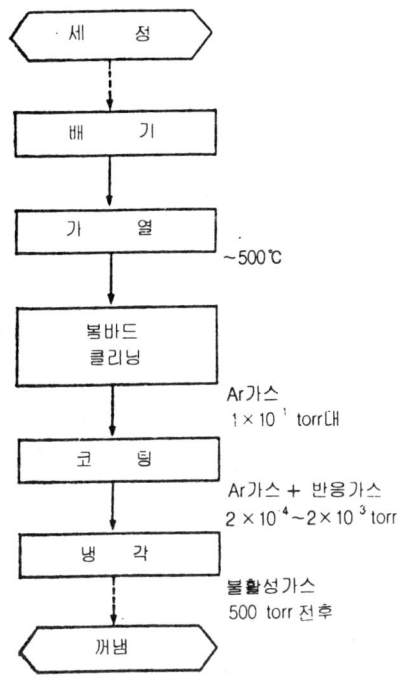

그림 5.20 이온플레이팅의 코팅공정

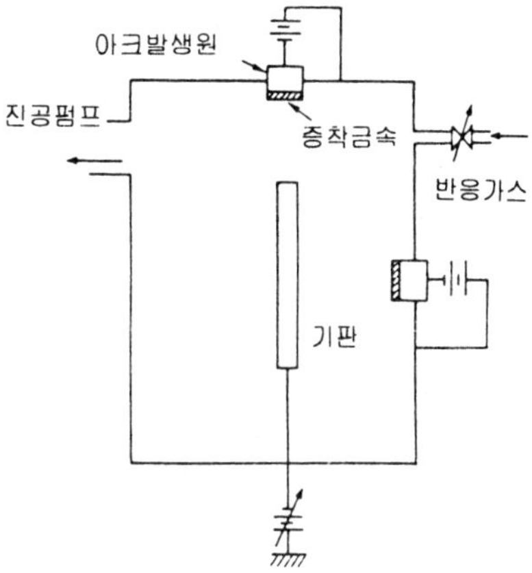

그림 5.21 아크발생법의 개념도

2) 아크 이온플레이팅법
① 원리 : 아크·이온플레이팅 장치를 그림 5.21에 개략적으로 나타낸다. 이 방법은 증발금속과 진공용기내에 전압을 인가하여 증발금속상에서 아크방전을 발생시켜 증발과 동시에 이온화를 행한다. 이때 발생하는 미소한 아크 스포트내에서 국부적으로 용융, 증발 및 이온화를 행하므로 금속은 고체상태에서 직접 기화한다.
② 특징
ⓐ 아크 증발원은 진공용기내부의 측면 및 윗면에도 붙일 수 있어 피복재의 설치가 용이하다.
ⓑ 아크방전에 의한 이온화율이 80%로 높으므로 단시간에 효율이 좋은 코팅을 할 수 있다.
ⓒ 아크방전이 강하므로 코팅표면상에 드롭릿(droplet)가 생기기 쉽다.
ⓓ 증착전, 스퍼터 클리닝으로 금속이온의 방전, 즉 금속이온 봄바드를 행할 수 있다. 금속이온 봄바드는 10^{-5}torr이하의 고진공에서 하며 크리닝 효과도 크므로 부착력이 우수한 피막을 얻을 수 있다.
③ 용도 : 정밀도가 높은 기어의 절삭공구, 드릴 및 엔드밀 등의 코팅처리에 폭넓게 사용되고 있다.

3) 아크 · HCD 병용법

① 원리 : 아크증발법 및 HCD법의 장점을 동시에 만족시키기 위해 개발된 방법이다. 이 장치의 개략도를 그림 5.22에 나타낸다. 진공용기내에 아크증발원과 HCD증발원이 있어 용도에 따라 사용하는 방법이다. 이 방법은 증착전에 스퍼터링하고 아크증발법에 의한 금속이온 봄바드를 행하여 기판을 충분히 세정한 후, HCD법에 의해 증착을 행한다.

② 특징 : 부착력이 양호하며 핀홀(pinhole)이 적은 치밀한 피막을 얻을 수 있다. 그림 5.23는 여러가지 방법으로 TiN코팅 처리한 드릴의 절삭성능을 나타낸다.

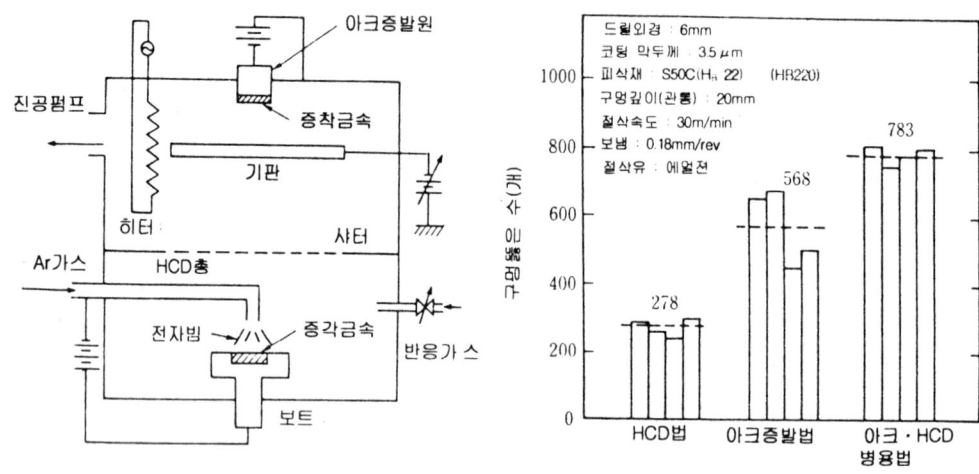

그림 5.22 아크 · HCD병행법의 개념도

그림 5.23 여러가지방법으로 TiN코팅한 드릴의 절삭성능

4) 클러스터법

① 원리 : 클러스터법에 의한 장치를 그림 5.24에 개략적으로 나타낸다. 진공(1×10^{-6}torr) 장치내에 금속이 들어 있는 도가니를 넣고 가열하여 금속을 증발시킨다. 도가니상의 작은 구멍으로부터 증발금속이 단열팽창하면서 원자수 500정도의 괴(塊, cluster)를 형성한다. 필라멘트로부터 나오는 전자와의 충돌에 의해 괴의 일부의 원자가 이온화하고 가속전극을 통과하여 기판에 충돌하여 증착한다.

② 특징
  ⓐ 증발금속이 원자수 500정도의 괴이므로 기판에 충돌한 후의 퍼짐이 좋고 균일한 박막을 얻을 수 있다.
  ⓑ 큰 질량을 갖는 괴의 일부가 이온화하고 전장(電場)에 의해 힘을 받으므로 표면이 매끈한 박막이 형성된다.

③ 용도 : 이 방법은 CO_2 레이저 발진용 반사판의 Au코팅, Ge-ZnS 코팅에 응용되고 있다. 또한 균일한 박막이 얻어지므로 광간섭막의 생성에도 바람직하다.

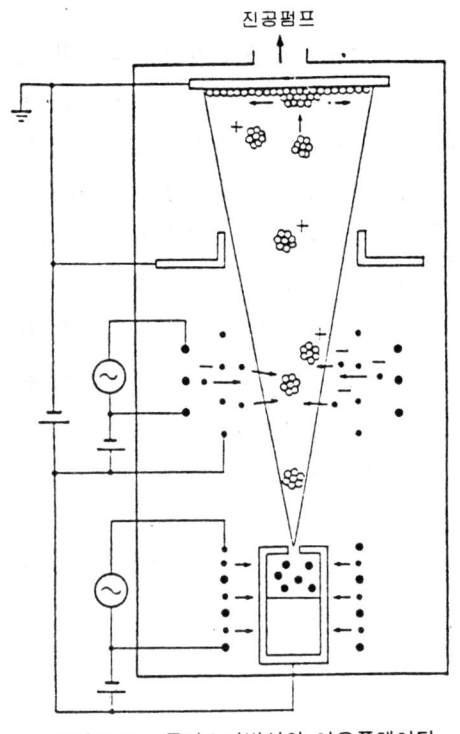

그림 5.24 클러스터방식의 이온플레이팅 장치의 개념도

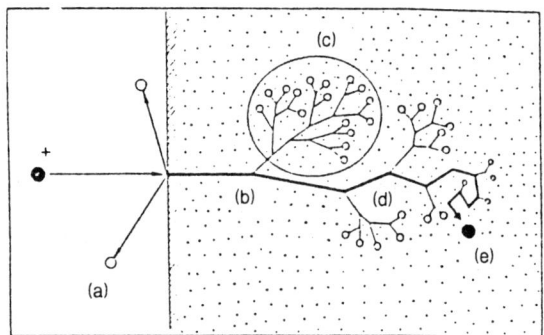

그림 5.25 이온주입시에 일어나는 충돌과정
(a) 스퍼터링 (b) 직접탄성충돌
(c) 가스케이드 충돌
(d) 열스파이크(굵은 선으로 나타내는 이온길근방에서 일어나는 순간적 원자진동)
(e) 이온주입

5.6.2 이온주입(ion implantation)

(1) 이온주입의 원리 및 특징

이온주입법은 원소를 이온화한후, 가속하여 고체표면에 충돌시켜 물질내부에 주입하는 물리적 방법이다. 이 방법은 실리콘등의 반도체에 미량의 불순물을 도핑하는 방법으로서 IC 및 LSI 등의 디바이스 소자(素子)의 제조공정중에서 중요한 기술이다. 최근에는 이온주입장치의 개발이 진전함에 따라 이온주입법을 금속, 세라믹등에 응용하여 표면 및 박막특성을 개선하고 있다.

이온주입장치에 의해 가속되는 이온의 운동에너지는 10KeV~수 100KeV의 범위로 이온은 스퍼터효과에 의해 표면원자를 튕겨 날리기 보다는 오히려 시료내에 깊이 들어가 박힌다. 이처럼 시료표면으로부터 원소를 어느정도의 깊이로 넣는 것이 이온주입법의 특징이다.

비교적 큰 에너지를 갖는 이온은 고체표면에 충돌하여 내부로 침입하여 들어갈 때 몇 개의 충돌과정이 수반된다. 그림 5.25에 나타내듯이 주(主)된 과정은 ① 스퍼터링 ② 직접충돌 ③ 가스케이드 충돌 ④ 열스파이크 등이다. 특히 ②와 ③의 충돌과정은 시료결정내에 많은 점결함을 유발시켜 재료의 물성 및 특성에 중대한 영향을 미치는 경우가 많다.

(2) 이온주입의 침투깊이

시료표면에 입사한 이온은 그림 5.25에 나타냈듯이 시료원자와 충돌하여 에너지를 잃으면서 침입하여 결국 어느 깊이에서는 정지한다. 이 에너지 손실의 기구(機構)에는 원자핵과의 탄성충돌과 전자(電子)와의 비탄성충돌에 의한 것, 2개의 과정이 있다. 이 2개의 에너지 손실과정을 고려하여 원자핵과의 탄성충돌시의 원자간 포텐셜에 Thomas-Fermi포텐셜을 이용하여 주입이온의 평균침입깊이 $\overline{R}_P$ 및 표준편차 $\Delta \overline{R}_P$를 계산하는 방법이 LSS이론으로 이는 주입이온의 깊이 및 분포의 범위를 파악할 수 있다.

그림 5.26은 Al에 여러가지의 이온을 주입한 경우, 주입이온의 평균침입깊이 $\overline{R}_P$를 LSS 이론에 의해 계산한 결과로서 침입깊이는 주입에너지와 더불어 증가하며 에너지를 일정하게 하면 이온의 질량이 가벼울수록 깊게 침입하여 들어감을 알 수 있다. 또한, 주입이온의 깊이분포는 그림 5.27에 나타내듯이 평균침입깊이 $\overline{R}_P$를 중심으로 가우스(Gauss)분포를 한다.

즉, 시료표면으로부터의 깊이를 x라 하면, 주입이온의 농도 $C(x)$는 다음식으로 나타낼 수 있다.

$$C(x) = \left(\frac{N}{\sqrt{2\pi}} \Delta \overline{R}p \right) \exp \left\{ \frac{-(x-\overline{R}p)^2}{2} \Delta \overline{R}p^2 \right\}$$

여기서 N은 단위면적당의 주입이온수, $\overline{R}_P$ 및 $\Delta \overline{R}_P$는 LSS이론으로 구한 평균침입깊이와 그 분포이다.

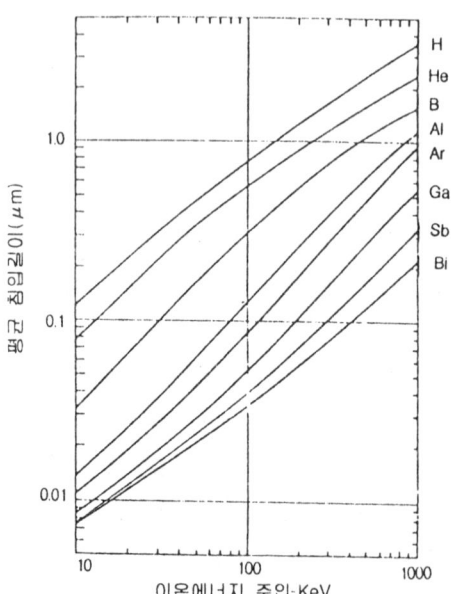

그림 5.26 Al에 주입한 여러가지 이온의 평균침입깊이와 에너지와의 관계

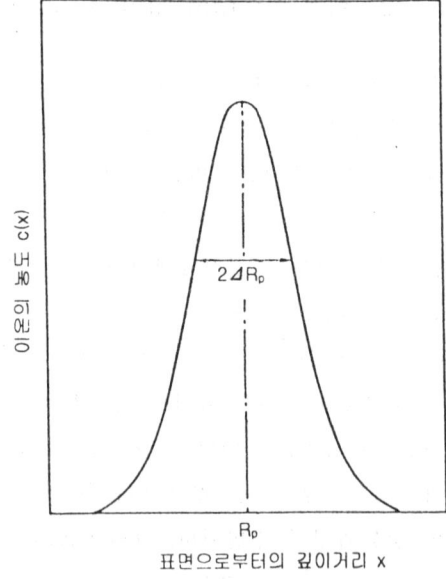

그림 5.27 주입이온의 가우스분포

(3) 이온주입에 의한 조직변화

1) 이온조사에 의한 표면결함

가속화된 이온과 소재원자와의 탄성 및 비탄성 충돌시 소재원자는 이온에 의해 임계에너지(대부분의 금속의 경우 약 25 eV)를 받게되면 격자위치를 벗어나 공공-침입원자쌍을 이루며 결함을 발생하게 된다. 가속된 이온이 소재원자와 충돌시 전달되는 에너지 (E_m)는 다음 식 (5-1)과 같이 이온 에너지 (E_o), 이온의 질량(M_1) 및 소재원자의 질량(M_2)에 따라 변화하게 된다.

$$E_m = \frac{4E_o M_1 M_2}{(M_1+M_2)^2} \tag{5-1}$$

이온조사시 다량의 연속이온충돌에 의해 소재표면은 충돌연쇄반응에 의해 많은 결함이 발생하게 된다. 일반적으로 침투이온당 충돌에 의해 생성되는 결함생성속도는 0.1~10개/이온/sec이며 집중적인 결함생성에 의해 공공의 집합체인 cluster, 전위, 침입형 전위루프등이 다량으로 생성된다. 실제 이온주입공정시 이온조사량은 $10^{15} \sim 10^{18}$ ions/cm² 로 상당량의 결함발생을 예상할 수 있다. 특히 고에너지의 이온충격에 의해 생성되는 전위밀도는 40~100KeV에너지 범위에서 최대 약 5~6×10/cm²에 달하며 생성깊이도 최대 침투이온깊이인 약 0.5μm에 비해 2~5배에 달하는 10~30mm깊이에 분포된다고 한다.

그림 5.28은 Ti에 질소이온을 상온에서 가속전압 80KeV로 5×10^{17}ions/cm² 주입

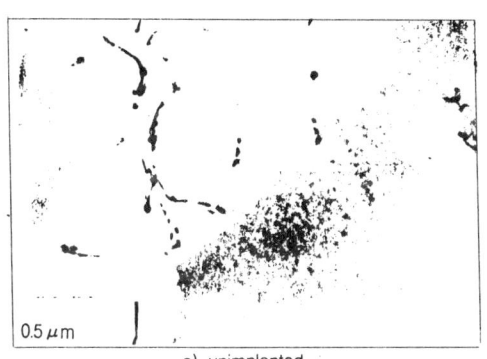

a) unimplanted

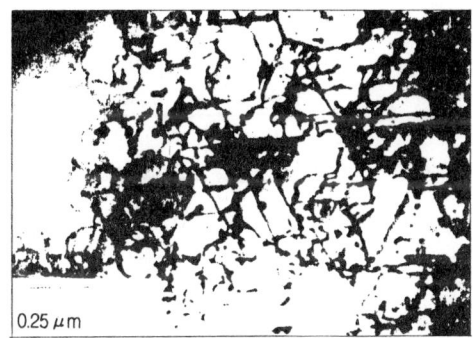

b) 25℃

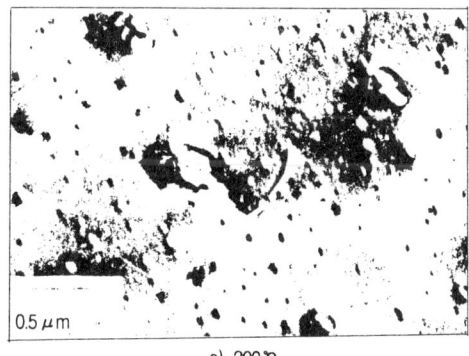

c) 200℃

그림 5.28 Ti에 N이온을 주입한 경우에 생긴 전위 및 전위루프(80KeV, 5×10^{17}ions/cm²)

하였을 경우 30~40μm 깊이 범위에서 생성된 대표적인 전위조직(b) 및 200℃에서 조사시 형성된 전위루프(c)를 나타낸 것으로 상당량의 결함발생이 이온주입에 의해 생성됨을 보여준다.

2) 결정구조변태

이온주입은 소재의 결정구조를 여러가지로 변태시킨다. 표 5.9는 Fe, 스테인레스강, Ti 등 여러가지의 소재에 N, P, Sb등 이온조사시 결정구조의 변화를 나타낸 것으로 Fe계 합금은 이온조사에 의해 FCC → BCC변태가 일어나므로 특히 304스테인레스강에 이온 조사시 마르텐사이트 변태가 일어난다고 한다. 또한 Co 및 Ti의 경우, Ar조사에 의해 HCP → FCC변태가 일어나며 BCC구조의 Fe, Mo도 N및 Ar조사시 HCP 또는 FCC로 변태된다.

표 5.9 이온조사후에 생기는 결정구조의 변화

타겟 금속	이온 종류	상 변 태
Fe	N, Ar	bcc → hcp
	C	bcc → 마르텐사이트
스텐레스강	Neutron	오스테나이트 → 페라이트
	H, P, Ni, Sb	오스테나이트 → 마르텐사이트
	Ni	마르텐사이트 → 오스테나이트
Co	Ar	hcp → fcc
Ni	He, N, P, Ar, Ni	fcc → hcp
Ti	N, Ar	hcp → fcc
Mo	N, Ar	bcc → fcc/hcp

3) 고용체합금 및 비정질 조직변태

이온주입에 의해 침투된 이온은 소재표면에 이온의 크기에 따라 치환형 또는 침입형 격자위치에 정지하면서 다양한 조성의 합금을 형성하게 된다. 이때 형성되는 합금은 일반적으로 비평형공정에 의해 이루어지므로 열역학적 평형상태도에 의해 예상되는 안정상이 아닌 준안정상의 상태로 존재하게 된다. 이러한 준안정상 합금은 이온주입후 열에너지를 받게되면 안정한 상으로 변태된다. 이온주입에 의해 형성되는 고용체합금의 특성은 고용체합금의 형성법칙인 Hume-Rothery 법칙과는 달라 치환형고용체를 형성하는 조건은 Hume-Rothery법칙보다 광범위한 조건, 즉 원자크기의 차이범위 -15~+40%, 전기음성도의 차이 0.7범위까지 이온주입에 의해 치환형 고용체가 형성된다고 한다. 이러한 고용체 형성기구는 대체충돌이론(replacement collision theory)과 열혼합이론(thermal spike by collision cascade)으로 대별된다. 즉, 주입이온이 소재원자와 대체충돌에 의해 모재원자의 격자위치를 차지하게 되거나, 연쇄충돌시 국부적으로 약10초이내의 순간에

표 5.10

이온 종류	금속대상
Zn	Be
P, As	Al
B, P, As, Si, Dy, Ta, Ti(C)	Fe
P, Dy, Ti(C)	Stainless steel
B, P	Co
B, P, Ta, W	Ni
B, P, Ta, W	Cu
S, Si, Se, Sn, Cl	V
N, P, S, Si, Se, Sn, Cl	Nb
N, P, S	Mo
B, Si	Pd
Au	Pt
Ar(at 4K)	Ga

표 5.11

2 원계	비정질합금조성	이온	에너지	온도
Al-Au	Al_2Au	He	200(keV)	<10K
		Ar	250	<80K
-Co	AlCo	Xe	50	77K
-Ni	Al_3Ni, Al_3Ni_2, $AlNi$, $AlNi_3$	Xe	50	77K
-Nb	$Al_{55}Nb_{45}$	Xe	300	
-Pd	$Al_3P\alpha$, $Al_3P\alpha_2$, $AlPd_2$	Xe	400	
-Pt	$Al_{1-x}PtX(X=10\sim90\%)$	Xe	500	
Fe-B	Fe_3B	Ar	4.0MeV	
-Ti	$FeTi$, Fe_2Ti	Ni	2.5MeV	
-W	$Fe7W_3$	Xe	250	
Ni-Ti	$NiTi$, $NiTi_2$	Xe	300	
		Ni	0.5MeV	
-Nb	$Ni_{65}Nb_{35}$, Ni_6Nb_4, $Ni_{35}Nb_{65}$	Ni	3.0MeV	
		Xe	300	
-Er	Ni_6Er_4, $Ni_{35}Nb_{65}$	Xe	300	
Cu-Ta	$CuTa$, $CuTa_3$	Xe	300	
Au-Co	$AuCo_3$	Xe	300	77K
-Ge	Au_6Ge_4, Au_4Ge_6	Ar	80	270K, 77K
-Si	Au_5Si_2, Au_7Si_3	Xe	300	77K
-V	Au_4V_6	Xe	300	77K
-Te	$AuTe_3$	He	100	4K
-Ti	Au_6Ti_4, $Au_{35}Ti_{65}$, $AuTi_3$	Xe	300	
Mo-Ni	$Mo_{65}Ni_{35}$, $MoNi$, $Mo_{35}Ni_{65}$	Xe	300	
		Ni	2.5MeV	
-Co	$Mo_{65}Co_{35}$, $Mo_{35}Co_{65}$	Xe	300	
-Ru	$Mo_{55}Ru_{45}$	Xe	300	
V-Si	V_3Si	Xe	300	
Pt-Si	$PtSi$	Xe	300	
Pd-B	Pd_7B_3	B	40	4K

약 1000K의 온도상승후 냉각하는 동안 이온과 원자의 열적혼합이 일어나게 되어 고용체합금이 형성된다.

한편, 이온주입에 의해 형성되는 합금의 경우, 천이금속(Ni, Fe, Co)등 특정한 금속에 준금속이온(P B, As)등을 조사시, 비정질조직으로 변태한다. 표 5.10및 표 5.11은 비정질합금 및 조직변태가 일어나는 대표적인 금속 및 합금과 이온관계를 나타낸 것으로 일반적으로 15at%이상의 비금속이온농도가 비정질변태에 필요하다. 이온주입에 의한 비정질변태는 임계농도이상으로 이온조사에 의한 결함발생 및 저온공정시 10^{14}K/sec의 급랭에 의한 것이다.

4) 석출물 및 화합물형성

이온주입에 의해 과포화 고용체가 형성되는 경우, 이온주입시 온도가 충분히 높거나 이온주입후 가열에 의해 원자이동도가 충분하게 되면 석출물이나 화합물이 형성된다. 예로 Ni에 Ti을 1×10^{17}ions/cm^2 이온주입후 600℃로 가열하면 Ni-Ti 금속간화합물이 형성되고 Cr함유 Fe계 공구강이나 Ti합금에 질소 또는 탄소이온을 주입하면 CrNx, FeNx, TiN, Fe$_3$C 등 여러가지의 질화물 및 탄화물을 형성하는 합금조성으로 과포화이온주입에 의해 다양한 석출물 및 화합물을 형성할 수 있으며, 이에 따른 표면경화효과에 의해 경도, 내마모성등 표면특성 향상에 응용될 수 있다. 특히 이온주입에 의해 형성되는 석출물이나 화합물은 열적인 공정에 의해 얻어지는 석출물 및 화합물 크기 보다 매우 미세하고(10~100Å) 균질하게 분포되어 기계적 특성향상에 더욱 효과적이다.

(4) 이온주입장치 및 특성

이온주입장치는 원래 고에너지 입자를 원자핵에 충돌시키기 위하여 원자핵물리학연구용으로 설계된 입자가속기와 동위체분리기가 원형(原形)이다. 그림 5.29에 이온주입장치를 나타낸다. 이 장치는 이온발생부, 질량분리부, 가속부, 빔주사부, 주입시료실 및 배기계로 구성되어 있다.

이온발생부는 주입해야할 원소를 이온화하는 이온원이라고 불리는 부분이다. 금속재료 등과 같이 다량의 이온을 주입할 필요가 있는 경우에는 안정하고 수명이 긴 이온원이 요구된다. 이온화방법은 가열한 필라멘트로부터 발생하는 열전자를 기체원자에 부딪쳐 전리(電離)시키는 전자충격법 및 고주파자장중에서 기체원자를 전리시키는 고주파방전법이 사용되고 있다. 이온화해야할 물질이 N$_2$및 O$_2$처럼 가스인 경우는 그대로 이온회실 내에 도입하면 좋지만 고체물질의 경우는 가열하여 기화시킨다. Cr 및 Ti처럼 기화하기 어려운 것은 염화물등의 화합물형태로 공급하여 비교적 낮은 온도에서 기화시키는 노력이 필요하다. 이와같이 하면 주기율표에 있는 모든 원소를 이온화할 수 있고, 가속시킴에 의해 원리적으로 어떠한 물질에도 주입할 수 있다는 것이 큰 특징이다.

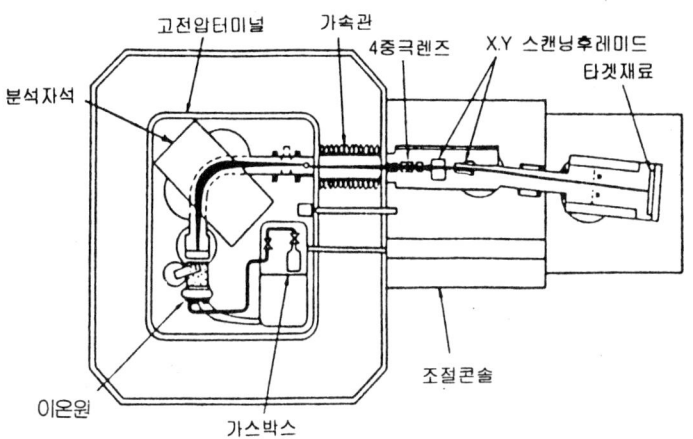

그림 5.29 이온주입장치의 개략

이온원에서 발생한 이온은 인출(引出)전압에 의해 이온빔으로서 나오게 된다. 이온빔 중에는 일반적으로 약간의 불순물이온이 섞여 있지만, 질량분리기(마그네트)의 작용에 의해 특정질량을 갖는 이온만을 통과시키게 된다. 예로 Ti 이온주입의 경우, 실온에서 액체인 $TiCl_4$를 사용하지만 이 경우에 생성되는 이온빔중에는 Ti^+외에 Cl^+, Cl_2^+, $TiCl^+$, 불순물로서는 O_2^+, N_2^+등이 섞여 들어간다. 이와같은 불필요한 이온을 질량분리기에 의해 분리하여 순수한 Ti^+만을 나오게 하는 것이다.

질량분리된 이온빔은 일정 에너지로 가속된다. 이렇게 하여 시료에 주입되는 이온수는 시료와 접지사이의 전류검출계를 두어 이온빔전류를 읽어 환산함으로서 구해진다. 주입량을 나타내는 단위는 개/cm^2이다.

이러한 이온주입법은 비평형의 저온공정으로서 금속재료등에 응용할 수 있다. 이온주입법의 주된 특징은 다음과 같다.

1) 장점
① 원리적으로 임의의 물질에 임의의 원소를 주입할 수 있다.
② 이온은 질량분리시키므로 주입원소의 순도가 높다.
③ 에너지를 변화시킴으로서 주입원소의 깊이 및 분포의 형태를 제어할 수 있다.
④ 저온공정이다.
⑤ 주입에 의한 치수변화가 미소하다.
⑥ 고정밀도로 제어할 수 있으며 재현성이 우수하다.

2) 단점
① 주입장치가 고가이다.
② 주입 깊이가 얕다.

(5) 이온주입에 의한 표면개질

이온주입법은 재료표면의 구조및 조성을 제어하는 방법으로서 공구및 금형분야에서 부터 생체재료분야에 이르기까지 폭넓게 응용되고 있다.

1) 내마모성의 개선

일반적으로 재료의 내마모성을 향상시키기 위해서는 재료의 표면을 경화시켜 표면층의 소성변형을 억제하는 일이다.

그림 5.30 및 5.31은 공구 및 금형재료인 SKD11 및 Co-WC에 질소이온주입한 경우로 경도향상효과를 나타낸다. 이와같은 질소이온주입에 의한 경도향상은 그림 5.32에 나타내듯이 내마모성을 증가시킨다.

마모속도는 주입이온의 종류에 따라 변화한다. 그림 5.33는 질화강에 N^+, Ne^+, B^+, C^+ 등을 주입한 시료의 체적마모속도와 미끄럼 거리와의 관계를 보여준다. Ne^+이온주입으로도 그 효과가 나타나지만 C^+, N^+, B^+이온주입에 의해 마모속도가 현저히 감소됨을 알 수 있다. 또한 Cr-C베어링 강에 Sn^+이온을 주입하면 그림 5.35에 나타내듯이 마찰 계수가 60%나 감소한다.

2) 내식성의 개선

내식성을 개선시키는 대표적인 이온주입원소로는 Cr, Ni이 있으며 Ta, Pb, Cu, Ti등 철에의 용해도가 작은 금속원소를 주입하면 열평형상태에서는 얻을 수 없는 준안정 신 금속층이 형성되어 내식성이 증가한다.

그림 5.35에 나타내듯이 Cr^+, Ta^+을 주입한 경우, 양극(anode)분극 영역에서 전류밀도가 현저히 감소되며 이들 원소의 주입에 의해 양극(anode)용해가 억제되어 철의 내식성이 개선됨을 보여준다. 또한 Pb^+을 주입한 경우는 양극용해억제효과가 현저하지는 않지만 -0.5V보다 낮은(-)전위영역에서 나타나는 환원전류는 감소하여 수소발생반응이 억제됨을 보여준다. Ar^+주입의 경우는 순철과 거의 같은 분극거동을 나타내, 이온조사에 의

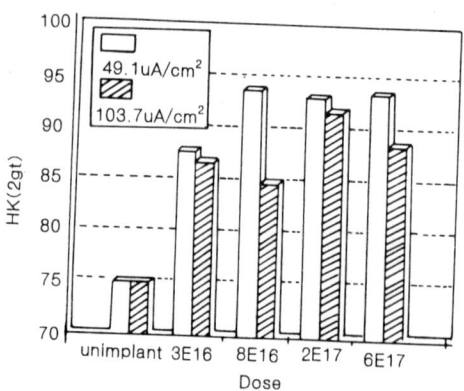

그림 5.30 가속전압 80KeV에서 여러가지 도즈량으로 N이온주입한 SKD11의 Knoop경도

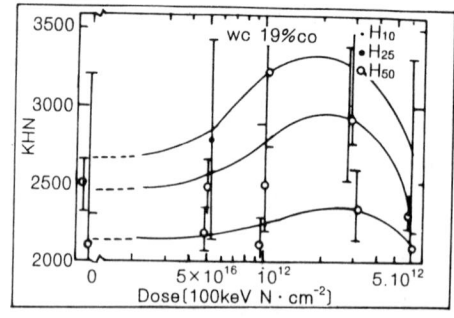

그림 5.31 N이온도즈량에 따른 WC(9%Co 함유)의 Knoop경도

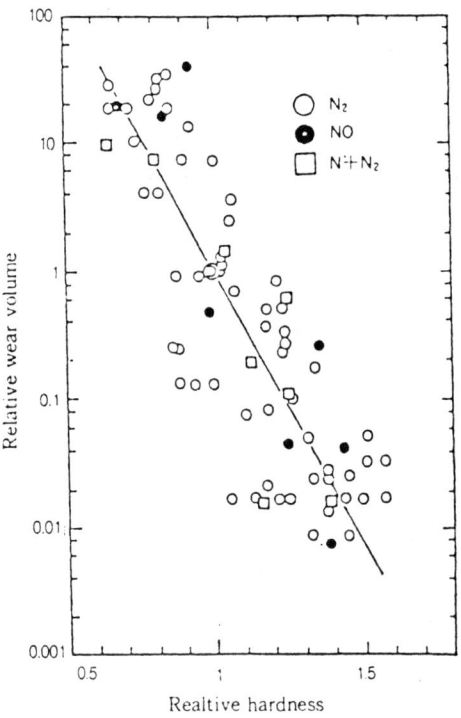

그림 5.32 N, No, N+N₂ 이온주입한 철제합금의 경도와 마모량과의 관계

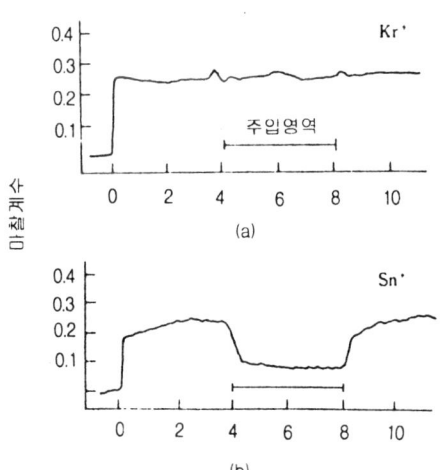

그림 5.34 여러가지 이온을 주입한 강 En352의 마찰계수
(a) Kr⁺ (400KeV, 2.8×10^{16}개/cm³)
(b) Sn⁺ (380KeV, 2.8×10^{16}개/cm³)

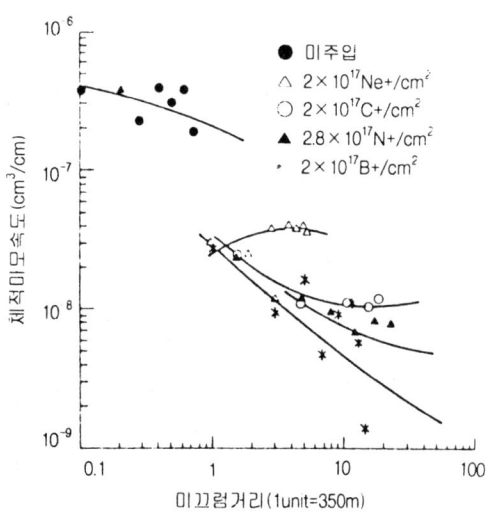

그림 5.33 이온주입한 질화강 En40B의 마모속도와 미끄럼거리와의 관계
(하중 10N~Kg, 스테인레스핀을 사용)

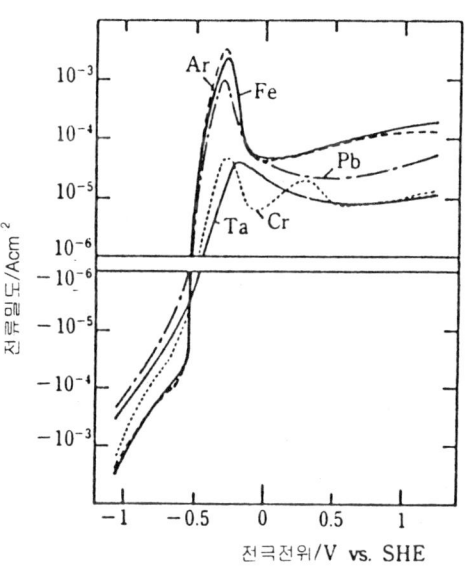

그림 5.35 순철(Fe)과 Ar, Cr, Ta, Pb를 이온주입한 철전극의 actate buffer 용액(pH 7.3)에서의 동전위 분극곡선, 도즈량 : 2×10^{17}ions/cm², 가속전압 : 20Kev 전위 sweep속도 : 0.8 또는 1.33mv/s

한 영향이 거의 없음을 알 수 있다. 또한, Fe 및 Fe계 합금강에 B⁺를 주입하면 비정질 조직변태를 일으켜 그림 5.37(a)(c)에 나타내듯이 내식성이 현저히 향상된다.

고순도 Al 및 고장력 Al합금의 경우에는 Mo⁺주입에 의해 내식성이 향상되며, Mg합금의 경우는 그림 5.36에 나타내듯이 Fe⁺주입에 의해서도 내식성이 개선됨을 알 수 있다. 또한 Ti합금에 Pd⁺주입하면 틈부식이 억제되며, Ti-6Al-4V합금에 N⁺주입하면 마모부식이 개선된다.

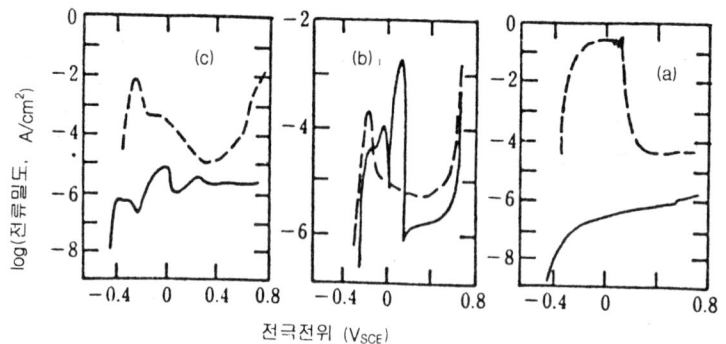

그림 5.36 순철(a), STS316(b), STS 440C(c)의 0.5mol/dm³ H₂SO₄ 수용액 중에서의 동전위 분극곡선 미주입재 2×10¹⁷ions/cm² B+(40KeV) 주입재

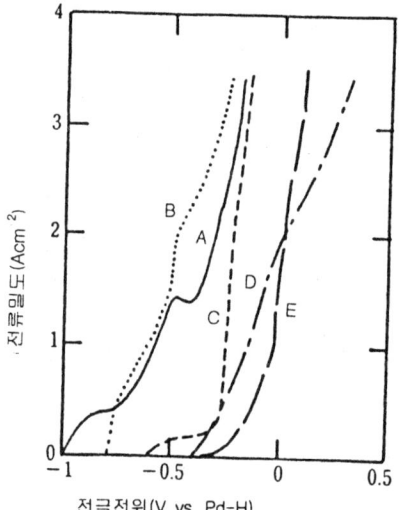

그림 5.37 Fe+를 이온 주입한 Mg합금(AZ91C)의 양극분극곡선
A : 미주입, B : 1×10¹⁶, C : 5×10¹⁶
D : 1×10¹⁷, E : 2×10¹⁷ions/cm²

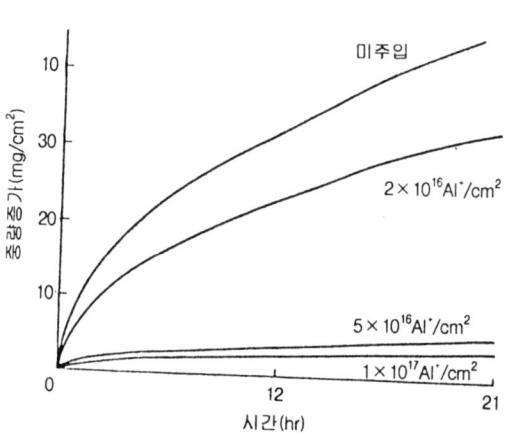

그림 5.38 Al+ 이온을 주입한 합금강(24Cr-1.45Al-0.1Y)의 1000℃ 산소분위기중에서 중량 증가(250KeV 주입)

3) 내산화성의 개선

금속재료의 내산화성을 개선시키기 위해서는 고온에서 안정한 보호층을 표면에 형성시켜야 한다. 이 보호층으로서는 고온에서 안정한 결함이 적은 산화물이 적합하다. 즉 산소와 결합력이 크며 이온반경이 큰것이 좋다. 이러한 내산화성을 개선시키는데는 Ba^+, Sr^+, Ca^+, Yb^+, Eu^+등의 이온주입이 효과적이다. 예로 Ba^+주입한 Ti및 Ti합금(Ti-6Al-4V)은 600℃에서 2일간 산화후의 중량중가는 Ba^+을 주입하지 않은 경우에 비해 1/10이하라고 한다.

Al^+이온을 주입한 합금강(24Cr-1.45Al-0.1Y)의 내산화성을 그림 5.37에 나타낸다. 이처럼 Al^+주입재의 산화속도가 현저히 감소하는 것은 표면층에 Al_2O_3가 형성되기 때문이다. 또한 오스테나이트계 스테인레스강(20Cr-25Ni-1Nb)에 희토류원소인 Ce^+ 및 Y^+을 주입하면 이들 이온은 산화물/금속계면의 근방에 모여 계면의 밀착성과 안정성을 향상시킨다.

5.6.3 이온 빔 믹싱(ion beam mixing)

이온 주입법은 주로 P^+, Ga^+, Sb^+, Al^+, In^+ 등의 이온을 반도체기판에 도핑하여 기판 특성을 향상하기 위하여 개발된 것이다. 한편, 금속의 표면개질에 금속이온을 사용하는 경우, mA정도의 이온을 기판에 주입할 필요가 있다. 그러나 천이금속, 귀금속등은 이와 같은 금속이온의 대전류를 발생시키기가 어려우므로 기판에 코팅한 금속원자를 Ar^+ 등으로 조사(照射)하여 기판과 합금화시킨다. 이것을 이온 빔 믹싱이라 한다.

(1) 이온 빔 믹싱의 원리

원리를 그림 5.40에 나타낸다. 얇은 금속박막은 이온 조사(照射)하기 전에 기판에 코팅하든가 금속을 코팅하면서 이온조사를 행한다. 조사이온이 금속원자와 기판원자를 혼합하므로 새로운 합금층 또는 화합물층이 기판의 표면에 생성한다.

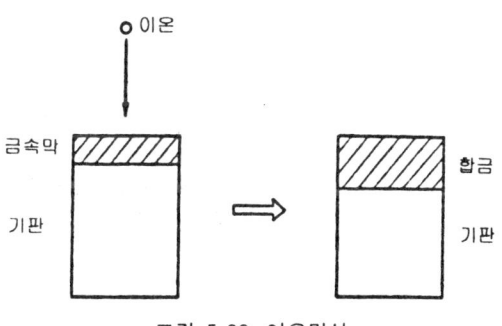

그림 5.39 이온믹싱

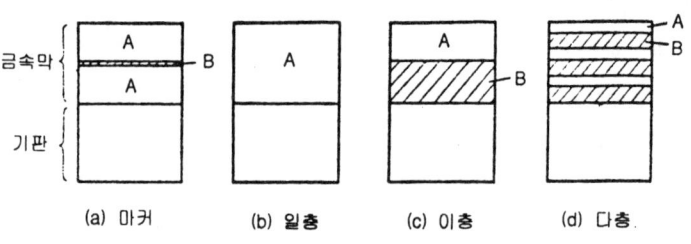

그림 5.40 금속막의 적층법

    기판에 코팅시키는 금속박막의 적층법은 그림 5.40에 나타내듯이 (a) 마커 (b) 1층 (c) 2층 (d) 다층이 있다. (a)의 마-커법으로는 두께 몇개 원자의 마커 B가 A내부에 들어 있다.

    믹싱후의 B원자의 분포로부터 믹싱기구에 관한 정보를 얻을 수 있다. (b)의 1층법은 A와 기판의 합금화 (c)의 2층법은 A와 B의 합금화 또는 A, B와 기판과의 합금화에 의한 표면개질에 사용된다. (d)의 다층법은 실용적인 응용에 많이 사용된다.

    조사이온에는 He, Ne, Ar, Xe등의 불활성기체, P, N, S, C등의 활성기체가 사용된다. 전자(前者)의 경우, 금속막끼리 또는 금속막과 기판과의 합금화가 행해진다. 후자(後者)의 경우, 타게트내에서 주입기체와 금속막, 기판과의 합금화 또는 화합물화가 행해진다.

(2) 이온 빔 믹싱의 기구

    조사이온이 금속내에 들어가면 격자점의 금속원자를 튀어 보낸다. 튀어 날아온 원자, 즉 노크온 원자가 고에너지를 갖고 있으면 튀고 있는 다른 격자점의 원자와 충돌하여 그것을 튕겨 보낸다. 그 충돌과정을 그림 5.41에 나타낸다.

    이들 충돌시의 평균자유행로 l은

$$l = \frac{1}{N\sigma}$$

    여기서 N : 고체의 원자밀도
          σ : 충돌 단면적
로 주어진다.

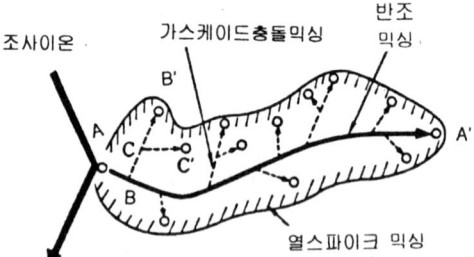

그림 5.41 이온믹싱기구

노크온 원자의 에너지가 작을수록 σ가 크므로 l은 작아진다. 조사이온이 격자점의 원자A에 충돌하면 A가 A′의 위치까지 장거리로 튀어 들어간다. 이 기구에 기초한 믹싱을 리코일 믹싱(recoil mixing)이라 한다. 리코일 믹싱은 1차의 노크온 원자의 발생으로 생기는 믹싱이다. 1차의 노크온 원자의 충돌단면적은 작으므로 이 믹싱에 관여하는 원자는 소수이다.

원자 B가 1차의 노크온 원자에 의해 B′의 위치로 원자 C가 2차의 노크온 원자에 의해 C′의 위치로 점차적으로 튀어가는 것을 가스케이드 충돌믹싱(cascade collisional mixing)이라 한다. 이 기구에 근거한 믹싱은 원자의 변위거리가 짧다. 그러나 관여하는 원자의 수는 많아 이온 도즈량의 평방근에 비례하여 증대한다.

노크온 원자 및 조사이온이 통로에 있는 격자점의 원자를 튕겨내는데 필요한 에너지 보다 작은 에너지로 금속원자와 충돌하는 경우, 노크온 원자 및 조사이온은 통로의 원자 위치를 변경하는 일없이 통로의 원자에 열에너지를 주면서 진행한다. 이때문에 통로는 10^{-11}초 정도의 단시간에 가열된다. 이것을 스파이크(spike)라 하며 이러한 열 스파이크에 기초한 믹싱이 열스파이크 믹싱(thermal spike mixing)이다.

(3) 표면층의 합금화

기판에 코팅한 적층 금속막은 이온빔믹싱에 의해 일정한 농도구배를 갖는 합금의 표면층으로 개질할 수 있다. 그림 5.42는 SiO_2기판에 코팅한 Au/Cu막(Au, Cu의 두께는 700Å)을 600KeV의 Xe이온으로 조사한 결과이다.

(a)의 증착에서 얻어진 Au/Cu를 실온에서 믹싱하면 Au/Cu의 계면에서부터 합금화가 시작되어 (b)의 $4×10^{15}$이상의 이온 도즈량에서는 표면으로부터 내부에 걸쳐 Au 농도가 순금으로 서서히 감소하여 0%의 Au, 즉 순동으로 변화하는 치환형의 Cu-Au고용체가 생성한다. (c)는 이온후방 산화법으로 조사한 깊이 방향의 농도 변화이다. 이온빔믹싱으로 얻어진 고용체는 (d)에 나타내듯이 60℃에서 50KeV의 He이온으로 조사하면 AuCu의 규칙격자와 치환형고용체와의 혼합물로 바뀐다. 이것을 300℃로 가열하면 고용체전체가 AuCu의 규칙격자로 된다. 200℃에서 Ar이온을 조사하면 AuCu의 규칙격자가 증속확산에 의해 부분적으로 생긴다. 이들은 X선 회절, 전자선 회절법으로 확인된다.

그림 5.43은 Au-Cu합금의 평형상태도이다. 그림에서

① 고온에서는 치환형고용체, 실온에서는 AuCu등의 규칙격자가 안정한 결정조직이라는 점
② 이온빔 믹싱으로 생기는 치환형고용체는 실온에서 불안정한 결정조직임을 알 수 있다. 따라서 이온빔 믹싱에서는 리코일 믹싱 및 가스케드 충돌믹싱에 의한 합금화

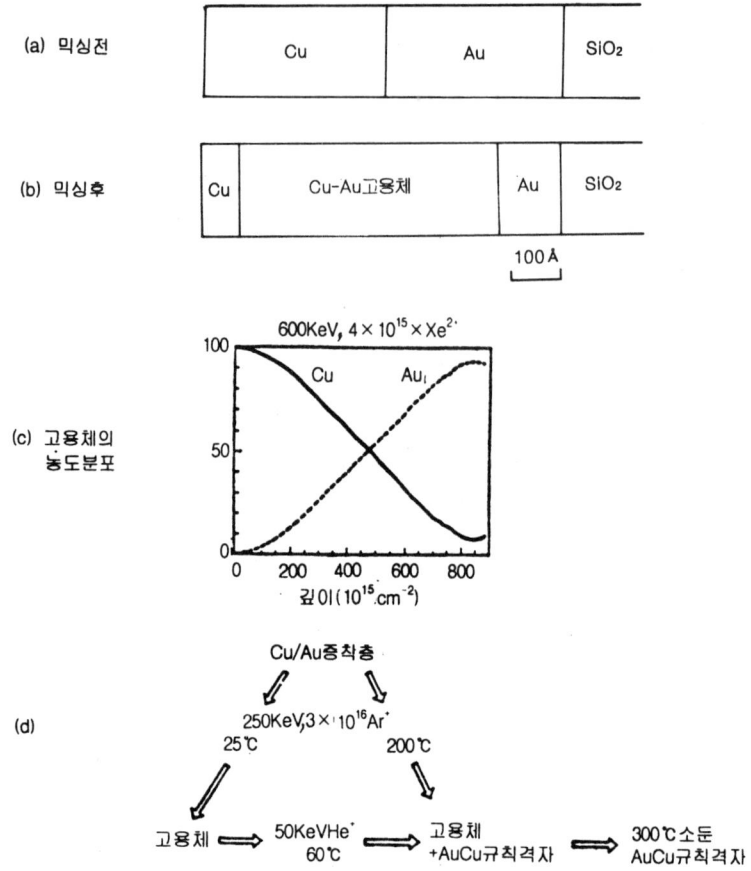

그림 5.42 Cu-Au-SiO₂의 이온믹싱에 의한 결정조직의 변화

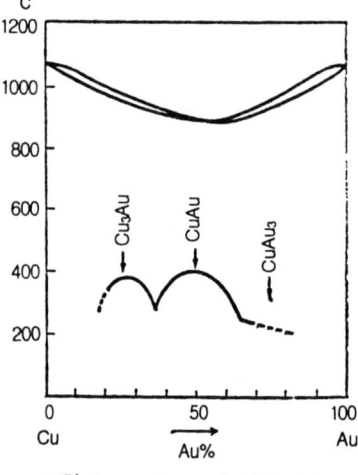

그림 5.43 Cu-Au계 평형상태도

가 열 스파이크로 생기는 고온에서 진행하여 그 결과, 생성한 **합금층**은 원자가 확산할 수 없을 정도로 단시간내에 실온까지 냉각된다. 적층금속막의 이온빔 믹싱에 관해서는 Ni/Au, Tj/Sn, Fe/Al, Co/Al, Zr/Ru등이 있다.

(4) 이온빔 믹싱기술의 발전

이온빔 믹싱 기술의 발전에 따라 계면믹싱, 다이나믹믹싱등 새로운 방법이 개발되어 표면개질층의 성질이 점차 향상되고 있다. 이들 기술의 원리를 그림 5.44에 나타낸다. 그림 5.44(a)의 이온빔 믹싱은 그림 5.39와 대응된다. 그림 5.44(b)의 계면믹싱은 금속막과 기판과의 접합강도를 증대하기 위해 개발된 것으로 **계면만의 합금화 또는 화합물화**를 행한다. Al/Fe, WS$_2$/스테인레스등의 경우는 이방법에 의해 계면의 부착강도가 증대한다. 그림 5.44(c)의 다이나믹믹싱은 증착 또는 전착(電着)을 행하면서 동시에 기초이온을 조

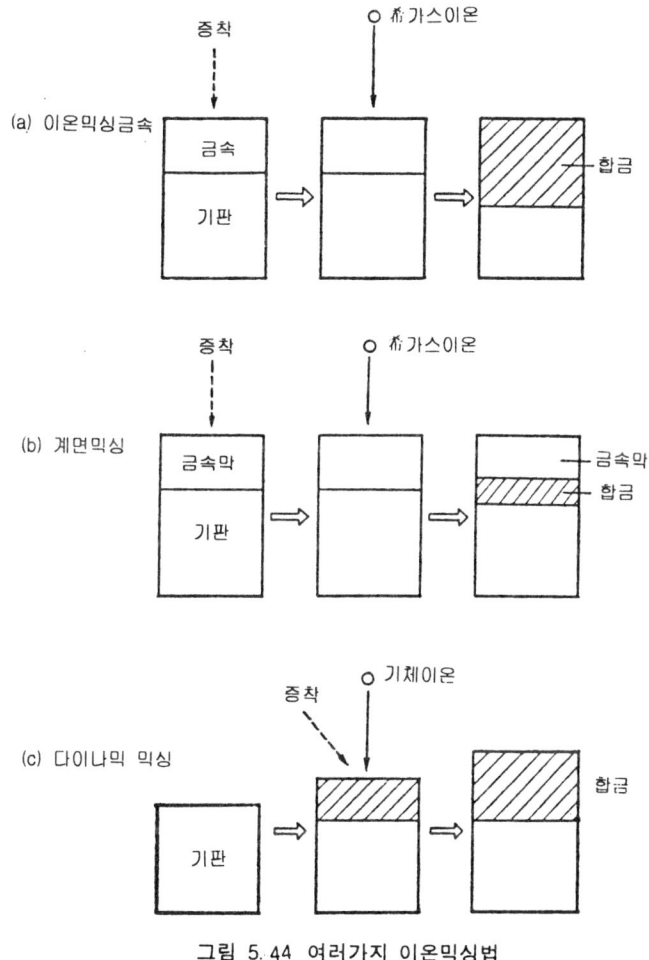

그림 5.44 여러가지 이온믹싱법

사하는 방법이다. 증착 및 전착의 속도 또는 시간을 변화시킴에 의해 기판상에 임의의 두께의 합금 또는 화합물을 생성시킬 수 있다. 이 방법은 AlN, BN 형성에 응용되고 있다.

(5) 마찰재에의 응용

Au/STS440, Ag/STS440의 경우, 이온빔믹싱후의 마찰계수는 이온빔 믹싱전의 마찰계수보다 크다. WS_2/STS440을 계면믹싱하면 윤활성이 향상하며 수명도 길어진다. STS304위에 다이나믹 믹싱법으로 만든 TiN막은 이온주입법으로 만든 TiN보다 기판과의 밀착성이 좋으며 경도가 크므로 내마모성이 우수하다. Cr에의 N주입, Mo에의 S주입, Sn에의 N주입 등도 있다.

ID# 제6장

주 철

주철은 다양한 성질을 갖는 철제합금의 일종으로, 조직학적으로는 탄소량이 2.0%~6.67%인 철합금이며, 이름에 나타낸 대로 고체상태에서의 기계적 가공보다는 원하는 모양으로 주조하여 쓰는 경우가 많다. 실제 주철의 조성은 탄소 2~4%, 규소 1~3%의 경우가 많으며 첨가되는 다른 금속원소나 비금속원소에 따라 다양하고 특별한 성질을 갖는다. 화학성분을 제외하고 주철의 성질에 영향을 미치는 중요한 인자들은 응고조건과 냉각속도 및 열처리 등이다.

주철은 일반적으로 기계가공이 쉽고 넓은 영역의 강도 및 경도를 갖는 우수한 합금으로 마모, 연삭작용, 부식 등에 대한 저항이 우수하다. 주철이 새로이 개발되고 있는 합금과 경쟁하여 아직도 가장 널리 사용되고 있는 공학적 재료인 까닭은 주철의 상대적으로 저렴한 가격과 다양한 기계적 성질이 그 요인이라 할 수 있다.

6.1 주철의 조직과 상태도

일반적으로 주철의 조직은 화학성분 및 냉각속도에 의해 결정된다. 따라서 주철의 조직을 이해하기 위해서는 주철을 구성하는 대표적 원소들 간에 형성되는 상에 대한 평형상태도를 알아두어야 한다. 우리는 주철의 주요 구성원소가 철, 탄소, 규소라는 것을 알고 있으므로 여기서는 철-탄소의 평행상태도 및 규소가 첨가될 때의 철-탄소의 평형상태도에 대해 알아보기로 한다.

6.1.1 Fe-C 평형상태도

철-탄소계의 상태도에는 복평형상태도(複平衡狀態圖 ; double equilibrium phase diagram)와 단평형상태도(單平衡狀態圖 ; single equilibrium phase diagram)의 2가지 형태가 있다. 그림 6.1은 Fe-C의 복평형상태도를 나타낸 것이며 표 6.1은 이 상태도의 각 점에 해당하는 온도 및 성분을 표시한 것이다.

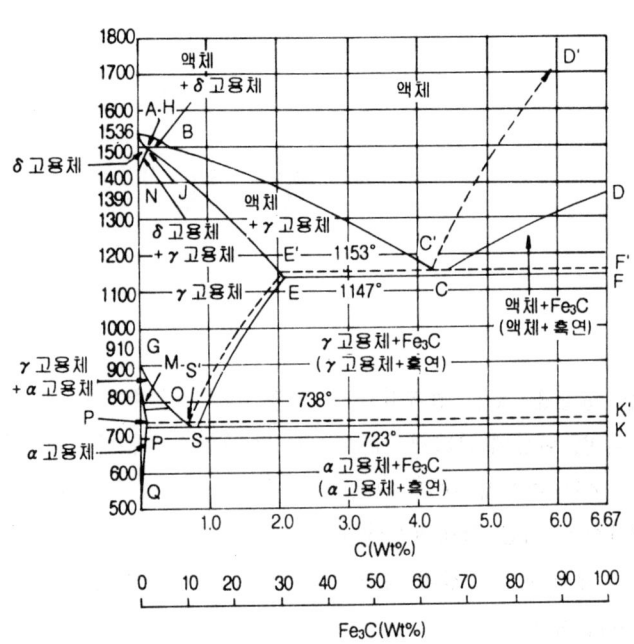

그림 6.1 Fe-C계 평형상태도

표 6.1 Fe-C계 평형상태도에서의 각 점의 온도 및 성분

점	온 도 [℃]	탄소량 (%) 중량 %	탄소량 (%) 원자 %	점	온 도 [℃]	탄소량 (%) 중량 %	탄소량 (%) 원자 %
A	1539			J	1499	0.16	0.739
B	1499	0.53	2.418	K	723	6.689	25.000
C	1145	4.30	17.286	K'	738	100.0	100.0
C'	1152	4.26	17.139	L	0.0	6.687	25.000
D	(1545)	6.687	25.000	M	760	0.0	0.0
D'	?.	?	?	N	1400	0.0	0.0
E	1145	2.03	8.790	O	760	0.512	2.337
E'	1152	2.01	8.709	P	723	0.025	0.116
F	1145	6.687	25.000	P'	738	0.023	0.106
F'	1152	100.0	100.0	Q	0.0	0.0	0.0
G	910	0.0	0.0	S	723	0.80	3.615
H	1499	0.08	0.371	S'	738	0.68	3.086

그림에서 알 수 있듯이 순철은 α, γ, δ의 3가지 동소체가 있으며 αFe $\rightleftarrows$ γFe의 A_3변태는 910℃에서, γFe $\rightleftarrows$ δFe의 A_4변태는 1400℃에서 일어난다. 탄소가 포함된 경우 안정계에서는 액상선 ABC'D' 또는 준안정계에서의 액상선 ABCD는 응고개시온도를 나타내며, 안정계에서의 AHJE'C'F 또는 준안정계에서의 AHJECF는 응고완료온도를

나타낸다.

여기서 3%C 합금의 응고과정에 대해서 설명하여 보기로 한다. 안정계의 응고시에는 약 1280℃에서 초정 γ가 정출되기 시작하여 1152℃에서 L(C') → γ(E')+흑연(F')의 공정반응이 완료됨으로써 응고가 끝난다. 그러나 준안정계의 응고시에는 1280℃에서 초정 γ가 정출되기 시작하여 1145℃에서 L(C) → r(E)+Fe₃C(F)의 공정반응이 완료됨으로써 응고과정이 끝나며 이때 γ+Fe₃C의 레데뷰라이트(ledeburite)란 공정조직을 형성한다.

C'D'선은 용융금속중의 탄소용해도를 나타내는 곡선으로 실험적으로 구한 것이다. 이 탄소용해도와 온도와의 관계는 $C\%=1.30+2.57\times10^{-3}t$℃가 성립한다. 그러나 Fe₃C의 용해도를 나타내는 CD선은 아직 실험적으로 구하지 못하였다.

수평선 HJB는 L+δ → γ의 포정반응을 나타내는 것으로 이 γ상은 탄소를 최대 2%까지 고용할 수 있으며 이 한계점 E를 경계로 주철과 강을 구분한다.

한편 공정반응 때에 생성된 γ상은 온도가 떨어짐에 따라 E'S'선 또는 ES선을 따라 흑연이나 Fe₃C의 용해도가 감소되어 조성이 S' 또는 S가 된다. 그후 S의 γ상은 723℃에서 조성 P의 α상과 조성 K의 Fe₃C상으로 분해하는 공석변태를 일으켜 펄라이트조직으로 되며, S'조성의 γ는 738℃에서 P'의 α상과 K'의 흑연을 석출시키는 공석변태를 일으킨다. 그리고 온도가 더욱 떨어짐에 따라 α상중에 고용되었던 소량의 탄소가 Fe₃C 또는 흑연으로 석출되면서 α상 중의 탄소량은 P'Q' 또는 PQ의 조성으로 바뀌게 된다.

6.1.2 Fe-C-Si 평형상태도

주철에는 탄소 외에 Si가 1~3%의 많은 량이 포함되어 있다. 따라서 주철을 철-탄소-규소의 3원 합금으로 보기도 하며 Si가 첨가된 경우의 상태도가 중요한 것으로 생각된다. 주철에 있어 Si의 존재는 높은 온도에서 오랫동안 유지시키는 것이나, 서냉하는 것과 같이 흑연화를 촉진시키며 따라서 Fe-Fe₃C에서 Fe-Graphite의 안정화 상태도로 이행하게 한다.

그림 6.2는 Si의 량이 2%인 때와 4%인 때의 상태도의 변화를 나타낸 것이다. Si의 첨가량이(2%, 4%로) 많아짐에 따라 공정조성의 탄소량은 각각 3.6%, 3.0%로 감소하고 있으며 γ상의 최고 탄소고용도도 각각 1.7%, 1.4%로 감소하고 있다. 따라서 Fe-C 합금에서는 Si의 첨가에 따라 펄라이트(pearlite)의 탄소함유량이 감소하고 또한 공정반응 및 공석반응의 온도도 상승한다.

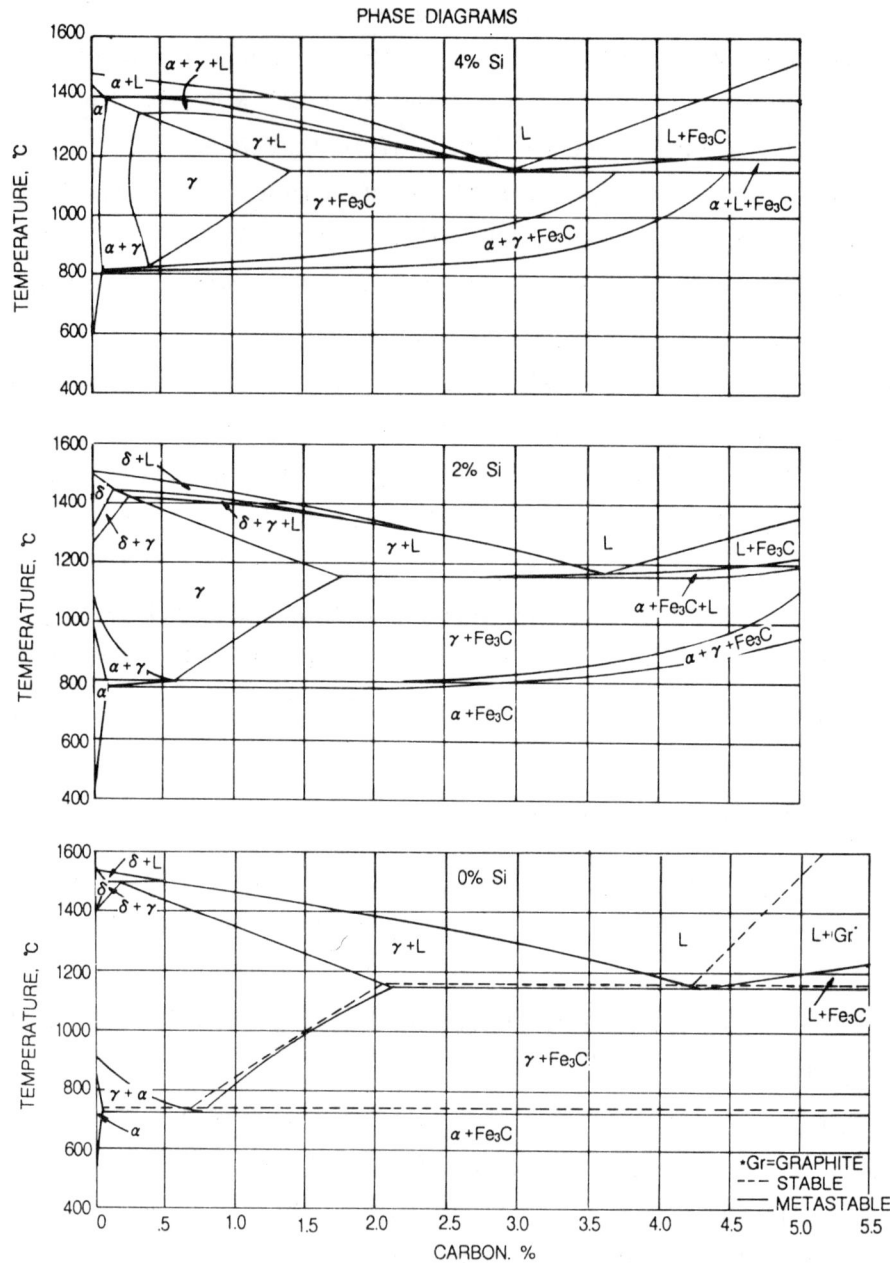

그림 6.2 각각 Si를 0%, 2%, 4%를 함유하는 Fe-C-Si 삼원계 합금의 수직단면 평형상태도

(a) 회주철 ×500　　　　　　　(b) 백주철 ×530

그림 6.3 전형적인 회주철과 백주철의 조직사진

6.1.3 주철의 일반적인 조직

주철의 조직은 화학적 조성, 냉각속도, 흑연의 핵생성 정도에 따라 달라지게 된다. 주철에 함유되는 탄소량은 보통 2.5%~4.5%정도인데 그들 중 일부는 유리탄소(흑연)의 형태로, 나머지는 화합탄소(Fe_3C)로 존재하고 있으며, 유리탄소와 화합탄소의 비율에 따라 회주철(gray cast iron), 백주철(white cast iron), 반주철(mottled cast iron)로 나뉜다. 즉 흑연이 많을 경우에는 그 파단면이 회색을 띄는 회주철이 되고, 흑연의 량이 적고 대부분의 탄소가 화합탄소인 세멘타이트(cementite)로 존재할 때는 그 파단면이 백색을 띄는 백주철이 되며, 백주철과 회주철의 혼합조직으로 될 때를 반주철이라 한다. 그림 6.3에는 대표적인 회주철, 백주철의 모양을 나타냈다.

주철의 조직 및 성질에 가장 중요한 영향을 미치는 원소는 탄소와 규소이며 특히 규소는 흑연의 정출 및 석출에 크나큰 영향을 미친다. 즉 규소의 첨가량이 많으면 생성되는 흑연의 량이 많아지고, Fe-C 합금에서 흑연이 정출되기 어려운 냉각속도라 하더라도 Si를 첨가하면 흑연의 정출이 쉬워진다. 또한 탄소의 량이 많을수록 흑연의 정출은 쉬워진다. 이렇듯 주철의 조직에 큰 영향을 미치는 탄소와 규소량에 따른 주철의 조직관계를 나타낸 것이 유명한 마우러의 조직도(Maurer's disgram)이다. E. Maurer는 주철조직을 지배하는 요소는 주철의 주요 성분인 탄소와 규소의 함량이라고 생각하고, 탄소와 규소의 량을 변화시킨 각종 조성의 용선(熔銑)을 1250℃에서 ϕ75mm의 건조사형에 주입하여 냉각속도를 일정하게 응고시킨 후 응고조직을 조사하여 그림 6.4와 같은 조직도를 발표하였다.

이 그림에서 A, B점은 실험결과로 결정한 점이지만, E′, B′, D′점은 $Fe-Fe_3C$상태도 중의 공정점과 오스테나이트의 탄소용해도한계점을 택한 것이다. 즉 Maurer시대에선 $Fe-Fe_3C$ 상태도에서 오스테나이트중의 탄소고용한도를 1.7%C로 하여 강과 주철을 구분하였던 것이다. 이 조직도에서 SS′선이 그 경계선으로 상부가 주철의 범위이다.

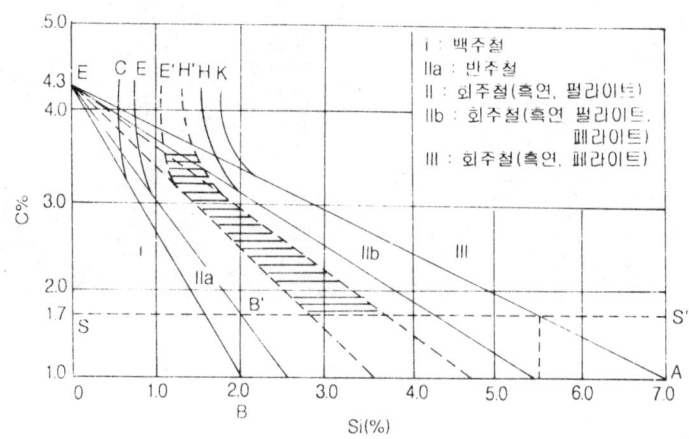

그림 6.4 Maurer의 주철조직도

여기에 탄소가 4.3%인 점 E에서 EB, EB', ED 및 ED'선을 그어 5영역으로 나누고 각각을 백주철, 반주철, 기지가 펄라이트인 회주철, 기지가 펄라이트와 페라이트가 혼합된 회주철, 그리고 기지 전체가 페라이트로 된 회주철의 구역이라 하였다.

이 조직도는 탄소와 규소가 주철의 조직형성에 큰 영향을 미치므로 서로 호환성(互換性)이 있는 원소로 추정하여 작성한 것이기 때문에 완전한 것이라 할 수는 없으나 그림 중 사선으로 표시한 부분은 실제와 비교적 잘 일치되고 있으므로 실용되고 있는 것이다. 또한 이 조직도는 냉각속도가 일정한 경우를 대상으로 하였기 때문에 냉각속도가 달라지면 이 조직도도 달라지게 된다. 즉 냉각속도가 빨라지게 되면 앞서 언급한 바와 같이 흑연의 생성이 어려워지고 Fe_3C의 생성이 촉진되게 되므로 조직도는 백주철의 영역을 넓히는 오른쪽으로 이동하게 되고, 냉각속도가 늦어지면 반대로 왼쪽으로 이동하게 된다.

6.1.4 주철의 흑연조직

주철에 나타나는 흑연의 형태는 일반적으로 편상흑연, 괴상흑연 및 구상흑연으로 대별될 수 있으며 간혹 편상흑연과 구상흑연의 중간형태인 의편상흑연(擬片狀黑鉛)도 존재한다. 그림 6.5는 이들의 형상을 그림으로 나타낸 것이다.

그림 6.5 흑연형상의 분류

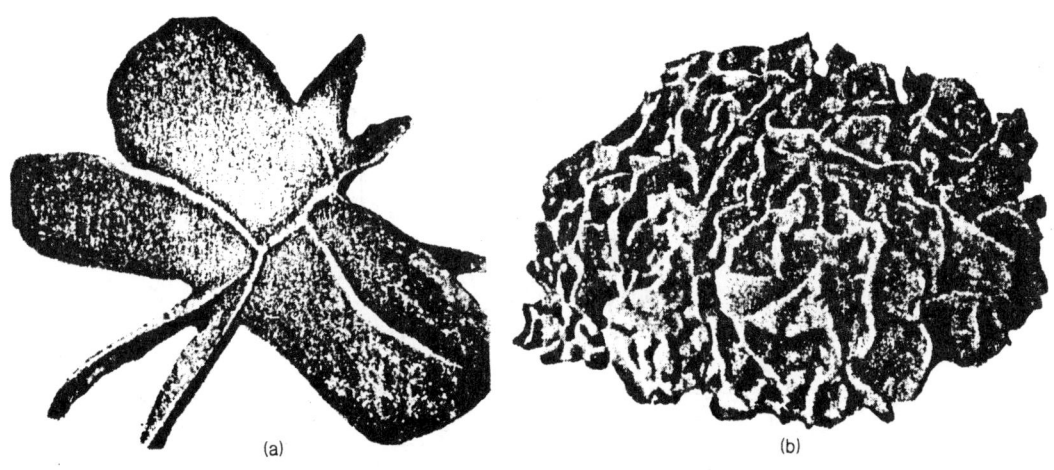

그림 6.6 서로 연결된 편상흑연의 모양

(1) 편상흑연

편상흑연에는 그림 6.6(a)와 같이 몇개의 흑연편이 서로 연결된 형상의 것과 (b)와 같이 매우 작은 흑연편이 서로 엉켜서 흑연집합체를 이루는 것도 있다. 이들은 모두 일반 회주철에서 나타나는 흑연조직이나 동일한 화학적 조성을 갖는다 하더라도 응고조건에 따라 형상, 크기 및 분포가 서로 다른 편상흑연이 형성된다. 따라서 미국주물협회(A.F.S)와 미국재료시험협회(A.S.T.M)에서는 편상흑연의 형상 및 크기에 대하여 다섯가지 유형의 표준규격을 정하였으며 이를 그림 6.7에 나타냈다. 이를 살펴보면 A형은 크기가 비슷한 편상흑연이 방향성없이 균일한 분포를 이루는 것으로 재질이 우수한 주철에 나타나는 것이며 B형은 장미상흑연조직으로 중앙에는 공정흑연조직이, 그 주위에는 편상흑연이 꽃잎처럼 분포된 것이다. C형은 균일하게 분포된 편상흑연 중에 조대한 초정흑연이 혼재(混在)된 것으로 크고 작은 2종의 흑연이 함께 나타난 경우이다. D형은 우리가 공정흑연이라고 부르는 아주 미세한 편상흑연이 초정인 수지상정 사이에 편재(偏在)된 경우이며 E형은 A형과 비슷한 편상흑연이 수지상정 사이에 편재되어 있어 흑연의 분포상태가 방향성을 띤 경우이다. 그러나 실제의 주철조직에는 여러 형태의 흑연들이 혼재하고 있으므로 상기(上記)의 분류방법이 최적이라고 말할 수는 없지만 편상흑연을 구분할 경우에 많이 사용하는 분류법이다.

또한 미국재료시험협회(A.S.T.M)에서는 회주철의 흑연크기를 나타내는 표시법도 규정하고 있는데 이는 A.S.T.M 연속조직 No 1~8은 100배의 배율에서 각 흑연의 편상(lamellar狀)의 평균길이로 나타내는 것으로 이들 표 6.2와 그림 6.8에 나타냈다.

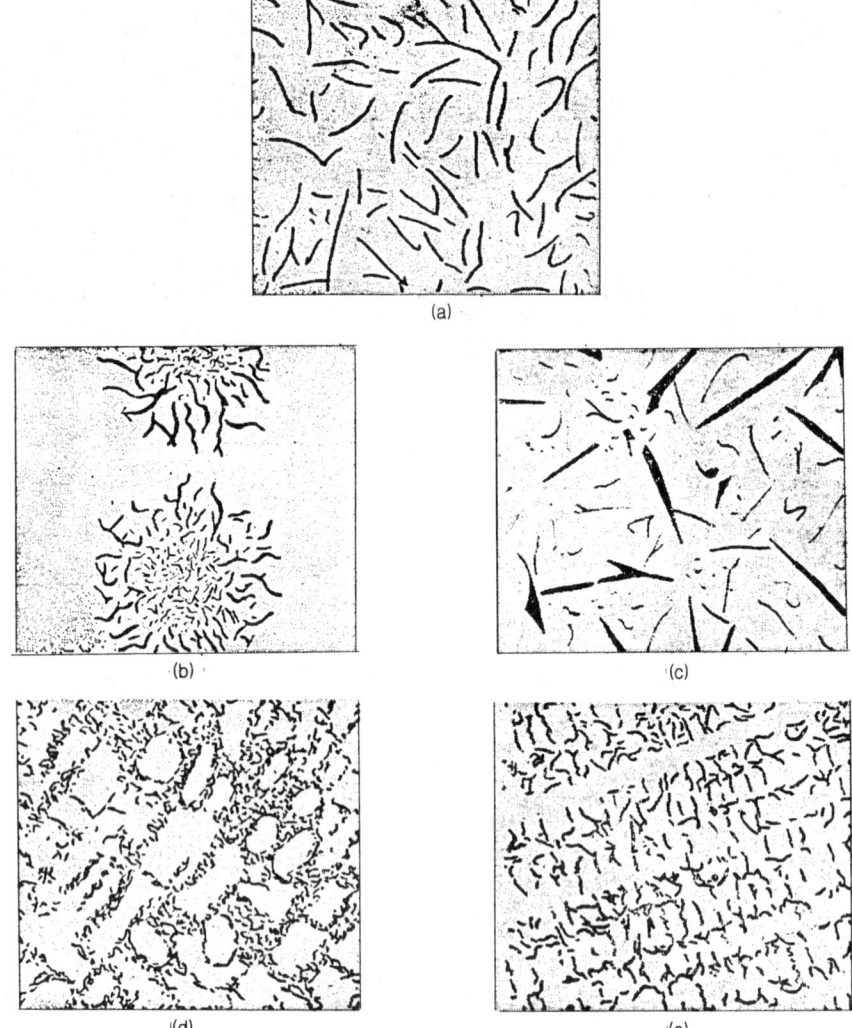

그림 6.7 A.F.S 및 A.S.T.M에서 규정한 흑연의 형상

표 6.2 ASTM 연속조직에서 lamellar상 흑연의 평균길이

ASTM No	V=100 : 1서 lamellar상 흑연의 평균길이[mm]
1	>100
2	100…
3	50…25
4	25…12
5	12…6
6	6…3
7	3…1.5
8	<1.5

제6장 주철 351

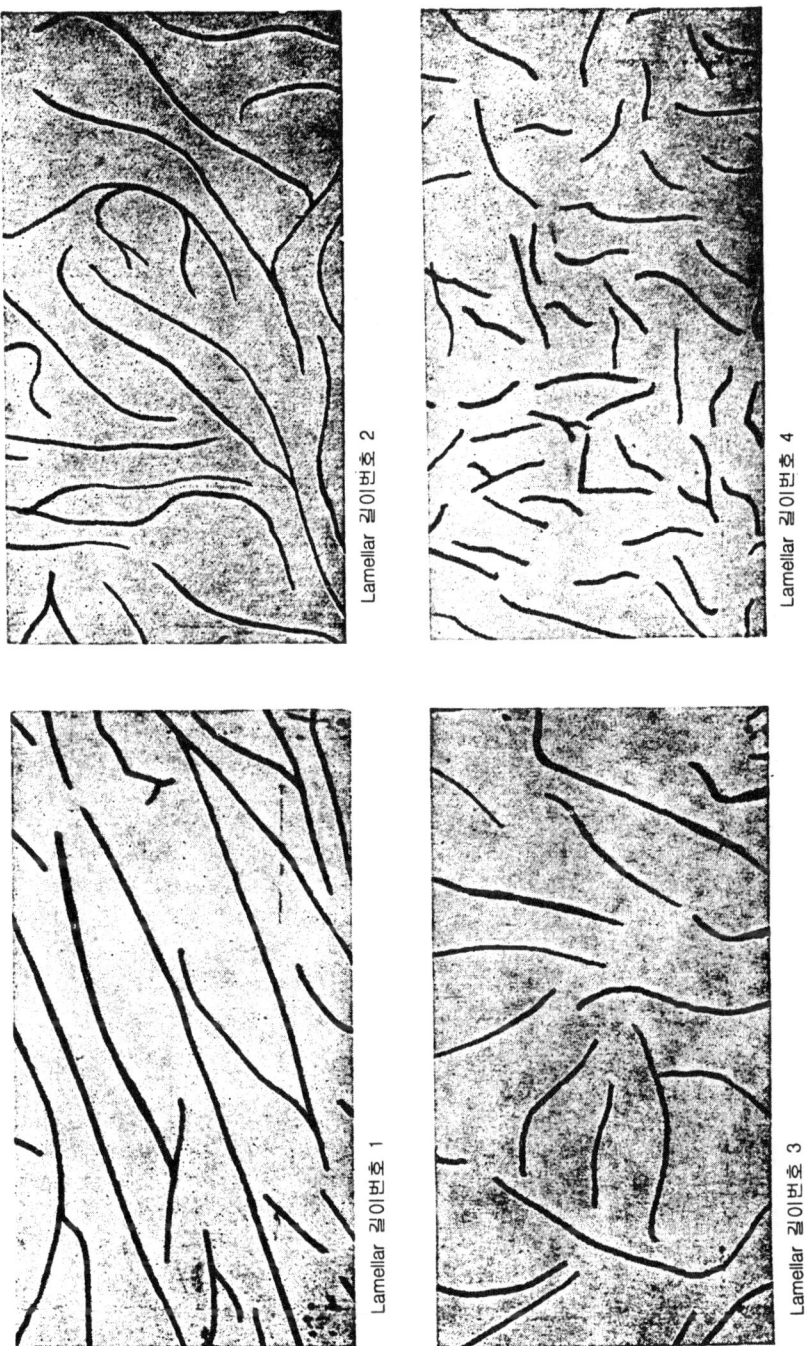

Lamellar 길이번호 2

Lamellar 길이번호 4

Lamellar 길이번호 1

Lamellar 길이번호 3

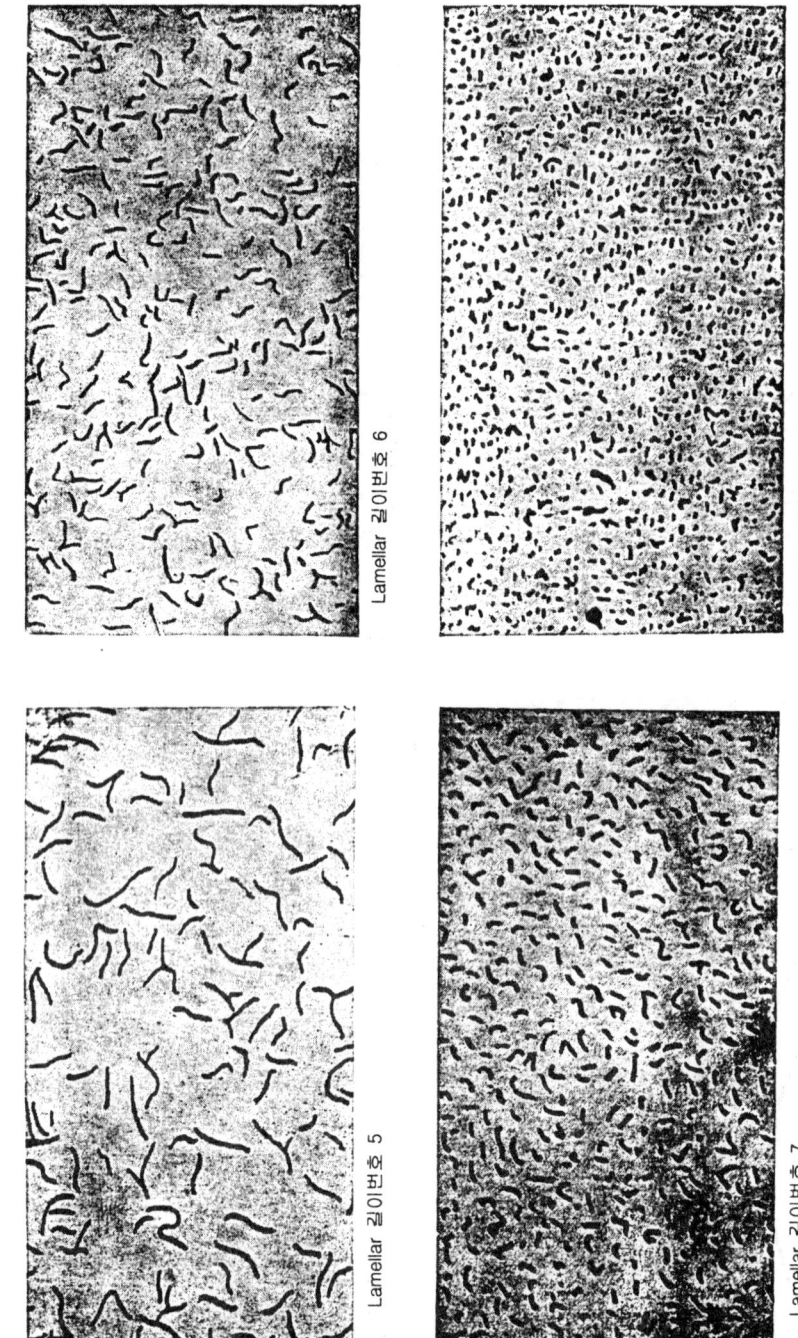

그림 6.8 Graphite의 lamellar길이에 대한 ASTM연속조직, 현미경 배율 V=100:1에서 유효함.

(2) 괴상흑연

괴상흑연은 가단주철(可鍛鑄鐵)의 소둔탄소(燒鈍炭素)가 그 대표적인 예이다. 소둔탄소의 형상에는 성상(星狀)으로 펼쳐진 것에서 부터 매우 둥근 괴상의 것까지 있으며 이들은 매우 작은 편상흑연이 소둔시 한 장소에 석출된 괴(塊)라고 알려져 있다. 이들의 형상 및 크기도 편상흑연과 같이 화학조성, 용해조건 및 냉각속도 등에 큰 영향을 받으며, 특히 이 경우 소둔조건의 영향이 크다고 한다. 그림 6.9는 1957년에 독일 V.D.G에서 분류한 소둔탄소의 형상을 나타낸 것이다.

(3) 구상흑연

치밀한 구상의 흑연으로서 윤곽이 평활한 선으로 보이는 흑연을 구상흑연(nodular graphite 또는 spheroidal graphite)이라 한다.

구상흑연이라 할지라도 그 처리방법 또는 용탕조건(熔湯條件) 등에 따라서 언제나 완전한 구상만 나타나는 것은 아니다. 따라서 독일 V.D.G에서는 이들 흑연을 그림 6.10과 같이 분류하고 완전구상흑연(K형 nodular graphite), 설상흑연(雪狀黑鉛 L형 exploded graphite), 충식흑연(蟲食黑鉛, M형) 및 의편상흑연(擬片狀黑鉛, P형, vermicular graphite) 등 5종류로 구분하였다.

6.1.5 주철의 분류

주철의 분류법에는 여러가지 방법이 있으나 여기서는 그 중 몇가지 예를 들기로 한다. 우선 파단면의 빛깔에 따라서 회주철, 반주철, 백주철로 나뉘고, 회주철도 흑연의 형상에 따라 편상흑연주철(片狀黑鉛鑄鐵), 공정상흑연주철(共晶狀黑鉛鑄鐵), 구상흑연주철(球狀黑鉛鑄鐵)의 3종으로 분류한다. 또한 흑연의 분포상태에 따라 ASTM에서는 A type, B type, C type, D type, E type으로 구분하기도 하며 성분상으로는 저탄소주철, 고탄소주철, 고규소주철, 합금주철 등으로 구분하기도 한다. 또한 합금원소의 종류에 따라 Ni 주철, Cr 주철, Cr-Ni 주철, Cr-Mo주철 등으로 구분하기도 하며, 기지조직에 따라 페라이트(ferrite) 주철, 펄라이트(pearlite)주철, 오스테나이트(austenite)주철, 마르텐사이트(martensite)주철 등으로 부르기도 한다. 또한 주철을 기계적인 성질에 따라 보통주철, 고급주철, 강인주철 등과 같이 구분하기도 하지만 가장 일반적인 분류법은 보통주철(ordinary cast iron), 합금주철(alloy cast iron), 구상흑연주철(spheroidal graphite cartiron 또는 ductile cast iron) 등으로 나뉘며 본 장에서도 아에 준하여 설명을 한다.

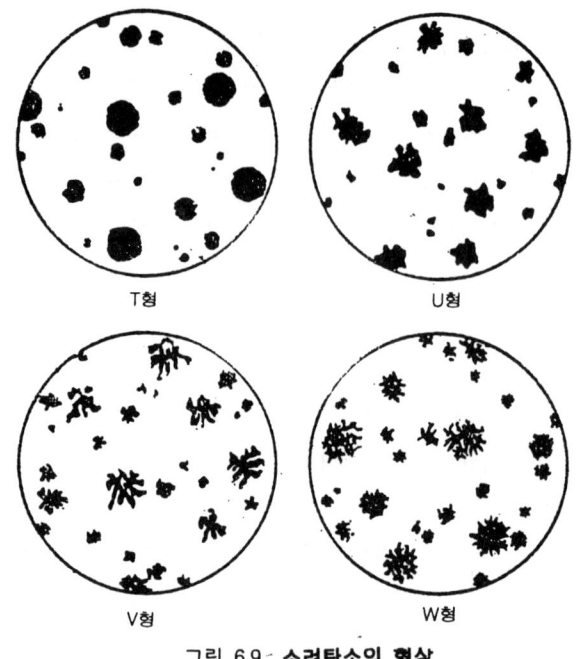

그림 6.9 소려탄소의 형상

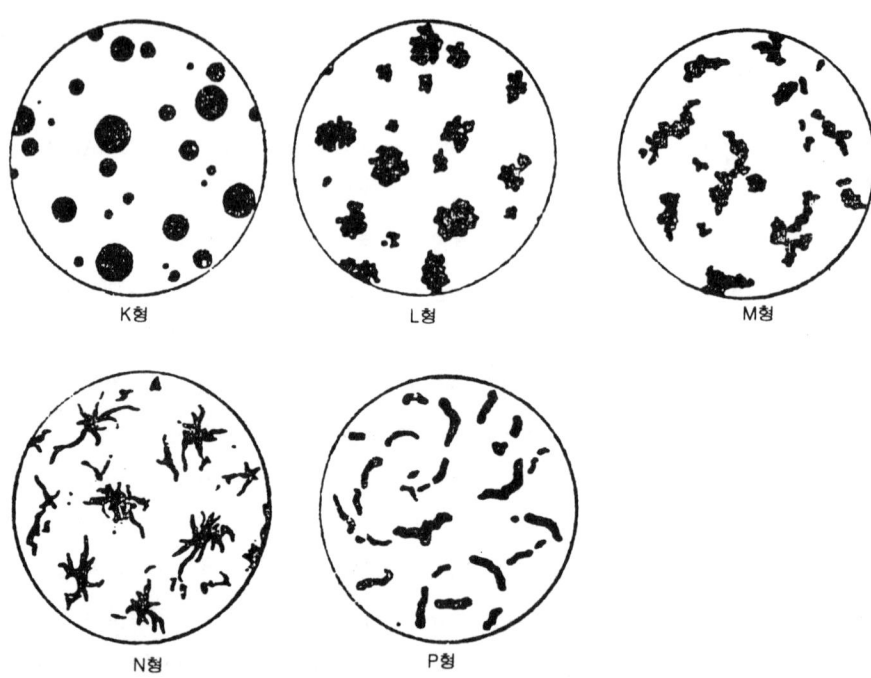

그림 6.10 구상흑연주철에 나타난 흑연의 분류

6.2 보통주철

6.2.1 주철의 조직

보통 주철에서 가장 흔하게 볼 수 있는 미세조직은 그림 6.11 및 6.12에 나타낸 것과 같이 페라이트와 편상흑연이 펄라이트기지조직에 산재(散在)하여 있는 경우와 편상흑연만이 펄라이트기지에 산재하고 있는 경우이다. 물론 냉각속도가 빠른 경우는 흑연의 생성이 억제되고 세멘타이트(Fe_3C)의 형성이 촉진되어 백색의 세멘타이트와 펄라이트가 공존하게 되는 백주철이 되며 이를 그림 6.13에 나타냈다. 또한 주철의 조직으로는 회주철과 백주철이 혼재(混在)되어 있는 반주철(mottled castiron)도 있으며 이를 그림 6.14에 나타냈다. 이처럼 주철에서는 화학조성이 같다 하더라도 응고시의 냉각속도에 따라 세멘타이트가 형성될 수도 있고 흑연이 형성될 수도 있다. 이러한 현상은 복평형상태도로 설

$V = 500 : 1$

그림 6.11 ferrite-pearlite형 주철.
pearlite+ferrite+graphite

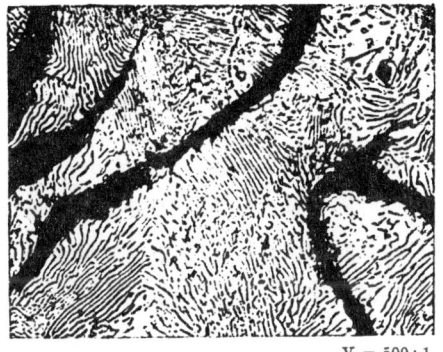

$V = 500 : 1$

그림 6.12 pearlite형 주철.
pearlite+graphite조직.

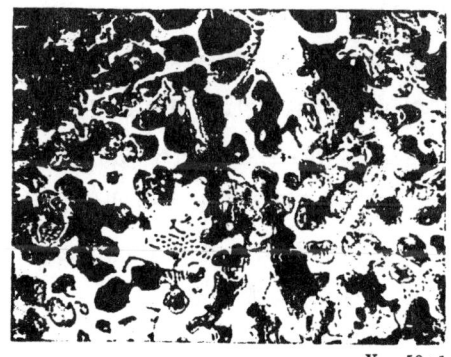

$V = 50 : 1$

그림 6.13 백주철. ledeburite+pearlite조직.

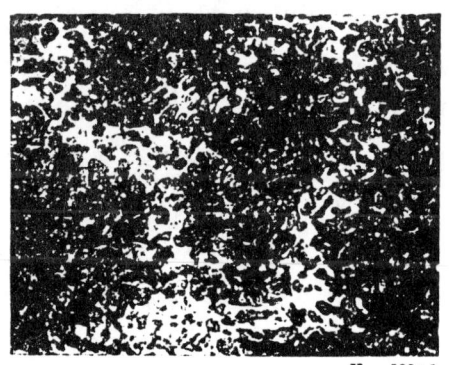

$V = 500 : 1$

그림 6.14 반주철.
ledeburite+pearlite+graphite조직.

명할 수 있다. 즉 백주철의 경우 Fe-Fe$_3$C계로, 회주철의 경우 Fe-Graphite계로 각각의 생성과정이 설명될 수 있다. 그러나 어떤 경우에 백주철 또는 회주철이 되는가는 상태도를 보고 판단할 수 없으며 앞서 6.1절에서 언급한 바와 같이 화학조성, 용해조건, 냉각속도 등에 의해 결정된다.

6.2.2 주철의 조직에 미치는 화학성분의 영향

주철의 주요 성분은 철 이외에 탄소(C), 규소(Si), 망간(Mn), 인(P) 및 황(S) 등이다. 이들 성분들은 주철의 제조과정 중에 원료 및 연료로부터 함유되는 것으로, 이들의 함량에 따라 주철의 조직도 당연히 바뀌게 된다. 이들 원소가 조직에 미치는 영향을 크게 대별하면 응고조직을 회주철화 하는 흑연화촉진작용과 응고조직을 백주철화 하는 탄화물안정화작용으로 나눌 수 있다. 일반적으로 용탕중의 탄소활량(炭素活量)을 증가시키는 원소는 흑연화촉진원소로써 탄화물을 만들기 어렵던지 탄화물을 전혀 만들지 않는 원소이며, 반대로 탄화물을 만들기 쉽든지 또는 세멘타이트에 가용(可溶)되는 원소는 탄소활량을 감소시키는 원소로써 탄화물안정화원소라고 할 수 있다. 이하에서는 이러한 원소들의 영향에 대해서 살펴보기로 한다.

(1) 탄소의 영향

탄소량과 주철조직의 관계를 보면 탄소량이 3% 이하인 경우에는 초정 오스테나이트의 양이 매우 많으므로 오스테나이트의 수지상정 사이에 흑연이 분포된 A.S.T.M규정의 E형 흑연이 되기 쉽다. 냉각이 비교적 빠르면 오스테나이트의 수지상정 사이에 Mossy type(곰팡이형)의 미세한 흑연이 정출할 때도 있다. 탄소량이 3%보다 많은 경우에는 초정 오스테나이트가 정출한 후 초정과 용액의 경계에 편상흑연을 갖는 공정셀(eutectic cell 또는 eutectic·colony)이 다량 발생해서 전체적으로 균일한 편상흑연의 조직이 된다.

탄소량이 공정조성의 부근이 되면 초정 오스테나이트의 양이 적어지기 때문에 과냉된 용액에서 공정셀이 생기기 때문에 ASTM의 D형에 해당하는 공정상미세흑연조직이 생기기 쉽고 냉각속도가 빨라질 경우에 그러한 경향이 더욱 두드러진다. 이렇듯 주철의 조직에 미치는 탄소량의 관계는 공정조성과 밀접한 관계가 있으므로 주철에 있어서 화학조성의 지표로서 탄소포화도(Sc)를 많이 사용하게 된다. 탄소포화도란 주철의 공정탄소농도에 대한 실제 용탕중의 탄소량의 비로서 Sc=1이면 공정조성, Sc<1이면 아공정조성, Sc>1이면 과공정조성의 주철임을 나타내는 것이다. 실제 Fe-C계 합금에서는 공정탄소농도가 4.26%이므로 탄소포화도(Sc)는 다음의 식으로 표시된다.

$$Sc = \frac{C\%}{4.26} \tag{6-1}$$

만일 이 계에 제3의 원소가 첨가되면 첨가원소의 거동에 따라 공정탄소농도가 변하게 되므로 이를 감안해야 한다. 즉 규소나 인 및 황이 포함되는 경우 이들에 의해 공정탄소 농도가 변하는 양만큼 보정하여야 한다. 따라서 규소의 경우 첨가량의 0.31배 만큼 공정 탄소의 농도를 낮추고, 인의 경우 0.33배 만큼 공정탄소의 농도를 낮추므로 탄소포화도 (Sc)는 아래와 같이 표시할 수 있게 된다.

$$Sc = \frac{C\%}{4.26 - 0.31Si\% - 0.33P\%} \tag{6-2}$$

이와 같이 원하는 바의 주철조직을 얻기 위해서는 일정량의 탄소를 함유시켜야 하지만, 그 탄소함량은 동시에 포함되는 규소나 인의 량 및 냉각속도에 따라 변하게 된다.

(2) 규소의 영향

주철에 함유된 규소(Si)는 페라이트에 고용하여 경도를 증가시키며, 강력한 흑연화촉 진원소로써 화합탄소를 분해하여 흑연의 석출을 조장한다. 따라서 조직상으로 볼 때 규소의 첨가는 탄소량을 증가시키는 것과 같은 효과가 있으므로 구미(歐美)에서는 탄소당량(carbon equivalent)이라는 값으로 규소의 효과를 나타낸다. 즉 탄소당량(C.E%)는

$$C.E\% = T.C\% + \frac{Si\% + P\%}{3} \tag{6.3}$$

로 표시된다.

특히 규소량이 많은 주철은 아무리 빨리 냉각시킨다. 하더라도 백주철이 되지 않고 공정상흑연이 정출하는 회주철이 된다. 이는 그림 6.15에 나타낸 바와 같이 규소량의 증가에 따라 안정계 및 준안정계의 평형공정온도차가 넓어져 레데뷰라이트(Ledeburite)의 정

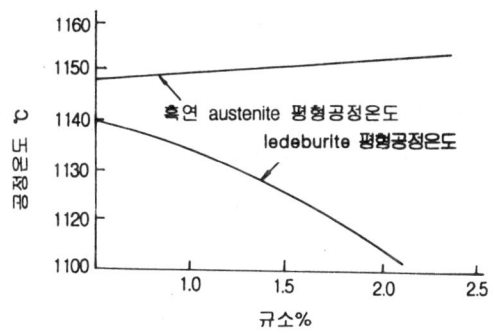

그림 6.15 규소량에 따른 평형공정온도의 변화

출을 어렵게 하기 때문이다. 또한 탄소량이 적은 주철을 빠른 냉각속도로 응고시킬 때 나타나는 미세한 흑연조직은 약간의 규소를 첨가하므로써 잘 성장된 편상흑연으로 되며, 고탄소주철에 규소를 첨가하면 공정상흑연으로 되기 쉬우며 특히 이러한 경향은 냉각속도가 빠를 때 두드러지게 나타난다.

(3) 인의 영향

주철 중에 함유된 인의 일부는 페라이트기지 중에 고용되지만 대부분은 스테다이트(steadite)라는 $Fe-Fe_3C-Fe_3P$의 3원공정상(三元共晶相)으로 존재한다. 스테다이트는 공정온도가 980℃이고 그 때의 조성은 91.6%Fe, 1.96%C, 6.89%P이지만 규소의 함유량이 2%이상으로 많다거나 냉각속도가 느려지는 경우에는 스테다이트 중의 Fe_3C가 분해하여 이 때 생기는 흑연들은 기존에 존재하고 있는 흑연에 흡수되고 나머지인 Fe와 Fe_3P만이 존재하는 경우도 있다. 순수한 페라이트에 인(P)은 1.7%까지 고용될 수 있지만 일반적인 주철에서는 인(P)이 그보다 적게 포함되어 있어도 스테다이트가 생성된다. 이는 일반 회주철의 페라이트는 규소를 포함하고 있기 때문에 인의 용해도가 적어지고 응고시 편석에 의해 인은 잔류 용액중에 농축되어 그림 6.11과 같이 최종응고부위인 eutectic cell boundary에 스테다이트가 나타나게 되는 것이다. 따라서 스테다이트가 석출된 주철을 950℃정도로 가열하면 페라이트 중에 고용되고 만다. 이러한 스테다이트의 존재가 주철의 융점을 낮추어 용탕의 유동성을 향상시키고, 주조성을 좋게 하는 것이므로 인은 두께가 얇은 주물이나 미술주물에 잘 첨가되는 원소이다.

(4) 망간의 영향

망간은 보통 회주철에 0.4~1.0%정도 포함되어 있으며, 규소량이 충분히 함유되어 있으면 주철의 조직은 망간의 량에 크게 영향받지 않는다. 망간은 탄소의 흑연화를 방해하는 백주철화촉진원소로 세멘타이트 중에 용해되어 세멘타이트를 안정화시킨다. 또한 망간은 페라이트의 석출을 방해하고 펄라이트를 미세화시키므로 펄라이트와 흑연으로만 된 조직을 얻으려면 망간을 소량 첨가하는 것이 좋다. 특히 망간은 주철 중의 황분(黃分)과 결합하여 황화망간(MnS)을 만들며 이 황화망간은 용탕의 표면으로 떠올라 슬래그(slag)로 제거되거나 응고된 후 비금속 개재물로써 주철 중에 남게 되어 황화철(FeS)이 생성되는 것을 방지한다. 따라서 망간은 유황(S)의 해를 중화(中和)시키는 원소라 할 수 있다.

(5) 황의 영향

만일 주철 중에 망간이 없던지 또는 매우 적을 경우 황은 철과 결합하여 황화철(FeS)로 되고 그 부근을 백주철화 시켜 경점(硬點 ; hard spot)이나 역칠(inverse chill)이 되게 한다.

황(S)은 일반적으로 흑연화 방해원소라고 알려져 있다. 그러나 황은 용철(溶鐵) 중의 탄소용해도를 감소시켜 탄소활량(炭素活量)을 증가시키는 원소이므로 흑연의 정출을 촉진시키는 원소이어야 한다. 그럼에도 불구하고 주철 중에 황의 량을 증가시키면 흑연량은 점점 줄어들어 백주철이 되어 가며 흑연의 조직은 편상으로부터 점점 미세화하여 공정상 흑연으로 된다. 더욱 황의 량이 많아지면 반선주철(班銑鑄鐵)로 된다. 그러나 이 반선조직(班銑組織)은 망간의 경우와는 달리 공정상흑연과 백주철조직으로 되어 있으며 역칠현상을 나타낸다. 즉 표면부에는 공정상흑연이, 중심부에는 레데뷰라이트가 나타나기 쉽다. 이같이 황은 탄소의 활량(活量)을 증가시키는 원소임에도 불구하고 백선화를 촉진시키는데 이같은 사실은 다음과 같이 설명할 수 있다. 즉 주철 중의 흑연은 결코 단독으로 정출되지 않고 공정응고의 한 구성요소로서 정출되는 것이므로 공정오스테나이트와 관계가 있는 것인데 황이 흑연의 정출을 촉진함과 동시에 공정상(共晶相)의 하나인 오오스테나이트의 정출은 방해한다. 따라서 철-흑연의 공정반응을 저지시킴으로써 반주철 혹은 백주철로 응고되는 것이라 한다.

또한 황은 용융주철의 유동성을 나쁘게 하는 원소이나 망간을 함유시키면 황의 나쁜 영향을 제거시킬 수 있으므로 적당한 양의 망간을 첨가시키는 것이 좋다.

(6) 기타 원소의 영향

소량의 Cu는 흑연의 조직을 개선하며, 얇은 부분의 chill을 방지한다. 그러나 용해도가 적으므로 그 첨가량은 1%이하로 한다.

Ni의 작용도 Cu와 비슷하며 주철을 미세화시켜 강인한 재료로 만든다.

Al은 소량 함유되었을 때는 흑연의 생성을 돕지만 다량 첨가되면 오히려 흑연의 생성을 방해한다. 특히 Al은 용탕표면에 산화막을 생성시켜 유동성을 저해하므로 내산화성이 요구되는 경우를 제외하곤 잘 첨가하지 않는다.

Cr은 강력한 흑연화방해원소로서 보통 주철에 0.3% 이상이 첨가되면 반드시 레데뷰라이트가 생성된다. 그러나 Cr은 Fe와 함께 복합탄화물로 되어 안정한 상이 되므로 주철에 첨가되면 내열성을 향상시킨다.

W, Mo, V 등의 작용도 Cr의 작용과 같으나 그 영향력은 Cr보다 훨씬 약하다.

또한 Cr, V, Mo 및 Ni은 펄라이트 조직을 미세하게 그리고 경(硬)하게 하며 흑연의 조직도 미세화시킨다. 따라서 이들 원소를 단독으로 또는 복합적으로 첨가하여 특수목적에 적합한 주철을 만든다.

Sn은 Si, Al, Ni 등과 같이 흑연화촉진원소이다. 따라서 정출되는 흑연을 크게 성장시키지만, 페라이트의 석출을 방해하여 펄라이트를 안정화시키는 특성이 있다.

6.2.3 주철의 기계적 성질

(1) 인장강도

주철의 품질은 인장강도에 잘 반영되므로 우리나라에서나 외국에서도 주철의 품질규격을 정할 때에는 인장강도를 기준으로 삼고 있다. 그러나 주철의 인장강도는 C, Si 등의 화학조성, 냉각속도 용해조건 및 용탕처리에 크게 의존하게 되므로 간단히 설명하기 곤란하다. 따라서 이하에서는 화학조성 및 냉각속도가 주철의 인장강도에 미치는 영향에 대해서 살펴보기로 한다.

1) 화학조성의 영향

보통주철의 기지에는 흑연이 분산되어 있으므로 주철의 인장강도는 기지조직 뿐만 아

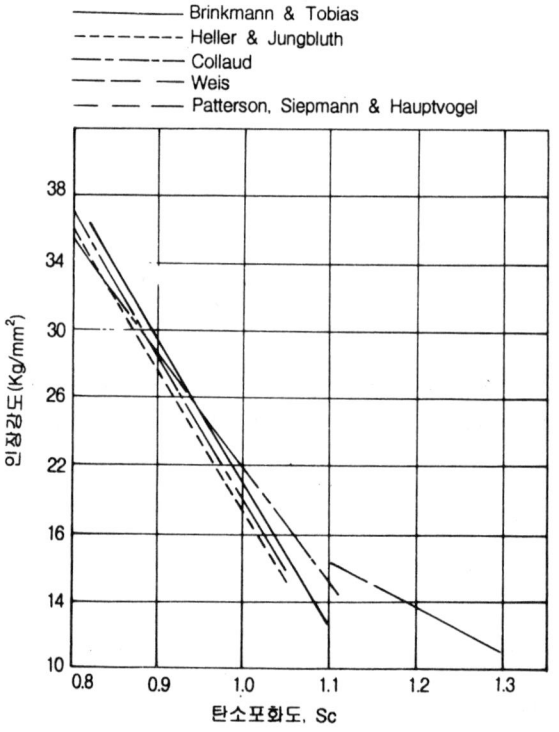

그림 6.16 주철의 인장강도와 탄소포화도와의 관계(30mmΦ 환봉)

니라 흑연의 량, 형상 및 분포에 따라 크게 변하게 된다. 특히 주철 중에 포함된 탄소가 유리탄소(흑연)인가 화합탄소인가는 주철의 재질에 큰 영향을 미친다.

주철의 기지조직과 흑연의 정출상태는 앞서 언급한 대로 용해조건이나 냉각속도가 같다고 하더라도 화학성분에 따라 크게 달라진다. 특히 탄소포화도(Sc)는 흑연조직과 기지조직에 가장 큰 영향을 미치는 **화학성분의 지표(指標)**이므로 인장강도와 관계가 깊다. 인장강도와 탄소포화도의 관계를 연구한 여러연구자들의 결과를 그림 6.16에 나타냈다. 이 실험의 값들은 모두 ϕ30mm인 사형(沙型)에 주입하여 만든 환봉시편을 사용한 결과이다.

그림에서 알 수 있듯이 탄소포화도가 높아지면 인장강도가 낮아지고 있는데 이는 탄소포화도의 증가에 따라 흑연량이 많아지는 것이 가장 큰 이유일 것이다. 따라서 이들의 결과를 통계적 방법으로 처리하여 아래와 같은 식을 구하여 널리 사용하고 있다.

$$\sigma = 102 - 82.5 \times Sc \ (Kg/mm^2)$$

또한 최근에 Patterson 등은 이 식을 **아공정 및 과공정성분의 주철**로 나누어 아래와 같이 제시하였다. 즉 Sc가 0.86~1.06에서는 $\sigma = 103.1 - 83.3 \times Sc \ (Kg/mm^2)$, Sc가 1.10~1.30에서는 $\sigma = 46.5 - 27.7 \times Sc \ (Kg/mm^2)$이다.

한편 일반적으로 탄소포화도가 높아지면 흑연량이 증가하므로 주철의 강도는 저하하는 것으로 알려져 있다. 그러나 탄소포화도가 같다 하더라도 Si와 C의 비가 달라지면 흑연의 생성량은 그림 6.17과 같이 변화한다. 즉 Si/C가 커지면 흑연량이 적어지고 또 고규소로 인하여 기지가 강화되므로 인장강도가 향상된다. 이러한 현상은 접종하지 않은 일반회주철의 경우 보다 접종을 행한 고급주철에서 뚜렷이 나타난다.

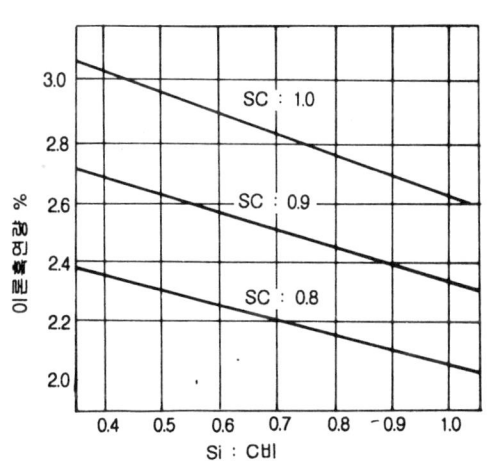

그림 6.17 각종 탄소포화도에서의 Si/C비에 따른 이론흑연량

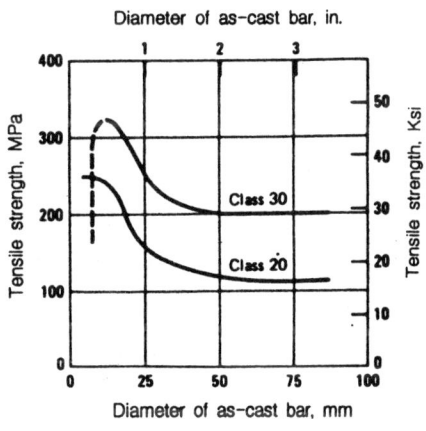

그림 6.18 주물의 두께에 따른 인장강도의 변화

P는 0.3%까지는 인장강도를 향상시키지만 0.3~0.9%에서는 강도의 변화가 별로 없고 그 이상이 함유되면 강도가 저하한다.

S는 보통주철에 불순물로서 0.1%정도 포함되어 인장강도를 해치게 되지만 Mn이 0.3% 이상 첨가되면 MnS로 제거되므로 S의 해는 없게 된다. 그러나 Mn이 부족할 경우에는 S가 주철의 백선화(白銑化)를 조장하여 인장강도를 해치게 된다.

2) 냉각속도의 영향

주철의 인장강도에 미치는 냉각속도의 영향, 즉 주물의 두께와 인장강도의 관계를 그림 6.18에 나타냈다. 그림에서 알 수 있듯이 주물의 두께가 얇을 경우 두께의 변화에 따른 인장강도의 변화가 매우 민감하게 나타나지만 두께가 두꺼워질수록 강도가 떨어지고 두께변화에 대한 강도의 변화도 둔화되게 나타나고 있으며 환봉의 경우 단면지름이 80mm이상이 될 경우 강도의 급격한 변화가 없는 것으로 나타나고 있다.

한국공업규격집(KS)에 규정된 주철의 인장강도는 ϕ30mm로 주조된 환봉시편으로 측정된 인장강도를 말하는 것이므로 실제 주물에서의 강도와 다를 경우가 많기 때문에 주철의 재질을 선정할 때에는 이점을 유의해야 한다. 그리고 임의의 직경을 갖는 환봉주철의 인장강도는 ϕ30mm인 표준시편의 강도로 환산할 때에는 다음과 같은 식을 이용할 수 있다.

$$\sigma_{B(d=2)} = \sigma_{B(d=30)} - \left(\frac{30}{x}\right)^a$$

단, 여기서 a=1.630×Sc-1.058이며 x는 주물의 지름이다.

(2) 압축강도

주철은 인장강도에 비해 압축강도가 3-4배 뛰어난 재료이다. 이는 주철에 응력이 가해지면 흑연 주위에 응력집중 현상이 발생하는데 가해준 응력이 인장응력인 경우에는 흑연 주위의 기지에서 탄성변형 및 흑연부위의 체적증가로 인해 응력집중현상이 가속화되어 기지조직의 탄성한도까지 도달하지 못하고 파단되는데 반하여 압축응력이 걸리는 경우에는 흑연부에 응력집중이 생긴다 해도 흑연부의 체적증가가 없기 때문에 국부적으로 기지조직의 소성변형이 일어날 수 있는 응력이 되어도 흑연부가 압축되지 않기 때문에 전반적으로 고르게 응력이 분포되어 압축강도가 크게 나타난다고 한다. 그림 6.19는 압축강도와 인장강도의 관계를 나타낸 것이다.

(3) 경도

일반적으로 회주철의 경도는 Brinell경도로 표시한다. 이는 회주철에 흑연이 존재하기 때문에 가능한 한 넓은 구역의 평균적인 경도를 취하는데 가장 적합한 경도표시법이 Brinell 경도이기 때문이다.

경도도 인장강도와 마찬가지로 화학성분, 용해조건 및 냉각속도의 영향을 크게 받는다. 화학성분중에서는 탄소포화도가 주철의 경도에 가장 큰 영향을 미치며 탄소포화도가 증가할수록 주철의 경도값은 그림 6.20과 같이 감소하고 보통 BHN 150~BHN 300의 값이 된다.

주철의 경도에 미치는 냉각속도의 영향을 주철의 두께와 경도의 관계로 나타낸 것이 그림 6.21이다. 주철의 두께가 너무 얇아지면 백선화되어 경도가 급증하기 때문에 절삭가공이 곤란해진다.

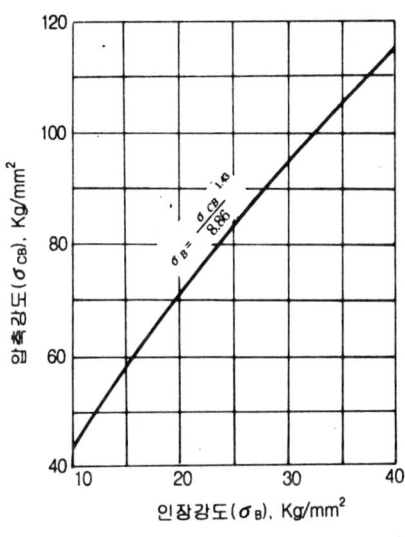

그림 6.19 주철의 압축강도와 인장강도와의 관계

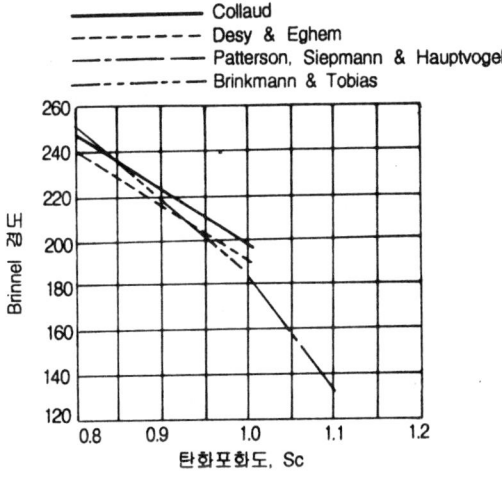

그림 6.20 주철의 Brinell경도와 탄소포화도와의 관계(30mmφ 환봉)

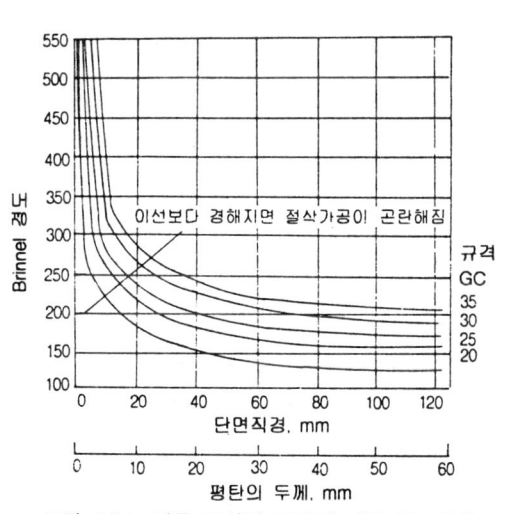

그림 6.21 각종 주철의 두께에 따른 경도변화

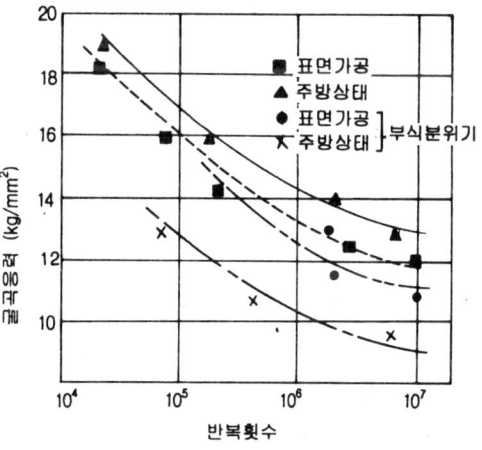

그림 6.22 주철의 피로강도에 미치는 표면거칠기의 영향

(4) 피로강도(疲勞强度)

일반적으로 재료의 피로강도는 피로한도나 내구비(耐久比)를 이용하여 나타낸다. 이때 피로한도는 아무리 반복피로횟수가 증가한다 해도 재료의 파괴가 일어나지 않는 한계응력을 말하며 내구비란 피로한도와 인장강도의 비를 말하는 것이다. 보통 주철의 내구비는 0.3~0.57로 주강의 내구비 0.28~0.45보다 약간 높다.

또한 재료의 피로한도는 하중을 가하는 방법, 표면의 상태, 시점의 분위기 등에 의해 영향을 받게 된다. 그런데 주철주물의 경우 주조된 상태로 사용하는 때가 많지만 표면을 연삭하여 사용할 때도 있다. 따라서 주방상태와 표면연삭상태의 피로성질을 살펴보면 그림 6.22와 같이 보통의 경우 표면연마를 한 것의 피로강도가 주방상태의 피로강도보다 높게 나타나고 있으나 부식을 시키는 경우는 표면연마한 것의 피로강도가 오히려 낮게 나타나고 있다. 이같은 결과는 표면부식의 차이에서 오는 것으로 주방상태의 표면이 부식에 대한 저항성이 크다는 것을 알 수 있다. 이와 같이 주철주물의 피로강도는 표면의 거칠기에 따라서 민감하게 변하여 기계가공을 통해 주철표면의 조도를 미끄럽게 할 경우 피로강도가 높아지지만 부식성 분위기에서 사용된다면 기계가공된 면의 내식성이 떨어져 표면에 미세한 결함이 생성되므로 오히려 피로강도가 떨어지게 된다.

또한 재료에 노치(notch)나 구멍과 같은 응력집중부가 존재하면 피로균열이 이러한 응력집중부에서 발생하기 때문에 재료의 피로강도가 크게 감소한다. 따라서 피로에 의한 파괴를 최소화하기 위해서는 설계시 응력집중부를 줄이도록 함과 동시에 기계가공에서도 응력집중부가 생기지 않도록 해야 한다. 그러나 실제 기계요소에는 많은 응력집중부가 존재하게 되고 기계가공에 있어서도 원치않는 응력집중부가 도입될 수 있다. 따라서 재료에 응력의 집중을 야기시킬 수 있는 노치(notch)를 일부러 도입하여 재료에 노치가 있을 때의 피로특성에 관한 연구가 많이 행해진다. 이때 노치가 피로강도에 미치는 영향은 노치를 가진 시편의 피로한도와 노치가 없을 때의 피로한도를 비교하는 방법이 많이 이용되고 있다. 시편에 노치가 존재함으로써 재료의 피로한도는 감소하게 되는데 그 감소하는 정도를 피로강도감소계수 또는 피로 노치계수(K_f)로 표현하고 있다.

$$K_f = \frac{\text{노치가 없는 시편의 피로한도}}{\text{노치가 있는 시편의 피로한도}}$$

주철의 경우 피로노치계수는 표 6.3에 나타낸 바와 같이 1.0~1.4정도이지만 탄소강의 피로노치계수는 1.4~1.8정도이다. 따라서 주철은 노치에 대한 감도가 적은 재료라 할 수 있으며 이는 기지조직 중에 흑연이 존재하기 때문이다. 즉 주철에 포함된 흑연은 기지조직에 비해 강도가 매우 낮아 흑연 자체를 하나의 작은 노치라고 생각할 수 있다. 이처럼 상당히 많은 작은 노치들이 내부에 존재함으로써 외부에 의식적으로 만들어 준 노치는 그 효과가 잘 나타나지 않게 되는 것이다. 따라서 주철의 피로강도는 흑연의 형상, 분포 및 양에 의존하게 된다. 즉 편상흑연의 노치계수가 구상흑연보다 적으며, 흑연량의 증가에 따라서 피로강도는 직선적으로 감소한다.

표 6.3 인장강도가 다른 주철시험편에서의 피로노치계수

인 장 강 도 (Kg/mm^2)	노치부가 없는 경우 피로한도(Kg/mm^2)	노치부가 있는 경우 피로한도(Kg/mm^2)	노 치 계 수
13.6	6.3	6.3	1.00
17.5	8.2	7.7	1.05
20.5	10.4	9.3	1.10
25.5	13.5	11.4	1.20
29.6	16.2	13.3	1.26

(5) 절삭성

절삭성이란 금속제품의 소재를 공작기계로 가공할 때의 난이(難易)를 표시하는 성질로 절삭면의 조도, 공구가 받는 저항, 공구의 마모 등의 성질을 표시한다.

일반적으로 주철의 절삭성은 다른 철강재료에 비해 매우 우수하다. 이는 주철조직 중에 존재하는 흑연이 chip breaker의 역할을 하여 절삭 chip을 미세하게 하여 공구의 creater wear를 줄여주고, 흑연이 공구와 피삭제의 마찰시 고체윤활제로 작용하여 공구의 온도상승이나 융착등을 방해하기 때문이다. 따라서 주철의 절삭성은 기지조직의 경도뿐만 아니라 흑연의 형상, 분포 및, 크기 등에 큰 영향을 받는다.

주철의 절삭성이 우수함에도 불구하고 주철은 제조과정 중 다음과 같이 절삭성을 해치는 요인이 발생할 수 있다.

① 주물의 모서리나 얇은 부분에 생기는 chill부
② 주물표면에 모래가 소착(燒着)되는 현상
③ fin이나 shift의 형성
④ 수축공의 형성

이 중 chill은 주물의 얇은 부분 또는 주물의 모서리나 작은 주물 등에서 발생되기 쉬우며, 주철의 절삭성을 매우 저하시킨다. 따라서 주철의 절삭성을 좋게 하기 위해서는 chill의 생성을 방지해야 하며 이를 위해서는 주물의 두께에 따라 적당한 탄소함량을 선택해야 한다. 또한 chill이 발생된 경우에는 표 6.4에 나타낸 바와 같은 연화소둔을 행할 필요가 있다. 이 연화소둔은 chill부의 Fe_3C를 분해하며 흑연화하는 것으로 후술할 가단주철의 소둔과정과 같다.

한편 주철의 기지조직과 경도도 절삭성과 밀접한 관계가 있다. 기지조직 중에서는 페라이트조직의 절삭성이 가장 양호하며 그 다음이 펄라이트조직이며 bainite조직인 침상

표 6.4 주철의 연화소둔방법

명 칭	목 적	적 용	소둔온도	가열시간
저온소둔	펄라이트를 페라이트로	보통주철 저합금주철	700~760℃	45min~1hr/in
중간소둔	펄라이트를 페라이트로	보통주철 합금주철	800~900℃	45min/in
고온소둔	유리 시멘타이트의 흑연화	백주철 반주철	900~950℃	1~3hr+1hr/in

(acicular) 주철의 절삭성은 매우 좋지 않다. 따라서 주철의 절삭성을 위해서는 페라이트 기지를 갖도록 하는 것이 좋으나 주철의 기계적인 성질과는 상반되므로 특별한 경도나 내마모성이 요구될 때는 절삭성을 희생할 수 밖에 없다.

6.2.4 주철의 내식성

금속의 부식이란 그 금속과 그것이 놓여져 있는 환경과의 상호작용에 의한 전기화학적 변화를 말한다.

철의 경우 용존(溶存)산소가 있는 물에 의해 부식되어 표면에 수산화철 또는 산화철을 형성하므로써 녹이 생기며, 특히 산, 알카리, 염류(鹽類) 또는 유기물 등이 있으면 부식속도가 증가한다. 그러나 주철은 흑연 및 다량의 Si가 포함되어 있어 강의 부식현상과는 다른 점이 많다. 주철의 조직 중에 있는 흑연은 다른 기지조직에 비해 전기화학적으로 가장 안정하다. 따라서 흑연과 기지조직과의 전위차에 의한 기전력 때문에 기지조직만이 선택적으로 부식되어 표면이 수산화철 또는 산화철로 변화하지만 흑연은 그대로 잔존한다. 더욱 부식이 진행되면 표면에 흑연의 피막이 형성되고 부식생성물이 붙어 있는 상태로 된다. 그것이 보호피막의 역할을 하여 내부의 부식진행을 저지시킨다. 이러한 현상은 장기간 땅속에 묻어둔 주철관에서 발견된다. 또한 주철은 일반적으로 주조상태의 표면이 기계가공한 표면보다 내식성이 우수하다. 따라서 기계가공을 필요로 하지 않는 부위는 주조상태로 놔두는 것이 내식성에는 유리하다.

또한 주철에 첨가원소를 넣어 주어 내식성을 향상시킬 수 있는데, Cu를 0.25~1.5% 정도 함유시키면 묽은 산에 대한 내식성이 향상된다. 이는 동을 함유한 주철을 산에 접촉시키면 주철의 표면에 Cu염이 석출되어 표면에 보호피막이 형성되기 때문이다. 그림 6.23은 묽은 황산에 대한 주철의 내식성에 미치는 Cu의 영향을 나타낸 것이다.

Ni을 주철에 첨가하면 유기산, 알카리 등에 대한 내식성이 증가한다. 그림 6.24에는 KOH에 의한 주철의 부식에 미치는 Ni의 영향을 나타낸 것이다.

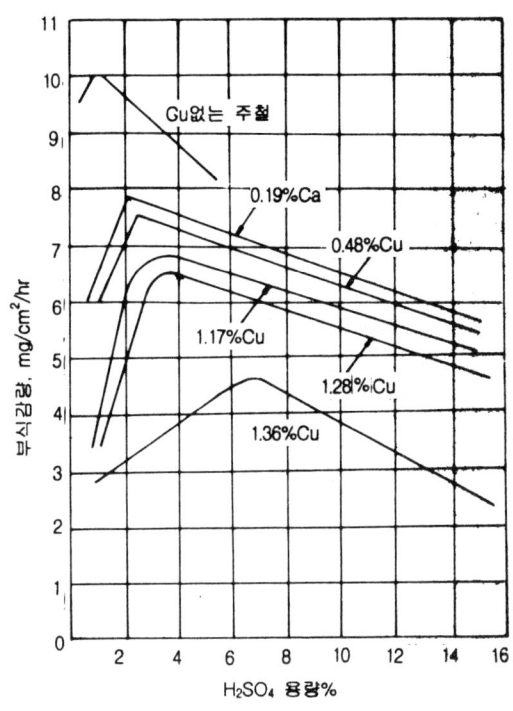

그림 6.23 주철 내황산부식에 미치는 Cu의 영향

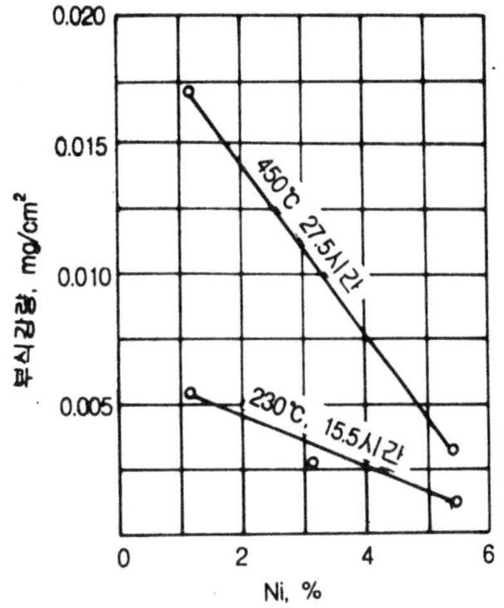

그림 6.24 KOH에 의한 주철의 부식과 Ni의 영향

Cr도 소량 첨가되었을 경우 약한 산, 알카리 및 해수에 대한 내식성이 향상된다.

Si의 경우 보통 주철에 포함되는 1.2~2.3% 정도의 함량에서는 내식성에 거의 영향을 미치지 않으나 고규소주철과 같이 함량이 커지면 내식성이 매우 향상된다.

6.2.5 주철의 내마모성

주철은 비교적 내마모성이 우수한 재료로써 실린더 라이너, 피스톤 링, 브레이크 패드 등 상대운동이 심한 부위에 많이 쓰이고 있다. 이는 주철 중에 포함된 흑연이 건조마모시에는 고체윤활제의 작용을 하고, 윤활마모시에는 선택적으로 마모된 흑연부위가 윤활제의 저장소 역할을 하며 또한 마모 중 형성된 마모입자나 외부로부터 도입된 입자들의 수용장소로 되는 등의 작용을 하기 때문이다. 그러나 주철의 마모특성을 이렇게 간단하게만 설명할 수 없는 것은 마모특성에 영향을 미치는 마찰속도, 마찰거리, 하중, 접촉조건, 분위기 등이 복합적으로 작용하기 때문이다. 따라서 1편의 마모이론에서 밝힌 바와 같이 내마모성을 경도나 강도 같은 기계적 성질만으로 표현할 수 없다. 그러므로 주철의 내마모성을 마찰속도, 하중, 표면경도 및 기지조직에 따라 살펴보기로 하겠다.

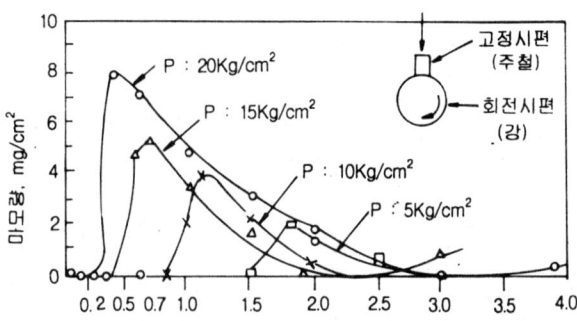

그림 6.25 주철의 마모특성에 미치는 마찰조건(접촉압력, 마찰속도)의 영향

    그림 6.25는 주철의 마모에 미치는 마찰속도 및 하중의 영향을 나타낸 것이다. 그림에서 알 수 있듯이 접촉하중이 증가할수록 마모량은 증가하고 속도의 증가에 따라서는 어떤 임계속도까지는 마모량이 증가하다가 임계속도를 지나서는 마모량이 감소한다. 이처럼 임계속도를 전후해서 마모량이 작게 나타나는 것은 저속의 경우 산화마모가 진행되어 Fe_2O_3의 산화피막이 표면에 형성되므로 금속간의 응착을 방해하므로써 마모량이 적게 나타나는데 마찰속도가 증가함에 따라 표면부의 온도상승에 의한 표면소성유동응력이 낮아져 돌기부의 응착 및 기계적인 파괴에 의해 비교적 큰 형태의 마모분이 생성되기 때문이다. 이때에는 산화피막이 표면부에 의해 충분히 지지되지 못하기 때문에 쉽게 파괴되고 마모입자도 크게 형성되므로 마모의 진행에 따라 새로운 금속의 노출이 마모를 가속시키게 된다. 임계속도를 이상으로 마찰속도가 증가하면 표면온도의 상승이 산화를 가속시켜 표면에 Fe_2O_3 및 Fe_3O_4의 산화피막이 비교적 두껍게 형성되어 다시금 표면 보호피막의 역할을 하기 때문에 마모량은 감소하는 것으로 나타난다.

    그림 6.26은 표면경도가 주철의 마모량에 미치는 영향을 나타낸 것이다. 이들의 경도는 회주철의 경우 주방상태가 BHN 208, 고주파소입 상태가 H_RC 47이고 구상흑연주철의 경우 주방상태가 BHN 230, 고주파소입상태가 H_RC 60이었다. 그림에서 알 수 있듯이 고주파소입에 의해 표면경도를 상승시킨 것의 내마모성이 월등히 나타났으며 회주철 보다는 구상흑연 주철의 내마모성이 좋게 나타났다.

    그림 6.27은 기지조직 중 페라이트의 양이 주철의 마모에 미치는 영향을 나타낸 것이다. 모든 속도구간에서 페라이트의 양이 많을수록 마모량이 증가하는 것으로 나타나고 있으므로 주철의 내마모성을 향상시키기 위해서는 기지조직 중에 포함되는 페라이트의 량을 줄이는 방법이 강구되어야 한다.

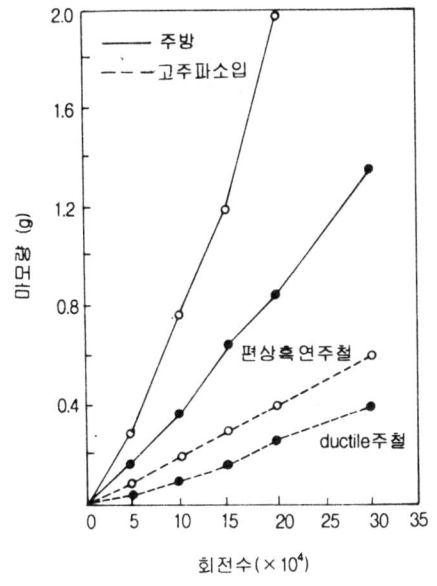

그림 6.26 주철의 마모에 미치는 표면경도의 영향

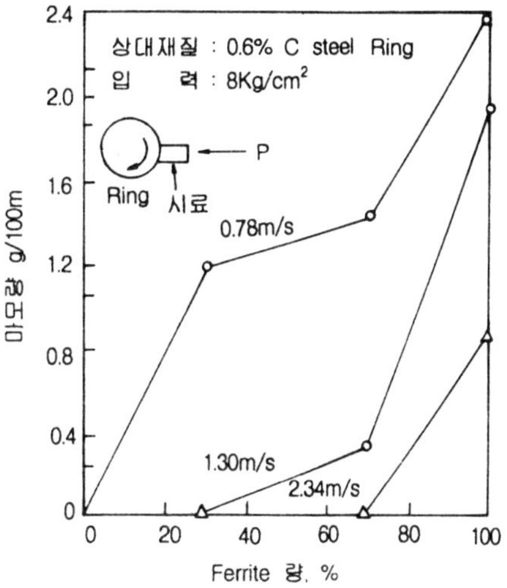

그림 6.27 ductile주철의 마모량에 미치는 ferrite량의 영향

6.3 특수주철

일반적으로 특수주철이란 주철의 기계적 성질과 내마모성, 내열성, 내식성 등과 같은 특성의 개선을 위해 특수원소를 1종 또는 2종 이상을 첨가한 주철을 말한다. 따라서 특수주철을 합금주철이라고도 부르고 있다. 보통 첨가되는 원소로는 Ni, Cr, Mo, Cu, V, B, Al 등이다

6.3.1 특수원소의 영향

(1) Cr

Cr은 강력한 흑연화저해원소이며 강한 탄화물형성원소이므로 많이 첨가하면 Cr_4C, Cr_7C_3 등과 같은 탄화물이 형성한다. 보통 첨가되는 양은 0.2~1.5%이며, 이 정도 첨가될 때에는 탄화물의 양을 증가시키지 않고 펄라이트조직을 미세화시키고 chill의 깊이도 증가시킨다. 내열성을 위해서는 보통 0.5~1.5% 정도 첨가된다. 두꺼운 주물에서 조직을 균일하게 하고 주물내부의 결함을 제거하기 위해 0.3~0.8% 첨가할 때도 있다.

(2) Ni

Ni은 흑연화촉진원소로 보통 0.1~1.0% 첨가하며 조직과 흑연을 미세화시킬 수 있다. 또 Ni은 주물두께의 변화가 심할 때 각 단면의 조직을 균일하게 하는 특징이 있으며 급랭이나 얇은 부분에서의 chill부 발생을 방지하는 효과가 있다. 따라서 백선으로 만들지 않고 경도 및 강도를 높일 수 있다.

내열성, 내식성, 비자성, 고전기저항을 나타내는 오오스테나이트주철을 만들기 위해서 14~38%의 Ni이 첨가되기도 한다.

(3) Cu

Cu는 특수주철에 0.25~2.5% 정도 함유되어 주철의 강도, 경도, 내마모성, 내식성 등을 향상시킨다. 산에 대한 내식성은 0.4~0.5% 첨가되었을 때 가장 우수하게 나타난다.

(4) Mo

Mo은 약한 흑연화저지원소이다. Mo은 특히 항장력, 항절력 및 피로강도가 높은 고력주철을 만들때 가장 적당한 원소이며 보통 0.25~1.25% 정도 첨가된다. Mo의 첨가로 흑연이 미세화되고 강도, 경도 및 내마모성이 우수해진다.

Mo은 Cr과 같이 두꺼운 주물의 조직을 균일화시키는데 유용하며, 열처리시 취성방지에도 효과적이다.

(5) Ti

Ti는 강한 탈산제이므로 흑연화를 촉진하지만 다량 첨가시에는 오히려 흑연화를 저지시킨다. 고탄소, 고규소 주철에 Ti를 첨가하면 흑연 미세화되고 강도를 높일 수 있다. 보통은 0.3% 이하를 첨가하고 0.05~0.08% 정도 잔류하는 것이 좋다.

(6) V

강한 흑연화저지원소이며 0.1~0.5% 첨가되어 흑연과 기지조직을 미세화한다. 또한 질량효과를 감소시키고 피로한을 증가시킨다. 흑연미세화 및 균일화의 효과 때문에 piston ring에 이용되며 0.2~0.4%정도 첨가된다.

고온에서의 성장방지를 위해 0.5~1.0%정도 첨가될 때도 있다.

6.3.2 특수주철의 성질

(1) 기계적 성질

주철에 특수원소를 첨가하는 이유는 기계적성질의 향상 외에도 내마모성, 내열성, 내식성의 개선과 질량효과의 감소 등에 있다.

주철의 질량효과를 감소시키기 위해서는 Ni, Cr, Mo 등의 원소를 첨가하며, 주철의 인장강도 및 경도에 미치는 첨가원소의 영향은 그림 6.28에 나타낸 바와 같다. 그림에서 알 수 있듯이 Mo, V, Cr등은 소량 첨가로 강도 및 경도의 향상 효과가 뚜렷한데 반하여 Ni, Cu, Mn 등은 그 효과가 작게 나타나고 있다. 또한 V, Cr, Mo등과 같은 탄화물 생성원소는 주철을 백선화시키는데 반하여, Al, Si, Ni, Cu 등은 흑연화촉진원소이다. 따라서 회주철의 강도를 향상시키기 위해 V, Cr, Mo 등을 첨가할 때는 첨가량에 따라 흑연화촉진원소와 함께 사용하는 것이 바람직하다.

(2) 내식성

주철은 일반적으로 산에는 강하고 알카리에는 약하지만, 대기, 해양, 토양 등에 대한 내식성은 부식조건에 따라 달라진다.

주철의 내식성은 기본적으로 **화학조성과 미세구조**에 의존하여 3~5%의 Ni을 첨가하면 내알카리부식성이 좋아지며, 약한 산이나 S를 함유한 원유에 대한 내식성은 0.5~1.0%의 Cu를 첨가하면 좋아진다.

고 Cr주철의 내식성은 Cr_2O_3의 보호피막생성에 의하므로 산화성분위기하에서 약산 또는 유기산이나 염수에 대한 내식성이 우수하고 특히 그림 6.29의 (b)에 나타낸 바와 같이 질산에 대한 내식성이 우수하다. 그러나 환원성 분위기나 특히 염소이온이 존재할 때의 내식성은 낮다.

고 Si 주철의 내식성은 모든 산류에 대해서 우수하며 Si 함량이 14.5% 이상인 경우 그림 6.29에 나타낸 바와 같이 30%의 끓는 황산에 대한 내식성이 우수하고, 16.5% 이상

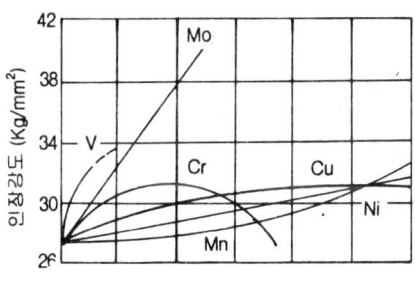 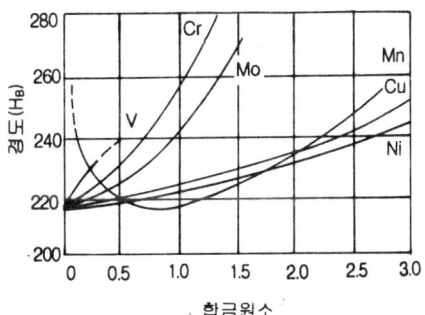

그림 6.28 회주철의 기계적 성질에 미치는 특수원소의 영향

이 함유된 경우 모든 농도의 끓는 황산, 질산에 대한 내식성이 우수하다. 그러나 Si함량이 높으면 열충격이나 기계적충격에 약하므로 기계가공이 어려우며 사용시 주의해야 한다.

고 Ni 오스테나이트주철은 그림 6.30에 나타낸 바와 같이 고온에서 알카리에 대한 내식성이 우수하고 상온에서 염산에 대한 내식성이 좋다.

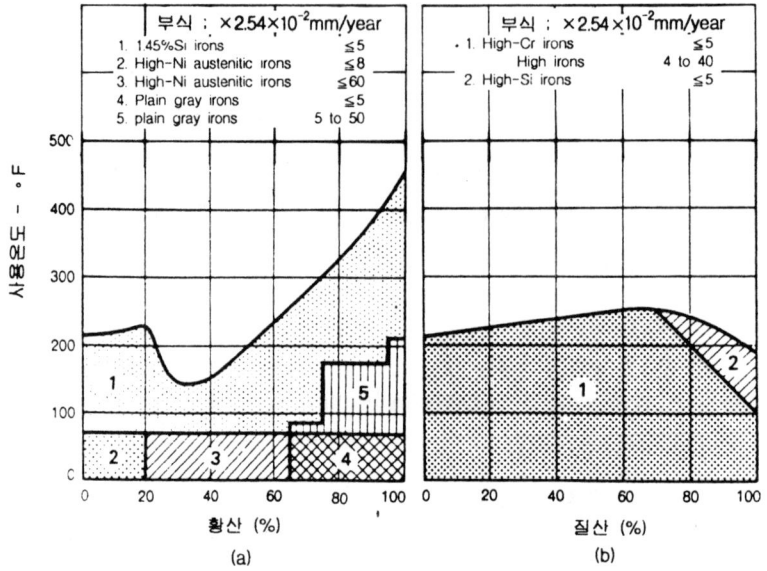

그림 6.29 보통주철과 합금주철의 황산과 질산에서의 유효수명

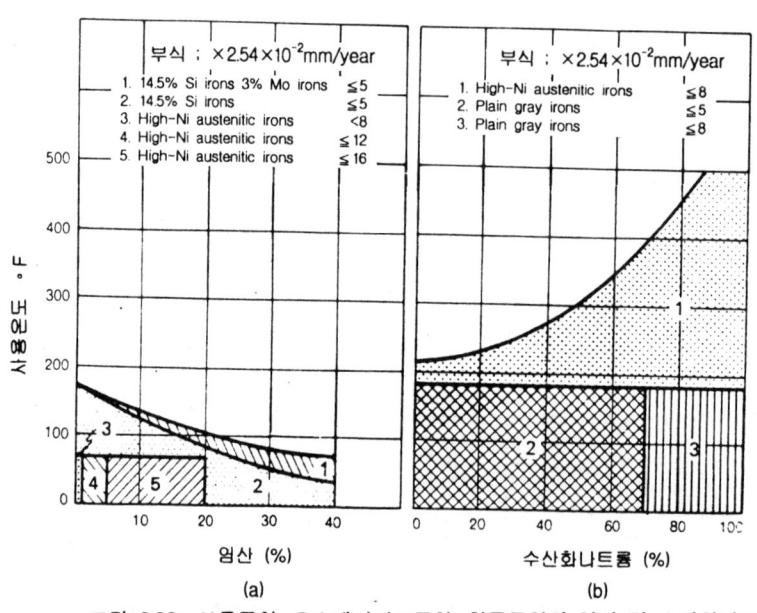

그림 6.30 보통주철, 오스테나이트주철, 합금주철의 염산 및 수산화나트륨에서의 유효수명

(3) 내마모성

주철은 미끄럼 마모에 대한 저항성이 좋으므로 건조마모상태로는 브레이크류 및 클러치판 등에, 윤활마모상태로는 공작기계부품이나 내연기관의 실린더 라이너, 피스톤 링 등에 많이 사용된다.

주철의 마모는 재료의 특성보다 마모조건이 더 큰 영향을 미치며 특히 마찰속도, 접촉하중 및 표면온도의 영향이 크다. 따라서 저속, 저하중같이 표면온도가 별로 상승하지 않는 경우에는 기지조직을 경하게 하는 것이 좋으며, 고속 고하중과 같이 표면온도의 상승이 현저한 경우에는 저융점인 스테다이트를 형성시키는 인이 첨가된 주철이나 기지조직의 마르텐사이트화를 촉진시키는 Mn, Cr, Mo 등의 합금원소를 함유하는 주철은 좋지 않다. 또한 온도상승을 억제하고 열응력을 완화시킬 수 있는 흑연을 많이 함유하는 고탄소주철이 바람직하며 열충격에 강한 페라이트기지의 구상흑연주철의 내마모성이 가장 우수하다.

6.3.3 고규소 주철

Si는 흑연화촉진원소이며 주철에는 꼭 필요한 원소이지만 Si가 4% 이상이 첨가되면 주철이 특수한 성질을 갖게 된다. 그 중 하나는 8%까지의 Si를 함유하는 내열주철이고, 또 하나는 14~18%까지의 Si를 함유하는 내산주철이다.

(1) 고규소내열주철(Silal)

이것은 Si가 4~8%인 내열주철로 silal이라고 불리우며 Si의 첨가에 따라 산화막의 형

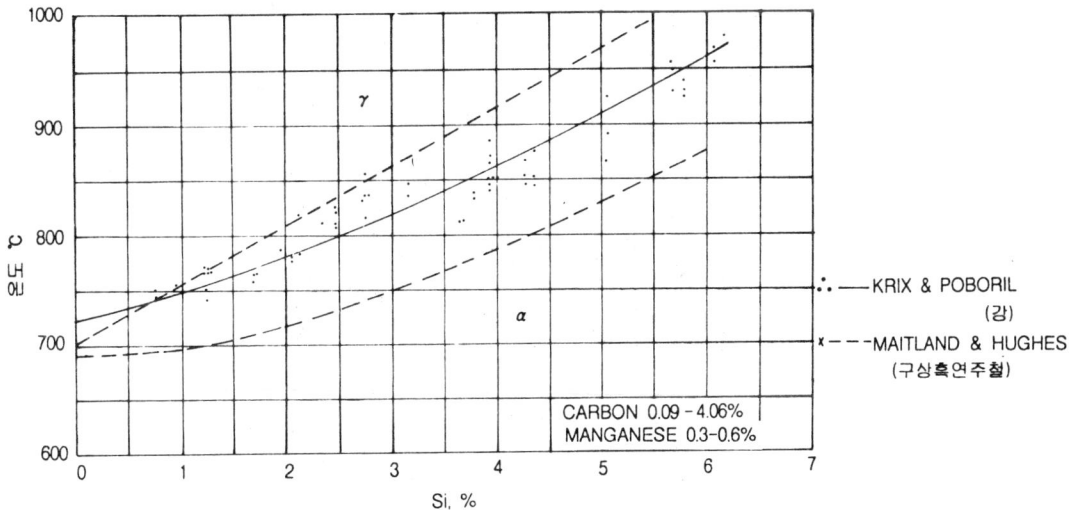

그림 6.31 탄소강과 주철의 $\alpha-\gamma$ 변태온도에 미치는 Si의 영향

성과 **주철의** 성장이 급격히 감소한다. 이는 표면에 SiO_2의 부동태 피막이 형성되기 때문이다. Si함량이 증가하면 그림 6.31에 나타낸 바와 같이 $\alpha-\gamma$의 변태온도가 900℃까지 상승하므로 900℃이하에서는 상변태에 기인하는 팽창과 수축을 피할 수 있다. 그림 6.32에는 silal과 다른 주철의 고온 내산화성의 특성을 나타냈으며 그림 6.33에는 silal의 주조조직을 나타냈다.

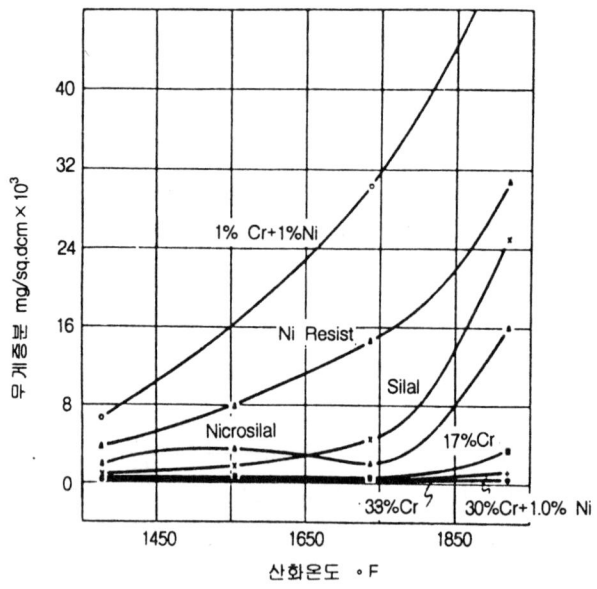

그림 6.32 대기중 각 온도에서 200시간 유지시 각종 합금주철의 산화

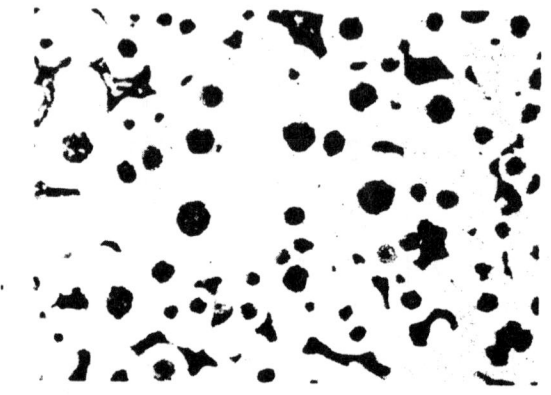

그림 6.33 고규소 내열주철의 주방상태(3.5%C, 3.5%Si, 0.7%Mn) 주방조직은 불규칙한 회색으로 나타나는 펄라이트가 15%, 회게 나타나는 페라이트가 85% 및 구상의 템퍼카본으로 되어 있다(3% Nital, ×100)

(2) 고규소내산주철

Si의 함량이 14~18%인 고규소 내산주철은 각종의 산에 대해서 우수한 내산성을 나타낸다. 우수한 내산성을 나타내는 이유는 사용초기에 실리코페라이트(silicoferrite)에서 철이 빠져나가고 남은 Si가 SiO_2와 같은 산화피막을 형성하고 이 피막이 더 이상의 부식을 막아주기 때문이다.

고규소 내산주철은 황산, 질산, 염산 등에 대해 모든 온도 및 농도 구간에서 우수한 내식성을 나타내며 또한 황산과 질산의 혼합산에 대해서도 내식성이 우수하다. 그림 6.34는 고규소주철의 내산성을 나타낸 것이다.

염산에 대한 내식성을 보장받기 위해서는 Si의 함량을 18%까지로 하던가 3~5% Mo을 첨가하면 효과적이다.

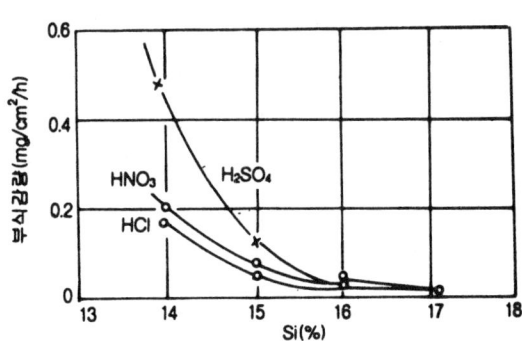

그림 6.34 고 Si 내산주철의 내산성과 Si과의 관계

고규소주철은 불산에 대한 내식성은 없으며, 알카리에 대한 내식성은 일반주철보다 못하다.

탄소의 함량은 0.35~1.0%정도이며 Si의 함량 14.25~15.25의 것이 많이 쓰인다. 황과 인의 함량은 각각 0.1% 및 1.0% 이하로 해야 한다. 만일 Si함량이 17~18%가 되면 특정 농도의 불산에 대해 어느 정도의 내식성을 가질 수 있으나 보통의 고규소주철에 비해 취약성을 나타내므로 실용에 있어서 주의가 필요하다.

6.3.4 Ni 주철

Ni은 주철에 첨가될 때 흑연화를 조장하는 역할을 하며 오스테나이트의 안정화와 분해에 영향을 끼친다. 즉 저 Ni의 경우 오스테나이트 변태에 뚜렷한 효과가 있으며 고 Ni의 경우 오스테나이트상의 안정화를 촉진시킨다. 즉 소량의 Ni은 그림 6.35에 나타낸 바와 같이 변태곡선을 변화시킨다. 또한 Ni은 펄라이트를 미세화시키기도 한다. 약 6~8% Ni이 첨가된 경우는 공석반응이 저지되어 냉각시 오스테나이트가 직접 마르텐사이트로 변태한다. 약 12~14% Ni이 첨가된 경우는 Ms점이 상온 이하로 내려가기 때문에 오스테나이트가 안정화 된다. 따라서 Ni주철은 기지조직에 따라 다음의 3종류로 대별될 수가 있다.

① 펄라이트 Ni 주철 ; 약 3%까지의 Ni함유
② 마르텐사이트 Ni 주철 ; 약 4~8%의 Ni을 함유, 이때 기지조직은 냉각속도에 의존함
③ 오스테나이트 Ni 주철 ; 약 14~20%의 Ni을 함유

오스테나이트 Ni주철은 약 670℃ 부근으로 반복 가열될 때 유효하다. 그 이유는 보통 주철의 경우 반복가열에 의해 $\gamma \rightarrow \alpha$ 의 변태가 생기고 이 때 발생하는 부피변화에 의해 균열이나 변형이 생기는데 반해 오스테나이트 Ni주철은 상변태가 일어나지 않고 상온에서도 오스테나이트로 존재하기 때문에 균열과 변형이 발생되지 않는 것이다. 그러나 이 때 열처리에 의해서 초석 carbide를 형성시키는 것이 중요하다. 그렇지 않으면 반복가열시 carbide의 생성에 따른 부피변화로 인하여 균열과 변형이 생기게 된다.

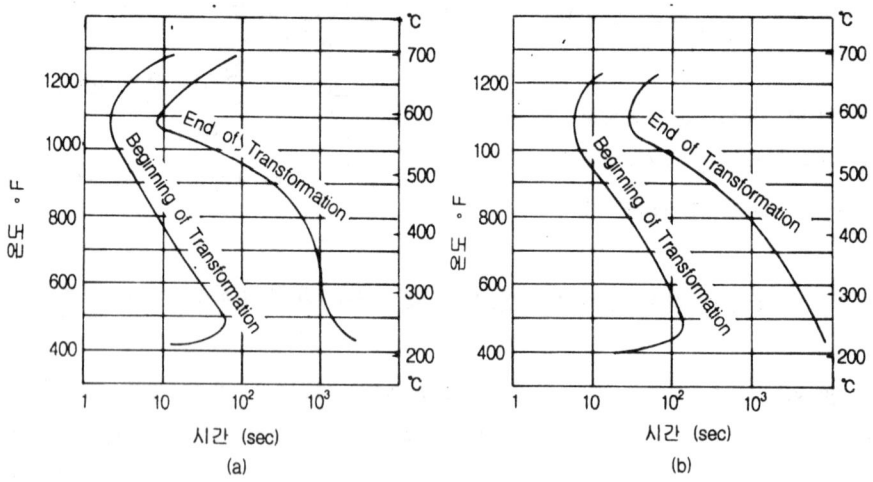

그림 6.35 주철에 있어서 Ni의 첨가에 따른 TTT 곡선의 변화

표 6.5 Ni-Hard type1과 type2 합금의 조성과 기계적 성질

	Ni-hard type 1	Ni-hard type 2
C	3.5-3.6	2.90 max.
Ni	4.0-4.75	4.0-4.75
Cr	1.40-3.50	1.50-3.50
Si	0.40-0.70	0.40-0.70
Mn	0.40-0.70	0.40-0.70
경도	R_c 53	R_c 52
Chill의 경도	R_c 56	R_c 55
인장강도	275-345 N mm^{-2} (40-50,000 psi)	310-380 N mm^{-2} (45-55,000 psi)
chill의 인장강도	345-413 N mm^{-2} (50-60,000 psi)	413-483 N mm^{-2} (60-70,000 psi)

6.3.5 마르텐사이트(Martensite) 주철

Ni을 4~8% 함유하는 주철은 $\gamma - \alpha$의 변태속도가 매우 늦어져 주방상태의 마르텐사이트의 기지조직을 얻을 수 있다. 이 조직은 흑연이 존재함으로 인해 경도는 조금 손해를 보지만 적당한 가공성이 있게 된다. 따라서 내마모용에는 보통 Cr을 첨가하여 사용한다. 이 경우 Si의 양이 적게 규제되기 때문에 흑연보다는 탄화물이 형성되기 쉽고, Ni이 흑연화를 조장한다 해도 첨가되는 Cr이 탄화물 안정화원소이기 때문에 최종조직은 마르텐사이트와 철/크롬탄화물이 형성되는 백주철이 되며 이를 Ni-Hard cast iron이라 한다.

일반 주철의 경도가 350~550 DPH인데 반하여 마르텐사이트 백주철(martensitic **white iron**)은 경도가 500~780DPH가 된다. 이는 일반 주철의 기지조직인 펄라이트가 마르텐사이트로 대치되기 때문이며 따라서 내마모성이 우수해진다.

Ni의 첨가량은 주물의 두께에 따라 증가하게 되지만 Ni의 증가에 따른 흑연화의 경향은 Cr의 첨가로 억제할 수 있다. 최고 경도값은 C량을 높임으로써 탄화물을 많이 생성시켜 얻을 수 있고 최고 인성값을 갖기 위해서는 탄소량을 줄여 경도를 희생시킴으로써 얻을 수 있다.

Ni-Hard 합금은 약 4.5% Ni에 1.5~3%Cr을 첨가한 것이 많이 사용되고 있으며 C의 함량에 따라 기계적 성질이 변하여 type1과 type2로 구별하고 있으며 표 6.5에는 이들의 조성과 기계적 성질을 나타냈다.

6.3.6 오스테나이트(Austenite) 주철

오스테나이트주철의 기본적인 특성은 아래의 4가지로 대별된다.
① 내식성(Ni-Resist type)
② 저팽창성(Minovar type)
③ 비자성(Nomag type)
④ 내열성(Nicrosilal type)

이상에 나타낸 주철은 Ni, Cu, Mn 등의 첨가에 따라 상온에서도 $\gamma - \alpha$의 변태가 저지된다. 이들 첨가원소들은 그림 6.36에서와 같이 시간/변태곡선(TTT 곡선)을 우측으로 이동시켜 우선 마르텐사이트조직을 생성시키고, 더욱 많이 첨가시키면 오스테나이트조직을 원하는 온도에서 안정하게 생성시킨다. 마르텐사이트 변태개시온도(Ms점)에 미치는 첨가원소의 영향을 식으로 나타낸 Nehrenburg에 의하면

$$Ms(℃) = 500 - 300C\% - 33Mn\% - 22Cr\% - 17Ni\% - 11Si\% - 11Mo\%$$

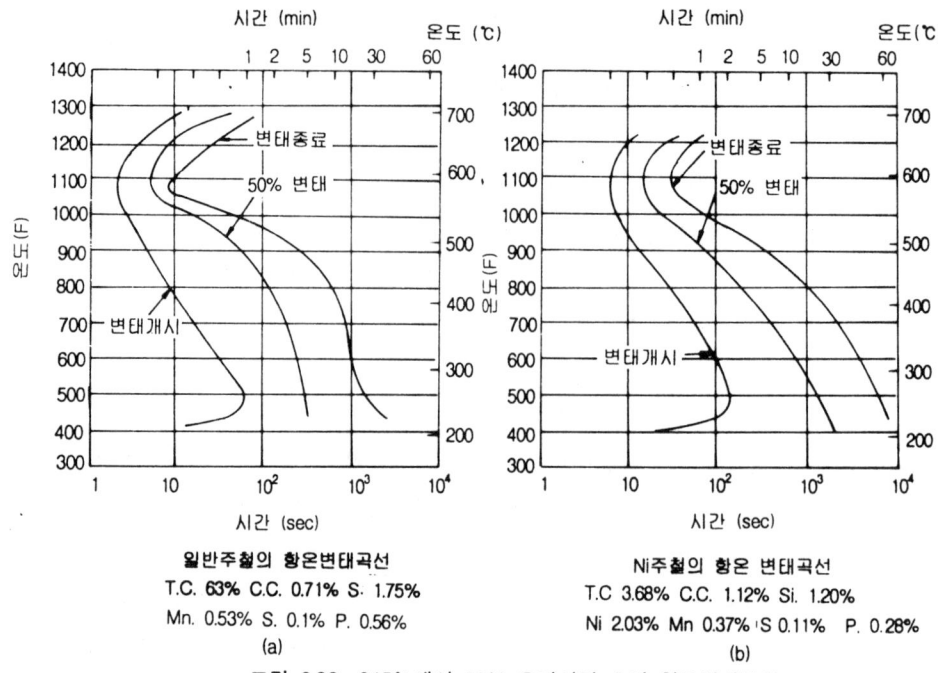

그림 6.36 845℃에서 20분 유지시킨 후의 항온변태곡선

표 6.6 오스테나이트 편상흑연주철의 화학조성과 기계적 성질

등 급	AUS 101		AUS 102		AUS 105	
	A	B	A	B	A	B
Total C	— 3.0	— 3.0	— 3.0	— 3.0	1.6 2.2	— 2.60
Si	1 2.8	1 2.8	1.0 2.8	1.0 2.8	4.5 5.5	1.0 2.0
Mn	1 1.5	1 1.5	1.0 1.5	1.0 1.5	1.0 1.5	0.4 0.8
Ni	13.5 17.5	13.5 17.5	18.0 22.0	18.0 22.0	18.0 22.0	28.0 32.0
Cu	5.5 7.5	5.5 7.5	— 0.5	— 0.5	— 0.5	— 0.50
Cr	1.0 2.5	2.0 3.5	1.0 2.5	2.0 3.5	1.8 4.5	1.8 3.5
인장강도, 최소 경도, 최대 (N/mm²) 연신율, % 최소	(139) 212 2	(185) 248 —	212 (139) 2	248 (185) —	248 (185) 2	212 (170) —

이다. 따라서 이들 첨가원소의 함량을 높이면 Ms점이 상온 이하가 되어 기지조직이 오스테나이트로 된다.

  Ni-Resist 주철은 내열, 내식성이 우수하고 가공성이 좋은 주철로써 일반적인 조성에는 Cu가 5.5~7.5%정도 포함되지만 Cu가 첨가되지 않아야 할 경우에는 Ni의 함량을 높여서 사용한다. 일반적인 편상흑연의 Ni-Resist 주철의 화학조성을 표 6.6에 나타냈다. 여기서 Cu의 존재는 내식성을 향상시키지만 초산을 다룬다던가, 식품기기의 경우 Cu외

함량이 없는 것은 사용해야 한다. Ni-Resist 주철의 인장강도는 조성 및 미세조직에 따라 다르지만 보통 14.2~24.4Kg/mm² 정도이다. 경도 역시 미세조직과 조성, 특히 C와 Cr의 함량에 민감하며 보통 BHN 120~248 정도의 값을 갖는다. 경도에 대한 Cr함량의 영향은 Cr이 없을 때의 경도값을 100이라 할 때 Cr이 1% 첨가될 때마다 약 20씩 증가한다.

비록 오스테나이트강이나 오스테나이트주철의 **열팽창계수**가 약 $18 \times 10^{-6}/℃$ 정도로 크지만, Ni이 많이 함유되어 있는 Invar와 같은 것은 0℃~200℃의 온도구간에 있어서 열팽창계수가 $0.4 \times 10^{-6}/℃$ 정도로 매우 낮다. 주철에 있어서도 그림 6.37에 나타낸 바와 같이 Ni의 함량에 따라 열팽창계수가 $4~8 \times 10^{-6}/℃$ 정도로 낮은 것이 있는데 이를 Minovar라고 하며 그의 특성을 표 6.7에 나타냈다.

비자성(Non-Magnetic) 주철은 모두 오스테나이트의 조직을 갖고 있지만 오스테나이트 안정화 원소에 따라 다음과 같이 크게 3가지로 나뉜다.

① Ni이 안정화 원소인 것으로 기계적 성질이 우수하고, 고온특성 및 내식성이 좋은 것
② Ni, Cu, Mn이 Al을 포함시키든가 않는 것. 이것은 ①번 보다 싸지만 고온특성 및 내식성이 좀 뒤진다.
③ Mn이 Al이나 Cu를 포함시키든가 않는 것으로 가장 **값싸게** 만들 수 있으나 Fe_3C를 형성시키지 않기 위해서 C의 양을 크게 해야 한다. 따라서 기계적 성질 및 내식성이 나빠진다.

이 주철에 있어서 중요한 것은 합금원소(Ni, Cu, Mn)의 량이 주철의 두께에 따라 적

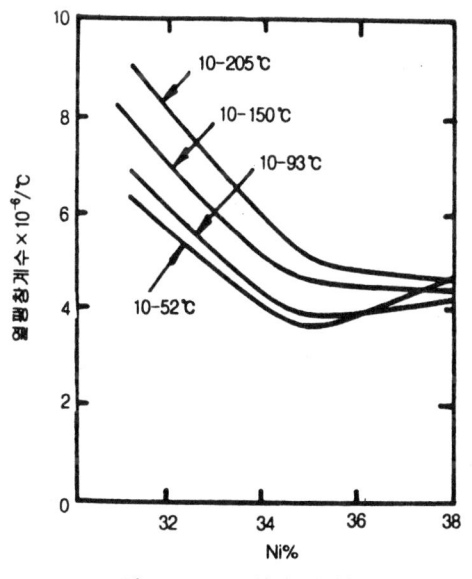

그림 6.37 Ni주철의 열팽창계수

표 6.7 저팽창형 35~36% 오스테나이트 Ni 주철의 특성

성 질	특성값
인장강도	138~172 (N/mm²)
압축강도	552~689 (N/mm²)
비틀림강도	207~241 (N/mm²)
경도(Brinell)	100~125
충격값	20kg-m
밀도	7.6g/m²
융점	1230℃
열전도도	0.094cal/m²/cm/s/℃
비저항	1~1.7 $\mu \Omega \cdot m$

당히 조절되어야 한다는 것이다. 그렇지 않으면 서냉에 의해 마르텐사이트가 생성이 되고 비자성 특성이 손상된다.

내열, 내식을 목적으로 하는 오스테나이트계의 Ni-Cr-Si 주철을 Nicrosilal이라 하는데 이것은 700℃ 이상의 온도에서도 뛰어난 내산화성을 갖는 주철이다. 보통의 조성은 1.6~2.6%C, 4.0~4.5%Si, 0.6~1.2%Mn, 18.0~22%Ni, 2.0~4.0%Cr, 0.1~0.5%P이다.

이 Nicrosilal은 오스테나이트 구간에서 매우 뛰어난 내산화성을 가지며, 특히 가열시의 열충격에 강하다. 만일 Ni함량이 매우 높지 않으면 700℃까지는 Ni-Resist에 비해 낮은 내산화성을 보이나 그 이상의 온도에서는 내산화성이 훨씬 좋다.

Nicrosilal의 상온 특성은 표 6.8에 나타낸 바와 같다. 미세조직은 Cr의 함량이 1.8%가 넘지 않으면 Cr탄화물이 있는 오스테나이트의 조직이 된다. 기계적 성질과 내식성을 좋게 하기 위해서는 흑연이 미세하게 형성되어야 하며 Si가 5% 이상이 되면 silico-ferrite가 생성되므로 취약해진다. 표 6.9에는 Cr의 함량에 따른 Nicrosilal의 기계적 성질을 나타냈다.

표 6.8 Nicrosial의 특성

성 질	특성값
인장강도	170~278 (N/mm^2)
연 신 율	3%(측정길이 51mm일때)
경 도(Brinell)	140~190
항 절 력	386~456(N/mm^2)
비 중	7.2~7.4
열팽창계수	18×10^{-6}/℃
열전도도	100℃에서 0.063cal/cm^2/cm/s/℃
	430℃에서 0.070cal/cm^2/cm/s/℃
전기저항	160$\mu \Omega$m

표 6.9 Cr함량에 따른 Nicrosilal의 특성

성 질	특성값	
	Soft(2%Cr)	Hard(5%Cr)
인장강도	216(N/mm^2)	315(N/mm^2)
연신율(51mm때)	2.0	—
경도(Brinell)	143	190

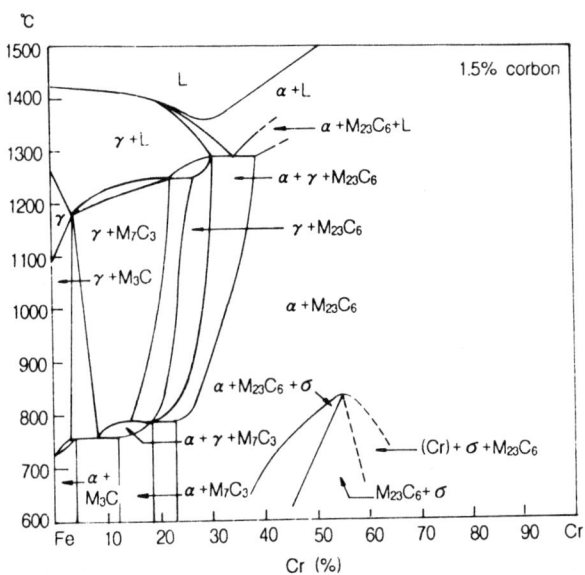

그림 6.38 Fe-C-Cr 삼원계에서 1.5%C에 해당하는 수직단면

6.3.7 Cr 주철

Cr은 그림 6.38에 나타낸 바와 같이 강력한 탄화물형성원소이며 주철의 조직을 크게 변화시켜주므로 Cr의 첨가에 따라 다양한 용도로 사용될 수 있으며 사용 목적에 따라 다음과 같이 구별된다.

① 33% Cr 주철로 고온특성이 우수한 것
② 14~28% Cr 주철로 Mo를 포함하며 마르텐사이트의 기지조직을 가져 내마모성이 우수한 것.
③ 저 Cr 주철로 탄화물을 안정시켜 보통주철의 기계적 성질 및 내열, 내식, 내마모성을 향상시킨 것

Cr을 많이 함유하는 고Cr 주철은 내고온산화성 및 내식성이 스테인레스강보다도 우수하다. 이들의 미세조직은 오스테나이트와 탄화물로 되어 있으며 특히 Cr이 33% 함유된 주철은 1050℃에서도 내산화성이 우수하다.

Cr을 14~28% 함유하는 주철은 주조조직이 불연속적인 $(CrFe)_7C_3$상과 오스테나이트가 주이며 부분적으로 냉각시에 변태된 마르텐사이트가 보인다. 기지조직이 마르텐사이트일 때 가장 좋은 내마모성을 나타내며 내식성도 우수하다. 그림 6.39는 Cr함량에 따른 서로 다른 온도에서의 내산화성을 나타낸 것이다. 또한 그림 6.40은 Cr주철의 내식성에 미치는 Cr과 C량의 관계를 나타낸 것이다.

Cr을 소량 첨가할 때 첨가된 Cr은 기지중에 고용하여 페라이트의 석출을 억제하고 펄

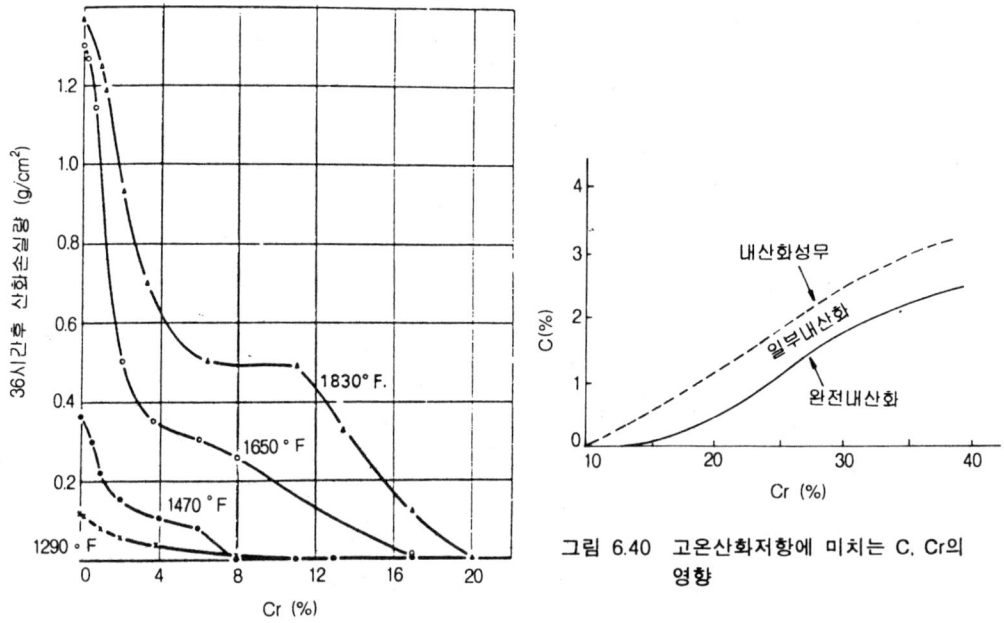

그림 6.39 대기중 여러 온도에서 합금주철의 산화 손실량에 미치는 Cr함량의 영향

그림 6.40 고온산화저항에 미치는 C, Cr의 영향

라이트를 미세화하여 주철에 강도를 향상시킨다. 또한 Cr 주철은 보통주철에 비해 고온강도 및 내열성이 우수하다.

6.3.8 칠드주철(chilled cast iron)

칠드주철은 내마모성을 필요로 하는 면을 금형에 의하여 백선화시켜 경도를 높임으로써 내마모성을 띠게 하는 주물이다. 백선화한 부분은 취성이 있으나 내부는 강하고 인성이 있는 회주철이므로 전체적으로는 취약하지 않으므로 압연용 롤(roll), 차륜(車輪), 분쇄기의 jaw 등에 이용되고 있다. 그의 주된 화학조성을 표 6.10에 나타냈다.

칠드주철의 내마모성은 chill부분의 깊이와 경도에 의해 크게 영향을 받는다. 즉 chill부의 깊이가 너무 얇으면 수명이 짧아지고, 너무 깊으면 주철의 파손이 생기기 쉽다. 따라서 사용목적에 따라 chill부의 깊이를 조절해야 하며 보통 10~25mm가 적당하다. 또한 chill부의 경도를 상승시켜 내마모성을 좋게 하기 위해서는 Ni, Cr, Mn, Mo 등의 합금원소를 첨가하여 chill부의 기지조직은 베이나이트(banite)나 마르텐사이트로 만들어야 한다. 특히 Ni을 첨가할 때는 Ni의 흑연화작용을 억제시킬 수 있는 흑연화저지원소와 함께 사용해야 한다. 대표적인 칠드롤의 단면조직을 그림 6.41에 나타냈다.

표 6.10 철주물의 종류와 조성

종별		C	Si	Mn	P	S	Ni	Cr	Hs	비고
강재용로울		3.07	0.66	0.50	0.483	0.075			68	강편용 로울
		2.99	0.63	0.62	0.529	0.041			67	조강용 로울
		2.98	0.54	0.61	0.545	0.048			64	열연강판 마무리용 로울
		3.25	0.40	0.43	0.415	0.045	3.39	0.70	82	냉연강판용 로울
특수로울		3.7~3.9	0.60~0.75	1.1~1.6	0.45~0.50	0.07~0.12			70~80	종이, 천 윤택용 로울
		3.5~3.9	0.7~1.0	0.8~1.5	0.3~0.70	—				벽돌파괴용 로울
일주반물		3.4~3.6	0.7~0.9	0.6~0.7	0.10~0.15	0.06~0.07				차륜
		3.3~3.6	0.3~0.4	0.60~0.65	—	—				회전기

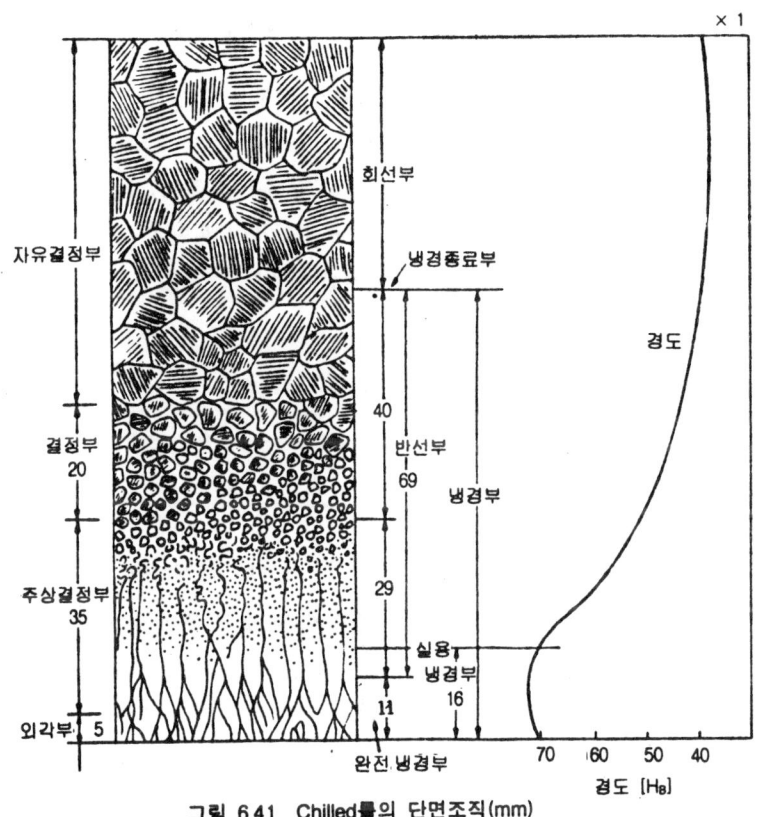

그림 6.41 Chilled물의 단면조직(mm)

실제의 조직은 금형의 냉각효과 및 첨가원소에 따라 chill의 깊이 및 기지조직 등이 변화한다. 바깥쪽은 유리세멘타이트와 펄라이트로 된 chill부이며 완전냉경부(完全冷硬部)라 불리운다. 기지조직은 펄라이트이지만 경도나 강도를 높이기 위해서 Ni, Cr, Mn, Mo 등의 합금원소를 첨가한 경우에는 베이나이트나 마르텐사이트의 기지조직이 된다.

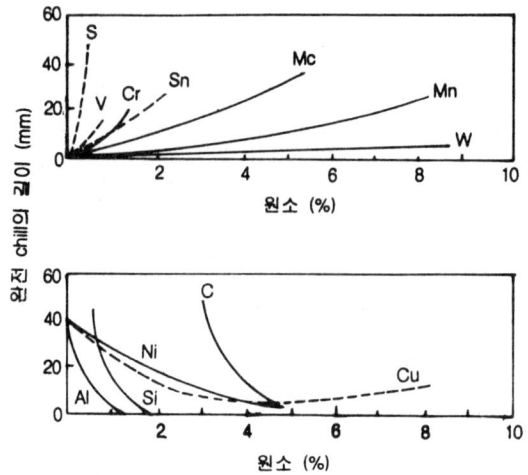

그림 6.42 chill 깊이에 미치는 첨가원소의 영향

이 완전냉경부의 깊이에 영향을 미치는 첨가요소의 영향을 그림 6.42에 나타냈다.

완전냉경부로부터 내부로 들어감에 따라 유리 Fe_3C의 양이 감소하고 펄라이트 중에 미세한 편상흑연이 나타나는 층이 있다. 이 층을 반선부(斑銑部)라 한다. 반선부로부터 내부로 들어감에 따라 유리 Fe_3C는 완전히 없어지고 편상흑연과 펄라이트 기지조직을 갖는 회선부(灰銑部)가 나타나며 이 회선부가 칠드주철의 강도를 유지하게 한다.

6.4 가단주철(malleable cast iron)

6.4.1 가단주철의 종류

가단주철은 탄소함량이 많아 주조성이 우수하며, 적당한 열처리에 의해서 주강과 같이 연성과 강인성을 부여한 것이다. 따라서 가단주철을 만들기 위해서는 우선 백주철이 될 수 있게 화학조성을 선택하여 백선화시킨 다음 적당한 열처리를 통해서 점성을 부여해야 한다. 이때 적당한 열처리라 함은 백주철의 표면으로부터 Fe_3C 중의 탄소를 산화에 의해 제거하는 탈탄 열처리와 백주철 중의 Fe_3C를 분해하여 페라이트와 흑연(temper carbon)으로 만드는 흑연화 열처리의 2가지 방법이 있다. 후자의 경우에는 강도와 내마모성의 향상을 위해 유리 Fe_3C 또는 펄라이트 중의 Fe_3C를 일부 잔류시키는 경우도 있다.

따라서 가단주철을 대별하면 탈탄을 주목적으로 열처리하여 만드는 백심가단주철 (white heart malleable cast iron)과 흑연화를 주목적으로 열처리를 하되 유리 Fe_3C는 완전히 분해시키고 일부의 Fe_3C를 펄라이트 형태로 잔류시킨 펄라이트 가단주철 (pearlite malleable cast iron)과 Fe_3C를 완전히 분해시킨 흑심가단주철(black heart malleable cast iron) 그리고 특수원소를 첨가하여 특수한 기지조직을 갖게 하는 특수가단주철의 4종으로 나누며 표 6.11에 가단주철의 분류표를 나타냈다.

이것들은 그 사용 목적에 따라 열처리를 용이하게 할 수 있도록 화학조성을 조절해야 하며 보통 주강과 회주철의 중간 정도의 C와 Si를 함유한다. 표 6.12에는 각종 철합금주물의 대표적인 화학조성을 나타냈다.

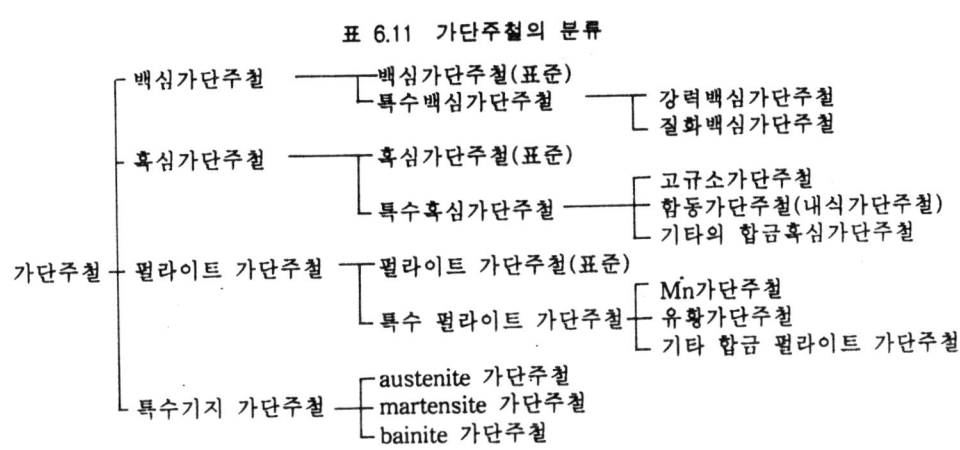

표 6.11 가단주철의 분류

표 6.12 각종 철합금주물의 화학성분

화학성분 (%)	가 단 주 철			회주철	Mg 구상흑연주철	주 강
	백심가단주철	흑심가단주철	pearlite 가단주철			
C	2.8~3.20	2.00~2.90	2.00~2.60	2.50~4.00	2.50~4.50	0.10~0.60
Si	1.11~0.60	1.50~0.90	1.50~1.00	3.00~1.0	4.00~1.20	0.25~0.06
Mn	<0.5	<0.4	0.2~1.00	0.5~1.4	0.3~0.8	0.4~1.0
P	<0.1	<0.1	<0.1	0.05~0.20	<0.05	<0.05
S	<0.3	<0.2	<0.2	<0.2	<0.03	<0.05
기타	—	Cr<0.06	—		Mg 0.02~0.07	—
Fe	bal	bal	bal	bal	bal	bal

(1) 백심가단주철

백심가단주철은 1722년 Reaumur에 의해 처음으로 발명된 것으로 가단주철 중 가장 역사가 깊은 것이다. 이것은 유럽에서 발명되어 발전되었고 현재도 상당량 생산하고 있지만 미국에서는 이러한 백심가단주철은 전혀 생산하고 있지 않다. 그림 6.43은 대표적인 백심가단주철의 현미경 조직을 나타낸 것이다.

또한 가단주철의 재질을 개선한 것으로 강력백심가단주철이 있는데 이것은 백심가단주철의 용도를 넓히기 위해서 종전까지 두꺼운 것은 외부로 탈탄되고 내부는 펄라이트 조직으로 되어 있던 것을 펄라이트가단주철의 기지와 똑같이 입상 또는 이와 비슷한 펄라이트기지로 하여 강인성을 두꺼운 부분에도 주자는 것이다.

즉 보통의 백심가단주철을 탈탄소둔시킨 후 장시간 걸려서 노냉하든가 혹은 일단 550~600℃까지 급랭하고 700~730℃에 구상화처리를 하는 방법, 또는 Mo, V, Ni, Cr 등과 같은 합금원소를 첨가함으로써 구상화를 촉진시키는 것이 있다.

백심가단주철의 조직은 얇은 주물은 완전탈탄되어 페라이트이나 두꺼운 부분은 완전히 탈탄되지 못하고 펄라이트기지로 남는다.

(2) 흑심가단주철

흑심가단주철은 1826년 Boyden에 의해 발명되었으며 미국에서 발전되었기 때문에 미국가단주철이라고도 한다. 재질적으로 강도를 요구함에 따라 탄소의 함량은 2.4~2.6% 정도가 많이 쓰이고 있으며 특히 강도가 요구되는 경우에는 탄소의 함량을 2.0~2.3% 정도의 저탄소로 하고 Si의 양을 많게 해서 소둔열처리의 신속을 기하고 있다. Si은 표준성분이 0.9~1.5% 정도이나 C와 Si간의 성분비율은 용해조건, 주물의 두께, 치수 및

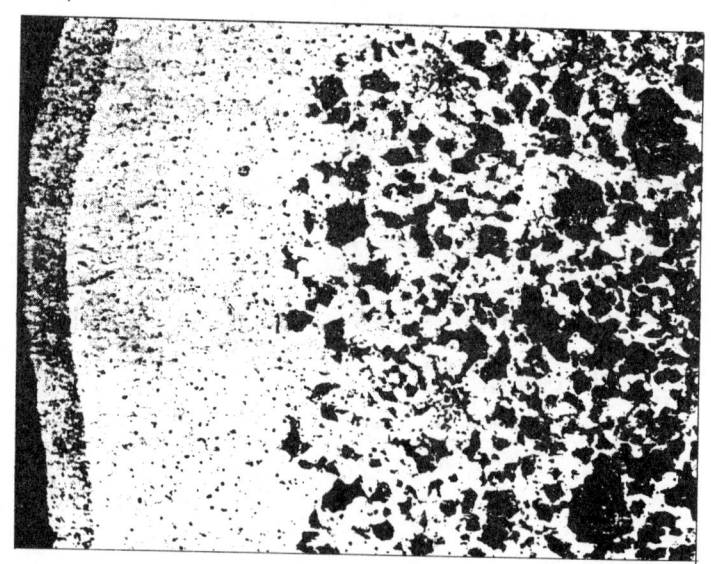

그림 6.43 백선주물을 장시간 소둔하여 탈탄층이 생긴 백심가단주철
(내부는 펄라이트 조직이다. ×40)

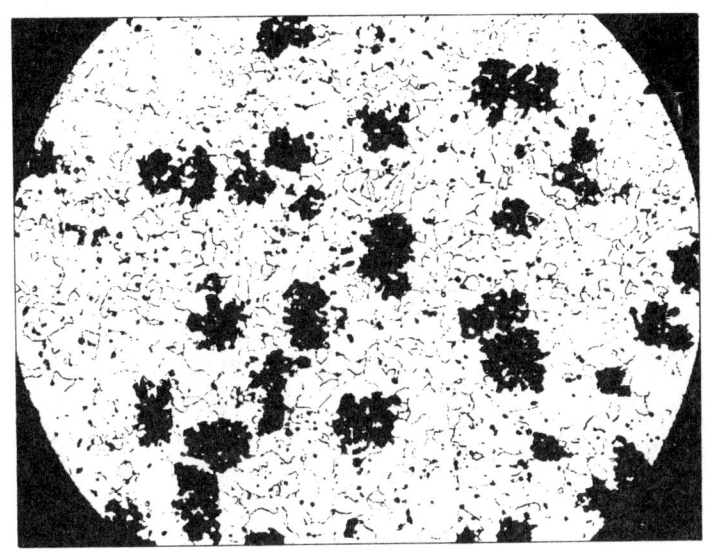

그림 6.44 백선주물을 장시간 소둔하여 얻은 흑심가단주철
(페라이트 기지조직내에 소려탄소가 존재한다)

생산량 등에 의해 자연히 달라진다. 우리나라에서 가장 많이 생산하고 있는 "관이음쇠" 같은 것은 비교적 고탄소, 저규소이다. 즉 C : 2.8~3.1%, Si ; 0.85~1.3%이다. 흑심가단주철의 강도를 위해서는 저탄소쪽이 바람직하나, 주조성의 문제로는 2.4~2.6% 범위가 좋고, 이것 이상의 강도를 위해서는 펄라이트를 잔류시키는 펄라이트가단주철이 좋다.

흑심가단주철의 현미경 조직은 하얀 페라이트기지 중에 검은 소려탄소(temper carbon)가 산재한 조직으로 그림 6.44에 나타낸 바와 같다.

(3) 펄라이트 가단주철

펄라이트가단주철은 Touceda에 의해 1919년에 처음 제조된 것으로 현재는 제조방법이 표준화되어 있다.

종래의 흑심가단주철은 가단성을 그 특징으로 생각했기 때문에 기지조직을 페라이트로 하였으나 점차 강도에 대한 요구가 높아짐에 따라 기지조직을 완전히 페라이트로 하지 않고 일부 Fe_3C를 잔류시켜 펄라이트기지가 되게 하여 인장강도 및 항복점을 높임과 동시에 내마모성을 향상시킨 것이 펄라이트가단주철이다.

강도만 가지고 따지면 가단주철보다 주강쪽이 훨씬 우위이나, 펄라이트 가단주철쪽이 주조성이 월등히 좋고 훨씬 복잡하고 마무리 여유가 작은 주물을 얻기 쉬운 것과 감쇠능(damping capacity)이 크고, 경도가 동일하면 주강보다 훨씬 절삭성이 우수하고 소려탄소가 내마모성을 조장하는 등의 장점을 지니고 있다.

성질 및 용도면에서는 구상흑연주철과 대단히 흡사하다. 펄라이트 가단주철의 현미경 조직에서 펄라이트조직은 그 목적하는 바 강도, 경도 기타 등을 위해서 페라이트기지의 구상 Fe_3C가 소량 잔류한 것으로부터 완전한 입상 펄라이트, 층상 펄라이트 또는 sorbite에 가까운 것에 이르기까지 다양하다.

(4) 특수가단주철

합금 펄라이트가단주철에서는 보통 Mn 0.85~1.10% 첨가된 것이 많이 사용되고 S도 0.25~0.30% 함유시킨 것이다.

또 Ni 1.0~1.5%, Cr 0.3~0.2%, Mo 0~0.6%를 함유한 Ni-Cr-Mo가 단주철, Ti-V 가단주철, Cu-Mo 가단주철 등 여러 가지가 있다.

특수가단주철도 C, Si은 보통가단주철과 흡사하며 C 2.0~2.6%, Si 0.8~1.6%로서 C+Si량을 3.4~3.8%로 하고 있다.

Ni 및 Mn에 의한 오스테나이트 가단주철, 항온변태를 시킨 베이나이트 가단주철도 제조되고 있다.

6.4.2 가단주철의 기계적 성질

(1) 백심가단주철

백심가단주철은 표피로부터 내부로 들어감에 따라 잔류탄소가 많아지며 내부로 갈수록 단단해진다. 또한 표면에 페라이트층이 많으므로 연신율이 증가한다. 백심가단주철을 압축할 때의 변형률은 표면의 탈탄층 때문에 양호하다. 특히 살두께가 얇은 것일수록 좋다. 잘 탈탄된 백심가단주철은 고온으로 가열 후 급랭한 다음에도 변형률이 그다지 저하하지 않는 특성이 있다. 이 특성때문에 고온 땜납질 또는 용접을 필요로 하는 부품에 사용되며 또한 강인성도 손실되지 않는다.

얇은제품은 연강과 거의 동일한 절삭성을 나타내며 살이 두꺼운 제품은 내부의 조직을 흑연화 또는 구상화 펄라이드로 만듬으로써 절삭성을 향상시킬 수 있다.

백심가단주철을 소입경화시킬 때에 Ac_1변태점 이상으로 가열하여 표면경화시킬 수가 있다. 이때 표피를 0.5~2.5mm절삭하여 잔류 C량이 높은 부분이 표면이 되게 하여야 한다. 또한 탈탄된 백심가단주철을 침탄하고 소입할 수도 있다.

내열성면에서는 기지조직을 펄라이트로 하고 소려탄소 및 페라이트를 작게 하였을 때는 특히 우수한 내열성을 나타낸다.

용접성은 흑심가단주철과 달리 백심가단주철의 탈탄부는 용이하게 용접이나 땜납질을 할 수 있다. 용접을 하려 할 때는 용접부 모재의 잔류 C가 가능한한 낮은 것이 바람직하다. Si는 산화하기 쉽고 핀 홀의 원인이 되므로 되도록 이면 낮은 것이 좋다. 황은 용접가공을 하려는 부품에서는 가급적 낮은 쪽이 좋고 0.15%이하가 바람직하다. 용접을 하려는 부품에서는 그 부분의 탄소량을 되도록이면 낮추기 위해 두께를 9mm이하로 하여 탈탄을 완전히 하게 한다.

(2) 흑심가단주철

흑심가단주철의 일반적인 성질은 표 6.13과 같다.

표 6.13 흑심가단주철의 일반적 성질

인 장 성 질	일 반 값
인장강도(kg/mm^2)	36.0
내력(kg/mm^2)	23.4
내력/인장강도 (%)	65
연신율(%)	12
포아송비	0.17

흑심가단주철의 인장강도는 저탄소강압연제품, 주강 등에 비해서 낮으나 그 내력은 비교적 높다. 강의 항복점은 인장강도의 약 50%인데 비해서 흑심가단주철의 내력은 일반적으로 인장강도의 약 65%이며 실용상 대단히 유리하다. 또 인장강도는 C, Si, Mn, P 등 제원소의 영향을 많이 받는다.

C 함유량과 인장성질간의 관계는 그림 6.45에 표시된 바와 같으며 C함량이 낮아짐에 따라서 인장강도, 내력 및 연신율 모두 증대하고 있다.

흑심가단주철에 0.50~1.25%의 Cu를 단독으로 첨가하든가 또는 0.50%까지의 Mo과 함께 첨가하면 인장강도는 증대하고 연신율은 거의 감소하지 않는다. 1.23%Cu을 함유하는 흑심가단주철의 인장강도는 37~42Kg/mm^2, 내력은 27~32Kg/mm^2이다.

0.75% 이상의 Cu를 함유하는 흑심가단주철은 석출경화처리를 시킴으로써 인장강도를 더욱 높일 수가 있다. Cu 및 Mo 양자를 적당량 첨가하면 인장강도는 41~46Kg/mm^2, 내력은 28~32Kg/mm^2, 연신율은 15~20%로 된다.

흑심가단주철의 조직은 주물 두께 또는 응고속도보다도 열처리에 의해서 지배되며 단면 전체에 걸쳐서 거의 균일하다. 따라서 그 인장성질은 두께의 대소, 또는 단면 내의 위치에 의해서 거의 변화되지 않고 균일하다.

흑심가단주철에 압축하중을 가하면 탄성변형에 이어서 큰 소성변형후 파괴한다. 이 압축강도는 약 150Kg/mm^2, 압축항복점은 25Kg/mm^2이다. 압축탄성률은 인장탄성률과 거의 같고 $1.76 \times 10^4 Kg/mm^2$이다.

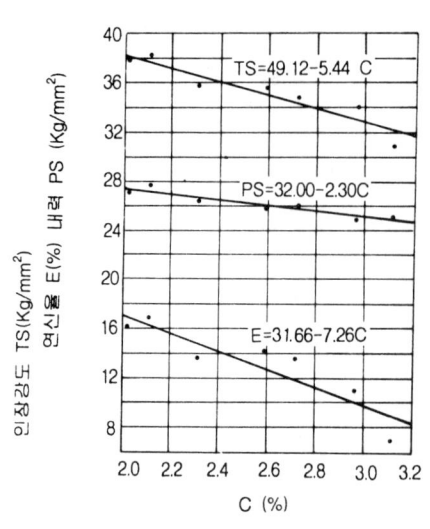

그림 6.45 흑심가단주철의 C함량과 인장성질

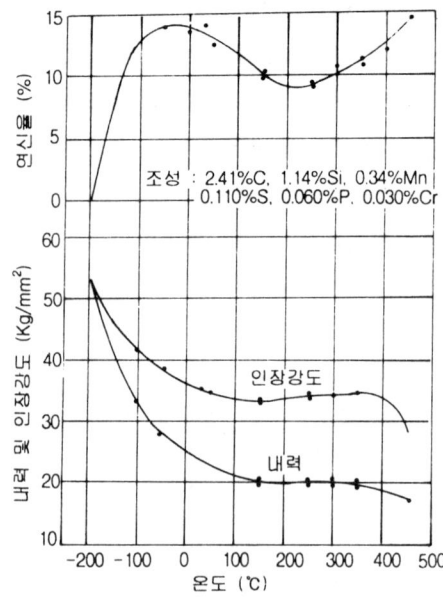

그림 6.46 흑심가단주철의 고온강도

흑심가단주철의 피로한도는 약 $18Kg/mm^2$이며 피로한도와 인장강도와의 비는 0.5이다.

경도는 BHN 115~135 범위이며 C 함량의 감소와 Si 함량의 증가와 더불어 증가하고 있다.

온도가 -200~450℃되는 온도범위 내에서의 인장강도는 그림 6.46와 같다. 여기서 보면 인장강도는 상온으로부터 350℃까지는 약간 변화하고 있으나, 온도가 더욱 증가하면 급격히 저하한다.

650℃에서의 인장강도는 상온의 약 25%정도이다. 온도가 상온으로부터 저하함에 따라서 인장강도는 현저히 증대하며 -200℃에서는 상온의 약 1.5배이다.

내력도 온도변화에 따라서 인장강도와 거의 비슷한 증감경향을 나타낸다. 연신율은 200℃에서 극소값을 나타내고 온도가 이것보다 상승하면 현저히 증대한다. 650℃에서 연신율은 상온의 약 2.5배이다.

흑심가단주철은 그와 비슷한 강도를 갖는 철강재료에 비해 절삭성이 매우 우수하다. 고속도강의 공구를 사용하여 46m/min의 속도 및 기타의 일반적 조건하에서 절삭하였을 때의 절삭지수는 유황쾌삭강을 100으로 하였을 때 흑심가단주철은 120이고 회주철은 60~80, 또 주강은 70으로 절삭성이 우수함을 알 수 있다. 일정량을 절삭하는데 필요한 "에너지"를 비교하여도 흑심가단주철은 주강, 압연강보다 낮다.

흑심가단주철은 다른 금속과 같이 완전 윤활막이 있고 그 막두께보다 큰 연마재의 입자가 존재하지 않는 한 충분한 내마모성을 나타낸다. 만일 윤활막에 결함이 생겨도 흑연이 윤활을 돕는 작용을 한다. 그러나 베어링하중이 크든가 또는 속도가 빠르면 기지조직이 연한 페라이트이므로 소착 현상이 나타나므로 **흑심가단주철은 베어링하중이 작고 속도가 느린 경우에만 사용하는 것이 좋다.**

흑심가단주철은 진동감쇠능이 우수하여 진동에 잘 견디므로 진동 에너지를 신속히 흡수하여야 하는 부품에 적합하다.

$10.5Kg/mm^2$ 및 $21.0Kg/mm^2$의 응력수준에서 흑심가단주철의 진동감쇠능은 주강의 3배, 구상흑연주철의 약 2배이다.

$0.7Kg/mm^2$정도의 저응력수준에서의 흑심가단주철의 감쇠율은 강인주철과 거의 비슷하다.

흑심가단주철을 용접하면 가열된 부분의 흑연이 기지중으로 고용되어 냉각하였을 때 Fe_3C로 화하여 그 부분이 단단하고 취화된다. 따라서 흑심가단주철의 용접은 바람직하지 못하나 현재는 어느 조건하에서는 용접이 가능하게 되었다. 즉 Fe-Ni계 용접봉을 사용함으로써 조직변화를 작게 할 수 있게 되고 또 저수소계 용접봉을 사용함으로써 용접결함을 방지할 수 있다. 이렇게 함으로써 용접부의 인장강도 및 내구력은 모재와 흡사해지나 연신율은 모재의 50%로 된다. 따라서 큰 인장 및 충격하중이 작용하는 부분에는 흑심가단주철의 용접을 할 수 없으나 하중이 작을 때는 용접이 가능하며 용접 후 열처리에 의해서 그 부분의 기계적 성질을 개선할 수도 있게 된다.

(3) 펄라이트가단주철

펄라이트가단주철은 인장강도 $40\sim80Kg/mm^2$이고 연신율이 $2\sim12\%$범위이다.

펄라이트가단주철에서는 인장시험시 항복점 측정이 곤란하므로 내력으로 나타낸다. 펄라이트가단주철에서는 그림 6.47, 그림 6.48과 같이 경도가 증가하면 인장강도와 내력은 증가하고 연신율은 감소함을 알 수 있다.

그림 6.49에 경도와 화합탄소간의 관계를 나타내고 있으며 화합탄소의 감소와 더불어 경도는 거의 직선적으로 감소하고 있다.

펄라이트 가단주철은 변태점 근방의 고온에서 장시간 사용하면 구상화가 진행되어 경도가 저하되기 쉽고 인장강도도 점차 저하하므로 일반적으로는 400℃ 이하에서 사용하는 것이 좋다. 또한 펄라이트 가단주철은 내마모성이 우수하다는 것이 특징이다. 제품의 특정부분을 표면경화 또는 국부소입시킴으로써 내마모성을 쉽게 향상시킬 수 있다. 따라서 각종 치차, 크랭크샤프트, 캠축 등 심한 마모를 받는 부품에 이와 같은 열처리를 하여 사용한다.

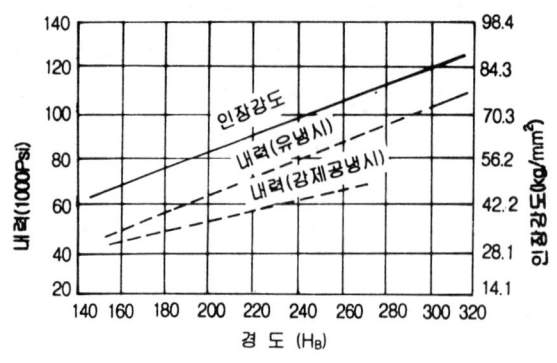

그림 6.47 인장강도, 내력과 경도와의 관계

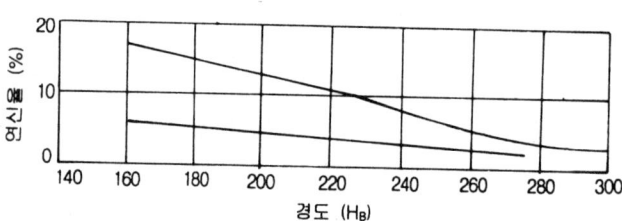

그림 6.48 연신율과 경도와의 관계

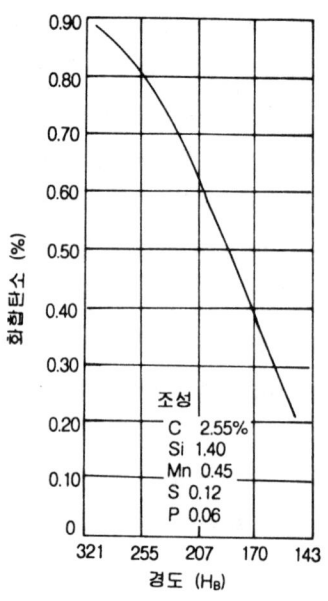

그림 6.49 경도에 미치는 화합탄소 영향

6.4.3 가단주철의 열처리

가단주철의 열처리는 가단주철의 제조공정의 일부인 소둔을 주체로 하는 열처리와 재료의 사용목적에 따라 재질을 변화시키기 위한 소입과 소려를 주체로 한 열처리로 대별될 수 있다.

전자는 백심가단주철을 제조하기 위한 탈탄소둔과 흑심가단주철을 제조하기 위한 제1단 및 제2단 흑연화소둔이며, 후자는 주로 소입과 소려로써 기지조직을 미세펄라이트, 마르텐사이트, 베이나이트 등으로 만드는 열처리 조작이 이에 속한다.

특수한 열처리로는 고주파소입, 화염소입, 침탄, 질화 및 시효경화처리 등이 있다.

(1) 백심가단주철의 열처리

백심가단주철의 소둔은 탈탄을 주 목적으로 하는 것으로 백선 내의 화합탄소를 분위기에 의해서 산화시켜 제거하는 것이다. 즉 백선주물을 산화철과 함께 소둔로에 넣고 약 1000℃ 정도의 온도로 장시간 가열하면 백선주물의 표면에서 탈탄반응이 일어나며 반대로 산화철은 환원된다. 이때의 분위기와 백선간에 일어나는 기본적인 화학반응은 다음과 같다.

산화반응 ; $Fe_3C+O_2 \rightleftharpoons 3Fe+CO_2$

$Fe_3C+CO_2 \rightleftharpoons 3Fe+2CO$

$C+CO_2 \rightleftharpoons 2CO$

환원반응 ; $Fe_3O_4+CO \rightleftharpoons 3FeO+CO_2$

$3Fe_2O_3+CO \rightleftharpoons 2Fe_3O_4+CO_2$

$FeO+CO \rightleftharpoons Fe+CO_2$

위의 반응은 산소가 충분히 공급되고 주물표면에 충분히 C가 존재하면 연속적으로 일어난다. 1000℃ 정도의 소둔온도에서는 백선의 조직은 γ 고용체와 유리 Fe_3C로 되어 있으므로 표면에 있는 γ 고용체 중의 C는 CO_2와 반응하여 연속적으로 탈탄된다. 따라서 표면의 γ 고용체는 C가 고용하게 되고, γ 고용체 속의 탄소는 또다시 CO_2와 반응하여 탈탄되는 일련의 반응이 계속된다. 따라서 주물의 표면과 내부는 C농도의 기울기가 생기게 되어 C원자가 표면으로 확산되어 나옴에 따라 주물 내부의 탈탄이 이루어지는 것이다. 이러한 연속적인 반응에 의해 백선의 기지조직이 페라이트 조직으로 된다. 그러나 현재는 두꺼운 주물이나 용도에 따라서는 흑연이나 페라이트가 석출되어 있는 것도 있다.

탈탄소둔시의 탈탄속도는 Fe중에서의 C의 확산속도, 즉 γ 고용체 안에 있는 Fe_3C가 주물의 중심에서 표면층으로 이동하는 속도와 표면에서의 탈탄반응속도에 의하여 지배된다. 이때 Fe_3C의 용해속도와 소려탄소(temper carbon)의 석출속도의 관계가 중요하다. 즉 소둔온도까지의 가열속도가 너무 늦으면 흑연화의 핵생성이 먼저 일어나 소려탄소가 생성되는데 이 소려탄소는 Fe_3C 또는 γ 고용체 속에 용해되어 있는 C보다 탈탄되기가 곤란하여 탈탄속도가 늦어지게 된다. 그림 6.50은 (a)에 표준백심가단주철 (b)에 고력백심가단주철을 만드는 열처리 곡선을 나타낸 것이다. 냉각시에는 탈탄반응이 충분히 일어났다면 중요치 않으나 두꺼운 주물에서 중심부에 탄소가 잔존할 때에는 서냉하는 것이 좋다.

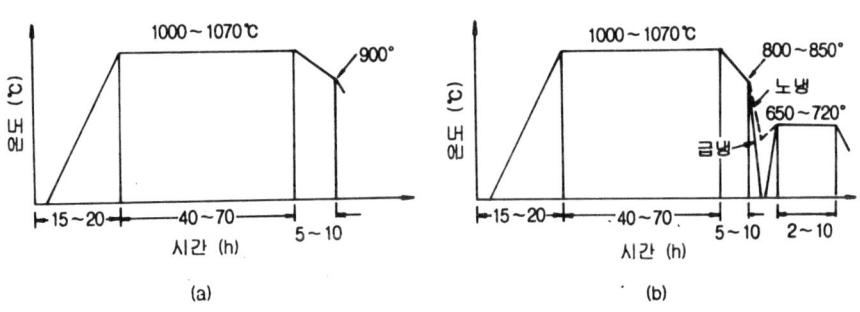

그림 6.50 백심가단주철의 열처리곡선

(2) 흑심가단주철의 열처리

흑심가단주철은 흑연화에 의해 제조되므로 흑심가단주철의 열처리는 백선의 흑연화가 그 목적이다. 즉 900℃ 이상의 온도에서 유리 Fe_3C를 분해시키는 제1단흑연화와 A_1변태점 이하의 온도구역에서 페라이트 중의 Fe_3C를 분해하는 제2단흑연화로 구분된다.

제1단흑연화의 방법은 다음과 같다. 우선 유리 Fe_3C와 페라이트기지로 된 백선을 A_1변태점 이상 950℃부근으로 가열하면 페라이트는 γ로 변태하고 이 γ는 일정시간 경과 후 포화 γ고용체가 된다. 그런데 이때 존재하고 있는 Fe_3C는 준안정상태이므로 소둔온도에서 장시간 유지하면 분해하여 Fe와 소려탄소(temper carbon)로 된다. 이때 소려탄소의 핵이 발생하는 장소는 주로 γ와 Fe_3C의 계면 또는 결정입계이며 흑연화의 기구는 Fe_3C의 직접적인 분해 즉 $Fe_3C \rightarrow 3Fe+C$(temper carbon)의 반응과, γ고용체에 대한 Fe_3C 및 C(흑연)의 용해도 차에 의한 흑연의 석출로 이루어진다.

제1단흑연화가 끝나면 그 조직은 γ기지와 소려탄소로만 이루어져 있다. 그러나 이때의 γ고용체는 C를 포화시키고 있으므로 서냉하게 되면 온도에 따른 용해도 차 만큼의 C는 유리탄소가 된다. 그러나 급랭의 경우 미립의 Fe_3C로 석출하게 된다. 만일 서냉으로 실온까지 냉각시키면 소려탄소의 주위만이 흑연화해서 소의 눈과 같이 소려탄소의 주위를 백색의 페라이트가 둘러싼 조직으로 되며 기지는 층상의 펄라이트가 된다. 이러한 조직을 Bull's eye 조직이라 하며 이를 그림 6.51에 나타냈다.

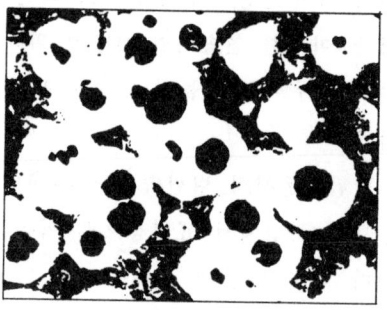

그림 6.51 구상흑연이 페라이트로 둘러 싸여 있는 Bull's-eye 조직을 갖는 가단주철의 조직(×105)

제2단흑연화소둔은 A_1변태점 이상의 온도에서는 분해시킬 수 없는 펄라이트 중의 공석 Fe_3C를 분해시키는 것이다. 따라서 소둔온도는 공석변태점 이하가 되지만 분해의 기구는 제1단흑연화의 경우와 같다.

이상에서와 같이 흑연가단주철은 2단계의 열처리를 행해야 하며 이 때의 화학반응은 $Fe_3C \rightarrow 3Fe+G$이다. 여기서 Fe는 제1단 흑연화소둔에는 γ가 되며 제2단흑연화소둔시에는 α가 되어 최종 조직은 페라이트와 흑연의 조직이 된다. 흑심가단주철의 대표적인 열처리곡선을 그림 6.52에 나타냈다. 흑심가단주철의 열처리에 영향을 미치는 인자는 매우 많으며 화학조성 주조시 냉각속도, 주입온도, 소둔시 가열속도, 소둔온도 및 노내의 분위기 등이 특히 중요한 인자가 된다.

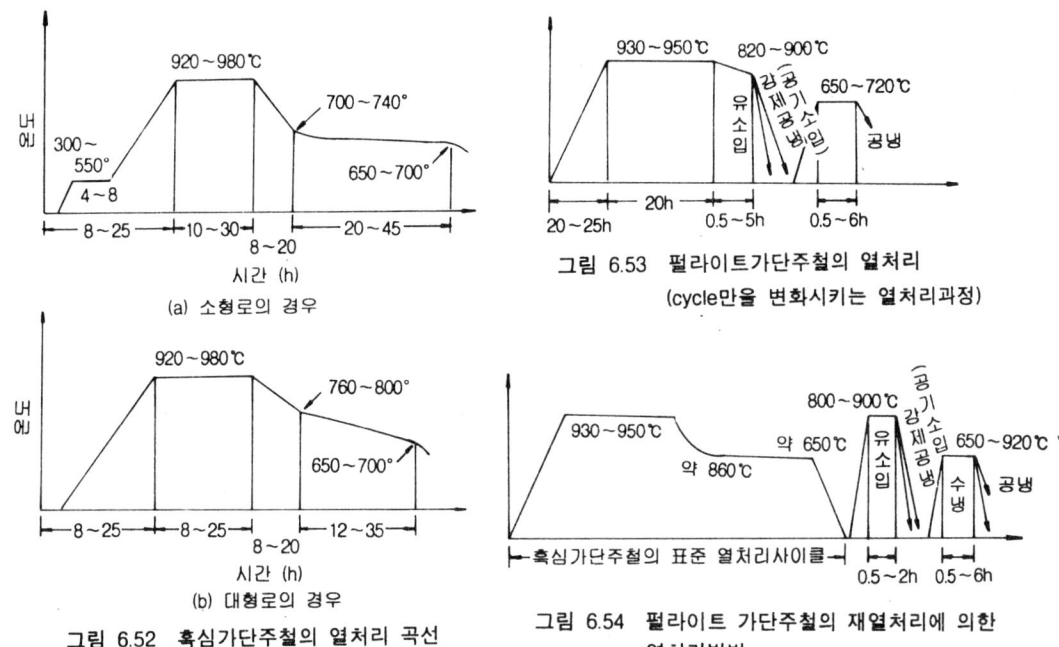

그림 6.52 흑심가단주철의 열처리 곡선

그림 6.53 펄라이트가단주철의 열처리
(cycle만을 변화시키는 열처리과정)

그림 6.54 펄라이트 가단주철의 재열처리에 의한 열처리방법

(7) 펄라이트 가단주철의 열처리

펄라이트가단주철은 기지조직을 펄라이트로 만든 가단주철이다. 따라서 백선의 Fe_3C를 일부는 흑연화시키고 일부는 잔류시켜 기지를 펄라이트로 만들어야 한다. 일반적으로 펄라이트가단주철의 제조방법은 3가지로 대별된다. 즉 ① 열처리곡선의 변화에 의한 방법 ② 흑심가단주철의 재열처리에 의한 방법 ③ 합금원소의 첨가에 의한 방법이 그것이다.

열처리곡선의 변화에 의한 방법은 제1단흑연화 열처리가 끝난 것을 상온까지 내린 다음 별도의 노에서 재가열 후 급랭시키던가 제1단흑연화가 끝난 상태에서 강제공랭 또는 유냉시킨다. 이것을 tempering하여 펄라이트의 구상화를 행하는 것으로 그림 6.53에 그 열처리곡선을 나타냈다.

흑심가단주철의 재열처리에 의한 방법은 일단 페라이트기지의 흑심가단주철을 만든 후 이를 재가열하여 820~900℃의 적당한 온도에서 강제공랭 또는 유냉을 행한 다음 tempering에 의해 펄라이트의 구상화를 행하는 것이다. 그림 6.54는 이 열처리곡선을 나타낸 것이다.

합금원소의 첨가에 의한 방법은 백선 중에 흑연화저해원소를 적당량 첨가시켜 흑연화를 일부 저해시켜 펄라이트의 기지조직을 얻는 것이다. 이때 가장 많이 사용되는 흑연화저해원소는 Mn으로 약 1% 내외를 첨가하여 소입경화를 용이하게 한다. 그림 6.55는 이 열처리곡선을 나타낸 것이다.

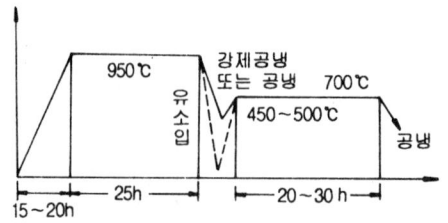

그림 6.55 Mn첨가에 의한 펄라이트 가단주철의
열처리 cycle

(4) 재질개선을 위한 열처리

흑심가단주철 또는 펄라이트가단주철을 사용 목적에 적합하게 하기 위해서 여러가지의 열처리가 이용될 수 있는데 내마모성을 향상시키기 위한 목적으로 표면소입 또는 국부소입 등이 행해진다. 이는 변태점 이상으로 가단주철을 가열하면 기지조직이 γ가 되고 이 γ기지조직에 소려탄소(temper carbon)가 용해 확산하므로 적당량의 C를 용해시킨 후 수냉 또는 유냉에 의해서 경화시키는 것이다. 이때 가열속도가 늦으면 내부에서도 C의 확산이 일어나 소입층이 두꺼워져 재질이 취약해지므로 가열속도를 조절할 필요가 있다.

또한 항온변태에 의해서 베이나이트나 마르텐사이트를 얻는 열처리를 할 수 있는데 항온에서 소입하였을 경우 가단주철은 고경도에 강인성이 큰 재질로 된다. 한편 Cu를 합금하였을 경우에는 시효경화처리에 의해 경도를 향상시킬 수도 있다. 즉 1.0~1.5% Cu를 함유한 가단주철을 700~750℃에서 용체화처리 후 500℃부근에서 수시간 시효시키면 100Kg/mm² 정도의 인장강도를 얻을 수 있다.

6.4.4 가단주철의 용도

가단주철은 주강, 구상흑연주철과 비슷한 성질을 갖고 있으며 주조성, 절삭성이 좋아 주강품으로는 너무 적거나 복잡하여 제조하기에 어려운 것이라던지, 회주철로는 강도가 부족하고 충격에 약해서 곤란한 것 또는 단조품을 이용하기엔 가격이 비싸 제조가 곤란한 부품에 많이 사용되어 왔다. 특히 대량생산성, 절삭성, 외관, 강인성, 치수 등의 조건이 요구되는 자동화부품에 많이 사용된다. 또 일반 관이음쇠, 송전선공구, 운반장치, 철도 및 각종의 차량관련부품, 병기, 공작기계 등의 많은 분야에 걸쳐 널리 사용된다.

6.5 구상흑연주철

구상흑연주철은 주방상태에서 구상의 흑연이 정출되어 있는 주철을 말한다. 1948년 영국의 Morrough 등이 주철에 Ce를 첨가하여 구상의 흑연을 주방상태에서 얻을 수 있다는 것을 발견하였고, 같은 해 미국의 Gagnebin이 Mg를 첨가함으로써 구상흑연을 얻을 수 있음을 발견하였다. 그러나 Ce는 가격이 비싸서 공업화되지 못하고 Mg에 의한 구상흑연주철의 제조법이 공업화되었으며, 일본에서는 Ca를 첨가하여 구상흑연주철을 제조하였다. 흑연구상화를 위한 첨가금속으로는 Ce, Mg, Ca외에 Li, Ba, Sr, Zn, Sb 등이 있으나 이러한 원소를 이용한 구상흑연주철의 제조법은 공업화되지 못하고 현재 많이 이용되고 있는 것은 Mg합금과 Ca계합금을 이용하는 방법이다.

보통의 주철은 편상흑연조직이므로 응력을 받을때 흑연을 따라 균열이 발생하기 쉽고 취성이 있으며 강도가 작은 결점이 있는데 반해 구상흑연주철은 구상흑연이 존재하므로 흑연에서의 균열 생성이 어려워 강도가 우수할 뿐만 아니라 연성도 갖게 되므로 주철의 공학적 이용에 큰 제한요소인 저강도와 취성을 동시에 극복한 우수한 재료로 실로 다양한 용도를 갖고 있다.

6.5.1 구상흑연주철의 조직

구상흑연주철의 현미경조직은 형성된 흑연은 구상이라고 가정하고 그 기지조직으로

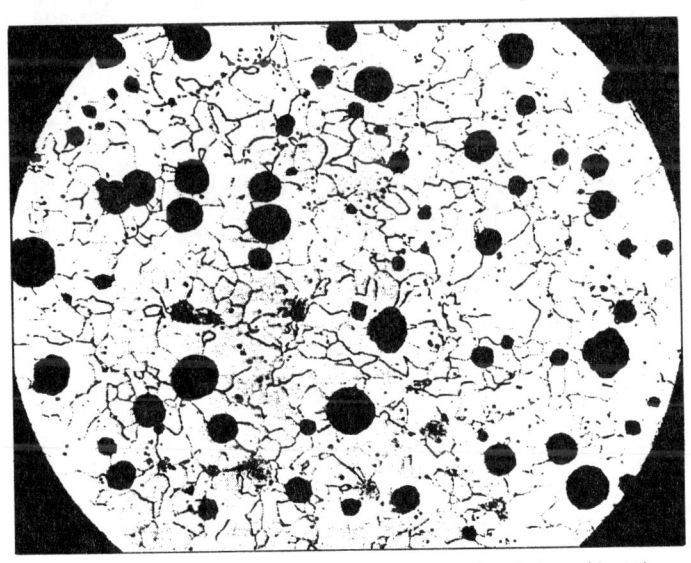

그림 6.56 ferrite 기지조직을 갖는 구상흑연주철의 조직(×66)

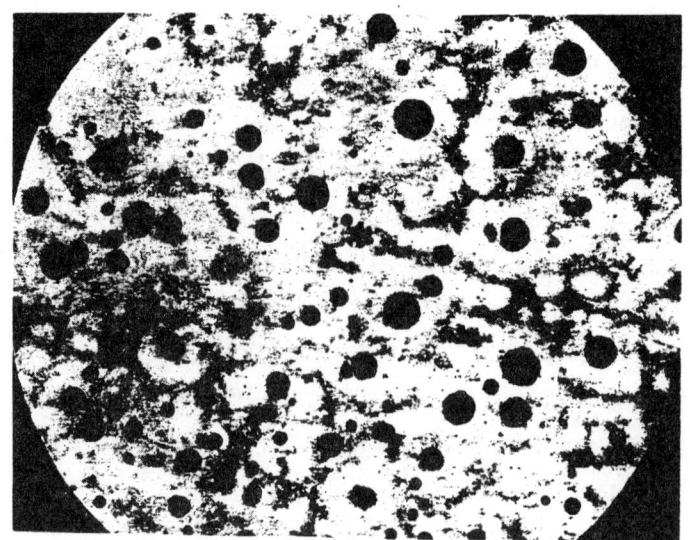

그림 6.57 pearlite 기지조직을 갖는 구상흑연주철의 조직(×66)

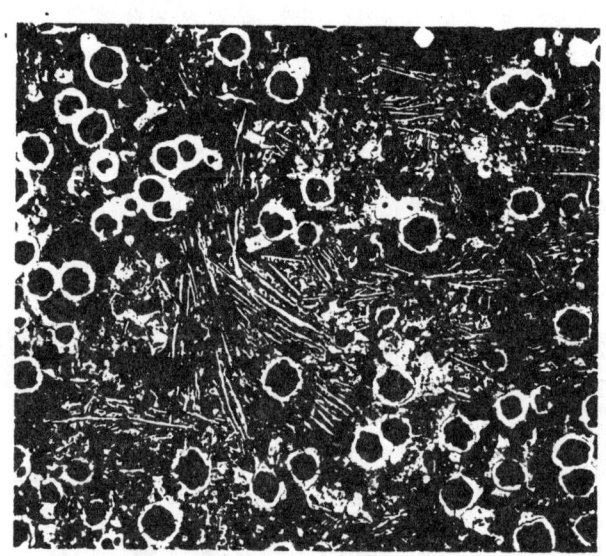

그림 6.58 전형적인 invers chill carbide 조직(×250)

분류하는데 대체로 다음과 같이 3종으로 대별된다. 즉 흑연주위에 소량의 페라이트가 둘러싸며 석출한 Bull's eys 조직과 흑연에 기지 전체가 페라이트로 되어 있는 페라이트형과 기지조직이 전부 펄라이트인 펄라이트형 그리고 기지조직이 시멘타이트로 되어 있는 백선형으로 구별하는 것이 보통이다. 그림 6.56과 그림 6.57까지는 페라이트형, 펄라이트형 구상흑연주철의 조직을 나타낸 것이다.

또한 표 6.14은 각 기지조직의 결정요소와 성질을 비교한 것이다. 이 표에서 알 수 있 듯이 기지조직은 냉각속도에 매우 크게 영향을 받아 냉각속도가 빠르면 백선화하여 세 멘타이트가 석출할 뿐만 아니라, 때에 따라서는 역 chill현상이 나타나며 흑연구상화제가 다량 첨가되었을 때도 같은 현상이 나타난다. 그림 6.58은 역 chill이 일어난 구상흑연주 철의 조직을 나타낸 것이다.

또한 열처리에 의해서도 기지조직이 변화하여 700℃ 정도에서 소둔하면 펄라이트형을 얻기 쉬우며 소입, 소둔 등을 행하여 마르텐사이트형, sorbite형, 베이나이트형의 구상흑 연주철을 얻을 수도 있다.

표 6.14 현미경조직의 분류와 성질(주방상태)

조 직	조직의 결정요소	성 질
페라이트형 일부 페라이트에서 전 페라이트까지를 포함	(1) C, Si가 많은 경우, 특히 Si가 많아지면 전 페라이트화한다. (2) 냉각속도가 늦을 때 (3) Mg량 적량 (4) 접종효과가 충분한 경우 (5) Ca계 구상화제 사용 경우 (6) 소둔을 행했을 경우	(1) Si가 대체로 3%이하인 경우는 주방에서 연성이 있으며, 신율 6~20% (2) Si가 많으면 3% 이상이면 취약 (3) 경도 낮고 절삭성 양호 H_B 150~200
펄라이트형	페라이트형과 세멘타이트형의 중간 상태이다.	(1) 강인하며 인장강도가 60~70 Kg/mm^2 정도 (2) 연성이 적으며 연신율 2% 정도 (3) H_B는 150~240
백선형 일부 시멘타이트에서 대부분이 시멘타이트가 석출한 것	(1) Mg가 많은 경우 (2) 접종량이 적은 경우 (3) C, Si가 적은 경우, 특히 Si가 적을 때 일어난다. (4) 냉각속도가 대단히 빠를 때	(1) 경도가 높다. H_B 220 (2) 연성이 전혀 없다.

6.5.2 구상흑연주철의 기계적 성질

주철의 기계적 성질은 주철에 포함된 흑연의 양, 형상 및 분포에 매우 민감하지만 일 반적으로는 흑연의 존재로 인하여 강에 비해 취약한 성질을 나타낸다. 그 이유로는 흑연 의 존재로 인한 유효단면적의 감소와 응력집중 때문인 것으로 생각되고 있다. 따라서 흑 연이 구상으로 존재하면 유효단면적이 증가되고 응력집중효과가 현저히 줄어듬으로써 일반주철이 갖는 결점이 감소될 수 있다. 여기서는 구상흑연주철의 기계적 성질을 정하 중에서의 성질과 동하중과 반복하중에서의 성질 및 기타의 성질로 대별하여 살펴본다.

표 6.15 각종 주철의 정하중하의 성질

성 질	회 주 철	고급주철	구상흑연주철		가단주철	주강(소둔)
			ferrite기지	pearlite기지		
인장강도 Kg/mm^2	12~24	28~38	42~44	56~74	37~45	42~50
압축강도 Kg/mm^2	47~1000	110~140	140~170	180~200	35~60	38~45
항복점 Kg/mm^2			32~38	40~58	20~28	21~24
연신율 %			6~15	1~3.5	3~12	8~20
경도 (H$_B$)	143~241	170~262	156~197	187~255	110~150	140~180
탄성계수 Kg/mm^2	7,500~11,000	12,000~14,000	16,300~17,200	17,200~18,600	15,000~17,000	21,000

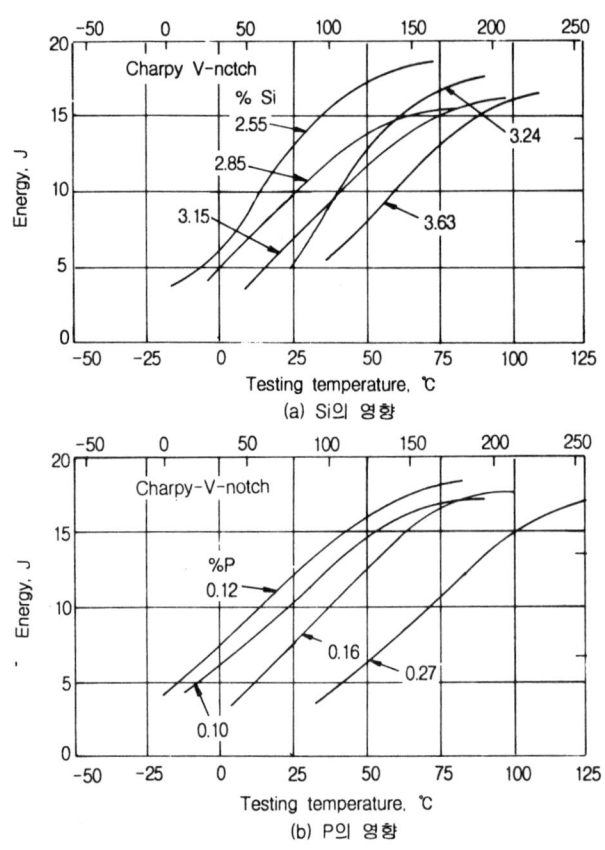

(a) Si의 영향

(b) P의 영향

그림 6.59 구상흑연주철의 충격값에 미치는 S와 P의 영향

(1) 정하중에서의 성질

표 6.15는 정하중하에서의 구상흑연주철의 기계적 성질을 다른 주철 및 주강과 비교하여 나타낸 것이다. 표에서 알 수 있듯이 인장강도는 40~70Kg/mm^2 정도이며 그 값은 흑연의 형상 및 기지조직에 따라 달라진다. 열처리를 하면 80Kg/mm^{2}이상의 강도도 갖

게 된다. 항복강도도 높으며 항복강도/인장강도인 항도비도 높아 대체로 0.7~0.8정도의 값을 갖는다. 이 값은 가단주철의 0.5~0.6에 비해서 50%정도 높은 값이다. 구상흑연주철의 연신율은 기지조직이 페라이트인 것은 약 25% 정도이고 펄라이트기지조직인 것은 5~6%의 값을 갖는다. 경도값은 기지조직이 페라이트인 것이 BHN 160~210, 펄라이트 기지 조직인 것은 BHN 200~270의 값을 갖는다.

(2) 동하중 및 반복하중에서의 성질

1) 내충격강도

구상흑연주철에 있어서 충격강도와 천이온도(파단양상이 연성형에서 취성형으로도 변하는 온도)는 매우 중요한 기계적 성질 중의 하나이다. 구상흑연주철의 충격값은 그림 6.59에 나타낸 바와 같이 Si량 및 P량의 증가에 따라서 감소한다. 또한 기지조직의 영향도 많이 받아 그림 6.60에서와 같이 펄라이트의 양이 많아질수록 충격값은 감소한다. 천이온도는 이와 반대로 그림 6.61에 나타낸 바와 같이 Si량 및 P량이 증가할수록 상승한다.

일반적으로 구상흑연주철의 충격값은 강이나 가단주철에 비해 낮은 값으로 6~10Kg/mm^{2}정도이다.

2) 피로강도

구상흑연주철의 피로한은 일반적으로 인장강도가 증가함에 따라 증가하고, 피로한과 인장강도의 비인 내구비는 열처리 및 기지조직에 따라 변화한다. 표 6.16는 기지조직 및 열처리에 따른 피로한과 내구비의 변화를 나타낸 것이며 그림 6.62는 인장강도의 변화에 따른 내구비의 변화를 나타낸 것이다.

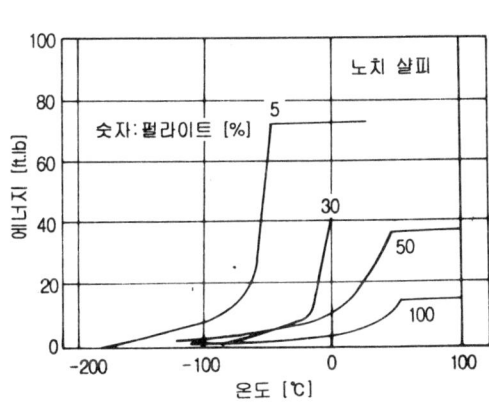

그림 6.60 구상흑연주철의 충격값과 조직

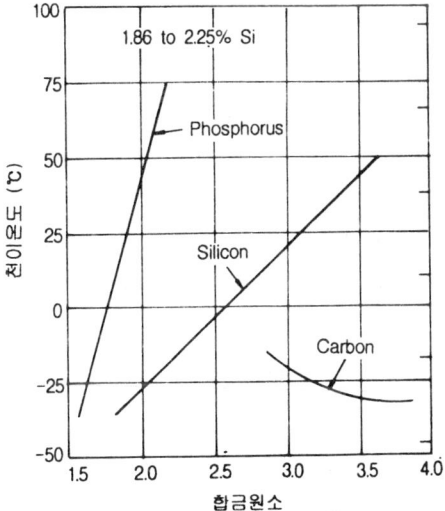

그림 6.61 구상흑연주철의 천이온도에 미치는 합금원소의 영향

표 6.16 구상흑인 주철의 기지조직 및 열처리에 따른 피로한과 내구비의 변화

기 지 조 직	Si 함량 %	인장강도 (N/mm²)	피 로 한		내 구 비
			unnotched (N/mm²)	notched (N/mm²)	
Ferritic(heat-treated)	1.19	315	178	139	0.50
	1.87	415	208	131	0.50
	2.62	473	193	116	0.41
	3.21	541	224	124	0.41
Pearlitic(as-cast)	1.80	741	278	178	0.38
	2.47	659	263	124	0.40
	2.82	625	286	162	0.44
Pearlitic(heat-treated)	2.06	1039	340	208	0.37
Quenched and tempered(600℃)	1.96	928	340	208	0.37
Quenched and tempered(550℃)	1.96	1030	340	195	0.33

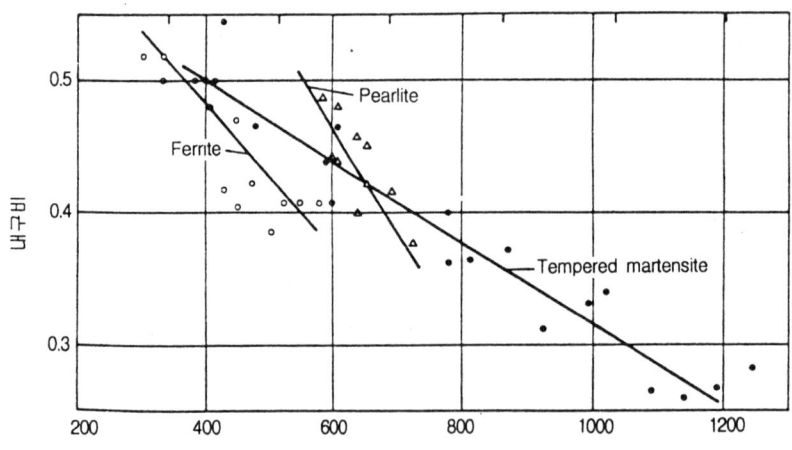

그림 6.62 구상흑연주철의 기지조직과 인장강도에 따른 내구비의 변화

3) 내마모성

구상흑연주철의 내마모성은 회주철 보다 우수하다. 그 이유는 구상흑연주철의 강도 및 경도가 회주철보다 높고 구상흑연이 보다 용이하게 탈락되어 고체윤활제의 역할을 충분히 수행하기 때문이다. 또한 기지조직에 따라 내마모성도 달라지는데 일반적으로 페라이트가 많아지면 마모량이 증가한다.

6.5.3 구상흑연주철의 흑연화처리

일반적으로 첨가금속에는 공통성질이 있는데 그것은 다음과 같다.

첫째 ; O 및 S와 친화력이 강하다. 즉 강력한 탈산, 탈황제이다.

둘째 ; 첨가금속의 처리온도는 약 1300℃ 이상이며, 이러한 온도에서는 첨가금속의 증기압이 높다. 특히 Mg의 증기압이 대단히 높기 때문에 Mg의 첨가시에는 폭발적인 반응을 한다. 이때 첨가금속의 증발은 용탕에서 증발에 필요한 용융잠열과 증발잠열을 얻기 때문에 용탕의 온도는 저하한다.

세째 ; Mg나 Ca는 용철에 대하여 극히 미량의 용해도를 갖는다. 또한 첨가시의 격렬한 반응과 함께 확산속도도 늦기 때문에 불균일 상태가 되기 쉽다. Ce의 경우 용해도는 상당히 있으나 확산속도가 늦기 때문에 이 금속도 마찬가지로 불균일 상태가 되기 쉽다.

1) 첨가금속의 증기압

그림 6.63은 각종 첨가금속의 증기압곡선이다. Mg의 증기압이 매우 높기 때문에 순수한 Mg를 직접 첨가하는 방법은 이용될 수 없다.

2) 첨가금속의 첨가시 용탕의 온도강하

구상흑연주철 제조시 문제점 중의 하나가 첨가금속을 첨가할 때 용탕의 온도가 떨어진다는 것이다. 이같은 용탕의 온도강하의 원인은 첨가금속이 용융 또는 증발에 필요한 열량을 용탕으로부터 얻기 때문이다. 계산상 Mg 또는 Ca를 용탕에 1%첨가하면 Mg는 80℃, Ca는 65℃의 온도강하를 야기시킨다. 따라서 첨가금속을 넣을 때 용탕의 온도는 1400℃ 이상으로 하는 것이 필요하다.

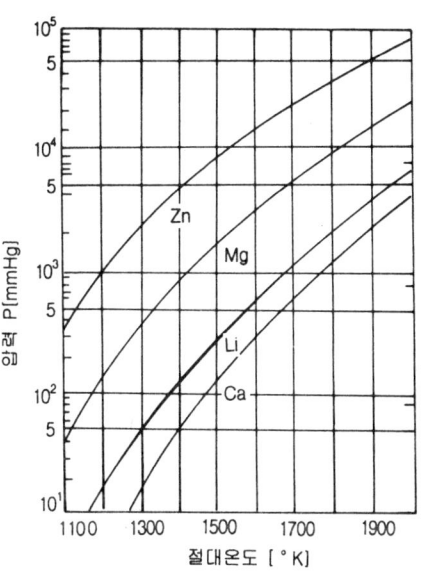

그림 6.63 첨가금속의 증기압곡선

3) 첨가금속의 용철에 대한 용해도

Mg, Ca 및 Ce 등의 철합금에 대한 용해도는 첨가방법을 생각할 때 가장 중요한 문제 중의 하나가 된다. Ce의 Fe에 대한 용해도는 α철에서는 12% 정도, γ철에서는 최대 15%정도 이다. 그러나 Ce의 확산속도가 늦어 용해도가 있다 하더라도 첨가속도는 매우 늦게 된다. Mg나 Ca는 옛날부터 용해도가 없다고 알려져 있다. 가압장치를 이용해 16기압으로 하였을 경우에도 Mg의 Fe-C-Si계 합금에 대한 용해도는 3% 정도이고 Ca의 경우 같은 방법으로 순철에 대한 용해도가 0.032% 정도 밖에는 안되며 규소량을 증가시킬 때 약간의 용해도 증가가 일어난다.

(2) Mg 및 Mg 합금의 첨가법

Mg처리에 의한 구상흑연주철의 제조는 양의 다소에 관계없이 비교적 싸고, 확실하게 처리하기 쉽기 때문에 공업적인 가치가 가장 높다. 따라서 Mg 및 Mg 합금의 첨가방법은 여러가지가 발명되었으며, 여기서는 대표적인 것을 몇가지만 살펴 본다.

1) 개방 래들 첨가법(ladle Transfer Method)

이 방법의 주요 장점은 간단하다는 것이다. Mg 합금을 빈 래들(그림 6.64와 같이 pocket부가 있는 것이 있고 없는 것도 있다)의 밑바닥에 놓고 그 위에 용탕을 붓는 방법이다. 이때 용탕을 래들에 채우는 방법이 매우 중요하다. 즉 용탕줄기(stream)가 구상화제에 직접 접촉하지 않도록 주탕하여야 한다. 또한 매우 빠른 속도로 래들을 채워야 한다. 그래야 Mg합금이 용탕의 표면에 떠올라 Mg의 첨가 효율을 낮추는 것을 피할 수 있다.

이 방법을 조금 변형한 것이 샌드위치법으로 Mg합금을 용탕의 약 2%에 해당하는 강칩(chipps)으로 덮는다. 이 피복용 강칩은 구상화제의 반응(증발과 연소)이 시작하는 시기를 지연시키고, 구상화제 주위의 용탕온도를 국부적으로 낮게 한다.

또한 구상화제에 레진사(resin sand)를 피복시켜 shell을 형성시켜 용탕주입 후 강봉으로 shell을 깨야(trigger) 반응이 시작되게 하는 trigger법도 비슷한 방법이다.

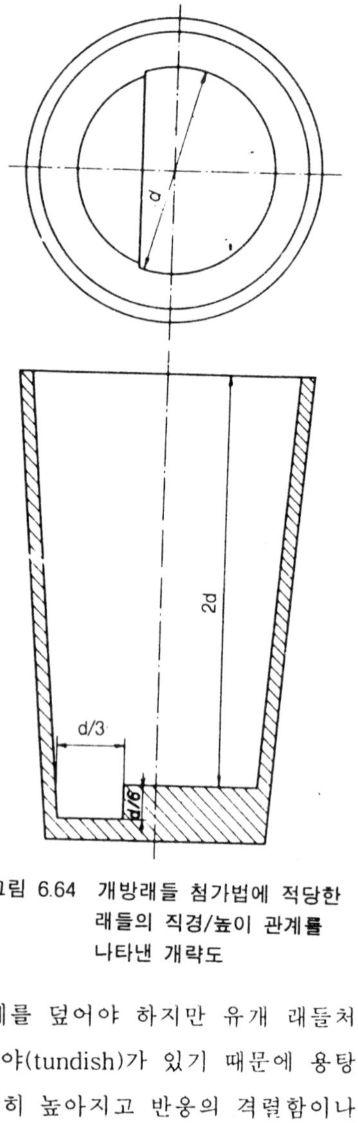

그림 6.64 개방래들 첨가법에 적당한 래들의 직경/높이 관계를 나타낸 개략도

2) 유개 래들 처리(Covered Ladle Treatment)

개방 래들처리에서는 가능한 한 용탕이 빨리 구상화제를 덮어야 하지만 유개 래들처리에서는 그렇지가 않다. 그림 6.65에 나타냈듯이 주입대야(tundish)가 있기 때문에 용탕의 공급속도가 제한을 받게 되므로 Mg의 회수율이 상당히 높아지고 반응의 격렬함이나 MgO분(粉))의 형성이 감소한다. 이 같은 이유는 MgO의 연소에 필요한 O_2의 양은 래들 내의 O_2량 밖에 안되기 때문이다. 왜냐하면 래들과 뚜껑의 밀폐도가 좋지 않다하더라도 용탕이 주입되기 시작하면 용탕의 주입량 만큼 공기가 배출되고 용탕의 열에 의해 래들 내의 N_2가 팽창하여 래들 내에 압력이 형성되기 때문이다.

3) 플런저법(Plunging)

현재 가장 많이 이용되고 있는 방법이며 소량 처리에서부터 10ton 이상의 대용량 처리까지 널리 사용된다. 그림 6.66은 이 방법을 나타낸 것이다. 보통 고 Mg(40%) 구상화제를 플런징 벨(plunging bell)에 넣어서 용탕에 압입한다. 이때 플런징 벨은 신속하게 래들의 밑바닥까지 잠기게 한다. 플런징 벨은 흑연이나 내화물로 만들고 구상화제는 깡통에 넣든지 엷은 강판으로 싸서 넣는다. 이 방법은 Mg 회수율이 비교적 양호하나 온도손실이 개방래들 보다 크다.

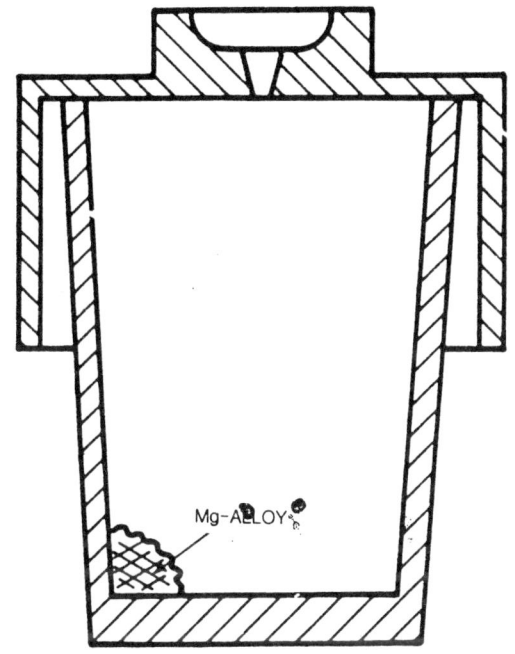

그림 6.65 Mg처리를 위한 유개래들의 개략도

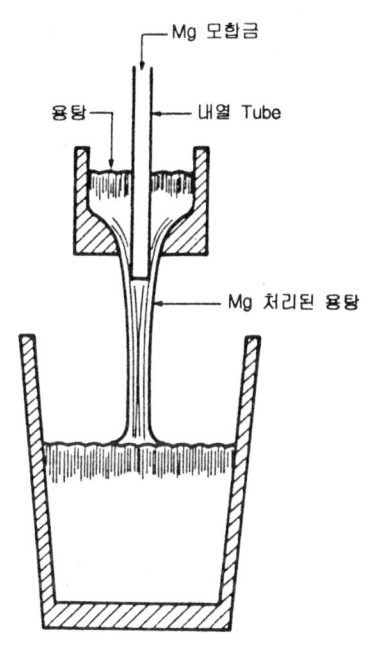

그림 6.67 T-Nock Process의 개략도

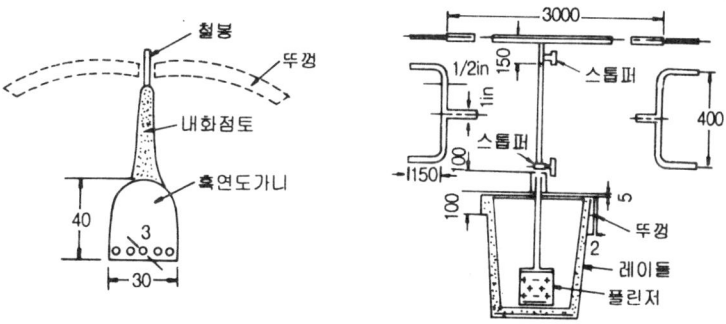

그림 6.66 plunger첨가법

4) T-Nock Process

이 방법은 (그림 6.67에 나타낸 바와 같이) 주입대야를 통해 낙하하는 용탕 가운데 Mg 모합금을 투입하는 방법이다.

이 방법은 접종처리된 용탕을 다른 래들에 옮겨 담을 때 이용할 수 있는 잇점이 있다. Mg의 회수율이 좋고 공해를 줄일 수 있다.

(3) Ca의 첨가법

Ca계는 Mg계에 비해서 증기압도 낮고 용탕에 대한 용해도도 매우 낮아서 실제 첨가량에 비해서 용탕에 들어가는 양은 얼마 되지 않는다. 그러나 용탕 중의 Si량이 많든지 Si합금으로 첨가하면 용탕 중에 확산하기가 쉬워 잔류량이 증가한다. 이같은 점을 고려할 때 Ca계 첨가제의 첨가시에는 아래와 같은 사항들을 고려해야 한다.

첫째 ; 첨가 후 교반을 통해 작용범위를 확산시킨다.

둘째 ; Ca계 첨가제, 특히 Ca-Si는 첨가시에 첨가제의 표면에 비교적 높은 용융점을 갖는 산화물, 황화물이 생겨 Ca의 반응을 방해하므로 염화물, 플루오르화물 등의 flux와 함께 사용하던지, flux로 용탕을 덮은 후 장입해야 한다.

세째 ; Ca계 첨가제로는 Ca-Si가 대부분이지만 비중을 크게 하기 위해 Fe를 함유시키는 것이 좋다.

네째 ; Ce와 함께 첨가하는 것이 좋다.

6.5.4 구상흑연주철의 열처리

구상흑연주철은 강과 비슷한 성질을 갖고 있으므로 열처리에 의해서 그 성질을 개선시킬 수 있다. 보통 구상흑연주철의 열처리 목적은 다음과 같다.
① 칫수의 안정성을 높이기 위해서
② 조직의 연화(軟化)를 위해서
③ 조직의 강화(强化)를 위해서
④ 표면경화를 위해서
⑤ 소려취성을 예방하기 위해서

(1) 응력제거 열처리

구상흑연주철에 있어서 응력제거 열처리는 특히 고온에서의 칫수 정밀도를 요할 때 실시한다. 주물의 크기와 형상에 따라 다르지만 모든 주물에는 어느 정도의 잔류응력이 있다. 회주철의 경우 잔류응력은 상온에서 방치해 두면 자연히 소성변형하여 제거되지만

이 과정은 아주 장시간이 걸리며 평형상태가 얻어지기까지는 1년 이상이 소요된다. 이와는 반대로 구상흑연주철에서는 잔류 응력의 일부가 순간적으로 탄성변형에 의하여 자동적으로 제거되지만 평형상태에 도달 후 어느 정도의 잔류응력이 남게 된다. 이러한 내부응력을 완전히 제거하기 위해서는 소성변형이 비교적 빠른 속도로 진행될 수 있는 온도에서 열처리 하여야 한다. 기지조직을 변화시키지 않고 응력을 제거시키기 위해서는 560℃에서 5시간 유지시킨 후 315℃까지 노냉한 다음 공랭하면 된다.

(2) 연화열처리(軟化熱處理)

연화열처리의 목적은 기지조직을 페라이트로 하기 위한 것이다. 즉 구상흑연주철은 백선화하는 경향이 있기 때문에 주조 후 기계적 성질 및 절삭성의 개선을 위해 Fe_3C의 흑연화를 위한 제1단흑연화소둔을 행하고, 연성을 좋게 하기 위해서 펄라이트 중의 Fe_3C를 흑연화하는 제2단흑연화소둔을 행한다.

제1단흑연화소둔은 850~930℃에서 2~3시간 유지시키면 된다. 두꺼운 주물인 경우 유지온도의 균일성을 위해 유지시간을 길게 한다. 그 기준은 두께 1인치 이상에서 두께가 1인치씩 증가할 때마다 유지시간을 1시간씩 길게 한다.

제2단흑연화소둔은 펄라이트 중의 Fe_3C를 분해하는 것이므로 700~730℃에서 3~6시간 유지시키는 방법도 있으나 제1단흑연화소둔이 끝난후 10시간 후에 600℃가 되게 하는 노냉으로도 충분히 페라이트화가 가능하다. 이렇게 하면 20% 이상의 연신율을 갖는 구상흑연주철이 된다. 그림 6.68은 연화소둔의 열처리곡선을 나타낸 것이다.

(3) 강화열처리(强化熱處理)

1) 소입-소려(Quenching-Tempering)

구상흑연주철도 강과 같이 소입-소려를 행하므로써 강도, 경도를 높이고 내마모성을 향상시킬 수 있다.

일반적으로 소입하기 위해서는 850~930℃로 가열하여 1시간 정도 유지 후 기름속에 급랭시킨다. 이 때의 조직은 마르텐사이트이며, 오스테나이트에서 마르텐사이트로의 변

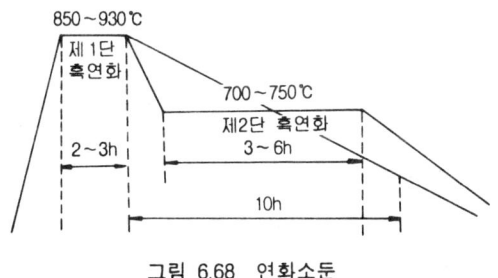

그림 6.68 연화소둔

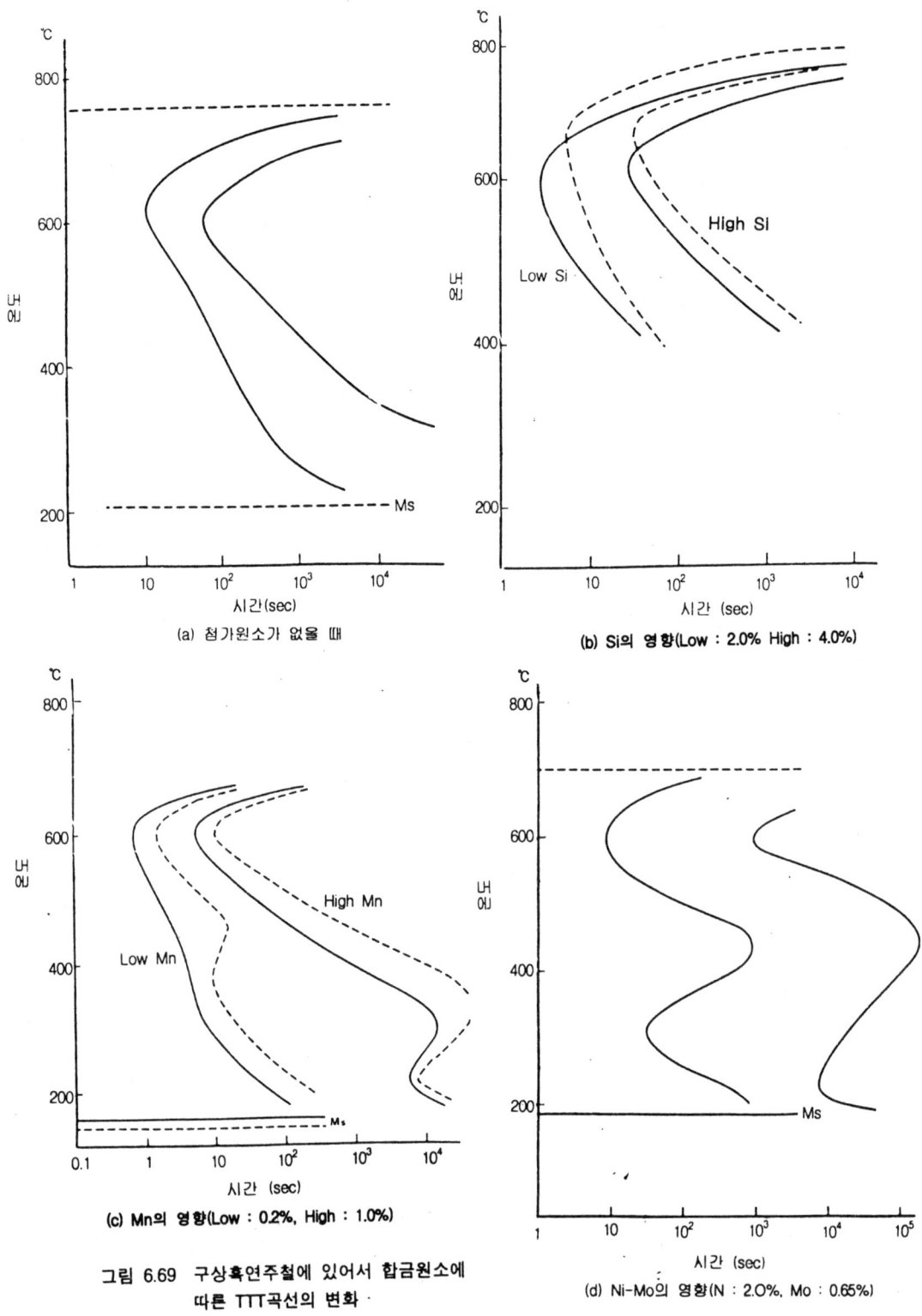

그림 6.69 구상흑연주철에 있어서 합금원소에 따른 TTT곡선의 변화

태가 일어나기전까지의 냉각속도가 매우 중요하다. 마르텐사이트조직을 얻기 위한 냉각속도는 합금원소의 첨가에 따라 변하며 그림 6.69에 합금원소에 따른 시간-온도-변태곡선(T-T-T diagram)을 나타냈다. 그림에서 알 수 있듯이 Mn의 영향이 크며 Mn의 양이 많아지면 소입성이 좋아지고, Ni, Mo 등도 소입성을 향상시킨다.

소입이 끝난 후 250~700℃에서 소려를 한다. 이때 소려온도와 경도와의 관계를 그림 6.70에 나타냈는데 소려온도에 따라 경도가 크게 변화하는 것을 알 수 있다.

2) 마르템퍼링(Martempering)

보통 탄소강에 사용되는 이 열처리법은 구상흑연주철의 단면 전체를 균일하게 마르텐사이트화 하기위해 실시한다.

적당히 오스테나이트화한 구상흑연주철을 Ms점 바로 위에서 냉각을 중단하고, 주물 내·외부의 온도차가 없어질 때까지 항온유지 후 공랭하면 균일한 마르텐사이트조직이 된다. 마르템퍼링을 한 후에는 거의 템퍼링을 하지 않는다.

3) 오스템퍼링(Austempering)

오스템퍼링의 목적은 기지조직을 베이나이트로 만들기 위한 것이다. 오스템퍼링을 할 주물에는 보통 Ni나 Mo가 첨가되어 있다.

이 경우도 우선 주물을 오스테나이트온도까지 가열 유지 후 500℃까지 급랭한 다음 오스테나이트에서 베이나이트로 변태가 완료하기까지 주물을 항온 유지시킨 다음 공랭한다. 이 열처리에 의해 얻어지는 경도는 BHN 275~375정도이고 항온유지온도가 낮을수록 경도는 높아진다.

(4) 표면경화(Surface Hardening)

1) 표면소입(Surface Quenching)

주물의 표면에만 경화층이 필요하고 중심부에는 인성과 연성을 계속 갖게 할 필요가 있을 때 실시한다.

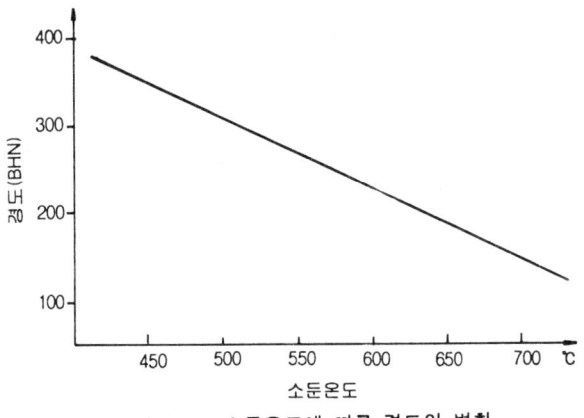

그림 6.70 소둔온도에 따른 경도의 변화

표면경화는 표면을 가열시켜 오스테나이트화 한 후 소입시켜 표면에만 마르텐사이트를 얻는 방법이다.

표면의 급속가열은 고주파유도가열이나 토치(torch) 가열법을 쓰며 소입용 냉각제는 물이 사용된다.

주방상태의 페라이트조직을 균일한 오스테나이트로 하기 위해서는 상당한 시간이 걸리므로 페라이트구상흑연주철이 펄라이트구상흑연주철보다 표면경화시키기가 어렵다. 이 때 경화층의 깊이는 강과 달리 경화능(hardenability)에 의한 것이 아니고 열의 **침투깊이**에 의한다. 합금구상흑연주철의 경우 소입성은 좋아지지만 잔류 오스테나이트가 증가하므로 경도는 낮아진다.

2) 질화(Nitriding)

구상흑연주철을 암모니아 분위기에서 2~3시간 가열유지시키면 표면경도가 H_RC 60정도로 높아지고 피로강도가 증가한다.

화학성분 중 Si는 N의 확산을 저해하므로 질화처리를 할 때에는 Si량이 적은 것이 좋다.

(5) 소려취성(Temper Embrittlement)

페라이트 구상흑연주철은 420~510℃의 온도구간에서 가열과 냉각을 반복하면 취화(脆化)한다.

이를 방지하기 위해서는 P와 S의 함량을 낮게 유지하고 Mo를 약 0.15% 정도 첨가하면 효과적이며, 열처리로서는 650℃에서 소입시키고 약 350℃에서 소려하면 매우 효과적이다.

7.5.5 구상흑연주철의 용도

구상흑연주철은, 주조성과 기계적 성질이 우수하므로 사용되는 분야가 대단히 광범위하다. 가장 많이 사용되는 분야는 다음과 같다.

① 기계부품
② 주철관
③ 로울 및 로울러
④ 잉곳트 케이스
⑤ 내열부품

(1) 기계부품

구상흑연주철은 그 제조법에 의해서 다르기는 하나 흑연의 대부분이 구상화되어 있기 때문에 대단히 강인하며 인장강도 보통 주철보다 3~4배이며 주강에 가까운 값을 나타낸다. 그러므로 이 재료는 강인성을 요하는 기계재료를 위시하여 내마모성용, 주조성 재료로써 다량으로 사용된다.

강인재료로써는 크랭크 샤프트, 내연기관용재료, 펌프, 유압보다 등으로 사용된다.

기타 엔진용 재료, 선박용 피스톤 링, 실린더 라이너재료로써도 사용되며 또한 다음과 같은 부품으로도 사용된다.

① 치차류
② 공작기계부품
③ 각종 레버재료
④ 펌프 재료

(2) 주철관

주철관은 그 내식성 및 강도에 의해 옛날부터 상수도, 개스수송관으로 사용되어 왔으나, 주철의 재질의 진보에 따라서 보통 주철에서 고급주철로, 또한 원심주조법에 의해서 제조되고 있다. 구상흑연주철이 생기면서부터 이것이 주철관으로 사용되기 시작하였다. 일본 등지에서는 전구상흑연주철의 생산량의 70~80%가 주철관에 사용되고 있다.

(3) 로울 및 로울러

구상흑연주철은 강인성, 내마모성, 내열성 등이 우수하므로 각종 로울 및 압연기의 부품으로 널리 사용되고 있다.

구상흑연주철의 경화깊이는 보통주철의 로울보다 경화깊이가 깊어 사용기간이 증가한다는 이점이 있다.

(4) 잉곳트 케이스

이 재료는 사용시에 있어서 용강주입과 동시에 내면이 800℃이상의 고온으로 급속히 가열되었다 급랭된다. 즉, 가혹한 열이력을 반복하여 받는다. 그러므로 이 재료는 열응력에 잘 견딜 수 있어야 한다. 이러한 점에서 볼 때 구상흑연주철은 강인성, 내열성이 보통주철보다 대단히 우수하므로 케이스용으로 적합한 재료이다.

(5) 내열부품

각종 주철 중에서 구상흑연주철의 내열성이 가장 좋아 내열부품으로 널리 사용되고 있으며, 가장 대표적인 것은 다음의 3종류이다.

① 보통구상흑연주철(ferrite, pearlite계)
② 고규소구상흑연주철(silico-ferrite계)
③ 특수구상흑연주철(austenite계)

이와 같은 구상흑연주철을 내열부품으로 사용할 때에는 재료의 특성을 최대한 살릴 수 있도록 신중하게 선택하여야 한다.

① 보통구상흑연주철

내열온도는 900℃ 이하지만 강인성, 내마모성, 내충격성이 우수하고 주조성도 좋으며 값도 싸기 때문에 가장 널리 사용된다. 그 대표적인 화학조성은 표 6.17과 같다.

② 고규소구상흑연주철

Si의 함량을 3.5~5.0%정도 함유시켜 내열성을 더욱 향상시킨 것으로 내열온도는 1000℃까지이다. 고온강도도 우수하지만 인성이 적은 결점이 있다. 따라서 급속한 가열과 냉각을 받는 곳에서는 적합하지 않다. 가장 대표적인 조성을 표 6.18에 나타냈다.

③ 특수구상흑연주철

Ni 및 Cr을 다량 함유한 것으로 기지조직은 오스테나이트이며, 대단히 우수한 내열성을 갖는다. 내열온도는 1000℃ 정도로 고규소 구상흑연주철과 같지만 인성 및 내충격성이 우수하며, 고온강도 18-8스테인레스강과 비슷한다. 그 대표적인 조성을 표 6.19에 나타냈다.

표 6.17 보통구상흑연주철의 화학조성(%)

C	Si	Mn	P	S
3.3~3.8	2.0~3.0	0.1~1.0	0.015~0.1	0.005~0.035

표 6.18 고규소구상흑연주철의 화학조성(%)

C	Si	Mn	P	S
2.8~3.8	3.0~5.0	0.2~0.6	0.10이하	0.05이하

표 6.19 특수구상흑연주철의 화학조성(%)

C	Si	Mn	P	S	Ni	Cr
2.5~3.5	1.5~3.0	0.8~2.0	0.1이하	0.05이하	18.0~25.0	0.5~3.0

제 III 부

비철금속재료

제1장   서론

제2장   Al 합금

제3장   동과 동합금

제4장   티타늄(Ti) 합금

제5장   니켈(Ni) 합금

제6장   기타 비철금속재료

제1장

서론

자연계에 존재하는 금속의 종류는 대단히 많으며 그중 비중이 $5g/cm^3$이하의 금속을 편의상 경금속, 이보다 무거운 금속을 중금속이라 한다. 즉, Al, Mg, Ti, Be 등은 중요한 경금속 들이며 Cu, Ni, Cr 등은 중금속에 속한다. 그러나 Fe는 비중이 7.86임에도 불구하고 관례상 중금속이라 하지 않고 그대로 철이라 부른다. 이처럼 많은 금속중에서 Fe를 제외한 금속들을 비철금속이라 하여 Al, Cu, Sn, Zn, Pb, Ni, Ag, Au, Pt, W, Mo, Co, Cr, V, Ti, Zr 등은 현재 사용화되고 있는 대표적인 비철금속에 속한다.

자동차, 항공기, 인공위성 등 기계·전자산업에 걸친 과학문명의 발달은 이들 비철금속의 이용과 결코 무관하지 않으며 따라서 산업사회로의 발전과 비철금속재료의 수요와는 서로 밀접한 관계를 나타내고 있다(그림 1.1 참조). 일례로 1900년초에서야 사용 가능하게 된 Al 은 산업화와 함께 소비량이 급속히 증가하여 현재는 철 다음으로 가장 많이 사용하는 금속이 되었다. 특별히 Al의 소비량을 국가별로 보면 미국, 유럽, 일본 순으로 선진국으

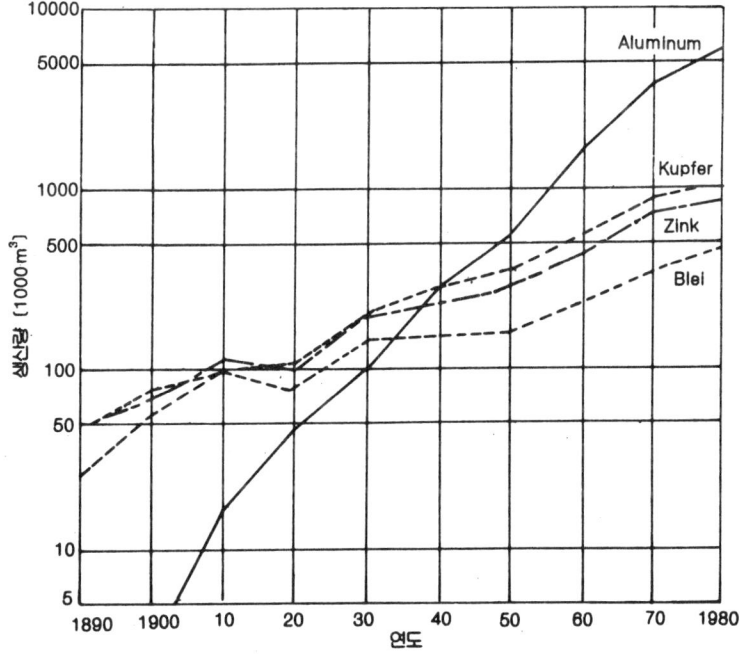

그림 1.1 Al, Cu, Zn, Pb의 세계생산량

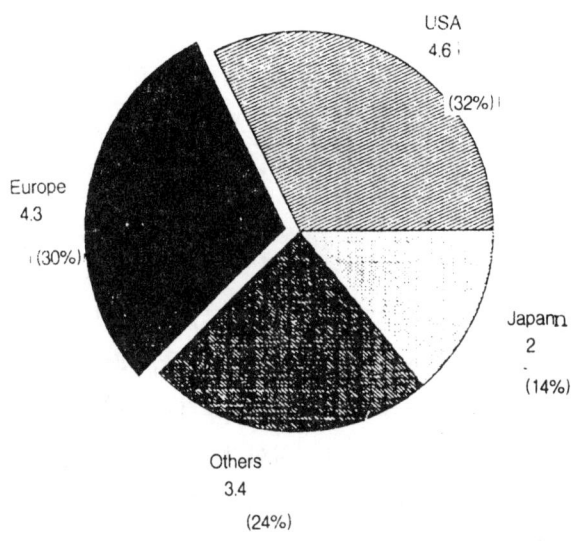

그림 1.2 1차 Al의 국가별 소비량[백만톤]

로 갈수록 그 소비량이 크게 증가하고 있는 실정이다(그림 1.2).

   국내에서는 이들 비철금속을 대부분 수입에 의존하고 있는데 70~80년대에 이르러 급속한 경제성장과 함께 비철금속의 수입량은 1988년 현재 과거에 비해 72.4%가 증가한 875Mrd.$에 달하며 이중 Cu의 수입은 105% 증가에 875.5Min$, Ni은 104% 증가에 78.9Mill$에 이르고 있다. 이와는 달리 비철금속을 생산하는 제련 및 용해설비에 대한 투자는 대단히 미비한 편이다. 실제로 1987년말 현재 전기동의 국내생산능력은 150,000t, Al과 Pb는 각각 17,500t과 57,000t에 달하며 이는 국내소비량에 크게 미치지 못하는 것으로 그 공백은 무려 110,000t Cu, 220,000t Al, 56,000t Pb에 이른다. 이는 단순히 원자재의 부족에 따른 것이라 할 수도 있겠지만 문제는 이들 비철금속재료로 생산된 각종 가공품의 수입까지를 고려하지 않을 수 없는 것으로, 앞으로의 국제시장경쟁에서 뒤지지 않기 위해서는 비철금속 분야에 대한 많은 연구와 개발 노력이 절실히 요구되고 있는 바이다.

제2장

Al 합금

2.1 Al 재료의 분류

Al과 Al합금은 순도나 생산과정, 합금원소량 및 사용목적등에 따라 분류하고 있다. 즉 순도 및 생산과정에 따라 1차 Al지금(prinmary aluminium), 고순도 Al, 순 Al, 2차 Al 지금(secondary Aluminium)으로 구분한다. 제련 Al으로도 불리오는 1차 Al지금(地金)은 Layer법이나 기타 전해제련법을 이용하여 생산된 Al을 말하는 것으로 Si 및 Fe이외에도 Ti, Cu, Zn등의 불순물을 함유하고 있다. 이 제련 Al을 다시 3등 전해법으로 정제하여 불순물을 제거시키면 순도 99.99%이상의 Al을 생산할 수 있는데 이를 고순도 Al이라 한다. 이와는 달리 Al주괴나 기타 폐 Al등을 재용해하여 생산한 Al을 2차 Al 지금이라 하며, 이때의 순도가 99.5%이상이면 보통 순 Al지금이라 한다.

Al지금에 합금원소를 첨가하면 경도, 강도, 전연성등과 같은 기계적 성질과 내식성, 용접성등과 같은 공업적 성질이 크게 향상된 합금을 얻을 수가 있다. Al에 첨가하는 주요 합금원소로는 Cu, Mg, Zn, Si, Mn등이 있다(그림 2.1). 예를 들면 Mn을 첨가하면 강도를 증가시키고 Mg과 Si을 첨가하면 내식성과 강인성을 향상시키며 Cu, Zn, Mg등을 첨가해서 열처리를 거치면 이른바 고력알루미늄합금을 얻을 수가 있다. 또한 결정립을 미세화시킬 목적으로 Ti, B, Zr, Na, Sn 및 Zr등을 첨가하기도 한다.

이러한 Al을 기본으로 하는 합금은 최종제품에 대한 요구나 성질에 의해서 전신용(展伸用) 합금과 주물용 합금으로 크게 나눌 수 있다. 전신용 합금은 전체 Al합금의 70%이상을 차지하며 판, 관, 봉, 선, 박 등 각종 형태로 사용되며 단조가 가능할 정도로 가공성이 우수한 합금의 경우를 의미하며, 주조용 합금은 주조성이 비교적 우수하여, 사형, 금형 셀(shell)형, 다이케스트형 등에 의해 주조되며, 합금원소의 농도가 비교적 큰 합금의 경우를 의미한다.

이밖에도 알루미늄합금은 열처리방법에 따라 분류하기도 한다. 즉 압연등과 같은 가공에 의해서만이 재료의 성질을 개선시킬 수 있는 비열처리형 합금과 용체화처리나 시효

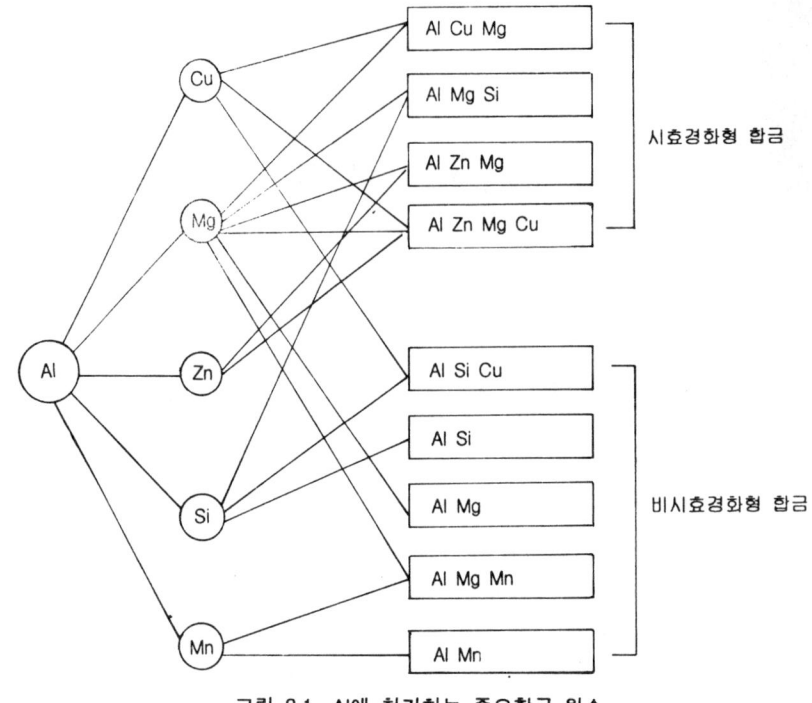

그림 2.1 Al에 첨가하는 중요합금 원소

석출등과 같은 열처리에 의해서만 재질을 강화시킬 수 있는 열처리형 합금으로 나눌 수 있다(그림 2.1).

2.2 알루미늄의 여러가지 성질

Al은 비중 2.7로 경량인데다가 전기전도도, 내식성, 가공성 등이 우수하고 특히 색상이 아름다우며 인체에 해롭지 않기 때문에 일반공업용, 건축장식용, 선박항공등 운송기구, 전기전자부품, 일상생활용품등 그때 그때의 목적에 알맞는 공업용재료로서 널리 각광을 받고 있다(표 2.1).

Al 지금의 물리적 및 기계적 성질은 표 2.2 및 2.3에 나타낸 바와 같이 불순물의 함량에 따라서 다소 차이가 있다. 특히 내식성은 불순물의 함량에 따라서 많은 차이가 난다. 제품의 종류에 따라서 요구되는 지금의 순도가 달라지는데 Al전선, 알루미늄박 등은 99.5% 이상의 것을 사용해야 하고, 높은 반사율을 필요로 하는 반사경이나 전해콘덴서 등에서는 99.99%의 것을 사용하여야 한다. Al은 특히 전기전도도와 열전도도가 대단

표 2.1 Al의 **특성**과 사용영역과의 관계

사용영역	특성				가공형태				
	가볍다	열전도성과 전기회로도가 양호하다	내부식성이 강하다	색상이 아름답다	형주조 또는 단조	판	압출형재	선, 봉	박
자동차	●		○	○	○	○	○		
건축	○		○	●		○	○		
포장	+	+	●	●		○	○		○
전기재료	+	●	○					○	
가정용품	○	●	●	○	○	○	○		
기계	●	○	○	○		○	○		
화학, 식료공업	○	○	●	○	+	○	○		○

+ : 요구사항
○ : 중요함
● : 결정적 요인

표 2.2 Al의 물리적 성질(99.5% Al)

항 목	수 치	단 위	항 목	수 치	단 위
원자량	26.98		원자번호	13	
격자간거리	4.0496×10^{-8}	cm	비중(20℃)	2.71	
열전도율(0℃)	0.5	cal/cm·s·℃	평균선팽창계수(20~100℃)	24.0×10^{-6}	$℃^{-1}$
고체→액체의 체적팽창	6.5	%	용 융 점	658	℃
비열(20℃)	0.214	cal/g·℃	熔融潛熱	92.4	cal/g
기화열 (27 g Al)	75630	cal	증 발 점	2279	℃
전기전도율	34.5	m/Ω·mm²	電氣比抵抗(20℃)	0.027	Ω·mm²/m
전기저항의온도계수	1.2×10^{-4}	Ω·mm²/m·℃	電氣化學當量	0.3354	g/A·h
단성계수	7.2×10^3	Kg/mm²	剛性率	2.7×10^2	Kg/mm²
포아송(Poisson비)	0.34				

표 2.3 알루미늄가공재료의 기계적 성질

공급상태	인장강도 (Kg/mm²)	내력(Kg/mm²)	신 율 (%) 판	신 율 (%) 봉	브리넬 경도 (HB)
0	9.2	3.5	35	45	23
H 12	11.0	9.2	12	25	28
H 14	12.0	9.8	9	20	32
H 16	14.0	12.0	6	17	38
H 18	17.0	14.8	5	15	44

히 좋아서 도전재료와 냉난방장치 및 공업용열교환기 등으로 많이 사용된다. Al의 전기전도율은 Cu의 60% 이상이며 비중은 1/3정도 밖에 되지 않으므로 같은 양의 전류를 흐르게 하기 위해서는 반정도의 중량으로써 충분하게 된다. 따라서 대형송전선의 철탑의 간격도 그만큼 길게 할 수가 있다. 도전 케이블, 배전선등 전기재료에 있어서 Al은 기존의 Cu 대용으로 널리 이용되고 있다.

또한 Al은 빛의 반사율이 대단히 좋아서 순도가 99.8% 이상일 때는 직사광의 90%이상을 반사할 뿐만 아니라 표면의 자연화 피막에 의해서 보호되어 장기간동안 그 반사능을 잃지 않아, 여러가지 형태의 반사경으로도 사용된다. 열의 반사율도 빛의 반사율 못지 않게 좋아서 난방기구의 반사판이나 적외선 건조장치 등의 분야에 널리 사용되고 있으며 복사열이 적어 지열의 출입을 억제하는 부품으로도 많이 사용되고 있다.

자기적으로는 비자성체이며 철강이나 동합금과는 달라 표면에 Al_2O_3의 얇은 산화피막을 갖고 있어 자기보호가 되어 내식성이 가장 우수한 특성을 갖고 있다.

가공성의 경우 소성 및 절삭가공성이 대단히 우수하여 판, 봉, 관, 선, 박 등의 각종 형재 및 형태의 제품으로서의 성형가공이 쉬우며 주단조성 및 용접성도 연구 개발되어 대단히 우수하게 되었다. 또한 Al은 저온특성을 갖고 있다. 보통강은 -62℃이하가 되면 저온취성을 나타내어 저온용구조재로서 사용하지 못하나 Al 합금은 -200℃이하의 극저온에서도 인성을 잃지 않을 뿐만 아니라 강도는 오히려 증가되어 저온재료로서 가장 적합하여 극탐험이나 우주개발재 및 냉동기재로서도 많이 이용되고 있다.

2.3 주물용 알루미늄 합금

Al합금은 크게 시효경화형합금과 비시효경화형합금으로 나눌 수 있으며 이중 비시효경화형합금은 주조용으로 시효경화형합금은 가공용으로 주로 사용된다. 한편 같은 계의 합금일지라도 용질원소의 함량에 따라 전신가공용합금이 될 수도 있고 시효석출이 되지 않는 주조용 합금이 될 수도 있다.

주조용 합금으로는 Al, Si, Mg, Ni 등이 복합적으로 첨가된 3원 및 4원 합금으로 되어 있다. Al합금주물에 관해서는 KS규격(KS D 6008)에도 규정되어 있으며 그 종류와 화학성분을 표 2.4에 표시하였다.

표 2.4 주물용 알루미늄합금의 화학조성

기호	합금계	화학조성 (%)							
		Cu	Si	Mg	Zn	Fe	Mn	Ni	Ti
AC1A	Al-Cu계	4.0~5.0	1.2	0.3	0.3	0.5	0.3	—	0.25
AC2A	Al-Cu-Si계	3.5~4.5	4.0~5.0	0.2	0.5	0.8	0.5	—	0.2
AC2B	Al-Cu-Si계	2.0~4.0	5.0~7.0	0.5	1.0	1.0	0.5	0.3	0.2
AC3A	Al-Si계	0.2	10.0~13.0	0.1	0.3	0.8	0.3	—	—
AC4A	Al-Si-Mg계	0.2	8.0~10.0	0.4~0.8	0.2	0.5	0.3~0.8	—	0.2
AC4B	Al-Si-Cu계	2.0~4.0	7.0~10.0	0.5	1.0	1.0	0.5	0.3	0.2
AC4C	Al-Si-Mg계	0.2	6.5~7.5	0.2~0.4	0.3	0.5	0.3	—	0.2
AC4D	Al-Cu-Ni-Mg계	1.0~1.5	4.5~5.5	0.4~0.6	0.3	0.6	0.5	—	0.2
AC5A	Al-Cu-Ni-Mg계	3.5~4.5	0.6	1.2~1.8	0.1	0.8	0.3	1.7~2.3	0.2
AC7A	Al-Mg계	0.1	0.3	3.5~5.5	0.1	0.4	0.6	—	0.2
AC7B	Al-Mg계	0.1	0.3	9.5~11.0	0.1	0.4	0.1	—	0.2
AC8A	Al-Si-Cu-Ni-Mg계	0.8~1.3	11.0~13.0	0.7~1.3	0.1	0.8	0.1	1.0~2.5	0.2
AC8B	Al-Si-Cu-Ni-Mg계	2.0~4.0	8.5~10.5	0.5~1.5	0.5	1.0	0.5	0.5~1.5	0.2
AC8C	Al-Si-Cu-Mg계	1.0~2.0	8.5~10.5	0.5~1.5	0.5	1.0	0.5	—	0.2

2.3.1 Al-Cu계 합금

그림 2.2에 Al-Cu 상태도의 Al 부분을 나타내었다. 33%Cu를 갖는 Al합금용액은 온도 548℃에서 α고용체와 금속간화합물인 Al_2Cu의 θ상(相)과의 공정을 형성한다. α고용체 중의 Cu 용해도는 공정온도인 548℃에서 5.7%로 최대가 되나, 온도강하와 함께 급격히 감소하여 400℃에서 1.6%, 200℃에서 0.2%가 되어 상온에서는 거의 고용되지 않는다. 따라서 Cu는 4%정도 함유한 합금을 500℃부근에서 가열하여 급랭하면 과포화 고용체가 얻어지고 이것은 상온에서 불안정하여 제2상을 석출하려는 경향이 있으며, 이러한 시효석출에 의해 강도, 경도 등 기계적성질이 크게 증가한다.

그림 2.3(a)는 Al+5% Cu 합금의 조직을 나타내고 있으며 여기에서는 공정이 없는 불균질 α-수지상이 보인다. Cu함량이 5~33%인 아공정합금에서는(그림 2.3(b)) 초정의 α고용체가 수지상으로 성장하다가 잔류용액은 α+θ의 공정조직이 되어 초정을 감싸고 있는 형상을 나타낸다. 그림 2.3(c)는 6.7% Al+33% Cu를 함유한 순수한 공정합금의 조직을 나타낸 것이다. 과공정합금에서는 초정의 경한 Al_2Cu의 θ상이 정출한다(그림 2.3(d)).

Al-Cu계 합금은 고액공존 영역이 넓기 때문에 수지상정 사이에 용탕의 보급이 어려워 이부분에 미세한 수축공이 발생하기 쉽고 또한 용탕중의 가스도 이곳에 남아 핀홀(pin hole)의 형성을 쉽게 하여 고온균열의 원인이 되기도 한다. 이 합금에 Si을 소량 첨가하면 압탕효과가 개선되고 고온균열이 방지되나 저용점의 3원공정이 생겨 국부용해산화(burning)의 위험이 있으므로 용체화처리온도에 주의를 요한다. 용체화온도는 510~530℃에서 주물의 두께에 따라 5~10시간 정도 가열한 후 수냉하여 140~150℃에서 5~8시간 **시효처리한다.** 실용합금으로는 과거에는 8~12% Cu합금이 강도·경도가 높고 내마모성, **열전도도가** 우수하여 공랭실린더헤드 및 자동차의 피스톤 등에 사용되었으나 요즘은 4.5% Cu 합금이 주조성이 좋고 열처리에 의한 강도 향상이 기대되므로 고 Cu 합금은 현재 실용되지 않는다.

2.3.2 Al-Cu-Si계 합금

이 종류의 합금은 Al-Cu계 합금에 Si을 첨가함으로써 주조성을 개선하고 Cu를 넣어 절삭성을 좋게 한 것으로 Lautal이라고도 한다. 특히 Si이 많이 포함된 합금도 Na첨가에 의해 개량처리가 가능하다. 이계의 합금은 고용체중의 θ상과 Si의 고용도가 온도저하에 따라 감소하므로 시효경화성이 있으며 유동성과 내압성이 우수하며 열간균열이나 수축공등이 적어 기계부품으로서 널리 사용되고 있다. 주조조직은 고용체의 초정(α상

제2장 Al 합금　423

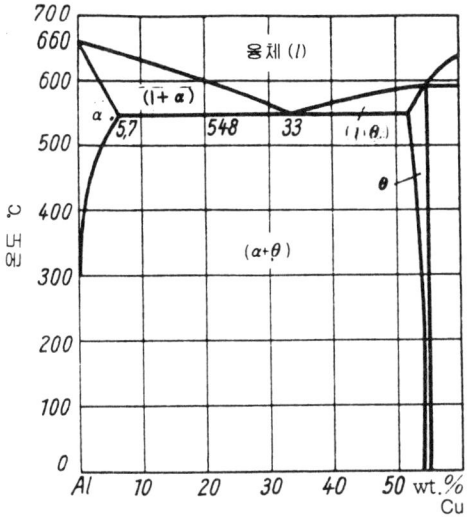

그림 2.2 Al-Cu 상태도

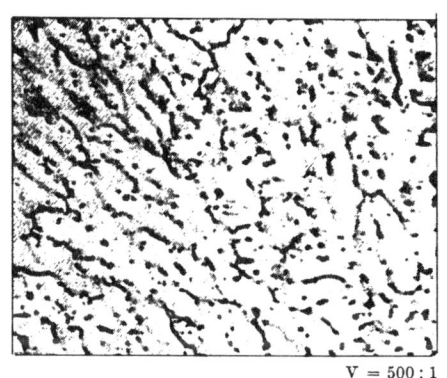

(a) 95%Al+5%Cu를 함유한 합금주방상태. 주 불균질 α고용체조직. 부식액 : 1%회석 NaOH

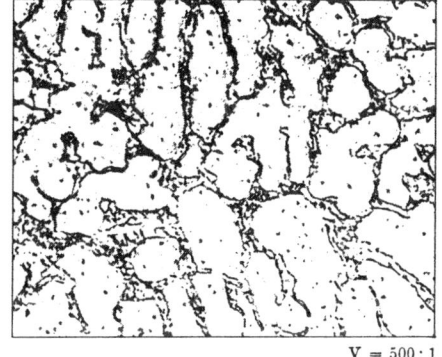

(b) 85%Al+15%Cu를 함유한 합금. 주방상태. (α+θ)공정을 갖는 불균질 α고용체조직

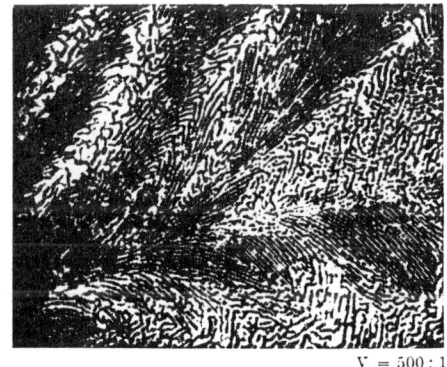

(c) 67%Al+33%Cu를 함유한 합금. 주방상태. (α+θ)-공정조직

(d) 60%Al+40%Cu를 함유한 합금. 주방상태. (α+θ) 공정내에 존재하는 초정 α 공정조직.

그림 2.3 Al-Cu 합금에 있어서 합금조성에 따른 조직상태

+Si)을 2원공정 및 3원 공정($\alpha+\theta$+Si)이 포위한 상태이다. 소량의 Mg첨가는 Mg_2Si의 석출경화에 의해서 강도를 향상시키는 효과가 있으나 연신율을 감소시킨다. 불순물로서 품는 Fe는 침상의 $FeAl_3$ 화합물상으로 나타나 강도와 연신율을 다같이 감소시킬 뿐만 아니라 수축공을 발생하고 Si함량이 많을 때는 Al_4FeSi와 같은 3원화합물을 형성하여 재질을 취약하게 한다.

2.3.3 Al-Cu-Mg-Ni계 합금

Y합금이라 부르는 이계의 표준조성은 Al-4%Cu-2%Ni-1.5%Mg으로 Al-Cu계 합금에 Ni과 Mg을 첨가하여 300℃에서 20Kg/mm^2 이상의 고강도를 유지할 수 있는 내열성합 금이다.

이 합금은 시효경화성이 있고 열간단조나 압출가공이 용이하므로 피스턴과 같은 내열 성부품에 널리 이용된다. 유동성은 크게 나쁘지 않으며 응고시 수축량이 비교적 크기 때 문에 수축공, 고온균열등의 결함이 형성하기 쉬우나 이러한 단점은 결정립미세화 처리에 의해 감소시킬 수 있다. 용체화 처리온도가 약 550℃ 정도로 높아지면 결정립이 조대화 **되어 경도와 고온강도가 감소되며 시효처리온도가 높아지며 상온강도와 내력등은 증가되나 연신률은 감소한다.**

Y합금의 Cu와 Ni을 적게하고 그 대신 Fe와 소량의 Ti를 넣은 합금에 영국의 Hiduminium RR50, RR53이 있으며, 내열성과 기계적 성질이 우수하다. RR50은 Si을 품 고 주조성이 좋으므로 실린더블록, 크랭크케이스 등의 복잡한 대형주물에 Al-2%Cu-1.2%Si-1.1%Mg-1%Fe-0.9%Ni의 목표성분을 갖는 RR53은 강도가 커서 피스톤 실린더 헤드등의 고온부품에 사용된다.

2.3.4 Al-Si계 합금

Silumin(10~13%Si)이라 불리는 Al-Si계 합금은 그림 2.4과 같이 공정형이며 Al에 대 한 Si의 용해도가 매우 적어 비시효경화성으로 열처리효과는 기대할 수 없다. 상용Al합 금에서는 20%까지 Si을 함유하며 공정점은 11.7%Si, 577℃이다. Al-Si합금은 주조성이 대단히 우수하며 특히 공정점에 가까운 조성이 되면 열간취성이 제거되고 유동성과 용 접성이 우수하며 주로 두꺼운 대형주물이나 형상이 복잡한 주물에 많이 사용된다. 이밖 에도 $SiO_2 \cdot xH_2O$형태의 표면보호막이 형성되어 순수한 Al보다 우수한 내식성을 갖는다. Si은 Al에 있어서 가장 효능이 있는 합금원소이나 공정부근의 합금을 서냉(사형주물)하 면 초정으로 정출된 판상 또는 침상의 Si이 조대하게 석출되어 취약하여 사용할 수 없

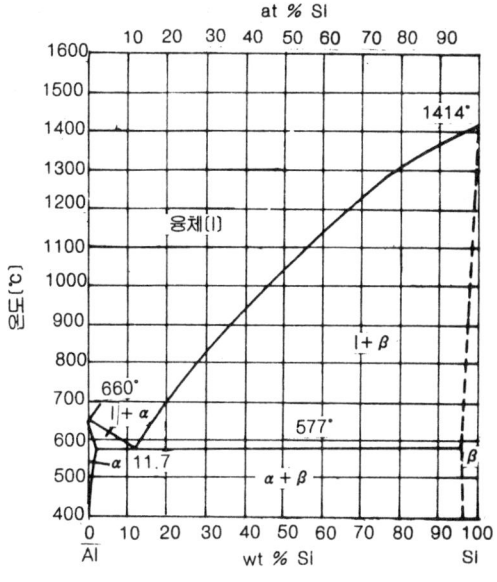

그림 2.4 Al-Si 상태도

다. 그러나 용탕온도 720~780℃의 용체에 약 0.05~0.1%Na을(금속 Na이나 Na염의 형태) 알루미늄박에 싸서 첨가하면 Na이 핵생성작용을 일으켜 판상 및 침상의 공정Si을 미세하고 둥글게 변화시켜 강도 및 연신율이 상승한다. Na의 첨가로 공정온도는 577℃에서 564℃로 내려가며 공정조성은 11.7%에서 14%Si으로 이동하기 때문에 14%Si을 함유한 과공정합금이 개량처리 후에는 공정으로 응고한다. 한편 너무 적은량의 Na을 첨가하면 개량처리가 부분적으로 이루어지며 반대로 Na량이 과다하면 조직은 과개량되어 Si이 서로 뭉쳐 다시 조대한 입자를 형성한다. 개량처리시 Na의 첨가량은 Mg이 많을수록 적게 하고 Si%가 많을수록 많게 한다. 다이캐스팅시에는 용탕이 급랭하기 때문에 Si도 과냉하므로 개량처리를 하지 않아도 미세조직이 형성한다. 이때문에 다이캐스팅에서는 개량처리를 할 필요가 없고 유동성이 좋으며 열간취성이 없으므로 널리 이용되고 있다.

Silumin을 개량한 것으로는 Al-Si계 합금에 소량의 Mg을 첨가함으로써 기계적 성질과 절삭성을 개선한 Al-Si-Mg계 합금이 있다. 대표적인 것으로는 r-silumin(Al-9%Si-0.5%Mg)이 있으며 Mg_2Si상에 의한 시효경화성이 있으나 높은 연신율을 주기 위하여는 Na첨가에 의한 개량처리를 필요로 한다. Silumin계 합금에 Fe를 0.8%이상 품으면 조대한 Fe를 갖는 화합물상(β상)이 초정으로 나타나서 취약해지므로 0.5% 정도의 Mn이나 Cr, Co를 넣어서 미세화시킨다. 용해시에는 흑연도가니가 좋으며 다량 용해시 철제도가니를 쓸때에는 내면을 라이닝(lining)할 필요가 있다.

Al-Si계 합금에는 이밖에도 Lo-EX 합금 (Al-12%Si-1%Cu-1%Mg-1.8%Ni)이 있다. 이 합금은 열팽창계수가 적고 내마모성이 우수하며 고온강도가 크기 때문에 피스톤용으로 널리 금형주조되고 있으며 고온강도를 목적으로 Cu, Ni, Mn을 넣고, Mg은 시효경화성을 주며 결정립 미세화를 위하여 Ti을 첨가하기도 한다. 최근에는 공정점 이상의 과공정합금(고규소 알루미늄합금)이 열팽창계수가 적고 내마모성이 우수하기 때문에 피스톤용 합금으로 널리 사용하게 되었다. 그러나 이 합금에서는 초정으로 조대한 Si이 형성되어 용탕 상부에 떠오르는 중력편석을 일으킨다. 이러한 초정Si을 미세화시키는 데에는 Na으로는 효과가 없고 P_2Cl_5, Cu-P 및 Mn_3P 등과 같은 인화물을 첨가한다.

2.3.5 Al-Mg계 합금

그림 2.5는 Al-Mg합금의 상태도를 나타낸 것으로 34.5%Mg, 451℃에서 금속간화합물 Al_3Mg_2와 함께 공정을 형성한다. 보통은 10%까지의 Mg을 함유하며, 3, 5, 7 및 9% Mg을 함유한 Al-Mg 합금은 Mg 함량의 증가와 더불어 기계적 성질, 절삭성 및 내식성이 증가하여 단련용, 주물용등에 이용된다. Al-Mg계 합금은 Hydronalium으로 알려져 있으며 산화하기 쉽기 때문에 드로스(dross)가 생기기 쉽고 유동성이 나쁘며 응고온도범위가 넓어 조

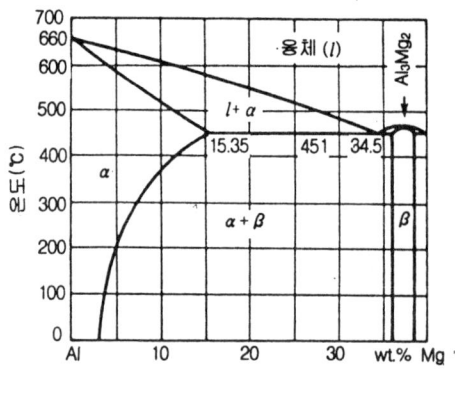

그림 2.5 Al-Mg 상태도

직이 편석하기 쉽고 압탕효과가 적다. 실용합금중 4~5%Mg을 갖는 합금은 내식성, 특히 해수 및 약알칼리용액에 대하여 내식성이 양호하고 절삭성이 우수하므로 선박 및 화학, 식료품산업에 응용된다. 10%Mg합금은 약 420℃에서 20시간 이상 가열하여 공랭시키면 강도가 높아지는데 열처리시 완전한 용체화처리가 되지 않으면 α 고용체의 입계에 Al_3Mg_2 (β상)이 필름상으로 석출하기 때문에 연신률이 극도로 감소하는 경향이 있다.

Al-Mg계 합금의 용탕은 산화하기 쉬우므로 주입시에 산화물이 들어가지 않도록 해야 한다. 특히 Mg은 강환원성이므로 수증기와 접하면 H를 흡수하기 쉬우며 따라서 용해나 주입시에 주형의 수분에 의하여 H를 흡수하는 소위 금속-주형반응을 일으켜 주물표면 부근에 기포가 생성하기 쉽다. 이것을 방지하려면 0.04%정도의 Be을 넣으면 유효하고 또 합금의 산화도 방지된다. 이외에도 주형사 중에 붕산, 불화암모늄, 붕불화암모늄등을 2%정도 섞으면 효과가 있다.

Al-3.3~3.5%Mg합금은 유동성이 나빠서 금형주조가 어려우나 0~3%범위의 Zn과 Si

를 첨가하여 주조성을 개선시킬 수 있다. Si은 약 1%정도 첨가하면 유동성, 열간취성 및 내압성등은 개량되나 인성은 아주 나빠진다.

2.4 가공용 알루미늄 합금

가공용 Al합금을 크게 나누면 duralumin계의 Al-Cu-Mg계, Al-Zn-Mg계를 주체로 하는 고강도 합금계와 Al-Mn계, Al-Mg계, Al-Mg-Si계를 주체로 하는 내식성 합금계로 나눌 수 있다. 가공용 Al합금을 나타내는 데는 일반적으로 미국 알루미늄협회 (American Aluminium Association : AA)에 등록된 합금번호를 사용하고 있다. 이 합금번호는 네자리 숫자로 되어 있으며 각각의 숫자는 합금계, 합금개량번호, 합금번호등을 나타낸다.

왼편에서 첫자리 숫자는 다음과 같은 합금계를 나타낸다.

　1000계열 : 99.00%이상의 알루미늄
　2000계열 : Al-Cu계 합금
　3000계열 : Al-Mn계 합금
　4000계열 : Al-Si계 합금
　5000계열 : Al-Mg계 합금
　6000계열 : Al-Mg-Si계 합금
　7000계열 : Al-Zn계 합금
　8000계열 : 기타
　9000계열 : 예비번호

이밖에도 가공재는 냉간가공이나 열처리등에 의하여 기계적성질이 변화하므로 합금분류번호 다음에 표 2.5와 같은 질별번호를 붙이는데 이때의 질별기호는 미국규격(ASTM)에 규정되어 있는 것을 사용하고 있다.

표 2.5 Al합금의 열처리 상태를 나타내는 기호

질별기호	열처리 및 가공상태
F	주조한 그대로의 것
O	풀림처리(가공재)한 것
H	냉간가공한 것
H_{1n}	가공경화한 것
H_{2n}	가공경화후 풀림처리한 것
H_{3n}	가공경화후 안정화 열처리한 것 단 n=2는 1/4 경질

	n=4는 1/2 경질
	n=6은 3/4 경질
	n=8은 경질
	n=9는 초경질이다
W	용체화 후 시효경화 진행중 예) w 30(담금질 후 30일 경과)
T	열처리한 것
T_2	풀림처리(주조재)한 것
T_3	용체화처리후 냉간가공
T_4	용체화처리후 상온시효가 끝난것
T_5	제조후 담금질하지 않고 바로 인공시효한 것
T_6	용체화처리후 인공시효경화시킴
T_7	용체화처리후 안정화열처리한 것
T_8	용체화처리후 냉간가공하여 인공시효한 것
T_9	용체화처리후 인공시효하여 냉간가공한 것
T_{10}	인공시효의 냉간가공한 것

2.4.1 고강도 알루미늄합금

고강도 Al합금은 Duralumin을 원조로 하여 발달한 시효경화성 합금으로 크게 Al-Cu-Mg계와 Al-Zn-Mg계로 나누며 이밖에도 단조용으로 Al-Cu계, 내열용으로 Al-Cu-Ni-Mg계가 있다. 이 종류의 합금성분의 JIS규격을 표 2.6에, 또 각종합금전신재의 기계적성질을 표 2.7에 표시한다.

표 2.6 고강도 알루미늄합금성분규격(JIS-1961)

종류	화 학 성 분 (%)									유사합금 AA기호
	Cu	Si	Fe	Mn	Mg	Zn	Cr	Ti	Al	
1	3.9~5.0	0.50~1.2	1.0이하	0.40~1.2	0.20~0.8	[0.25이하]	[0.10이하]	[0.15이하]	淺部	2014
2	3.5~4.5	0.8이하	1.0이하	0.40~1.0	0.20~0.8	[0.25이하]	[0.10이하]	—	淺部	2017
3	2.2~3.0	0.8이하	1.0이하	0.20이하	0.20~0.50	[0.25이하]	[0.10이하]	—	淺部	2117
4	3.8~4.9	0.50이하	0.50이하	1.2~1.8	1.2~1.8	[0.25이하]	[0.10이하]	—	淺部	2024
5	1.2~2.0	0.50이하	0.7이하	2.1~2.9	2.1~2.9	5.1~6.1	0.18~0.40	[0.20이하]	淺部	7075

표 2.7 각종 고강도알루미늄합금 재료의 기계적 성질

합금과 질별	인장성질 강도(kg/mm²)		신율(%)		경도 Brinell 500/10	전단 전단강도 (kg/mm²)	피로 내구한 5×10⁴R.R (Kg/mm²)	강성 탄성률 (kg/mm²)
	인장강도	내력	판1.6mm	원봉 12.5mm				
2014-0	19	10	—	18	45	13	9.1	7400
2014-T4	44	32	—	20	105	27	14.1	4700
2014-T6	49	42	—	13	135	30	12.7	4700
Alclad								
2014-0	18	7	21	—	—	13	—	7350
2014-T3	44	28	20	—	—	26	—	7350
2014-T4	43	26	22	—	—	26	—	7350
2014-T6	48	42	10	—	—	29	—	7350
2017-0	18	7	—	22	45	13	9.1	7350
2017-T4	44	28	—	22	105	27	12.7	7035
2025-0	19	8	20	22	47	13	9.1	7400
2024-T3	49	35	18	—	120	29	14.1	7400
2024-T36	51	40	13	—	130	30	12.7	7400
2024-T4	48	33	20	19	120	29	14.1	7400
Alclad								
2024-0	18	8	20	—	—	13	—	7400
2014-T3	46	32	18	—	—	28	—	7400
2014-T36	47	37	11	—	—	29	—	7400
2014-T4	45	30	19	—	—	28	—	7400

(1) Al-Cu-Mg계 합금

이 계의 합금을 용체화처리 후 급랭하여 상온에 방치하면 시효경화한다. 특히 3.0~4.5% Cu 및 0.5~2.0%Mg을 포함하는 합금은 duralumin 혹은초 duralumin이라 불려져 항공기용의 주재료로 사용되고 있다.

1) Duralumin

2017합금(Al-4Cu-0.5Mg-0.5Mn)에 해당하며 500~510℃에서 용체화처리후 수냉하여 상온시효경화시키면 그림 2.6과 같이 기계적 성질이 개선된다. 강도가 크고 성형성도 좋다. 가공은 용체화처리 후 시효경화전에 하는 것이 보통이다. 이 경우 냉간가공은 처음의 시효경화속도를 크게 하나 가공후의 경화량은 가공도가 클수록 적어진다. 시효후 다시 냉간가공하면 시효경화는 더욱 진행한다.

2014합금(Al-4.4Cu-0.8Si-0.8Mn-0.4Mg)은 강도, 성형성, 경도가 높고 T4처리재는 2024합금보다 강도가 적으나 T6처리하면 2024합금과 같은 강도를 가진다. T6처리는

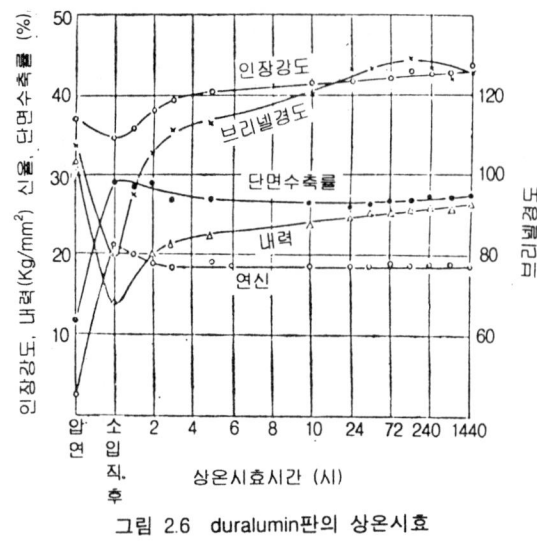
그림 2.6 duralumin판의 상온시효

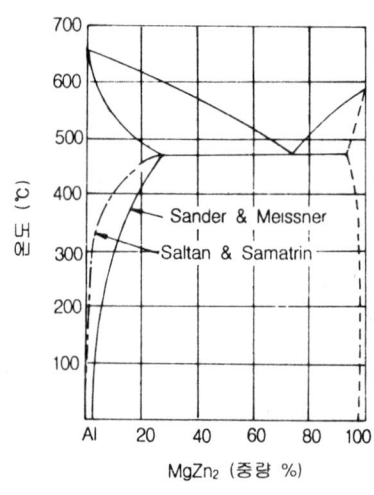
그림 2.7 Al-MgZn₂계 상태도

170℃, 10hr가 좋다.

2) 초 duralumin (Super Duralumin, SD)

2024합금(Al-4.5Cu-1.5Mg-0.6Mn)이며 T4처리하면 약 $48kg/mm^2$의 강도를 갖고 항공재료로 사용된다. T6처리하면 T4처리한 것에 비하여 강도는 같으나 내력($\sigma_{0.2}$)이 상승하고 연신이 감소한다. 그러나 연신이 낮아도 실용상 지장이 없으므로 T6재도 이용된다. T6처리는 190℃로 10~12hr실시한다. 내식성도 상온시효재와 거의 같다.

(2) Al-Zn-Mg계 합금

이 계에 속하는 것에 초초duralumin(Extra Super Duralumin, ESD)이라 하여 항공기용재로 쓰이는 것, 혹은 Clad재나 압출재로 쓰이는 75S 합금 등이 있다. ESD합금은 1.5~2.5% Cu, 7~9% Zn, 1.2~1.8% Mg, 0.3~1.5%Mn, 0.1~0.4%Cr을 품는다. 이 계의 합금은 그림 2.7의 Al-Mg-Zn₂계 평형상태도에서 보는 바와 같이 약 5%이상의 MgZn₂를 품는 합금은 시효경화성이 현저하므로 고강도합금으로 주목되고 있다. 그러나 응력부식 균열성이 있어 자연균열(season cracking)을 일으키는 경향이 있으므로 0.2~0.3% Cr 또는 Mn을 첨가해서 자연균열을 억제하고 있다. 열처리는 450℃에서 용체화하여 약 120℃로 24hr 인공시효 경화시킨다. 75S(7075) 합금은 ESD 합금과 조성이 조금 다르나 거의 같다. 이밖에 HD합금(5.5% Zn, 1.2~2% Mg, 0.7~0.8% Mn, 0.25~0.3% Cr)이 있으며, 이것은 고온변형저항이 낮은 특징이 있고, 420℃에서 용체화하여 20일간 상온시효시키면 인장강도 $50Kg/mm^2$, 내력 $28Kg/mm^2$, 연신율 15%의 특성을 가진다.

2.4.2 내식성 알루미늄 합금

(1) Al-Mn 합금

실용합금으로는 2% Mn이하의 것이 사용되며, Al-1.2% Mn의 3003(Alcoa 3S)은 가공성, 용접성이 좋으므로 각종 저장용 통, 기름통(油槽)등에 이용된다. Al에 Mn을 넣으면 재결정 온도가 상승하므로 완전히 풀림하려면 410℃로 2시간 정도 가열하여야 한다.

(2) Al-Mn-Mg 합금

실용합금으로 3004(Alcoa 4S) 합금이 있으며, 그 조성은 Al, 1.2% Mn, 1% Mg이다. 3S합금보다 강하고 냉간가공상태의 내력은 고강도 합금과 비슷하다.

(3) Al-Mg 합금(hydronalium 또는 maganlium)

주조용으로도 사용되며, 가공용으로도 이용된다. 2~3% Mg 합금은 주괴에서 용이하게 가공할 수 있으나, 3% 이상이 되면 결정편석이 증가하여 적당한 온도에서 예비 가공을 하여야만 메짐성을 방지할 수 있다.

실용합금은 6% Mg 정도가 보통이고, 특수 목적에는 10% Mg도 쓰인다. 내해수성이 좋고, 피로강도의 온도에 따른 변화가 적고 용접도 가능하다.

(4) Al-Mg-Si계 합금(aldrey)

Alcoa 51 S, 53 S 등이 이에 해당되며, 강도와 인성이 있고, 많은 양의 가공 변형에도 견디며 내식성이 우수하다. Mg과 Si가 금속간화합물 Mg_2Si를 만들고, 석출과정에 의한 시효경화성이 있다. 또, 열처리에 의하여 기계적 성질이 개선된다. 담금질은 560℃까지는 온도가 높을수록 효과적이나 120~200℃를 넘으면 국부적인 용해가 일어나 산화하기 때문에 여려진다. 담금질 후 120~200℃로 수십시간 저온 가열하여 인공시효경화를 완성시킨다.

2.5 다이캐스팅용 알루미늄 합금

다이캐스팅용 Al합금에는 여러가지가 있으나, 많이 쓰이는 것은 Alcoa의 No.12합금, 라우탈, 실루민, Y합금 등이 있으며, KS 규격에도 재정하고 있다.

다이캐스팅용 합금으로서 특히 요구되는 성질은 ① 유동성이 좋을 것, ② 열간메짐성이 적을 것, ③ 응고수축에 대한 용탕보급성이 좋을 것, ④ 금형에 접착하지 않을 것 등이다.

이 합금에 Si률 첨가한 것은 융점이 낮은 공정을 생성하여 용탕의 유동성을 좋게 하고, Si%가 공정성분에 가까와지면 응고온도 범위가 좋아 용탕보급성이 좋아지며, 열간 메짐성이 적어서 균열의 발생을 억제할 수 있다. Cu는 고용하므로 소지를 강화하고 주형의 점착성을 감소한다. Fe은 점착성을 더욱 감소하고 금형의 침식을 저하시킨다. 그러나 너무 많으면 Fe이 많은 금속간화합물이 생겨 경점(硬點 : hard spot)이 나타나 절삭성, 내식성을 해치므로 주의하여야 한다. Mn은 Fe을 품는 합금의 경점의 형성을 조장하므로 넣지 않는 편이 좋다. Mg을 함유한 합금은 내식성, 기계적 성질이 좋으므로 다이캐스팅에도 이용된다. 그러나 유동성을 해치는 것이 좋지 못하다. 도전율이 높은 것을 요구할 때에는 고순도 Al을 사용하고 Mn, Ti, Cr등을 적게 하여야 한다.

표 2.8 Al계의 다이캐스팅 규격

		기 호	Cu	Si	Mg	Zn	Fe	Mn	Ni	Sn	Al	인장강도	연신율
알루미늄 다이캐스팅 합금	1종	Al DC 1	0.6 이하	11.0~13.0	0.1 이하	0.5 이하	1.3 이하	0.3 이하	0.5 이하	0.1 이하	나머지(殘부)	20 이상	2.0% 이상
	2종	Al DC2	0.6 이하	9.0~10.6	0.4~0.6	0.5 이하	1.3 이하	0.3 이하	0.5 이하	0.1 이하	나머지	26 이상	3.0% 이상
	3종	Al DC3	0.2 이하	0.3 이하	0.4~1.1	0.1 이하	1.8 이하	0.3 이하	0.1 이하	0.1 이하	나머지	24 이상	4% 이상
	4종	Al DC4	0.12 이하	1.0 이하	2.5~4.0	0.4 이하	0.8 이하	0.4~0.5	0.1 이하	0.1 이하	나머지	24 이상	5% 이상
	5종	Al DC5	0.6 이하	4.5~6.0	0.3 이하	0.5 이하	2.0 이하	0.3 이하	0.5 이하	0.1 이하	나머지	18 이상	3% 이상
	6종	Al DC6	2.0~0.45	4.5~7.5	0.3 이하	1.0 이하	1.3 이상	0.3 이하	0.5 이하	0.3 이하	나머지	20 이상	2% 이상
	7종	Al DC7	0.2~0.45	7.5~9.0	0.3 이하	1.0 이하	1.3 이하	0.5 이하	0.5 이하	0.3 이하	나머지	24 이상	2% 이상
	8종	Al DC8	0.2~0.45	10.5~12.0	0.3 이하	1.0 이하	1.3 이하	0.5 이하	0.5 이하	0.35 이하	나머지	26 이상	1% 이상

제3장 동과 동합금

동과 동합금은 매우 다양한 특성을 갖고 있어 공업적으로 널리 사용되고 있다. 그들이 갖는 특성 중에서도 특히 높은 전기 및 열전도도, 가공의 용이성, 뛰어난 내식성 등이 그들의 응용을 넓히고 있는 중요한 성질이다. 그러나 동은 철이나 알루미늄과 같은 다른 실용금속과는 달리 거의 순금속에 가까운 상태로 이용되는 경우가 많은 것이 특징이다.

동이 가장 많이 쓰이는 곳은 우수한 전기전도가 요구되는 전기공업이다. 이는 표 3.1에 나타낸 바와 같이 동의 전기 및 열전도도가 다른 금속에 비해 매우 뛰어나기 때문이다. 그러나 순동의 전기전도도는 불순물의 첨가에 매우 민감하기 때문에 첨가되는 소량의 원소에도 주의를 필요로 하며 특히 고전도성을 필요로 하는 부분에 동합금을 사용할 때에는 첨가원소의 양이 수%를 넘지 않도록 하여야 한다.

또한 동에 다른 금속을 첨가하여 만든 수많은 종류의 청동 및 황동도 매우 우수한 기계적, 화학적 특성을 갖고 있으므로 동합금도 공업적으로 매우 중요한 위치를 차지하고 있다.

3.1 순동의 성질

동은 알루미늄과 함께 비철금속재료 중에서 가장 중요한 것 중의 하나이며, 다른 금속에 비해 우수하다고 생각되는 특징은 ① 열과 전기의 양도체인 점 ② 전연성이 우수하여 가공이 용이한 점 ③ 내식성이 우수한 점 ④ 색상이 아름답다는 점 ⑤ Zn, Sn, Ni,

표 3.1 Cu 및 다른 순금속의 열전도 및 전기전도도

금속	Ag	Cu	Au	Al	Mg	Zn	Ni	Co	Fe	Steel	Sn	Pb
상대적인 전기전도도 (Cu=100)	106	100	72	62	39	29	25	18	17	13-17	15	8
상대적인 열전도도 (Cu=100)	108	100	76	56	41	29	15	17	17	13-17	17	9

Ag, Au 등과 용이하게 합금을 만드는 점이다.

순동은 전기분해에 의해 99.99%까지는 순도를 얻을 수 있으나 일반적으로 사용되는 공업용 순동은 99.9~99.96%정도이다. 이 전기동(cathode copper)은 전해시 Cu와 같이 석출되는 As, Sb, Bi 등의 불순물과 S, Pb, Au, Ag 등의 불순물 그리고 전해시 들어가는 H_2 때문에 취약한 성질을 나타내어 그대로는 가공하기 어렵다. 따라서 전기동으로부터 H_2 및 기타의 불순물을 제거하기 위하여 산화·환원에 의한 용융정련이 행해진다. 이런 단계를 거쳐 공업용으로 사용되는 순동은 99.9~99.96%의 순도를 갖게 된다.

3.1.1 순동의 종류

공업적으로 순동은 높은 전기전도도 때문에 사용되고 있다. 따라서 순동은 그의 전기전도도에 영향을 미치는 산소 및 불순물의 함량에 따라 대별된다.

(1) 전기동(electrolytic copper)

전기분해에 의해 얻어지는 순동으로 동지금으로 판매되는 것이 보통이다. 순도는 99.3~99.99%로 매우 높지만 취약하여 가공하기가 곤란하므로 용융정련을 행하는 경우가 많다.

(2) 정련동(electrolytic tough-pitch copper : ETP형)

전기동을 용융정련하여 만든 동으로 산소의 함량은 0.02~0.05%정도이다. 공업용 동으로는 가장 값이 싼 것으로 선, 봉, 판 및 스트립(strip)을 제조하는 데 많이 사용된다.

용융정련의 주된 목적은 가스량의 조절이다. 즉 용해할 때에 과잉의 공기를 불어 넣음으로써 용탕 중의 산소 농도를 높여 수소의 함량을 저하시킨 후 용탕 중에 생목을 투입하는 폴링(poling)이나 다른 방법의 탈산을 행하여 산소의 함량을 0.04%정도까지 저하시킨다. 이때 산소를 소량 남기는 것은 동의 전기전도도를 해치는 불순물을 산화시켜 입계에 석출시킴으로써 정련동의 전기전도도를 향상시키고 전연성을 증가시키기 위해서이다. 그림 3.1은 정련동의 미세구조를 나타낸 것이다.

이 정련동은 400℃ 이상의 고온에서 환원성 분위기, 특히 수소 가스에 의해서 취화된다. 이는 수소가스가 내부로 확산하여 들어가 내부에 분산된 Cu_2O와 화학반응을 일으켜 H_2O를 만들고 이렇게 형성된 H_2O의 고압에 의해 입계가 파괴되기 때문이다. 따라서 400℃ 이상의 온도를 갖는 공정에는 정련동을 사용할 수가 없다.

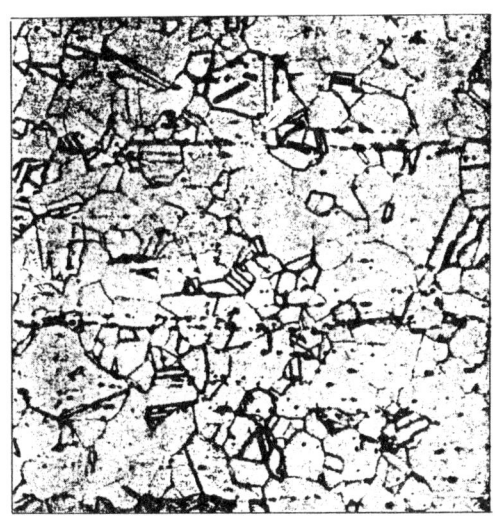
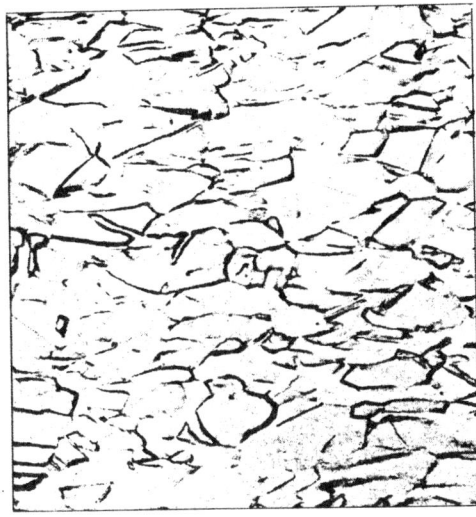

그림 3.1   그림 3.2

(3) 탈산동(deoxidized copper)

용해시에 흡수된 산소를 P로 탈산한 것으로 산소량을 0.02%이하로 저하시킨다. P로 탈산한 고전도동은 잔류하는 P의 양이 0.009%이하로 대단히 적으므로 높은 전기전도도를 갖지만 탈산제로 첨가하는 P의 양이 많아서 P의 잔류량이 0.004% 정도가 되면 전기전도도는 약 85% IACS로 낮아진다. 그러나 잔류하는 P가 산소의 흡착을 방해하므로써 고온에서의 수소취성이 방지되고, 용접이 가능하다.

(4) 무산소동(oxygen free high conductivity copper : OFHC)

무산소동은 높은 전기전도도와 내수소취성이 요구되는데 사용된다. 무산소동을 얻기 위해서는 고순도의 전기동을 진공 중에서 또는 CO 등의 환원성 분위기에서 용해·주조한다. 잔류하는 산소의 량은 0.001% 이하로 수소취성이 전혀 일어나지 않는다. 정련동보다 전연성, 내피로성이 우수하므로 전자기기에 사용되며, 유리와의 밀착성도 좋아 유리에 봉입하는 동선으로 이용된다. 그림 3.2는 무산소동의 미세조직을 나타낸 것으로 그림 3.1의 정련동과 비교하여 Cu_2O가 없는 것을 알 수 있다.

3.1.2 순동의 물리적 성질

순동의 물리적 성질을 표 3.2에 나타냈다. 이러한 성질은 격자결함이나 불순물 원소의 량에 따라 달라진다. 예를 들면 전기전도도에 미치는 불순물의 함량은 그림 3.3에 나타낸 바와 같이 불순물의 농도가 증가함에 따라 순동의 전도도는 직선적으로 감소한다.

표 3.2 Cu의 물리적 성질(99.95% Cu)

성 질	수 치	성 질	수 치
원 자 량	63.57	비 열 (20℃)	0.092cal/g/℃
결 정 구 조	면심입방격자, a= 3.6075Å(20℃), 활주면 (111), 쌍정면(111)	용 해 잠 열	48.9cal/g
		증 발 잠 열	1150cal/g
		열전도도 (20℃)	0.934cal/cm²/cm/sec/℃
밀 도 (20℃)	8.89g/cm³	도 전 율	약 101% 1ACS
액 상 선 온 도	1083℃	고유저항 (20℃)	1.71 μΩ-cm
고 상 선 온 도	1065℃	저항의 온도계수	20℃ 0.00397/℃
끓 는 점	2595℃	탄 성 계 수	12,000Kg/mm²
열 팽 창 률		용해시용적변화	4.05%
20~100℃	16.8×10⁻⁶		
20~300℃	17.7×10⁻⁶		

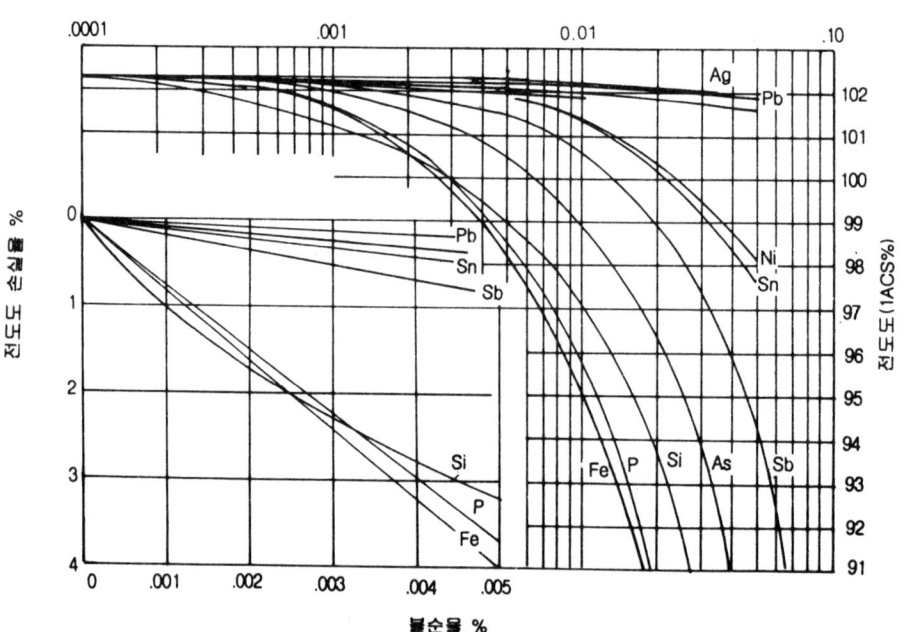

그림 3.3 무산소동의 전기전도도에 미치는 용질원소의 영향

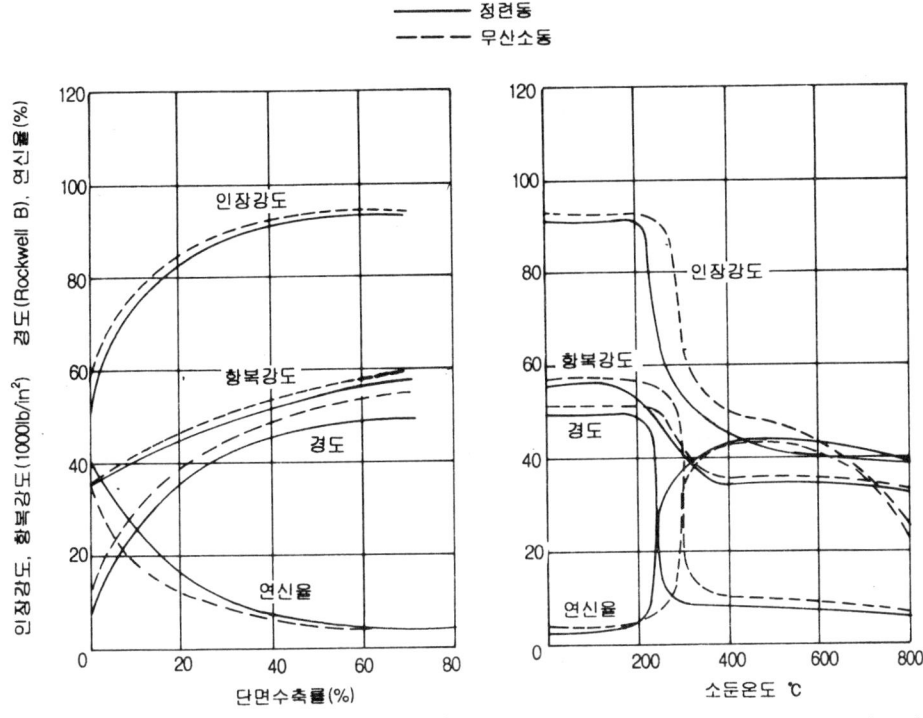

그림 3.4 동의 가공도에 따른 기계적 성질의 변화

그림 3.5 공업용순동의 소둔온도에 따른 기계적 성질의 변화(50%가공, 1시간유지시켰을 경우)

3.1.3 순동의 기계적 성질

동의 기계적 성질은 불순물의 함유량, 열처리 및 가공도에 따라 현저하게 변한다. 동의 항복강도는 낮지만 가공경화율은 다른 면심입방체의 금속보다는 높은 편이다. 그림 3.4는 가공도에 따른 기계적 성질의 변화를 나타낸 것이다.

동의 연화온도도 가공량 및 순도에 영향을 받지만 보통 150℃~300℃ 사이이다. 그림 3.5는 50% 가공한 공업용 순동의 소둔온도에 따른 기계적 성질을 나타낸 것이다.

고온에서의 동의 강도는 그림 3.6에 나타낸 바와 같이 고온이 될수록 감소하지만 인성은 약 500℃까지는 저하하고 그 이상이 되면 다시 증가한다.

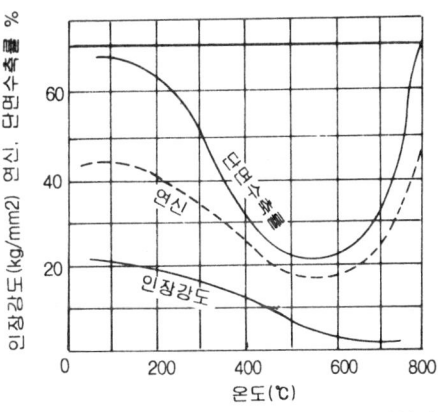

그림 3.6 동선의 고온에서의 인장시험값

3.1.4 순동의 화학적 성질

동은 상온의 건조한 공기 중에서는 그 표면이 변화하지 않으나 장시간 대기 중에 방치하면 CO_2, SO_2 및 수분 등과 반응하여 표면에 녹색의 염기성탄산동[$CuCO_3 \cdot Cu(OH)_2$]이나 염기성황산동[$CuCO_4 \cdot Cu(OH)_2$]등이 형성된다. 이 부식생성물은 어느 정도 부식속도를 감소시키는 보호피막의 역할을 하며, 외관도 좋아 인위적으로 표면에 형성시킬 때도 있다.

동은 담수 및 해수에서도 내식성이 우수하므로 배관, 탱크, 열교환기 등에 널리 사용된다.

3.2 황동(Brasses : Cu-Zn alloy)

3.2.11 화학적 조성과 그 용도

황동은 Cu와 Zn의 합금 및 이것에 따른 원소를 첨가한 합금을 말하는 것으로 실용적으로는 약 40%까지의 Zn이 첨가된다. Zn이외의 첨가원소는 보통 4%를 넘지 않으며, 황동의 성질을 개선하여 여러가지 용도로 사용된다. 표 3.3은 여러가지 황동의 조성 및 그 사용례를 나타낸 것이다.

α 황동은 높은 연신율과 함께 충분한 강도, 우수한 내식성, 미려한 색상, 우수한 용접성 등의 특징을 갖고 있다. 또한 황동에 Ni 또는 Cr을 도금하여, 그의 우수한 열전도도를 이용한 열전달매체로 사용되기도 한다. 강도와 연신율이 가장 좋은 경우는 30% Zn인 때이며 deep-drawing성이 매우 좋다.

표 3.3 대표적인 Cu-Zn 합금(황동)의 화학조성과 용도

제품명과 제품번호	공칭조성 (%)	가공특성과 대표적인 용도
합금 안된 황동		
210	Cu 95.0	뛰어난 냉간가공성 ; 블랭킹, 코닝, 드로잉, 피어싱과 펀칭, 전단, 스피닝, 스퀴이징과 스웨이징, 스템핑 등에 대한 열간 가공성 용도 : 동전, 메달, 탄피, 뇌관, 기폭관, 장식관, 금도금용기판
220 사용청동	Cu 90.0	가공특성은 No.210과 동일하며 해딩, 업셋팅, 로울나사치기 및 너클링, 열간단조와 프레싱을 할 수 있음 용도 : 인쇄용 동판, 주방용품, 체망, 틈마개 재료, 립스틱통, 휴대용 분갑, 선박용 철물, 나사, 리벳

226	Cu 87.5	가공특성은 No.210과 동일하며 해딩, 업셋팅, 로울 나사치기 및 너클링을 할 수 있음 용도 : 앵글, 채널, 체인, 죔쇠, 인조 장신구, 립스틱통, 휴대용 분갑, 금도금용 기판
230 적색황동	Cu 85.0	뛰어난 냉간가공성 : 우수한 열간성형성 용도 : 틈마개 재료, 도관, 소켓, 죔쇠, 소화기, 응축기와 열교환기용 관, 배관용 파이프, 라디에이터의 코어
240	Cu 80.0	뛰어난 냉간가공성 : 가공특성은 No. 230과 동일 용도 : 배터리 뚜껑, 벨로우, 악기, 시계 다이얼, 펌프라인 플렉서블 호오스
260 cartridge brass	Cu 70.0	뛰어난 냉간가공성 : 코이닝, 로울 나사치기, 너클링을 제외하면 가공특성은 No.230과 동일 용도 : 라디에이터 코어와 탱크, 회중전등 케이스, 전구꼭지, 죔쇠, 자물쇠, 경첩, 폭발물 용기, 배관용 부품, 핀, 리벳
268, 270	Cu 65.0	뛰어난 냉간가공성, 가공특성은 No.230과 동일 용도 : 폭발물 용기를 제외하면 용도는 No.260과 동일
280 Muntz metel	Cu 60.0	열간성형성과 블랭킹, 포오밍과 벤딩, 열간단조와 프레싱, 핫헤딩과 업세팅, 전단에 대한 성형성이 뛰어남 용도 : 건축용 금속제품, 부피가 큰 보울트와 너트, 브레이징봉, 축전기 판, 열교환기와 응축기용 관, 열간단조 재료

합금된 황동

443, 444, 445 inhibited admiralty	Cu 71.0 Zn 28.0 Sn 1.0	포오밍과 벤딩에 대한 뛰어난 냉간가공성 용도 : 응축기, 증발기 및 열교환기용 관재, 응축기의 관지지용 판재, 증류기용 관재, 페루울(보일러의 접합부를 보강하기 위한 금속테)
464~467 naval brass	Cu 60.0 Zn 37.25 Sn 0.75	뛰어난 열간가공성 및 열간단조성 ; 블랭킹, 드로잉, 벤딩, 헤딩과 업셋팅, 열간단조, 프레싱에 의해서 가공함 용도 : 항공기의 터언버클 배럴, 보올, 보울트, 선박용 철물, 너트, 프로펠러 축, 리벳, 밸브대, 응축기용 판재, 용접봉
667 Mn황동	Cu 70.0 Sn 28.8 Mn 1.2	뛰어난 냉간성형성 : 블랭킹, 벤딩, 포오밍, 스탬핑, 용접에 의해서 가공함 용도 : 점용접, 시임용접, 맞댐용접 등의 저항용접에 의한 황동제품

674	Cu 58.5 Zn 36.5 Al 1.2 Mn 2.8 Sn 1.0	뛰어난 열간성형성 : 열간단조 및 프레싱, 절삭가공에 의해서 가공함 용도 : 부싱, 기어, 연결봉, 샤프트, 마멸관
675 Mn 황동	Cu 58.5 Fe 1.4 Zn 39.0 Sn 1.0 Mn 0.1	뛰어난 열간성형성 : 열간단조 및 프레싱, 핫헤딩 및 업셋팅에 의해서 가공함 용도 : 클러치 디스크, 펌프대, 샤프트, 보울, 밸브 스템, 보디
687	Cu 77.5 Zn 39.0 Al 2.0 As 0.1	단조 및 벤딩에 대한 뛰어난 냉간가공성 용도 : 응축기, 증발기 및 열교환기의 도관, 응축기용 판재, 증류기의 도관, 페루울
688	Cu 73.5 Zn 22.7 Al 3.4 Co 0.40	뛰어난 열간성형성과 냉간성형성 : 블랭킹, 드로잉, 단조, 벤딩, 전단과 스탬핑에 의해서 가공함 용도 : 스프링, 스위치, 접촉기, 계전기, 드로잉한 제품
694 Si적색황동	Cu 81.5 Zn 14.5 Si 4.0	단조, 나사절삭 등의 가공에 대한 뛰어난 열간성형성 용도 : 내식성과 높은 강도가 요구되는 밸브 스템

3.2.2 황동의 조직

그림 3.7은 Cu-Zn계의 평형상태도이다. 이 계에는 α, β, γ, δ, ε, η의 상이 존재할 수 있으나 공업용 황동으로 쓰이는 것은 45% Zn 이하이므로 α와 β만이 고려의 대상이 된다.

α 고용체는 456℃에서 최고 39% Zn을 함유한다. Zn의 함유량이 증가하면 β 고용체가 형성된다. α 고용체는 면심입방체의 구조를 가지며 β 고용체는 체심입방체의 구조를 갖는다. β 고용체는 냉각함에 따라 468℃~456℃ 구역에서 불규칙결과인 β가 규칙격자인 β'으로 변태하게 된다. 그림 3.8은 50%Cu~50%Zn 합금에서 규칙격자와 불규칙격자를 나타낸 것이다. 50%Zn 이상에서는 γ 고용체가 형성되지만 그 γ 고용체는 매우 취약해서 공업적인 용도에는 쓰이질 않는다. 따라서 공업적인 용도의 황동은 다음의 2가지로 크게 대별될 수 있다.

① Zn을 35%까지 고용하는 α 황동
② Cu와 Zn의 비율이 60 : 40인 것에 기초한 $\alpha + \beta$ 황동

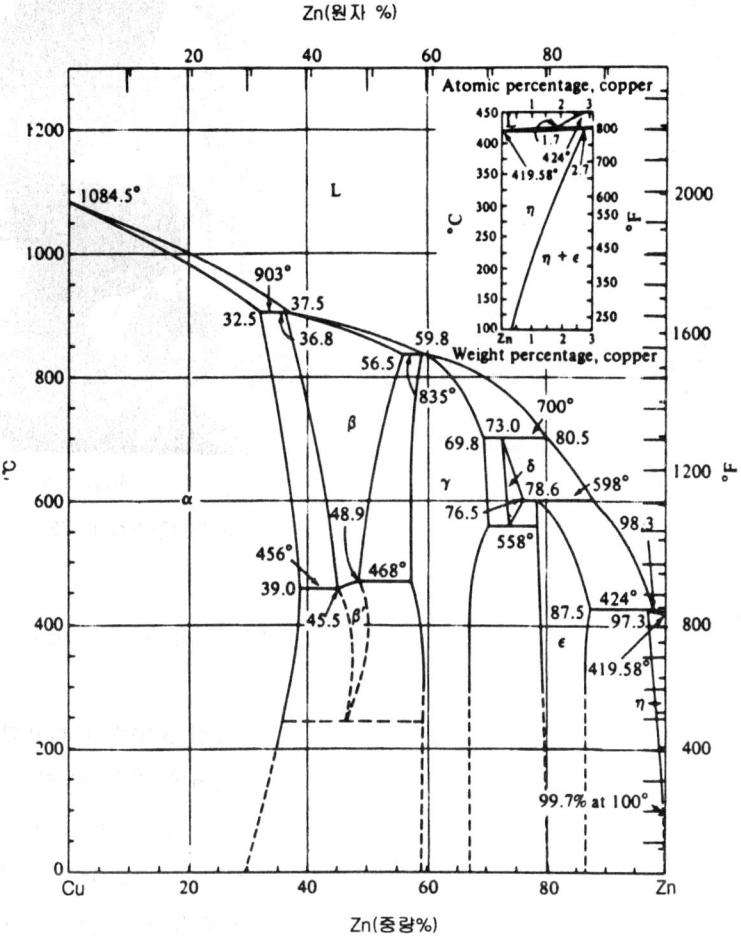

그림 3.7 Cu-Zn계 평형상태도

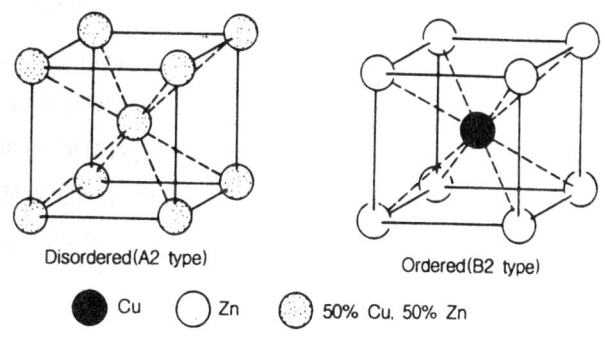

그림 3.8 Cu50-Zn50인 β황동의 규칙단위포와 불규칙단위포

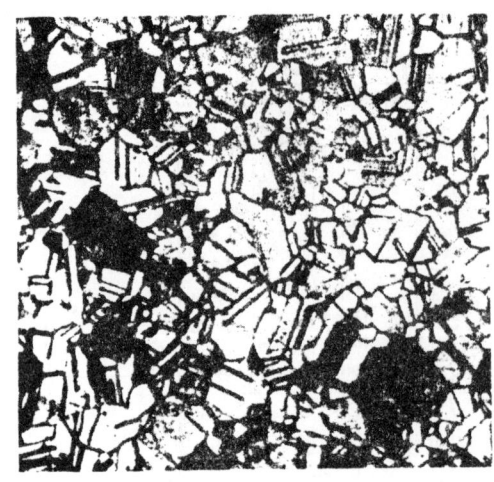 

(a) 상용청동(Cu 90~Zn 10)　　　　　　　　(b) 탄피황동(Cu 70~Zn 30)

그림 3.9 상용황동과 탄피황동의 소둔상태의 현미경조직 (×75)

(1) α 황동의 미세조직

단상의 α 황동의 미세조직을 그림 3.9에 나타냈다. Zn의 함량이 많아질수록 α입계에서 더 많은 소둔쌍정(annealing twin)이 관찰된다.

같은 량의 냉간가공을 행한 α 황동의 전위구조를 그림 3.10에 나타냈다. Zn의 함량에 따라 전위 구조가 달라지고 있음을 알 수 있다. 순수 Cu의 경우 5%의 가공을 행하였을 때 전위가 서로 엉켜서(tangle) 전위셀조직을 형성하고 있다(그림 3.10(a)). 그림 3.11에 나타낸 바와 같이 순수 Cu의 슬립선간 거리(interslip-line spacing)는 매우 작지만 Zn이 15%까지 증가함에 따라 슬립선간거리가 증가하여 평면적 배열(planar array)의 형태를 띠고 있다(그림 3.10(b)). Zn의 함량이 37%까지 증가하면 슬립선간거리가 매우 커져서 전위는 매우 잘 발달된 평면적 배열을 하고 있다(그림 3.10(c)).

이처럼 황동에 있어서 Zn의 함량에 따라 전위 구조가 달라지는 것은 그림 3.12에 나타낸 바와 같이 Zn이 첨가됨에 따라 적층결함에너지(stacking-fault energy)를 낮추기 때문이다. 순수 Cu의 경우 적층결함에너지가 상대적으로 높아서 교차슬립(Cross slip)이 쉽게 일어나고 따라서 변형되는 동안에 미세한 슬립선간거리의 전위가 형성된다. 그러나 Cu에 Zn이 첨가됨에 따라 적층결함에너지가 낮아져서 교차슬립이 어려워지고 따라서 전위들은 슬립면 내에서 집적되던지 짧은 적층결함띠를 형성하게 된다.

(2) α+β 황동의 미세조직

Zn의 함량이 40%가 되면 황동은 α상과 β상을 포함하는 2중구조가 된다. 가장 일반적으론 사용되는 α+β황동은 60%Cu-40%Zn으로 Muntz metal이라 불리운다. Muntz

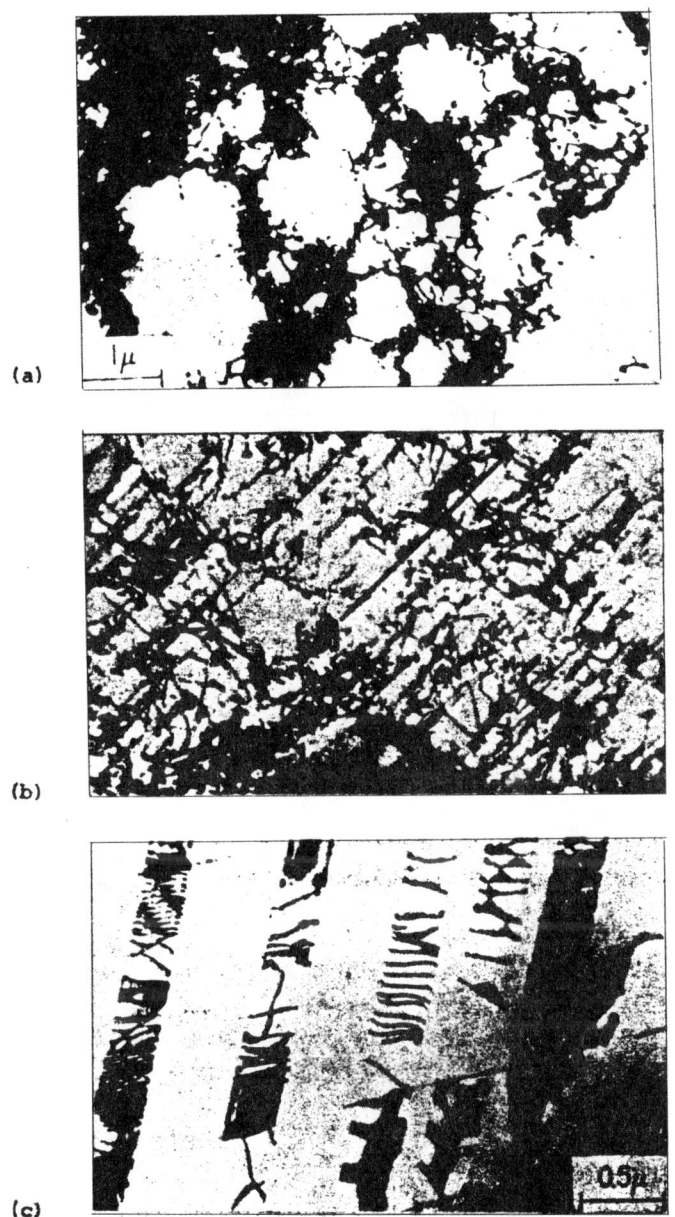

그림 3.10 순동 및 황동의 전위분포에 미치는 소성변형(5~10%)의 영향
(a) 5% 변형한 순동(뒤엉킨 전위의 세포상 분포형태)
(b) 10% 변형한 적색(85%Cu-15%Zn) 황동(전위의 평면적 배열)
(c) 10% 변형(63%Cu-27%Zn) 황동(전위의 깨끗한 평면적 배열)

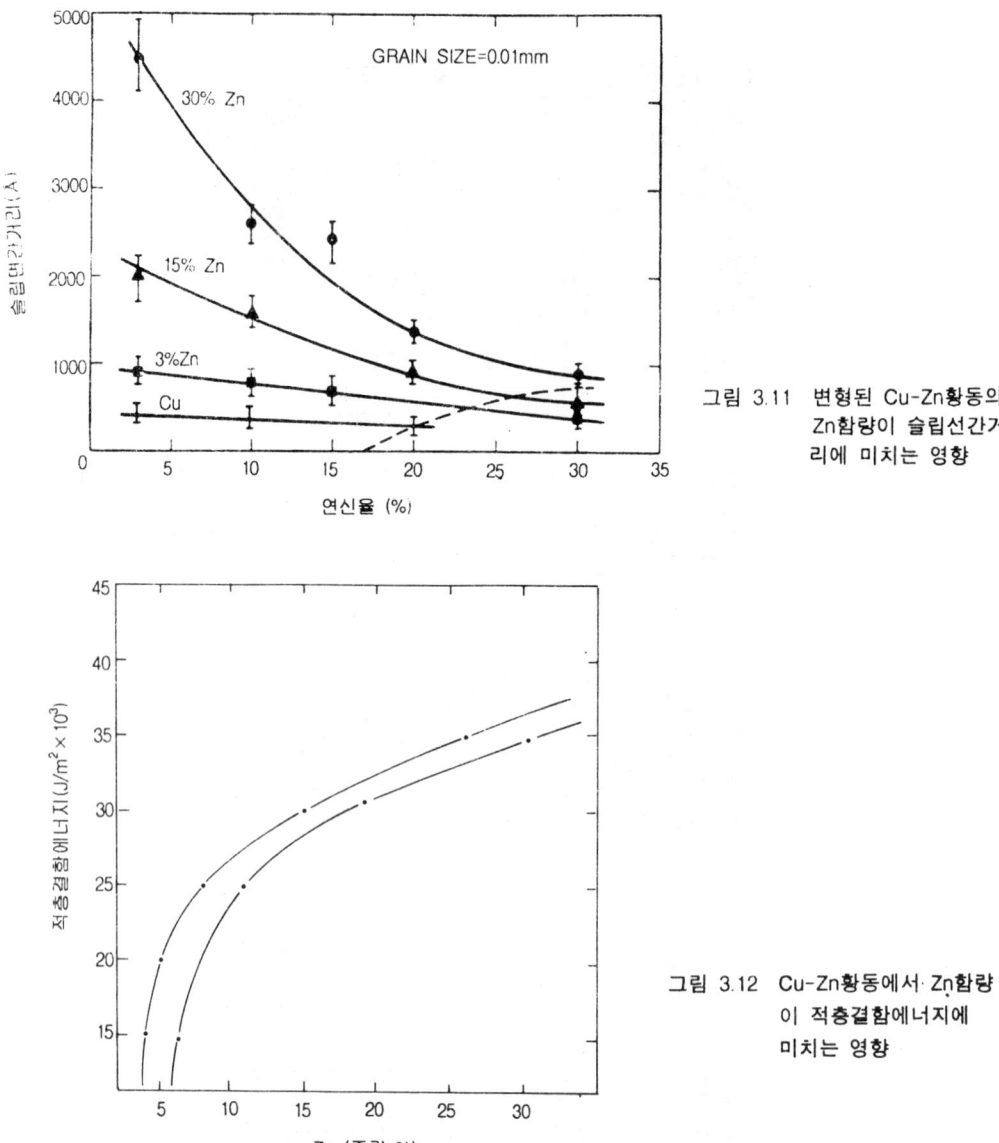

그림 3.11 변형된 Cu-Zn황동의 Zn함량이 슬립선간거리에 미치는 영향

그림 3.12 Cu-Zn황동에서 Zn함량이 적층결함에너지에 미치는 영향

metal은 β상이 포함되어 있기 때문에 냉간가공이 어려우나 열간가공성은 매우 우수하다. 또한 β상의 존재로 인하여 열처리가 가능하지만 연신율은 좋지 않다. Muntz metal의 주조조직은 그림 3.13에 나타낸 바와 같이 β상의 기지조직에 α상의 수지상정이 형성된다. 입자구조는 열간가공에 의해서 쉽게 미세화할 수 있다. 그림 3.14은 열간압연한 Muntz metal의 미세구조를 나타낸 것이다.

그림 3.13 Muntz metal(60%Cu-40%Zn)의 주조조직 (β기지에 α의 수지상정 조직 ×100)

그림 3.14 열간압연한 Muntz metal판(검은 부위의 β상과 밝은 부위의 α상으로 되어 있으며 α상에서의 쌍점은 β상이 α상으로 변할 때의 변형때문에 생긴다 ×75)

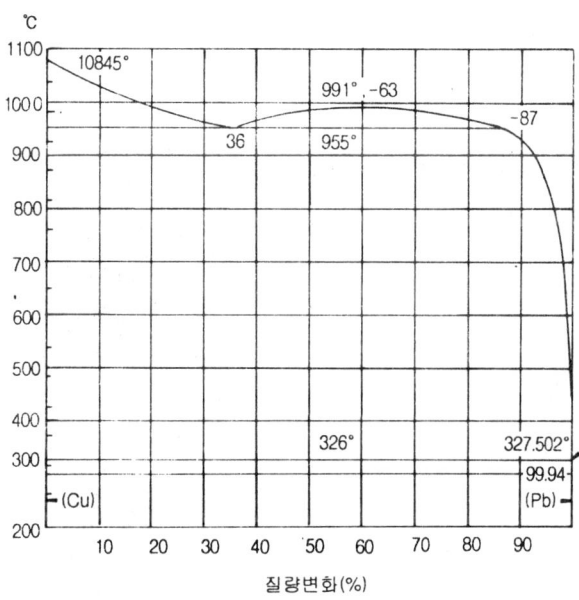

그림 3.15 Cu-Pb 상태도

(3) 합금황동의 미세조직

1) Pb 황동

여러 종류의 황동에 기계 가공성을 향상시키기 위해서 0.5~3.0%Pb를 첨가하는데 이를 Pb황동이라 한다.

그림 3.15에 나타나 있듯이 Pb는 고온에서 액상의 Cu에는 고용하지만 상온에서는 고용되지 않는다.

여기서 Cu-3%Pb인 합금을 1080℃의 액상에서 326℃ 이하로 서서히 냉각하는 경우를 생각해 본다. 1080℃에서 955℃까지는 순수한 Cu가 정출하고 잔류 용액은 Pb의 함량이 증가하여 955℃에 이르면 용액은 36%Pb를 가진 편정조성이 된다. 따라서 955℃에서 다음과 같이 편정반응(monotectic reaction)을 일으키게 된다.

$$L_1(36\%Pb) \rightleftarrows \alpha(100\%Cu) + L_2(87\%Pb)$$

955℃에서 326℃까지 서냉되는 동안 잔류 용액의 Pb함량은 점차 증가되어 326℃에서는 99.94%Pb가 된다. 이 온도에서 잔류 용액은 다음과 같은 공정반응(eutectic reaction)을 일으키게 된다.

$$L_2(99.94\%Pb) \rightleftarrows \alpha(100\%Cu) + \beta(99.99Pb)$$

공정반응으로 형성된 실질적으론 순수한 Pb인 β상은 Cu의 수지상정 사이에 구슬과 같이 분포된다. 소성가공 중에 이 Pb구슬은 그림 3.16에 나타낸 **쾌삭황동**(free-cutting brass)의 냉간인발(cold-drawn)재의 현미경 사진에서 볼 수 있듯이 길게 늘어선다. 이렇게 존재하는 Pb가 황동의 절삭성을 향상시키게 된다.

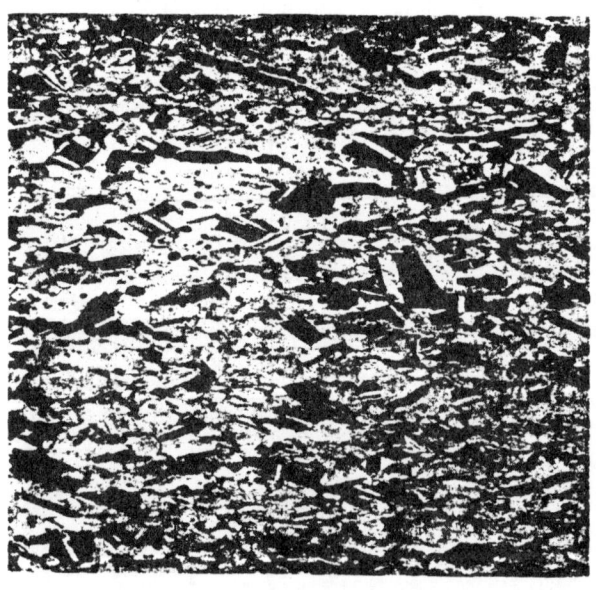

그림 3.16 연신된 구형 Pb를 보여주는 압출가공된 **쾌삭황동**의 조직(×75)

(2) Sn 황동과 Al황동

Catridge brass(Cu-30Zn)에 1%의 Sn을 첨가하면 내해수성이 향상되며 이를 admiralty brass라고 부르고 있다. 또한 이 합금에 소량의 As(약 0.04%)를 첨가하면 탈아연부식(dezincification)을 거의 막을 수 있다는 것이 알려져 이 As admiralty brass가 선박의 콘덴서용으로 오랫동안 사용되어 왔다.

그 후에 Sn 대신 Al을 첨가하면 표면에 자생보호 산화피막(self-healing protective oxide)을 형성한다는 것을 알게 되었다. 단단한 Al계 산화피막이 admiralty brass보다도 빠르게 흐르는 물에 의한 침식에 대한 저항성을 크게 하여 준다. 오늘날에는 Cu-20.5Zn-2.0Al합금(Al황동)에 탈아연부식을 억제하는 As가 첨가된 것이 admiralty brass대신 선박의 콘덴서용 합금으로 사용되고 있다.

Muntz metal(Cu-40Zn)에 1%의 Sn을 첨가하면 내식성이 증가되는데 이 합금을 naval brass라 한다. 그림 3.17에는 압출한 naval brass의 현미경 조직을 나타냈다.

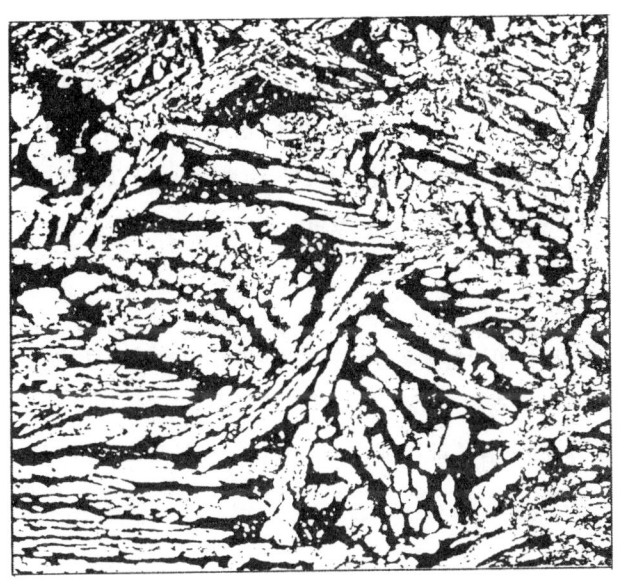

그림 3.17 압출한 naval brass의 현미경조직(60%Cu-39.25Zn-0.75%Sn) (어두운 β상에 밝은 α상이 나타나 있다. ×75)

3.2.3 황동의 성질

(1) 물리적 성질

그림 3.18은 황동의 물리적인 성질의 변화를 나타낸 것이다. K는 전기전도도를, C는

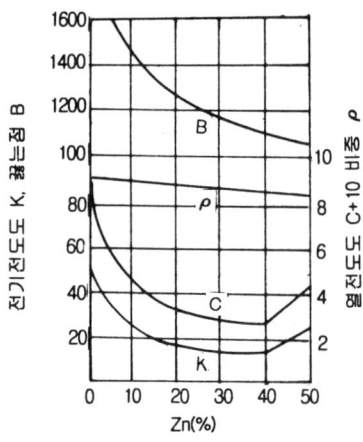
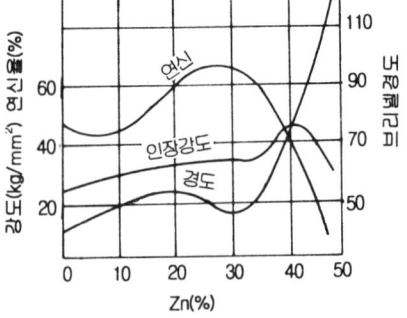

그림 3.18 황동의 물리적 성질   그림 3.19 황동판(1.5mm, 소둔한 것)의 기계적성질과 아연 함유량과의 관계

열전도도를 나타낸 것으로 40%Zn까지는 고용체 특유의 감소현상이 나타나나 40%Zn 이상이 되면 β상이 나타나 전도도는 다시 상승한다. ρ는 비중의 변화 나타낸 것으로 Zn의 함량에 따라 직선적으로 감소한다. B는 끓는점을 나타낸 것으로 70/30황동은 1150℃, 60/40 황동은 1000℃를 넘으면 Zn이 증발하므로 황동의 용해시에는 주의를 할 필요가 있다. 황동의 열팽창계수는 30~40% Zn인 경우 25~300℃에서 $1.99 \times 10^{-5} \sim 2.08 \times 10^{-5}$ 정도이다. 황동에는 자성이 없으나 불순물로 Fe가 소량 들어가면 자성을 나타내므로 각종 계기재료에 사용될 때는 주의할 필요가 있다.

(2) 기계적 성질

표 3.4는 대표적인 황동의 인장성질을 나타낸 것이다. 일반적으로 황동의 기계적 성질은 합금에 존재하는 상에 따라서 크게 변화한다. 그림 3.19에 나타낸 바와 같이 Zn이 35%가 넘으면 경도와 강도가 급증하는데 이는 β상의 출현때문인 것이다.

표 3.4

제품명과 제품번호	공칭조성 (%)	기계적 성질			내식성[a]	절삭성[b]
		인장강도 (Kg/mm²)	항복강도 (Kg/mm²)	연신율 (% in 5cm)		
210 금도금	Cu 95.0 Zn 5.0	24~45	7~41	45~4	G~E	20
220 상용 청동	Cu 90.0 Zn 10.0	26~51	7~44	50~3	G~E	20
226 장식용 황동	Cu 87.5 Zn 12.5	27~68	8~44	46~3	G~E	30
230 적색황동	Cu 85.0 Zn 15.0	27~74	7~44	55~3	G~E	30

240 저황동	Cu 80.0 Zn 20.0	30~88	8~46	55~3	F~E	30
260 탄피황동	Cu 70.0 Zn 30.0	31~91	8~46	66~3	F~E	30
268, 270 황색황동	Cu 65.0 Zn 35.0	32~90	10~44	65~3	F~E	30
280 Muntz metal	Cu 60.0 Zn 40.0	38~52	15~39	52~10	F~E	40
443, 444, 445 inhibited admiralty	Cu 71,.0 Zn 28.0 Sn 1.0	34~39	13~15	65~60	G~E	30
464~467 naval황동	Cu 60.0 Zn 39.25 Sn 0.75	39~62	18~46	50~17	F~E	30
667	Cu 70.0 Zn 28.8 Mn 1.2	32~70	8~65	60~2	G~E	30
674	Cu 58.5 Zn 36.5 Al 1.2 Mn 2.8 Sn 1.0	49~65	24~39	28~20	F~E	25
675 Mn 청동	Cu 58.5 Fe 1.4 Zn 39.0 Sn 1.0 Mn 0.1	46~59	21~42	33~19	F~F	30
687 Al황동(함 As)	Cu 77.5 Zn 20.5 Al 2.0 As 0.1	42	19	55	G~E	30
688	Cu 73.5 En 22.7 Al 3.4 Co 0.40	58~91	39~80	36~2	G~E	—
694 Si 적색황동	Cu 81.5 En 14.5 Si 4.0	56~70	39~80	25~20	G~E	30

[a] G : good, E : excellent, F : fair
[b] Cu 360 합금을 100%로 기준

1) 저황동(Low brasses : 5~20% Zn)

이 합금에서는 그림 3.20에 나타낸 바와 같이 Zn의 함량이 증가하면 강도, 경도 및 연성이 증가하고, 색깔은 붉은색에서 황금색을 지나 청황색으로 변한다. 열간가공성은 공업용 순동과 비슷하며 730℃~900℃ 구간에서 열간가공을 행한다. 그러나 Pb는 열간가공성을 해치므로 0.01% 미만으로 제한되지 않으면 열간가공이 곤란해진다. 소둔된 상태의 저황동은 상온에서 45~50%의 연신율을 갖는 연성이 우수한 재료이며 가단성을 가지므로 여하한 방법의 냉간가공이 가능하다.

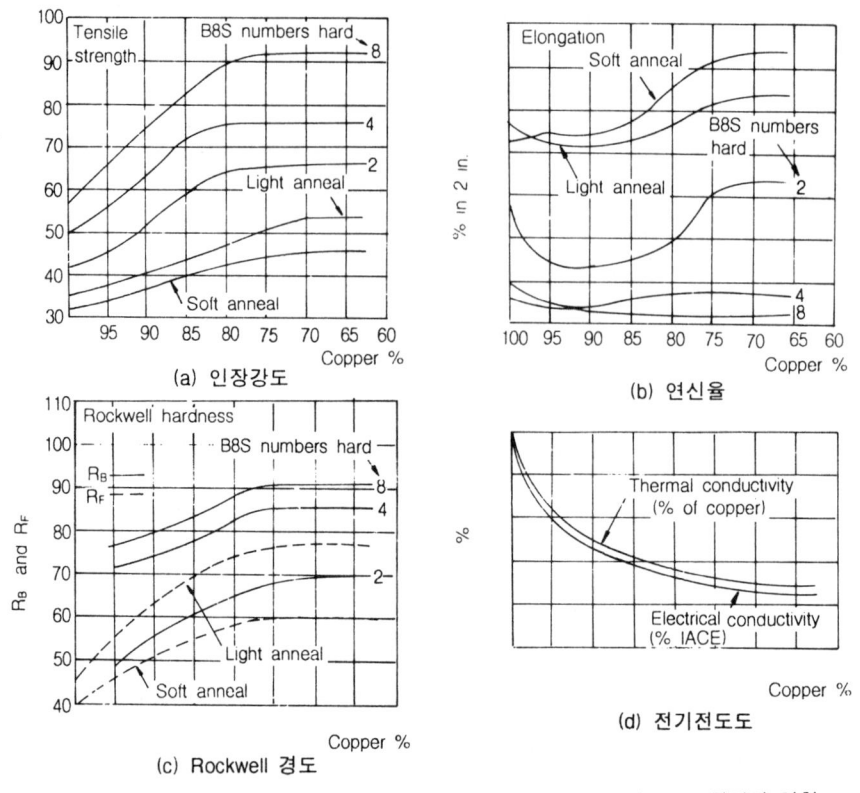

그림 3.20 α황동의 기계적성질 및 전기적 성질에 미치는 Zn 함량의 영향

2) 고황동(high brasses ; 20~40% Zn)

이 종류의 황동은 Zn의 함량이 높기 때문에 강도가 우수하다. 연성도 Zn의 함량이 증가함에 따라 증가하여 30% Zn인 때가 가장 좋다. Zn의 함량이 36% 이상이 되면 β상이 존재하게 됨에 따라 연성은 급격히 떨어지지만 강도와 경도는 45% Zn까지 계속 증가한다.

20%~36%Zn인 α황동은 열간가공성이 나쁘며 Pb의 함량은 가능한 낮춰야 한다. α+β 황동은 β상의 존재때문에 고α황동보다는 훨씬 용이하게 열간가공을 할 수 있다. 그러나 α+β 황동은 냉간가공이 어려우며, β상이 많아질수록 어려움이 더하다.

3) 합금황동(alloy brasses)

황동에 1% Sn을 첨가하는 것과 같이 소량의 합금원소를 첨가한다 하더라도 그 기계적 성질에는 큰 영향을 미치지 못한다. 그러나 Mn, Fe 및 Sn 등을 한꺼번에 첨가하면 강도가 상당히 증가한다. 예를 들면 표 3.3에 나타낸 바와 같이 Muntz metal에 Fe, Sn, Mn을 한꺼번에 첨가하면 Mn청동으로 되며 강도가 상당히 증가한다. 이는 기지조직에 β상이 많아지기 때문이며 따라서 Mn청동은 열간상태에서 가장 가공이 잘된다. 또한 Pb를 첨가할 때에도 약 3%Pb까지는 황동의 인장강도 및 경도를 해치지 않으면서 가공성을 향상시킨다. 그러나 Pb의 첨가에 따라 연신율 및 냉간가공성은 저하된다.

(3) 화학적 성질

1) 응력부식균열(stress-corrosion cracking : season cracking)

약 15% 이상의 Zn을 함유하는 α 황동이 냉간가공을 받은 상태에서 산소와 습기가 있는 곳에서 미량의 암모니아에 노출되면 응력부식균열을 일으키기 쉽다. α 황동에서 나타나는 응력부식균열은 입계균열(intergranular cracking)의 양상으로 나타나는 것이 보통이지만, 합금이 심하게 소성변형되었을 경우에는 입내균열(transgranular cracking)이 발생하는 수도 있다. 그림 3.21은 catridge brass를 부식성 분위기에 노출시켰을 때 생긴 입계균열을 보여주는 현미경 사진이다. 이러한 형태의 응력부식균열을 때로는 자연균열(season cracking)이라고 부르기도 한다. 응력부식균열은 냉간가공한 황동을 저온응력제거처리(회복처리)하여 잔류응력과 내부응력을 감소시킴으로써 완화시킬 수 있다.

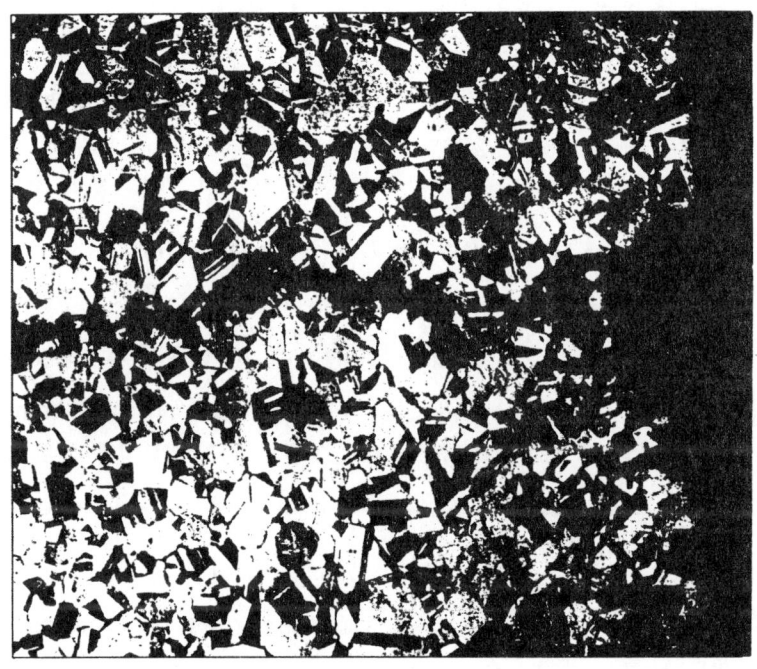

그림 3.21 내부응력이 제거될 때 및 대기중에서 부식작용에 의해 생긴 탄피황동 (70%Cu-30%Zn)의 입계응력부식균열 (×75)

2) 탈아연부식(Dezincification)

황동에서 발생하는 또 다른 종류의 부식이 탈아연부식이다. 이 탈아연부식은 그림 3.22에 나타낸 바와 같이 황동에서 Zn이 선택적으로 부식되어 다공질의 Cu기지와 부식생성물이 남게 되는 현상이다. 비록 탈아연부식의 정확한 기구가 아직까지도 밝혀지진 않았지만, Zn이 황동의 표면으로 확산되어 나와서 선택적으로 반응함으로써 Cu가 많은

그림 3.22 탄피황동(70%Cu-30%Zn)의 탈아연현상(×75)
(Cu가 많은 다공성의 마개같은 것이 형성된 것에 주목)

다공질의 합금이 남는다고 생각된다. 따라서 그림 3.22에 나타낸 바와 같은 탈아연금속의 다공질층이 형성된다.

3.3 주석청동(Tin bronze ; Cu-Sn alloy)

Cu와 Sn을 주로 함유하는 합금을 Sn청동이라 부른다. 이 합금을 주조할 때에 탈산제로써 보통 P가 사용되기 때문에 상업적으로는 Sn청동을 인청동(phosphor bronze)이라고 부르고 있다. 이 합금은 높은 강도, 내마모성, 내해수성이 우수한 특성을 갖고 있다.

3.3.1 Cu-Sn계의 상태도와 조직

그림 3.23은 Cu-Sn계의 상태도를 나타낸 것이다. Sn의 Cu에 대한 고용도는 Zn의 고용도보다 훨씬 작아서 520~568℃에서 최대 15.8%이다. 이 상태도로부터, Sn의 함량이 많아지면 798℃에서 포정반응에 의해 β상(bcc)이 나타나고 이 β상은 586℃에서 $\alpha+\gamma$로 분해됨을 알 수 있다. 이 γ상도 520℃에서 $\alpha+\delta$의 공석변태를 하며 이때 형성되는 δ상은 $Cu_{31}Sn_8$의 조성에 해당하는 경한 조직이다. 이 δ상은 다시 350℃~375℃에서 $\alpha+\varepsilon$(Cu_3Sn)으로 공석 변태하지만 이 변태의 속도가 대단히 느려서 실제 δ상의 분해는 일어나지 않는다고 생각해도 된다. 또한 Sn청동은 응고범위가 대단히 넓어 결정편석이 심하게 일어나기 때문에 약 10% Sn에서도 δ상이 형성되며 이렇게 형성되는 δ상 때문에 주조재의 경우 우수한 강도와 내마모성이 얻어지게 된다. 그러나 가공재의 경우

불균질한 주조조직을 600℃ 정도에서 소둔하면 α의 단상이 되어 강도, 경도가 감소하고 연신율이 증가하므로 냉간, 열간가공을 할 수 있다. Cu-8Sn에 미량의 P가 있는 Sn인 청동의 소둔상태에서의 현미경조직을 그림 3.24에 나타냈는데 재결정된 α 고용체의 등축정으로 되었음을 알 수 있다.

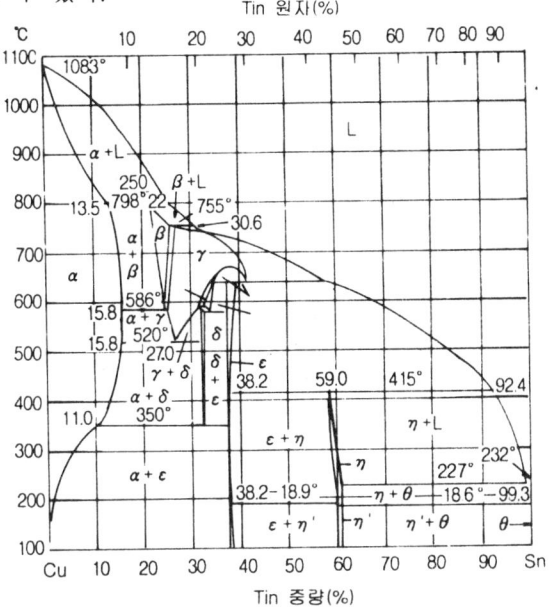

그림 3.23 Cu-Sn계의 상태도

그림 3.24 92% Cu-8%Sn의 미량 P의 인청동(CDA 521)의 현미경 조직 (×75)

3.3.2 Sn청동의 성질과 용도

(1) 가공용 Sn청동의 기계적 성질과 용도

공업적으로 사용하고 있는 Sn청동은 1.25~10%Sn을 포함하고 있으며, 이 합금의 주조성을 향상시키고 탈산을 위해서 첨가하는 P가 약 0.1% 정도 잔류하고 있을 때에 이를 인청동이라 부른다. 탈산 후에 P가 남아 있을 때에 P는 단단한 화합물인 Cu_3P를 형성하여 Sn청동의 강도와 경도를 증가시킨다. 가공용 Sn청동은 황동보다 강도가 우수하며, 특히 냉간가공 상태에서의 강도가 매우 높고 황동 보다 우수한 내식성을 갖고 있다. 표 3.5에는 Sn청동(인청동 및 특수청동)의 화학적 조성, 기계적 성질 및 주요 용도를 나타냈다.

(2) 주조용 Sn 청동의 기계적 성질과 용도

약 10% 정도의 Sn을 함유한 Sn청동주물은 그림 3.25에 나타나 있듯이 연한 α상의 기지조직 사이에 단단한 δ상이 산재하여 있게 된다. 따라서 Sn청동주물은 상당한 강도가 있고 내마모성, 내수압성 및 내식성과 함께 미려한 색상을 띠고 있으므로 고강도 베어링, 웜휠(worm wheel) 및 기어재료로 널리 사용되고 있다. 또한 소성과 베어링표면의 적응성을 향상시키기 위하여 Pb의 함량을 다양하게 첨가한 약 10% Sn 합금이 베어링용으로 보통 사용된다.

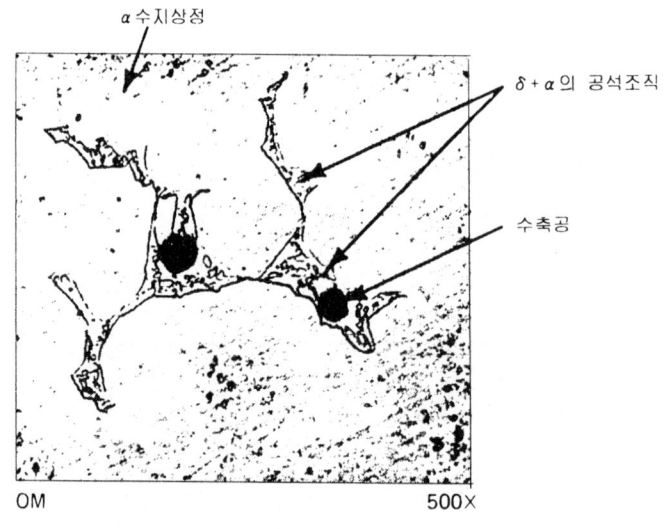

그림 3.25 δ상이 존재하고 있는 것을 보여주는 Cu-10Sn합금의 주조조직

(3) Sn청동의 화학적 성질

Sn 청동은 대기중에서의 내식성이 우수하고, 담수나 해수에서도 우수한 내식성을 갖고 있다. 따라서 선박용의 부품에 많이 사용되고 있다. Sn의 함량에 따른 내식성은 약 10% Sn까지는 내식성이 좋아지나 그 이상의 Sn이 함유되면 내식성은 오히려 나빠진다.

제3장 동과 동합금 455

표 3.5 대표적인 인청동(Sn 청동)의 화학조성, 기계적 성질 및 용도

제품명과 제품번호	공칭조성 (%)	유통형태[a]	기계적 성질 인장강도 (kg/mm²)	항복강도 (kg/mm²)	연신율 (% in 5cm)	내식성[b]	접사성[c]	가공특성과 대표적인 용도
550 인청동 1.25% E	Cu 98.75 Sn 1.25 P 미량	F, W	28~56	10~35	48~4	G~E	20	뛰어난 냉간가공성 ; 우수한 열간성형성 용도 : 블랭킹, 벨팅, 헤딩과 업셋팅, 전단 및 스웨이징에 의해서 가공함 용도 : 전기접촉기, 플렉시블 호오스, 주상 전선용 기구
510 인청동 5%A	Cu 95.0 Sn 5.0 P 미량	F, R, W, T	33~98	13~56	64~2	G~E	20	뛰어난 냉간가공성, 블랭킹, 드로잉, 벨팅, 헤딩과 업셋팅, 로울 드레딩과 나를딩, 전단, 스탬핑에 의해서 가공함 용도 : 송풍기, 베어드 관(화학장치용), 클러치 디스크, 체기 판, 진동판, 접심, 와셔, 와이어 브러시, 화장치용 금속제품, 방직기계, 용접봉
511	Cu 95.6 Sn 4.2 P 0.2	F	32~72	35~56	48~2	G~E	20	뛰어난 냉간가공성 용도 : 다리의 베어링 플레이트, 로케이터 봉, 퓨우즈, 클립, 슬립브부싱, 스프링, 스위치 부품, 트러스 와이어, 와이어 브러시, 화학용구, 퍼포레이티드 시이트, 방직기계, 용접봉
521 인청동 8%C	Cu 92.0 Sn 8.0 P 미량	F, R, W	39~98	17~56	70~2	G~E	20	블랭킹, 드로잉, 포오밍, 벨팅, 전단, 스탬핑에 대한 우수한 냉간가공성 용도 : 일반적으로 Cu 합금 No. 510에 비해서 하중이 큰 부문에 사용함
524 인청동 10%D	Cu 90.0 Sn 10.0 P 미량	F, R, W	46~103	20 (소둔)	70~3	G~E	20	블랭킹, 포오밍, 전단에 대한 우수한 냉간가공성 용도 : 압축응력을 크게 받는 부위에 사용되는 봉재 및 판재, 교량의 익스팬션 플레이트와 접합부, 높은 탄성, 내피로성, 내식성이 요구되는 부품

[a] F : flat product, R : rod, W : wire, T : tube [b] G : good, E : excellent [c] Cu 합금 360을 100%로 기준

3.4 Al 청동(Al bronze : Cu-Al alloy)

3.4.1 Al청동의 화학적 조성과 그 용도

Al 청동은 상당히 단단하며 인장강도와 인성이 높다. 또한 Al산화물인 자생보호피막 때문에 내마모성, 내피로성 및 내식성이 매우 우수한 합금이다. 표 3.6에는 Al청동의 화학적 조성과 기계적 성질 및 주요 용도를 나타냈다.

3.4.2 Al 청동의 상태도와 미세조직

(1) Al 청동의 상태도와 조직

그림 3.26에는 Cu-Al 상태도의 Cu쪽을 나타냈다. Cu에 대한 Al의 고용도는 α와 $\alpha + \beta$의 경계를 따라 온도가 감소할수록 증가하여 565℃에서 최대 9.4% Al이 고용한다. 또한 β상은 565℃에서 공석변태하여 α와 γ_2상으로 분해한다.

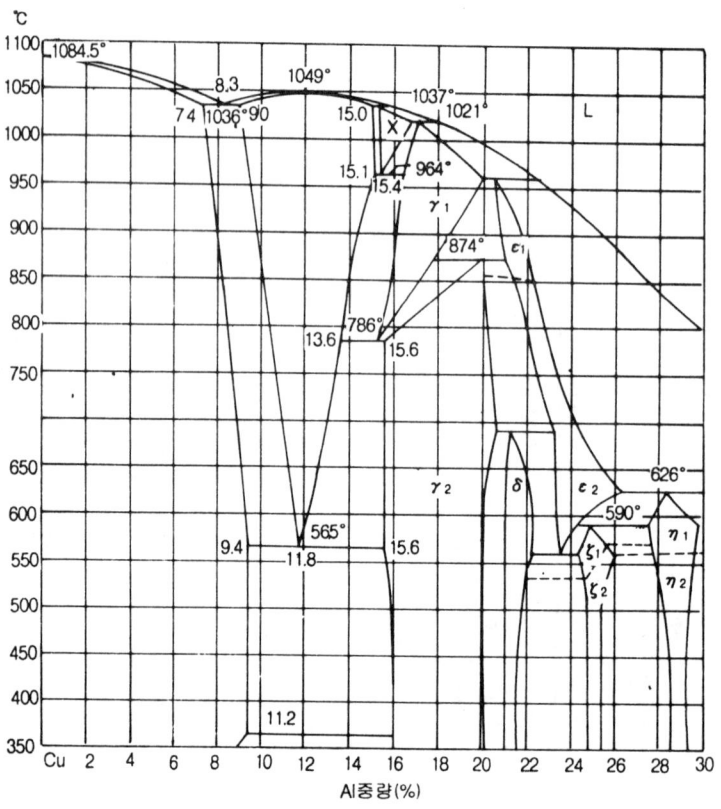

그림 3.26 Cu-Al계 상태도

표 3.6 대표적인 Al 청동의 화학조성, 기계적 성질 및 용도

제품명과 제품번호	공칭조성 (%)	유통형태[a]	기계적 성질 인장강도 (kg/mm²)	항복강도 (kg/mm²)	연신율 (% in 5cm)	내식성[b]	절삭성[c]	가공특성과 대표적인 용도
608 Al청동	Cu 95.0 Al 5.0	T	42	19	55	G~E	20	우수한 냉간가공성 ; 양호한 열간성형성 용도 : 응축기, 증발기와 열교환기용 도관, 증류기판, 패부울
610	Cu 92.0 Al 8.0	R, W	49~56	21~39	65~25	G~E	20	우수한 열간가공성과 냉간가공성 용도 : 보울트, 펌프의 부품, 샤프트, 연결봉, 마멸강판의 표면의 도금판
613	Cu 92, 95 Sn 0.35 Al 7.0	F, R, T,	49~60	21~41	42~35	G~E	30	우수한 열간성형성과 냉간성형성 용도 : 보울트, 너트, 스트랭거 및 나사진 부품, 내식성 용기와 탱크, 구조재, 기계부품, 응축기용 판 및 배관재품, 군용, 선박의 내식용 보호 금속판과 이외 고정체료, 군용, 폭발물 제료, 혼합조
614 Al청동 D	Cu 91.0 Al 7.0 Fe 2.0	F, R, W, T, P, S	53~63	23~42	45~32	G~E	20	Cu 합금 No. 613과 유사
618	Cu 89.0 Fe 1.0 Al 9.5	R	56~60	27~30	28~23	G~E	40	열간단조 및 열간표면처리에 의해서 가공 용도 : 부싱, 베어링, 내식성 제료, 용접봉
619	Cu 86.5 Fe 4.0 Al 9.5	F	65~107	34~102	31~1	G~E	—	뛰어난 열간성형성 : 블랭킹, 포오밍, 벤딩, 전단 및 스탬핑에 의해서 가공함 용도 : 스프링, 전기접속기, 스위치
623	Cu 87.0 Fe 3.0 Al 10.0	F, R	53~69	25~37	35~22	G~E	50	우수한 열간, 냉간성형성 ; 벤딩, 열간단조, 열간압연, 포오밍, 용접에 의해서 가공함 용도 : 베어링, 부싱, 벨브 가이드, 기어, 벨브

번호	조성	형태						용도 및 특성
624	Cu 86.0 Fe 3.0 Al 11.0	F, R	63~74	28~37	18~14	G~E	50	열간단조와 열간벤딩 가공에 뛰어난 열간성형성을 나타냄 용도: 부싱, 기어, 캠
625	Cu 82.7 Fe 4.3 Al 13.0	F, R	70	39	1	G~E	20	열간단조와 기계절삭가공에 뛰어난 열간성형성을 나타냄
630	Cu 82.7 Fe 3.0 Al 10.0 Ni 5.0	F, R	70	39	20~15	G~E	30	우수한 열간성형성; 열간포오밍 및 열간단조에 의해서 가공함 용도: 보올트, 너트, 밸브 시이트, 플렌저 팁, 마린 샤프트, 항공기 부품, 펌프 샤프트, 구조재료
632	Cu 82.0 Fe 4.0 Al 9.0 Ni 5.0	F, R	63~74	32~37	25~20	G~E	30	우수한 열간성형성; 열간포오밍 및 단조에 의해서 가공함 용도: 보올트, 너트, 펌프부분의 구조체, 내식성이 필요한 축 재료
638	Cu 95.0 Al 2.8 Si 1.8 Co 0.40	F	58~91	38~80	36~4	G~E	—	뛰어난 냉간가공성과 열간성형성 용도: 스프링, 스위치 부품, 전기 접축기, 계전기 스프링, 유리제품의 틈막게, 밸랑제품의 에나벨링
642	Cu 91.2 Al 7.0 Si 1.8	F, R	53~72	25~48	32~22	G~E	60	뛰어난 열간성형성; 열간단조 및 포오밍, 기계절삭에 의해서 가공함 용도: 밸브 스템, 기어, 선박용 금속제품, 주상 전선 용구, 보올트, 너트, 밸브 몸체와 구상제료

[a] F : flat product, R : rod, W : wire, T : tube, S : shape
[b] G : good, E : excellent
[c] Cu 합금 360을 100%로 기준

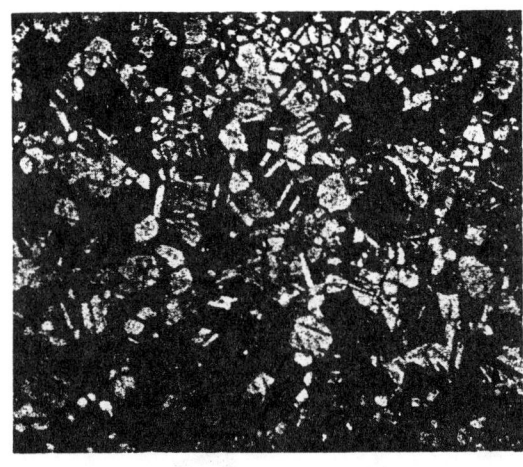

그림 3.27 소둔상태의 Cu-5%Al 청동의 현미경조직 (×75)
(조직은 내부에 쌍정대를 가진 α 결정립으로 이루어져 있다)

(2) Al청동의 미세조직

1) α Al 청동의 미세조직

α Al청동은 5~8%의 Al을 함유한 단일상의 α 고용체로 되어 있다. Cu-5Al청동의 현미경 조직을 그림 3.27에 나타냈는데 이는 α 황동의 조직과 비슷하다. α Al청동은 강하고 질기며, 냉간가공성과 내식성이 우수하다.

2) Al청동의 미세조직과 열처리

Al청동에서 Al의 함량이 8% 이상이 되고 온도가 900℃ 이상으로 되면 β 상이 나타나서 2중조직의 합금이 된다. 온도의 저하와 함께 α 고용체의 고용한이 증가하므로, Al청동의 냉각속도가 상온에서의 조직에 큰 영향을 미치게 된다. 또한 Al함량이 9.5% 이상으로 증가하면 공석분해가 일어날 수 있다. 이러한 합금을 상온으로 급속히 퀜칭하면 탄소강의 마르텐사이트변태와 비슷한 마르텐사이트변태가 일어나서 준안정상인 정방정의 β' 상이 생성된다.

예를 들어 서로 다른 조건하에 있는 Cu-9.8Al합금을 생각해 본다. 만일 합금을 처음에 900℃로 가열하여 1시간 동안 유지시킨 후 상온으로 퀜칭하면 조직은 거의 다 β' 마르텐사이트이고(그림 3.28의 (a)) 표 3.7에 나타낸 바와 같이 높은 강도와 낮은 연성을 갖게 될 것이다. 그러나 합금을 800℃ 또는 650℃까지는 서냉을 하고 나서 퀜칭을 행하면 β' 마르텐사이트의 양이 적어져서(그림 3.28의 (b)와 (c)) 합금의 강도는 감소하고 연성은 증가할 것이다. 그리고 합금을 공석온도 이하인 500℃까지 서냉한 후 상온으로 퀜칭하면 β 상은 다음과 같은 공석반응에 의해 $\alpha + \gamma_2$ 상으로 분해될 것이다(그림 3.28의 (d)).

$$\beta \rightleftarrows \alpha + \gamma_2$$

이때 형성되는 취약한 γ_2 상 때문에 합금의 강도와 연성이 저하된다. 따라서 상용합금에서는 연성에 나쁜 영향을 주는 γ_2 상을 피하고 있다.

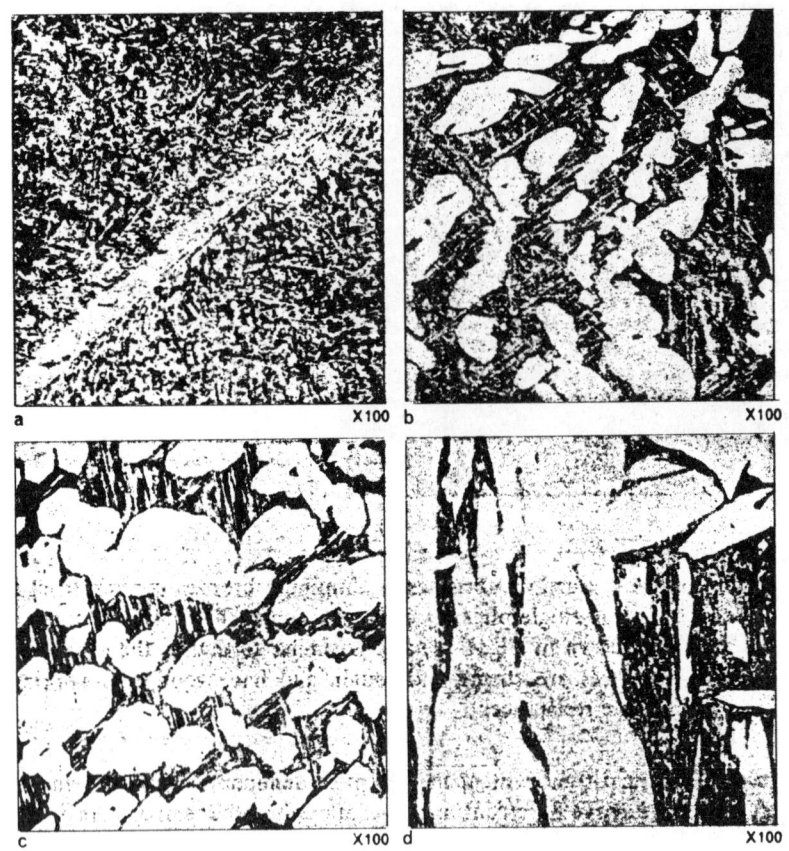

그림 3.28 Cu-9.8%Al 2원계 합금의 미세조직
(a) 900℃에서 1시간 유지후 수냉
(b) 800℃까지 서냉 후 급냉
(c) 650℃까지 서냉 후 급냉
(d) 500℃까지 서냉 후 급냉

표 3.7 소입온도의 변화가 Cu-9.7Al합금의 성질에 미치는 영향

열 처 리	0.1% proof응력 (Kg/mm^2)	인장강도 (kg/mm^2)	연신율 (%)	경도 (BHN)
900℃에서 가열, 소입	32.8	68.4	4	255
900℃에서 가열, 800℃까지 서냉후 소입	30.2	60.3	9	216
900℃에서 가열, 650℃까지 서냉후 소입	15.1	43.3	17	138
900℃에서 가열, 500℃까지 서냉후 소입	13.9	30.2	5	136

가장 일반적으로 이용하고 있는 Cu-10Al청동의 열처리는 900℃ 이상에서 퀜칭하여 조직 전체가 β'마르텐사이트가 되게 하고(그림 3.29의 (a)) 그 다음에 요구하는 바의 특성을 갖게 하기 위해서 400~650℃ 범위에서 소려(tempering)한다(그림 3.29의 (b)~(e)). 그러면 α상이 결정학적인 면을 따라서 미세하게 석출하므로 표 3.8에 나타낸 바와 같이 강도와 연성이 좋게 된다.

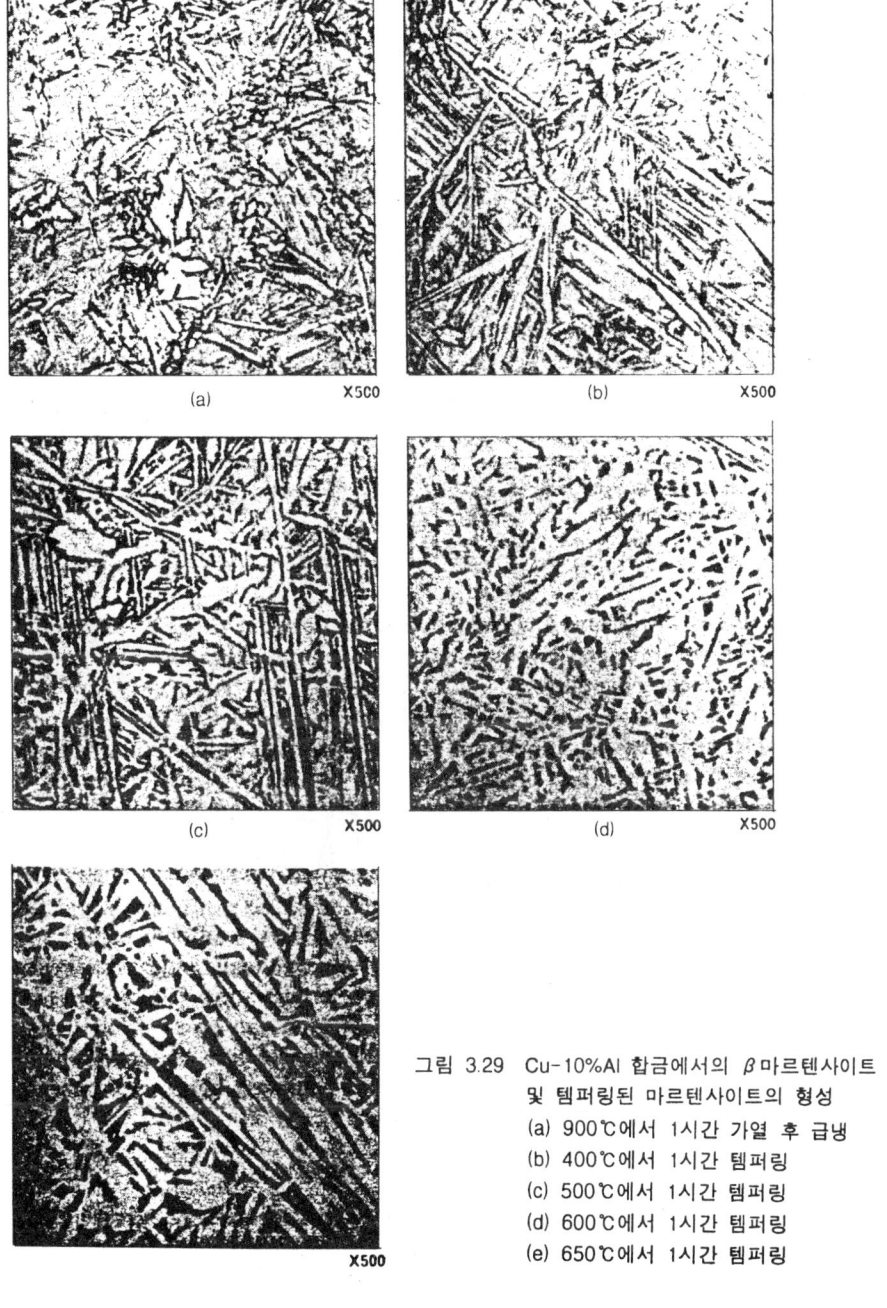

그림 3.29 Cu-10%Al 합금에서의 β마르텐사이트 및 템퍼링된 마르텐사이트의 형성
(a) 900℃에서 1시간 가열 후 급냉
(b) 400℃에서 1시간 템퍼링
(c) 500℃에서 1시간 템퍼링
(d) 600℃에서 1시간 템퍼링
(e) 650℃에서 1시간 템퍼링

표 3.8 소입후 템퍼링한 Cu-9.4%Al합금의 기계적 성질

열 처 리	0.1% proof응력 (Kg/mm²)	인장강도 (kg/mm²)	연신율 (%)	경도 (BHN)
900℃에서 1시간 가열, 소입	19.8	76.5	29	187
900℃에서 소입, 400℃에서 1시간 템퍼링	21.6	76.4	29	185
900℃에서 소입, 600℃에서 1시간 템퍼링	24.3	71.2	34	168
900℃에서 소입, 650℃에서 1시간 템퍼링	22.7	65.8	48	150

3.4.3 Al 청동의 기계적 성질

일반적으로 α Al청동의 인장강도는 Cu의 Al고용도가 최대로 될 때(약 8%)까지 직선적으로 증가한다. 그러나 연신율은 그림 3.30에 나타낸 바와 같이 Al의 함량이 5%가 될 때 까지는 증가하지만 5~7.5%Al 범위에서는 일정하다가 그 이상이 되면 급격히 감소한다.

특히 약 10%까지의 Al이 함유된 Al청동에 약 5%의 Fe와 Ni를 첨가한 Al청동은 특별히 강하고 질기며 고온에서의 내식성과 내산화성이 매우 뛰어나다. 이들 합금은 고강도 베어링이나 치차 또는 스테인레스 딥드로잉(deep-drawing)용 다이재료로 사용된다. 표 3.6은 이러한 Al청동의 화학적 조성, 기계적 성질 및 용도를 나타낸 것이다.

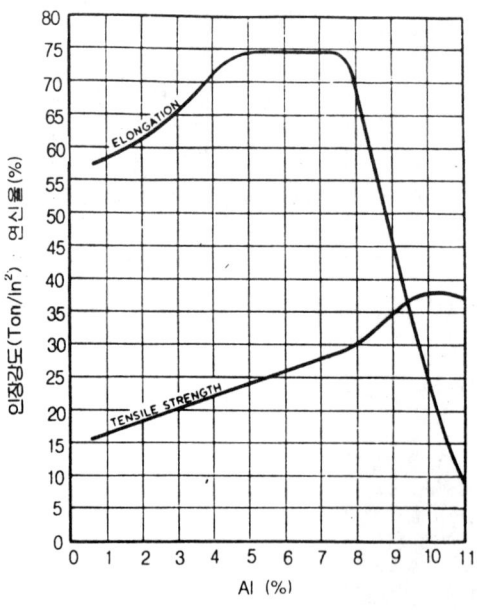

그림 3.30 Cu-Al 청동의 기계적 성질에 미치는 Al함량의 영향

3.5 Si청동(Si bronze : Cu-Si alloy)

3.5.1 Si 청동의 화학적 조성과 그 용도

Cu-Si 합금은 보통 Si청동이라 부르며 때로는 Everdur 또는 Herculoy와 같은 상품명으로 불리기도 한다. 이 합금은 1~3%의 Si를 함유하고 있으며 때로는 기계적 성질을 향상시키기 위해서 소량의 Mn과 Fe를 첨가하기도 한다. 표 3.9는 가장 일반적으로 사용되고 있는 2종의 Si청동에 대한 화학조성, 기계적 성질 및 용도를 나타냈다.

Si청동은 저탄소강과 비슷한 강도와 인성을 갖고 있으며, 고온이나 저온에서의 내식성도 우수하고 용접성도 좋으므로 공업적으로 사용되고 있다. 또한 해수의 충돌에 의한 내식성을 제외하곤 내해수성이 좋고, 가격이 싸므로 Sn청동을 대신해 사용하는 경우가 많다.

3.5.2 Si청동의 상태도와 미세조직

그림 3.31은 Cu-Si 상태도에서 Cu측을 나타낸 것이다. Si의 최대 고용도는 843℃에서 약 5.3%이며 상온에서도 고용도가 4% 정도이므로 이 합금은 석출경화되지 않는다. 그

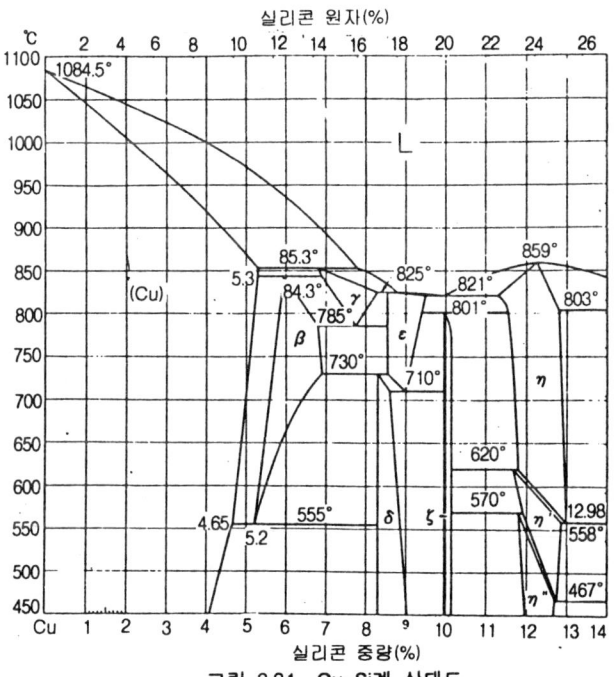

그림 3.31 Cu-Si계 상태도

표 3.9 대표적인 Si 청동의 화학조성, 기계적 성질 및 용도

제품명과 제품번호	공칭조성 (%)	유통형태[a]	기계적 성질 인장강도 (kg/mm²)	항복강도 (kg/mm²)	연신율 (% in 5cm)	내식성[b]	절삭성	가공특성과 대표적인 용도
651 저 Si 청동, B	Cu 98.5 Si 1.5	R, W, T	28~67	11~49	55~11	G~E	30	뛰어난 열간가공성과 냉간가공성 ; 포오밍, 벤딩, 헤딩, 업셋팅, 열간단조와 프레싱, 로울 드레딩, 나름링, 스웨이징 및 스웨이징에 의해서 가공함 용도 : 수압판, 앵커 스크류, 보울트, 케이블 클램프, 캡스크류(탭 보울트), 머신 스크류, 리벳, 선박용구, 너트, 주상-도선 용구, 리벳, U 보울트, 선거, 열교환용 도관, 용접봉
655 고 Si 청동, A	Cu 97.0 Si 3.0	F, R, W, T	39~102	15~49	63~3	G~E	30	뛰어난 열간가공성과 냉간가공성 ; 불랭깅, 드로잉, 포오밍과 벤딩, 헤딩과 업셋팅, 열간단조와 프레싱, 로울 드레딩과 나름링, 전단, 스웨이징과 스웨이징에 의해서 가공함 용도 : 프로펠러 회전축으로 사용하는 것을 포함하여 Cu 합금 No. 651과 유사

[a] F : flat product, R : rod, W : wire, T : tube, R : rod
[b] G : good, E : excellent

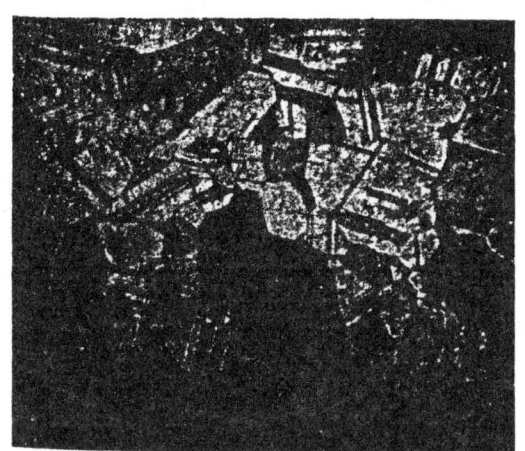

그림 3.32 소둔상태의 Si청동(Everdur : 96%Cu, 3%Si, 1%Mn)의 현미경 조직(×75)
(조직은 내부상정대를 가진 α결정립으로 이루어져 있다)

림 3.32는 소둔상태의 Si청동인 Everdur(Cu-3Si-1Mn)의 현미경 조직을 나타낸 것이다. 다른 α청동의 경우와 마찬가지로 소둔조직은 소둔쌍정을 갖는 α결정립으로 되어 있다.

3.5.3 Si청동의 기계적 성질

저 Si청동 및 고 Si청동의 기계적 성질, 내식성 등은 표 3.9에 나타낸 바와 같다. 이 합금의 소둔상태에서의 인장강도는 $28 \sim 39Kg/mm^2$ 사이의 값을 가지며, 스프링 조질(spring temper)을 하기 위해 심하게 냉간가공을 하면 강도가 $101Kg/mm^2$까지도 올라간다. 기계가공을 향상시키기 위해서 0.5%의 Pb를 첨가하기도 한다. 이 합금은 온도에 따른 고용도의 변화가 적으므로 앞서 언급한 바와 같이 석출경화시킬 수는 없다.

3.6 Be동(Cu-Be alloy)

3.6.1 Be동의 화학적 조성과 그 용도

사용되고 있는 Cu-Be합금은 $0.6 \sim 2\%$의 Be에 $0.2 \sim 2.5\%$의 Co가 첨가된 합금이다. 이 합금은 석출경화능이 뛰어나서 열처리에 의하여 인장강도를 $148Kg/mm^2$까지도 높일 수 있다. 이러한 강도는 상용되는 Cu합금 중에서 가장 높은 것이다.

Cu-Be합금은 석출경화에 의해서 높은 경도와 전기전도도를 얻을 수 있으므로 석유·화학공업에서 스파크가 일어나지 않고 높은 경도가 요구되는 방폭공구에 이용된다. 그리고 내식성 및 내피로성과 강도가 우수하여 스프링, 기어, 진동판, 밸브등에 사용되며, 우수한 전기전도도 및 열전도도를 이용하는 전기접점재와 플라스틱 사출용 금형에도 사용된다. 그러나 Cu-Be합금은 가격이 비싸기 때문에 다른 합금으로는 대치할 수 없는 때에 주로 사용된다.

3.6.2 Be동의 상태도와 조직

(1) Cu-Be계의 상태도

그림 3.33은 Cu-Be상태도의 Cu측을 나타낸 것이다. 그림에서 알 수 있듯이 Be의 최대 고용도는 866℃에서 2.7%이다. 온도의 감소에 따라 고용도가 감소하여 상온에서의 고용도는 0.5%에 불과하게 되므로 약 2% Be가 함유된 합금은 석출경화를 시킬 수 있다.

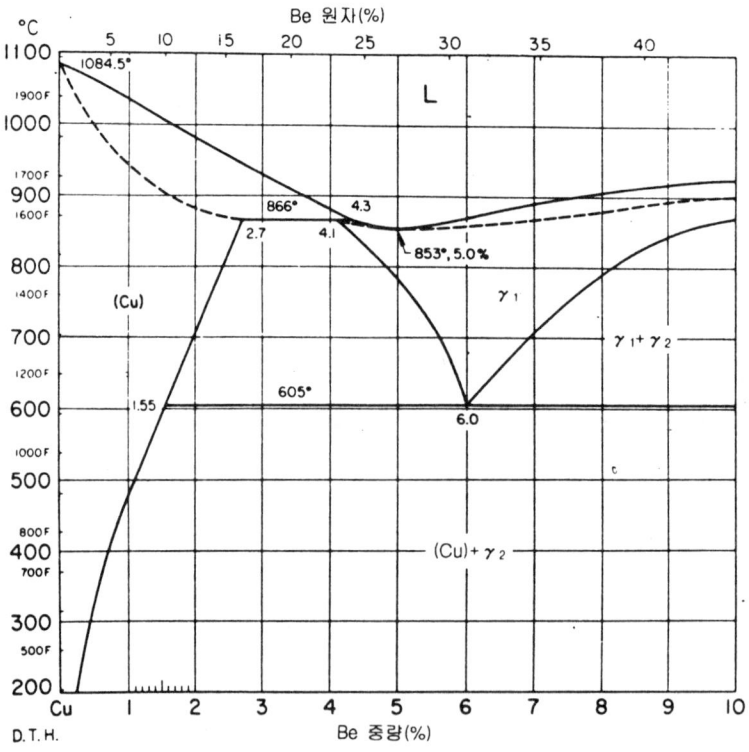

그림 3.33 Cu-Be계 상태도

(2) 석출과정 및 미세조직

Cu-2%Be합금의 일반적인 석출과정은 X선 회절 및 **전자현미경으로** 연구한 바에 의하면 다음과 같이 나타낼 수 있다.

$$\text{과포화 고용체} \rightarrow \text{GP Zone} \rightarrow \gamma' \rightarrow \gamma$$
$$\text{(판상)} \quad \text{(관상, 봉상)} \quad \text{(규칙 CuBe)}$$
$$\text{BCT} \quad \text{BCC}$$

Cu-2%Be의 GP Zone은 단일층의 판상이며 기지의 {100}면에 정합으로(coherently) 형성된다. GP Zone의 크기는 시효온도 및 시간에 따라 변하게 된다. 100℃에서 100시간 시효시키면 두께 2~3Å, 지름 10~30Å의 GP Zone이 형성되고 198℃에서 1시간 시효시키면 1~3원자 두께에 지름이 70Å까지 되는 GP Zone을 형성시킬 수 있다.

시효가 계속 진행되면 GP Zone에 부분적으로 정합된 중간석출물인 γ'이 생성된다. 약 320℃인 GP Zone의 용해선 이상에서는 γ'상이 불규칙적으로 핵생성된다. γ'상은 BCT구조를 가지며 처음에 γ'상이 형성될 때에는 γ'상과 GP Zone이 공존한다. γ'상의 형성은 시효 중에 합금이 연화되는 것과 관련이 있다.

시효온도를 380℃이상으로 올리면 평형상의 BCC 규칙고용체인 CuBe가 생성되고, 이것은 불연속적인 상변태에 의하여 그림 3.34에 나타낸 바와 같이 공석형조직을 이루면서 성장한다. 불연속적인 γ 석출물이 결정립계에서 핵생성하여 점차 결정 전체로 퍼지고, 400℃에서 16시간 시효하면 전체 조직이 공석형으로 된다. 이 γ상은 과시효에 의해 나타나며 γ상이 증가할수록 합금의 경도는 감소한다.

그림 3.34 800℃에서 용체화처리한 다음 400℃에서 16시간 시효한 Cu-1.87%Be합금 (불규칙한 α기지에 CuBe상(γ)의 공석형 석출물이 나타났다)

3.6.3 Be동의 기계적 성질

공업적으로 중요한 Cu-Be합금의 기계적 성질과 화학조성 그리고 대표적인 용도를 표 3.11에 나타내었다. 이 합금은 보통 800℃에서 용체화처리를 하고 250℃~330℃ 사이에서 석출경화시킨다. 이 합금은 시효하기 전에 냉간가공을 함으로써 그림 3.35에 나타나 있듯이 상당히 강도를 높일 수 있다. 이는 냉간가공을 함으로써 GP Zone을 형성시킬 수 있는 결함의 농도가 증가되기 때문이다.

이 합금은 냉간가공과 석출경화를 조화시켜 인장강도가 140Kg/mm^{2}이상이 되게 할 수도 있다.

또한 Be의 첨가량에 따른 Be동의 경도값의 변화를 그림 3.36에 나타냈다. 그림에서 알 수 있듯이 2%Be에서 최고의 경도값이 얻어지고 있다.

Be동에는 Co가 소량 첨가되는데 Co의 역할은 불용성의 Be-Co화합물을 형성하여 용체화처리시 결정립의 성장을 억제하는 것과 주조시에 입자미세화를 조장하여 기계적 특성을 향상시키는 것이다.

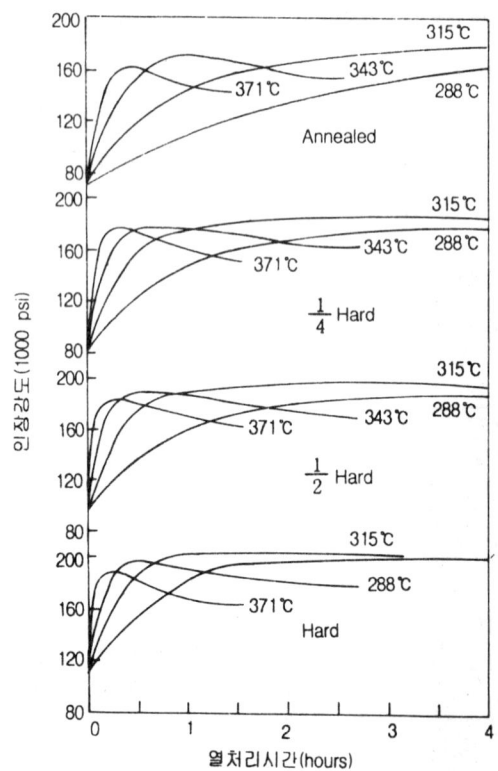

그림 3.35 압연하여 두께를 0, 11, 21, 27% 줄인 후 여러 온도에서 시효시킨 Cu-2%Be-0.2%Co 합금의 시효 곡선

표 3.11 대표적인 Cu-Be 합금의 화학조성, 기계적 성질 및 용도

제품명과 제품번호	공칭조성 (%)	유용형태[a]	인장강도 (kg/mm²)	항복강도 (kg/mm²)	연신율 (% in 5cm)	내식성[b]	절삭성[c]	가공특성과 대표적인 용도
170 Be 동	Cu 98.1 Be 1.7 Co 0.20	F, R	49~134	23~120	45~3	G~E	20	Cu 합금 No. 162와 가공특성이 일함, 불행킹, 포오밍과 벤딩, 타이닝, 드릴링, 태핑에 의해서 가공함 용도 : 숨용기, 부르도 관, 다이어프램, 퓨우즈클립, 혐쇠, 북 와셔, 스프링, 스위치 부품, 로울 판, 벨브, 용접장비
172 Be 동	Cu 97.9 Be 1.9 Co 0.20	F, R, W, P, S	T, 48~149	18~137	48~1	G~E	20	Cu 합금 No. 170과 유사함, 특히 전기접촉시에 스파아크가 일어나지 않음
173 Be 동	Cu 97.7 Be 1.9 Co 0.20	R	48~14	18~128	48~335	G~E	50	Cu 합금 No. 172의 가공특성과 합계 이보다 절삭성이 우수한
175 Cu-Co-Be 합금	Cu 96.9 Co 2.5 Be 0.6	F, R	32~81	18~77	28~5	G~E	-	가공특성은 Cu 합금 No. 162와 일함. 용도 : 브라켓, 헴쇠, 스프링, 스위치, 제전기 부품, 전기 전도체, 용접장비
182(184,185) Cr 동	Cu 99.1 Cr 0.9	F, W, R S, T	24~61	10~54	40~5	G~E	20	뛰어난 냉간가공성: 우수한 열간성형성 용도: 저항용접용 전극, 시임 용접, 개폐 장치, 전극몰림집게, 케이블 접속쇠, 전기전도용 이암과 샤프트, 회로차단기 부품, 스포트용접 전극, 鑄型, 고강도 전기전도체 및 열전도체, 스위치 접축기

[a] F : flat product, R : rod, W : wire, T : tube, P : pipe, S : shapes
[b] G : good, E : excellent
[c] Cu 합금 360을 100%로 기준

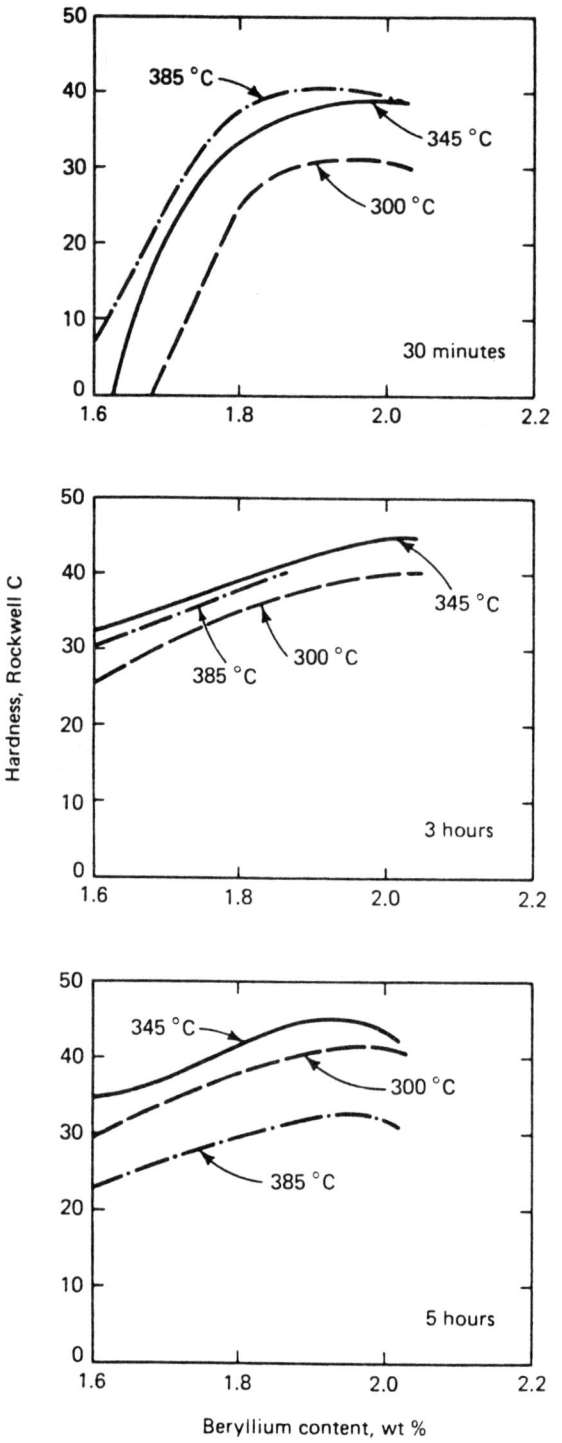

그림 3.36 Cu-Be합금의 석출경화에 미치는 Be함량, 시효온도, 시효시간의 영향

3.7 Cu-Ni합금

3.7.1 Cu-Ni 합금의 화학적 조성과 그 용도

Ni은 Cu와 전율고용체를 형성하는 금속으로, Cu에 10~30%의 Ni을 첨가하면 백동(cupronickels)이라는 고용체 합금이 된다. Cu에 Ni이 첨가됨으로써 강도, 내산화성 및 내식성이 향상된다. 백동은 해수에 대한 내식성과 내침식성이 우수하고 강도도 비교적 높기 때문에 선박용 콘덴서나 해수용 전도관에 사용된다. 또한 백동은 급속하게 가공경화 되지 않으므로 콘덴서의 관이나 판, 열교환기, 기타 화학공정장치에 광범위하게 이용된다.

3.7.2 Cu-Ni 합금의 상태도와 미세조직

(1) Cu-Ni 합금의 상태도
Cu와 Ni는 그림 3.37에서 알 수 있듯이 전율고용체를 형성한다.

(2) 미세조직
백동의 현미경 조직은 Ni의 함량에 관계없이 α상의 고용체로 되어 있으며 그림 3.38에 Cu-30Ni의 재결정된 α상의 미세조직을 나타냈다.

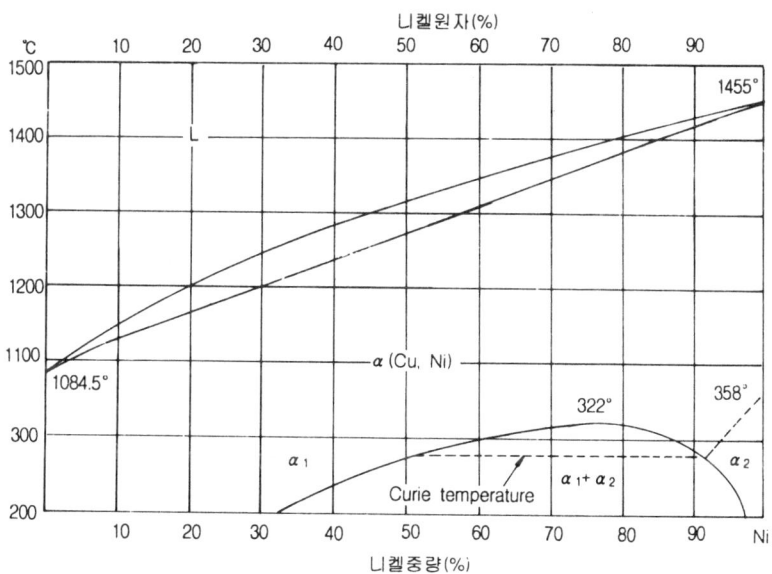

그림 3.37 Cu-Ni의 상태도

그림 3.38 Cupronickel(70%Cu-30%Ni)의 현미경 조직(×150)

3.7.3 기계적 및 전기적 성질

Cu와 Ni는 모두 FCC 구조를 갖고 있어 Cu-Ni합금은 모든 조성범위에서 연성이 우수하다. 그림 3.39의 (a)에서의 Ni의 첨가에 따른 연성과 강도의 관계를 알 수 있다. Ni이 첨가되어도 연성은 그다지 저하하지 않고 강도만이 고용강화에 의해 증가되고 있다.

한편 그림 3.39의 (b)에서 알 수 있듯이 Ni의 첨가로 인해 Cu의 전기저항이 급격히 상승한다. 그러나 전기저항의 온도계수는 극히 낮다. 즉 전기저항은 크지만 온도에 따른 저항값의 변화는 대단히 적다. 따라서 이 합금은 전기기기의 권선저항용으로 유용하다.

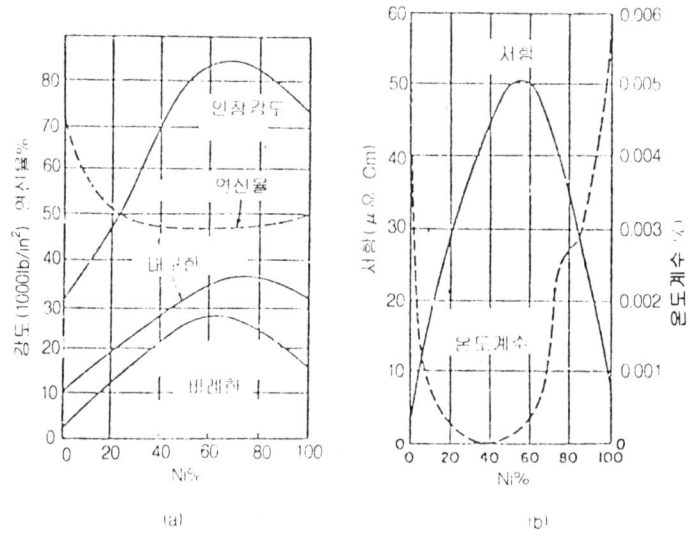

그림 3.39 Cu-Ni합금의 기계적 성질과 전기적 특성에 미치는 Ni의 영향
(a) 기계적 성질 (b) 전기적 특성

제4장 티타늄(Ti) 합금

4.1 티타늄(Ti)

 Ti는 광석과 Cl_2를 고온에서 반응시켜 만들어진 $TiCl_2$를 Mg로 환원시켜 만든 스폰지 Ti를 진공 또는 불활성가스중에서 용해하여 만든 순도 99.2%정도의 공업용 순Ti(Kroll법)와 $TiCl_4$에 요드를 작용시켜 TiI_4를 만들어 이것을 증발시켜 정제한 수도 99.9% 이상의 고순도 Ti(Iod법)이 있다. 공업용 순Ti에는 0.033%O_2, 0.011%N_2, 0.011%C, 0.011%H_2의 불순물이 고순도Ti에는 0.01%O_2, 0.005%N_2, C<0.01% 등의 불순물이 함유되어 있어 기계적 성질도 표 4.1에 나타내듯이 차이가 있다. Ti은 가볍고(비중 4.507), 고융점(1668℃)이며 실온에서는 HCP(α)이지만 변태점(822℃)이상에서는 BCC(β)로 된다. 또한 열팽창계수가 작고 전기저항이 크다. 화학적성질로서 내식성은 스테인레스강에 필적할 정도로 우수하다. Ti은 활성적인 금속으로 표면에 치밀한 보호피막이 형성되어 이것이 내부로의 부식진행을 억제하기 때문이다. 화학약품에 대해서는 산화성이 강한 HNO_3의 경우 어떠한 농도에서도, 또한 고온에서도 내식성이 우수하지만 H_2SO_4와 같은 비산화성산에 대해서는 내식성이 떨어진다. 또한 불산, 초산, 불화수소수에서도 내식성은 양호하다. 알카리에 대해서는 NaOH(10%), NH_4OH(28%) 등에 대해 내식성이 좋다. Ti는 고온에서 N_2, O_2등과의 친화력이 커서 이들과 반응하여 질화물, 산화물등을 만들며 특히 질화물에 의해 현저히 취화하여 모든 성질을 저하시키는 것이 큰 단점이다.

표 4.1 Iod법 및 Kroll법에 의한 Ti의 기계적성질

기계적성질	고순도 Ti	Kroll법에 의한 Ti
인장강도[Kg/mm^2]	30.2	56.0
항복점[Kg/mm^2]	18.9	50.4
비례한도[Kg/mm^2]	7.7	27.0
연신율[%]	40	25
단면수축률[%]	61	55
경도(소둔재)[Hv]	105	180

Ti는 O_2를 많이(약 15%), 침입형으로 고용하며 O_2에 의해 TiO, TiO_3, TiO_2등의 산화물을 생성하여 이들이 온도 및 가열시간의 변화에 따라 600~700℃정도에서부터 고온으로는 청색, 황갈색, 암청색등의 색채를 띠는 스케일로 된다. 또한 N_2도 Ti중에서 침입형 고용체로 되지만 더욱 많으면 화합물(TiN)을 생성한다. H_2의 경우는 고온에서 Ti중에 확산하여 특히 β상에 현저히 고용한다. 저온에서는 $\beta \rightleftarrows \alpha + TiO_2$에 의해 TiH_2가 생성한다. 또한 α상에서의 고용량은 감소한다.

기계적성질의 경우, 함유되는 불순물 O_2, N_2등의 양(量)이 공업용 순Ti과 고순도Ti과는 다르므로 표 4.1에 나타낸 바와 같이 현저한 차이가 있으며 불순물 함유량이 많은 공업용 순 Ti이 강도, 경도가 크나 연신율, 단면수축률은 작다. 함유되는 불순물중에서 특히 N_2, O_2 및 C의 영향이 크고 이들이 고용한 침입형 고용체의 경우, 전연성(展延性)이 크게 저하하고 경화하여 취화한다. 그림 4.1에 나타내듯이 이들 원소의 영향은 N_2가 최대이고 다음으로 O_2의 영향이 크며 C의 영향은 비교적 적다. 또한 H_2는 상온(常溫)에서 거의 고용되지 않아 경화와 관계가 없으며, 기계적성질에 큰 영향을 주지 않는다. 또한 이들 원소는 충격치를 현저히 저하시키며 그 영향은 N_2, H_2, O_2, C의 순으로 저하한다. Ti의 특이한 성질로 강도/비중의 비가 Mg합금및 Al합금이외의 동합금및 철강재료등에 비해 현저히 크다는 점이다. 이러한 성질이 강해 경량화 및 내식성이 요구되는 경우에 사용되기 쉽다.

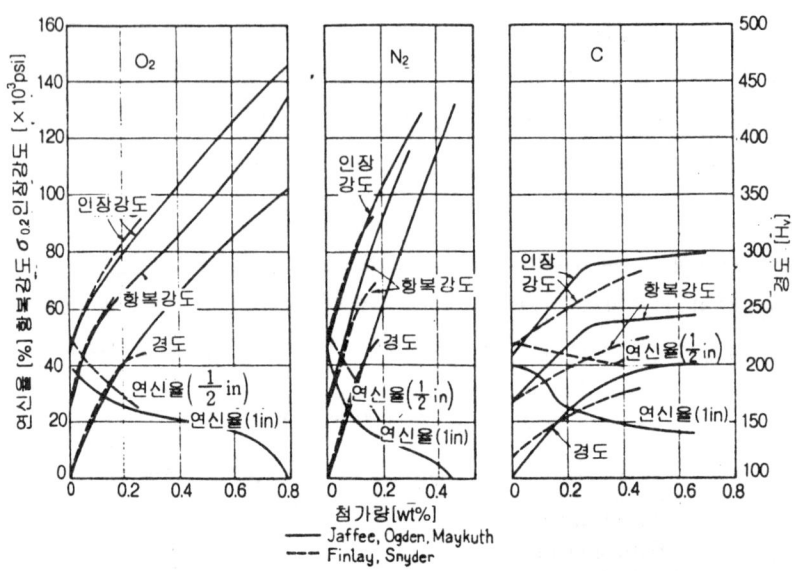

그림 4.1 고순도 Ti의 기계적성질에 미치는 O_2, N_2 및 C 첨가의 영향

4.2 Ti합금

Ti 합금의 형태를 2원 상태도를 대별하면 그림 4.2에 나타내듯이 전율고용체형, β안정형, β공석형, α안정형등이다.

α안정형 및 전율고용체-합금원소의 함유에 의해 α고용체의 조성범위를 확대하는 원소는 Al, Sn등이며 Zr과는 전율고용체를 만든다. 표 4.2은 α안정형합금의 α고용체의 최대고용한도를 나타낸다.

Ti-Al합금의 경우, 그림 4.3에 나타내듯이 Al의 증가에 따라 가벼워지고 탄성한도, 인장강도, 경도는 상승하며 연신률은 저하한다. Ti-Sn합금의 경우, Ti에 Al을 첨가하는 경우보다도 소량의 Sn을 첨가하는 것이 이러한 효과가 크다. 또한 이들의 열간강도는 약

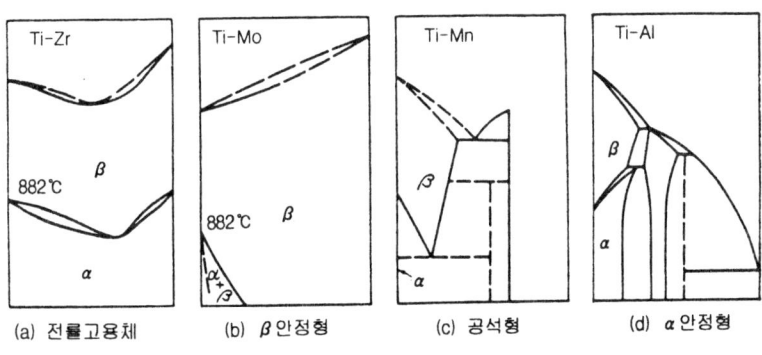

그림 4.2 Ti기 2원합금

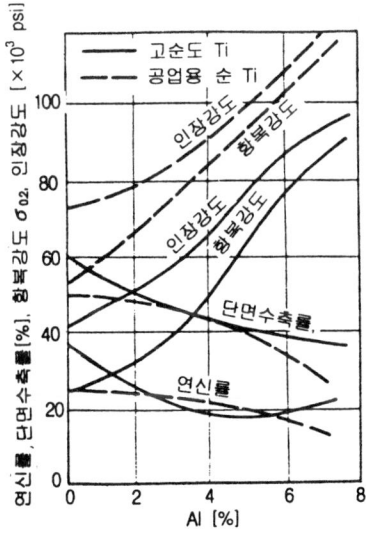

그림 4.3 합금의 기계적성질

표 4.2 α안정형 Ti 합금의 고용한도

합 금	α의 최대고용도[%]	포석온도[℃]
Ti-Al	2.45	1240
Ti-Sn	9~13	885
Ti-Zr	100	—

500℃까지 안정하고 저하률이 적다. Al 6%이상에서는 가공성이 나쁘고 고온가공에서도 곤란해지지만 β상을 석출하는 **합금원소를 첨가함에 의해 가공성을 개량할 수 있다.**

β안정형 및 공석형합금-원소의 함유에 의해 β고용체의 성분범위가 확대되는 것과 β가 공석변태하는 것등 2개가 있다. 전자에 속하는 것은 Ti-Mo, Ti-V, Ti-Nb, Ti-Ta합금등이며 후자에 속하는 것은 Ti-Fe, Ti-Mn, Ti-Cr, Ti-Co, Ti-Ni, Ti-Cu, Ti-Ag 및 Ti-Si 합금등이 있으며 이들 합금은 열처리에 의해 성질이 변화한다. 그림 4.2(b)에 나타냈듯이 β상의 온도범위로부터 서냉하면 α 또는 α+β상으로 되는 조성의 합금을 β상으로부터 급랭하면 α상으로 변태하는 것이 저지되어 마르텐사이트(martensite) 변태를 하여 경도가 변화한다. 이러한 소입에 의해 생기는 마르텐사이트조직을 α′라 하며 β가 상온(常溫)까지 잔류한 것이다. 또한 β로부터 α로 변화하는 중간단계에서는 ω상이라 불리는 준안정 중간상이 생겨 현저히 경화한다. ω상은 소입후의 템퍼링(tempering), β구역이하의 온도에서의 항온변태 또는 냉각속도가 별로 크지 않은 경우에 나타난다. 이들의 변화는 합금성분의 종류 및 양과도 관련이 있다.

Ti합금은 α상의 상태, α+β상 또는 β상의 상태에 따라 열처리조건에 따라 기계적 성질이 변화한다. β상은 BCC이므로 α상의 경우보다도 변형성이 양호하다. β안정형원소가 증가한다고 반드시 강도가 상승하지는 않는다. 또한 α상 합금의 경우, 열처리효과는 없으며 열간강도는 그림 4.4에 나타내듯이 α+β상의 합금보다도 α상의 합금의 경우가 강도의 저하가 적다.

공업용 Ti합금인 α, α+β 및 β상합금의 조성과 기계적성질을 표 4.3에 나타냈다. α+β 및 β상 합금의 경우, 소입·소여처리에 의해 기계적성질이 개선되며 강도가 증가됨을 알 수 있다.

Ti합금은 가볍고 내식성이 좋은 점, 비교적 내열성이 좋은 점때문에 새로운 항공기용 금속재료 및 화학공업용 금속재료로서 개발되고 있는 중이다.

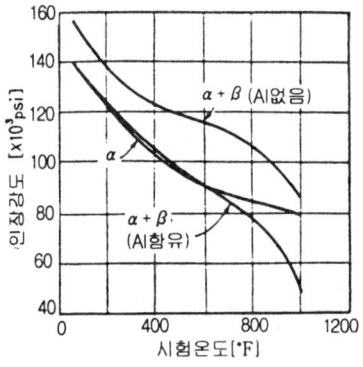

그림 4.4 α, α+β 합금의 열간강도

표 4.3 공업용 Ti 합금의 기계적 성질과 열처리

합 금		조 건	形	인장강도 [Kg/mm²]	연신율 [%]
상	조 성				
α	5 Al, 2.5 Sn	소둔, 718℃. 4hr, 空冷	板	90	18
	6 Al, 4Zr, 1V	소둔, 718℃. 爐冷	板	100	17
	8 Al, 1 Mo, 1V	982℃, 5 min, 水冷 539℃, 8hr, 空冷	棒	102	16
	8 Al, 12Zr	소둔, 860℃, 4hr, 空冷	棒	98	12
α+β	3 Al, 12Zr	소둔	帶 板	70	15
	8 Mn	소둔, 700℃, 4hr, 空冷	板	98.6	15
	4 Al, 4Mn	소둔, 730℃, 2hr, 徐冷 770℃, 2hr, 水冷 450℃, 25hr	棒	103 113	16 9
	6 Al, 4V	소둔, 800℃, 4hr, 空冷 940℃, 20min, 水冷 510℃, 8hr, 空冷	板	100 120	11 7
	7Al, 4Mo	소둔, 700℃, 4hr, 徐冷 900℃, 20min, 水冷 480℃, 16hr, 空冷	棒	110 130	15 12
β	3Al, 11Cr, 13V	760℃, 30min, 空冷 760℃, 30min, 空冷 480℃, 時效	板	95 125	16 6

제5장 니켈(Ni) 합금

5.1 니켈(Ni)

Ni은 비중 8.902, 융점 1453℃, 비등점 2730℃, 전기저항률 $6.84 \times 10^{-6} \Omega \cdot cm$, 결정구조 FCC로 가공성이 풍부하고 353℃에서 자기변태점을 나타내며 합금원소로서 V, Cr, Si, Al, Ti, Mo, Mn, Zn, Sn, Cu등은 자기변태온도를 감소시키며 Co, Fe는 증가시킨다.

Ni은 매우 내식성이 풍부한 금속으로 공기중에 극히 안정하며 자연균열은 전혀 일어나지 않으며 물 및 해수에서도 안정하다. 산화성이 강한 HNO_3에 대해서는 내식성이 약간 떨어지지만 H_2SO_4, HCl등에 대해서는 안정하다. 알카리인 NaOH에 대해서는 매우 안정하며 NH_4OH가 1%이하인 경우 매우 안정하다. 또한 염류(鹽類)의 경우, 산화성이 강한 염류이외에는 매우 안정하다.

공업용 순Ni은 미량의 Co를 함유하므로 Ni지금(地金)의 순도는 Ni+Co로 98.0, 99.85, 99.95% 이상이며 불순물로는 Fe, Cu 등이 함유된다. 공업용 순Ni은 내식성 및 전연성이 우수하다. Ni의 기계적성질을 표 5.1에 나타낸다.

표 5.1 공업용 순 Ni의 기계적성질

조 건	인장강도 [Kg/mm^2]	연실율 [%]	단면수축률 [%]	경도 [H$_B$]
소둔재	35~55	35~50	60~70	90~120
인발재	45~80	15~35	50~70	125~230

5.2 니켈(Ni)합금

Ni합금은 합금성분의 차이에 따라 Ni-Cu계, Ni-Al계, Ni-Fe계 및 Ni-Cr계로 분류되지만 이들 모두 내열성 및 내식성이 우수하다.

5.2.1 Ni-Cu합금

Ni과 Cu는 전율고용체를 만들며 주조시에 2상(相)으로 되는 일이 있지만 열처리에 의해 1상으로 된다. 이 합금의 전기저항률은 Ni중에 Cu가 40~60%정도 합금된 경우가 최고치를 나타내며 그 이상으로 Cu가 합금되면 저하하여 Cu값에 가까와지며 또한 기계적 성질로 강도도 Cu의 증가에 따라 상승하여 40~60%에서 최고치로 된다. 20%Ni-80%Cu합금(백동)은 전연성 및 내식성이 매우 풍부하다. 45%Ni-55%Cu합금(콘스탄탄)은 전기저항선으로 사용되며 철 또는 Cu선과 조합시켜 열전대로도 사용된다. 모넬메탈(monel metal)은 광석 합금을 직접정련한 천연합금(A. Monel이 발명)으로 Ni63~70%, Cu20~25%, Fe<2.5%, Al<0.5%, Mn<2.0%, C<0.3%, Si<0.5% S<0.02%로 내열성 및 내식성이 큰 것이 특징이다. 63~66%Ni, 30%Cu를 주성분으로 하는 시효성 모넬메탈이 많이 발명되어 있으며 모두가 실온에서 비자성 또는 비자성에 가까운 내식성내열합금이다. 예로 K모넬(66%Ni-29%Cu-3%Al), S모넬(63%Ni-30%Cu-4%Si, 주물), H모넬(63%Ni-30%Cu-3%Si, 주물)등이 있으며 K모넬가공재의 경우, 실온~1170℃사이에서 가공이 가능하며 열간가공재는 600℃에서의 시효처리에 의해 인장강도가 80~100kg/mm$_2$로 된다.

5.2.2 Ni-Al 합금

4.5%Al, 94%Ni의 시효성합금을 590℃에서의 열처리로 125~150kg/mm^{2}의 인장강도를 얻을 수 있다. 또한 내식성도 우수하다.

5.2.3 Ni-Fe합금

Ni-Fe합금의 일종인 하스테로이(Ni-Fe-Mo)는 표 5.2에 나타내듯이 Ni, Fe, Mo외에 2, 3개의 원소가 첨가되어 있으며 이들은 모두, 시효성 내식합금으로 합금조성에 따라 차이는 있지만 HCl, H$_2$SO$_4$ 및 산화성이 강하지 않은 산(酸), 해수 및 그외의 염(鹽)등에서도 좋은 내식성을 나타내며 강도도 우수하다.

표 5.2 하스테로이의 화학성분

하스테로이	Ni	Fe	Mo	기 타
B	62	5	28	—
C	54	5	17	Cr 15, W 4
D	85	—	—	Si 10, Cu 3
F	47	17	7	Cr 22
N	70	5	17	Cr 7
W	62	5.5	24.5	Cr 5

표 5.3 전열선의 화학성분

종 류	화 학 성 분 (%)								최고 사용온도 [℃]
	Ni	Cr	Al	C	Si	Mn	기 타	Fe	
NCH 1	>77	19~21	—	<0.15	0.75~1.5	<2.5	<1.0	<1.0	1100
NCH 2	>57	15~18	—	<0.15	0.75~1.5	<1.5	<1.0	나머지	950
FCH 1	—	23~26	4~6	<0.10	<1.5	<1.0	<1.0	나머지	1200
FCH 2	—	17~21	2~4	<0.10	<1.5	<1.0	<1.0	나머지	1100

5.2.4 Ni-Cr 합금

Ni과 Cr은 서로 넓은 고용한계를 갖는 공정반응을 나타낸다. 이 계열의 합금은 내열성, 내식성 및 전기저항률이 크다는 것이 특징이다. 따라서 전열선으로 사용되며 Ni의 내열성은 Cr의 첨가에 의해 더욱 향상된다. 이외의 합금원소로서는 Mo, W, Co등이 내열성 및 내식성을 향상시키는데 우수하다. 전열선의 화학성분의 예는 표 5.3에 나타내듯이 Ni은 55%이상, Cr은 10~26%이지만 Ni을 많이 함유하는 것은 현재 거의 사용되지 않는다.

5.2.5 인코넬(Inconell, Ni-Cr-Fe 합금)

내열성 및 내식성이 우수한 합금으로 Ni 72~76% Cr 14~17%, Fe 8%, 기타 소량의 Mn, Si, C가 함유되어 있다. 가공재 및 주물 어느것으로도 사용된다. 이외에 Ni-Cr계 합금으로서 이리움(Ni-Cr-Mo합금)이 있으며 내식성합금이다. 또한 강자성합금인 퍼멀로이(Ni-Fe 합금), 내식성합금인 D.니켈(Ni-4.5% Mn)등이 있다.

제6장 기타 비철금속재료

6.1 Mg과 그 합금

Mg은 비중이 1.74로서 Al에 비하여 약 35% 가벼우며, Mg합금은 실용되는 합금중에서 가장 가볍다. 주물로서의 비강도는 Al 합금보다 우수하므로 항공기나 자동차 부품, 전기 기기, 선박, 광학 기계, 인쇄 제판 등에 이용되며, 구상 흑연주철의 첨가제로도 많이 쓰인다.

표 6.1 Mg의 물리적 성질(Mg 99.8%)

비 중(20℃)	1.74	응고 수축률	3.97~4.2%
융 점	650℃	고 유 저 항	4.46μΩ-cm(20℃)
비 점	1,107℃	비 열	0.25cal/g(25℃)
열전도도(18℃)	0.376cal/cm³/cm/℃/sec	연 소 열	5,995cal/g

고온에서 발화하기 쉬우므로 가루(粉末)나 박(箔)으로 만들어 사진용 플래시(flash)로 사용하기도 하나 금속덩어리는 위험하지는 않다. 공작 기계로 절삭할 때에 절삭열로 인하여 깎은 칩(屑)이 연소할 때가 있으며, 물을 뿌리면 화력이 더욱 커져서 위험하므로 주철의 절칩(切屑)을 준비해 두었다가 이것으로 불을 끈다.

건조한 공기 중에서는 산화하지 않으나 습한 공기 주위에서는 표면이 산화 Mg 또는 탄산 Mg으로 되어 이것이 내부의 부식을 방지한다. 바닷물에 대단히 약하여 수소를 방출하면서 용해한다. 내산성은 극히 나쁘나 내알칼리성은 강하다. Fe을 함유할 때 내식성이 극히 나쁘며, Mn의 첨가로 Fe의 유해작용을 어느정도 방지할 수 있다.

표 6.2 합금주물 (KS D 6016)

종류	기호	화학성분 (%)							인장강도 (kg/mm^2)	내력 (Kg/mm^2)	연신율 (%)	참고				
		Al	Zn	Mn	RE	Zr	Mg				용체화처리		인공시효		적용
											온도(℃)	시간(h)	온도(℃)	시간(h)	
1종	MgC 1-F	53~6.7	2.5~3.5	0.15~0.6	—	—	나머지	>18	>7	>4	—	—	—	—	일반용주물
	MgC 1-T₆							>24	>11	>3	380~390	10~14	230	5	
2종	MgC 2-F	8.1~9.3	0.4~1.0	0.13~0.5	—	—	나머지	>16	>7	—	—	—	—	—	일반용주물
	MgC 2-T₆							>24	>11	>3	410~410	16~24	215	4	
3종	MgC 3-F	8.3~9.7	1.6~2.4	0.1~0.5	—	—	나머지	>16	>7	—	—	—	—	—	일반용주물
	MgC₃-T₆							>24	>13	—	405~410	16~24	220	5	
5종	MgC 5-F	9.3~10.7	<0.3	0.1~0.5	—	—	나머지	>14	>7	—	—	—	—	—	일반용주물
	MgC 5-F₆							>24	>11	>2	420~425	16~24	230	5	
6종	MgC 6-T₅	—	3.6~5.6	—	—	0.5~1.0	나머지	>24	>14	>5	—	—	220	8	고력주물
7종	MgC 7-T₅	—	5.5~6.5	—	—	0.6~1.0	나머지	>27	>18	>5	—	—	150	48	고력주물
	MgC 7-T₆							>27	>18	>5	480~485	10	130	48	
8종	MgC 8-T₅	—	2.0~3.1	—	2.5~4.0	0.5~1.0	나머지	>14	>10	>2	—	—	215	5	내열용주물

6.1.1 주조용 Mg 합금

이 종류의 합금은 첫째 Mg-Al계 합금이며, 여기에 소량의 Zn과 Mn을 넣은 것이 유명한 엘렉트론(Elecktron) 합금이다. 그 다음은 Mg-Zn계 합금이며, 지르코늄(Zr)을 첨가해 결정입자 미세화 작용에 의하여 주조성이 좋고 복잡한 주물도 주조가 가능한 새로운 합금이다.

그 외에 회토류 원소 또는 토륨(Th)의 첨가로써 크리프(creep) 특성이 좋은 내열성 Mg 합금이 있어, 제트 엔진(jet engine) 등의 구조 재료에 사용된다.

표 6.2는 우리 나라에서 사용되는 주물용 Mg 합금의 KS 규격이다.

(1) Mg-Al계 합금

그림 6.1은 Al 10% 이내의 Mg-Al계 합금의 기계적 성질을 나타낸 것이다. 인장강도는 6%에서 최고연신율과 단면수축률은 4%에서 최고가 되며, 경도는 비례적으로 증가된다. 따라서 4~6%Al범위가 제일 우수하다.

이 합금은 비중이 Mg 합금중에서 가장 작고 용해, 주조, 단조가 쉬우며, 비교적 균일한 제품을 얻을 수 있다. 이 합금 중 Al 7% 이상을 함유한 것을 425℃로 가열하여 급랭하면 특수한 조직이 되어 그 전후의 온도로 담금질한 것에 비하여 인장강도, 연신율이 모두 크다. 425℃에서 담금질한 것은 상온에서는 시효경화를 일으키지

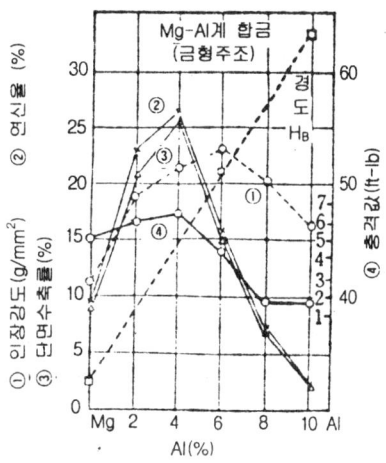

그림 6.1 Al10%이내의 Mg-Al계 합금의 기계적 성질

않으나, 150~200℃로 수 시간 시효처리하면 인장강도, 경도가 증가하고 연신율이 감소한다. 이것은 인공경화에 의해 석출분리되어 경화 작용을 일으키기 때문이다.

미국의 도우 메탈 회사(Dow Metal Co.)에서 만드는 도우 메탈(Dow metal)은 이 합금의 대표적인 것이다. 그 성분과 기계적 성질을 표 6.3과 6-4에 나타내었다.

표 6.3 도우 메탈의 성분과 용도

명 칭	Al	Mu	Cu	Cd	Mn	용 도
도우 메탈 F	4.0	0.3	—	—	—	전성, 연성을 요하는 주물과 단조물, 내식성
도우 메탈 E	6.0	0.25	—	—	—	강력 주물, 단조물
도우 메탈 D	8.5	0.15	2.0	1.0	0.5	복잡한 주물
도우 메탈 T	2.0	0.20	4.0	2.0	—	열전도가 좋은 주물, 단조물

표 6.4 도우 메탈의 기계적 성질

종 류	비 중	인장강도 (kg/mm^2)	탄성한계 (kg/mm^2)	연신율 (%)	브리넬 경도 (H_B)
모 래 형 F	1.76	18.2	6.3	8	44
주 물 D	1.84	15.4	9.8	2	58
압 출 F	—	27.3	15.4	16	53
가 공 물 D	—	33.0	—	7	62

(2) Mg-Al-Zn계 합금

이 계의 대표적인 것에는 엘렉트론(Elecktron)이 있다. Mg 90%이상, Al+Zn 10%이하로 되어 있으며, 이 밖에도 Mn, Si, Cd, Ca 등을 소량 함유하는 것이 있다. 이중 Al+Zn 이 많은 것은 주로 주물용 재료이다.

특히, 내연기관의 피스톤에 사용할 목적에는 고온 내식성을 향상하기 위하여 Al을 증가하고, 이 밖에 Cu, Sn, Si, Cd 등을 배합하여 공정 온도를 높이고 경도와 강도를 증가시킬 목적으로 Zn, Cd, Mn 등을 첨가한다.

(3) Mg 희토류계 합금

이 합금은 250℃까지의 내열성을 가지며, Zr을 첨가해서 결정입자를 미세화한 것이다. 희토류 원소는 보통 미쉬 메탈(misch metal) ; (52% Ce, 18% Nd, 5%Pr, 1%Sn, 24%La, 기타)로서 첨가되며, 이로써 주조성이 개선되고 내압주물이 얻어진다.

(4) Mg-Th계 합금

토륨(Th)도 희토류 원소와 같이 Mg의 크리프 강도를 향상시키는 유효 원소이다. Th 만으로 건전한 주물을 얻기 곤란하므로 Zr을 첨가하고 있다.

(5) Mg-Zr계 합금

Mg 합금에 Zr을 첨가하며 현저하게 결정입자를 미세화하고 결정입자사이에 수축이 없는 건전한 주물을 얻을 수 있으며, 또 가공성도 개선된다.

표 6.5 Mg 주물의 기계적 성질에 미치는 Zr의 효과

종 류	상 태	인장강도(kg/mm^2)	내 력(kg/mm^2)	연신율 (%)
공업용 순 Mg'	주 물	9.5	1.8	6.0
Mg, 0.68%Zr	주 물	16.5	3.8	13.1
Mg, 0.66%Zr	주 물	17.9	6.0	18.5

6.1.2 가공용 Mg 합금

(1) Mg-Mn계 합금

이 계에는 M_1A 합금(Mg, 1.2% Mn, 0.09% Ca)이 있으며, 값도 싸고 보통의 강도, 용접성, 고온가공이 우수하고, 내식성도 비교적 좋다. Mn은 Mg 중의 Fe 용해도를 감소시키고 내식성을 개선한다. 또 Ca은 결정입도를 조절하나, 0.3%이상이면 용접균열이 생기기 쉽다. 부족하면 압연이 곤란하다.

(2) Mg-Al-Zn계 합금

가공용으로 가장 많이 사용되는 합금이며 Al 함량이 많을수록 강도가 크다. AZ31B, AZ61A 등이 이것에 속하며, 강도가 큰 것은 AZ80A 합금이고, T_5 열처리를 하면 성능이 향상된다. 사진제판용에 이용하는 합금으로는 PE합금(Mg, 3.25% Al, 1.2%Zn)이 있다.

표 6.6 가공용 Mg 합금의 화학조성

ASTS 합금기호	화 . 학 조 성 (%)											
	Al	Mn min	Zn	Rare Earths	Th	Ca	Si max	Cu max	Ni max	Fe max	불순물	Mg
AZ 31B	2.5~3.5	2.20	0.7~1.3	—	—	0.04max	0.30	0.05	0.005	0.005	0.30	Bal
AZ 31C	2.5~3.5	0.20	0.6~1.4	—	—	0.04max	0.20	0.10	0.03	—	0.30	Bal
AZ 61A	5.8~7.2	0.15	0.4~1.5	—	—	—	0.30	0.05	0.005	0.005	0.30	Bal
AZ 80A	7.8~9.2	0.15	0.2~0.8	—	—	—	0.30	0.05	0.005	0.005	0.30	Bal
M 1A	—	1.20	—	—	—	—	0.30	0.50	0.01	—	0.30	Bal
HM 21A	—	0.35~0.80	—	—	1.5~2.5	0.08~0.14	—	—	—	—	0.30	Bal
HM 31A	—	1.2	—	—	2.5~3.5	—	—	—	—	—	0.30	Bal
ZE 10A	—	—	1.0~1.5	0.12~0.22	—	—	—	—	—	—	0.30	Bal
ZK 11	—	—	1.3	0.7	—	—	—	—	—	—	—	Bal
ZK 31	—	—	3.0	0.7	—	—	—	—	—	—	—	Bal
ZK 60A	—	—	4.8~6.2	0.45 min	—	—	—	—	—	—	0.30	Bal

표 6.7 Mg 합금압연판의 기계적 성질

합 금	인장강도(kg/mm²)		인장응력(kg/mm²)		연 신 율 (%)		압축응력(kg/mm²)	
	대표값	최소값	대표값	최소값	대표값	최소값	대표값	최소값
AZ 31 B-O	25.9	22.2	15.4	12.6	21	12	11.2	8.4
-H24	34.3	27.3	22.2	20.3	15	4	18.2	17.5
-H26	34.3	25.9	21.7	18.2	9	6	16.1	14.7
HK31 A-H24	25.9	23.8	20.3	18.2	8	4	17.5	14.0
ZE10 A-H24	26.6	25.2	19.6	—	12	4	18.2	—
-O	23.1	21.0	16.1	—	23	15	11.2	—
HM21A	23.8	—	17.5	—	10	—	10.5	—
ZK11-F	25.2	—	18.9	—	12	—	—	—
ZK31-F	26.6	—	20.3	—	12	—	—	—

(3) Mg-Zn-Zr계 합금

Mg에 Zn을 첨가하면 주조 조직이 조대화하므로 Zr을 넣어서 결정입자를 미세화함과 동시에 고용온도도 510℃로 올라가므로 열처리 효과도 향상된다. 또, 이 계의 합금은 압출재로 우수한 성질을 가진다.

(4) Mg-Th계 합금

HM21A, HM31A 합금이 이에 속하고 판재, 단조재로 사용되며, 내열성이 좋고, 300~350℃의 고온 사용에 적합하다.

6.2 아연, 주석납과 그 합금

6.2.1 아연의 여러가지 성질

(1) 물리적 성질

청색을 띤 백색 금속이며, 조밀육방격자이다. 고온의 증기압이 높고, 비점이 비교적 낮은 특성이 있다.

불순물 중 가장 해로운 Fe은 0.008% 이상이 되면 경질의 $FeZn_7$ 상(相)이 나타나 인성을 해친다.

(2) 기계적 성질

Zn은 주조상태에서 조대 결정이 되므로 인장강도나 연신율이 낮고 여려서 상온 가공할 수 없다. 그러나 열간가공하여 결정을 미세화하면 용이하게 가공할 수 있다.

순수한 Zn은 가공도 20~30%까지는 가공도의 증가에 비례하여 경도가 증가한다. 그러나 가공도가 30%이상되면 경도는 감소한다. 이것을 연화현상이라 한다. 불순물이 많은 Zn은 가공 후에 석출경화가 일어난다.

표 6-8 Zn의 물리적 성질

원자번호 30	비 열(20℃) 0.0915 cal/g
원 자 량 65.38	전 도 율 28.27% 1ACS
밀도(25℃) 7.133g/cm^3	고유저항 5.916 $\mu\Omega$-cm
융 점 420℃	용해잠열 24.09 cal/g
비 점 906℃	

(3) 화학적 성질

건조한 공기 중에서는 거의 산화되지 않으나 수분과 탄산가스가 있으면 표면에 염기성 탄산아연[$ZnCO_3 \cdot Zn(OH)_3$]의 피막을 만들어 부식이 내부에 진행하는 것을 방지하므로 철판에 Zn 도금(함석)하여 이용한다. 산, 알카리, Cu, Fe, Sb등의 불순물은 부식을 촉진하며, 물의 온도 65~75℃에서 부식이 심하다.

6.2.2 다이 캐스팅용 Zn 합금

Al은 중요한 합금원소이며 강도, 경도, 유동성을 개선한다. 저순도의 Zn합금 다이 캐스팅은 고온에서 입간부식(粒間腐蝕)을 일으키므로 고순도의 Zn 지금(99.99% Zn)을 사용한다. 이에는 ZAMAK 3(Zn, 4%Al, 0.04%Mg), ZAMAK 5(Zn, 4%Al, 1%Cu, 0.03%Mg) 등이 실용되고 있다.

표 6.10은 Zn 합금 다이 캐스팅의 규격을 나타낸 것이다.

6.2.3 가공용 Zn 합금

가공용 Zn 합금에는 Zn-Cu계, Zn-Cu-Mg 계, Zn-Cu-Ti계 등이 있다. Zn-Cu-Ti 합금을 hydro-T-metal(0.12%Ti, 0.5%Cu, 소량의 Mn, Cr)이라 하며 선, 관, 봉으로 가공되며 용접 납땜이 가능해 건축용 전기기기 부품등에 쓰인다.

표 6.9 Zn 地金의 화학성분

종류	기호	화학적 성분					비고
		Zn	Pb	Fe	Cd	Sn	
1 종	Zn 1	>99.995	<0.003	<0.002	<0.002	<0.001	전기아연
2 종	Zn 2	>99.99	<0.007	<0.005	<0.004	—	
3 종	Zn 3	>99.97	<0.02	<0.01	<0.005	—	
4 종	Zn 4	>99.6	<0.3	<0.02	<0.1	—	증류아연
5 종	Zn 5	>98.5	<1.3	<0.025	<0.4	—	
6 종	Zn 6	>98.0	<1.8	<0.1	<0.5	—	

표 6.10 Zn합금 다이 캐스팅의 KS 규격 (KD D 6005)

아연합금다이캐스팅 종류 기호	화학 성분 (%)								기계적 성질		
	Al	Cu	Mg	불순물				Zn	인장강도 (kg/mm^2)	연신율 (%)	경도 (H_B)
				Pb	Fe	Sn	Cd				
1종(Zn1) (1)	3.5~4.3	0.75~1.25	0.03~0.008	0.007 이하	0.10 이하	0.005 이하	0.005 이하	나머지	33	7	91
2종(Zn1) (2)	3.5~4.3	0.25 이하	0.03 이하	0.007 이하	0.10 이하	0.005 이하	0.005 이하	나머지	29	10	82

6.2.4 금형용 Zn 합금

다이 캐스팅용 합금과 거의 같은 것을 사용하나 Al, Cu량을 증가하여 강도, 경도를 크게 한다. 이 합금은 약 4%Al, 3%Cu, 소량 Mg으로 된 것이며, KM 합금(영국), Kirksite(미국), ZAS(일본) 등이 유명하다.

6.3 주석과 그 합금

Sn의 주요한 용도는 주석도금(錫鍍鐵板)이며, 그밖에 구리합금(Cu+Sn), 베어링 메탈(Sn+Cu+Sb) 땜납 등으로도 이용되며, 달리 독이 없으므로 의약품, 식품 등의 포장용 튜브로서 사용된다.

물리적 성질은 은백색의 연한 금속이며, 동소변태가 있다. 변태점 이상에서 안정한 백주석(β-Sn, white tin)이 회주석(α-Sn, grey tin)으로 변태되며, 이 변태가 시작되면서 급속히 진행하여 분말로 된다. 이것을 주석 페스트(tin pest)라 한다.

표 6.12는 Sn의 물리적 성질을 보여 주고 있다.

기계적 성질은 고온에서는 강도, 경도, 연신율이 모두 저하하며, 화학적 성질은 강산, 강알칼리에는 침식되나 중성에는 내식성을 가지며, O_2가 있으면 부식은 가속된다.

주석합금 중 납은 Pb-Sn 합금상태의 땜납으로 사용되는 것이 가장 알려진 것이지만 그밖에 4~7% Sb, 1~3% Cu의 백랍(pewter 석기 또는 britania metal)은 장식용에 이용되고, 0.4% Cu를 품는 Sn은 경석(硬錫)이라 하며 의약품, 그림물감 등의 튜브로 사용된다.

표 6.11 금형용 Zn 주조품의 성질

	인장강도 (Kg/mm^2)	연 신 율 (%)	충 격 값 (m-Kg)	브리넬 경도 (H_B)	항 압 력 (Kg/mm^2)
KM 합금	24	1.2	0.51	109	79
ZAS	27	3	0.55	120	47
Gmoodie	27	—	—	105	—

표 6.12 Sn의 물리적 성질

비 중 (150℃)	용 융 점 (℃)	비 등 점 (℃)	영팽창계수 (0~100℃)	용해 잠열 (cal/g)	수 축 율 (%)
7.2984	231.9	2,270	23×10^{-6}	14.5	2.7

땜납은 붙여지는 금속의 종류에 따라 여러가지가 있으나, 어느 것이나 붙임을 당하는 모재보다는 낮은 온도에서 녹아야 하며 합금을 만들어서 잘 밀착되는 것이 필요하다. 땜납은 용융점 또는 경도에 따라서 일반적으로 연납과 경납으로 구별한다.

연납(soft solder) … 보통 일반적으로 말하는 납땜.

경납(hard solder) … 황동납, 금납, 은납, 동납 등 용융점이 높은 납.

연납의 성분과 그 용도를 표 6.13에 보여 주고 있으며 경납·중의 황동납의 성분과 그 용도를 표 6.14는 보여주고 있다.

표 6.13 연납의 성분 및 용도 (KSD 6704)

성 분		용융점	용 도
Sn	Pb		
25	75	262~270	토취(吹管) 납땜, 연공용
30	70	254~262	건축 큰 주석판 세공
40	60	234~242	황동, 주석판
50	50	210~220	전기 및 가스계기용 주석판
60	40	185~195	저용용 합금납
70	30	188~196	정밀한 부분땜
95	5	220~227	위생상 고려를 요하는 부분

표 6.14 황동납의 성분과 용도

Cu%	Zn%	용융점(℃)	붙여질 재료	Cu%	Zn%	용융점(℃)	붙여질 재료
33	67	808	6.4 황동	60	40	890	구리, 청동
50	50	880	7.3 황동	66	34	913	철, 강

6.4 납과 그 합금

Pb은 융점이 낮고 가공이 쉬워 예부터 인류가 사용해 온 금속 중의 하나이다. 땜납, 수도관, 활자 합금, 베어링 합금, 건축용 등에 쓰이고, 실용 금속 중 가장 밀도가 유연하며, 전연성이 크고 융점이 낮으며 내식성이 우수하고 방사선의 투과도가 낮은 것이 특징이다.

순납은 상온에서 재결정되며, 크리프(creep)가 용이하다. 따라서 강도, 특히 크리프 저항을 높이려면 Ca, Sb, As 등을 첨가하면 효과적이다. 화학적으로 안정하여 내식 금속에 널리 사용된다.

또, 경수 및 천연수에서는 표면에 불활성의 탄산염 피막이 생겨 그 이상 Pb이 용해하지 않으므로 수도관에 사용된다. 또한 이것은 증류수에 용해되며, 인체에도 유독하다.

Pb-As(arsenical lead) 합금은 케이블 피복용에 쓰이고, 성분은 0.12~0.2%As, 0.08~0.12%Sn, 0.05~0.15%Bi, 나머지가 Pb이며, 강도와 크리프 저항이 우수하다. 4~8% Sb을 함유한 Pb 합금은 경연(hard lead)이라 하며, 판, 관 등에 쓰인다.

활자 합금도 Pb을 주성분으로 하는 Pb-Sb-Sn계 합금이며, 활자 합금은 용융 온도가 낮고 주조시 응고가 끝날 때 수축이 적은 것이 요구되므로 Sb를 넣어 응고시 약 1% 팽창하여 경도를 상승시키고 용융점을 저하시키게 한다.

표 6.15 납의 물리적 성질

비 중(22℃)	11.34(99.9%)	열전도도(0℃)	0.083cal/cm · sec · ℃
융 점	325.6℃(99.9%)	전기비저항(20℃)	20.648μΩ·cm
비 점	1,725℃	(340℃)	97.867μΩ.cm
팽창계수(17~400℃)	29.3×10-6/℃	온도계수(20~40℃)	3.36×10^{-3}/℃
비 점	0.0305cal/g		

표 6.16 저융점 합금의 성분과 용융점

명 칭	용융점(℃)	Bi(%)	Cd(%)	Pd(%)	Sn(%)	Hg(%)	비 고
우드 메탈(Wood's metal)	68	50	12.5	25	12.5	—	
리포위쯔 합금(Lipouitz alloy)	68	50.1	10	26.6	13.3	—	사원합금
사원공정	70	49.5	10.1	27.3	13.1	—	
다아세트 합금(D,Arcerts alloy)	94	50	—	25	25	—	
뉴우톤 합금(Newton's alloy)	94	50	—	31.2	18.8	—	
삼원공정	91.5	51.6	8.1	40.3	—	—	
삼원공정	95	52	—	31	17	—	삼원합금
삼원공정	103	40.7	31.4	—	27.9	—	
로즈 합금(Rose's alloy)	100	50	—	28	32	—	
비스무스 땜납(Bismuth solder)	113	40	—	40	20	—	
기타 Hg 저용용 합금	60	53.5	—	17	19	10.5	
Hg 저용용 합금	70	44.5	—	30	15.5	10	사원합금
사원공정	58	50	—	18	11.6	21.4	
오원공정 Bi-Pb-Sn-Cd-In	47	48	5.0	23	8	In 19	오원합금
바란트 메탈(Brant's metal)	38	48	—	23	23	6	사원합금
이원공정 Bi-Pb	124	55.5	—	44.5	—	—	
이원공정 Bi-Sn	138	57	—	—	43	—	
이원공정 Bi-Cd	144	60	40	—	—	—	
이원공정 Sn-Cd	176	—	32	—	68	—	이원합금
이원공정 Pb-Sn	183	—	—	38	62	—	
이원공정 Sn-Zn	199	—	—	—	91	Zn 9	
이원공정 Sn-AG	221	—	—	—	96.5	Ag 3.5	

6.5 베어링용 합금

기본적으로 베어링용 합금으로 사용되는 것에는 화이트 메탈(white metal 또는 babbit metal), Cu합금, Al합금, Ag합금, 다공성합금 등과 폴리이미드(polyimides), PTFE, 폴리카보네이트(polycarbonate) 등의 유기물도 이용되고 있다.

이들 베어링용 재료가 갖추어야 할 조건으로는 scoring(늘어붙음)에 대한 저항성, 표면적응성(conformability), 생성되는 입자의 포용성(embedability), 압축강도, 피로강도, 열전도도, 내마모성, 가격 등을 만족시켜야 한다. 따라서 어떤 금속 또는 합금이 베어링용 재료로써 가장 좋다고 말할 수 없는 실정이지만 앞서 언급한 재료들이 이들 조건에 가장 근접하고 있는 것들이라 할 수 있다.

따라서 여기서는 이들 합금에 대해서 간략하게 살펴보기로 한다.

6.5.1 화이트 메탈

이 계의 합금을 흔히 발명자 Issac Babbit의 이름을 따서 babbit metal이라고도 부르고 있으며 Pb계와 Sn계의 2가지로 대별된다.

화이트 메탈은 단단하고 강한 보강재(shell)내에 접합되어 사용되고 있으며, 보강재로는 주로 청동이나 탄소강이 이용된다. 화이트 메탈은 충분한 강도만 갖는다면 그들의 표면적응성, 포용성, scoring에 대한 저항성이 매우 뛰어나기 때문에 아주 광범위하게 사용될 수 있는 재료이다. 그러나 안타깝게도 화이트 메탈의 강도는 사용온도에 매우 민감하여 사용에 제한을 받게 된다.

화이트 메탈의 유효강도(effective strength)는 그의 두께를 감소시킴으로써 향상시킬 수 있다. 가장 강력한 화이트 메탈은 베어링 보강재에 Pb와 Sn 또는 Pb와 Cu나 Sn과 Cu를 전기도금하여 얻을 수 있다. 그림 6.2에는 화이트 메탈의 두께에 따른 피로수명을 나타냈다.

(1) Sn계 화이트 메탈

Sn계 화이트 메탈은 가격이 약간 비싸지만 부식성 분위기에 강하기 때문에 선택되는 재료이다. 주로 Sn-Cu-Sb계 합금이며 90%까지의 Sn과 Cu 그리고 강도 및 경도의 향상을 위해 Sb가 첨가된다. 물론 첨가원소는 일반적으로 포용성과 표면적응성을 감소시킨다.

이 화이트 메탈은 주로 탄소강, 청동 및 황동의 보강재와 함께 사용되며, 보강재없이 자체로 사용되는 경우도 있다.

표 6.17은 화이트 메탈의 KS규격을 나타낸 것으로 WM1~WM4가 Sn계, WM6~WM10이 Pb계 이다.

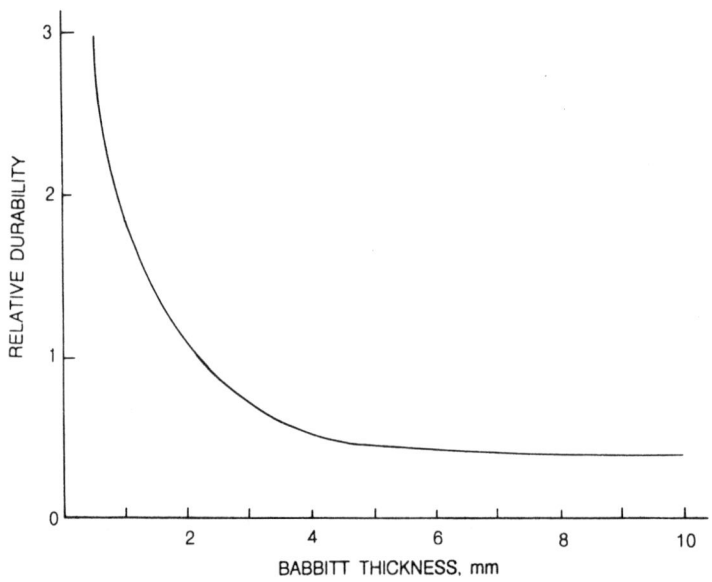

그림 6.2 베어링의 피로수명에 미치는 화이트메탈 두께의 영향

표 6.17 화이트메탈규격(KS D 6003-1966)

화이트메탈종류	기호	화 학 성 분 (%)													적용
		Sn	Sb	Cu	Pb	Zn	As	불 순 물						
								Pb	Fe	Zn	Al	Bi	As	Cu	
1종	WM 1	bal	5.0~7.0	3.0~5.0	—	—	—	0.50 이하	0.08 이하	0.01 이하	0.01 이하	0.08 이하	0.10 이하	—	고속고하중용
2	WM 2	〃	8.0~10.0	5.0~7.0	—	—	—	0.50 이하	0.08 이하	0.01 이하	0.01 이하	0.08 이하	0.10 이하	—	〃
3	WM 3	〃	11.0~12.0	4.0~5.0	3.0 이하	—	—	—	0.10 이하	0.01 이하	0.01 이하	0.08 이하	0.10 이하	—	고속중하중용
4	WM 4	〃	11.0~13.0	3.0~5.0	13.0~15.0	—	—	—	0.10 이하	0.01 이하	0.01 이하	0.08 이하	0.10 이하	—	중속중하중용
6	WM 6	44.0~46.0	11.0~13.0	1.0~3.0	bal	—	—	—	0.10 이하	0.05 이하	0.01 이하	—	0.20 이하	—	고속소하중용
7	WM 7	11.0~13.0	13.0~15.0	1.0 이하	〃	—	—	—	0.10 이하	0.05 이하	0.01 이하	—	0.20 이하	—	중속중하중용
8	WM 8	6.0~8.0	16.0~18.0	1.0 이하	〃	—	—	—	0.10 이하	0.05 이하	0.01 이하	—	0.20 이하	—	〃
9	WM 9	5.0~7.0	9.0~11.0	—	〃	—	—	—	0.10 이하	0.05 이하	0.01 이하	—	0.20 이하	0.30 이하	중속소화중용
10	WM 10	0.8~1.2	14.0~15.0	0.1~0.5	〃	—	0.75~1.25	—	0.10 이하	0.05 이하	0.01 이하	—	—	—	〃

(2) Pb계 화이트 메탈

Pb-Sn-Sb합금이 이 계에 속하는 것으로 표 6.1에서 WM6~WM9가 이에 해당한다. 여기에 내식성을 향상시키기 위해서 As를 넣은 것이 WM10이며 베어링 특성이 우수하여 자동차·디젤기관 등에 사용된다.

Sn계와 Pb계 화이트 메탈을 비교하면 scoring에 대한 저항성은 비슷하며 피로강도는 Pb계가 약간 낮으나 화이트 메탈의 두께를 0.5mm정도로 얇게 하면 거의 차이가 없고 가격면에서 우세하므로 Pb계가 널리 쓰인다. 강하거나 연한 저널(journal) 면에서 가동될 때는 저널면의 표면조도가 $0.3\mu mRa$ 이하로 매끄러우면 Pb계 화이트 메탈이 아주 좋다.

6.5.2 Cu계 베어링 합금

Cu계 베어링 합금은 보강재 없이 그 자체로도 쓰이고, 탄소강의 보강재에 Cu를 주입하거나 소결하여 쓰이기도 한다. 소결재의 경우는 후에 언급하기로 하고, 주조재는 일반적으로 Sn청동, Pb청동 Al청동 및 Cu-Pb 합금으로 대별되고 있다.

(1) Sn 청동

Sn 청동은 Cu와 Sn을 주성분으로 하고 scoring에 대한 저항성은 약간 손해보지만 주조성을 향상시키기 위해 약간의 Zn을 첨가하기도 한다. 이 합금은 비교적 강하고 단단하여 다른 베어링 재료에 비해서 scoring에 대한 저항성이나 포용성이 떨어진다. 비록 Sn이 그 자체로 scoring에 대한 저항성이 좋다하더라도, 그림 6.3에 나타낸 바와 같이

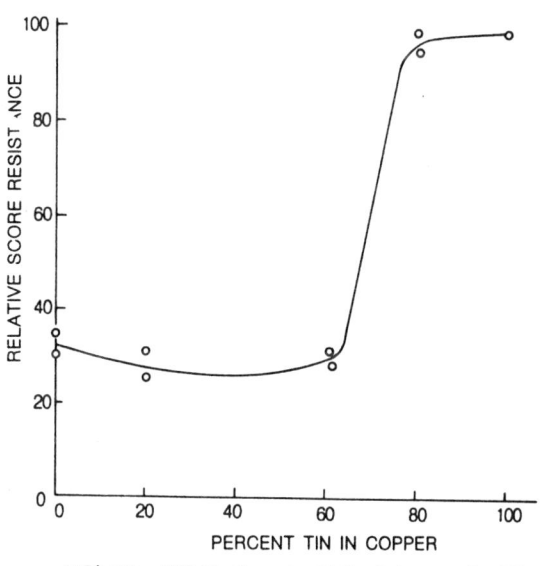

그림 6.3 청동의 내scoring성에 미치는 Sn의 영향

Cu에 Sn이 첨가될 때 60% Sn이상이 첨가되지 않으면 scoring에 대한 저항성은 향상되지 않는다. 이 Sn 청동에서 Sn의 함량이 낮을 때에는 Pb의 첨가에 의해서 scoring에 대한 저항성을 얻는다. 결국 이 베어링 재료는 저속, 고하중의 조건에서 윤활유가 지속적으로 공급되고 저널의 경도가 높을 때 가장 우수한 효과를 발휘한다.

(2) Pb청동

Pb청동은 Sn청동보다 연하므로 표면적응성이 보다 우수하다.

Pb의 첨가량을 증가시키면 포용성 또한 좋아진다. 실제로 Pb의 증가에 따라 피로저항성과 같이 강도에 의존하는 것을 빼고는 모든 베어링 특성이 향상된다.

이 합금은 보강재로 탄소강을 이용하며, 내식성의 향상을 위해 Sn을 첨가한다. 가장 널리 사용되고 있는 조성은 Cu-10Sn-10Pb이며 요즈음은 주조성의 개선 때문에 Cu-7Sn-7Pb-3Zn의 사용이 증가하고 있다.

(3) Al청동

Al청동은 강도가 매우 우수하여 scoring에 대한 저항성이나 포용성이 문제가 되지 않은 제조산업 기기에 광범위하게 이용되고 있다. Al청동은 260℃정도의 온도에서도 우수한 강도를 유지하지만, scoring에 대한 저항성이 낮아서 misalignment나 윤활유의 부족시에는 쉽게 마모된다.

Al청동은 가공기계에서의 내마모성 베어링 판이나 부싱 등에 널리 사용되고 있다.

(4) Cu-Pb 합금

Cu-Pb 합금은 kelmet이라 불리우며 응고시 Pb의 편석이 일어나기 쉬우므로 냉각속도를 적절히 하여야 한다. 베어링용으로 사용하기 위해서는 Cu의 주상정이 발달한 것이 좋고, Pb의 함량이 많아질수록 피로강도는 감소하지만 내마모성은 좋아진다. Ni을 첨가하면 편석이 억제되고 Ag, Sn을 소량넣으면 피로강도가 향상된다. 표 6.18은 베어링용 Cu-Pb합금의 KS 규격을 나타낸 것이다.

Cu-Pb 합금은 scoring에 대한 저항성이 우수하고 화이트 메탈보다도 내하중성이 좋으므로 고속·고하중용 베어링으로 적합하다.

이 합금으로 베어링을 만들 때는 탄소강 보강재에 주조나 소결의 방법으로 접합시켜 bimetal베어링으로 한다. 그러나 근래에는 보강재를 사용하지 않은 베어링이 무연 연료를 사용하는 엔진에서 부식성 분위기에 잘 견디기 때문에 보강재없이도 사용하는 추세에 있다.

표 6.18 베어링용 동-연합금 주물규격(KS D 6004-1966)

종별		기호	화 학 성 분 (%)						경도시험 (Hv)	용도
			Pb	Ni 또는 Ag	Fe	Sn	기타	Cu		
베어링용 동-연합금 주물	1종	KM 1	38~42	2.0이하	0.8이하	1.0이하	1.0이하	bal.	30이하	고속고하중·베어링용하중의 증가에 따라 Pb의 양이 적은 것을 사용한다.
	2	KM 2	33~37	2.0이하	0.8이하	1.0이하	1.0이하	"	35이하	
	3	KM 3	8	2.0이하	0.8이하	1.0이하	1.0이하	"	40이하	
	4	KM 4	23~27	2.0이하	0.8이하	1.0이하	1.0이하	"	54이하	

6.5.3 Al계 베어링 합금

Al계 베어링 합금은 우수한 열전도도와 뛰어난 내식성을 갖는 재료이다. 또한 scoring 에 대한 저항성도 좋아 Al에 4%Si, 0.5%Cd를 첨가하면 가장 우수한 scoring 저항성이 나타난다.

Al에 Sn을 첨가한 Sn-Al이 개발되었는데 약 20%Sn에 1%Cu를 첨가한 Al합금을 탄소강 보강재에 접합시켜 사용한다. 이 Sn-Al합금은 유럽에서 자동차용 베어링으로 많이 사용되고 있다.

또한 최근에 미국에서는 자동차 산업에 응용할 수 있는 Pb-Al 합금이 개발되었다. 이 합금의 기본적인 조성은 8.5%Pb, 4%Si, 1.5%Sn, 0.5%Cu 나머지 Al이다. 이 Pb를 포함하는 합금은 매우 뛰어난 scoring 저항성, 우수한 포용성, 우수한 피로강도, 아주 뛰어난 내식성을 갖고 있다.

6.5.4 Ag계 베어링 합금

Ag는 세계2차대전때 항공기 엔진의 베어링재료로 널리 이용되었다. Ag의 사용은 Pb-Sn이나 Pb-In에 0.1~0.025mm로 도금했을 때 베어링의 성능이 확실하게 향상되는 것이 발견된 후에 갑자기 증가하였다.

탄소강 보강재에 전기도금으로 약 0.3mm의 Ag를 입힌 베어링이 요사이는 고성능 디젤엔진이나 터보엔진에 특별히 사용되고 있다.

6.5.5 함유 베어링

다공질의 합금을 윤활유 중에 침지시켜 자기윤활성을 갖도록 한 것이 함유 베어링이다. 이 종류의 베어링은 주로 분말야금법에 의해 만들어지나 특수한 것으로는 주철을 반복가열하여 주철의 성장현상에 의해 다공질의 합금을 만드는 경우도 있다.

표 6.19 소결 무급유 베어링의 조성 예

종류		Cu	Fe	Sn	Pb	Zn	C	기타	함유율 (용량%)	압축강도 (Kg/mm^2)
동계	1종	bal.	—	8~11	—	—	3이하	0.5이하	18이하	15이하
	2*	〃	—	11이하	3이상	5이상	3이하	0.5이하	18이하	15이하
철계	1	—	bal.	—	—	—	3이하	0.3이하	18이하	20이하
	2	—	〃	—	3~15	—	3이하	0.3이하	18이하	20이하
	3	3~25	〃	—	—	—	3이하	0.3이하	18이하	28이하

* Pb·Zn의 한가지 또는 둘다 품는다.

(1) 소결함유 베어링

미국에서 Oillte라는 상품명으로 시판된 것이 처음이며, 그 후 각종 조성의 합금이 사용되고 있다. Cu계 합금에는 Cu-Sn, Cu-Sn-C, Cu-Sn-Pb-C, Fe계 합금에는 Fe-C, Fe-Pb-C, Fe-Cu, Fe-Cu-C 등이 있으나 가장 많이 쓰이는 것은 Cu-Sn-C합금이다. 제조법은 5~100μm의 Cu분말과 Sn분말 그리고 흑연 분말을 혼합하고 윤활제 또는 휘발성 물질을 가한 후 압분성형하여 환원성 분위기하에서 400℃로 예비소결을 하고 800℃에서 본소결을 한다. 이렇게 제조된 합금은 10~40%의 용적비로 윤활유를 함유하게 되므로 항시 급유할 필요가 없다. 이러한 베어링은 다공질이므로 강인성은 낮으나 급유횟수를 적게 할 수 있으므로 급유가 곤란한 베어링, 항시 급유할 수 없는 베어링, 급유시 오염에 문제가 있는 베어링 등에 쓰인다. 이 베어링은 함유하고 있으므로 scoring에 대한 저항성이 뛰어나나 강도가 낮으므로 저속 저하중에 이용한다. 표 6.19에는 소결함유 베어링의 성분을 나타냈다.

(2) 주철 함유 베어링

주철의 주조품을 반복 가열하여 주철의 성장을 야기시키면 내부에 미세한 균열이 생겨 다공질의 조직이 되고 흑연상이 많이 발달하여 함유시키면 우수한 베어링 특성을 갖게 된다. 강도가 뛰어나 고속·고하중에 잘 견디며 내열성도 있고 대형 베어링도 제조할 수 있는 장점이 있다.

6.5.6 유기질 베어링 재료

플라스틱 재료로 된 베어링은 하중, 속도, 온도가 낮은 경우에 윤활 또는 무윤활 조건에서 사용될 수 있다. 이들 재료는 값이 싸고 탄소강과의 적응성이 좋다. 이들은 자체적으로 윤활성이 있는 것이 많아 무윤활 조건하에서도 내구성이 좋다. 그러나 이들은 열전도도, 열팽창 문제, 열에 의한 퇴화 등에 의해서 이들의 사용이 제한된다. 실제적으로 열에 의한 사용상의 제한은 사용조건의 속도와 하중으로 표시될 수 있다. 이는 속도 및 하중 등에 의해서 접촉면의 온도가 결정되기 때문이다. 표 6.20에는 다공성 합금 및 유기질 재료의 하중 속도 제한인자(P.V limit factor)를 나타냈다. 여기서 나타낸 하중·속도 제한치는 실험값이므로 실험방법이 달라지면 변할 수 있고 플라스틱의 경우 보강재와의 접촉문제, 플라스틱의 두께, 보강재의 재질 등에 따라 변할 수 있으므로 상대적인 비교만을 바란다.

또한 PTFE나 폴리이미드와 같이 고온용 플라스틱의 경우 뛰어난 특성을 갖지만 가격 면에서는 **잇점이 없어지게** 된다. 이러한 재료들은 특별한 경우 무윤활 조건하에서 고온에서도 우수한 특성을 나타낸다. 고속·저하중인 경우 PTFE 베어링은 무윤활조건하에서도 매우 낮은 마찰계수를 나타낸다.

표 6.20 비금속베어링 및 다공성 베어링의 하중·속도 제한 인자

Bearing material	P.V limit (MPa · m/sec)	Max.temp. (℃)	Load capacity (MPa)	Max. speed (m/sec)
Porous bronze	1.8	125	14	6
Porous iron	1.1	125	21	2
PTFE fabric	0.9	250	400	0.8
Filled PTFE	0.5	250	17	5
Carbon-Graphite	0.5	400	4	13
Nylon	0.09	90	14	3
PTFE	0.04	250	3	0.3
Polycarbonate	0.03	105	7	5

6.6 고용점 합금(Mo, W, Nb, Ta)

6.6.1 Mo, W의 성질과 용도

(1) 일반적인 성질

Mo, W는 주기율표 중 VIa족에 속하는 대표적인 고용점 금속이다. 표 6.21는 Mo와 W의 중요한 물리적, 기계적 성질을 나타낸 것이다.

양 금속이 공통적으로 갖는 특성은 융점이 높고 기계적 강도가 크며, 강성이 크고 전기 및 열전도성이 양호하다는 것 등이다. 특히 W은 열팽창계수가 경질글라스, 세라믹스와 비슷하므로 금속-세라믹스 접합에 적당한 금속이다.

한편 Mo, W의 큰 문제점은 체심입방금속 특유의 연성-취성 천이현상이 존재한다는 것으로 천이온도 이하에서는 재료가 극히 취약해서 깨지기 쉽다. 특히 재결정온도 이상의 가열에 의해 결정립이 조대화되는 것과, 재료가 실온부근에서 연성이 현저하게 나빠지는 것이 대형물에의 실용화에 큰 장애 요인으로 된다.

화학적 성질로는 상온에서는 염산, 황산 등에 대해서는 내식성이 우수하지만 가열된 질산, 왕수에서는 서서히 녹고 용융 알카리 중에 산소가 공존하면 심하게 부식된다. 또한 화학반응성에서는 W는 상온에서 공기, 산소와 반응하지 않으나 Mo는 약간 산화한다. 또 고온에서는 Mo가 MoO_3 등의 휘발성의 산화물을 생성하고, 규소, 유황, 탄소와 용이하게 화합물을 생성하는 등 내분위기성이 지극히 나쁘다.

한편 W도 고온에서는 산소, 일산화탄소, 질소, 수증기, 유황 등과 반응하여 화합물을 생성한다.

(2) 용도
① 각종 전극 : 방전용 전극, X선 관용 전극, 에미스터 함침전극(W), 전자관용 부품(Mo)
② 반도체 부품 : 정류기용 기판, 리드 전극
③ 내열구조 부품 : 노용 발열체, 반사판, 지지대, 핵연료, 세라믹스 소성용 도가니
④ 원자로용 재료 : 제1벽 재료, 방호벽 재료
⑤ 광학 부품 : 레이저용 거울(대출력 CO_2레이저, 단파장 레이저)
⑥ 화학공업 : 글라스 봉착용 금속, 글라스 용융로의 전극봉, 용융 글라스 용기의 라이닝(Mo)
⑦ 다이용 재료(Mo)

6.6.2 Nb, Ta의 성질과 용도

(1) Nb

Nb는 고융점(2468℃)의 금속으로 결정구조가 체심입방이고 변태점이 없다.

소결상태의 순Nb의 상온에서의 인장강도는 17.5kg/mm^2 항복강도는 10.5kg/mm^2 이상이며 전연성이 풍부하여 25% 이상의 신율을 갖는다. 그러나 기계적 제 성질도 산소, 질소, 수소나 탄소 등의 침입형 원소가 존재할 때에는 크게 저하한다.

또한 Nb는 활성이 큰 금속이므로 400℃ 이상에서는 급속히 산화한다. 내식성은 양호하여 알카리 용액 및 불산 이외의 산에는 부식되지 않는다.

Nb는 Ti, Ta, Mo, W 및 Hf와 합금되며, 고용강화를 꾀할 수 있고, Zr을 첨가하여 시

효경화성을 부여할 수 있다. Nb 및 Nb 합금의 용도는 화학공업용, 철강 첨가제(SUS 347, 고장력강 등)나 초전도 재료, 초합금의 첨가제로 쓰인다. Nb의 제 성질과 주요 용도를 표 6.22에 나타냈다.

표 6.21 Mo, W의 일반적 성질

항 목	Mo	W
원자번호	42	74
원자량	95.94	183.85
결정구조	체심입방격자	체심입방격자
격자상수(Å)	3.146	3.1647
밀도 (g/cm3)	10.19	19.21
융점(K)	약 2893	약 3683
열전도도(cal/cm·s·K)	0.54(293K)	0.31(293K)
선팽창계수(cm/cm·K)	51×10^{-7}(300K)	44.4×10^{-7}(300K)
〃	72×10^{-7}(2273K)	72.6×10^{-7}(2300K)
비열(cal/g·K)	0.065(373K)	0.032(293K)
전기전도도 ($\mu\Omega$·cm)	5.78(300K)	5.5(293K)
영율(MPa)	2.76×10^5	3.45×10^5
강성율(MPa)	1.16×10^5	1.49×10^5
상온인장강도(MPa)	1079(인장)	1667(인장)
(1mmø선재)	784(1723K)	784(2473K)
고온인장강도(MPa)	약 300(1400K)	343(1273K)

(2) Ta

Ta는 본질적으로 Nb와 유사한 성질을 갖는다. 융점이 매우 높고(2996℃) 밀도는 Nb의 약 2배로 중금속이다. 결정구조는 체심입방구조이고 저온에서도 특히 우수한 전연성을 갖는다. 소결한 상태의 순Ta의 상온에서의 인장강도는 $21 \sim 35 Kg/mm^2$, 항복강도는 $17 \sim 22.5 Kg/mm^2$이고 신율은 $20 \sim 30\%$로 우수하다.

Ta는 특히 우수한 내식성을 갖고 있어서 불산과 고온의 질은 황산 이외의 산에는 부식되지 않으며, 양호한 전연성이 있으므로 화학공업분야에 광범위하게 이용되고 있다.

또한 Ta는 활성 큰 금속이라서 300℃ 이상에서는 심하게 산화하며, 고온에서는 탄소, 수소, 질소 등과 아주 쉽게 반응하기 때문에 이러한 성질을 이용하여 겟타용 재료로 사용되며, 전기적 성질도 양호하므로 전자공학 분야에도 광범위하게 사용되고 있다. 순Ta의 제 성질과 주요 용도를 표 6.22에 나타냈다. Ta합금으로는 주로 W과의 합금이 있고, 거기에 소량의 Hf, Nb와 C를 첨가한다.

표 6.22 Nb, Ta의 제성질과 주요 용도

	융점 (K)	결정 구조	밀도 (kg/m³)	원자량	비저항 ($\mu\Omega$/m)	선팽창계수 (1/K)	비 열 (J/Kg·K)	인장강도 (MPa)	항복강도 (MPa)	용도
Nb	2741	체심입방	8.57×10^3	92.91	1.46 (293K)	7.2×10^{-4}	0.272	172	103	화학공업, 철강첨가제, 초전도용재료
Ta	3269	체심입방	10.6×10^3	180.88	1.24 (293K)	6.5×10^{-6}	0.151	207~345	165~221	화학공업, 전자공업, 의료기기용, 공구용, 광학용재료

찾아보기

【ㄱ】

가공 열처리	236	계	59
가공경화	190	고상선	63
가공경화	115	고상온도	61
가공집합조직	89	고속도강	274
가단주철	384	고온템퍼링취성	232, 233
가스연질화	313	고용체	41
가스질화	308	고용체	57
가열 및 냉각곡선	47	고용체 강화	110
강	152	고장력 저합금강	189
강력 스테인레스강	292	고장력 저합금강	236
강인강	182	고주파 경화법	299
격자변형	42	고체 탄소법	302
격자상수	26	공간격자	25
격자의 형성	47	공격자결함	90
결정구조	25	공랭경화형 공구강	265
결정립	50	공석 시멘타이트	169
결정립계	50	공석 페라이트	168
결정성장	54	공석강	164
결정의 핵	52	공석반응	164
경강선	283	공석변태	165
경납	491	공식	118
경도	319	공유결합	21
경화능	216	공정	67
경화능 곡선	220	공정반응	164
경화능시험	219	공정선	67
경화층 깊이	217	공정점	67

공정혼합물	67
과공석강	165
과냉	48, 49
과열	212
괴상흑연	353
구상화 풀림	205
구상흑연	353
구상흑연주철	397
국부수축	81
규칙격자	42
균일핵생성	51
균질 핵생성	51
균질계	59
균질조직	57
금속간화합물	41
금속간화합물	59
금속간화합물	71
금속결합	21
금속침투법	313
급냉응고법	291
기공	156

【ㄴ】

나사전위	92
내구비	364
내구비	401
내마모성	320
내산주철	375
내산화성	321
내산화성	381
내식성	321
내열주철	373
내충격용 공구강	261
냉간가공	188
냉간가공용 고탄소-코크롬 공구강	267
노멀라이징	175
노멀라이징	208
니켈	479

【ㄷ】

다상계	59
단상계	59
단위 강도의 전위	93
단위격자	26
단위전위	93
동소변태	39
동소변태	157
등온재결정곡선	98
등축정, 주상정	55
땜납	491

【ㄹ】

립드강	156

【ㅁ】

마르에이징강	256
마르퀜칭	237
마르텐사이트	199
마르텐사이트 변태	199
마르텐사이트계 스테인레스강	292
마르템퍼링	237, 238
마모	131
마찰특성	320
맴돌이 전류	299
메탈	485
면심입방격자	34
무산소동	435

물리적 경화법	299
미세조직	55
밀러 지수	29
밀착성	319

【ㅂ】

반 데어 발스힘에 의한 결합	22
방전가공	235
방폭공구	466
방향족	31
배위수	34
백동	471
백선	363
백선화	382
백심가단주철	384
백점	184
백주철	384
버거스벡터	92
버닝	212
베가드의 법칙	42
베어링강	281
베이나이트	171
베이나이트 변태	198
변형경화	190
변형량	76
변형시효	183
변형시효	240
변형집합조직	89
병진	26
보로나이징	314
보통 주철	355
복합탄화물	248
부분전위	93
부식	117
부식 피로	127
부식마모	132
부식전위열	123
부착-역부착 마모모델	136
분산강화	111
분할변태	175
불균일 핵생성	52
불균질 핵생성	51
불균질계	59
불균질조직	58
불완전전위	93
브라배격자	28
블루잉	242
비드맨시퇴텐 페라이트	178
비등작용	156
비중	25

【ㅅ】

산세	190
산화	315
상	59
상률	60
상자풀림	240
석출경화	111
선상조직	184
선철	152
섬유조직	89
성분	59
세라다이징	313
세미킬드강	156
소둔쌍정	442
소려탄소	393
소려탄소	394
소르바이트	173

소르바이트	227	연납	491
소성변형	75	연삭	131
쇼트 피닝	314	연삭마모	132
수냉경화형 공구강	261	연속냉각변태	172
수소균열	126	연속주조법	155
수소취성	126	연속풀림	240
수지상결정	55	연점	315
순철	156	연질화	310
스케일	315	열간가공	188
스테다이트	358	열간가공용 공구강	271
스프링강	244	열냉가공	288
스프링강	282	열전도도	433
슬립	85	열처리	191
슬립계	86	예비압연	188
슬립면	86	오스에이징	258
슬립방향	86	오스테나이트	162
시간-온도-변태곡선(T-T-T diagram)	409	오스테나이트 형성원소	247
시멘타이트	161	오스테나이트계 스테인레스강	292
시안 청화법	304	오스테나이트화	166
실리코나이징	314	오스템퍼링	237
실리콘페라이트	375	오스포밍	236
심냉처리	202	오일템퍼선	283
		완전전위	93
【ㅇ】		완전풀림	202
		용광로	152
아결정립계	96	용융온도	25
아크 이온플레이팅법	325	용융잠열	48
액상선	63	용적조성(vol. %)	62
액상온도	61	우선방위	115
액체침탄법	304	원자	19
에로젼 부식(난류부식)	128	원자결합	20
엘렉트론	485	원자의 구조	19
엘렉트론 합금	485	원자조성(at. %)	62
역 chill	399	원자충진율	34
역칠(inverse chill)	359		

유냉경화형 공구강	263	잔류 오스테나이트	201
응고구간	63	재결정	96
응고잠열	48	재결정 집합조직	89
응력	76	저온템퍼링취성	234
응력-변형곡선	76	적열경도	274
응력부식균열	296	적열취성	184
응력부식균열	451	전기동	434
응력부식균열(SCC)	125	전기로제강법	155
응력제거풀림	206	전기전도도	433
응착	131	전기화학	118
응착마모	132	전위	92
이온 빔 믹싱	337	전위선	92
이온결합	21	전율고용체	63
이온주입	327	전이부착입자	133
이온질화	311	절삭성	365
이온플레이팅	324	절삭지수	390
이종금속접촉부식	122	정련동	434
이중 템퍼링	235	정방격자	199
인상전위	92	제1단흑연화	394
인장강도	80	제2단흑연화소둔	394
인청동	454	제어압연	236
인코넬	481	조밀육방격자	35
일단퀜칭방법	219	조질압연	240
일방향응고공정합금	291	죠미니곡선	220
임계경도	222	죠미니시험	219
임계냉각속도	174	주강	245
임계전단응력	87	주석	490
입계부식	296	주석 페스트	490
입계부식	124	주석청동	452
입상공정	68	주조조직	54
		주조집합조직	90
【ㅈ】		주철	152
자기 템퍼링(자동 템퍼링)	236	주철	343
자기변태	158	주철의 내마모성	367

주철의 내식성	366	층상공정	68
주철의 조직	347	치환형 고용체	41
주철의 조직	355	치환형 고용체	58
주철의 흑연조직	348	칠드주철	382
중간상	58	침입형 고용체	41
중량조성(wt. %)	62	침입형 고용체	58
지렛대법칙	167	침탄강	307
진공열처리	316	침탄경화	302
질량효과	217	침탄질화법	304
질화법	308		
집속공정	68		
잡합조직	89	【ㅋ】	
		칼로라이징	313
		캐비테이션 부식	129
【ㅊ】		코크스	152
찰과 부식	129	쾌삭강	242
천이온도	181	퀜칭	175
천이온도	401	퀜칭	209
천이온도	500	퀜칭경화	209
청열취성	181	퀜칭시효	183
청열취성	183	크로마이징	313
체심입방격자	33	크리이프	82
초 duralumin	429	클러스터법	326
초경합금	280	킬드강	156
초내열합금	286		
초석 시멘타이트	169	【ㅌ】	
초석 페라이트	167	탄성계수(E-module)	77
초정선	67	탄성변형	75
초초 duralumin	430	탄소강	152
최근접원자	34	탄소강	161
최대하중점	80	탄소공구강	244
최종압연온도	189	탄소공구강	259
축비	35	탄소당량(carbon equivalent)	357
충진율	157	탄소포화도	363
취성파괴	234	탄소포화도(Sc)	356

탄소포화도(Sc)	361	편석	204
탄소활량	359	편정반응	70
탄화물생성원소	371	평로제강법	154
탄화물안정화원소	356	평면족	31
탄화물형성원소	248	평형상태도	61
탄화물형성원소	369	포정	69
탄화물형성원소	381	포정반응	69
탈산동	435	포정반응	164
탈아연부식	451	폴링	434
탈탄	315	표면개질	334
탈탄소둔	390	표피효과	299
테네론강	295	풀림	175
템퍼링	222	풀림	202
템퍼링경화	229	피로강도	84
템퍼링취성	234	피로곡선(wohler곡선)	84
트루스타이트	173	피로노치계수(K_f)	364
트루스타이트	227	피로마모	132
특수가단주철	385	피로파괴	84
특수강	247	피로한도	364
특수강	152	피로한도	84
특수주철	369	피아노선	283
틈부식	121		
티타늄	473		

【ㅎ】

		하중 속도 제한인자(P.V limit factor)	499

【ㅍ】

		합금강	247
파텐팅	241	합금공구강	261
판상박리마모	132	합금주철	369
펄라이트	166	항복점	80
펄라이트 변태	165	항복현상	107
펄라이트 변태	197	항온변태	170
펄라이트가단주철	387	항온변태곡선	170
페라이트 형성원소	248	항온풀림	203
페라이트계 스테인레스강	292	해드필드강	247
편상흑연	349	화염경화법	301

화이트 메탈	492
화학적 경화법	299
확산풀림	204
황동	438
황화망간(MnS)	358
회복	96
회전피로수명	281
회절	37
회주석	490
흑심가단주철	385
흑연화소둔	390
흑연화저지원소	370
흑연화저해원소	369
흑연화저해원소	395
흑연화촉진원소	356
흑연화촉진원소	370, 371

【영문】

2차경화	274
2차경화	229
2중 템퍼링	267
2차경화	228
4면체틈자리	162
8면체틈자리	162
17-10PH강	295
17-7PH강	295
17-4PH강	295
475℃취성	296
A_1변태	165
A_1선	164
A_3선	165
Acm선	165
Al 청동	456
Ar″	174
Ar′	173
Archard의 응착마모식	133
A취성	233
Be동	465
Bulls eye조직	394
CCT 곡선	174
Co기 초내열합금	290
Cu-Ni합금	471
C곡선	170
Duralumin	428, 429
Fe-C-Si 평형상태도	345
Fe-Fe$_3$C 평형상태도	161
Fe기 초내열합금	288
HD 합금	430
Hall-Petch식	113
Hiduminium RR50, RR53	424
Hooke 직선	77
Hume-Rothery의 이론	42
Hydronalium	426
Iod법	473
KM 합금	490
Kirksite	490
Kroll	473
LD법	155
Lautal	422
Lo-EX합금	426
Minovar	379
M_s점	174
Ni 초내열합금	289
Ni-Al 합금	480
Ni-Cr 합금	481
Ni-Cu 합금	480

Ni-Fe 합금	480
Nicrosilal	380
PE 합금	487
PVD(물리증착법)	321
Prow	138
Si 청동	456
Silumin	424
S곡선	170
TTT 곡선	377
TTT곡선	170
Ti합금	475
U곡선	217
V-2B강	295
ZAMAK	489
ZAS	490
atomize법	291
hadfield鋼	182
hair crack	184
hydro-T-metal	489
nose	171
schmid인자	87
scoring	492
α 페라이트	162
δ 페라이트	162

금속재료

1994년 3월 5일 발행
2014년 2월 10일 12쇄발행

    공저자 연윤모 · 지무성
               송 건 · 홍영환
    발행인 나 영 찬

발행처 **기전연구사**

서울특별시 동대문구 신설동 104의 29
전 화 : 2235-0791/2238-7744/2234-9703
FAX : 2252-4559
등 록 : 1974. 5. 13. 제5-12호

                                    정가 20,000원

◆ 이 책은 기전연구사와 저작권자의 계약에 따라 발행한 것이므로, 본 사의 서면 허락 없이 무단으로 복제, 복사, 전재를 하는 것은 저작권법에 위배됩니다.
   ISBN 978-89-336-0193-8
   www.gijeon.co.kr

불법복사는 지적재산을 훔치는 범죄행위입니다.
저작권법 제97조의 5(권리의 침해죄)에 따라 위반자는 5년 이하의 징역 또는 5천만원 이하의 벌금에 처하거나 이를 병과할 수 있습니다.